沃尔沃研究与教育基金会资助
Funded by Volvo Research and Educational Foundations

中国中心城市
可持续交通发展年度报告
(2008)

Annual Report on Sustainable Transportation Development in the Central Cities of China (2008)

中国中心城市交通改革与发展研讨会学术委员会
交通部科学研究院中国城市可持续交通研究中心 编

人民交通出版社
China Communications Press

内 容 提 要

本书是由沃尔沃研究与教育基金会资助的"中国城市可持续交通研究中心"项目的研究成果，共分为发展战略篇、统筹城乡篇、公交优先篇、国际经验篇，最后选编了2008年度中国城市交通可持续发展国际研讨会论文。发展战略篇主要包括中国中心城市可持续交通发展战略、中国城市交通能源消耗现状与政策选择，以及深圳等城市交通发展的新思路和新理念。统筹城乡篇主要包括深化我国城市交通管理体制改革对策分析、统筹城乡交通发展现状问题与对策、关于建设城乡一体化客运网络若干问题的思考以及长沙等城市在统筹城乡交通发展和体制改革方面的新思考及新经验。公交优先篇主要包括TOD及其在中国的实践、大部制下完善公交补贴机制的政策建议、中国BRT发展的经验与议题，以及北京等城市落实公交优先战略的经验与案例。国际经验篇主要包括公共交通立法、规划、运营、管理、投融资之国际经验，以及首尔等城市交通发展的经验及其对中国的启示。

本书可为政府相关部门制定城市交通发展战略、规划和政策，以及相关设计、研究、咨询单位开展工作提供参考，也可作为高等院校相关专业的教学参考资料。

图书在版编目（CIP）数据

中国中心城市可持续交通发展年度报告. 2008/中国中心城市交通改革与发展研讨会学术委员会，交通部科学研究院中国城市可持续交通研究中心编. —北京：人民交通出版社，2008.12

ISBN 978-7-114-07504-9

I. 中… II. ①中…②交… III. 交通运输业—可持续发展—发展战略—研究报告—中国—2008 IV. F512.3

中国版本图书馆CIP数据核字(2008)第194461号

书　　名：中国中心城市可持续交通发展年度报告(2008)
著 作 者：中国中心城市交通改革与发展研讨会学术委员会
交通部科学研究院中国城市可持续交通研究中心
责任编辑：刘永超
出版发行：人民交通出版社
地　　址：(100011)北京市朝阳区安定门外外馆斜街3号
网　　址：http://www.ccpress.com.cn
销售电话：(010)59757969，59757973
总 经 销：北京中交盛世书刊有限公司
经　　销：各地新华书店
印　　刷：北京密东印刷有限公司
开　　本：880×1230　1/16
印　　张：26.5
字　　数：810千
版　　次：2008年12月　第1版
印　　次：2008年12月　第1次印刷
书　　号：ISBN 978-7-114-07504-9
定　　价：70.00元

中国中心城市可持续交通发展年度报告（2008）

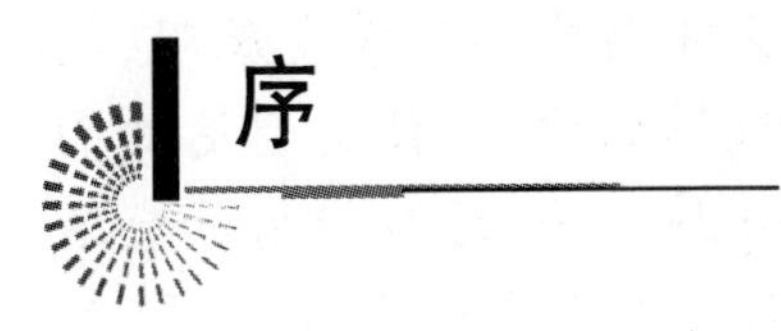

序

抓住机遇，更新观念，推动中心城市交通科学发展

当前和今后一个时期，是我国改革发展的关键时期，也是推进交通科学发展的重要战略机遇期。我们要按照中央关于“大部门、大管理、大统筹、大协调”的基本思路，优化组织结构，充分发挥公路、水运、民航、城市公共交通及邮政等专业管理部门的作用，形成各种运输方式既自成管理体系、高效运行，又优势互补、相互衔接、统筹发展的格局。目前，中心城市的交通工作，既面临着前所未有的历史机遇，也面临着严峻的挑战。在这样的新形势下，我们必须深入学习实践科学发展观，用世界眼光、战略思维深刻认识交通发展面临的新形势，适应新要求，开创新局面。

一、要充分认识中心城市交通工作的地位和作用

纵观我国目前经济运行的总体态势，其突出特点是：中心城市是我国社会经济发展的中坚力量，以1.9%的国土面积、12.3%的人口，创造了全国40.7%的国内生产总值（2006年数字）。作为经济运行的高密度区和集聚区，中心城市在国家经济和社会发展中发挥着举足轻重的作用。特别是长江三角洲、珠江三角洲以及环渤海地带大都市圈的形成，使中心城市强有力的辐射和带动作用越来越明显。中心城市的发展已经不仅仅是自身经济发展的问题，在一定程度上已成为我国全面建设小康社会、顺利实现社会主义现代化宏伟目标的关键所在。

交通运输是城市经济发展重要的组成部分。不少中心城市都是交通运输的高度密集区，往往具有大型水运港口、航空港、铁路枢纽和公路枢纽等基础设施，中心城市交通运输的发展对生产力发展产生放大效应，对城市经济和区域经济乃至整个国民经济的发展都会产生巨大的影响。首先，交通运输对城市经济的发展具有先导性作用。交通基础设施规划和建设可以完善城市功能，引导城市经济合理布局，带动产业经济结构调整，带动经济发展。其次，交通运输有助于加速城市化进程。便利、快捷的交通条件加快了中心城市人流、物流、资金流和信息流向周边地区的扩散，加强了城乡之间的文化、经济交流，推动城市和周边区域经济的发展，支撑城市现代化；第三，中心城市交通运输业的发展是推动全国交通运输行业发展的重要动力。中心城市是区域政治、经济、文化和交通中心。中心城市交通运输发达，可以带动周边地区交通运输的发展。中心城市交通运输加快向现代化迈进，可以为全国交通运输行业的发展与改革提供有力的支撑。可以说没有中心城市交通运输的现代化，就没有整个交通运输的现代化。

二、要充分认识中心城市交通运输发展面临的形势与任务

近年来,全国交通运输部门在当地党委、政府的领导下,认真贯彻落实科学发展观,按照交通运输部的各项工作部署,抓住机遇,加快交通运输发展和改革的步伐,使交通运输面貌发生了巨大的变化。但是,按照科学发展观的要求,交通运输发展水平、适应能力和交通运输服务水平都还有待进一步提高。全面建设小康社会的总体目标要求交通运输业:

(一)要适应经济社会发展的新需求

随着国家经济发展、社会进步,改革开放进一步深化,中心城市包括各个区域的物流、人流、信息流将更加活跃,安全、经济、可靠、高效和舒适、便捷、个性化的运输需求更加明显。交通运输必须适应经济社会日益增长的新需求,实现规模、速度与质量、效益的协调发展。

(二)要适应工业化、信息化、城镇化、市场化、国际化的新变化

党的十七大指出,要全面认识工业化、信息化、城镇化、市场化、国际化深入发展的新形势新任务。"五化"反映了经济社会发展在社会分工、科技进步、产业结构升级、人口布局调整、生产方式和交换方式等方面的深刻变革,要求交通运输进一步发挥好先导和支撑的作用,更好更高效服务于社会的发展进步,尤其是要努力为缩小区域、城乡间公共服务差距,促进基本公共服务均等化做出贡献。

(三)要适应建设创新型国家的新要求

党的十七大强调,提高自主创新能力,建设创新型国家,是国家发展战略的核心和提高综合国力的关键。交通运输是国民经济的基础性、先导性产业,要把增强行业创新能力作为交通运输发展战略的核心,积极推进理念创新、科技创新、体制机制创新和政策创新,加快建设创新型交通行业。

(四)要适应资源节约和环境友好发展的新路子

党的十七大要求,加强能源资源节约和生态环境保护,增强可持续发展能力。节约资源和保护环境既是紧迫的工作,也是长期的任务,无论是交通建设还是运输生产,都必须把节约土地、降低能耗和保护环境摆到更加突出的位置,以最小的资源消耗和环境代价实现交通又好又快发展。

(五)要适应加快发展服务业的新任务

党的十七大指出,要发展现代服务业,提高服务业比重和水平。这是加快转变经济发展方式、推动产业结构优化升级的重要内容。交通运输是服务业的重要组成部分。要抓住我国经济发展向第一、第二、第三产业协同带动转变的历史机遇,增强交通运输的服务能力,不断拓展新的发展空间和服务领域。

(六)要适应发展综合交通运输体系的新趋势

党的十七大强调,要加强基础产业基础设施建设,加快发展综合交通运输体系。公路水路铁路航空等交通运输方式,既要加快自身发展,也要加强各种交通运输方式的有效衔接,构建符合现代社会发展的、高效的综合交通运输体系。

综合以上新要求,交通运输要切实以科学发展观为指导,努力推进三个转变,提高三个服务的能力和水平,构建综合交通运输体系,发展现代交通运输业,使交通运输真正发挥先

导作用，促进国民经济和社会的发展进步。中心城市交通运输部门要充分认识国家发展进步对交通运输，尤其是中心城市交通运输提出的新要求，坚持改革创新，推进中心城市交通运输事业有好又快发展。

三、充分把握机遇，解决好中心城市交通改革与发展的重点与难点问题

当前和今后一个时期交通运输改革与发展总的要求是：以党的十七大精神为指导，深入贯彻落实科学发展观，用世界眼光、战略思维谋划交通运输发展，进一步解放思想，深化改革开放，加强自主创新，积极推进综合交通运输体系建设，加快发展现代交通运输业，为全面建设小康社会奋斗目标做出更大贡献。

（一）深入学习实践科学发展观，推进中心城市交通运输工作全面转入科学发展轨道

中心城市交通运输部门要以深入学习实践科学发展观为契机，紧紧抓住交通运输仍然处于大发展、大建设时期和我国经济发展战略转型这两大机遇，深入研究思考推进中心城市交通运输事业发展的思路。要破除旧的思想观念、思维方式，理清符合交通运输事业发展规律、符合社会主义市场经济要求的发展思路，破除交通运输发展难题，着力推进三个转变：由主要依靠基础设施建设投资拉动交通发展向建设、养护、管理和运输服务协调拉动转变，由主要依靠增加物质资源消耗向科技进步、行业创新、从业人员素质提高和资源节约环境友好转变，由主要依靠单一运输方式的发展向综合运输体系发展转变，努力提升"三个服务"（服务国民经济和社会发展全局，服务社会主义新农村建设，服务人民群众安全便捷出行）的能力和水平，推进中心城市的交通运输事业按科学发展观的要求更好更快的发展。

（二）进一步解放思想，明确方向，用世界眼光和战略思维谋划中心城市交通运输改革与发展

一是在充分发挥公路水路交通在技术经济和服务大众等方面的比较优势基础上，根据大部委改革的精神，建设和发展现代化交通运输业要求，有效衔接铁路、民航等交通运输方式，要从规划、布局、衔接、标准等环节积极推进综合交通运输体系的建设；二是做大做强现代物流业，搭建物流信息平台，支持综合物流园区的建设；三是重视研究区域交通一体化发展，特别是区域内同城化发展和城乡交通一体化建设。

（三）以地方政府机构改革为契机，理顺中心城市交通行政管理体制和机制

抓住地方政府机构改革的有利时机，在当地党委和政府领导下，按照十七届二中全会关于政府机构改革的精神，积极稳妥地推进中心城市交通行政管理体制改革，理顺中心城市交通行政管理体制，建设服务型政府机关。这次改革要以职能转变为中心，按照决策权、执行权、监督权既相互制约又相互协调的原则，理清中心城市各种交通运输方式的有效整合，提高交通运输管理效率的新思路，推进服务型、责任型、绩效型、法治型、廉洁型政府的建设。

（四）全面贯彻科学发展观，促进城乡、区域交通协调发展

促进区域、城乡经济协调发展，逐步缩小区域、城乡发展差距，是实现科学发展的重点和难点。交通运输是区域、城乡经济发展的重要基础，也是区域、城乡经济协调发展的重要环节。因此，促进城乡、区域交通协调发展，进而促进区域、城乡经济协调发展，是交通运输的职责所在。区域、城乡发展不平衡有多年形成的历史原因，这也是我国社会主义初级阶段的基本特征。统筹区域、城乡交通运输协调发展，还有许多工作要做，任务还十分艰巨。

比如:充分利用城市公共交通管理职能转到交通运输部门的机遇,研究逐步形成城乡公共交通资源相互衔接、方便快捷的客运网络的具体方案,并积极组织实施,这将有力促进城乡经济的协调发展。

(五)以“三个服务”为导向,加快交通运输由传统产业向现代服务业转型

交通运输是国民经济的基础性产业和服务性行业,推进交通运输由传统产业向现代服务业转型,实质上就是推进现代交通运输业的发展。要紧紧抓住我国经济发展战略转型的历史机遇,加快发展现代交通运输业,促使交通运输继续成为新时期国民经济发展的战略重点。这是进一步提高“三个服务”能力和水平的重要抓手。

发展现代交通运输业,就是要用现代科学技术、管理技术改造和提升交通运输,提高交通基础设施、运输装备的现代化水平和运营效能;适应现代服务业发展要求,不断拓展交通运输服务领域;走资源节约、环境友好的发展之路;促进综合交通运输体系发展,提高交通运输现代化水平。推进现代交通运输业的发展,关键在于促进发展方式的根本性转变。

推进现代交通运输业的发展,必须与国民经济和社会发展相适应,与人民生活水平的提高相适应,与实现全面建设小康社会的奋斗目标相适应。中心城市交通运输部门要按照十七大确定的全面建设小康社会新的奋斗目标,结合城市交通运输发展实际,理清发展思路,明确目标任务,加快建设步伐,使交通运输发展成果惠及城乡全体人民,为本世纪中叶实现交通运输现代化打下坚实基础。

中心城市交通运输工作处于重要地位、肩负重要使命,面临着良好发展机遇,要以深入学习实践科学发展观活动和地方政府机构改革为契机,进一步解放思想,更新观念,提高认识,明确方向,加快改革与发展步伐,为全国交通发展提供示范和借鉴,为交通事业又好又快发展做出新的更大的贡献!

交通运输部副部长 高宏峰

2008年12月5月

前　言

可持续发展是人类社会发展的共同主题，在经济快速发展以及快速城镇化和快速机动化的背景下，中国城市可持续交通发展问题已经成为国内外政府机构及专家学者关注的焦点。在瑞典沃尔沃研究与教育基金会的资助下，2006 年 1 月在中国交通部科学研究院成立了“中国城市可持续交通研究中心”，成为基金会拟在全球建立的十个“未来城市交通”高级研究中心之一。同时，该项目也得到交通运输部的高度重视，并将“中心城市可持续交通发展模式与对策研究”列为交通运输部科技项目中。宗旨是寻求城市可持续交通发展的最佳解决方案，推动中国乃至全球可持续交通的发展。

中国中心城市可持续交通发展年度系列报告，作为中心的阶段研究成果受到交通运输部、各中心城市交通主管部门以及国内外研究机构的高度关注。2007 年 10 月首次出版的《中国中心城市可持续交通发展年度报告(2007)》得到各级领导和专家的高度认可，中国环境保护基金会理事长，原国家环保总局局长曲格平先生和国家发改委交通运输司王庆云司长亲自为本书作序。指出本书是迄今为止较为完善的一本专门论述中心城市可持续交通发展问题的专题研究成果，同时希望各中心城市以本书为平台，加强相互之间的交流与学习。

应广大读者的要求，为进一步促进各部委以及各中心城市交通可持续发展新经验、新理念、新成果的交流，本书编委会决定继续出版《中国中心城市可持续交通发展年度报告(2008)》，并面向社会公开发行。

本书共分为发展战略篇、统筹城乡篇、公交优先篇、国际经验篇，最后选编了 2008 年度中国城市交通可持续发展国际研讨会论文。本书在编写过程中，注重不同读者的需求，突出了焦点主题与国内外典型案例相结合的特点，同时增加了中国城市交通可持续发展国际研讨会论文选。期望读者在阅读本书过程中产生兴趣，并取得一定的收获。

本书围绕城市交通可持续发展这一主题，内容较为宽泛，作为项目研究的中间成果，在很多方面难免存在着不尽完善之处，恳切希望各界人士不吝赐教，多提宝贵意见和建议。

交通部科学研究院院长

2008 年 12 月 3 日

目　　录

发展战略篇

第一章　中国中心城市可持续交通发展战略研究

吴洪洋　陈锁祥　江玉林

（交通部科学研究院中国城市可持续交通研究中心）

摘　要：本文通过对中心城市与国际城市在可持续交通发展水平、发展历程进行对比分析，结合中国特色的可持续发展观、交通价值观，以及社会经济及交通发展的阶段特征，提出了中国特色城市可持续交通系统的定义与内涵，并借鉴国际城市最佳案例，提出了中心城市可持续交通发展的战略目标、重点和战略实现途径，以推动国家城市交通可持续发展，同时也可为发展中国家城市可持续交通发展提供借鉴。本文重点回答了在“经济全球化、城市巨型化、交通机动化”的大背景下，从国际、国内以及交通自身发展环境来看，中心城市未来交通发展的方向到底是什么，如何正确认识中国特色的城市可持续交通系统，如何借鉴国内外最佳经验，为战略目标的实现铺平道路。

关键词：中心城市　可持续交通　发展战略

0　引言

中国36个中心城市（包括4个直辖市、27个省会城市和5个计划单列市）拥有全国17.8%的人口，却创造了40%～45%的GDP。作为全国区域性的经济、政治、文化中心和物流、人流、资金流和信息流的集散地，其交通发展对整个国家综合运输体系的建立具有重要的战略地位。《国家高速公路网规划》、《国家公路运输枢纽布局规划》都将中心城市确定为主要的交通节点，沿海和沿江各大枢纽港也主要布局在各中心城市。中心城市交通系统的可持续发展不仅与当地人民群众的生活质量息息相关，而且是国家和区域交通便捷畅通的重要保障。中心城市可持续交通发展战略的制定是把握未来中心城市交通发展重点和方向，推动整个国家城市交通可持续发展的重要保障，正确认识我国中心城市社会经济及交通发展的阶段特征，将为合理确定中心城市可持续交通发展的战略目标、重点和保障措施奠定基础。

中心城市可持续交通发展战略研究是对中心城市未来交通发展趋势的总体预测和判断，从宏观上把握中心城市可持续交通发展的方向。战略的制定将重点回答在“经济全球化、城市巨型化、交通机动化”的大背景下，从国际、国内以及交通自身发展环境来看，中心城市未来交通发展的方向到底是什么？要实现中国特色的可持续交通发展，前方的路到底该如何走？如何借鉴国内外最佳经验，为战略目标的实现铺平道路？本研究在2007年中国中心城市可持续交通发展水平的基础上，进一步升华与提炼，结合中国特色的可持续发展观、交通价值观、中心城市社会经济及交通发展特征，研究制定中心城市可持续交通发展的战略目标、重点和战略实现途径，以推动国家城市交通可持续发展，同时为发展中国家城市可持续交通发展提供借鉴。

1　中国中心城市交通发展的阶段特征

1.1　社会经济增长快，战略地位突出

中心城市在中国经济快速增长以及快速城镇化和机动化过程中一直扮演着重要和核心的角色，从近

两年的发展各项指标对比来看,其在国家社会经济发展中具有重要的战略地位,其城市交通发展是国家整体交通发展的重中之重。

1.1.1 市区人口

中心城市的市区人口正逐年增长,2006 年,36 个中心城市市区人口平均为 459.56 万人,比 2005 年的 371.19 万人增长了 23.8%,市区人口的总量从 13 362.75 万人增加到 16 544 万人,增长了 3 181.25 万人。如此大量的市区人口的增长,一部分是由于大量郊区人口和外地人口流入中心城市,另一部分是由于行政区划的改变,部分城市的市辖县改为市辖区,从而扩大了中心城市市区人口的规模。

与国际城市相比,中国中心城市市区人口平均数量处在中间水平(见图 1),但是人口的增长率之高是其他国际城市无法比拟的,在这样高增长的背景下面临的问题将是中国所独有的,由此带来的交通问题将更加突出和棘手。

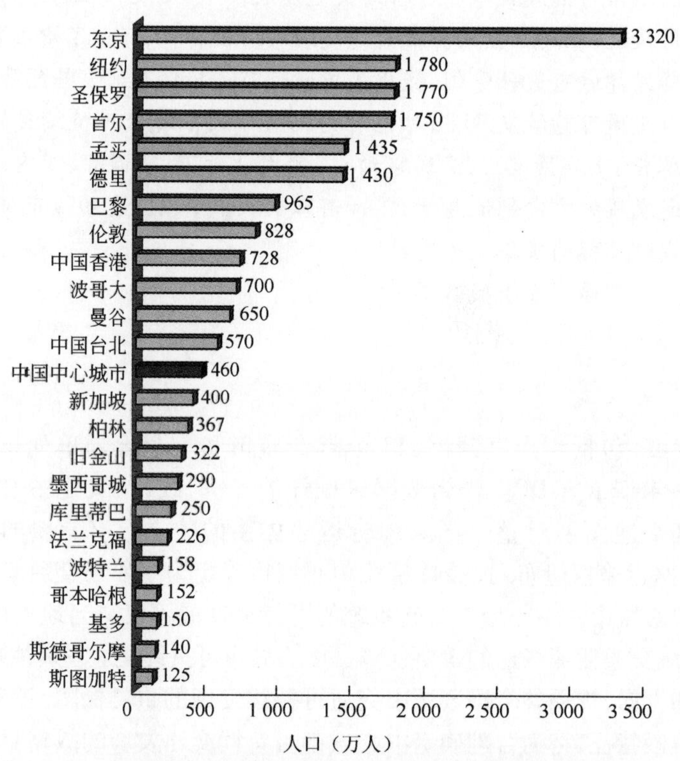

图 1 中国中心城市与国际城市市区人口对比

注:国际城市为 2005 年数据,国内中心城市为 2006 年数据

数据来源:www. citymayors. com,《中国城市建设统计年鉴 2006》

1.1.2 建成区面积

中心城市的建成区面积也出现快速增长趋势,2006 年,36 个中心城市平均建成区面积为 317.45km^2,比 2005 年的 293.39km^2 增长了 8.2%,建成区面积总量从 2005 年的 10 562km^2 增长到 2006 年的 11 428.17km^2,增长了 866.17km^2(见图 2),这意味着中心城市建成区面积一年时间的增长就相当于一个上海市建成区的面积。可见城市扩张的速度是很快的。

1.1.3 人均 GDP

中心城市人均 GDP 增长较快,2006 年,全国 36 个中心城市的市辖区人均 GDP 为 5 323 美元,比 2005 年增长了 12.8%,其中最高的深圳为 8 881 美元,最低的重庆仅有 2 181 美元。而发达国家城市如法兰克福、纽约、伦敦分别高达 74 465 美元、61 000 美元、59 400 美元,分别是中国中心城市平均水平的 14 倍、11.5 倍和 11 倍(见图 3)。可见,尽管近年来中国中心城市经济发展较快,但与发达国家城市相比还有较大差距。

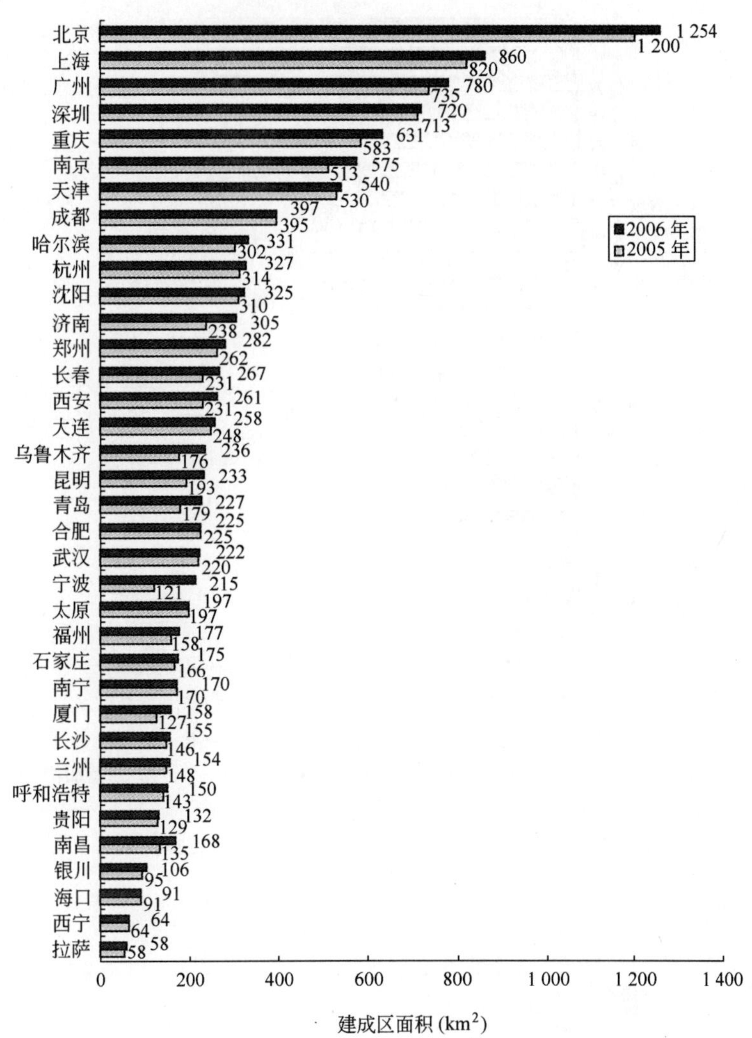

图 2　2005 年与 2006 年各中心城建成区面积

数据来源:《中国城市建设统计年鉴 2005/2006》

1.1.4　各项交通指标占全国城市各项指标的比重

从中心城市各项交通指标占全国城市各项指标的比重来看,中心城市的地位凸显,成为中国城市可持续交通发展的重中之重。如图 4 所示,2006 年,中心城市平均道路网密度是全国城市平均水平的1.945 倍,比 2005 年的 1.92 倍增长了 2.5 个百分点。万人拥有公交车辆数是全国城市平均水平的 1.537 倍。中心城市人口密度是全国城市平均水平的 2.33 倍,由于人口密度大,人均道路面积仅为全国城市平均水平的 97.4%,但与 2005 年的 95% 相比增长了 2.4 个百分点。出租车数量占全国城市总量的 42.9%,与 2005 年的 53% 相比,下降了 10.1 个百分点,公共电汽车运营线网长度占全国城市总长度的 32.1%,与 2005 年的 25% 相比,增长了 7.1 个百分点。

1.2　城市交通发展历时短,问题棘手

中心城市交通发展是随着中国近代社会经济的发展而发展起来的,其发展历程与西方许多发达国家城市交通很相似,但时间却要短得多,而且与高速的城镇化和机动化同时进行。各国城市交通发展的历程如表 1 所示。

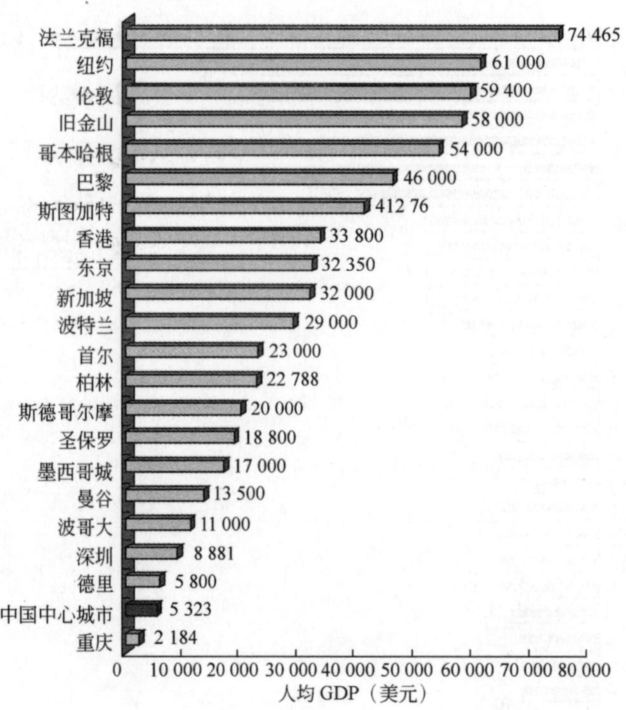

图 3　中心城市与世界部分城市人均 GDP 对比

注：本部分人均 GDP 指标中，东京为 1992 年数据，柏林为 1999 年数据，法兰克福为 2001 年数据，斯图加特为 2002 年数据，哥本哈根为 2003 年数据，其余均为 2006 年数据

数据来源：《中国城市统计年鉴 2006》、《世界大城市社会指标比较》

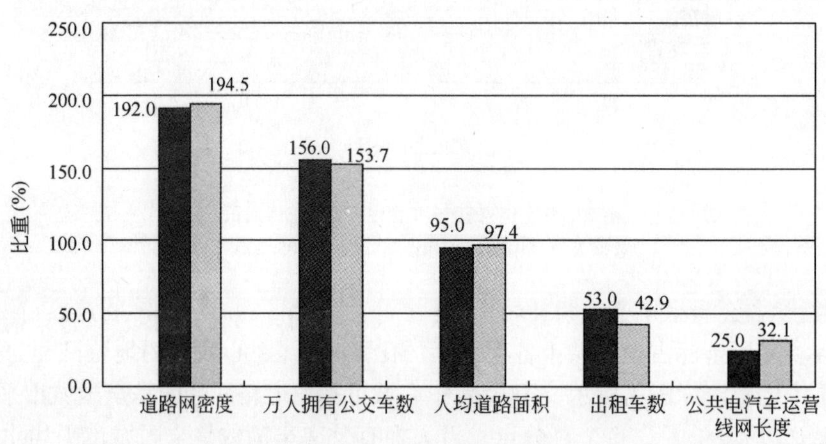

图 4　2005/2006 年中心城市各项交通指标占全国各项指标的比重

数据来源：《中国城市建设统计年鉴 2006/2005》

典型国家交通发展历程对比　　表 1

国　家	时　　间	发 展 模 式
中国	建国初期	马车、人力车时代
	20 世纪 80 年代前	公共汽车与少量的自行车
	20 世纪 80 年代初期到中期	自行车成为城市交通出行的主要交通工具
	20 世纪 80 年代后期到 90 年代初	摩托车、单位客车和出租汽车，大规模的道路投资
	20 世纪 90 年代中期以后	私人汽车（特别是轿车）增长加剧，轨道交通受到重视
	进入 21 世纪	可持续交通日益紧迫，节能减排，科学发展观

续上表

国家	时间	发展模式
美国	19世纪末	有轨电车
	20世纪20年代	公共汽车取代有轨电车
	20世纪30~60年代	小汽车高速增长,逐步形成了车轮上的国家
	20世纪60年代后	开始注重公共交通发展
西欧	20世纪50年代初	城市交通由自行车、摩托车向小汽车迅速转化
	20世纪70年代后	人均国民收入超过2 500美元时,开始大规模修建地铁
日本	20世纪初	有轨电车取代马车,成为日常主要交通工具
	20世纪70年代	地铁交通网络形成
	进入21世纪	新交通系统开始发展

从表1中可以看到,中国中心城市交通发展历程与西方国家如出一辙,并没有从西方交通发展的历史中汲取多少教训,但时间要短得多。所以,高速的城市化进程、流动人口大量涌入城市、城市机动车辆爆炸性的发展、交通政策乏力、交通建设和管理的无序,使中国城市的交通概念在短短十几年内从无到有,可以预见,中国城市交通发展的高速度仍将持续下去,要使中国城市交通发展走上可持续发展的轨道,任重而道远。

1.3 交通价值观与发达国家存在较大差距

价值观是人们判断事物重要性的依据,行为活动的取舍标准。它影响人们的行为方式、手段及其对结果的选择。不同的价值观也使不同的国家形成不同的交通价值观,如表2所示。

各国价值观和交通价值观对比　　表2

国家	价值观	交通价值观
日本 ——以"和"为贵的交通价值观	大和民族主义	交通意识强,自觉性高;遵守秩序;车只是代步工具,并不是什么身份的象征
澳大利亚 ——精神比物质更重要的交通价值观	一、民主制度;二、法律系统;三、机会平等;四、仁慈博爱;五、自由诉求(包括言论自由、宗教自由及结社自由等)	澳洲的车开不快!私家车普及率非常高,路上行人优先;交通法规很严,对孩子从小重视交通规则教育;不注重名牌
欧洲 ——人与人和谐共生的交通价值观	国家地位;友善;社会公正;诚信	欧洲人不迷信交通标志;交通意识强;追求自由
美国 ——崇尚自由的汽车文化价值观	个性自由;自力更生;机会平等;竞争意识;追求财富;敬业进取	汽车是自己的朋友,以车代步;生命安全绝对第一
中国	中庸之道;集体主义;勤俭	交通意识薄弱;盲目攀比;正追求快速、自由多样的机动化出行

从表2可以看出,各国由于文化背景和发展阶段不同,交通价值观也有较大的差异。与发达国家相比,我们的交通意识仍然很薄弱,一方面应该加大宣传交通"以人为本"的思想,把遵守交通规则提高到精神修养、道德修养、文化内涵的高度;此外,政府官员以身作则,诚信服务的榜样作用和充分利用媒体的特点进行宣传普及相关知识也不可或缺。

1.4 城市交通发展正在实现5个转变

过去城市交通粗放型的增长模式,已经受到各中心城市管理部门的高度重视,在国家科学发展观,建立和谐社会以及建设资源节约环境友好型社会等宏观政策的指引下,中心城市交通发展正在实现5个方面的转变:①发展思路由速度外延型向质量内涵型转变;②空间扩展由平面扩展向四维并进转变;③动力机制由单纯工业带动向综合经济转变;④城市管理由政府计划为主向市场调控转变;⑤城乡关系由城市为主向城乡协调发展转变。

2 中国特色城市可持续交通系统的界定

结合国家的社会经济可持续发展以及中国中心城市交通发展的阶段特征,我们认为,中心城市可持续交通系统的界定应该分初级和高级"两阶段"进行。

2.1 初级阶段

初级阶段的中国特色城市可持续交通系统可界定为:

中国特色城市可持续交通系统是在最大限度满足国家社会经济发展对城市交通产生需求的基础上,以尽可能小的资源代价、尽可能小的环境代价、为人流和物流提供安全、便捷、舒适、可支付的交通运输服务。

其内涵为:

(1)这一阶段的关键还是发展,必须由过去盲目的发展、放纵的发展转变为自觉的发展、理智的发展。只有交通系统发展到一定的水平,才能为其持续发展提供必要的物质基础,才有能力、有可能实现可持续发展,并在发展中解决现存的交通环境资源问题。

(2)必须最大限度满足国家社会经济发展对城市交通产生的需求,由于中国正处在高速城镇化和机动化的过程中,交通需求增长较快,人们对自由、机动化的出行方式追求较高,现阶段一方面必须加快城市交通基础设施建设,提高城市交通运输服务的水平,为城乡居民日益增长的交通需求提供保障;另一方面,汽车工业作为国民经济的支柱性产业,还需又好又快发展,以推动中国总体经济水平上一个新台阶。

(3)交通基础设施建设和交通方式选择上应该鼓励低能耗、低污染的交通工具和方式,以尽可能小的资源代价,尽可能小的环境破坏和污染,最大限度地恢复和治理,实现社会经济、城市交通、资源环境相互协调发展的良性循环。

(4)合理引导居民的出行方式选择行为,一方面为人流、物流提供安全、便捷、舒适和可支付的运输服务;另一方面也要注重精神和物质两方面的教育与鼓励,促进人们交通价值观的提升。

2.2 高级阶段

高级阶段的中国特色城市可持续交通系统的界定应符合国家中长期发展目标以及国际通行的可持续交通发展的总体目标和方向,强调资源环境、社会和经济的可持续性,满足社会的、公益的、持久的和子孙后代共同享有的特征,因而,可界定为:

中国特色城市可持续交通系统是指能以经济有效、社会公平、环境友好、资源节约的方式,不断满足当代人日益增长的交通需求,又不损害自然、环境及后代人需求的交通发展模式。

3 中国中心城市可持续交通发展面临的挑战

结合现阶段中国中心城市交通发展的特点,可将中国中心城市可持续交通发展面临的挑战概括为"六大挑战"。

3.1 机动化城镇化的快速增长,需要中心城市加大交通基础设施建设

中国城镇化、机动化的快速增长,在中心城市表现尤为突出,使得本已先天不足的交通基础设施压力继续加大,特别是人口流动性的加大,外来人口的大量增加,使在计划经济模式下制定的交通基础设施供应标准,难于适应新市场经济条件下的客货运输需求,基础设施供需矛盾日益突出。2006 年与2005 年相

比，中心城市市区人口增长了23.8%，民用汽车保有量增长了13.8%，但人均道路面积仅增加了3.17%，万人拥有公共电汽车的标台数仅增加了1.3%。可见，城市道路建设和公交车辆配备远远低于机动化和城镇化速度，导致中心城市交通拥堵愈演愈烈，如表3所示。

中心城市2006年各指标均值与2005年相比的增长率(%) 表3

指　标	市区人口	民用汽车保有量	人均道路面积	万人公共汽车数
年增长率(%)	23.8	13.8	3.17	1.3

数据来源：中国统计年鉴及各省市统计年鉴

近年来，很多中心城市把缓解交通拥堵的赌注押在了轨道交通上，目前已有10个中心城市开通了共814km的轨道交通运营线，同时，有12个中心城市中的36条城市轨道交通线路正在建设。但与发达国家城市相比，如图5所示，中国中心城市轨道交通平均运营里程还是非常低的，仅为23公里，与东京、伦敦、纽约等国际化大都市相比还有较大差距，尽管对轨道交通通车里程最高的上海269km和北京197km而言，距离上述三大城市的1 000km以上的运营里程仍然还有较大差距。

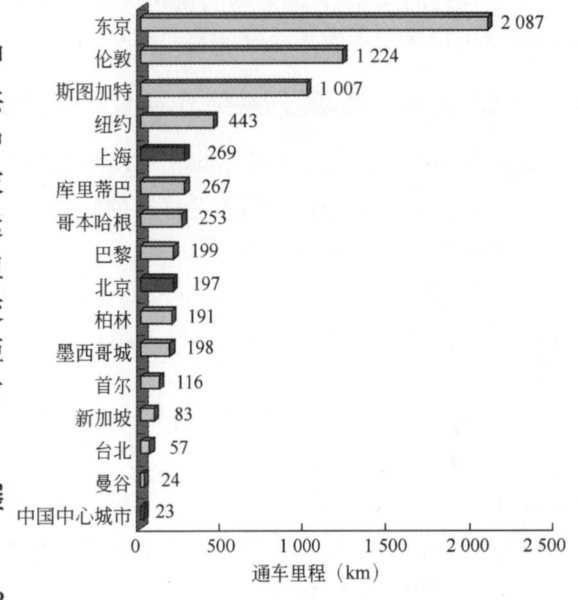

图5　中国中心城市与世界部分城市轨道交通线网长度对比

注：本部分轨道交通线网长度东京为1990年数据，曼谷为1992年数据，新加坡为1996年数据，伦敦、哥本哈根、斯图加特为2002年数据，柏林、巴黎、首尔为2005年数据，墨西哥城和中国中心城市为2006年数据

数据来源：《世界公共交通》、《世界大城市社会指标比较》、《世界大都市比较统计年表》

3.2　推动国家经济又好又快发展，需要大力发展交通运输相关产业

如下图所示，交通运输仓储邮电业所创造的GDP对全国GDP总量的贡献率从2000~2005年一直保持在7%~8%之间(见图6)。同时汽车工业由于其具有巨大的前向、后向关联效应已经成为中国制造业的领头羊，经济增长的发动机，2006年汽车产业链的总产值占全国工业总产值的比重已高达20%以上。

但是汽车工业的发展，特别是小汽车快速进入家庭，又会产生能源消耗、环境污染、占用基础设施资源、交通拥堵、交通安全事故等负面影响。随着汽车保有量增加，这些负面影响愈来愈明显，使人们产生了疑惑，“我国能否为汽车工业发展提供足够的能源?”，“城市大气环境容得了那么多汽车吗?”，再次对发展私人轿车产生了怀疑，“我国应不应该发展小汽车?”，“小汽车是否应进入家庭?”。因此，在使交通运输业与汽车工业需要得到充分发展的前提下，如何有效解决发展中产生的问题，解决交通运输发展与资源环境、人与自然之间的种种不协调问题，是未来一段时间中心城市交通发展所面临的一项重要挑战。

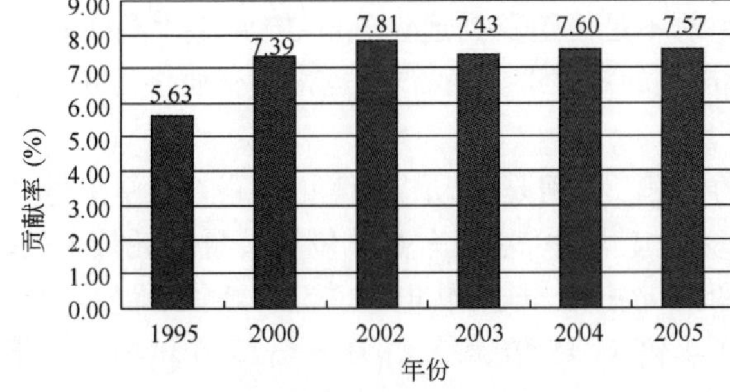

图6　交通运输仓储邮电业创造GDP对全国GDP总量的贡献率

数据来源：《中国统计年鉴2006》

3.3　居民出行需求的不断增加，需要提供多样化、公平普惠的运输服务

随着社会经济的发展，城镇化进程的加快，人民生活水平的不断提高，使得城市内部、城市与郊区之间居民的出行距离、出行次数不断增长，出行方式上越来越多的依靠机动车和个体交通方式出行，而且由于休闲而出行(文化、运动、室外)的比重有增加态势。按照宏观社会经济发展的情景设定，到2020年，中国未来

城市总出行人次将达 9 517 亿人次,其中公共交通、小汽车等机动车出行的总人次将达 2 557 亿人次,1998 ~ 2020 年期间年均增长率达 9.0%。

在提高交通运输服务水平的同时,还必须考虑各方利益群体的利益,提供多元化、可选择、公平普惠的运输服务。在中心城市不断向外扩张的过程中,需要有效处理好由于二元管理体制带来的城市道路与公路之间衔接不畅、规划管理脱节,以及城市公共交通与公路客运之间服务标准不同、税费标准不一致、票价不统一、法律依据不同等矛盾,还必须处理好占总人口 6% 的小汽车拥有者、36% 的自行车拥有者,55.1% 的农村居民、38% 的老人儿童和残疾人等弱势群体之间各项交通利益的平衡。这些也将成为未来中心城市可持续交通发展面临的重要挑战。

3.4　城市交通拥堵问题日益突出,需要采取有效措施平衡交通供需

城市交通拥堵已经成为中心城市居民感触最深、影响最大、积怨最多的问题,它违背了使用机动车的初衷——提高人与货物的空间位置移动的便捷性和可达性,降低了城市运输效率和质量。如 2007 年北京市主要路口严重堵塞的达 60%。

交通拥堵除让出行在外的人内心不快之外,也会给经济带来损失。根据北汽福田公司与零点咨询集团日前联合发布了"2008 福田指数",北京、上海、广州、西安等四大中心城市居民上下班拥堵成本,如图 7 所示。

从图 7 中可以看到,北京居民上下班拥堵成本最高,达每月 375 元,其次是广州、上海和西安,分别为每月 273.8 元、228.2 元和 69.4 元,分别占当地居民平均可支配收入的 20.5%、14.6%、11.6% 和 6.6%,如图 8 所示。交通拥堵花费已经成为居民人均消费的一个重要组成部分,由此可见,采取有效措施,推拉结合,平衡交通供需,是近年中心城市面临的又一重要挑战。

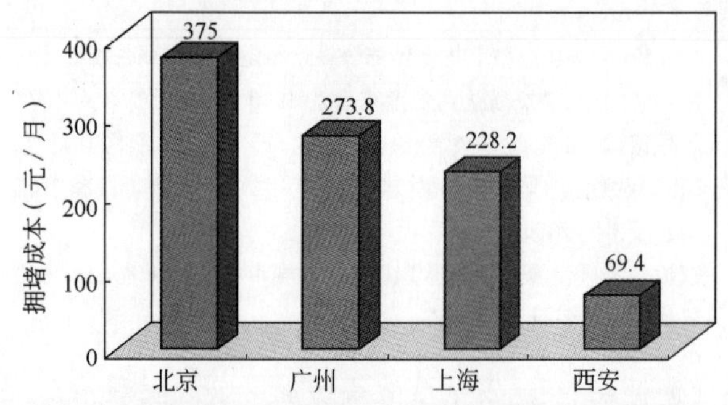

图 7　四中心城市居民上下班拥堵成本对比

数据来源:北汽福田公司与零点咨询集团"2008 福田指数"

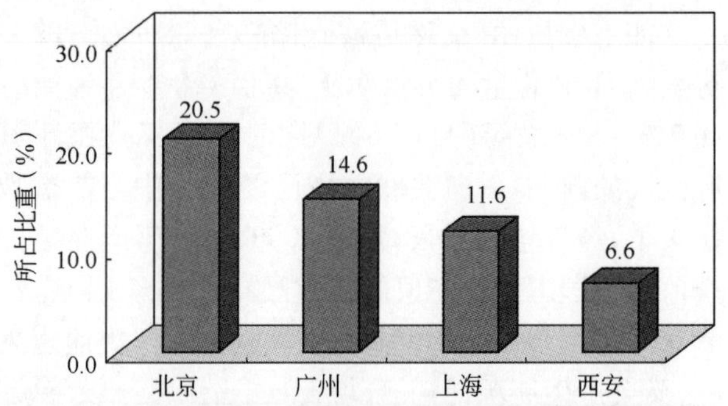

图 8　四城市居民上下班拥堵成本占人均可支配收入的比重

数据来源:各城市统计局与"2008 福田指数"

3.5　资源环境的约束,需要鼓励低污染、低能耗的交通运输系统发展

2006 年,中心城市道路建设用地占城市总用地面积的 12%,尽管这个数据与发达国家城市相比还比较低,但是由于我国人均耕地资源有限,加之城市建设用地不足使道路交通设施的扩容难度增大,高强度、高密度的城市开发模式将维持相当长的时期,而由此产生的高强度交通需求,也将使交通供需矛盾进一步恶化。

与此同时,机动化程度的提高,带来了能源消耗的加剧,特别是机动车消耗的石油资源在整个交通能源消耗中的比重已经高达 80% 以上。在各种交通工具中,小汽车是单位周转量能耗最大的。如图 9 所示,如果把公共汽车单车的能源消耗考虑为 1 的话,快速公交、有轨电车、轻轨、地铁、无轨电车、摩托车和小汽车的能源消耗分别为公共汽车的 0.3 倍、0.4 倍、0.45 倍、0.5 倍、0.8 倍、5.6 倍和 8.1 倍(见图 9)。

在空气污染方面,汽车尾气已成为大多数中心城市的主要污染源。汽车尾气中包括一氧化碳、碳氢

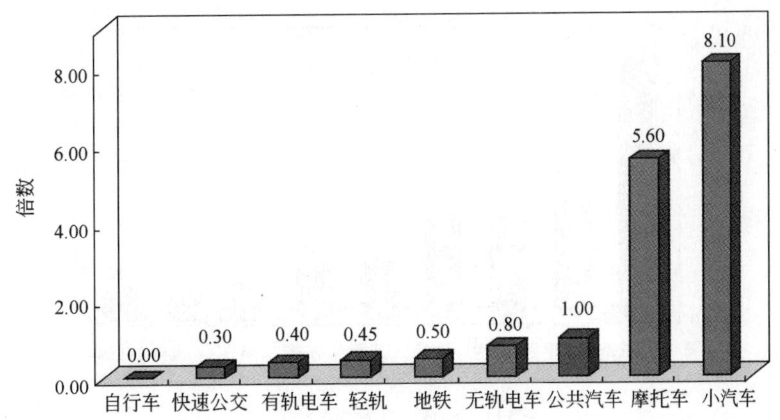

图 9　不同交通工具能源消耗对比(以公共汽车为 1)

数据来源:中国交通能源与环境政策研究

化合物、氮氧化合物等有毒、有害物质。公共交通与小汽车进行比较,高峰时段每小时每人每公里排放的这三种污染物,前者分别是后者的 17.1% ,6.1% 和 17.4% 。

在噪声方面,2006 年,中心城市测试路段噪声超标率尽管与 2005 年比已经有所下降,但仍高达 28% ,在 36 个中心城市中测试路段交通噪声超标的城市有 3 个,另外有 11 个城市距离超标标准不到 1dB。

由此可见,随着城市交通发展,中心城市土地、环境、能源等资源的约束日益强化。提高公共交通出行比例,促进小汽车合理使用,鼓励自行车和步行,以及鼓励使用高能效车辆已经成为未来中心城市可持续交通发展面临的一项重要挑战。

3.6　交通安全事故居高不下,需要加强交通安全管理水平

2006 年,36 个中心城市道路交通事故总死亡人数为 19 894 人,为全国道路交通事故死亡人数 89 455 人的 22% ,比 2005 年总死亡人数 21 869 人下降 9% 。36 个中心城市平均死亡人数为 552 人,比上一年 607 人下降了 55 人。

从万车死亡率来看,对 2006 年,12 个中心城市万车死亡率数字统计,如图 10 所示。

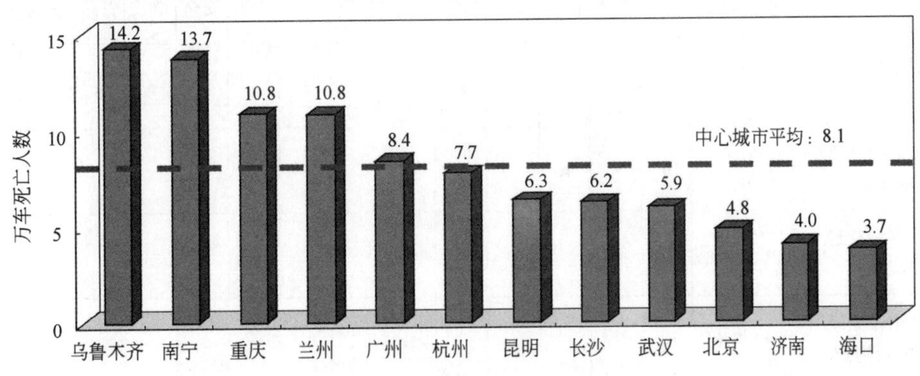

图 10　中心城市万车死亡率对比

数据来源:2006 年各城市国民经济和社会发展公报

从图 10 可以看到,所选中心城市万车死亡率最高的是乌鲁木齐市,为 14.2 人,最低的是海口市,为 3.7人,所选中心城市的平均值为 8.1 人,略低于全国平均 9.9 人的标准,但是与世界其他国家相比却存在较大差距,如图 11 所示。中心城市万车死亡率分别是发达国家的 2 ~ 10 倍。

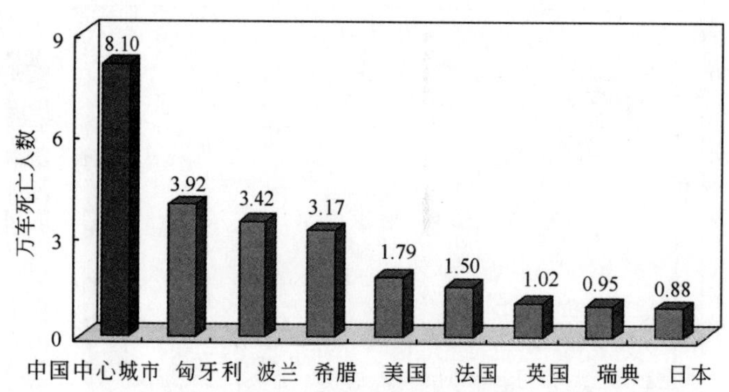

图11　中外万车死亡率对比

数据来源:《中国中心城市可持续交通发展年度报告2007》

因此,尽管近年来我国中心城市都非常重视道路交通安全,万车死亡率也曾现逐年下降趋势,但与发达国家相比,仍然任重而道远。

4　各国城市交通发展战略的对比分析

从典型国家和国际城市交通发展来看,各国城市交通发展都经历了艰难曲折的过程。虽然各国各城市都采取了各种各样的战略措施来寻求发展城市交通的有效途径,提高运输效率,推进城市交通可持续发展,但城市交通依然是世界性的难题。

4.1　国家层面

从美国、加拿大、英国、日本、印度等国家交通发展战略来看,由于社会经济发展以及交通发展阶段不同,各国城市交通发展战略及重点也有所不同,如表4所示。

各国城市交通发展战略对比　　表4

国家	战略名称	战略重点																	
		交通安全	环境保护	高效便捷	运输管理	智能技术	公共交通	交通保畅	交通公平	经济投资	非机动交通	交通能源	公共安全	经济增长	政府管理	交通规划	经济投资	市场管理	运输供给
美国	美国运输部2000～2006年战略计划	★	★					★					★	★	★				
	美国运输部2003～2008年战略计划	★		★	★	★							★						
	美国的新时期交通发展战略	★	★		★			★	★			★	★						
	美国综合运输系统2050年发展构想	★	★	★								★					★		
加拿大	交通运输部可持续发展战略2004～2006	★	★			★				★				★				★	
	2023年城市运输总体远景	★	★	★	★	★	★		★	★	★	★				★			

续上表

国家	战略名称	战略重点																	
		交通安全	环境保护	高效便捷	运输管理	智能技术	公共交通	交通保畅	交通公平	经济投资	非机动交通	交通能源	公共安全	经济增长	政府管理	交通规划	经济投资	市场管理	运输供给
英国	英国运输政策白皮书	★	★	★	★		★	★			★								
日本	日本交通发展战略	★	★	★		★	★		★										
印度	城市发展部交通运输战略		★		★		★			★	★				★	★			★

通过比较各国的战略重点可以得出如下结论：

(1)交通安全与环境保护被大多数国家列为最先战略重点。特别是发达国家，均把交通安全作为城市交通发展战略的第一要务来抓，同时由于可持续发展的理念在城市交通领域的深入，交通环境保护也受到各国的高度关注。

(2)高效便捷和运输管理作为交通运输服务大众的最基本要求，也被各国高度重视，成为仅次于安全和环保的第二要务。

(3)与发达国家相比，发展中国家，如印度，更加重视交通基础设施建设、交通规划以及政府的管理，这与国家社会经济和交通的发展阶段是密不可分的。

通过分析各国交通发展战略的经验，笔者认为，对中国中心城市可持续交通发展的启示可总结如下：

(1)中国中心城市正处在快速机动化和城镇化发展阶段，在这一阶段的一大重点就是重视交通规划与城市发展规划的有效整合以及规划的可实施性，加大投资力度，采取多渠道的投融资方式，加快交通基础设施建设，提高交通运输系统的供给能力和服务水平，最大限度地满足日益增长的城乡居民的出行需求。

(2)对现有交通运输体系和服务，中国中心城市应努力提高已有城市交通系统的运行效率，逐步实现交通运输系统的高效便捷以及高效的组织管理。

(3)随着社会经济及人民生活水平的提高，中心城市交通发展的战略重点应该逐渐转移到安全及环境保护上来，以真正实现城市交通系统的可持续发展。

4.2 城市层面

城市层面选择了纽约、休斯敦、伦敦、巴黎、柏林、东京、香港、库里蒂巴、首尔、曼谷和新加坡进行对比分析，如表5所示。通过比较各城市交通发展战略措施，我们发现以下规律。

典型城市交通发展战略措施对比 表5

城市	战略名称	战略措施												
		发展公交	整合规划	需求管理	经济投资	技术创新	环境保护	政府管理	限小汽车	驻车换乘	基础设施	车辆共乘	非机动交通	公众参与
纽约	纽约可持续交通发展战略	★	★		★				★					
休斯敦	休斯敦交通发展战略	★		★						★		★		
伦敦	伦敦交通2030	★		★	★			★						
巴黎	新一轮交通战略规划	★	★		★			★		★				
柏林	2015交通发展战略			★	★	★	★						★	
东京	东京综合发展计划	★	★			★			★					
香港	香港长远运输策略	★	★	★		★	★							
库里蒂巴	城市总体规划方案	★	★			★	★						★	
首尔	首尔城市管理对策问题与建议	★		★			★				★			
曼谷	曼谷新交通发展战略	★			★	★		★						
新加坡	新加坡政府交通发展战略	★	★	★							★			

(1)各城市均把鼓励公共交通的发展列为最重要的战略措施之一,其中包括轨道交通和常规公共交通的发展;正是由于较早地把公共交通发展作为城市交通可持续发展的重点,大多数城市都积累了成功有效的公共交通发展经验。

(2)对于规划整合、需求管理、经济投资、技术创新、环境保护各城市也相当重视。

(3)从所选城市来看,仅有柏林把非机动交通发展作为一项战略重点,而其他城市对于鼓励非机动交通发展、各利益群体的共同参与以及车辆共乘等方面列入战略重点的比较少。

通过分析各城市交通发展战略措施,我们认为,对中国中心城市可持续交通发展的启示可总结如下:

(1)优先发展公共交通作为中国城市交通发展的一个战略共识,需要通过进一步的政策措施推动其发展,特别是对于不同规模、不同城市形态特征的中心城市,应该采取不同的优先发展公共交通的政策,推进大容量公交系统、普通公交有效组合的城市公共交通系统。

(2)从规划的角度,有效整合城市土地利用模式和交通规划,对城市交通刚性需求的减少具有重要意义,中心城市应该重视综合规划的重要性,从源头入手,促进交通需求与供给的平衡。

(3)中国中心城市由于与国外发达城市经济发展水平的不同,正处在由非机动化出行向机动化出行转换的过程中,中国中心城市交通发展战略要重视公共交通和非机动交通的发展,将其维持在现有水平或有所提高,以避免走发达国家城市由于小汽车高速发展后又开始反过来重视公共交通和非机动交通发展的弯路。

5 中心城市可持续发展的战略目标和方针

5.1 中心城市交通可持续发展战略目标

结合中国特色城市可持续交通发展的两阶段界定思路,本研究制定中心城市交通可持续发展的“两阶段目标”如下。

5.1.1 *初级阶段*

(1)战略目标

从现在到2020年,中心城市可持续交通发展首先必须以发展,即把提高中心城市交通系统的供给能力作为第一要务,以满足中心城市社会经济发展的需要,实现交通需求增长与供给的基本平衡,在发展的同时,以尽可能小的资源代价、尽可能小的环境代价,为人流、物流提供安全、便捷、舒适和可支付的运输服务,同时注重精神和物质两方面的教育与鼓励,促进人们交通价值观的提升。

(2)具体目标

到2020年,各中心城市应按照因地制宜、统筹规划、分步实施、协调发展的要求,坚持政府主导、有序竞争、政策扶持、优先发展的原则,加大投入力度,加快交通基础设施建设,提高城市交通供给能力。

要努力协调各城市规划及交通管理部门,综合制定好城市规划、交通规划、土地利用规划,实现城市交通刚性需求的稳定增长。

城市人口300万以上的中心城市,基本形成以大运量快速交通为骨干,常规公共汽电车为主体,其他公共交通方式为补充的城市公共交通体系,建成区任意两点间公共交通可达时间不超过50min,城市公共交通在城市交通总出行中的比重达到30%以上。有效引导小汽车出行,减缓小汽车出行在整个出行方式分担的增长率。

城市人口300万以下的中心城市,应基本形成以公共汽电车为主体,出租汽车为补充的城市公共交通系统,建成区任意两点间公共交通可达时间不超过30分钟,城市公共交通在城市交通总出行中的比重在20%以上。

在城市总体规划、交通规划、现有道路网络和技术进步的基础上,提高并满足自行车和步行近距离出行的交通需求。

5.1.2 高级阶段

战略目标:到21世纪中叶及以后,中心城市交通发展完全适应国家社会经济的发展,中心城市交通基础设施基本完善,城市交通服务水平有较大增长,安全、便捷、高效、经济、绿色、公平、实时的城市交通服务系统初步形成,城乡居民同时享受到高质量的公共交通服务,其自身实现资源、环境、社会和经济的可持续性。

5.2 中心城市可持续的战略方针

中心城市可持续交通发展应遵循以下战略方针:

(1)城市交通服务的目的是实现人和物的移动,而不是车辆的移动,应当根据各种交通方式运送人和货物的效率来分配道路空间的优先使用权。

(2)城市交通收费和价格应当从寿命周期成本的角度来进行综合评定,包括交通行为对社会造成的全部费用和损失,尤其应该包括环境污染导致的健康、医疗和生产效率的损失,交通拥挤导致的时间和费用的损失。

(3)城市交通发展过程中始终贯彻可持续发展的思想,综合考虑与资源环境的协调,做到最低程度地污染破坏和资源消耗,最大程度地恢复环境。

(4)政府的职能应该是指导交通的发展。在保持中央政府实施宏观经济指导职能的同时,强化地方政府的职能。

6 中心城市可持续发展的战略重点

6.1 强化可持续交通理念,引领中心城市交通发展

加强可持续交通理念的宣传教育,从学校到各级政府、规划设计部门都应该进行系统宣传和教育,定期举办宣传教育活动,使得可持续发展的思想渗透到交通发展的方方面面,成为中心城市交通发展的基本指导思想。

> 多数发达国家如美国、加拿大等的可持续交通发展思想的发展都经历了一个渐进的过程,从民间思想到国家意志,由原则、协议到法律形式,民众的思想意识始终处在基础地位,这也是可持续发展的交通战略能够成功实施的重要保证。

6.2 加快基础设施建设,提高客货运输供给能力

要坚定不移地加快中心城市交通基础设施建设,采取多种投融资渠道,加快城市道路网、快速公交、轨道交通等的建设,还必须注重城际、城郊公路和城市道路的有效衔接,优化城际公路和城市道路网的布局,避免出现新的交通“瓶颈”。同时要不断提高城乡公路的等级和养护标准,为农村居民享受公共交通服务提供基础。

> 新加坡、首尔等城市认识到基础设施建设不仅仅是道路长度和宽度的扩大,而不同层次道路网之间的便捷连接是提高道路通行能力和降低投资成本的有效手段,旨在建设完整有效的道路运输网络。
>
> 在基础建设和公共交通投融资方面,多数欧洲城市如伦敦、巴黎等以及部分亚洲城市如东京、香港等交通网络开发和经营的资金来源向多样化发展,建立一个私有化或者公私合营的筹资运营机制,政府主要处于引导和监管的角色,充分发挥市场作用配置公共交通资源,值得借鉴。

6.3 整合城市与交通规划,减缓交通刚性需求的增长速度

中心城市在从小到大的发展过程中,交通具有十分重要的引导作用。是否占有相对优越的交通条件,决定了运输以及制造、商品交流的相对比较优势,与土地等其他条件一起决定了吸引投资、集中工作岗位的能力。作为一个综合性大系统的城市,交通只是其诸多因素中的一个,它同城市系统中的其他因素有着密切的联系。因此,必须有效的整合城市规划与交通规划,将使城市规划部门、建设部门、交通部门及各有关经济部门协调起来,以实现城市中居民的流动和货物的运输在时间和空间上减至最短,真正减缓交通刚性需求的增长速度。

以洛杉矶为代表的高度依托小汽车交通,大城市低密度郊区化发展是典型低密度大城市交通发展模式,其高度依赖汽车,能耗高、占地大的发展模式明显不适应中国国情。库里蒂巴、波哥大是新交通方式——快速公交的成功实践者,利用很低的前期交通投资以及运营期盈利,结合沿线土地开发,成为全球成功的典范,值得借鉴。香港、新加坡和东京从城市规划初期就把与交通的整合放在很高的地位,实现了两者有效整合,城市交通问题得到有效缓解。

实践证明,只要合理规划土地使用,有效地把城市规划与交通规划进行整合,大城市完全可以低成本地解决城市交通问题,实现城市交通的可持续发展。

6.4 正确处理发展与资源环境的矛盾,促进相互间协调有序

耕地资源的紧缺在中国这样一个人口大国值得高度关注,随着城市蔓延和城市交通不断发展,要推动建设由行驶在不同空间的各种交通工具所组成的立体交通体系。这个体系包括高架的、地面的、地下浅层的和深入地下的,以地面为主,上下补充。此外,在中心城市的老城区路网改造过程中,一方面要注重增加老城道路交通容量,另一方面也应该正确处理好最能反映这个城市传统风貌特色的、历史文化遗产最集中地区的保护。

其次,汽车工业作为国民经济的支柱型产业,其发展应该全面贯彻科学发展观,重点要解决好汽车发展与资源环境、人与自然之间的种种不协调问题,实现可持续发展的目标。要让城市政府有权对不断增长的机动车使用进行限制,而不应为了满足汽车工业的需要而迫使城市吸纳快速增长的机动车。

最后,在节能减排方面,中心城市要结合国家“两型社会”建设的契机,坚持“安全、环保、舒适、和谐”,推进高能效、低污染交通工具,特别是自行车的使用。

即使在经济快速增长时期,在未来很长一个阶段内,自行车仍然是大多数居民易于承受的、节能环保型的交通工具,部分中心城市限制自行车在城市中心区的使用是不明智的,应该从荷兰自行车使用经过一个衰退时期之后再次复兴的历史过程得到充分的经验。

6.5 重视城乡客运一体化发展,为城乡居民提供公平普惠的交通服务

公交优先已经成为城市交通发展的一项重大战略,中心城市要结合自身特点,制订好公交发展的规划,加快形成以大容量快速公交系统为骨架,普通公交为网络,出租车为补充的公共交通网络,为人民群众提供更加便利的出行条件。在建设地铁的条件成熟以前,必须通过改善普通公共交通来满足已经出现的交通需求,此外还可以考虑 BRT、公交专用道(路)等方式替代地铁和轻轨,到客运需求发展到足够大时,再用轨道交通系统来取代他们。对于条件成熟的超大型中心城市,应通过多模式融资渠道和经营渠道,加快轨道交通建设的力度。

世界交通发展史证明,城市公共交通出行分担率的大小,从一个重要侧面反映其文明程度和发展水平的高低。一些发达国家的大都市如东京、伦敦、纽约等,已经从发达的公共交通中赢得了巨大的经济利益和社会效益。他国的成功经验和我们多年的实践,都证明了公共交通,尤其是轨道交通,较之其他交通工具具有明显的优势。

同时,还应加快城乡交通的一体化发展,使农村老百姓能够享受到与城市居民相同和相近的出行服务,这是实现社会公平的需要,也是实现全面建设小康社会的关键。中心城市应重点整合交通资源,建立和完善城乡交通体系,确保城乡客运的有效衔接和一体化发展。

6.6 加强交通安全管理,提高突发事件的交通应急反应能力

要从教育、宣传、培训、考核、责任等入手,创造交通安全文化,在全社会建立良好的交通安全氛围,规范居民的安全交通行为,提高交通参与者的整体素质,实现交通系统的安全。

及时制定相应的法规、标准和鼓励政策,加快交通安全技术的推广应用,同时要建立交通事故紧急救援系统,缩短事故后时间,以有利于减少交通事故过程中的伤亡以及伤害程度。

继续实施道路交通安全保障工程,建立和推行定期检验制度,落实交通建设项目施工安全生产责任制,严格执行工程项目和设备监理制度,增加施工安全生产投入,加大监管力度。加强道路客运和危险货物运输安全管理,继续加强车辆超限超载治理。此外,还需要尽快制定突发事件的交通应急预案及信息平台,以提高应急反应能力。

美国、加拿大、英国、日本等发达国家在制订城市交通发展战略时均把交通安全及人身财产安全放到战略的首要位置,特别是“9·11”以后的美国,更是把交通安全提升到了国家安全的高度,更加注重了突发事件交通应急反应能力的建设。

6.7 加大交通科技开发力度,提供高效实时的信息服务

中心城市综合交通体系在规划、建设、运营管理以及交通服务等各个发展环节上都突出以科技为先导,依靠科技进步推动城市交通事业的全面有序发展。加大科技开发力度,利用现代信息技术,推动城市交通整体服务水平和服务能力,建立智能化交通管理和服务体系,提供实时交通信息服务。

美国、日本等发达国家非常重视新技术和新概念在未来城市交通中的应用,如信息技术、纳米技术、再生燃料、高效清洁能源技术、新型交通系统等。这些应用促进了交通科技发展和当地交通服务水平的提高。

7 战略实现途径

7.1 推进中心城市交通管理体制改革

在国家大部委改革的指引下,中心城市结合自身特点进行交通管理体制改革,并加快改革的进程。对于目前还处在分部门管理的中心城市,城市政府应牵头成立跨部门的、统一的交通管理决策机构。为维护该机构的权威性,保证决策的有效实施,这个机构应是常设的,应被赋予足够的组织、协调和管理权限。对于已经实现“大交通委”改革的城市应该尽快总结前期经验,进一步完善优化管理体制,提高中心城市交通管理的效率。同时还必须完善相关协调机制,促进部门间有效沟通与资源共享。

7.2 制定严格的机动车污染减排控制对策

在国家标准法规的框架下,中心城市要积极制定相关政策措施,制定和保障能耗标准、机动车尾气排放标准、噪声排放标准,以及保证城市耕地利用指标的有效实施,有效降低单位能耗与排放,集约利用土地。

制定降低单位实施车辆监测和维护计划,建立鼓励清洁替代燃料使用政策;减少新建交通基础设施的噪声和空气污染的影响。

7.3 因地制宜实施交通需求管理措施

建立城市中心区停车设施的发展、控制和价格对策;评估在城市中心区控制机动车使用的各种对策的效果,包括单双牌号限行、错时上下班、进入限制和道路使用收费等对策;根据效益和效能,评价现行对摩托车和货车交通管制办法;建立相应的交通收费与价格政策,以消除不必要的补贴,尽可能实现收支平衡。

7.4 制定发展大容量公共交通发展战略

按照规划,确定客运交通需求量大的交通走廊;根据成本和资金的可能性、环境影响、投资步骤和技术水平,优先考虑适用的轨道交通、快速公交等大容量公交方式,尽快开展试验项目并进行总结推广。

充分结合大容量公交走廊与沿线土地的联合开发,如MRTOD、LRTOD和BRTOD,建立沿线土地开发利益还原机制,同时,加强大运量公共交通与其他交通方式之间的衔接,真正促进大容量公交系统的快速发展。

7.5 完善交通财政及税费制度

中心城市应尽快建立一套符合实际的城市融资总体政策、确定政府需要在哪些方面参与交通投资、经营和维护,尽可能地实现通过向交通使用者收费来达到收支平衡,确定哪些投资可经信贷筹措,哪些应由日常收入支出,哪些方面可以利用私营部门的资金(包括国际资金)取代或补充城市政府交通预算。

对于城市与郊区之间的班线客运应该给予城市公共交通相同的税费政策,降低票价,保障社会公平。

7.6 用市场化手段提高交通服务水平

应当鼓励私营部门参与提供交通运输服务。可考虑在如下方面的参与:①交通服务的供给和经营;②停车设施的供给与经营;③基础设施规划和设计的咨询服务;④工程的承包营建;⑤大型基础设施项目融资等。

7.7 加强城市交通规划和人才培养

中心城市应协调城市土地开发与交通发展,把城市交通规划与土地利用规划结合起来,城市交通发展战略和规划的制定应当充分反映中国城市土地利用和资源特征。

此外还应扩大交通专业技术人员与管理人员的教育与培训,充分利用国内外咨询专家来帮助城市交通机构提高专业技能。

附录:指标定义

市区人口:指市(镇)区(不包括市辖县)有常住户口和未落常住户口的人,以及被注销户口的在押犯,劳改、劳教人员。未落常住户口的人中包含居住一年以上的流入人口,不包括现役军人和人民武装警察人口。

城区人口:指规定的城区(县区)范围内的人口数。按公安部门的户籍统计为准。

人口密度:是指城区内的人口疏密程度。

建成区面积:城市行政区内实际已成片开发建设、市政公用设施和公共设施基本具备的区域。

城市 GDP:按市场价格计算的一个城市所有常住单位在一定时间内生产活动的最终成果。

城市人均 GDP:城市 GDP 与市域总人口的比值。

人均道路面积:建成区内道路(道路指有铺装的宽度 3.5m 以上的路,不包括人行道)面积与建成区人口之比。

道路面积率:建成区内道路(道路指有铺装的宽度 3.5m 以上的路,不包括人行道)面积与建成区面积之比。

轨道交通线网长度:一个城市范围内轨道交通(包括地铁、城铁)线路的总长度。

每万人拥有公共交通车辆:指报告期末城区内每万人平均拥有的公共交通车辆标台数。

拥堵经济成本:是指居民利用机动工具出行时,由于拥堵而损失的时间的货币表达。以各地居民的平均月均收入为基准,将由于拥堵而损失在路上的时间货币化,得出居民每月的拥堵经济成本。

居民人均可支配收入:居民家庭全部收入中,可用于支付生活费用的收入。人均可支配收入是按家庭全部人口计算的平均每人生活费收入。

交通噪声超标路段比例:交通噪声超标路段长度占总监测路段的比重。

交通事故死亡人数:因道路交通产生的事故死亡的人数。

万车死亡率:全市平均每万辆机动车(不包括自行车折算)的年交通事故死亡人数。

第二章　中国城市交通能源可持续发展的障碍与政策选择

李振宇　吴洪洋　李旭辉

(交通部科学研究院中国城市可持续交通研究中心)

摘　要:本文结合中国城市交通系统结构和运行特征的实际,总结了中国城市交通系统的能耗现状特征,分析了中国城市交通与能源可持续发展中存在的主要问题、面临的主要障碍,从加强创新体制改革、建立健全交通能源管理体制与机制、整合交通规划与城市规划、落实公共交通优先发展、加强交通需求管理等方面提出了可能的实现途径,为中国城市交通与能源可持续发展提供借鉴。

关键词:城市交通　能源　可持续发展　政策

0　引言

未来二十年是中国经济快速发展的重要时期,快速的城镇化和机动化,城市交通系统结构和运行特征发生巨大变化,导致交通行业的能源消耗和温室气体排放迅速增加,给中国城市交通的发展带来了严峻的挑战。在此宏观背景下,中国的城市交通系统必须在提高运输能力的同时,兼顾运输的整体效率和运输服务质量的提升。但是由于城市交通本身的复杂性及中国的城市交通系统中存在很多体制、经济、技术、法律等方面问题,制约了整体运输效率的提高和城市交通的可持续发展。因此,中国未来的城市交通必须转变增长方式,坚持深化改革,坚决贯彻优先发展公共交通战略,并从经济、社会、环境、能源等各方面协调发展的角度审视城市交通发展问题,推动我国的城市交通向"低碳"方向转换,形成一个高效、清洁的城市交通系统。

1　中国城市交通系统结构和运行特征

近年来,随着我国社会经济的快速发展、人民生活水平的普遍提高,各类交通出行需求不断增加,城市交通系统的结构与运行特征也随之发生巨大变化。

1.1　城镇人口快速增长,居民出行需求总量迅速增加

1995年以来,我国城镇化步伐不断加快,城镇总人口不断攀升(图1),从1995年的3.51亿人,增长到2007年的5.94亿人,增长了169%,而城镇化率也相应从29%增长到44.9%,年均增长1.4个百分点,这相当于每年有一个北京市全市人口的总量由农村向城市转移。我国的城镇化进度在十多年里走过了英、美等发达国家百年的里程,而且势头不减(表1)。

从发达国家的城镇化历程来看,按照城镇化进程的一般规律,城镇化率在35%~70%之间是城镇化加速增长期。我国已进入这一快速发展时期,农村富余劳动力向非农产业和城镇转移、城市人口和城镇数量的急剧膨胀,将成为城镇化的显著特征。预计到2020年,我国城镇化率将达到57%;到2050年,城镇化率将超过70%,接近或达到发达国家水平。

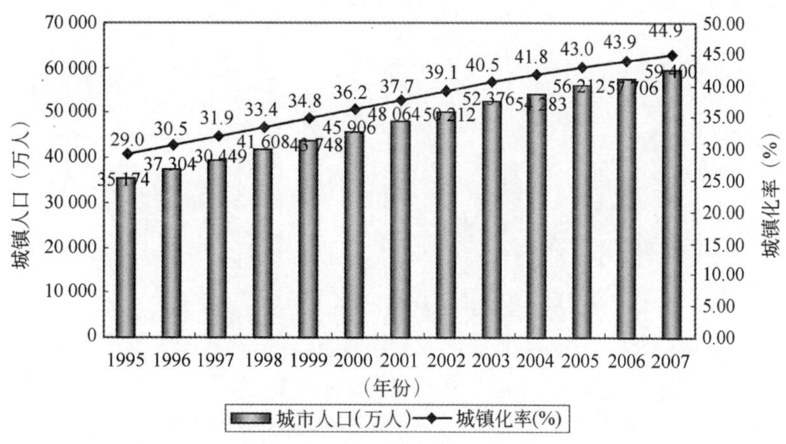

图1　1995～2007年我国城镇人口和城镇化率发展[1]

典型国家城镇化率从20%到40%所用时间[2]　　表1

国家	英　国	法　国	德　国	美　国	前苏联	日　本	中　国
年份	1720～1840	1800～1900	1785～1865	1860～1900	1920～1950	1925～1955	1981～2003
耗时	120年	100年	80年	40年	30年	30年	22年

城镇人口的快速增长，必然带来城市居民出行需求总量的快速增加。按照宏观社会经济发展的情景设定，到2020年，中国未来城市总出行人次将达9 517亿人次，其中公共交通、小汽车等机动车出行的总人次将达2 557亿人次，1998～2020年期间年均增长率达9.0%。随着城市居民出行需求的不断增长，城市公共交通（包括公共汽车、电车和轨道交通）客运总量也稳步增长，2005年达4 836 930万人次，比1980年增长1.6倍。特别是近十年增长速度加快，年均增长达7.4%，已经接近于GDP增长速度（图2）。

图2　中国公共交通客运总量变化趋势

1.2　城市建成区面积迅速增加，居民出行次数和出行距离较快增长

城市空间的扩张导致我国城市建成区面积不断扩大，并从2000年开始增长速度有加快的趋势，见图3。2000年我国城市建成区面积为22 439.3km^2，到2006年已增长至33 659.8km^2，6年间增长了50%。

城市建成区面积的迅速扩大，将会引起我国城镇据居民出行次数增多、出行距离加大。以北京市为例，全市居民日出行量迅速增长，居民出行总量从1990年的53.64亿人次上升到2000年的69.28亿人次，增加了29%，“十五”期间平均年递增4%。2005年常住人口平均日出行率2.64次，出行总量达到2 920万人次/日（不含步行出行量），比2000年增加了7.0%。2005年，北京市居民出行距离达到9.3km/次（不包含步行），比2000年提高了16.25%，比1986年提高了55%。

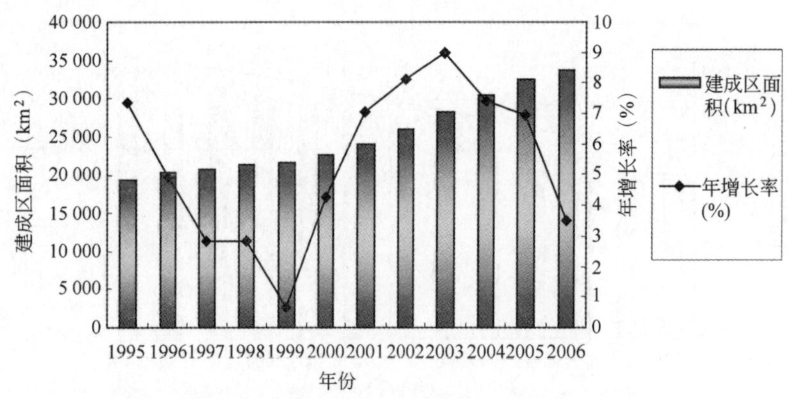

图3　1995～2006年全国城市建成区面积及其增长率

1.3　私人汽车保有量迅速上升，出行结构发生显著变化

由于人民生活质量提高和城市社会经济发展，人们的消费结构发生了重大变化，私人汽车消费日趋普遍，保有量增长迅猛(图4)。至2006年底，全国私人汽车拥有量达2 333万辆，而1995年时私人汽车保有量只有250万辆，11年内增长了8.3倍，年均增长率为23%，而且这种增长并没有停止之趋势，也就是说在未来一段时期内，我国私人汽车拥有水平还将进一步上涨。

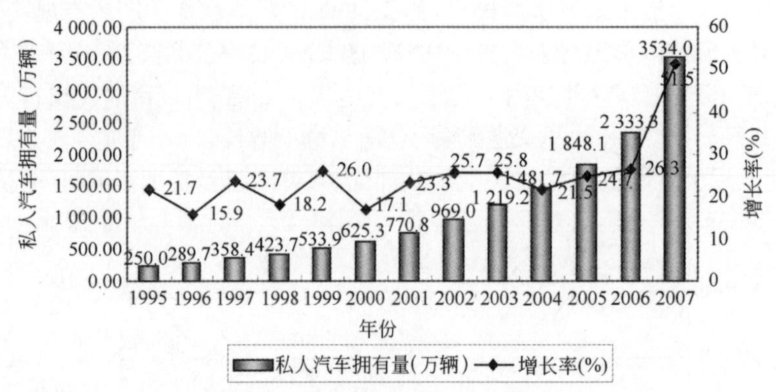

图4　1995～2006年全国私人汽车拥有量及其增长率变化图

交通工具的发展和居民出行次数及出行距离的增加，必将引起出行方式结构的变化。出行方式结构表示了居民日常出行采用各种交通工具的人数比例，是反映城市交通发展水平的一个重要内容。同样的出行总量，不同的出行方式结构对城市交通系统的要求存在很大差异。合理的出行结构在充分发挥交通基础设施作用、提高运输效率的同时节约能源，而不合理的出行结构则会使交通基础设施的建设意图及能源节约事倍功半。

根据对部分典型城市居民出行结构的调研可以看出(图5)，这些城市的交通结构有以下共同点[3]。

①所有典型城市中小汽车的出行比例均处于大幅增长状态，在部分大城市中已经占据主要地位，造成出行结构的快速变化。2000～2005年里，北京市小汽车的出行比例从26.5%上升到29.8%，增长了12.5%；成都小汽车、出租车和摩托车的比例从1987年的3.5%上升到2000年的15.2%，到2005年则上升到32.2%，两个阶段上升比例分别为342.9%和111.2%；从2002年到2006年，合肥和南京的小汽车出行比例分别增长了18.5%和96.2%。

②自行车等绿色交通出行方式比例下降较快，逐步失去优势地位。2000～2005年，北京市自行车出行比例从38.5%下降到30.3%，下降率为27.1%；成都五年间下降了17.9个百分点。2002～2007年长沙则下降了13.5个百分点；合肥和南京也有不同程度的下降。

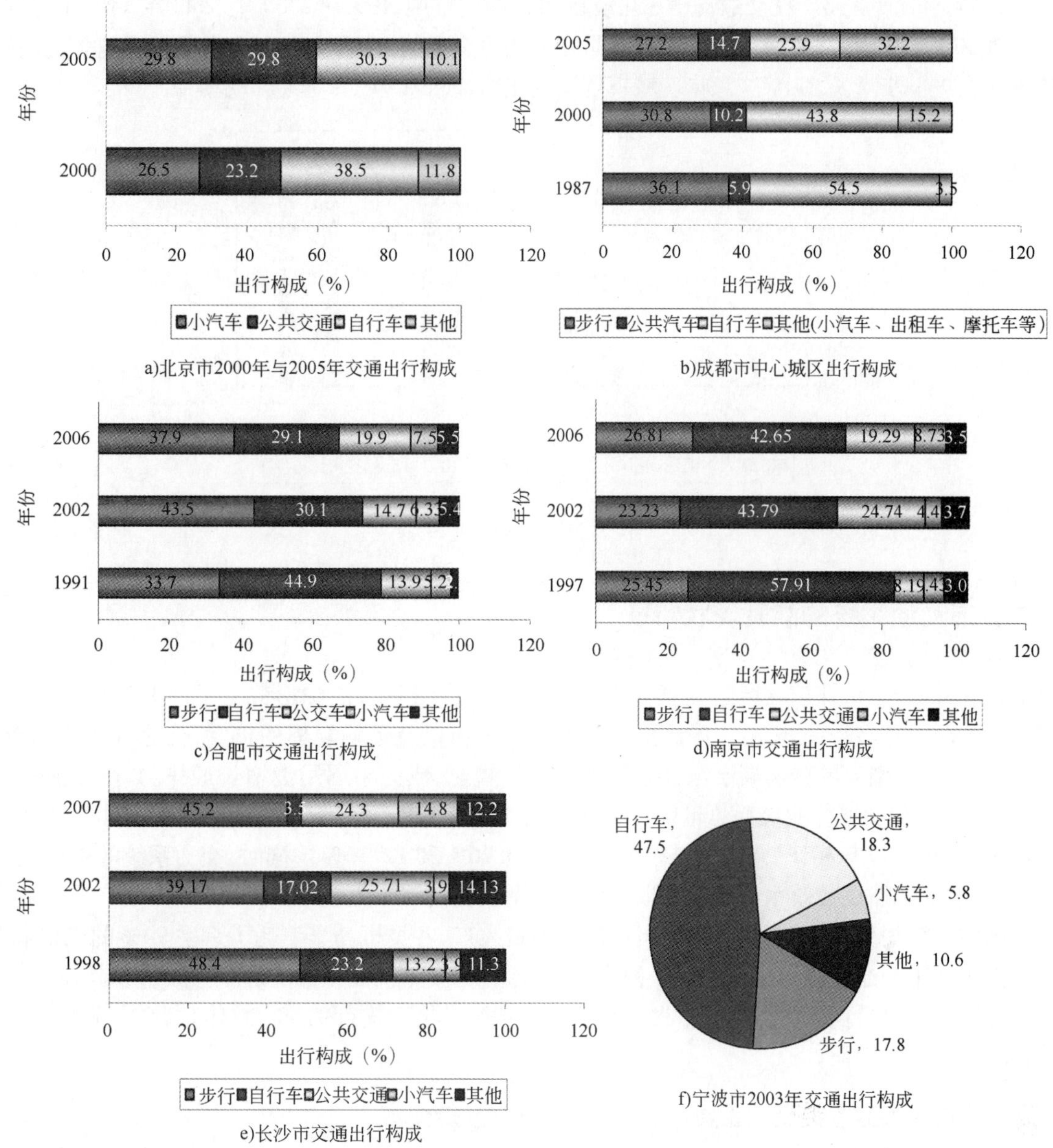

图5　典型城市的居民出行结构

如此的发展趋势，势必对我国城市交通的可持续发展产生重大影响。一方面个体及机动化出行大幅增加并逐渐占据主体地位；另一方面高效率的公共交通出行比例优势不足，自行车等绿色交通方式比例大幅下滑，这在给城市交通带来巨大压力的同时也会使能源消耗急速增长，不利于国家能源安全、社会稳定以及环境的可持续发展。

1.4　城镇居民生活水平提高，交通支出占总消费性支出的比重逐年增长

改革开放以来，我国的GDP保持了三十年的快速增长，在1978～2007年的30年中，年均增长9.82%。按照可比价格计算，GDP从1977年的3 201.9亿元增长到2007年的53 151.5亿元，增长了15.6倍。人民生活水平逐步提高，一方面将会使社交、休闲和通勤方面的交通需求增加，另一方面表明我国城镇居民逐渐具备购买私人小汽车的经济条件，必将使城市交通出行结构发生改变。

在社会经济不断发展、人民生活水平提高和城市建成区面积不断扩大的情况下，城镇居民生活和工作出行增加，其交通支出在人均可支配收入中所占比例随之增长。2000年，我国城镇居民用于交通的人均支出为166.2元人民币，是1995年的83元的两倍；2005年的人均支出为499.6元人民币，是2000年

的166.2元的三倍,见图6。在交通支出占可支配收入的比重中,1995~2000年、2000~2005年的五年增长率分别为37%和85%。无论是支出费用还是在人均可支配收入中,交通支出占据越来越多的份额,而且其速度还在进一步增长之中,这意味着城镇居民的出行需求和强度将会进一步加大。

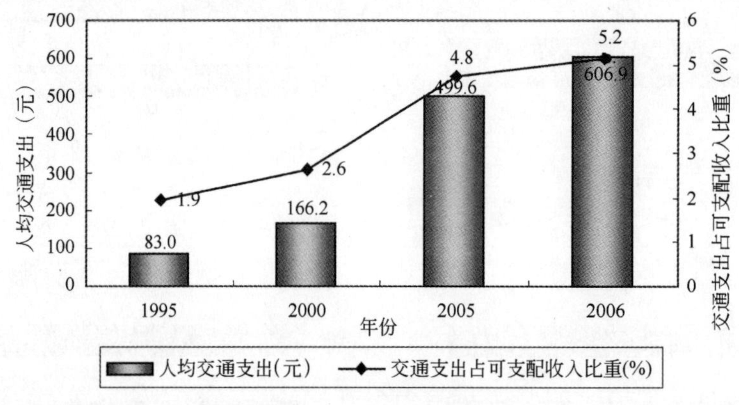

图6 1995~2006年城镇居民交通支出

2 中国城市交通系统的能耗现状特征

目前,中国的石油对外依存度已达40%左右,并且在逐年提高,能源形势非常严峻。交通行业是资源占用型和能源消耗型行业,随着中国经济社会的快速发展以及运输规模的扩大,交通行业能源消耗的规模逐年上升,能源消耗的增速高于全社会能源消耗的增速,成为中国用能增长最快的行业之一。据统计数据显示,2006年交通行业能耗总量约占全国总能耗的7.55%,消费石油及制品约占全国石油消费总量的31.45%,与2000年相比,年均增长率分别达到10.76%和12.16%。同时,交通系统的单位能耗、能源利用效率、主要耗能设备效率等指标与世界先进水平相比仍有较大差距。

在中国的能源消费中,城市交通是中国汽油的消费大户,各类机动车消耗了近乎90%的汽油和30%的柴油。由于城市交通能源统计体系尚不健全,只能通过调查不同类型的交通工具数量和其他相关的因子如燃油经济性、平均行驶里程等,并借助于相关的能耗数学模型进行估算。总体来看,中国城市交通系统的能耗现状有如下特征。

2.1 城市交通系统的各类交通工具中,小汽车的单车能耗最高

城市交通系统中,各种交通工具的单车能源消耗差别很大。研究表明,小汽车的每人公里能源消耗在各种交通方式中是最大的,而轻轨、地铁、有轨电车等大运量交通工具的每人公里能源消耗却很小,几乎只相当于小汽车的6%,公共汽车(单车)能源消耗也只相当于小汽车的10%左右。而在不同交通模式单位客运周转量的CO_2排放中,小汽车的排放量是各种交通方式中最大的,是公共汽车的7倍以上。由此可以看出,综合考虑环境效益和交通效率,大力发展轻轨、地铁、有轨电车、公共汽车等大运量的公共交通工具应是构建未来高效节能型城市交通的必然趋势[4]。

2.2 人均交通油耗低于发达国家水平,但增长迅速、势头猛

1990~2005年间,中国人均汽油消耗量增长较快(图7)。与全国的平均消耗水平相比,北京市的消耗水平约是全国平均消费水平的三倍。但是,同日本和韩国城市客运的人均汽油消耗量相比,中国目前的平均消耗水平较低。同时,图中日本人均汽油消耗量变化曲线显示,1999年前,东京的人均汽油消耗水平低于全国的消耗水平,但在1999年后赶上并超过全国的平均消耗水平,部分原因是由于东京小汽车购买者对小汽车的类型喜好变化。在日本东京拥有两辆车的家庭很普遍,多数消费者购买第一辆车时都选择宽大型的轿车,所以人均汽油消耗量不断增长。但是,由于消费者在购置第二辆小汽车时,考虑到税

费和环保的原因,通常会选择经济型的小排量车,所以尽管近年来东京小汽车的保有量不断增长,但东京的人均汽油消耗量却保持相对平稳的状态。

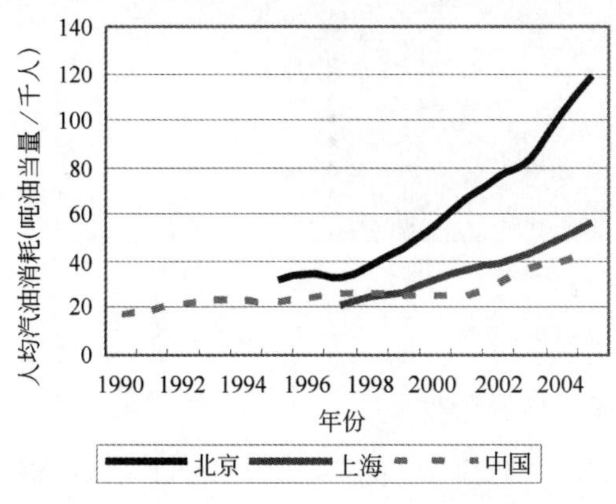

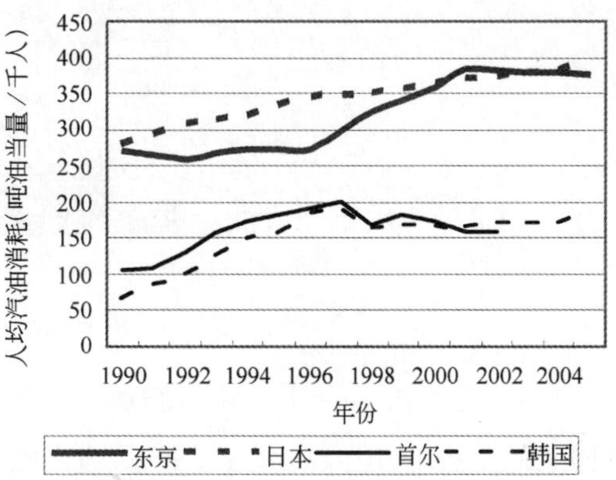

图7 中国、日本、韩国城市客运能耗对比

2.3 城市客运交通能耗中小汽车的能耗比例最高

城市交通系统的油耗在全国的汽油消费中所占比例很高。以上海和北京为例,2000年,上海市汽油消费量是133万t,到2005年的五年间增长了82%,达242万t。另外,据国家发改委能源所研究测算,2000年和2005年,上海市车用汽油消费量分别是106万t和200万t,其中小汽车消费量都占了其中的80%左右。在北京2005年城市交通系统的能源消费中,摩托车、小汽车和公交车能耗是根据不同类型交通工具的保有量、平均油耗和平均行驶里程估算,地铁能耗是根据地铁的能源消耗率(93千卡/人公里)和北京市地铁年客运周转量估计,并为便于相互比较,统一转换为热量单位。图8显示了北京2005年城市客运交通中不同交通方式的能耗和比例。结果表明,现在的能源消耗构成中占主导地位的是小汽车,约占总能源消耗的86%,远远高于其他三种交通方式的能源消耗量。

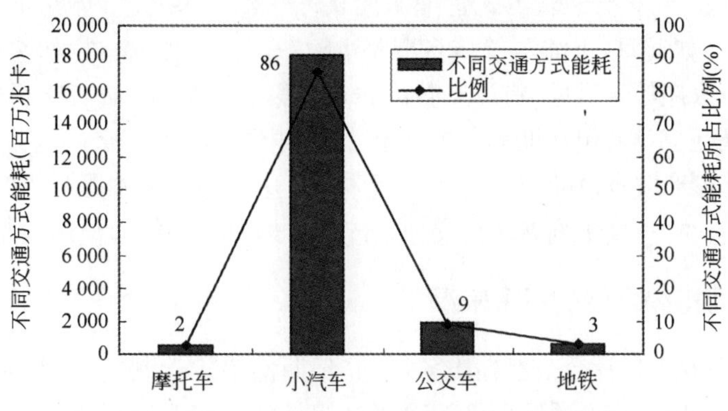

图8 北京2005年城市客运交通能耗及所占比例

据测算,在2000~2030年的30年间,城市客运用能消费年均增长率为5.9%,到2030年将达到年消耗能源4 530万t标准油,约是2000年的6倍。其中,小汽车的能源消费始终占到整个城市客运交通能源消费总量的80%(图9)。

2.4 中国交通替代燃料的发展取得明显进步

发展清洁的车用替代燃料,是实现城市交通可持续发展的一个重要组成部分。近年来,中国政府已经深刻认识到调整国家能源结构和处理环境问题的紧迫性。为了在节约能源、提高能源安全、减少排放等方面做出更多贡献,中国政府已采取了两项大的国家行动,并制订了一系列政策法规和标准,推动车用替代燃料发展。进入21世纪以后,在国家的大力推动下,中国车用替代燃料已进入了快速发展期。

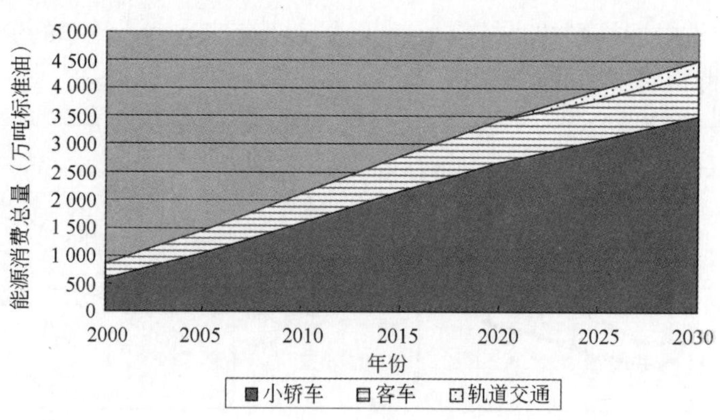

图9 2000~2030年中国城市客运的能源消费[5]

在国家的支持下,国内众多汽车整车、发动机骨干企业和研究机构、大学等积极投入到替代燃料汽车的研究开发工作中,企业每年都陆续开发出新的使用替代燃料的汽车。截至2004年底,登陆中国国家新产品公告的燃气汽车种类共104种,其中LPG车型有45种,CNG车型有59种。一些地方政府也积极组织车用替代燃料的研究与示范运行。总的来看,这些举措都标志着中国在交通替代燃料发展方面的巨大进步。

3 中国城市交通与能源可持续发展面临的主要障碍

当前,中国的城市交通系统远不能适应经济社会发展的需求,尚未实现从计划经济体制向市场经济体制的根本转变,主要的制约因素体现在以下方面。

3.1 城市交通管理体制落后,综合管理效率不高

目前中国城市交通系统实行分运输方式管理的模式,这是在计划经济体制下形成的,大致可分为三种:"一城一交"管理模式,如北京、上海等;"城乡道路运输一体化"管理模式,如沈阳、大连等;"多部门交叉"管理模式,如天津、石家庄等。其中,有过半数的城市是第三种模式,城市交通的多部门交叉管理,模式各异,体系混乱,职能定位不清,相互推诿扯皮现象普遍,导致中心城市交通运输管理的区域分割、部门分割和各自为政,无法真正形成有效的交通行政管理体系。这种管理体制是与当时社会经济发展水平和宏观环境的要求不相适应的,直接影响着城市交通系统的管理效率和能源使用效率。

3.2 缺乏对公共交通可持续发展的资金来源

由于我国城市公交企业承担社会公益性服务增加、长期低票价管制等原因,使相当一部分公交企业入不敷出,亏损严重。中国城市交通系统面临的重要挑战是公共交通出行比例正在逐步降低,非机动车和步行出行条件日益下降,而小汽车出行比例增长迅速,城市交通系统的能耗迅速上升。中国大城市公共交通出行比例都在15%~35%,远远低于国外类似规模城市的40%~70%。因此,解决稳定、多渠道、持续增长的资金来源是我国城市交通可持续发展的关键。但是,在我国至今还没有专用于公共交通发展的资金来源,尽管政府每年都对公交进行财政补贴,但效果却差强人意。如北京每年投入约20亿元,杭州约3亿元,导致政府的财政负担过于沉重,对城市交通的可持续发展造成严重影响。

3.3 交通规划与城市规划、土地利用规划协调不足

中国传统的城市交通规划一般作为城市总体规划的一部分而分开编制,交通规划与城市规划的协调环节薄弱,这导致相关公共交通站点周边的城市基础设施难以配套建设。很多城市在大力建设道路基础设施的同时,由于从理论上缺乏TOD的指导思想,仍然徘徊在道路越修越堵的误区,不能从根本上解决

治理城市交通拥堵问题。另外,有一些具体的规划方案,尽管已考虑到了交通与土地利用的综合规划、综合开发,却在具体的实施过程中迫于地方经济发展的压力、房地产开发商的资金回收等原因而仓促开工、匆忙竣工,导致交通设施建设没有跟上房地产开发建设,新开发的房地产缺乏高效便捷的公共交通系统。

3.4 缺乏基于需求管理的交通发展战略

所谓交通需求管理是指通过交通政策等的导向作用,促进交通参与者的交通选择行动的变更,以减少机动车出行量,减轻或消除交通拥挤,促进实现交通需求和交通供给的平衡。长期以来,中国城市政府将解决交通问题的重点放在加强建设、增加供给方面,而忽视了对城市交通系统管理的力度,导致现有道路资源利用率低下,道路交通管理不善,交通设施“忙闲不均”。据统计,中国的每辆小汽车的使用频率比美国高5倍。汽车交通的发展及其产生的交通问题日趋严重,把人们的注意力引向了汽车,而忽视了步行和自行车交通出行。过多的高架路和日益萎缩的非机动车道,导致非机动车出行条件日益恶化,出行的舒适度和安全性不断降低,城市交通出行结构日益恶化。

3.5 中国车用替代能源发展中很多问题亟待解决

在1999年后,车用替代燃料在中国就真正进入了地区性的试点推广和规模化、产业化发展的新阶段。车用替代燃料的推广使中国的车用能源结构从单纯依靠石油产品开始向以石油产品为主、其他燃料为辅的多元化方向转变,同时也为改善中国城市空气质量发挥了较大作用。但是经过几年的示范和试点推广,人们发现与汽油车和柴油车相比,当前技术相对成熟的替代燃料车仍存在一些问题,如技术仍需完善、车辆本身价格较高、燃料供应体系复杂昂贵、燃料生产需要国家补贴等,具体问题因燃料、车型不同而不同。在替代燃料得以推广的同时,汽油车、柴油车的技术也在不断进步、污染物排放水平也在不断降低,特别是混合动力汽车的快速产业化,使节约汽油的技术水平出现了跨越式的发展,使其出现新的活力。而且,从长期看,替代燃料车不可能完全取代汽油车和柴油车,获得主流地位,但是从目前阶段来看,提高车用替代能源的消费比例仍是我国能源可持续发展的重要方向之一。

4 政策选择

加快建设节约型社会,是党中央、国务院做出的重大战略决策,是全社会的共同任务。未来20年仍是中国城市可持续交通发展的重要机遇期,中国应该在机动化失控之前,提前采取措施,实施交通和能源可持续发展战略,避免重复发达国家走过的弯路。当前我国迫切需要从体制、经济、法律、技术等方面审视现有的城市交通和能源政策,以保证中国城市交通和能源系统的可持续发展。

4.1 创新体制改革,建立健全交通能源管理体制与机制

在目前各主管部门实现政企分开、转变政府职能的基础上,按照“精简、统一、效能”的原则,开始实施“一城一交”的管理体制改革,构建综合性的政府交通运输主管机构,整合市政、交通、公安、运输管理等部门,进行相互协调的综合性管理。同时,将城市交通能源统计工作纳入管理范畴,建立和完善城市交通能源管理体系,建立城市交通能源的统计和监测体系,结合现阶段的主要问题,提出加强交通节能的法制建设,建立一套完善的交通节能奖惩机制,将交通能源管理责任落实到具体部门和相关人员。

4.2 交通规划与城市规划的协调发展政策

改革交通规划制度,按照城乡一体化、城市交通与城际交通一体化的要求,科学制订《城市综合交通规划》,同步制订城市总体规划和城市综合交通规划,配合城市空间布局调整与总体规划的编制,及时进行城市规划的修编,从规划程序上严格把关,实现城市交通与土地利用的全面、协调发展。以公共交通引导城市发展;分散城市功能,避免中心城区超强度开发;构建多种交通方式兼容的复合型交通走廊,以公

共交通引导城市土地的开发等。

充分吸收社会资金,采用联合开发、统一联动的投融资机制。在进一步加大政府在公共交通领域投资力度的同时也应鼓励社会资金投入到公共交通的经营和服务中来,提高公共交通投资的总体比重,避免政府背上沉重的债务包袱。目前,除了比较成功的香港地铁的“地铁+物业”的融资模式外,轨道交通商业化投融资的途径还有:贷款融资、证券融资、租赁融资、合作开发、土地开发、利益返回、民间资金启动方式等。

4.3 落实公共交通优先发展政策

在前期优先发展公共交通政策措施的基础上,通过相关部门的共同努力,中国城市公交出行比例将会不断提高。如果在未来15年内,中国城市公共交通出行分担比例提高15个百分点,对中国城市交通和能源的可持续发展意义重大。因此,迫切要求改革现有公交管理体制,重点解决好城市交通建设的发展资金和公交企业的竞争力问题,提高公共交通的运输能力和服务质量。

城市交通建设首先要保障公共交通发展的资金来源。深化公交改革,建立公共交通的补贴制度,可以通过设立城市公共交通专项基金,从城市土地出让金、燃油税、固定资产税、土地增值、停车收费、拥堵收费等收益中确定一定的比例,专门用于城市公共交通系统的建设。

在公交运营中应该建立市场竞争机制,提高公交企业的竞争力,加快市场化进程,减少政府财政负担。彻底改变在计划经济条件下,公共交通系统的建设、运营、管理完全由政府包揽的状况,转变政府职能,将政府的行政职能与管理职能相分离。在城市交通行政主管部门领导下,通过成立企业化的城市公共交通运营管理机构,建立与市场经济体制相适应的城市公共交通运营机制,并结合城市公交线路的不断优化整合,提高公共交通系统的整体运营效率。

4.4 实施交通需求管理政策

发达国家的经验表明,交通需求管理政策是提高城市交通整体效率和减少温室气体排放的重要措施之一。在我国,已实施过或正在实施交通需求管理相关措施的城市相对较少,但根据近年来的一些试验和短期实施,还是取得了一些宝贵的经验。如北京市为2008年8月奥运会期间实行的短期交通需求管理措施——单双号出行管制、错时上下班等,都取得了十分明显的效果。据北京环境监测站统计,8月全月大气环境中各主要污染物浓度平均下降45%,奥运会期间更是下降50%,出现了14个一级蓝天,为10年来空气质量历史最好水平,这也使得在交通系统中,通过需求管理措施来降低我国交通温室气体排放与污染看到了希望。

目前,国内外常用的交通需求管理措施有:在大城市中心城区实施道路拥挤收费制度,引导小汽车的合理使用;实行错时上下班,调整交通需求的时间分布;采用先进的ITS技术,建立出行需求管理系统,向出行者提供实时信息。同时,应用车票差价,即热线票价高、冷线票价低,引导消费者走冷线,以调整交通需求的空间分布。充分发挥现有交通系统资源,整合不同交通系统,共享交通信息,提高交通系统运营效率。灵活实施停车限制、停车换乘系统(P&R)等措施,引导公众合理的交通出行和交通消费等。

4.5 实施车用替代燃料发展的鼓励政策

现阶段,应在对各种替代燃料开展全生命周期评价和外部性评价的基础上,有选择地加大资金投入,并制定相关优惠政策。能源安全和环境保护都属外部成本,而发展替代燃料也主要是针对这些国家层面的外部性问题的。要想使这种外部成本内部化,需要增加不够清洁、不够安全的车用燃料的整体负担,才能更加合理地引导资金流向。在研发和示范推广方面,应针对在中国有潜力大规模发展的替代燃料,国家要对其可持续性开展深入研究,并组织大规模试验。在发展所有的替代燃料中,新的问题层出不穷、不可避免,在当前开展的试点过程中一些问题已经有所表现。所以,应在努力解决相关技术问题的同时,不断补充和完善中国车用替代燃料发展的鼓励政策。

4.6 创造条件,鼓励步行和自行车出行

众所周知,步行和自行车是城市交通系统中能源最节约、环境最友好的交通方式,应在短途出行、公共交通的末端衔接和小区接驳方面充分发挥作用。无论是从城市用地结构、出行距离,还是从地形和气候考虑,中国大部分城市都十分适合自行车交通方式。但是,由于过去几年内我国许多城市对自行车和步行交通的发展不够重视,导致其出行条件不断下降,行人和自行车出行的安全性和舒适性得不到保障,出行比例呈下降趋势。而且,随着机动化的快速发展,中国城市居民的步行出行环境也正在日益恶化,人行道被占用、行人过街设施不合理等现象非常普遍,导致步行的安全性、舒适性逐年降低。

政府应该在城市交通规划中,通过统筹规划,在法规、规划、工程验收以及道路空间运用等环节上,落实和体现“以人为本”理念,提供相应的自行车通行空间和停车换乘条件,鼓励自行车出行。必要时,应建立自行车专用道系统,为自行车出行提供“安全、舒适、高效”的通行环境。同时还要为公众提供安全、温馨、连续的步行环境,保证建设连续、安全的步行路系统。在商业地带等人流密集的行人区,应当构建“人车分离、连续便捷、美观舒适”的步行交通系统。

参考文献

[1]《中国统计年鉴》,各年,其中2007年数据来自《中国城市发展报告(2007)》.

[2] 陆大道.我国的城镇化进程与空间扩张.城市规划学刊,2007.

[3] 中国中心城市交通改革与发展研讨会学术委员会,交通部科学研究院中国城市可持续交通研究中心.中国中心城市可持续交通发展年度报告(2007).北京:人民交通出版社,2007.

[4] 周伟,Joseph S. Szyliowicz.中国交通能源与环境政策研究.北京:人民交通出版社,2005.

[5] 张树伟,姜克隽,等.城市客运交通的发展与能源消费.城市问题,2006.

第三章　关于绿色交通发展战略的思考

江超群

(深圳市交通场站建设管理中心)

摘　要: 一个时期以来,以大城市继续改造与扩张,中小城市快速发展为主要特征的城市化步入高速发展时期。城市的规模与结构发生重大变化。由于土地资源的约束、汽车的大量增加、公共交通的萎缩、交通管理技术水平低下以及整体交通发展战略的缺失,现代交通在给人们带来便利的同时,其负面影响日益突出。研究制订科学的绿色交通发展战略,系统、全面、有效地解决交通发展与资源约束、交通发展与城市建设、交通发展与交通事故、交通发展与环境破坏之间的矛盾成为政府乃至社会各方面共同关注的焦点,本文试图就这一问题作探讨。

关键词: 战略规划　绿色交通

1　绿色交通的基本定义及其内涵

绿色交通是指适应人居环境发展趋势的城市交通系统。以建设方便、安全、高效率、低公害、景观优美、有利于生态和环境保护的、以公共交通为主导的多元化城市交通系统为目标,以推动城市交通与城市建设协调发展、提高交通效率、保护城市历史文脉及传统风貌、净化城市环境为目的,运用科学的方法、技术、措施,营造与城市社会经济发展相适应的城市交通环境。

绿色交通以人居环境为核心,重点突出5大要素,即生态环境要素、公共交通主导要素、城市交通多元化要素、城市交通与城市建设协调发展要素和技术要素。按照国家颁布的绿色交通示范城市考核标准,绿色交通的具体内容包括组织管理、规划建设、公共交通、基础设施和交通环境5个部分66个项目,其中"基础设施"部分涉及道路设施、枢纽设施、停车设施、管理设施4个分支26个项目。5大要素66个项目为各城市发展绿色交通提供了基本的理论指导和实践指南,是各城市政府及其交通部门制定战略和开展实际工作的重要依据。

2　绿色交通发展战略应解决的主要问题

综合分析各主要城市的交通发展现状,我国城市交通发展战略面临着以下几个主要问题。也就是说,制定和实施绿色交通发展战略应紧紧围绕解决这些问题来进行。

2.1　道路容量严重不足

长期以来,我国城市人均道路面积一直处于低水平状态,只是近10年方开始有较快发展,人均面积由2.8m^{2}上升到6.6m^2。尽管增长幅度较快,但仍赶不上城市交通量年均20%的增长速度。目前全国32个百万人口以上的大城市中,有27个城市的人均道路面积低于全国平均水平。上海市人均道路面积只有3.5m^2,致使中心区约有50%的车道上高峰小时饱和度达到95%,全天饱和度超过70%,这些路段终日繁忙,十分拥挤,有的路段持续堵塞6.5h以上,中心区平均汽车行程车速降到10km/h左右。

为什么在道路建设不断上升的情况下,交通拥挤还如此严重?其直接原因是道路面积严重不足。首先,我国目前大城市的人均道路面积尚不及发达国家的1/3。其次,我国大城市市区正处在从中心区向卫星城区及郊区扩散过程中,城市道路设施建设的增加也主要向新开发区区域和郊区倾斜。相对来讲,中心区的道路面积增加率反而略有所下降。再次,由于城市中心区商业及地产的高密度开发,更加诱增和汇集了过量的交通,加剧了道路设施的超负荷运载。此外,我国城市道路中人行主体交通问题一直得不到有效解决,城市新增的道路面积,往往很快就被各种摊商、集贸市场和停车场相继侵占,使本来就严重短缺的道路面积更加紧张。

道路设施面积不足原本在于道路建设的滞后。这种滞后不仅使城市现有的道路功能变得混乱而低效,而且造成的时间浪费和行车成本损失是巨大的。有人测算,其直接经济损失要占国民生产总值的1%,有的大城市可能达到所在城市国民生产总值的10%左右。

2.2 汽车增长速度过快

最近几年是我国机动车增长速度最快的年份,小汽车、客车、面包车以至于摩托车增幅年平均在20%以上。截至2007年6月,全国机动车保有量为15 281万辆。其中北京机动车保有量为300余万辆;广州为100余万辆;深圳市为113余万辆。2008年,深圳市机动车保有量将超过150万辆。

有资料表明:根据我国小汽车增长分析,每当小汽车拥有量年增长率超过20%时,必将引起当年以及随后几年城市交通恶化。2005年至2007年,我国小汽车拥有量年增长率为32%左右。而现有城市路网一般都存在密度偏低、主次干线连接性差、道路"微循环"系统混乱等问题,造成城市路网体系的整体效能下降,难以承受小汽车拥有量高速增长及其对城市道路资源的需求。

2.3 交通公害日趋严重

一是噪声污染。噪声源主要是汽车的喇叭声,上海市曾对公共交通路线作过一次调查,一般按喇叭次数平均50次/km以上;行驶条件较差时达163次/km,平均40次/min。噪声引起听觉疲劳或听力损伤,严重干扰道路周围居民的睡眠,影响人的身心健康。

二是大气污染。车辆排放废气种类主要有CO,HC,NO_x,SO_2,铅化合物等。从世界范围来看,排放的氮氧化物的60%,一氧化碳的78%,碳氢化合物的50%是由于交通而引起。我国城市大气污染中交通所造成的污染占据了50%以上。

2.4 公共交通日趋萎缩

有资料显示,1978~1995年的17年间,全国公交车辆和线路长度分别增长了2.5倍和2.8倍,公交车辆达到0.62辆/千人,但公交车辆的运营速度由12~14km/h下降到5~10km/h,新增的运力被运输效率下降所抵消。20世纪90年代初,公共汽车在居民出行交通结构中,多数大城市从原来30%下降到10%以下。其原因是"优先发展公共交通"的方针没有真正落到实处,票价政策问题长期得不到解决。公交企业主要依靠政府补贴,运营效率不与经济挂钩,服务质量下降与企业生存无关,因而普遍处于亏损状态,由此导致公共汽车在整个城市交通客运量中的比重越来越小。

2.5 交通管理技术水平低下

由于历史和认识方面的原因,我国大城市中交通控制管理和交通安全管理的现代化设施很少。由于设施明显不足,管理疏漏不少,交通事故率居高不下。北京近年来的交通事故死亡人数一直在每年500人左右。从停车场看,大城市中特别是中心区停车设施严重短缺,车辆大都停在道路和人行道上,加剧了拥挤堵塞和事故发生。此外,国际上普遍使用的信息化、智能化交通管理系统,在我国仍处于起步阶段。

2.6 缺乏城市交通的整体化发展战略

城市交通建设是一项系统工程,既要研究交通需求和供应的平衡,还要考虑土地和财力的可能,是一项决策性很强的工作。当前出现的城市交通问题中,其中一个重要原因是,缺乏科学的整体交通战略和规划,治理工作往往顾此失彼,前后失调,使各类型交通设施难以形成相互促进、相互协调的良性效能机制,投入不小,而收益不大。

有一些大城市热衷于建设高标准的大型交通工程,出现了许多立交桥、高架路和城市环路,以为只有高标准的大型交通工程,才能一劳永逸地解决交通问题,实际上这种办法只能暂时缓和矛盾,拥挤问题不但没有解决,甚至诱发聚集更多的交通量,引起结构性的“负效应”。城市交通是一个动态的整体,仅靠几项大工程是不可能解决问题的。同时,大量的高架路、立交桥对城市景观与环境的破坏,很多是无法消除的。

另一个问题是长期忽视公共交通的发展。解决城市交通究竟主要靠谁?是个体交通还是公共交通,这是城市交通发展的战略问题。其实,公共交通是效率最高的交通方式,几乎所有国家和地区在经历了痛苦曲折之后,都鲜明地选择了优先发展公共交通的政策。我国城市用地紧张,人口密度高,适宜于公共交通运输,所以国家早就制定了优先发展公共交通的政策。但因为种种原因,一直没有落实,城市交通疲于应付,导致了公共交通的萎缩。近年来,许多大城市又过分依赖于未来的地铁和轻轨交通,低估了公共汽车交通的作用,使公共交通进一步陷于困境。确定一个适合中国国情的城市公共交通结构至关重要。而公共汽车、电车是疏散高密度客流不可缺少的公共交通工具,同时也是构成城市公共交通系统中重要的末端环节,是维持大城市客运交通的关键。

以上6个问题,反映了我国当前大城市交通的基本特点,概括起来就是:车多路少,现有道路已无多大潜力;车速下降,交通阻塞的趋势在逐渐恶化;公共交通发展步履艰难,机动车增长势头强劲,给城市交通带来新的更高的质量要求。这些交通问题,又集中表现在大城市过度密集的市中心地区,而其深层原因,则是城市交通发展的目标和方向尚不明确,其相应的政策措施也不得力。

3 绿色交通发展战略的基本要素

根据前文所述有关绿色交通的定义和内涵,各城市在制订绿色交通发展战略时,应充分考虑下列要素。

3.1 各种等级道路的比例协调

城市道路是城市范围内供各种车辆和行人通行并具备一定技术条件的交通设施,具有促进城市布局,提供通风、采光空间,作为上、下水道和煤气、电力、通信设施埋设通道的功能。根据《城市道路设计规范》(CJJ 137—90)的规定,城市道路按其在城市中的地位、交通功能和对沿线建筑物的服务功能分为快速路、主干路、次干路、支路四类。1995年,国家颁布的《城市道路交通规划设计规范》(GB 50220—1995),对于上述四个等级道路在不同规模城市中,应具有的路网密度范围作出了明确的规定。从快速路到支路的简单对比约为1:2:3:7,大体上呈现为上小下大的金字塔形结构,等级愈高比重愈小。但对于不同等级道路所应承担的运输工作量比重文中没有说明。而从客观的角度看,不同等级道路分工明确保持合理的比例是非常必要的。只有比例恰当才能相互协调,相互适应组成一个有机网络。等级愈高,里程愈短,纲目分明。如果道路网络中等级比例失调,必然不能发挥网络的整体功能和各级道路的应用作用。对于不同性质、规模和结构的城市,其各级道路里程所占比重以多大比例为好,合理的变化范围如何,还有待进一步研究,但等级愈高其里程愈短比重越小,则是肯定的。

3.2 吸引公众的公共建筑物的合理布局

城市中吸引人流的集散点、枢纽点,例如大型体育场、影剧院、游乐场、百货商店,以及铁路旅客站、长途汽车站、客运码头、大型工厂等,会引起复杂繁忙的交通运输问题。因此,在城市总体布局时不要将吸引大量人流的公共建筑物过分地集中,以免造成交通运输和管理上的困难。在规划设计交通集散的过程中,应从城市总体交通着眼,妥善处理建筑物的出入口、公共交通的衔接部分、广场停车场地以及周围道路等方面的关系。

3.3 城市客、货流流源、流向和流量的全面掌握与调整

城市交通规划只有同居民的出行活动，与货物在市区的流动规律紧密结合起来，才能符合实际需要。全面掌握城市客、货流的流源、流向和流量，认真做好预测工作，是规划和调整公交路线系统，改善行车组织，提高运营能力的至关重要的工作。

3.4 城市交通运营路线和时间的合理组织

合理组织城市交通的运营路线和时间是城市交通顺畅运行的重要保障，也是绿色交通战略规划必须考虑的重要内容。做规划时，可以参考下列因素。

(1)实行单向交通。国内外实践证明，交通分流能够充分利用现有道路提高通行能力和行车速度，减少交通事故。据有关调查，单向交通可使车辆行驶时间缩短22%，停车时间缩减60%。

(2)错开职工上、下班时间。城市职工的上、下班活动，是城市内部人口流动的基本现象。其特点是流量特大、时间特短。高峰时，人流拥挤成团；高峰一过，街道秩序如常。城市交通问题，主要表现在上下班的高峰时刻。可以说解决了城市上下班的高峰运输问题，即解决了大部分城市交通问题。实践证明，错开职工上下班的时间，通过延长运输时间来降低高峰的峰值，便可缓和上下班高峰时间的交通负荷。在一些通往城市工业区的交通干线上，更应采取这个办法来缓解交通拥挤的矛盾。

3.5 各种交通市政设施的合理规划

重视道路绿化，利用道路两侧的树木和绿地的散射、吸声可以降低噪声。同时在城市间应保留生态通道，以便各种野生物在城市间往来，有利于生态多样性，减轻大气污染等。考虑出行困难者(残疾人和高龄人员)的出行，应专门建设各种便利的服务设施。虽然可以做到以车代步，但是合理的步行者与自行车活动区间是必要的。合理的修建停车场，利用大型建筑物地下空间建造地下车库，以满足小汽车不断增长的需求。

4 制定绿色交通发展战略应把握的几个要点

制定绿色交通发展战略在坚持上述基本要素的同时，还应把握以下要点。

4.1 以建立国际先进的综合交通体系为目标

立足现实，关注未来是战略规划的基本特征。绿色交通发展战略应在准确把握客观现实及其走势的基础上科学合理地规划未来，要体现出充分的前瞻性、系统性和科学性。在目标确定上应以高远取向为宜。

近年来，随着我国经济社会的快速发展，经济实力对包括交通建设在内的城市建设的承载力明显增强。然而，从长远看，任何一个城市的发展都会面临土地资源的硬约束，在经济全球化与区域经济一体化背景下，要实现城市交通的可持续发展，必须以建立国际先进的综合交通体系为目标，结合我国的实际情况，广泛吸收和借鉴世界发达国家的先进经验，努力探索出一条符合我国国情的城市交通可持续发展之路。

4.2 以打造优美舒适的城市交通空间，适应人居环境发展为根本

城市交通空间是居民主要活动空间之一。在交通设施建设中，应遵循以人为本、环境友好的理念，构建城市各类交通空间。如在高快速路及城市主干路网建设中，强化园林化和生态化设计；注重复合式交通枢纽的空间设计和公交站点的环境设计，营造尺度适宜、环境优美、方便舒适的候车环境；加强道路设施、过街设施、公交设施、人行设施的一体化设计，提供便捷、舒适的步行空间等。

4.3 以城市交通基础设施建设为前提

建设功能完善，层次合理的交通基础设施，是实现城市交通运输高效运转的基础和保障。要通过重点

设施建设,推动交通基础设施水平的提升。构筑覆盖整个城市,层次合理、衔接顺畅的路网骨架,同时,加快发展多元化交通枢纽及其相关的配套体系建设,提高城市功能的辐射力和公共交通的竞争力、吸引力。

4.4 以公共交通为主导,多种交通方式协调发展为原则

一是发展轨道交通建设,提高轨道交通的分担率,形成以轨道交通为骨干、常规公交为主体、多种交通方式协调发展的城市交通体系。二是实行公交特许经营,并开展以之为背景的公交体系建设,通过完善标准、强化监管、提高公共交通的服务水平。

4.5 以加快智能交通系统化建设,提高交通管理的科技化和信息化水平为重点

为了应对日趋复杂的城市交通环境,必须应用交通新科技提高交通管理水平和运行效率,通过构建信息联动平台和城市智能交通网络,建立新型、高效、实时的信息采集方式和智能决策支持系统。如研究开发智能公交信息采集系统,开发智能公交信息数据库和公交出行查询系统,方便乘客即时查询;研究建立城市集成交通运营和信息服务系统,实现公交实时出行数据采集、公交智能调度和辅助决策的智能化;研究开发建设高快速路诱导系统,实现整个城市和跨区域高快速路的诱导信息发布等。同时加快城市智能交通系统的整合力度,建立一体化的智能交通系统。

4.6 以建立统一、高效的道路建设和管养体制为策略

我国城市道路设施的建设和管理存在多头管理的局面,如道路的建设单位有市级规划、工务、交通、公路等部门,同时还有区级公路部门、工务部门、街道办等;道路设施的养护管理部门有市级交通部门、城管部门、公路部门、交警部门,同时还有区级交通部门、公路部门、城管部门等。由于缺乏统筹协调,道路设施的建设存在时序不一、标准不同、衔接不畅、配套不完善等问题,大大降低了道路设施的使用效率和管理水平。因此,必须整合统一的道路建设管理体制,对道路、公交、步行等交通设施进行统筹规划,统一设计、统一建设、统一管理,为市民提供系统的、完整的、人性化的交通服务和交通环境。

4.7 以研究建立一体化的城市交通管理体制为保障

研究建立一体化的城市交通管理体制,以适应日益复杂的城市交通发展环境是促进我国交通可持续发展的重要保障。而我国许多城市的交通管理工作分散在不同的部门(规划、发改、交通、交警、城管、公路、工务等),各部门对交通的规划、建设和管理往往存在着目标取向不完全相同,行动步调难以协调一致等问题,大大增加了政府协调的难度。市民常常弄不清到底是哪个部门负责交通问题。因此,改革创新我国的城市交通管理体制势在必行。党的"十七大"明确指出政府行政管理体制改革要"加大机构整合力度,探索实行职能有机统一的大部门体制,健全部门间协调配合机制",政府部门应逐步向大部门、宽职能、少机构的方向发展,减少行政层次,解决机构重叠、职能交叉、政出多门等问题。在这方面,一些尚未建立一体化交通管理体制的城市可以借鉴新加坡经验以及国内北京、上海等大城市的成功做法,进一步探索和推行统一、高效的交通管理体制。

5 结语

道路是现代社会的血脉,汽车是现代社会的重要工具,道路基础设施不足或汽车的过度使用,均可能造成现代社会的血脉梗阻,而危及社会的生存。而保守的发展政策一旦造成道路建设滞后,又将对社会进步和经济发展带来极大的制约。道路交通需要一个合理的发展程度,这取决于社会经济发展的需求,受制于资金、资源和环境,需要遵循可持续发展的原则。对于道路交通来说,政府的发展战略和政策起着决定性的作用,其制订是一个协调各方面利益和目标的过程,需要采用现代大系统的观点和方法分析处理。

第四章　树立绿色交通理念　推进城市科学发展

唐靖宇

（南京市公路管理处）

摘　要：绿色交通是个全新的理念，是三个方面的完整统一结合，即通达有序；安全舒适；低能耗低污染。它强调的是城市交通的“绿色性”，即减轻交通拥挤，减少环境污染，合理利用资源。本文通过介绍绿色交通的理念，探讨城市交通规划中，如何科学合理地引入和贯彻“绿色交通”理念；立足本土特点，提出了南京市建设绿色交通的具体策略。

关键词：绿色交通　环境　规划　策略

0　引言

目前，城市交通问题突出，道路越来越拥挤，行车难、停车难、交通堵塞状况日益严重；城市生态环境恶化，大气环境污染日益严重，城市交通污染已成为当今难以解决的顽症。因此，如何重新定义与发展交通系统，成为现代文明下一步发展不可或缺的内容。其中，如何使交通系统的发展符合未来环境保护、健康、安全和效率的共同需要是其重点之一。在此情形下，“绿色交通”应运而生。

1　“绿色交通”的理念

绿色交通是为了减轻交通拥挤、降低污染、促进社会公平、节省建设维护费用而发展低污染的有利于城市环境的多元化城市交通工具来完成社会经济活动的协和交通运输系统。Chris Bradshaw 于 1994 年提出绿色交通体系，将绿色交通工具进行优先级排序，依次为：步行、自行车、公共交通、共乘车，最后才是单人驾驶的自用车。对于我国来说，可以分为：行人、自行车、公共交通（电车、地铁、轻轨、公共汽车）、共乘交通、出租车、私人机动车、货车与客运空运、摩托车。

绿色交通这个全新的理念，它与解决环境污染问题的可持续发展概念一脉相承，同时综合交通宁静区、自行车推广运动、新传统邻里的城市设计方法以及低污染公共汽车、无轨电车、现代有轨电车、轻轨为导向的公共交通运输等观念，成为交通工程中一个重要的发展领域。它强调的是城市交通的“绿色性”，即减轻交通拥挤，减少环境污染，合理利用资源。其本质是建立维持城市可持续发展的交通体系，以满足人们的交通需求，以最少的社会成本实现最大的交通效率。“绿色交通”理念的核心是资源、环境和系统的可扩展性，是从发展战略的高度去认识交通系统的发展与资源和环境的关系。因此，“绿色交通”理念一方面包括交通系统内部的优化问题；另一方面涵盖了交通系统与外部系统的协调和共生。

绿色交通更深层次上的含义是协和的交通，即包含：交通与环境的协和（生态的、心理的）；交通与未来的协和（适应于未来的发展）；交通与社会的协和（安全、以人为本）；交通与资源的协和（以最小的代价或最小的资源维持交通的需求）。

绿色交通主要表现为减轻交通拥挤、降低环境污染，这具体体现在以下几个方面：减少个人机动车辆的使用，尤其是减少高污染车辆的使用；提倡步行；提倡使用自行车与公共交通；提倡使用清洁干净的燃料和车辆等。

2 将“绿色交通”理念贯彻交通规划始终

在可持续发展已逐渐成为世界各国现代发展的主导潮流的今天,“绿色交通”正取代传统交通理念,融入现代交通规划观。在进行城市交通规划中,应该将“绿色交通”的新理念贯穿于各项交通规划始终。

在具体规划中,主要应该从以下几个方面引入和贯彻“绿色交通”理念。

2.1 外围交通规划

推进江南江北地区协调发展,一直是南京市经济社会发展大局中的重大问题。无论是从现实需要还是从未来发展看,“整体提升江南、加快建设江北”都是实现我市区域间和谐发展,进而构建“以江为轴、跨江发展”新格局的根本战略。“跨江发展”是南京在新的历史条件下贯彻科学发展观、构建和谐南京的战略举措,也是促进江南江北区域协调发展、优化城市空间结构、提升城市功能、加快城市化和城市现代化建设,全面提升南京综合实力和综合竞争力的客观要求。

“跨江发展,交通先行”——为促进江南江北共同发展,南京市除制订过江通道规划外,还把“两翼齐飞”作为沿江公路的建设目标,强力推进江南、江北沿江高等级公路的建设。同时南京市干线公路网规划(2006~2020年)结合南京市自然资源条件,统筹考虑已建与在建项目现状,采用路网加密和路线扩容的布局方案,将《南京市干线公路网规划》与《江苏省高速公路网规划》、《南京市国民经济和社会发展第十一个五年计划》、《南京城市总体规划》、《南京都市圈规划》、《南京市镇村布局规划》、《南京市土地利用规划》、《南京市工业产业布局规划》和《南京市环境保护十五规划》、《南京市生态市建设规划纲要》等规划进行协调性分析,为新一轮干线公路建设提供了理论依据。

外围公路规划中必须以科学发展观为指导,引入公路建设新理念——“六个坚持,六个树立”,即坚持以人为本,树立安全至上的理念;坚持人与自然相和谐,树立尊重自然、保护环境的理念;坚持可持续发展,树立节约资源的原则;坚持质量第一,树立让公众满意的理念;坚持合理选用技术标准,树立设计创新的理念;坚持系统论的思想,树立全寿命周期成本的理念。设计勘察做到“安全选线、环保选线、地形选线、地质选线和人文选线”,尽可能减少公路工程量,重视环境保护,处理好水源、耕地、文物古迹与工程建设的关系。路线与城镇规划相协调,做到“离而不远,近而不进”,既减少对城市规划的干扰,又方便城市利用。

2.2 现有路网改善规划

我国城市道路交通以及部分公路交通特点是混合交通流,人和自行车流量大,道路的数量、质量与车辆、人口相比发展速度慢,路面宽度不够,不能完全满足机动车运行的正常要求,以及公路两侧街道化、城镇化严重,公路技术等级结构不合理,地区分布不平衡等,增加了交通事故的发生概率,降低了交通通行能力,提高了运输成本。

针对以上情况,应在科学规划的指导下,在加快城市主、次干道和城市快速路建设的同时,加强城市支路的建设,加快路网中断头路的建设步伐,完善干路、支路系统的衔接配合,加大城市道路网密度,加大力度建设便捷、快速的出城通道,提倡机动车、非机动车分路行驶,有条件的地区应建立非机动车专用道系统,合理、有效地改善路网结构,增强道路通行能力,提高整个路网的整体效率。

2.3 公交体系优先规划

对城市公交体系进行合理改善与规划,建立公交优先系统,大力发展常规公交,强化公交优先发展的广度和深度。增设公交专用道、公交专用线、公交专用信号、公交优先的专用标志,并逐步扩展其使用范围,以便在更大范围提高公交竞争优势,同时协调公交与各交通方式之间的方便换乘和合理收费。

2.4 快速轨道交通规划

轨道交通线网规划在加快城市化发展的过程中,将在拉大城市框架、合理引导城市发展、改善居民出行条件、合理预留用地等方面发挥重要作用。规划应立足现状,结合南京市各项发展规划,提出线网的合理规模和总体构思,发挥轨道交通高效、大运量、解决中长距离出行的特点,保持环境的可持续发展。

2.5 其他规划

在机动车停车场规划中,把停车场设施建设规模、布局以及与静态交通管理措施结合起来考虑,强化"以静制动"的观念和管理方法;在交通管理规划中,强调将先进的技术引入交通管理,实现效能管理的智能化等。"绿色交通"的理念贯穿规划的方方面面。

3 "绿色交通"建设的策略

以绿色交通的理念来指导城市发展的方向,是关系到国计民生、千秋功业的基本战略。创建城市绿色交通必须要有一个全球思维模式,要借鉴国外城市先进经验、创建富有本土特征,并与自身城市条件相适应的绿色交通。就南京发展的自身条件而言,创建南京城市绿色交通应加强以下六个方面的工作。

3.1 加强政府对交通的统一领导,确保绿色交通可持续发展

我国城市交通发展建设的基本模式是条块分割、政出多门,这种模式下所产生的协调缺乏一致性,部门利益的协调超过对交通问题的协调,交通问题的协调往往需要借助权威力量进行,容易造成政策上缺乏科学性。为协调城市交通发展建设,国内部分城市,如北京、武汉、重庆等已经建立起了包括上述各方的城市交通委员会,但由于缺乏必要的组织机制支撑,各城市交通委员会的作用还是相当有限的。因此,建立集城市交通规划、建设与管理于一身,覆盖城市各交通运输方式的政府主管部门,是城市交通可持续发展的基本保证之一。

3.2 大力推广现代交通工程科学技术的运用,特别是加大力度进行城市轨道交通网络建设

交通工程技术是随着国外小汽车发展应运而生的,中国即将步入小汽车时代,特别是我国城市人口密度高、建筑容量大,小汽车进入家庭,处理不妥必将给已有城市交通雪上加霜。交通工程科学技术的推广运用,不仅可以合理解决已有的交通问题,也可从城市交通的发展层面,对城市交通需求进行动态调控,使交通需求与设施供给之间取得协调一致。

交通管理高科技的运用,是充分利用城市交通设施的时间资源和空间资源的有效办法。在美国以发展交通智能化管理为特色,在日本以交通诱导/控制与管理为目的的交通信息系统已覆盖全国。南京市应从自身的交通特点出发,提出发展交通管理高科技的目标和措施,建立适应于南京的智能交通系统结构体系,如:先进的交通信息系统,先进的交通诱导和控制系统,先进的公共交通系统,紧急交通救援管理系统,新物流交通系统。从世界各国的经验看,大力发展运能大、速度快、无污染的城市轨道交通系统,是解决大城市交通问题的最重要途径。

3.3 大力发展公共交通,建立公交优先网络系统

我国城市人口密度大,建设容量大,完全不具备充分发展小汽车、以小汽车作为代步工具的城市道路条件。因此,建立先进的公共交通系统,是城市交通发展的必然和最优选择。从现阶段南京的实际建设发展分析,大力发展路面公共交通,建立公交优先网络系统是近5~10年内交通发展的必然选择。南京的路面公共交通目前发展良好,已投入使用的公交专用道,取得了较好效果,但发展后劲不足,目标不明显,在建立从公交专用道网络,路口优先系统,智能化公交运营管理,到提高公交的便捷性、舒适性、安全

性和正点运行等方面仍有相当的差距。因此,在南京建立先进的公交优先网络系统仍是当务之急。

3.4 以新理念为指导,把公路打造成绿色环保之路

3.4.1 以人为本,把环保意识融入公路建设始终

高起点、高定位、高标准、高质量、高品位建设公路的同时,树立以人为本、节约资源、尊重自然、保护环境的理念,围绕建设和谐交通和可持续发展交通的目标,通过协调规划、科技创新、周密设计和精细施工,走出一条具有行业特色的绿色交通环保之路。工程建设中,科学勘察,合理选线,采用合适的技术指标,路线平、纵、横组合均衡,加强施工取土和弃土的防护,力求最大限度地减少工程对沿线生态环境、自然景观的破坏,努力实现公路工程与人文、自然的和谐统一,坚持最大限度的保护、最小程度的破坏、最强力度的恢复,充分重视公路景观建设,沿线服务区、停车区、管理区的设置尽量体现环保、人性化、功能化的要求。

3.4.2 以科学发展观为指导,推进公路养护管理走可持续发展之路

养护是建设的延续,良好的养护可以有效延长公路使用寿命,降低路桥设施的全寿命周期成本。要树立科学发展观,坚持"建设是发展,养护管理也是发展,而且是可持续发展"的理念,科学养护,在公路日常养护工作中融入环境保护理念,不断提高公路通行能力和服务质量,给驾乘人员提供"畅、洁、绿、美、安"的舒适公路交通行车环境。

3.4.3 重视公路绿化景观营造,加强环境保护意识

公路绿化是公路建设中不可缺少的重要内容,它对巩固路基、保护路面、降低噪声、防治污染、维护公路良好环境都有着重要作用。对公路进行绿化,也是美化路容、舒适旅途的重要组成部分,给人们以优美、舒适的享受,有益于人们的身心健康,是"绿色交通"的最直观体现。

公路景观绿化使工程与艺术相结合,追求"视觉传递美,和谐表达美"的外观质量,力求使社会公众能真切感受到公路工程的建筑之美、艺术之美。公路绿化工作要坚持六项原则:一是坚持贯彻"因地制宜、因路制宜、适地种植"的原则;二是自然景观与人造景观协调的原则;三是公路绿化与边坡防护相结合的原则;四是低成本和易于养护管理的原则;五是树种选择考虑近远期相结合的原则;六是生态林与经济林相结合的原则。结合地区水文、气候、雨量、土质等特点对路基防护进行调整,对沿线适生植物进行调查,结合沿线自然植被,选择适应当地地理气候条件,能共生、互补的植物,在满足功能性要求的前提下,种植方式上模拟自然群落,物种丰富多彩,做到四季常绿,三季有花,将公路装点成一条流动的风景线。

在发达国家,环境保护已不仅仅是政策,而成为一种理念,不仅涉及生态环境保护、文物保护、排放治理等工程技术,而且涉及景观设计与大自然融为一体的人文观念,还涉及资源的综合利用、区域生态环境可持续发展的战略问题。在公路规划设计中,通过在公路沿线和周边营造景观路、旅游路等新思路,提升社会的文明程度和发展水平,例如通过道路的平纵横线形、跨线桥、护坡、路堑、护栏、标志、绿化、房建等的精心设计,把公路建设提高到公路美学的高度,使其成为一道与周围环境协调一致的新景观。

南京是国内著名旅游城市,良好的城市道路空间本身就是城市一道亮丽的流动风景线,近年来,我市坚持实施"绿色南京"战略,显著改善了我市的生态环境、人居环境和发展环境。南京公路部门大力实施绿色通道建设,出城公路行车环境大有改善,取得显著效果,使纵横交错、四通八达的南京市公路网络形成路路有景,处处美观的金陵景观路。但这方面的工作力度仍需进一步加大,此外人行道的铺设方式、公交站点的设置型式、人流和车流聚集较多的广场和交通枢纽均要以人为本,引入绿色交通空间的设计理念,使交通与绿色结合在一起,形成点、线、面相结合的绿色交通空间。

3.5 积极推行绿色环保公交车辆及出租车的使用

大力发展公共交通,公交车辆、出租车在道路上运行必占一定的主导地位,因此,车辆与燃料技术的优先改良,消除和改进高污染车辆显得十分重要,尤其是在旅游城市,洁净的空气与优美的环境显得同等重要。南京现已有不少洁净的天然气公交车、出租车取代了传统的柴油、汽油车辆,这一步伐还有待继续

加快。随着燃料技术的进一步改进,如以燃料电池作为公交车、出租车的动力,可真正实现大众运输车辆的废气排放零污染。

3.6 加大宣传力度,提高全民交通意识,鼓励公众选择绿色、环保出行方式

在加快发展城市现代交通的同时,必须大力倡导“绿色交通,健康出行”理念,培养人们关心、支持和参与绿色交通的自觉性。一是要积极采用电视、广播、报纸以及文艺电影、竞赛演讲等各种形式,用身边的人和事教育、警示全社会;二是要从长计议,教育部门要加强对中、小学生的绿色交通教育,并将此列入考察范围,常抓不懈;三是要抓好重点人员和重点单位的宣传教育和管理;四是要充分发挥交通管理部门的优势,有计划地策划在不同时段、不同层面、不同范围内开展有声有色的绿色交通宣传活动;五是要争取地方党委、政府的领导和支持,争取社会各界的理解与参与,把绿色交通的责任落实到各个系统、各个单位,营造良好的氛围。通过这些措施,在全社会培养树立现代交通意识的良好品质,从而促进城市交通的协调发展。

人类正面临的直接威胁和潜在威胁都与人们无节制地使用小汽车有着千丝万缕的联系,为此,我们的政府给予了高度的关注,提出了“节能减排,保护环境”的相关措施,倡导人们健康出行,并开展公共交通周及无车日等一系列活动。这些活动的开展,既节约了能源,又保护了环境,更有利于人们的健康。作为一名普通市民,请记住“自行车是最环保的交通工具”、“如果大家都乘坐公交,道路资源将得到更好地利用”、“只要家住得近,上班又在同一条路线上,‘拼车’也是缓解交通压力、减少尾气排放的一种方式”。

绿色交通的运输工具选择是一个综合交通运输与生活品质的问题,需要全社会人们的共识,重新审视新的“人的价值”,进而选择绿色交通工具为其生活方式之一。“绿色交通,健康出行”是一项功在当代,惠及子孙的环保工程,最大的受益者是我们人类自己。

4 多策并举,全方位实施“绿色交通”

“绿色交通”是一个系统工程,涉及交通运输的每一个环节和相关要素,从车、路(设施)、交通环境、交通组织乃至其所处的整个社会系统。我们认为凡是能促进交通系统“环保、健康、安全、效率”的举措都应属于建设“绿色交通”的范畴。“绿色交通”还有重要一层含义,就是使交通服务使用者感到安全舒适、感观愉悦、心理不紧张。这方面除了加强交通安全考虑、美化道路设施、种植植物景观外,实行充满人性化的服务,如规划交通宁静区、在市区内设置机动车禁鸣区等,都是“绿色交通”的内容。

实施城市绿色交通,为城市交通指明了一条可持续发展之路,发展城市绿色交通,符合国际交通发展的必然趋势。当然,我们也清醒地认识到,南京市目前交通现状与“绿色交通”的目标还存在很大的差距,“绿色交通”不但要有科学合理的规划,制订切实可行的策略,更需要政府和广大市民的重视和相互配合。南京市“绿色交通”的发展依然任重道远,但只要我们明确方向、坚持不懈、努力奋斗,一定会达到世界城市交通发展先进水平。

参考文献

[1] 王静霞.新世纪中国城市绿色交通发展策略.中国市长,2001(4).
[2] 沈添财.可持续发展与绿色交通实施战略.中国市长,2001(4).
[3] 张学孔.可持续运输与绿色交通整体规划.中国市长,2001(4).
[4] 杨晓光.大力发展公共交通,构筑城市绿色交通系统.中国市长,2001(4).

第五章　奥运会后青岛市交通发展的思路对策

(青岛市交通委员会)

摘　要:本文在深入分析青岛市综合交通发展现状和协办奥运会给青岛交通发展难得的历史机遇的基础上,提出了:适应形势新变化、抢抓发展新机遇、完善青岛现代综合交通运输体系;加快交通向现代服务业转型的七大发展重点;转变发展方式、创新发展理念、拓宽发展领域等对策和建议。

关键词:青岛　奥运会后　综合交通　思路

1　发展现状

交通作为国民经济基础性和先导性产业。近年来,青岛交通从构筑综合交通网络、完善运输服务体系、提升公共服务能力入手,科学统筹公路、海港、空港、铁路协调发展,加快交通基础设施与现代化国际城市规划布局的融合和对接,积极打造公路辐射新网络,努力建设东北亚国际航运中心,壮大铁路中转输送能力,提升空港开放水平,不断增强综合交通网络服务国民经济发展的能力和水平。

(1)辐射半岛城市群的公路网络体系日益完善。重点建设了青岛海湾大桥、胶州湾隧道、滨海公路、同三高速公路、青平高速公路、青莱高速公路、疏港专用高速公路等一大批事关现代化国际城市框架的公路项目。高速公路通车里程突破700km,居副省级城市第一位,实现全市五市三区高速公路互通和市域"一小时经济圈"。着力实施公路"五大养护工程",公路综合好路率达到84.1%。截至2007年底,全市公路通车里程达到14 358km,公路密度达到126km/100km^2,接近发达国家水平,公路等级大幅提高,路网布局更加完善,基本构筑起了四通八达、纵横交错的现代化公路体系框架。

(2)环胶州湾海港核心集群实力不断壮大。按照"一湾两翼"的港口发展布局,完成《青岛港口总体规划》的修编和报批。狠抓了前湾港区集装箱四期工程、青岛港招商局国际集装箱码头、青岛港集团原油码头三期工程、青岛港液体化工码头二期工程、青岛丽星液体化工码头等重点码头工程,全市港口生产性泊位达到82个,万吨级以上泊位51个。仅2007年完成港口吞吐量2.71亿吨,集装箱吞吐量946万标箱,外贸吞吐量1.9亿吨。青岛港跨入全球集装箱大港前十强,货物年吞吐量跃居世界第七位。着力实施港口资源整合,取得了青岛、日照联合经营集装箱码头业务的实质性突破。高质量举办中国航海日活动,成功获得青岛至韩国平泽海上客货班轮航线经营权,使得青岛市港口集聚效应和辐射带动作用进一步增强。

(3)铁路、空港发展步伐全面加快。扎实推进铁路青岛客站改造、胶州客运北站等铁路重点项目建设,顺利实现铁路时速200km的提速目标,铁路既有线改造水平跨入世界先进行列。加快轨道交通、铁路青岛客运北站、铁路集装箱中心站、黄日铁路前期工作步伐。加大空港改造升级力度,建成了国际航站楼,完成飞行区改扩建,空港整体技术等级达到4E标准,区域性航空枢纽地位更加突出。2007年完成铁路发送量757万人次,货运量2 609万吨。完成空港旅客吞吐量786.7万人次,货邮吞吐量11.6万吨。铁路、空港运输的快速发展极大地提高了青岛市综合运输的层次和效率。

(4)城市公共交通服务质量和水平明显提高。坚持将发展城市公共交通作为交通工作的重中之重来抓,积极协调市政府加大财政补贴力度,实施公共交通股权回购,不断彰显公共交通发展的社会公益型服务属性。三年累计更新欧III排放标准的公交车1 434辆,积极开辟和调整公交线路,全力推进公交停车场的建设，建成并投入了9处公交停车场。公交车冒黑烟、占路停放和城市南北出行难问题得到明显缓解。公交客运承担市民出行率达到31%。积极调整出租车管理政策，制定并实施客运出租企业特许经营和"三保一免"为核心内容的政策调整意见，确立了出租企业市场主体和管理主体的地位。修订了《青岛市出租汽车客运管理条例》，实施不间断地综合整治，全方位加强对车容车貌、标志标识、从业人员的精细化管理，全市14 000余名出租车驾驶员全部统一着装，新车率达到了95%以上。

2 后奥运带来的发展机遇

百年奥运，中华圆梦。青岛作为奥运会的协办城市，在共享奥运盛会的同时进一步融入了世界，让世界进一步了解了青岛，为青岛交通发展提供了难得的历史机遇。

(1)奥运效应提高了青岛对外开放水平，推动了对外贸易的发展，进而促进了区域间的经济交流与合作，势必吸引国内外著名港口、物流企业投资港口建设发展，优化港口功能布局，加快推动前湾港区由集装箱干线港向国际集装箱中转大港的转变。同时伴随着青岛机场飞行区改扩建、国际航站楼等硬件设施的逐步完善，以及奥运效应的助推作用，将进一步拓展青岛空港经营腹地，扩大国际中转业务，进而完善沟通南北、辐射西部、连接日韩、面向世界的开放型航线网络，为打造国际一流机场奠定基础。

(2)奥运提升了青岛的知名度，巩固了青岛的区域性中心城市的地位。新的城市发展起点，要求交通保持国内同等城市领先地位，在巩固发挥全国综合交通枢纽优势的基础上，进一步优化交通运输布局，加强公路、水路、铁路、航空等运输方式的有效衔接，在更高水平上构筑规模适度、布局合理、结构优化、多种运输方式协调发展的交通综合运输框架和立体交通网络体系。特别是要加快推进东北亚国际航运中心建设步伐，着力规划建设覆盖山东半岛城市群、辐射青岛经济腹地的公路延伸网络，努力实现交通发展由支撑适应型向服务带动型的转变。

(3)为防止奥运后可能发生的经济发展"低谷效应"，国家将进一步加大金融、旅游、会展、交通运输等重点领域的投入力度，刺激国内需求增长，实现国内经济向以消费作为经济主推力的加速转型。同时随着青岛"环湾保护、拥湾发展"战略的深入实施，必将进一步拓展交通的服务领域，激活青岛交通的发展活力，交通加快先行推进，加强交通基础设施规划建设，不断提高基础设施的承载能力

(4)奥运后继续受利率上调、人民币升值、银根收紧、劳动力成本提高等诸多因素的共同影响，国家将加大宏观调控力度，着力转变经济发展方式，提高经济发展质量和效益。交通要抓住奥运后青岛物流、人流、信息流更加活跃的有利时机，加强自主创新，努力探索交通发展新模式，大力发展以现代物流业为重点的现代服务业，实现交通由传统产业向现代服务业的加速转型，促进交通结构优化升级。

(5)奥运后人民群众对经济、舒适、便捷、绿色的城市公共交通需求将更加旺盛，建设城市轨道交通、启动快速公交系统将提上重要议事日程，近期尽快形成以公交汽电车为主体，未来以轨道交通为骨干，出租车、轮渡为补充，内外交通紧密衔接的大运能、高效率、立体化、网络化的城市公共交通服务体系，适应经济社会日益增长的新需求。

3 交通发展重点及对策建议

新的时期，交通必须适应形势新变化，抢抓发展机遇，以完善现代交通综合运输体系为切入点，用现代科学技术、管理技术改造和提升交通行业，拓展以现代物流业为重点的交通服务领域，建设资源节约型和环境友好型交通行业，加快交通由传统产业向现代服务业的转型。

3.1 未来五年交通发展的重点

(1)构筑布局合理、结构优化、互联互通的现代化公路网络。加快青岛海湾大桥、胶州湾隧道、滨海公路南段一期工程、青龙高速公路等重点项目的建设，新增高速公路、一级公路132km和458km，公路通

车里程达到15 000km,公路密度超过134.2km/100km^2。公路等级明显提高,网络结构进一步优化,延伸辐射能力显著增强,基本形成南北贯通、东西相连、港站匹配的区域公路网络。

(2)建成功能完善、层次分明、竞合发展的港口生产和航运服务体系。围绕"一湾两翼"港口发展布局,加快深水泊位和深水航道建设,完善港口装卸、集疏运通道等配套工程,新建扩建码头泊位26个,新增通过能力0.7亿吨,港口吞吐量达到3.3亿吨,集装箱吞吐量达到1 450万标准箱。港口发展腹地更为广阔,航运服务质量显著提升,港航企业有序竞争、协同发展,率先建成青岛国际航运交易中心,基本形成东北亚国际航运中心框架。

(3)建设线网密集化、发送快速化、集散高效化的铁路运输中转体系。增加铁路密度,重点建设黄日(含疏港)铁路、青荣城际铁路。优化铁路枢纽站点布局,建成铁路青岛客站、铁路青岛新客站、胶州客运北站、青岛铁路集装箱中心站。铁路运输条件显著改善,客货运枢纽功能更加完善,疏港能力明显增强,发送效率大幅提高,客货运输能力提高20%以上。

(4)打造综合性、国际化、精品型的国内门户航空枢纽。以机场第二跑道、飞机维修区、商务服务区、空港物流园区等重点项目建设为支撑,完善空港服务设施,实现由单一机场向经济区、空港城转变。强化中转服务功能,优化国内航线结构,增强日韩航线活力,突破欧美直达航线空白。旅客吞吐量达到1 300万人次,货邮吞吐量达到20万吨。空港吞吐能力显著增强,临空产业不断壮大,初步建成综合性国际化空港。

(5)构建遍布城乡、安全通畅、出入快捷的农村公共交通网络。深化农村公路养护管理体制改革。新改建农村公路2 100km,全面实现"村村通油(水泥)路"目标。建成41个农村客运站,全市乡镇客运站点覆盖率达到100%。市域近郊全面公交覆盖。具备条件的居民岛屿全部实现通航。农村交通条件显著改善,城乡交通结构更趋合理。

(6)建成大运能、高效率的立体化城市公共交通服务体系。规划实施快速公交专用道路系统,彻底解决公交占路问题。加快轨道交通规划建设报批工作,开工建设轨道专用线。出租客运行业管理和服务水平跨入全国先进行列。公交客运承担市民出行率达到36%。城市公共交通服务体系更趋完善。

(7)打造服务山东半岛、辐射沿黄流域、面向日韩市场的现代物流新格局。加快综合物流中心和专业物流基地建设。支持规模以上物流企业做大做强,培育一批本土品牌物流企业,引进一批国内外知名物流企业。现代物流业增加值突破600亿元,分别占现代服务业、全市国内生产总值的25%和12%。现代物流业的区位优势更加明显,拉动效应更加显著,成为全市国民经济的重要支柱产业。

3.2 对策建议

(1)加快实现交通发展由主要依靠松散粗放运输向集约高效综合运输的转变。围绕提高综合运输效率,降低运输成本,着力构建规模适度、布局合理、结构优化、多种运输方式高效衔接的综合交通网络体系。一要完善综合交通运输规划。优化综合交通基础设施空间布局,建设综合运输大通道和综合运输枢纽,调整完善干线公路网络,提升海港、空港枢纽功能,加快发展铁路、轨道和城市公共交通,实现公路、铁路运输通道与海港、空港枢纽无缝衔接。提高农村公路通达深度和通畅程度,推动农村交通网络向建、养、管、运"四位一体"转变。二要科学协调各类运输方式的合理分工与竞争协作。扩大公路运输门到门、覆盖面广的优势,加快推进公路运输干线高速化、次线快速化、支线密集化进程。提高铁路和水路在中长途大宗货物运输的比重,降低运输成本。增强航空在长途旅客运输和贵重、急需的中小批量货物运输方面优势。三要充分发挥运输组合优势。加快运输结构调整,优化运输组织结构,积极倡导多式联运,大力发展规模化、集约化、网络化运输,逐步实现交通货运无缝衔接和客运零换乘。

(2)加快实现交通发展由主要依靠增加物质资源消耗向科技进步、行业创新、从业人员素质提高和资源节约环境友好的转变。以建设创新型行业为突破,加快科技创新、体制机制创新、政策创新和理念创新步伐,不断增强交通发展转型的动力和活力。一要运用现代科学技术、管理技术改造和提升交通产业。着力突破交通信息化、现代物流、环境保护、新材料、新工艺等关键技术,加快智能交通建设步伐,建设以青岛信息交互中心、公交智能信息系统、出租车智能营运系统、物流智能化系统等为重要组成部分的智能交通系统。二要建立完善适应现代交通业发展的体制和机制。推进和完善高速公路管理体制、干线公路养护机制、农村公路管理体制、航道管理及养护体制等方面的改革。三要研究制定交通科学发展的行业政策和人才政策。进一步完善交通法规体系、行业服务标准体系。建立凝聚、造就、激励、管理人才政策标准，大力加强管理人才、专业技术人才和技能型人才队伍建设。四要建设资源节约型和环境友好型行业。完善公路用地及建设相关标准，节约集约利用土地资源。集约使用和有效保护岸线资源，优化利用岛屿岸线，促进海港资源优化配置、高效利用。制定营运车船的节能减排标准，从源头上限制高耗能运输装备进入运输市场，逐步淘汰高耗能的设施和装备，促进运输技术装备结构升级。

(3)加快实现交通发展由主要依靠基础设施投资建设拉动向建设、养护、管理和运输服务协调拉动的转变。坚持建设养护管理并重，运输生产服务齐抓。一要科学把握交通基础设施建设与养护管理之间的关系。在继续加强交通基础设施薄弱环节建设的同时，更加注重提高存量基础设施的质量，更加注重完善优化结构布局，更加突出养护改造和维修管理。二要提高客运服务层次和水平。加快改造和提升传统客、货运输业。构建由快速客运、干线客运、农村客运和旅游客运等组成的多层次客运网络体系，提供安全好、效率高、质量优、成本低的公共客运服务。统筹规划农村公路、客运站点和线路布局，探索农村客运线路公交化运营模式改革，提高乡镇客运班车的通达率和覆盖率。鼓励客运企业向社会提供高品质、多层次的运输服务，满足多样化运输服务需求。三要加快发展现代物流业。扩展交通运输在供应链中的服务功能，提供延伸服务和增值服务。引导运输企业拓展业务范围，向现代物流经营人转换。注重现代物流标准与各种相关技术标准的协调一致，促进现代物流标准体系的建设。

第六章 关于加快构建宁波市综合运输体系的思考

(宁波市交通局)

摘 要:本文根据浙江省交通建设大港口、大路网和大物流的新目标,论述了宁波市构建现代综合交通体系的必要性,分析了宁波市综合交通体系现状及问题,提出了合理配置资源、统筹发展规划;优化多种运输方式衔接和综合枢纽建设;统筹行业管理、培养运输市场;加快综合系统建设、提高科技含量;强化基础设施建设、提升运输装备水平;推进管理体制改革等对策建议。

关键词:宁波 综合运输 对策

党的十七大报告针对交通运输行业,高屋建瓴地提出要“加快发展综合运输体系”。虽然只有短短一句话,但却点中了当前我国交通运输行业发展问题的要害,为今后我国交通运输行业发展指明了方向,意味着我国交通运输业发展即将进入一个整合、协调、优化、提升的新阶段。宁波市正处于工业化、城镇化进程快速发展的新时期,外向型产业特征十分明显,交通运输需求非常旺盛。根据浙江省交通厅建设大港口、大路网和大物流“三大建设”的新目标,结合宁波市委市政府深入推进“六大联动”,努力实现“六大提升”的战略要求,如何抓住从交通末端向交通枢纽转变的机遇,加快构建一个由公路、铁路、水路、航空、管道等各种运输方式组成,并与城市交通相协调的分工协作、有机结合、布局合理、无缝对接、高效运行的现代化交通运输体系,实现客运高速化、货运物流化、调度智能化的目标,是当前摆在我市交通运输行业面前的一个重大问题。回答并解决好这个问题对于全面推进宁波市新一轮大交通建设、促进宁波市经济社会又好又快发展、加快建设现代化港口城市具有重要意义,也是深入贯彻落实党的“十七大”精神的具体行动。

1 综合运输体系的定义与构建的必要性

1.1 综合运输体系的内涵和特征

现代化综合运输体系是指在完备的法制和市场规则条件下,依托布局合理、联结贯通的交通基础设施网络,依靠先进的交通运输装备、发达的信息技术和高效的管理服务,发挥各种运输方式的技术经济优势并形成分工协作、有机衔接的联运机制,在全球范围内能够实现人与物安全、及时、经济、舒适(人)的移动。

综合运输体系强调各种运输方式的“协调、协作、协同”,即运输发展的协调,运输过程的协作和运输管理的协同。概括起来,现代化综合运输体系应具备以下六个特征,即:网络化的基础设施、现代化的运输装备、一条龙的联运机制、人性化的运输服务、智能化的信息平台和综合化的管理体制。

1.2 构建现代化综合运输体系的必要性

(1)是加快宁波市建设成为全国交通枢纽城市的必然途径。从概念上讲,综合交通枢纽城市是指在综合交通网络节点上形成的客货流转换中心。综合交通枢纽城市与综合运输体系之间是目标与实现目标的路径关系,建设综合交通枢纽是目标,构建综合运输体系是建设综合交通枢纽的抓手。对各种运输方式进行比选、优化,充分发挥交通运输系统的整体效益和综合效益,促进各种运输方式之间、城市间与城市内交通线路的紧密衔接，力争实现旅客“零距离换乘”、货物“无缝衔接”，体现以人为本，保证运输畅通，这样的城市才能称其为交通枢纽城市。通过构建综合运输体系，提升宁波的交通区位优势和运输水平，才能把宁波市加快打造成为全国综合交通枢纽。

(2)是优化配置资源，建设资源节约和环境友好型交通的必然选择。交通运输是国民经济的基础部门，也是大量消耗能源和资源的行业。宁波市环境容量较小，生态调节能力较弱，随着经济社会的快速发展，资源和环境的“瓶颈”约束日益突出，并且未来一段时期交通运输的总体能耗仍将大幅攀升，对生态环境的影响也将在一定程度上显现出来。如何在宁波市交通运输需求依然旺盛，而土地、资金、环境承载力等要素不可能无限制供给情况下，统筹优化各种交通运输方式的结构、比例，合理确定各种运输方式的建设时序、规模，已成为我市交通发展的新挑战。发达国家的实践表明，解决这一问题的最佳途径即是构建综合交通运输体系，既可以优化配置资源要素，实现各种运输方式的协调发展和综合利用，又能够以最低的经济社会成本，提高交通资源的使用效率和实现可持续利用，保证经济、社会、资源、生态环境的协调发展。

(3)是实现各种运输方式协调发展的客观要求。受现行分条割块的管理体制等制约，各种交通运输方式难以协调发展。一是在合理分工上，还未形成“宜水则水、宜路则路、宜铁则铁、宜空则空”的大交通格局。公路发展一枝独秀，运能大、占地少、能耗低、排放小的铁路、内河发展滞后，未形成长距离运输以铁路、水路为主，两头的衔接与集疏运以公路为主的布局。二是在客运上，难以构筑零距离换乘的枢纽场站。乘客换乘距离过长、换乘体力成本过大，因换乘带来的城区交通衔接压力增多，难以发挥多站共建共享模式下的集约使用土地。三是在货运上，难以培育、做大做强集五大运输方式于一体的综合物流体，带来物流成本居高不下，换装环节增多、物流效率低下，难以实现“无缝化衔接”。

(4)是转变政府职能和执政理念，建设服务型政府的迫切需要。改革开放30年来，全国市场经济体制的框架已建立并加快完善，但政治体制改革相对滞后，政府转型还显缓慢。我国包括我市现行的经济管理体制基本还是部门所有制，每个部门的设立基本是资源控制和分配型，都占有一块资源并形成了各自的行业利益。交通运输系统也不例外，各种运输方式管理部门会不由自主地给自身行业发展争资源、争资金、争政策，因而从全局来看，出现了很多不合理、不协调的矛盾，甚至产生低效率、低水平的恶性竞争，造成了重复建设和社会资源的巨大浪费。因此，按照“十七大”提出的“加快行政管理体制改革，建设服务型政府”的要求，交通作为基础性、公益性行业，是经济发展的先行官，在综合运输一体化的大趋势下，为更好地履行政府在市场经济条件下的“公共服务、社会管理、市场监管”职责，就必须整合行政资源，加快构建综合运输体系。

(5)是深入推进“六大联动”，率先实现交通现代化的必然选择。宁波市能源、原材料、市场、劳动力“四头在外”的产业结构特征，决定了交通是全市国民经济的基础产业、先导产业，国民经济发展对交通具有极高的依存度。当前，宁波正处于全面建设小康社会的关键时期，已进入工业化转型、城市化加速、市场化完善和经济国际化提升的发展阶段。深入贯彻落实科学发展观，加快发展衔接配套和服务高效的现代综合运输体系，推进水运、铁路、航空、公路和管道等多种运输方式协调发展，将为我市全面建设小康社会、提前实现交通现代化作出新的贡献。

2 宁波市运输业发展现状及存在问题分析

2.1 宁波市综合运输体系发展现状

近年来，宁波市采取了一系列政策措施，加大了交通基础设施的投资力度，运输业发展明显加快，长期以来交通运输对国民经济的瓶颈制约得到缓解。特别是高等级公路、港口民航得到快速发展，铁路的运输能力和技术装备水平也在稳步提高，有力地促进了经济繁荣。主要反映在以下两个方面：

(1)基础设施建设继续加强。据统计，“十一五”期间全市累计完成公路、港航基础设施投资235亿元，2008年计划投资104.1亿元，连续三年超过百亿元，保持了全省同行业投资第一的强劲势头。公路网络不断完善,至2007年年底全市公路总里程达到9 320km,公路网密度达到95km/100km^2,2007年全年新增公路里程420km、高速公路99.5km。杭州湾跨海大桥实现全线贯通,绕城高速公路西段、杭州湾大桥南连接线建成通车,杭甬高速公路宁波段完成拓宽改造,大碶疏港高速公路、绕城高速公路东段正在开工建设,"一环六射"高速公路主骨架已初步形成;在全省率先完成乡村康庄工程,实现行政村等级公路通村率100%、路面硬化率100%、工程合格率100%的"三百"目标。宁波—舟山港一体化深入推进,2007年全市万吨级以上泊位达到65个,新增5个,新增货物吞吐能力728万吨;集装箱泊位达到15个,新增集装箱吞吐能力60万标箱。铁路进入成网起步阶段,萧甬铁路复线、甬台温铁路宁波段分别建成和开工。空港实现对外籍飞机开放,成为长三角地区继上海、南京、杭州之后第四个国际机场。

(2)综合运输能力取得迅速提高。交通运输量继续保持全面增长,2007年全年交通运输业占服务业增加值比重达到11%。全社会完成客运量3.1亿人次,旅客周转量121.3亿人公里,同比分别增长5.3%、14.5%;完成货运量2.3亿吨,货物周转量1 058.8亿吨公里,同比分别增长12.9%、12.4%。其中,在完成客运量和货运量方面,公路分别达到2.95亿人次、1.29亿吨,同比增长分别为5%、14.5%;水路分别达到130万人次、8 700万吨,同比增长分别为7.3%、18.5%;铁路分别达到836.9万人次、1 329.8万吨,同比增长分别为12.3%、8.3%;民航分别达到330.6万人次、5.6万吨,同比增长分别为11.2%、5.5%。交通企业实力明显增强,在全省率先成立"宁波快运联盟",有1 141条客运班线通往市内、省内各地和全国300多个城市,其中公运集团、海运集团、汽运公司分别入选中国道路运输企业百强。

2.2 宁波市综合交通体系存在问题分析

从总体上来说,宁波市交通建设已取得了长足的进步,各种运输方式各自保持着快速发展的势头,并已达到一定水平。但是从综合交通角度衡量,还有一些问题值得我们重视。

(1)总体供给能力依然不足。交通运输结构不尽合理,有效供给不足,交通可能成为新的"瓶颈"制约。道路等级较低,高等级道路网络化程度不高,内外大通道还没完全打通。没有直接的疏港高速公路,不能适应宁波—舟山港吞吐量的跳跃式发展,疏港交通拥堵现象已日益突出。各种运输方式发展不平衡的问题仍然存在,内河航运发展相对滞后,铁路处于全国末端的地位仍需改变。

(2)综合运输组织体系不完善,交通产业竞争能力低。各种运输方式联运机制尚未形成,技术经济的比较优势没有得到发挥。综合运输枢纽场站建设进展缓慢,公路、铁路、水路、航空等各种运输方式相互衔接不够。运输组织管理的信息化、现代化、一体化程度低,现代物流业的基础平台还没有建立起来,距现代国际港口城市的交通竞争力还存在较大差距。

(3)影响交通发展的体制机制障碍有待进一步突破。统一的综合交通管理体制尚未建立,城市内外交通管理不配套。城际交通与城市交通系统缺乏有效衔接,各类场站枢纽换乘不够便捷,与现代交通运输"零距离换乘、无缝隙衔接"的要求有较大差距。

面对上述宁波市综合交通发展中存在的问题,根据市政府于2007年底颁发的《关于加快交通发展的若干意见》,我们认为宁波市交通运输业发展已进入了一个历史转折期,即从各种运输方式各自独立发展向综合性发展转变;从粗放式发展向集约化发展转变;从传统技术向现代信息技术转变。因此,宁波市应从全局和战略的高度,把握交通运输发展趋势,抓住新一轮大交通发展的机遇,加快构建现代化综合运输体系,为全面建设小康社会,提前基本实现现代化打下坚实基础。

3 加快宁波市综合运输体系构建的措施与建议

3.1 合理配置资源,统筹各种运输方式的发展规划

公路、水路、铁路、航空、管道等各种交通方式的技术特征不同,各有优势和特点,现代化交通必然是五种运输方式优势互补的综合体系。因此,构建综合交通体系,充分发挥综合运输的优势,首先必须统筹

规划，在交通运输总需求预测基础上，根据各种运输方式的特点与优势，进行合理分担，将有限的土地、资金等资源合理地分配至各种运输方式，在空间上落实交通运输通道和节点，同方向的不同运输方式线路应集约到一个通道中。

3.2 高度重视各种运输方式相互衔接的综合运输枢纽的规划建设

加快综合运输枢纽规划建设不仅是多种运输方式实现一体化发展的关键，也是实现客运“零换乘”、货运“无缝衔接”的前提，必须把交通运输枢纽提高到与运输网络同等重要甚至更为重要的地位来规划和建设。要将宁波市建设成为全国范围内的枢纽型城市需要着力于两个层面：一是在对外交通上要实现多种交通运输方式的发展与协调，并结合城市内部交通体系，实现城际交通与城市交通客货中转、联运的便捷；二是在城市交通上研究我市内部各种运输方式的交汇节点与运输场站选址，并在城市总体规划中控制落实。

3.3 统筹交通行业管理，加强运输市场的培育与监管

一是建立完善的现代化综合运输体系的政策，通过设立市场规则，进一步改革运输收费机制和监管体制，逐步消除运输行业壁垒，放宽运输市场的准入条件。二是加大运输市场主体的培育，积极扶持能够提供中介服务和多式联运的运输企业，做大做强运输行业的龙头企业，促使小、散、乱的运输企业向综合化、专业化、高效化的物流企业转变。三是重视并加强交通运输行业基础性工作的研究，建立社会主义市场经济条件下的综合交通运输统计与分析指标体系。四是加大对交通运输行业人才的培养与引进，提升交通行业整体发展水平和管理服务水平。

3.4 加快综合信息系统建设，提高交通服务的科技含量

当前，宁波市铁路、公路、水路、航空和管道各自的信息化建设都取得了一定的进展，但在综合运输信息化建设方面还是空白。我们应在加强综合交通网络设施建设的同时，更加重视利用信息技术来改造提升现有的运输体系效能，将信息技术与综合运输管理相结合，形成以信息资源为基础的智能化、高效化的综合运输体系。当前的重点是：

(1)整合与完善交通信息基础平台，全面提升行业管理与服务水平。按照市委市政府“中提升”的总体要求，加强部门协作，整合现有相对分散的管理信息资源，加快构建综合运输管理系统，形成互通共享、联动协作的管理信息平台。

(2)整合信息服务资源，实现信息公开共享。以视频监控系统为突破口，整合公路、公管、港航交通视频监控系统，实现网络化、数字化、一体化，为统一指挥应急救灾、处置突发事件提供保障。

(3)加快建设全市统一的综合客、货运信息服务系统，强化包括出行信息、货运交易信息在内的综合运输信息服务，从根本上提高运输组织效率，实现运输组织一体化；同时，积极引导运输企业加快信息化建设，推动传统运输企业向现代运输企业转型。

3.5 加快基础设施更新改造，提升运输装备的现代化水平

在充分发挥现有交通设施功能的基础上，继续加快交通重点项目建设，提升宁波在全国的枢纽地位。

(1)围绕建成长三角南翼综合交通枢纽和现代化国际深水枢纽港的目标，加快梅山港、穿山半岛、象山港等岸线资源综合开发，抓紧北仑港区五期、梅山港区、大榭招商国际等集装箱码头建设，推动奉化方桥港区、余姚东港区等内河港区建设进程；

(2)继续完成疏港高速公路建设。按照2020年宁波—舟山港8.4亿吨货物吞吐量和2 600万标箱集装箱吞吐量的要求，加快建成舟山大陆连岛工程宁波连接线、大契疏港高速延伸段、穿山疏港高速公路以及连接各疏港高速公路的绕城东段，改变疏港不畅这个“当务之急”；

(3)彻底改变宁波铁路位处全国末端的地位，加快甬台温铁路宁波段工程、杭甬铁路客运专线、货运

北环线、火车南站综合枢纽、集装箱海铁联运北仑港区办理站等铁路项目的建设;

(4)加快栎社机场4E级改造,使宁波在全国综合交通网络中发挥更加强大的功能。其次是在运输服务与装备上,通过加大投资改造和引进先进技术,提高交通运输装备水平,大力发展智能化运输系统,建成以航空、高速公路、电气化铁路组成的城市间旅客快速运输系统、各种运输方式相互衔接的货物运输系统,建立顺畅的货运代理与多式联运系统,形成发达的运输服务业。

3.6 加快推进综合运输管理体制改革

当前阻碍构建现代化综合运输体系的主要问题是分条割块的交通管理体制,因此党的十七大特别强调要“加大机构整合力度,探索实行职能有机统一的大部门体制,健全部门间协调配合机制”。为构建我市现代化综合运输体系,首先要加快推进交通行政管理体制改革,打破条块分隔,实行职能有机统一的交通管理。建议借鉴成都、深圳等市经验,构建统一的综合运输管理体制。可以分两步进行:首先是在我市当前已初步实行公铁水空齐抓共管的大交通管理框架下,整合与优化交通系统内部的行政管理职能。通过结合宁波市行政管理机制改革、综合行政执法改革、行政审批职能归并改革等措施,逐步理顺和界定交通系统部门间的职能分工,重点解决交通系统内部职能交叉、责任不清、事权分离和管理真空等突出问题,减少行政资源内耗。其次,将城市交通管理职能纳入到综合交通管理体制中,结束对外交通与对内交通分部门管理的状况,建立职能明确、管理顺畅、运转协调、体系完整的“一城一交”的综合交通管理体制。

第七章　构建大交通　服务大发展

（南昌市交通局）

摘　要：本文从南昌区域交通的枢纽地位、现代物流的中心作用、红色与特色旅游的文化地位、促进农村经济发展的关键地位几方面论述了南昌构建综合交通体系的必要性；分析了南昌构建大交通的现状和基本特征；提出了构建大交通的战略目标、必须处理好的“五大关系”（交通发展与服务经济、长远规划与当前建设、强化建设与环境保护、树立形象与提升水平、改革发展与维护稳定）以及抓好的“五大工程”（公路路网建设、铁路机场建设、农村公路建设、港站配套建设、规范运输市场）。

关键词：南昌　构建大交通　思路　对策

交通是国民经济的基础产业和先行行业，对经济社会发展起着支撑、保障和引导作用。构建大交通、服务大发展，是构建社会主义和谐社会不可缺少的重要组成部分，体现经济社会发展的客观要求和广大人民群众的根本利益，也是交通工作的崇高使命和神圣职责。

1　南昌构建大交通面临的形势

南昌处在一个经济加速发展的机遇期，正在着力建设“一个基地”（先进制造业重要基地）、“三个中心”（物流、商贸、金融中心）、“四个南昌”（开放活力南昌、文明和谐南昌、诚信创业南昌、生态园林南昌）。面对新形势，构建大交通，服务大发展，既迎来了难得的机遇，又面临着严峻的挑战。

1.1　构建大交通是南昌建设区域交通枢纽的必然要求

南昌，自古以来“襟三江而带五湖，控蛮荆而引瓯越”，是南北通衢要道上的重镇。现在，南昌作为中部地区唯一一座与“长江三角洲”、“珠江三角洲”、“闽东南三角区”都相毗邻的省会城市，在承接沿海地区产业梯度转移中，更是具有承东启西、沟通南北的独特战略地位。南昌的区位优势和发展机遇，提升了南昌交通事业的地位。近年来，南昌的交通事业得到了长足发展，一个以南昌为中心、公路为主骨架、水路为主通道、港站为主枢纽，干支衔接，水陆相连，铁路、公路、水路、民航为一体的交通网络基本形成，营造了一个以港站、市场为纽带，运输集团为“龙头”，综合运输经济快速发展的新局面，为实现南昌崛起新跨越奠定了坚实的交通基础。

进入“十一五”时期，南昌按照党的十七大精神，坚持和落实科学发展观，抓住国家支持中部地区加快发展的机遇，发挥比较优势，加快扩大经济规模，加快完善城乡基础设施，拉开城市发展框架，打造工业经济支撑实力，增强农村自我发展能力，建立现代服务业体系，产业结构明显改善，产业竞争力明显提高，产业发展后劲明显增强，正由传统的消费型城市转变成为产业中心城市。构建集铁路、公路、水路、民航、管线运输为一体，客流共畅，货流共通，密切合作，相互协调，共同发展的大交通新格局，实现人流、物流大进大出，是适应南昌做好建设现代区域经济中心城市和现代文明花园英雄城市“两篇文章”，建设先进制造业重要基地的必然要求，是必须破解的交通“瓶颈”和弥补大交通链接“短处”的关键所在，也是南昌大交通的发展前景所在。

1.2 构建大交通是南昌建设现代物流中心的现实需要

区位优势在凸现南昌区域交通枢纽作用的同时,也为南昌建设现代物流中心城市提供了历史机遇。近年来,随着江西"天"字形高速公路网络框架基本形成,南昌充分利用地处"长珠闽"结点的区位优势,把握工业园区建设和先进制造业发展的契机,以昌北机场、南昌铁路货运站、公路主枢纽货运站、集装箱货场及航运码头为依托,以城市主干道为配送道路体系,全面构建物流运输平台,形成公路、铁路和航空、水运综合运输体系,为推动南昌与各地经济、文化、商贸交流和往来,为南昌经济大发展构建起了一条快速通道。

但是,在市场经济条件下,现代物流需要立体化、综合性的现代交通与之相适应。国家实施"中部崛起"战略,南昌作为承接沿海地区产业梯度转移的重要地区,已成为承东启西的"桥头堡"和战略"支撑点",成为国内外资金、技术、信息、人才的重要汇聚地,也为南昌建设现代物流中心城市创造了有利条件。特别是省委、省政府提出打造"环鄱阳湖城市群"发展战略,南昌凭借区位、交通、工业、物流、旅游、会展的强劲实力,担起了"环鄱阳湖经济圈"核心引擎的重任。市委、市政府提出"六大板块"发展的模式,不仅包括市域内的市县、城乡之间的一体化,而且也包括了市域外的区域间的一体化,尤其是与"长江三角洲"、"泛珠三角洲"、"闽东南三角区"的成功对接,为南昌拓展发展空间,吸引合作伙伴,形成合作机制,创新现代城市经营理念和服务功能带来了新的机遇。南昌建设现代物流中心城市,前提和基础就在于完善南昌水、陆、空立体交通网络,增强南昌交通综合服务功能。随着"十一五"交通规划的实施,南昌交通综合服务能力加速向综合型、物流型、集约化、信息化和高速快捷的方向转变,必将促进南昌现代物流的快速发展。

1.3 构建大交通是南昌建设区域旅游城市的基础工程

南昌集红色旅游与特色旅游于一身,融自然风光与人文景观于一体,具有2 200多年的历史,现有文化遗址600多处,是国务院命名的历史文化名城。80年前,一声枪响震惊中外,南昌成为"军旗升起的地方"而名扬天下。"八一起义"给南昌带来了独特的"红色旅游"资源。除此之外,南昌还有以百花洲、象山森林公园等为代表的"绿色旅游",以滕王阁、八大山人纪念馆为代表的"古色旅游",以绿洲中的厚田沙漠和都市中的天香园候鸟为代表的"特色旅游",是一座旅游资源极其丰富的城市。全市拥有各类旅游资源48处,其中国家级2处。南昌旅游产业的发展,尤其是现代旅游模式的转变,要求南昌交通事业的发展与之相适应。从这个意义上讲,南昌交通对接化、便捷化、网络化建设,已成为南昌区域性旅游城市建设中的基础工程。

1.4 构建大交通是南昌促进农村经济发展的当务之急

未来10年,南昌要高标准、高质量、高水平建设社会主义新农村,建设鄱阳湖地区农业产业带,建设8大特色种养示范基地和10大"万"字优质农产品生产基地,发展集生产、生态、休闲功能为一体的都市农业,基本实现城乡一体化和农业现代化。这一切离开交通,就无法成为现实。近年来,南昌抓住国家实施积极财政政策的重要机遇,快速发展农村交通事业,城乡交通条件得到很大改善,基本形成了四通八达的干线公路网。"十五"期末,乡镇通油路、村村通水泥公路的目标基本实现。但是,我们也清醒地看到,在南昌市交通干线"主动脉"比较发达的同时,而边远山区的交通"毛细血管"仍相当薄弱,仍处于以"通"为主的初级发展阶段,通达深度不够、路网密度不高、技术等级低下、路况质量差劣,通畅问题还没有从根本上解决,广大农民群众仍然不同程度地存在出行难的问题。因此,南昌要构建大交通新格局就必须立足于全市发展的大局,适应新农村建设的需要,规划自身的发展,着力实施城乡一体化交通对接工程,提高交通便捷化程度,增强交通综合性服务功能,为推动县区域经济发展服务。

2 南昌构建大交通面临的基本现状

目前,南昌已发展成为京九铁路、浙赣铁路、320 国道、105 国道、316 国道主干线相交汇的区域性交通枢纽城市,公路、铁路、水运、城市公交和航空五大运输方式协调发展。2006 年底,全市综合交通总里程 10 755km,航道 462km,铁路 284km,线网总密度达 1.45km/km^2。全市公路总里程 9 977km,其中高级、次高级路面里程 5 903.3km,路网密度 131.5km/100km^2。农村公路通达深度逐步改善,100% 的乡镇、行政村通达沥青路或水泥路。公路客货站场布局合理,拥有客货运站 38 个(其中一级客运站 4 个、二级站 4 个、农村五级客运站 22 个、货运站场 78 个);拥有客车 2 101 辆,年客运量 3 725 万人,年客运周转量 241 077 万人/km;货车 29 814 辆,年货运量 3 989 万吨,年货运周转量 217 240 万吨/km。港口年装卸能力 100 万吨 5 万标箱,年货物吞吐量 1 506.3 万吨;拥有船舶 444 艘 181 536 载重吨。境内铁路年旅客到发量 1 375 万人次,货物到发量 396 万吨,有始发北京、广州、上海、西安方向的直达旅客列车。南昌火车站已成为重要的水铁联运重要中转地。昌北 4D 级国际机场,设计年客运吞吐量 200 万人次,可满足 B737、B757、A320 等主要机型起降,现有航线 26 条,年起降 29 000 架次,客运吞吐量 276 万人次,货邮吞吐量 2.37 万吨。可以说,一个高效、便捷、畅达的综合立体大交通格局已基本形成。但是,当前正处于与经济发展的关系由“缓解紧张”向“基本适应”转变的南昌交通,同时也是资金、人才、资源等“瓶颈”因素制约交通发展的时期。主要表现在以下四个方面。

(1)综合运输体系与经济社会发展不适应。公路、水路、铁路和民航四大运输方式在全市生产布局中虽已形成互为分工、互为衔接的基本格局,但发展不平衡,不能完全适应经济社会和广大群众多层次的需求;公路路网布局有待进一步优化,通达质量有待进一步提高;农村公路失养状况严重,路况较差,抗灾能力弱;公交线网密度较低,线路结构不尽合理,城乡客运缺乏有机衔接;赣江水运优势未能得到充分发挥,港航设施落后,与经济及城市总体布局的有机协调不足,机械化程度较低,不能形成规模化生产,加之体制不顺,与南昌目前所处的战略地位和水运在交通格局中的重要作用不相适应。

(2)现行管理体制与大交通新格局不适应。交通行业管理体制不能完全适应基础设施建设快速发展的要求,建设管理、公路养护、农村公路和筹融资体制等有待进一步完善。交通信息管理水平和智能运输水平较低,客货运输基本沿用传统的组织管理方式,随意性大、缺乏科学性,规范性差、缺乏制度性,延续性弱、缺乏连续性;综合客运、货运组织指挥系统和信息化、网络化交通管理系统尚未形成,不能适应大交通发展的新形势。

(3)建设筹资力度与持续发展能力不适应。由于南昌以往长期处于欠发达状态,交通欠账严重,特别是农村交通至今仍处于以“通”为主的初级发展阶段,再加上南昌所辖区域山区乡村多、地域面积广、地质灾害频发,交通投资需要更多。这一切使资金短缺仍然在相当长的时期内成为制约南昌交通发展的主要因素。尤其是随着南昌建设向“一个基地、三个中心、四个南昌”的目标推进,交通需求将持续在一个较高的平台上增长,建设资金需求也将随之持续快速增长。在这种情况下,资金制约将更加突出,仅靠政府财政性资金和交通规费的投入,远远不能满足建设需求。

(4)人才资源劣势与现实迫切需要不适应。交通专业技术人才在一定规模的总量与相对较低的质量上存在反差,在全市交通系统中,研究生以上学历、副高以上职称的高层次人才严重不足,影响了人才规模效应的发挥。人才供给相对富裕,有效需求相对不旺,虽然南昌每年大中专院校供给人才较为富裕,但真正在交通行业上岗的人数甚微,形成所需人才进不来,素质低下者淘汰不出去的现状。由于交通行业管理目前主要以公路为主,导致人才结构相对单一,传统型交通人才相对过剩,新型交通人才严重匮乏。随着客货新型运输方式的快速发展,新型交通人才短缺,势必影响大交通拓展的步伐。

3 南昌构建大交通的基本特征

大交通建设必须树立和落实科学发展观,体现交通子系统与社会大系统之间、交通与自然之间的和

睦相处观。南昌大交通的基本特征应该是:

(1)必须是充满创造和发展活力的交通。建立和完善充满活力的动力机制,破除制约交通系统员工积极性、主动性和创造性充分发挥的体制障碍,营造鼓励人人"想干事、多干事、能干事、干好事、不出事"的社会氛围和体制环境。

(2)必须是安全、便捷、舒适的交通。进一步改善道路通行环境,加强安保工程建设和管理,全面提高交通安全的准入条件和从业单位的安全管理水平,形成组织严密、运转高效的交通安全监管体系和交通企业重视安全生产的自我完善和约束机制。加快完善各种突发事件的交通应急反应机制,提高交通部门应对安全事故、自然灾害等影响公众安全的突发事件的快速救援和服务保障水平。

(3)必须是市场公平、服务规范的交通。进一步强化交通系统各级行政执法单位的公共服务职能,交通执法、交通建设、市场管理、规费征管和窗口服务都必须文明规范、诚实守信、各司其职、各守其则。交通基础设施建设和水陆运输市场公开、公平和公正,打破行政性、行业性和企业性垄断,企业、市场和交通管理功能定位准确,做到竞争有序,行为有则,监督有效。

(4)必须是与大自然协调发展的交通。大力倡导和牢固树立生态环境保护理念,用科学发展观指导交通事业的统筹规划,力求交通综合运输体系结构科学,基础设施建设分布合理,国土资源有序开发利用,生态环境保护措施到位。切实有效地调整运输组织和运力结构,努力建设循环经济型、资源节约型、绿色生态型交通,形成低能源消耗、低资源占用、低环境污染、低使用成本的交通发展系统,以最小的资源环境代价实现最大的交通发展效益。

4 南昌构建大交通的基本思路与对策

"十一五"时期,构建南昌大交通必须立足于服务大开放、大发展主战略,服务城市快速发展,服务城乡一体化建设。按照市委、市政府"构建城内立体交通、城外四通八达的大交通格局,打造承东启西、沟通南北的交通枢纽城市"和"加快推进现代综合交通体系建设工程,逐步建立以对外交通枢纽为依托的城市快速对外交通体系"的要求,加快建立"以国道、省道为主框架,以京九、浙赣铁路为主动脉,以赣江、鄱阳湖为主航道,以民用航空为大走廊"的现代综合运输体系。以此同时,着力构建立体型交通、便捷型交通、安全型交通、智能型交通、节约型交通、和谐型交通,使交通与国民经济的关系由"基本适应"向"总体适应"转变,为南昌全面建设小康社会和实现在中部率先崛起提供必要的交通条件和优质的运输服务。

为实现这一战略目标,在大交通建设中,必须处理好"五大关系"。

(1)处理好加快交通发展与服务经济发展的关系。经济发展从量的积累到质的飞跃,需要突破交通"瓶颈"。"瓶颈"是经济发展对交通发展的催导,要求交通基础超前铺垫。因此,交通工作必须坚持全局观念,经常分析经济发展的趋势,把握自身发展可能造成瓶颈的症结,不断实现交通发展的思想创新,从而推动交通体制、科技、规划、设施建设和运输经营的创新。

(2)处理好坚持长远规划与立足当前建设的关系。中长远规划要结合市情,立足长远,扩展覆盖面,注重交通资源优势的发挥。在对交通中长远规划进行决策时,针对南昌资源分布不平衡,工业布局与资源中心相距较远,在客货运输需求居高,大量资源需要长距离运输的实际,重视发挥水运资源优势,坚持水陆铁并举的运输方针;针对南昌山区多,地域面积广,地质灾害时有发生的实际,规划公路建设要坚持抓高速重点工程与抓农村公路建设并举的方针。在近期建设中,要把握好规划实施中的衔接工作,使规划实施与解决交通当前发展中的突出问题有机地结合起来,重点抓好国省干线和旅游公路建设,提高全市县域中心与高速公路连接线的公路等级,提高乡村公路的通达度和硬化率,形成城乡一体的干支公路网。

(3)处理好强化基础设施与加强环境保护的关系。把安全基础设施作为交通最主要的质量标准,把交通能耗、土地占用、安全可靠、环境污染作为评价交通可持续发展的主要指标,在规划、设计、施工、运管的全过程中,充分发挥专业技术人才的作用,实行民主决策、科学决策,保证最佳的运输水平和环保的运输方式,实现全市交通基础设施建设与交通运输可持续发展。

(4)处理好树立交通形象与提高服务水平的关系。交通属于窗口行业,精神文明建设程度如何,关系到交通行业服务质量的优劣和服务水平的高低,不仅直接反映交通行业的形象,而且对社会造成很大的影响。因此,要加强思想作风建设和业务素质建设,造就一支政治坚定、业务精通、作风优良的交通干部职工队伍。要坚持诚实守信的道德理念,弘扬全心全意为人民服务的宗旨,广泛深入地开展交通优质服务,扎实推进社会服务承诺制,为群众诚心诚意办实事,竭尽全力解难事,坚持不懈做好事,努力打造南昌交通良好的社会品牌形象。

(5)处理好交通改革发展与维护社会稳定的关系。交通发展是系统工程,在推进交通改革和发展的过程中,要充分地、前瞻性地考虑各方面的利益关系,善于用创新的思维、改革的方法解决交通发展中的问题,处理好局部利益与整体利益、眼前利益与长远利益的关系。注重协调交通与经济社会发展之间、城市与农村之间、运输方式之间、交通与自然之间的和谐发展。要树立正确的政绩观,使交通发展从单纯追求量的增长转变为质的提高,力求以建设成本的最小化而带来群众所得实惠的最大化,从而促进经济、社会和人的全面发展,决不搞盲目攀比、急功近利、脱离实际的高指标,决不搞劳民伤财的"形象工程",使交通发展的每一项工作都经得起时间的检验、历史的检验和群众的检验。

当前,要紧紧抓住中央进一步加强交通基础产业和基础设施建设的政策机遇,以项目开发为依托,以市场规范为目标,大力推进发挥南昌承东启西、连南贯北的区位优势,改善投资环境,拉动地方经济增长的基础性交通"五大工程":

(1)着力推进高等级公路、干线路网重点建设。积极争取国家和省交通部门支持,确保高等级公路建设项目储备、争取、协调、督办、支持等项工作的落实,基本建成乐温、昌樟、梨温、昌九、东西外环高速公路和105国道、320国道、昌峡公路形成的"环网加放射状"骨架干线公路网系统;全面提高国省干线公路等级,打造城市出口与环城高速公路的快速干道,连通干线公路;加快建设公路主枢纽客运东站、客运北站、长堎客运站,以便长途客运车辆更多的通过城郊枢纽站发送旅客。同时,加强道路交通系统的总体规划和建设,大力整治交通秩序,提高交通组织管理能力,有效改善城市交通状况。

(2)着力推进铁路、机场新建扩建工程。配合国家铁路网规划,加强铁路干线、铁路基础设施建设和区域性南昌客运枢纽建设,建成昌九轨道交通、南昌西环线、向莆铁路,全面完成南昌第二客运(高速)站建设。扩建南昌昌北国际机场,使之成为可起降目前最大型飞机,拥有国际航线3~5条、国内航线60条、年旅客吞吐量500万人次的中型枢纽港。与此同时,进一步理顺管理体制,加强规划设计、项目报批、资金筹措和工程组织实施。

(3)着力推进农村公路建设。充分利用省厅支持农村公路建设、实行项目资金补助的政策机遇,加快农村公路建设步伐,硬化农村公路2 000km,增建1 500km,消灭"断头路",在实现村村通油路、水泥路的基础上,推进农村公路网络化,努力形成层次分明、规模适度、网络完善的全市农村公路交通体系,尽早实现城乡一体化的交通,基本满足农村经济发展和农民生产生活的需求。

(4)着力推进港站配套建设。以整治赣江航道为重点,重点提高赣江中下游航道等级和通航能力,建设南昌至吴城三级航道和航运主枢纽东新、张洲、樵舍新港区。根据近年来南昌水上货运包括滚装运输呈现迅猛发展态势,进一步解放思想,大力破除单靠国家投资的思维定势和进行交通建设交通部门一定要当业主的传统观念,树立"只求所在,不求所有"的思想,树立"联合建港、股份制经营"的港站建设理念,加大招商引资力度,让有能力的投资者、有条件的经营者"唱主角",实现政府单一投资主体向社会多元投资主体的转变,鼓励各类投资主体参与港口建设,努力提高直接融资比重,形成港口建设投资多元化的格局,全面加快港口、航道和站场建设进度。

(5)着力规范运输市场秩序。大力推行客运线路经营权招投标制和农村客运线路经营权核准制,促进运输市场主体公平竞争和资源优化配置。积极推进"路运一体化"进程,坚持不懈地加强运输市场秩序整顿,大力推进运输市场民营化进程,充分发挥市场配置运输资源的基础性作用,着力建设现代物流体系,大力培育现代物流市场。规范交通执法行为,进一步完善执法监管机制、执法过错和错案责任追究制。逐步完善公路客货运网络,进一步完善运输服务质量监督体系,逐步建立竞争有序、规范诚信的运输市场。

统筹城乡篇

第八章　深化我国城市交通管理体制改革对策分析

冯立光　郝记秀　张　勇　江玉林　陈锁祥

（交通部科学研究院中国城市可持续交通研究中心）

摘　要：新一轮地方政府机构改革的要求和国务院成立交通运输部构建综合交通运输体系的需求，对城市尤其是直辖市、省会城市以及具有立法权的较大城市的交通管理体制改革提出了新的要求。从国家行政管理体制改革大环境出发，根据我国经济体制改革不同阶段的特点分析了城市交通管理体制的现状和未来发展趋势，剖析了城市综合交通管理体制改革过程中存在的问题及原因，提出了城市未来交通管理体制改革的方向和建议。

关键词：城市交通　管理体制　改革

科学、高效的交通运输管理体制和运行机制是实现城市交通可持续发展的重要保障，是构建现代综合运输体系的基础条件。社会主义市场经济的发展要求优化配置各种交通资源，提高交通系统的总体运行效率。但是，我国现行的城市交通管理体制不尽完善，内部机构设置和运行机制不够科学，功能定位不清晰，多头管理、权责脱节、效率低下、监管不力等现象普遍存在，各类交通资源分散于多个部门，公交优先缺乏必要的行政手段和稳定的经济保障，城乡交通二元化的问题较为突出。这些问题直接影响了政府部门全面正确履行职能，影响了交通执政能力和运输服务水平的提升，与经济社会和现代综合运输体系的需求很不适应，成为制约城市交通可持续发展的重要障碍。

党的十七届二中全会通过了“关于深化行政管理体制改革的意见”，指出“到2020年建立起比较完善的中国特色社会主义行政管理体制”。十一届人大一次会议通过的《国务院机构改革方案》指出：“组建交通运输部，将交通部、中国民航总局的职责，建设部指导城市客运的职责，整合划入该部”。中央的行政管理体制改革为地方交通行政管理体制改革提供了重要契机。在这种形势下，探索如何建立符合中国城市特色的城市交通管理体制和运行机制，科学界定交通主管部门和相关主体的职责权限，提高行政管理效率，充分发挥整体优势和组合效率，加快现代综合运输体系的建设步伐，显得十分必要。

1　中国城市交通管理体制的历史沿革

与我国政治、经济体制发展相适应，城市交通管理体制的沿革与我国经济体制的变革阶段大致相似，主要经历了以下三个阶段：

1.1　1978年以前——传统的管理体制时期

建国以后，国家百废待兴，在城市发展上采取了重生产、轻消费的政策。城市从消费型向工业型转变成为社会主义改造的首要任务之一，并逐步建立了计划经济体制，政府行政管理机构的职能范围不断扩大，与此同时，国家采取了较为严格的户籍管理和生产管理制度，城市外来人口比较少，城市居民的出行需求也较小，城市交通更多的担负着城市政治和文化活动。城市政府相对应地采取了公路、水路、公共交通、民航、铁路和管道等分割式交通管理模式，分别予以规划、建设等方面的支持和资助，使得不同交通方式都有了长足的发展，为城市经济的发展做出一定的贡献。

1.2 1979年开始——探索城乡运输一体化管理体制

改革开放后,国家将工作重点转移到经济建设上来,并在十二届三中全会提出了经济体制改革的决定,我国经济体制进入转型期。

计划经济要求完全按计划办事,不遵循价值规律,有时为了计划,完全可以不计成本和效益;传统的计划经济管理模式下,交通资源要素分属于不同的部门管理,交通资源难以合理整合,资源的规模效益和整体效益难以发挥,效率最优更无法实现;而市场经济要求一切市场活动必须遵守价值规律,要求资源配置实现最优化、投入产出效益实现最大化、运行和管理效率实现最优化。因此,传统的计划经济管理模式已经不能适应社会主义市场经济发展的新要求,作为计划经济产物的多部门交叉的城市交通管理体制模式已经成为社会经济发展的障碍。部分城市采取了城乡道路运输一体化的管理方式变革,使得城市交通管理体制逐步调整以适应城市社会、经济和文化的发展,成为城市交通管理体制的过渡阶段。

1.3 2000年开始——探索"一城一交"的综合交通管理体制

2001年我国加入WTO,我国经济已经进入社会主义市场经济快速发展阶段,对社会经济的发展提出了与计划经济时期完全不同的新要求。随着区域经济的一体化发展,城市与乡村之间、城市与城市之间、区域与区域之间的经济往来不断加强。城市作为区域人流和物流的集散地,在区域发展中承担着越来越重要的作用,因此要求城市具备区域交通运输枢纽功能。随着经济活动从城区向郊区发展,再向区域发展,交通资源的配置也需要由城区内统筹,向城乡统筹,再向区域统筹发展。因此,区域交通一体化必然是未来交通系统适应区域经济一体化发展的趋势。

2 我国城市交通管理体制的现状

目前,我国城市交通管理体制总体上存在以下三种模式。

模式一,传统的多部门交叉管理模式:即传统计划经济体制下形成的由交通、城建、市政、公安等部门对城市交通实施交叉管理的模式。该模式是我国城市交通管理体制变革的第一阶段,即基本上沿用传统的条块分割、垂直领导的分散管理模式,是典型的计划经济体制的产物。其主要特点是:管理部门众多,各自职能相对单一,便于管理的细化,但部门间的协调配合难度较大,对运输市场变化的应变能力较低;职能、职责交叉明显,易产生内耗,行政效率较低;以管理为目的,管理职能突出,但服务功能相对弱化。

模式二,城乡道路运输一体化模式:即由交通部门对城乡道路运输实施一体化管理的模式(含城市公共交通管理)。该模式基本属于我国城市交通行政管理体制发展的过渡阶段,其主要特点是:管理机构相对较为精简,管理职能相对集中,实现了城乡交通运输管理的一体化,提高了交通行政管理效率;城市综合交通管理体制尚未建立,各种运输方式的管理仍比较分散;在进一步提高交通行政管理对市场变化应变能力的同时,社会服务功能得到明显增强。

模式三,"一城一交"的综合交通管理模式:即有统一的交通管理部门对城市交通实施综合交通管理。该模式为构建综合运输管理体制、实践"以人为本、执政为民"以及建设服务型政府交通部门的理念进行了有益的尝试和探索。其特点主要体现在以下几个方面:

(1)实现了决策、执行、监督的分离和协调,减少了管理层次,提高了管理效率,降低了管理成本。其中,决策层主要负责全市交通事业发展的综合决策与研究,协调各方加快交通事业的发展;执行层负责有关交通运输、路政方面的具体事务。

(2)实现了城市交通发展战略、规划和决策的统一,为城市交通的全面、协调、可持续发展奠定了基础。

(3)实现了各种运输方式管理的协调、统一,从根本上消除了条块分割、部门分割的不利影响,整合了交通资源,有利于交通快速反应机制的建立和形成。

(4)在提高城市交通宏观管理能力的同时,社会服务职能得到显著增强。

就三种模式的实施效果来看,由于大交通管理体制模式是在充分认识交通与经济发展之间客观规律的基础上,以市场为导向,以满足客货运输需求、提高交通运输的社会经济效益、实现"人畅其行,货畅其流"为目的,与其他管理体制模式比较而言,具有更强的宏观调控能力、更好的应变能力、更高的运行效率和社会经济效益及更好的民众亲和力和认同感。

3 城市交通管理体制存在的问题

目前我国城市交通行政管理体制方面存在的问题主要表现在以下几个方面。

3.1 管理模式不一致

城市公交管理:36 个中心城市中,由交通部门管理的有北京、上海、重庆、广州、武汉、深圳等 18 个城市;由建设部门管理的有长春、天津、太原等 9 个城市;由市政部门管理的有南京、昆明、济南、南昌、长沙、郑州等 6 个城市;由城管部门管理的有石家庄、贵阳、宁波 3 个城市。

城市出租车管理:由交通部门管理的有合肥、福州、长沙、拉萨、南宁等共 26 个城市;由建设部门管理的有长春、天津、太原、银川 4 个城市;由市政部门管理的有南京、南昌、郑州 3 个城市。

3.2 运行机制不协调

目前,我国多数中心城市的城市规划、道路建设和维护、公交运营、道路交通管理和公路建设、轨道交通的管理职能分属建设、公安、交通、铁路等部门,协调不畅。

3.3 管理方式不科学

突出表现为:分工过细,管理部门众多,机构重复,导致效率低下,人浮于事,人、财、物等资源的浪费。

3.4 监督机制不健全

主要表现在交通管理部门既是政策的执行者,又是政策执行效果的监督者。交通行政复议和行政诉讼管理机构大都设立于交通管理部门内部,无法保证其自身的执法公正,监督不透明。

3.5 发展政策不统一

城市公交与城乡交通发展政策不统一,主观上形成城市与乡镇居民交通出行的差别待遇,不利于城乡经济的协调发展和快速城镇化进程的需要,与和谐社会建设理念不适应。

4 深化城市交通管理体制改革的基本原则

4.1 坚持以人为本、服务导向

要把满足经济社会发展和城乡居民日益增长的交通需求和不断提升的服务水平要求,作为交通行政管理体制改革的根本出发点和落脚点,以提供全方位、多层次、高质量的运输服务为导向,着力解决人民最关心、最直接、最现实的交通问题,建立完善的交通行政管理体制,提供优质的运输服务。

4.2 坚持统筹协调、有效衔接

交通行政管理机构的设置,要有利于发挥交通运输对城市发展的基础性和先导性作用;有利于统筹城乡交通和区域交通的协调发展;有利于实现各种运输方式管理的相对集中和统一,促进各种运输方式相互衔接,发挥整体优势和组合效率,实现综合运输全过程、各环节的无缝衔接和一体化运行,为加快形成现代综合运输体系提供体制保障。

4.3 坚持职权法定、权责一致

要按照职权法定的原则,依法设立交通行政管理机构,实现交通管理部门的职责、机构和编制法定化,保障合法行政、合理行政。交通行政管理机构职能的配置要在职权法定的基础上,实现权力和责任的统一,确保执法有保障、有权必有责、用权受监督、违法受追究,交通行政管理机构必须根据法律、法规赋予的执法手段行驶权力,违法或者不当行使职权的,应承担法律责任。

4.4 坚持转变职能、精干高效

要适应我国市场经济发展、行政体制改革、现代交通运输服务业发展的要求,加快政府交通行政管理职能的转变,把不该由政府管理的事项转移出去,把应该由政府管理的事项切实管好,从制度上更好地发挥市场配置资源的基础性作用,更加注重政府提供交通公共产品和公共服务的职能,强化执行和执法监管职责,增强突发事件处置的能力,推进基本公共服务的均等化。

要以便民高效为依据,坚持一件事情原则上由一个部门负责,精简机构设置,简化办事程序,减少管理层次,优化人员结构,提高行政效率。

4.5 坚持探索创新、稳步推进

要结合现阶段交通运输生产力的发展实际,不断改革创新,积极探索决策权、执行权、监督权既相互制约又相互协调的权力结构和运行机制,形成不同性质的权力既相互制约、相互监督,又分工负责、相互协调的权力结构。要兼顾交通发展的延续性,积极稳妥、循序渐进,做到长远目标与阶段性目标相结合、全面推进与重点突破相结合,处理好改革、发展、稳定的关系。

5 城市交通管理体制改革的重点内容

5.1 调整优化职能配置

政府职能是根据社会需求所确定的政府应承担的国家和社会管理职责与功能。政府职能决定了政府规模、结构、组织形态和管理方式,规定了政府活动的基本方向、根本任务和主要作用。交通行政管理体制改革要做到理顺体制,完善机制,必须明确交通行政管理职能的设置,根据职能需要,设置必要的机构,明确其职责。

(1)强化宏观决策职能。结合宏观经济规划和产业结构调整,适时制定交通发展政策,规范交通发展战略和发展规划的编制和实施,加强对交通系统的总需求和总供给的宏观调控。

(2)提高公共服务能力。加快建设综合交通运输网络,在整合既有交通设施的基础上,加强综合交通信息网络建设,构建能力充分、布局合理的综合交通网络。充分发挥各种运输方式的比较优势,加快交通信息和资源的整合,促进运输过程的一体化发展,实现综合运输的“无缝衔接”。

(3)强化市场监管职能。强化政府的管理、监督和调控者身份,而不直接参与市场主体的决策过程。通过制定交通运输市场的运行准则和加强市场监管,规范运输市场行为,保证交通运输市场的有序运行;重点加强对交通基础设施建设市场秩序的维护和管理、建设市场的准入和退出管理、建设质量监管等工作,同时要不断强化交通管理部门在反垄断和基础设施投资过程的监管职能;完善运输市场的准入和退出管理、价格监管、服务质量监管、线路审批、政策引导和扶持等政策法规和制度建设,实现政府与市场在运输资源配置、运输产品提供等方面的协同与分工,提高运输市场的运营效率和经济效益。

(4)强化综合协调职能。进一步调整交通综合业务管理和协调部门的职能配置和组织机构设计,建立良好的沟通和协调机制，改进工作方式，提高工作效率，更好的适应综合运输的发展要求。

(5)加强财政预算和资金监管能力。对各种运输方式管理机构的职责进行调整，推动其逐步演变为预算执行机构。其资金管理重点不再是规费征稽，而是逐步转入到市场监管和公共服务中来；在交通部门现有规费逐步被财政税收替代后，交通建设发展的财政支出将主要根据部门预算编制情况由国库集中支付，科学地编制部门预算将是交通行政管理部门的重要职责；不断完善内部和外部监督和约束机制，加强对建设、运营、养护等过程中各类资金的监管力度，保证资金的合理和有效利用。

(6)推进综合执法改革。充分整合现有的交通执法主体，剥离各专业管理局的交通行政监督处罚权，将交通行政处罚权、行政强制措施权和行政监督检查权交由新设立的交通综合执法机构统一行使。

5.2 改进组织制度设计，提高行政效率

(1)建立综合的交通行政管理体制。要按照党的十七大“关于探索实行职能有机统一的大部门体制”和“加快发展综合运输体系”的要求，每个中心城市应整合成立一个综合的交通行政管理部门，全面履行市域内的交通运输管理职能，统筹城乡综合运输体系协调发展，强化其规划决策、公共服务、市场监管、运营管理、组织协调、应急管理等职能，实现管理制度更加完备、管理方式更加科学、管理行为更加规范。最大限度地提高有限的交通资源的使用效率，促进各种运输方式公平、有序竞争，形成既有竞争又有合作，合理分工、衔接配合的高效综合运输系统，使各种运输方式的优势得到充分发挥，并相互促进，协调发展，适应快速城镇化发展的需求。

(2)改进业务机构设置方式。与从管理职能上划分业务机构设置相适应，“管理型”政府交通部门按组织目标划分业务机构设置，以此规范、考核政府交通部门的管理工作。这种机构设置方式虽然体现出了专业化分工的特点，有利于提高管理效率，但缺点则在于各职能部门间横向联系弱，宜导致部门间协调的困难，从而限制交通主管部门综合运输协调和统筹规划能力的实现。信息技术的迅猛发展推动了交通电子政务的发展，为实现交通工作流程化提供了可能，因此，采用按过程划分的业务机构设置方式能够更加适应电子政务发展要求，有利于改善和优化组织结构流程，提高交通管理效率。

(3)加强综合业务协调职能。近年来随着城市范围的不断扩张，不同交通运输方式规划的衔接、城市客运与农村客运的衔接、综合交通运输枢纽的衔接以及通路和通邮工作的衔接已经成为城市的交通管理的一项重要内容，客观上要求城市交通管理部门设置承担综合运输管理协调职能的机构，有效协调公路、城市客运、水运、航运、民航和铁路等运输方式，构建城市综合交通运输体系。

(4)重视决策咨询、评估和监督机构的设置。城市交通管理体制改革要深入贯彻落实科学发展观，积极构建和谐交通。交通科学发展和和谐交通是内在统一的，没有交通科学发展就没有和谐交通，没有和谐交通也难以实现科学发展。因此，在城市交通管理部门中应设置决策咨询机构，协助领导进行科学决策，减少决策的盲目性和有效克服部门利益；设置评估和监督机构，及时改进执行中的偏差和检验决策正确与否，保障交通行政机构的高效运转。

(5)适应事业单位改革等的发展要求，实现政事分开、事企分开和管办分离。目前，我国城市交通相关的事业单位存在以下几种情况。

一方面，一部分事业单位直接从事生产经营活动，其产品和服务可以通过市场交易行为换取收入，且不具有社会公益性的非公益机构也被列为事业单位进行管理。此类机构利用与营利性市场主体完全不同的地位和特殊条件参与经营活动，造成了经济与社会秩序的混乱。

另一方面，一些承担社会公益职能，事实上不应市场化、企业化的机构却被推向市场。这些机构在实施了企业化改制或企业化运行后，自然将营利视为主要目标，其本身应当具有的公益目标则大都被放弃，一些机构甚至还不惜采取损害社会公益目标的手段获取自身经济利益，最终结果是政府职能和国家目标受到严重影响。

因此，应该按照政企分开、政事分开、政府与社会中介组织分开和管办分离的原则，对现有交通事业

单位分类进行改革。

一是经法律法规授权具有公共管理职能的事业单位,包括专门从事交通行政执法、监督检查等行政职能的事业单位,逐步转为行政机构,由财政保障其行政经费。

二是为社会提供交通运输公益产品和公共服务的社会公益类事业单位,包括科研院所、服务中心和公益性的学校等,强化公益属性,充分整合资源,完善法人治理结构,配套推进事业单位养老保险制度和人事制度改革,进一步完善相关的财政政策。

三是主要从事生产经营活动的事业单位,包括交通设施养护、工程设计、检验等业务的单位,要加快市场化改造,逐步将其转变为企业。

5.3 加强依法行政和制度建设

(1)加快交通综合执法改革,提高执行力。推行交通综合执法,整合道路运政、公路路政、公路规费征稽、水路运政、航道行政和港口行政六个方面的交通行政执法职能,组建相对独立、集中统一的行政执法机构,有助于交通主管部门真正确立行政处罚实施主体资格制度,整顿和规范市场经济秩序,促进依法行政、从严治政,进而保护行政管理相对人的正当利益以及减少执法交通主管部门的执法成本。

(2)推行绩效管理和行政问责制度。建立科学合理的绩效评估指标体系和评估机制。城市交通主管部门应着力提高行政效率,增强服务意识,坚持公民为上的理念,参考定岗定责、目标管理、注重实绩(行政执法能力)、定量考核、激励约束与部门负责等因素,加大绩效评估的第三方专家评测力度和公民参与程度。

健全以行政首长为重点的行政问责制度,明确问责范围,规范问责程序,加大责任追究力度,提高政府公信力。城市交通主管部门应加强制度建设,把行政不作为、乱作为和严重损害群众利益等行为作为问责重点,对给国家利益、公共利益和公民合法权益造成损害的,要依法追究责任。

(3)健全监督制度。城市交通主管部门应根据法律、法规、规章以及规范性文件对附属机构履行职能的情况实施监督,并采取有效的监督形式使之制度化;完善会计监督和审计监督制度,确保资金安全有效使用,提高经济效益,促进交通事业健康发展;保证会计机构、会计人员、内部审计机构和审计人员依法履行职责;会计机构、会计人员对违反本法和国家统一的会计制度规定的会计事项,有权拒绝办理或者按照职权予以纠正;内部审计机构和审计人员依法独立监督和评价本单位及所属单位财政收支、财务收支、经济活动的真实、合法和效益,加强内部控制和风险管理;完善政务公开制度,及时发布信息,提高工作透明度,切实保障人民群众的知情权、参与权、表达权、监督权。

6 城市交通管理体制改革的措施建议

(1)要提高认识,稳步实施。深化中心城市交通行政管理体制改革的意义重大、任务艰巨,中心城市交通行政主管部门要提高对体制改革重要性的认识,要强化服务意识、大局观念和主动精神,科学谋划、精心组织、周密部署,稳步推进各项工作。

(2)要加强组织领导,科学制订切实可行的改革方案。各中心城市交通主管部门要在市委、市政府的领导和省、自治区交通厅的指导下,参照本指导意见的精神与要求,紧密结合当地实际,科学分析和论证交通行政管理体制改革的目标、模式和步骤,制订具体的实施方案,报请市政府审批,并报上级交通主管部门备案。

(3)要完善配套措施,确保改革顺利实施。各中心城市要参照国内外经验,加快交通发展的法规和制度建设,抓紧交通投融资机制、公共交通管理体制和运营机制、事业单位分类改革、道路养护管理体制、道路运输市场价格制度等配套改革,为交通行政管理体制改革创造条件。要按照实行专业化管理的要求,加快交通行业的人力资源管理和公务员队伍建设,创新人才选拔机制,为中心城市交通行政管理体制改革提供人才保障。

(4)要抓住机遇,积极推进改革步伐。各中心城市要抓住当前改革的有利时机,积极推进交通行政管理体制改革步伐。条件比较成熟的中心城市,应积极开展改革的试点工作,及时总结经验,以点带面,逐步推广。要认真研究和解决改革过程中的新情况、新问题,加强思想政治工作,正确引导社会舆论,营造良好的改革氛围,确保改革顺利进行。

第九章　关于推进大交通体制改革的若干思考

(长沙市交通规费征稽处)

摘　要:本文在分析当前我国城市交通行政管理体制现状及弊端、推进大交通体制改革必要性的基础上，提出推进城市交通行政管理体制改革的总体设想，并着重从解放思想、更新观念；转变职能、改革体制；理顺职能、完善机制；转变方式、服务民众；行政问责、强化监督等方面提出了对策措施。

关键词:城市交通　管理体制　改革思路

改革开放以来，我国交通运输发展取得了重大成就，交通运输在快速发展并不断满足经济社会发展的同时，体制弊端日益暴露，集中体现在经济社会发展对安全快捷的综合运输体系的需求与分割的行政管理体制之间的矛盾。党的十七大明确提出，要"加大机构整合力度，探索实行职能有机统一的大部门体制，健全部门间协调配合机制。"根据党的十七大的部署，新一轮国务院机构改革方案组建了交通运输部，将原交通部的职责、中国民用航空总局的职责、建设部指导城市客运的职责进行了整合，并将国家邮政局改由交通运输部管理。处于改革前端的交通运输系统如何充分利用大部制改革这一有利契机，进一步解放思想，勇于创新，提高交通运输市场监管能力，强化公共服务职能，大力发展综合运输体系，促进交通大建设、大发展，是一个值得探讨的新课题。

1　当前交通行政管理体制的现状及弊端

目前，我国交通行政管理体制主要有以下三种并存的模式。

第一种模式是机构重叠、职责交叉的传统城市交通管理模式，由交通、市政、城建、公安等部门对交通实施交叉管理。例如：长沙就是典型代表，市交通局负责公路运输、公路和场站的规划与建设、水路运输的行业管理；市公用事业管理局负责城市公交和城市出租车的管理；市建委负责中心城区道路规划与建设；公安部门负责交通安全管理；市发改委负责城市轻轨的规划与建设。

第二种模式是城乡道路运输一体化管理模式，交通部门除负责公路规划建设和水路交通运输管理职能外，还对公路客运、货运、城市公交和出租车进行统一管理，代表城市主要有沈阳、哈尔滨等。

第三种模式是大交通管理模式，市交通委员会除负责对道路、水路、城市公交、出租汽车的行业管理外，还承担对城市内的铁路、民航、轻轨等其他交通方式的综合协调，个别城市还实施了交通综合行政执法试点工作，代表城市主要有北京、重庆、广州、武汉等。

由于全国交通行政管理体制不统一，造成政令不畅、政出多门、职能交叉、管理混乱等问题，其弊端主要表现在以下七个方面：一是不利于优化配置运输资源；二是不利于构建综合运输体系；三是不利于创造公平的市场环境和市场竞争机制；四是不利于交通管理法制化建设和队伍建设；五是不利于保证交通运输管理的公正和高效；六是不利于充分发挥中央和地方政府的积极性；七是不利于交通对外合作交流。

2　推进大交通体制改革的必要性

2.1　推进大交通体制改革是贯彻落实科学发展观，构建社会主义和谐社会的内在要求

科学发展，社会和谐是建设中国特色社会主义的基本要求，是实现经济社会又好又快发展的内在需

要。交通业是国民经济的基础性产业和服务性行业，贯彻落实科学发展观、构建社会主义和谐社会要求把优先发展交通摆在更加突出的位置，要求交通发展必须体现以人为本、维护社会公平和促进社会和谐。实现上述要求首先需要破解体制障碍，只有大力推进大交通体制改革，实行集中统一的管理体制，才能达到统一规划、协调发展、机构精简、运输便利、资源节约、环境友好的目的。在此基础上实现各种运输方式无缝衔接，充分发挥一体化运输的优势，构建现代物流网络，最大限度地提高出行质量和效率，从根本上维护和实现好人民群众的根本利益。

2.2 推进大交通体制改革是构建服务型政府交通部门，努力做好“三个服务”的迫切需要

“三个服务”是对交通发展规律认识的深化，是交通工作贯彻落实科学发展观的本质要求，也是交通工作深入贯彻党的十七大精神，适应新时期新阶段新要求、推进科学发展的出发点和落脚点。构建服务型政府交通部门就必须努力提高做好“三个服务”的能力和水平，就必须进一步转变政府职能。大交通体制改革的核心就是转变政府职能，推进大交通体制改革，就是对现有交通运输管理机构进行有效整合，解决机构重叠、职能交叉、政策不一、城乡有别等问题，使交通运输行政管理更加公开，更有效率，更符合市场经济的宏观管理和公共服务的角色定位。

2.3 推进大交通体制改革是整合交通资源，加快发展现代交通业的必由之路

随着工业化、信息化、城镇化、市场化、国际化的进一步深入，经济社会发展在社会分工、科技进步、产业结构升级、生产方式和交换方式等方面发生了深刻变革，对交通运输进一步发挥好先导和支撑作用提出了更高的要求。为适应经济社会发展的新形势，交通行业必须整合交通资源，加快交通由传统产业向现代服务业转型，也就是加快发展现代交通业。推进大交通体制改革是加快发展现代交通业的突破口，是发展现代交通业的体制保障，有利于促进交通业发展方式的根本转变，有利于整合资源、加快城市化进程和统筹城乡发展，有利于快速提高交通基础设施、运输装备的现代化水平和运营效能，有利于形成统一开放、竞争有序的交通运输市场，有利于走资源节约、环境友好的发展之路。

3 推进大交通体制改革的指导思想、主要原则和总体目标

推进大交通体制改革的指导思想是：高举中国特色社会主义伟大旗帜，以邓小平理论和“三个代表”重要思想为指导，深入贯彻落实科学发展观，按照精简、统一、效能的原则和决策、执行、监督相协调的要求，紧紧围绕“大交通、大建设、大发展”的目标，优化交通运输管理组织结构，努力建设服务交通、责任交通、法治交通和廉洁交通，大力推进经济社会又好又快发展，为全面建设小康社会提供交通运输保障。

推进大交通体制改革的主要原则是：必须坚持以人为本、执政为民的原则，要把满足人民群众的交通需求，作为改革的出发点和落脚点；必须坚持决策、执行、监督相互协调又适度分离的原则，实现交通运输行业决策科学、执行顺畅、监督有力；必须坚持统筹兼顾、协调发展的原则，统筹好城市与农村、沿海与内陆、东部、中部与西部的交通建设与发展；必须坚持实事求是、循序渐进的原则，做到长远目标与阶段性目标相结合，全面推进与重点突破相结合，处理好交通运输业改革发展稳定的关系。

推进大交通体制改革的总体目标是：建立一个体制，形成一个机制，构建一个体系。即：按照大部制改革方案，建立一个机构统一、体系完整、职能明确、权责一致的大交通行政管理体制；通过职能调整和合理划分中央与地方的权限分工，形成一个决策、执行、监督相协调的交通运输行政管理运行机制；通过优化交通运输布局，加强各种运输方式的协调和整合，发挥整体优势和组合效率，构建一个便捷、通畅、高效、安全的交通综合运输体系。

4 推进大交通体制改革的对策措施

4.1 进一步解放思想,积极推进大交通体制下的发展理念创新

改革开放30年的历史,其实就是一部思想解放史。今年开展的解放思想大讨论,其思想解放的对象就是阻碍科学发展的体制、机制和观念。当前,交通运输行业解放思想,转变观念,最重要的是全面领会党的十七大关于探索实行职能有机统一的大部门体制改革的精神,不断深化对交通行政管理体制改革的认识,树立“大交通、大建设、大发展”理念,坚持以改革为动力,破解阻碍交通运输科学发展的体制机制,建立健全大交通管理体制,切实加强“四个环节”,即:调整交通结构,促进结构优化升级,增强交通运输服务保障能力;转变发展方式,建设资源节约、环境友好型交通,增强交通可持续发展的能力;推进自主创新,建设创新型行业,增强交通发展的内在动力;完善行业管理,建设服务型政府交通部门,增强交通公共服务的能力。

4.2 制订科学合理的“三定”方案,积极推进大交通体制下的职能与机构整合

转变职能与理顺职责是大交通体制改革的关键,明确和强化部门责任与确定内设机构及人员编制是大交通体制改革的重点。制订大交通行政管理体制“三定”方案要按照“精简、统一、效能”的原则,从建立综合运输体系这个角度出发,统筹规划公路、水路、民航、邮政、城市客运交通的建设与发展,着力解决目前存在的多种运输方式衔接不畅、标准不统一、布局不合理、整体优势和组合效率得不到充分发挥等问题,要以职能整合带动机构整合,将一些与交通运输相关的政府职能整合到大交通体制之中,从而实现交通运输的有机协同,建立和完善综合交通运输体系。通过完善相应的法律法规,明确中央和地方两级政府在大交通管理体制上的职能分工,中央政府应逐步强化综合交通体系的统一规划和政策制定职能,地方政府主要应加强区域交通规划、交通政策的执行和交通监管职能。在职能与机构整合的基础上,要加快推进公路建设投融资体制、公路养护体制、民航机场空管体制、邮政管理体制等相关配套改革,使大交通体制改革与其他改革相互协调、彼此促进。

4.3 推行决策职能与执行职能分离,积极推进大交通体制下的运行机制建设

我国传统政府部门体制的一个显著特征就是决策职能与执行职能不分,行政决策的主体同时也是行政执行的主体,使决策者普遍受到执行利益的干扰,导致问责困难,国家利益部门化。推进大交通体制改革要直面既得利益,从体制上斩断权力和利益的纽带,从制度上进行改革,设计出把权力和利益分离开来的机制。基本思路是建立不同层面的适度分离机制。即:一方面要在大交通体制的整体层面上构建决策、执行、监督适度分离的组织架构;另一方面要在大交通体制内部建立决策与执行相分离的机制,将公共服务和行政执法等方面的执行职能分离出来,设立专门的执行机构,避免集决策、执行、监督于一身的弊端。近几年来,交通部门已经在探索这方面的改革。例如:原交通部实施的水上安全监督管理体制改革,就建立了交通部负责决策、交通部海事局负责监督、交通部所属地方海事机构负责执行的相互协调又适度分离的组织机构体系。另外,在重庆和广东试点的省级交通综合行政执法改革也是作这方面的积极探索。

4.4 转变交通行政管理方式,积极推进大交通体制下服务机制建设

政府应该做什么,这是职能问题,政府如何做,是管理方式问题。转变交通行政管理方式,就是交通运输行业在解决好“做什么”的基础上进一步解决好“如何做”的问题,体现在管理理念、管理制度、工作流程、技术方法等多个方面的创新,是一个复杂的系统工程。要大力改革交通行政审批制度,精简审批事项,简化审批程序,对所有的交通行政审批事项都应采取“一站式”办公的方式集中办理,有利于改进工

作作风，促进廉政建设；要加快电子政务建设步伐，积极探索网上办事、网上服务、网上监督的有效方法，通过现代信息技术促进交通运输行业自身改革和建设，提高办事效率；要规范和发展交通运输行业协会、商会、学会等中介组织，加快推进事业单位分类改革，按照政事分开、政府与市场中介组织分开的原则，将大量的技术性、服务性和经办性职能交给事业单位和中介组织承担；要深入推进交通运输政务信息公开工作，认真贯彻落实《政府信息公开条例》，及时整合交通运输行业信息资源，不断完善信息公开管理办法，准确而快捷地发布交通政务信息，服务于人民群众的生产生活。

4.5 建立健全行政问责制，积极推进大交通体制下的监督机制建设

建立健全行政问责制是推进大交通体制改革，建设责任交通的必然选择；也是保证交通运输部门依法履行职责，建设法制交通的现实需要。按照权责统一、依法有序、民主公开、客观公正的原则，加快建立以行政首长为重点的交通行政问责制度，以交通建设市场、交通运输市场为突破口，明确交通行政问责的具体内容、形式和程序，并与绩效评估、责任追究结合起来，提高行政问责的可操作性。积极推行交通运输部门绩效评估，建立符合交通运输部门实际的绩效评估指标体系，实行以结果为导向的目标绩效管理，把评估结果与干部使用、评优、奖惩挂钩，实现目标、绩效、奖惩之间的互动。进一步完善交通运输部门过错责任追究制度，制定法定质询、罢免的具体程序，创设引咎辞职、责令辞职等易于实施的责任追究制度。通过加强行政问责、绩效评估、责任追究三位一体的监督机制建设，增强交通部门的行政执行力和公信力，提高交通队伍素质，树立精干实效的服务型大交通新形象。

第十章　统筹城乡交通发展的现状分析及对策

孙黎莹　郝记秀　吴洪洋　江玉林　陈锁祥　何新东

(交通部科学研究院中国城市可持续交通研究中心)

摘　要:在现阶段,长期以来形成的城乡交通发展二元分割格局,已经成为构建社会主义和谐社会的严重阻碍,有悖于党中央统筹城乡和区域发展的战略精神,不利于"三农"问题的解决和深入贯彻"三个服务"。本文在全面分析我国目前统筹城乡交通发展存在的主要问题的基础上,提出了推进我国统筹城乡交通发展若干思路与对策建议,以期为相关部门的政策制定提供决策支持,从而支持城乡交通一体化的全面、协调、可持续发展。

关键词:统筹城乡交通发展　问题分析　管理体制　政策

"十一五"到未来二十年,是我国全面建设小康社会、构建社会主义和谐社会的重要战略机遇期,也是我国工业化、城镇化、机动化、现代化建设的快速发展期。然而,城市规模不断扩大、人口持续增长、机动化水平迅速提高,在改善现代城市文明、提高人民生活质量的同时,也带来城市道路拥堵、能源短缺、环境污染、安全形势严峻等诸多问题;历史上城乡二元体制分割、经济发展的长期不平衡,进一步带来城乡居民收入差距加大、农村发展缓慢、农民出行不便、农产品难以产业化生产和流通等诸多难题;这些问题在我国的中西部地区尤为突出。

1　统筹城乡交通发展中的主要问题分析

近年来,各地在推进统筹城乡交通发展方面都取得了显著的成绩,但地区发展不均衡,在推进过程中还面临着诸多问题,一定程度上制约了统筹城乡交通发展,给百姓出行带来不便,而且极大地阻碍了城乡和区域经济的健康发展,与统筹城乡和区域发展、"两型社会"建设要求还存在不少差距。

1.1　城乡二元结构依然存在,交通管理体制不尽完善

我国城市交通系统不同程度地存在各种运输方式之间缺乏有效衔接、难以资源共享的现象。这些问题的原因,归根结底是由于城乡交通系统在规划、建设、投融资、维护、运营、管理等方面的管理体制分割、部门之间缺乏有效的沟通协调机制造成的。目前,全国36个中心城市中仅有10个城市建立了"大交委"的综合交通管理体制;然而,建立"大交委"管理体制的城市仍旧存在协调配合衔接机制未理顺,内部管理体制缺乏协调等问题。大部分省、市尚未建立统一的综合交通管理体制,部门职责交叉,政出多门、协调困难的问题依然突出;管理体制不尽完善,内部机构设置和运行机制不够科学,仍然存在权责脱节、效率低下、多头执法、监管不力等现象;直接影响了政府部门全面正确地履行公共服务职能,影响了交通行政管理能力和运输服务水平的进一步提升。

1.2　城乡交通规划缺乏协调、基础设施不够配套衔接

1.2.1　城乡交通规划难以协调统一

城市交通内外不协调,城外公路和城内道路不配套,交通规划之间缺乏有效的衔接,已经成为快速城

镇化过程中的一大障碍。具体表现为：

(1)枢纽站点规划建设缺乏协调衔接。在多数城市，各种运输方式之间缺乏有机协调，枢纽场站各自规划、各自建设，导致旅客换乘距离远、换乘时间长，城乡客运边缘化现象随处可见。由于体制的分割，公路客运站与城市公共交通场站之间也缺乏有效衔接。

(2)城乡交通规划内部缺乏有机衔接。城市规划与综合交通规划、公共交通规划、物流规划以及区域通道规划等整体协调沟通不足或配套整合不够，是造成当前城市交通基础设施通道不衔接、枢纽场站不配套的原因。直接影响了整个综合交通运输网络的组合效益与整体均衡发展。

(3)城市公共交通规划与统筹城乡交通发展要求有较大差距。很多城市都陆续编制了公共交通规划，但受到过去二元分割管理体制的影响，有的城市公交专项规划只管城区范围，不管与郊区农村或区域交通规划如何衔接；因此，需要在原城市公共交通规划的基础上，充分考虑统筹城乡交通发展的要求；或者整体协调统一，制定包括公共交通在内的城乡道路运输一体化规划。

1.2.2 交通基础设施缺乏配套衔接

城乡交通基础设施的问题主要表现在建设滞后、衔接不足、质量偏低。特别是城乡公路和城内道路之间以及综合运输枢纽的建设衔接不畅，农村公路技术等级普遍偏低、站点设置不足；由此导致城市出入口和主要运输通道节点交通效率低下。

(1)部分城市道路与公路不能有效衔接。随着城市规模扩展和聚居区域郊区化的延伸，城郊公路逐步街道化的现象在各地较为普遍，很多公路转而承担着城市道路的功能，但又缺少城市道路应具备的各种地面与地下公共设施，且这些公路的改建和养护缺少与城市道路一样配套的财政经费。原因是两者的规划和建设标准不同，导致进出城主要道路与公路衔接不畅通、养护不及时，存在脏乱差和交通安全隐患。

(2)城乡综合运输枢纽和站场建设不够配套衔接。一些城市的城区公共交通站点与不同运输方式的枢纽站场之间缺乏有机衔接；部分城市已经建成的铁路车站与长途客运站、轨道交通车站及公交站距离太远，旅客换乘费时费力、十分不便。有的枢纽站点规划缺乏人性化、集约化设计，零换乘、公交接驳、节能环保、停车换乘、应急通道及服务设施设计不足，造成建成后又要改建或扩建。

1.3 公交优先发展战略落实不足，运输网络结构不尽合理

1.3.1 公交优先发展战略落实不足，城乡公共交通服务水平不高

城市的公共交通优先发展战略不够落实，城乡（主要是郊区新区和农村）公交网络覆盖的范围不足、班线安排不够合理，运行速度缓慢、换乘距离远、车辆不舒适、等车时间长、有时不够安全便利，以及信息化服务水平低等，造成城市公交分担率不高，农村班线运输也保持不稳，城乡居民不够满意（图 1 是部分中心城市与国外发达城市公交分担率比较）。不少城市对公共交通如城乡公交化改造、快速公交优先道以及轨道交通建设、综合运输枢纽和公交站场建设和改造的投入资金力度仍然不足；而且各个城市对公共交通的补贴占公共交通运营成本的比例普遍偏低，难以实现城市公共交通的可持续发展，而国外发达国家给予公共交通的财政补贴占运营成本均在 50% ~70% 左右（图 2）。

1.3.2 运输网络结构不尽合理，运营效率不高

主要表现在公共交通网络发展不足，道路运输线网结构不尽合理和节点衔接不畅。城乡客货场站建设不足，容量饱和、设施陈旧、运营效率较低，资源难以共享；服务质量不高，旅客换乘不便和货物集散不畅，一定程度上影响了城乡交通运输网络的一体化运行和整体运行效率的发挥。由于公交延伸线路与公路客运竞争，热线重复、竞争激烈，冷线效益不佳、无人愿跑；“冷热线”分布不均，造成了城乡客运线网结构分布不均衡，公路班线运力过剩和不足同时存在，致使城乡道路客运实载率低；再加上快慢线级配不合理，运力浪费大、运输效率降低。

1.4 税费政策不一致、法规标准不统一，运输市场竞争不规范

由于受城乡二元结构的影响，我国城乡交通有关法律法规、政策标准，同样存在二元差别。因此，为

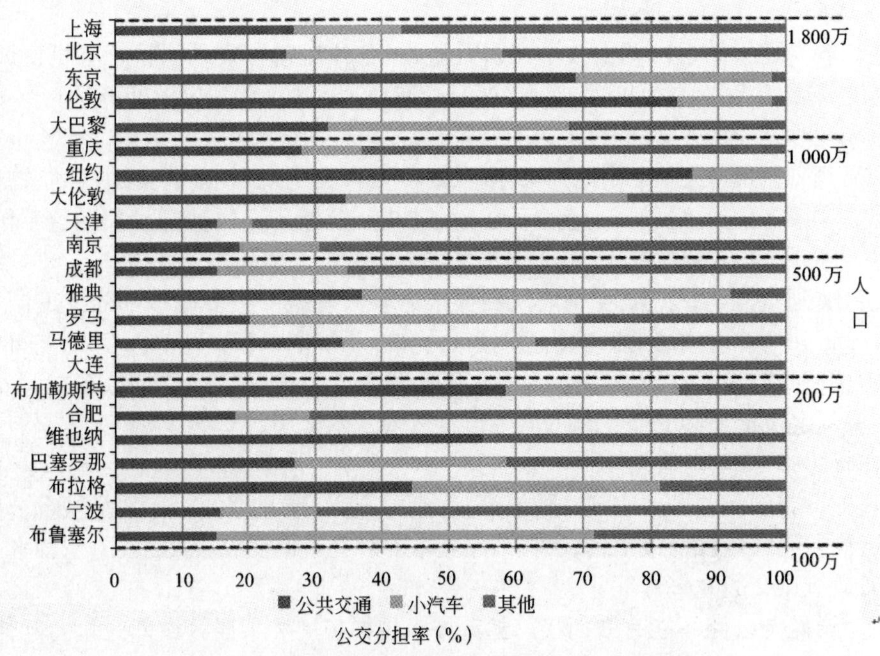

图1 部分中心城市与国外发达城市公交分担率比较图

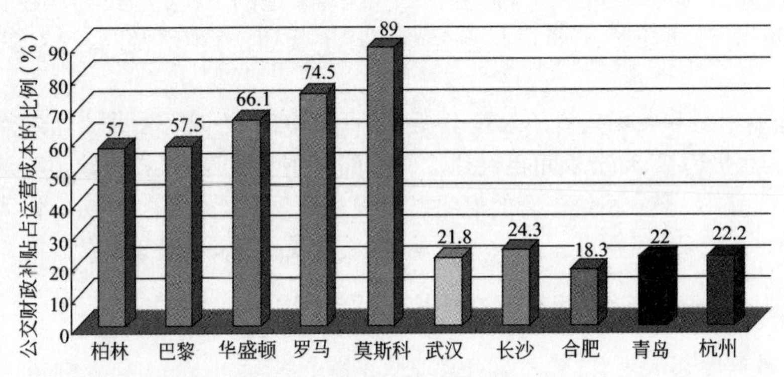

图2 部分发达国家城市与国内部分中心城市公交财政补贴占运营成本的比例比较

了统筹城乡交通的发展,交通运输的税费及法规政策亟须修订统一。

1.4.1 城乡交通税费政策不一致

(1)交通规费和财政补贴政策不同,导致两者之间票价差距较大。在规费政策的城乡差别方面,按照《中华人民共和国道路运输条例》的规定,从事公路客运的车辆需缴纳养路费、客运附加费、运管费、通行费等交通规费。如从事班线运输的20座中型客车,每年需缴纳上述费用约3.5万元/车台;而城市公交享受免缴城市税费等优惠政策。除此之外,公路客运企业还需缴纳交通安全设施维护费、车辆安全检验费、城市维护建设税、防洪保安费等各类税费,致使公路客运在运输成本上远远高于城市公交。

在补贴政策的城乡待遇方面,城市财政每年给予市公交集团一定数额的财政补贴。如武汉市历史上补贴高达1亿多元,目前每年仍享受市财政3 000万元的补贴;在运营成本上升较快时,市政府还给予一定的扶持政策(如2006年给予燃油补助2 000万元)。

(2)公交补贴政策不能到位,农村客货运输缺少财政优惠。部分城市公交财政补贴政策不够落实,而农村客运几乎没有地方财政的补助优惠。不少城市政府为落实公交优先发展战略,对公共交通投入大量资金并落实了补贴政策,但有的城市公交补助虽列入计划,有时资金也不足额发放;还有的地方县镇财政金融紧张,对实行一体化公交的企业难以持久支持;多数城市财政没有农村客运补助及来源渠道。除了经济发达的东部部分超大城市对公共交通有较高补贴外,大部分城市支持公共交通优先发展的财政补贴情况不容乐观。

农村客货运输一直是市场经济为主,政府和交通部门除了投资修建道路、桥梁和部分客运站外,几乎没有客货运输投入和补贴政策。但是,由于近几年油价上涨、税费增加,规费征收不合理再加维修成本上涨,造成农村客货运输成本不断攀升,企业和业户经营困难,车辆陈旧耗油难以更新,农村的旅客运输亏多盈少、难以为继;农村的货物运输收入减少、缺乏活力。

(3)城乡公共运输投入资金力度仍然不足。我国公共交通以及农村客运长期以来存在着投资政策导向不力、投资规模不足、历史欠账较多的问题。在投资比重上,公共交通财政预算投入少,其投资占城市基础设施总投资的比重偏低,部分城市公交投资占不到固定资产投资的10%,农村公路地方投入仅为5%~10%之间。

当前,十分需要有针对性地制订促进农村客运和物流(货运)发展的新的运输经济政策。

1.4.2 城乡交通法规标准不统一

按原管理体制划分,城市公交主要服务于中心城区;我国目前尚无协调整合城乡交通的行政法规,只有原建设部制定的部门规章《城市公共汽电车客运管理办法》和《城市出租汽车管理办法》以及各地制定的《城市公共交通管理条例》。而道路客运隶属交通运输管理部门管理,主要服务于中心城区以外的区域,适用《中华人民共和国道路运输条例》、有关配套规章和地方性道路运输管理条例等法规。城市客运划归交通运输部门统一管理后,亟须修订和统一有关各类法规和标准。

1.4.3 城乡运输市场建设与管理不规范

由于城乡二元管理结构的影响,地方政府过去审批把关和执法不严,部分地区和城市城乡道路运输市场监管较乱、执法不力,"以包代管"、"挂靠经营"的粗放经营模式依旧存在,非法营运行为疏于治理,运输市场秩序还不能满足社会主义市场经济体制的要求。

1.5 城乡居民交通服务差异明显,公共交通服务水平不高

不同交通方式转乘仍然不便。首先是城乡居民转车换乘的综合运输枢纽建设不足;其次是由于有的城市铁路、公路长途客运站与公交场站的上级主管部门存在不同,导致一些客运站在规划、设计和运营过程中与公共交通站点未能有效衔接、协同运行,群众换乘时必须携带行李步行或绕行很长的距离和时间。主要干线车站与支线之间换乘,由于各条路线客运车辆运行时间配时不合理或缺少接驳运输,给城乡居民转车换乘带来等车时间过长、不得不找黑车等不便,民众出行或换乘常会遇到"畅行中间、堵在两头"的无奈经历;再次是客运枢纽或站场停车场面积小、停车换乘不便,郊区居民为方便办事多开车进城,车辆过多时常造成拥堵。

1.6 "两型交通"任务不够落实,较"两型社会"建设要求差距较大

国家可持续发展战略的实施使全社会更加强调降低能耗、减少污染和保护生态,推进经济、社会和自然环境的和谐发展。建设"两型社会",要求交通运输转变增长模式,统筹城乡交通绿色、集约发展,实现"两型交通"支撑城乡协调发展。

1.6.1 资源消耗问题

(1)支撑城乡经济社会发展,交通运输业所使用的道路和场站要占用大量土地资源,而我国土地资源十分紧缺,人均耕地只有1.4亩,仅相当于全球平均水平的40%。

(2)交通运输的发展必然消耗大量的能源。包括公路、水路、铁路、民航在内的各种运输对能源消耗很大,能源消费总量占全社会能源消费总量的7.4%左右,其中道路运输每年消耗的成品油约占全社会消耗总量的28%,能源消耗总量年均增长8%左右;而且增长幅度高于全国平均水平。2006年我国石油净进口量约达到1.63亿吨,对外依存度接近47%;我国车船的单位能耗相比国外先进水平仍有较大差距,能源利用效率、主要耗能装备设备效率等指标,与世界先进水平相比明显偏低。

1.6.2 运输车辆尾气成为主要污染源

目前,我国二氧化硫排放量已居世界第一,二氧化碳排放仅次于美国。生态环境脆弱,环境污染严重,资源环境对城乡经济社会发展的承载能力明显不足。而城市政府在环境污染的控制及治理中,往往更加重视城区内车辆污染控制,较少关注城外车辆的尾气污染,防治污染的投入和管理城乡差别很大;而农村用车往往技术标准更差,尾气污染更严重。

2 统筹城乡交通发展若干思路与对策建议

通过研究分析我国目前统筹城乡交通发展过程中存在的问题,总结部分省市的经验,提出以下思路和对策建议。

2.1 制定城乡交通一体化战略规划

2.1.1 发展思路

统筹城乡交通规划,应该建立一套涵盖从区域到城市、从城市到小城镇和农村、从总体到专项的层次分明、互相衔接、完善配套的交通运输规划体系。

总体思路是:以统筹城乡交通发展及促进区域协调发展为宗旨,以构建和完善现代综合交通运输体系、加快推进城乡交通一体化发展为战略目标,加速提升综合交通对当地城乡经济社会发展和“两型社会”建设需求的适应能力与先导作用,在国家大部制交通改革方案和省、市综合交通发展规划指导下,深化改革城乡一体化的交通行政管理体制机制,健全城乡交通一体化的法规政策保障,统筹城乡交通基础设施建设与运输平衡发展;不断提高城乡客货运输服务能力、服务水平和服务质量,有效提升城乡交通运输集约发展、绿色发展能力,促进城乡交通的全面、协调、可持续发展。

2.1.2 战略目标

城乡交通一体化发展战略目标的思路是:用5~15年左右的时间,致力于统一交通管理体制机制、统一发展规划、统一运输市场、统一法规政策,建立安全可靠、方便快捷、舒适经济、服务规范的城乡一体化客货运输网络体系;建立分工明确、有机衔接、有序竞争、公平开放的城乡一体化运输市场体系;建立信息互通、网络互联、平台共享、及时便利的城乡一体化交通信息管理与服务体系;建成并完善高效、优质、安全、普惠的现代综合交通运输体系,为城乡与区域社会经济发展和居民出行提供高效率、低成本、更可靠的现代物流服务和更加安全便捷、舒适经济的公共运输服务。

2.1.3 推进原则

推进城乡交通一体化发展的原则是:按照管理、规划、市场、政策“四统一”原则,加快网、线、站、车、平台以及应急等运输服务能力的全面建设和发展,实现基础设施一体化布局、运输网络一体化规划、运营管理一体化组织、信息服务一体化构筑、体制政策一体化保障。

2.1.4 发展方向

初步考虑城乡交通一体化的战略发展方向是:

城乡客运一体化要以城市总体规划和综合交通规划为指导,以城乡综合交通基础设施网络为依托,形成以城市综合运输枢纽为龙头,区县级中心城镇为节点,其他城镇为一般节点,中心城区到区县和区县之间、区县到乡镇和乡镇之间、乡镇到行政村和行政村之间的多层级客运网络;逐步实现村村通公交、站场资源共享和不同运输方式间便利(零)换乘的公共客运网络系统。使公共交通成为城乡居民主要的出行方式,城市交通和郊区农村客运的分担率平均达30%以上,为城乡和区域经济发展和居民生活质量提高服务。

城乡货运一体化要以城市总体规划和物流规划为指导,以城乡基础设施网络为依托,形成以城市物流枢纽为龙头,区县中心城镇(副中心)物流中心、主要货运站场为节点,其他乡镇物流配送中心一般节点,与重要产业基地以及城乡内外紧密衔接的城乡物流(货运)网络,逐步实现村村通货运和邮政、站场资源共享和与其他运输方式的无缝衔接，重点建设城乡物流枢纽、物流中心和公铁水一体化、集装单元化联运系统，以高效率、高质量和诚信可靠的货运服务，为城乡和区域经济社会发展提供现代物流一体化运输服务。

城乡客货运输信息服务一体化要以国家和当地综合交通信息化、智能化规划为指导，应用现代信息通信技术建立网络互联、信息互通、平台共享、及时便利的城乡一体化交通信息管理与服务系统，重点解决城乡交通信息资源采集、管理、联网收费和信息发布等基础建设问题，构建城乡综合运输公共服务信息平台和各类急需的城乡公共交通、客运监控、枢纽场站运营、应急指挥抢险救援等专题业务系统，逐步实现城乡交通运输的一体化信息管理、智能化运行和现代化服务。

2.1.5 发展重点

(1)优先规划建设城乡一体化的公共交通系统，重点发展城乡公交骨干网络和优先建设大容量快速客运系统(快速公交\BRT\轨道交通)。

(2)调整和优化城市公共交通与公路、铁路的主要线网的布局和衔接；重点解决城乡结合部和进出城道路与公路的配套衔接；优化多种运输方式干线网络节点的布局和综合运输枢纽场站规划，以及集约设计有关配套工程；包括不同交通方式零换乘衔接、停车换乘立体停车场、信息联网服务、节能环保和应急救援等规划设计。

(3)优先规划建设城乡一体、多种交通方式联合的物流运输系统，在城乡、城际和区域间重点发展公铁水货运一体化、集装单元化的联合运输系统。推行一票到底、简化标准的票据单证，采用高效、单元化、厢式化、可甩挂、可联运的运输工具，扶植建立城乡物流和货物配载信息平台，鼓励采用电子贸易数据交换系统和运输条码、电子标签(RFID)等现代交通信息管理与服务系统。

2.2 统一城乡交通管理体制机制

城乡交通一体化的关键是理顺综合交通管理体制和运行机制，按照“经济调节、市场监管、社会管理、公共服务”的政府职能定位，建立综合统一的交通运输行政管理体制。实施统一、协调、高效的城乡客货运输综合管理，发挥政府、市场、公众的共同作用和各种交通方式管理体制机制的整体效能与组合优势，为城乡居民提供更好的运输管理和公共服务。

首先要逐步建立精简统一、运转协调、办事高效，服务百姓，基本符合现阶段社会主义市场经济发展要求，有利于促进城乡经济社会和交通运输全面、协调、可持续发展的交通行政管理体制。

同时要调整机构设置，制订工作制度，做到权责一致、分工合理、执行顺畅、监督有力；提高公务员素质，规范权力运行机制，全面提高公共服务和应急保障能力，规范行政权力运行，实行城乡交通一体化管理。城乡交通一体化管理是一种全新的管理模式，在管理上、业务操作上会有一个学习和适应过程。可以依靠当地政府，先从城乡道路客运一体化入手，通过试点总结经验，采用适宜的模式循序渐进、逐步深化；条件成熟也可以制定切实可行的方案，一步到位。

2.3 加强城乡交通基础设施配套衔接

2.3.1 坚持公交优先发展战略，加强城乡交通网络的衔接建设

(1)坚持优先发展公共交通战略，重点统筹城乡公共交通网络的协调衔接。城乡公共交通客运发展的优先领域和发展重点：优化调整现有城区公交线路与公路班线公交化线路，分区分层级(城区和郊区农村几个圈层)对接或对开经营，不同线网合理级配、衔接和配时运营；优先建设城乡和城际客运公交化骨干网络；在大流量的通道上建设大容量快速公共交通系统。

(2)客运重点建设公路与铁路、城市交通的枢纽衔接。要建立健全城乡一体化的综合客运枢纽和主要客运站配置。重视不同交通方式之间的协调、配合、衔接，重点建设公路与铁路、城市公交、轨道交通相互衔接的综合运输枢纽，不断改善城乡之间、各种交通方式之间的零距离换乘、接驳转运条件；实现铁路、公路、城市道路、水运等市域交通的连接和与对外交通通道之间的贯通，为百姓出行创造便利条件，实现

管理体制、设施建设、运营组织和信息服务及票制的一体化。将农村道路、客运站场、港湾式停靠站等基础设施建设用地统一纳入城市建设用地规划,享受公路建设用地政策,统一标准,规范建设。综合农村公路条件、客流特征及农民乘车需求,合理设置站点,调整完善农村客运线路网络,投放适合车型和运力,构筑城乡一体化的公交客运网络服务体系;实现城乡交通枢纽与不同交通网络在空间的一体化衔接与发展。

2.3.2 物流枢纽与主要货运通道、港站之间的畅通衔接

货物运输是经济社会商品供应链中的流通环节。要加快统筹城乡物流的运输与配送,发挥公路运输门到门优势,以高效安全、按时守信、服务用户为宗旨,与城市物流配送有机衔接、一体化送达,力争实现物流枢纽建设与城镇和农村主要交通节点、中心、港站之间的顺畅衔接。在农村实行商品经营连锁化、农业产业化基础上,发展城乡交通连锁服务网点,推行农业物资配送和城际、区域的产品快速流通,初步构建农资、生产资料、农产品、再生资源回收物资配送网络,把工农业生产资料供应和农村产品收购结合起来,促进农民增产增收。

2.4 规范建设城乡道路运输市场

城乡运输市场一体化运行机制包括市场供求机制、价格机制、竞争机制、监管机制和风险机制。价格机制在市场中表现为运输的供给与需求同价格的有机联系与互动。例如:在城乡客运中实行低票价政策,目的就是利用价格机制的调节,增加公共客运的分担率,减少私人汽车出行和交通堵塞,从而提高运输效率,降低资源消耗和空气污染。市场监管机制主要包括市场的准入、协调、导向、监督和服务。要完善市场准入和退出机制,通过合同契约制度促进优胜劣汰。建立和完善资质管理制度、服务质量招标制度和年审等制度,定期考核审验;清理和规范客运市场挂靠经营,对实际不够具备市场准入条件、服务低劣、违法违规的交通从业者,限期进行整改,仍不能达到要求的,坚决清出运输市场;对服务质量好、安全有保证、诚信守法、管理规范的运输经营企业应让其占有更多市场份额,并给予不同形式的奖励和政策优惠。

2.5 提供运输法规政策保障环境

2.5.1 制定有利于城乡一体化运输的法律法规

各级政府及有关部门应在充分调研的基础上,要制定新的有利于推进城乡交通一体化的法律法规、管理规定;修改现行法规相互矛盾的条款,制定新的地方法规。通过强化法律手段,逐步化解两者之间的矛盾,促进道路客运市场的协调发展。运管部门要从实践“三个服务”的高度,梳理职能、加强协调,坚持多家办、一家管的原则;各地方尽快制定出台《城乡客运一体化发展管理办法》和《城乡货运一体化发展管理办法》,制定具体操作方法,将其纳入行业管理的职责,同时注意稳妥解决各种突出矛盾和问题,推动城乡客运一体化的稳定、健康发展。

2.5.2 制定有利于城乡一体化运输的政策措施

(1)抓紧制订城乡客运有关产业发展政策;

(2)落实优先发展公共交通的各项经济政策,包括抓紧税费制度改革,明确公共财政对支持公共交通发展的专项补贴扶植政策,增加对郊区农村客运的补贴政策;

(3)制订有利于改善物流服务的政策;

(4)健全交通法规与标准体系。

2.6 加强各种运输方式的规划衔接

制定包括公共交通在内的推进城乡交通一体化发展规划;同时,在综合运输总体规划指导下,开展各种运输方式的专项规划研究制定或修订,使城乡交通一体化规划与城市公共交通专项规划等综合交通各有关专项规划之间衔接配套、协调平衡发展。

3 结语

城乡交通一体化的实现是一个长远的目标和复杂的过程。东、中、西部地区及其城乡不同区域的经济发展水平、区位背景各异，在推进城乡交通一体化的过程中，各地应根据具体情况和适应性，选择既符合国家和交通运输行业统筹城乡交通发展战略和“两型社会”建设要求，又有利于建立和完善综合交通运输体系的发展模式；化解城乡二元分隔，打破行业壁垒，缩小城乡差距，普惠城乡居民，举全国城市之财、发交通全行业之力，支持城乡交通一体化的全面、协调、可持续发展。

第十一章　关于建设城乡一体化客运网络若干问题的思考

吴洪洋　孙黎莹　何新东　江玉林　彭　虓　郝记秀

(交通部科学研究院中国城市可持续交通研究中心)

摘　要:党的十七届三中全会通过的《中共中央关于推进农村改革发展若干重大问题的决定》指出,我国已经进入以工促农、以城带乡,破除城乡二元结构、形成城乡经济社会发展一体化新格局的重要时期。在这段时期,要进一步统筹城乡经济社会发展,推进城乡基本公共服务的均等化。在加快发展农村公共事业,促进农村社会全面进步中指出,要加强农村公路建设,确保"十一五"期末基本实现乡镇通沥青(水泥)路,进而普遍实现行政村通沥青(水泥)路,逐步形成城乡公交资源相互衔接、方便快捷的客运网络。本文针对这一主题,从建设城乡一体化客运网络的基本要求入手,分析现存问题,借鉴国内外经验,提出加快城乡一体化客运网络建设的初步思路,供政府决策部门参考。

关键词:城乡一体化　客运网络　思路

长期以来,我国城乡客运交通二元发展的格局,使其相互间缺乏协调,导致城乡交通发展过程中矛盾日益突出,化解这个矛盾,逐步实现城乡客运一体化,是交通运输行业落实中央决定,推进社会主义新农村建设的重要任务。

2008 年 3 月中央决定成立新的交通运输部,统管城乡客货运的规划、建设和管理。2008 年 10 月交通运输部党组决定着手研究城乡公共交通资源整合的问题,通过加强城乡交通资源的衔接、升级,建设便捷、安全、畅通、绿色的客运网络,提高公交服务水平,达到城乡之间生产要素的有效流动,城乡居民共享改革发展成果。

1　建设城乡一体化客运网络的基本要求

作者认为,城乡一体化客运网络是适应城乡经济社会一体化的需要,通过城乡公路和城市道路公共客运诸元素的合理配置,将管理体制、经营机制、网络布局、场站建设、车辆运行等成为有机结合的整体,使城市区域内的城市公交、城间客运、出租客运、城市与农村之间以及城市周边农村的各种客运方式协调发展;通过对各种运力的合理调控,实现统一、高效、协调发展的公共客运系统模式。

建设城乡一体化客运网络的目标是以城乡综合交通基础设施和运输服务网络为依托,以城市客运枢纽及换乘站场为龙头,以市域区县城镇(新城)为节点,形成市区内、市区(中心城)—县城(副中心)和区县之间、县城—乡镇和乡镇之间、乡镇—行政村和村之间各级连接畅通的城乡一体化客运网络。达到城乡客运资源共享和所有乡镇、行政村通公交,使公共交通成为居民主要的出行方式,使城区、郊区、卫星城、经济开发区、小城镇和农村的居民都能够享受到与城区居民均等化的基本公共运输服务,让城乡交通发展的成果惠及全体人民。

2　我国城乡客运发展中存在的问题

2.1　城乡二元结构突出,城乡客运管理存在体制障碍

我国城市交通系统不同程度地存在各种客运方式之间缺乏有效衔接、缺乏资源共享的现象。这些问

题,归根结底是由于城乡交通管理体制分割、部门之间缺乏有效的沟通协调机制造成的。

目前,我国中心城市交通管理体制大致可分为“多部门交叉管理”、“城乡道路运输一体化管理”和“一城一交综合管理”三种模式。这种交通管理体制分割的局面很难适应社会主义市场经济发展的要求。

(1)多部门交叉管理。由交通、城建、市政、公安等部门对交通实施交叉管理。南京、昆明、福州等18个城市采用这种管理模式。

(2)城乡道路运输一体化管理。公路和水路客货运输、城市公交和市域范围内的客运出租由一个部门进行统一管理。沈阳、哈尔滨、乌鲁木齐等8个城市采用了这种模式。

(3)一城一交综合管理。交通运输规划,道路(城市道路和公路)和水路运输、城市公交、出租汽车的行业管理,及与城市内的铁路、民航等其他交通方式的协调等统一由一个部门进行统一管理。北京、上海、广州等10个城市采用了这种模式。

从空间分布来看,“多部门交叉管理”模式主要分布于我国中部地区;“城乡道路运输一体化管理”模式主要分布于我国东三省和西部省份;“一城一交综合管理”模式主要分布于我国沿海和沿江的经济发达城市。

在不同交通管理体制模式下,交通资源要素在城市各管理部门的分布也有很大不同。即使在“一城一交综合管理”模式下,交通资源要素也还存在一定成都的分割,不利于城乡客运一体化的发展。

2.2 城乡道路规划缺乏协调,基础设施配套衔接不足

目前,我国城乡客运规划与基础设施建设普遍存在着城内、城外不协调,城外公路和城内道路不配套,相互间缺乏有效衔接,主要体现在以下两方面。

2.2.1 城市道路网与公路网规划之间缺乏相互协调

城市道路网规划与公路网规划在规划过程中普遍缺乏相互协调,导致城市道路与公路过渡衔接段矛盾突出。随着城市规模扩展和聚居区域郊区化的延伸,“公路街道化”在各地普遍存在,在这一过程中,由于公路与城市道路在管理部门不同、养护标准不同,经常出现多头、无头管理现象,导致进出城道路养护不及时,脏、乱、差现象严重,加之城市道路与公路设计标准不同,如公路上没有非机动车道、人行道、绿化照明,缺少信号标志引导等,在公路与城市道路衔接的路段变换突然,致使多数城郊结合部的公路产生较大的安全隐患。

2.2.2 枢纽场站规划建设缺乏协调衔接

由于各种运输方式分部门管理,相互间缺乏有机协调,交通部门制定的公路客运主枢纽规划及客运站点布局规划不能落到实处,建设部门制定的城市公交枢纽规划与公路客运枢纽规划不够衔接,道路客运边缘化现象随处可见。特别是城郊的公交站点与公路客运站点分离,导致旅客换乘距离远、换乘时间长,造成重复建设,资源浪费,限制了客运场站功能的完全发挥,效率低下。难以形成贯通畅达、衔接紧密的城乡综合交通网络,影响了整个综合交通运输网络的组合效益与整体均衡发展。

2.3 客运网络结构不尽合理,资源利用效率低下

部分城市公共交通网络发展滞后,公交服务水平较低,公交的稳定性与可靠性差等,降低了公共交通的吸引力。尽管特大城市已经开始发展大容量公共交通系统,但短期内难以形成覆盖城市周边多圈层的骨干交通网络。公共交通网络发展不足,道路运输网络结构不尽合理,城乡客货场站建设不足,运营效率较低,服务质量不高,一定程度上影响了城乡交通运输网络的一体化运行和整体运行效率的发挥。

城乡客运方面,公交延伸线路与公路客运竞争,热线重复、竞争激烈,冷线效益不佳、无人愿跑;“冷热线”分布不均,造成线网结构分布不合理,致使城乡道路客运实载率低;公路班线运力过剩和不足同时存在,实载率低造成运力浪费大、运输效率降低。如武汉市城区公交车数量以每年8.4%的速率增加,但公路班线客运车近4年来不但没增,数量反而减少;原因是班线客运中短途受公交线路延伸影响、长途受铁

路提速以及黑车争客影响,导致班线客运实载率逐步降低。成都市几个公路主要枢纽站,于2003年规划修编后基本建成,到2005年成都市各主要客运站设计能力及利用率最高73.7%,最低18.6%,平均利用率仅为42.4%,造成客运场站资源的闲置浪费。

2.4 税费政策不一致、法规标准不统一,运输市场竞争不公平

城市公共交通与道路客运在主管部门、税费、政策、法规、标准等方面都存在较大的不同,如表1所示。

城市公交与道路客运比较 表1

项　目	城市公交	道路客运
主管部门	建设部门	交通部门
性质	公益性为主	经营性
政策	享受优惠的税收政策	很少享受优惠的税收政策
税费/用地	免收过桥过路费,减免城维费、城市教育及附加,公交场站建设用地可减免税收或由政府拨划	需缴纳过桥过路费、客运附加费、养路费、运管费、工商税、营业税以及投资场站等
财政	享受政府政策性补贴	很少补贴
法规标准	《城市公共汽电车客运管理办法》和地方性《公共交通管理条例》	《中华人民共和国道路运输条例》和各地方性《道路运输管理条例》
核载人数	按照车内面积核定载客人数(每平方米8人)	按照座位数核定载客人数,且不许超载
营运模式	定时定点发车,中途设置上下站点,到站停靠	不定时点对点发班车,进站载客,原则上不许中途上下客
客运站资源	免交站务费	要交站务费和公交站停靠费
线路确定	由城市政府规划,可跨区延长线路	区县范围行政审批,大部分线路不许进城
经营主体	国有公交企业占绝对优势	国有、集体、个人,多元化经营

在规费征收方面,武汉市从事公路客运的车辆需缴纳养路费、客运附加费、运管费、通行费等交通规费。而城市公交因具有公益事业性质,按国家有关规定,享受免缴城市规费等优惠政策。除此之外,道路客运还需缴纳交通安全设施维护费、车辆安全检验费、城市维护建设税(城建税)、防洪保安费等各类税费,致使道路客运在运输成本上远远高于城市公交,平均每车每月的缴费差额达1 000~3 000元不等。

在补贴政策方面。基于城市公交的公益性,城市财政每年给予市公交集团一定数额的财政补贴。例如武汉市历史上最高年补贴达1亿多元,目前每年仍享受市财政3 000万元补贴;在运营成本上升较快时,市政府还给予一定的扶持政策(如2006年给予燃油补助2 000万元)。又如宁波城市公交规费实行“先缴后返”政策,2006年起不再缴纳运管费和养路费,免收过桥过路费。而道路客运自负盈亏,不享受城市财政补贴。

在票制票价方面,城市公交因公益性特点和规费政策的不同,票价制定时综合考虑市民承受能力,实行单一票价制,且价格相对低廉;而道路客运要自负盈亏,票价由四部分构成:基本运价+保险费+客运附加费+通行费,且随着运输里程的增加而增加。道路客运票价普遍高于城市公交票价。

由于存在以上的诸多不同,因此城市公交受到市民普遍欢迎。一旦城市公交车和道路客运车同线运行,市民往往选择城市公交车,从而引发与道路客运经营者之间的冲突。

2.5 城乡居民出行换乘不便,缺乏综合的出行信息服务

运输网络的城乡二元分割,使得资源缺乏有效整合,运力分配和发展不均衡,道路网络通达深度不够,郊区县和农村等级客运站、停靠站偏少,导致农村和郊区居民进城难、进城不便(时间稳定性差、等车时间长)等现象普遍存在,加之综合的出行信息服务缺乏,导致城市居民出城、郊区居民进城不能根据自

身需求有效的选择出行方式,增加了出行难度和时间延误,出行多有不便。

此外,还存在农村道路、客运投入不足,定位偏差等问题。

3 国内外典型城市建设城乡一体化客运网络的经验

3.1 国内经验

近年来,城乡客运一体化在全国不同程度地得到推进,北京、成都、嘉兴等地不少地区已取得了实质性进展,集中体现在:①创新思想观念;②整合管理体制;③实行统筹规划;④改革税费制度;⑤优化运输结构;⑥完善设施建设。

3.1.1 北京经验

北京在推进城乡客运一体化方面的值得借鉴的经验主要有:

(1)整合政府职能,统一交通管理。2003 年,北京市进行了交通管理体制改革,整合全市交通规划、建设、运营、管理等职能,成立了北京市交通委员会,初步建立了统一的城乡交通管理体制,为整合全市交通资源、发挥各系统的协同效应提供了体制保障。

(2)确立公交优先发展战略。首先在战略上重视公交的发展,其次在操作层面采取了一系列有效措施。

①实行低票价政策,惠及郊区市民。市郊 9 字头公交线路,自 2008 年 1 月 15 日起在现行票制票价的基础上实行持卡乘车与市区公交线路同折扣优惠,即在现行票制票价基础上持卡乘车成人 4 折、学生 2 折。各远郊区县政府根据实际情况,从 2008 年 1 月 15 日起也对远郊区县境内客运实行了票价折扣优惠政策。

②明确责任主体,加大财政扶持力度。根据事权与财权相统一的原则,明确了市、区两级责任。市郊 9 字头公交的财政扶持由市级负责,区县境内客运财政扶持由区(县)级负责,市级给予支持。市级支持政策包括:加大对区县转移支付力度,市财政已确定车船税款由区县留用,区县境内客运折扣减收补贴核入区县体制中,同时免征区县境内客运车辆养路费等。

3.1.2 成都经验

成都市在推进城乡客运一体化方面的主要经验有:

(1)成立统筹城乡交通发展领导机构。成都市在 2005 年初成立了交通委员会,建立了一体化的大交通管理体制和协调机制,除了原有职能外,还将城市客运、道路建设与管理和交通设施管理职能以及铁路、公路、航空等联合运输综合协调工作从其他政府部门剥离,整合归口到交通委统一管辖。

在 2007 年被国家发展改革委员会确定和批准为统筹城乡发展综合配套改革试验区后,市交委成立了推进统筹城乡交通发展领导小组,并将推进办设在厅公路管理处,具体负责组织和协调有关工作。

(2)制定统筹城乡交通发展规划。成都市交通委以及各区县制定了统筹城乡交通发展有关规划和落实年度实施计划,出台五项配套政策,对符合规划和列入计划的项目给予资金补助;规划并建设了沙河堡综合运输枢纽、一批港湾式公交站和农村等级站。

(3)开展统筹城乡交通发展试点。2005 年,四川省交通厅和市交委将成都郫县确立为全市统筹城乡交通发展试点县,率先开展了统筹城乡交通发展的试点。在此基础上由省交通厅和市交委召开各市区县交通局长都参加的示范县现场交流会,宣传推广到全省,促进了当地城乡客运一体化的有序发展。

3.2 国际经验

国外的部分城市或地区在城乡客运一体化方面的成功经验主要如下:

3.2.1 统一的交通管理体制,通畅的协调机制

在这方面,美国和西班牙马德里的做法可以提供借鉴。

(1)美国:设置专门的协调机构。根据美国联邦法律在每个居民超过5万的城市区域内必须设立“都会区规划委员会(MPO)。MPO负责协调解决区域内的交通相关问题,包括土地利用、空气质量、能源、经济发展和商业等。MPO组织成员由区域内的利益相关者(包括政府、企业、学校、普通民众等)的代表组成,参与区域内交通规划过程。MPO下设交通顾问委员会(TAC)和技术协调委员会(TCC)。TAC负责交通规划问题的协调和决策,TCC负责为TAC提供技术建议,成员来自各方利益相关机构的技术人员。从国会法案通过至今,MPO已有近50年的历史,为美国区域社会经济的协调发展起到了至关重要的作用。

(2)马德里:成立“大区交通局”,有效整合不同运输方式。马德里大区交通局由西班牙中央部门公共事业部、自治区政府、城市(或镇)政府三级机构的代表和民间(企业和组织)代表组成,负责马德里自治区圈内的交通(包括铁路、高速公路、地铁、国营和私营公交等)进行统一规划、协调和运营管理,实现大区内交通资源的统筹协调发展。

大区交通局直接负责交通主枢纽的规划与设计,枢纽建设的投资和营运,采用政府特许经营的方式;政府重点实施监管和推动在大区实施统一票制,实现了不同运输模式,如长途客车、郊区客运和城市公交的有效整合。

3.2.2 提供便捷的公共交通服务

巴黎和新加坡在增强公交吸引力方面的一些做法值得我们借鉴:

(1)巴黎:建设“多模式换乘中心”,促进私人交通向公共交通转换。尽管巴黎私人小汽车的家庭占有率在世界上是较高的。市区为65.3%,大巴黎区为78.2%,每千人拥有374辆。但是,巴黎的城市交通主要是依靠公共交通,尤其是依靠轨道交通系统来完成的。这主要归功于巴黎市政府通过建设“多模式换乘中心”,在交通枢纽设计、交通工具时间表协调、票价、特殊人群、交通方式转换等方面为旅客提供便捷的运输服务,促进个人出行方式向公共交通转变。

(2)新加坡:交通服务与各种公共活动紧密连接,票价管理科学高效。新加坡大力推崇“门对门”交通和“无缝衔接”交通服务,力图将工作、购物等各种活动用公共交通系统紧密连接起来,使不同交通工具的换乘距离控制在步行范围之内,真正体现出公共交通的便捷。政府通过成立公交联合客运有限公司,管理并整合轨道交通和公共汽车的票制票价,推广EZ-link卡,以推动票价和网络的整合,方便居民使用和换乘。

4 加快城乡一体化客运网络建设的初步思路

4.1 树立“大交通、大公交”的理念

在思想观念上,要树立“大交通、大公交”的理念。“大公交”既包括一般意义上的城市公共交通,也包括道路客运。“大公交”作为政府的公共资源,应按市场化运作理念,适度开放公交市场、合理配置资源。一方面要以“群众满意”为根本出发点,牢固确立公交优先发展理念,在城市规划、建设、管理过程中认真贯彻落实公交优先发展战略。另一方面要进一步加大对公交发展的扶持力度,对城市公共交通以及承担城市公共交通职能的道路客运给予一定的政策扶持和资金补贴。

4.2 尽快研究编制城乡一体化客运网络发展的战略规划

中央和地方城乡交通主管部门应在落实科学发展观、统筹城乡交通发展、全面建设小康社会等宏观战略的指引下,尽快制定一套涵盖从区域到城市、从城市到卫星城和农村,从总体到专项的层次分明、互相衔接、完善配套的城乡一体化客运网络发展的总体规划,从宏观层面上确定未来城乡客运一体化发展的目标,明确发展的战略思路、战略重点以及未来的行动规划,指导相关管理部门以及城乡交通经营部门开展具体工作,从而避免发展过程中走弯路。

4.3 进一步深化城市交通行政管理体制改革

城乡一体化客运网络发展的关键在体制，难点也在体制，要在国务院大交通体制改革的基础上，努力实现各级交通管理部门城乡交通二元化管理向城乡一体化的根本转变。要加快探索和完善“一城一交”的综合交通管理体制，以充分整合资源，全面履行交通管理职能，统筹城乡综合运输体系协调发展，强化政府交通管理的规划决策、公共服务、市场监管、运营管理、组织协调、应急管理等职能，实现管理制度更加完备、管理方式更加科学、管理行为更加规范。

4.4 研究城乡一体化客运网络的运行机制

要根据各地区实际，完善符合本地区城乡一体化客运网络发展的协调机制，如综合交通发展联络员制度、重大政策和信息情况交流共享制度、综合资料、统计信息定期报送制度、重大项目前期工作跟踪协调制度等。

在运营管理方面，发挥好市场机制的作用，充分利用经济杠杆，完善综合管理手段，减少不必要的行政干预，有效调动市场主体的积极性和主动性，引导企业守法诚信经营，实现运输资源的优化配置。同时，要建立服务质量信誉考核制度，并按照公开、公平、公正的原则，运用法律、经济、行政等手段，逐步引导建立规范、有序、适度竞争的公交客运市场秩序。从而，彻底改变单车承包经营模式，切实解决“散、小、多、乱、差”的单车承包租赁这种落后的经营机制。

4.5 研究统筹城乡客运发展的税费改革政策

实现城乡客运一体化，重要的还在于突破政策“税费瓶颈”。系统制定统一的城乡客运税费政策，为城乡客运一体化的实施提供资金保障。一方面要继续执行关于优先发展城市公共交通的经济政策。另一方面，要尽快研究制定对农村客运尤其是边远郊区农村客运经营企业的财政补贴政策，从税费减免、票价补贴、公益性补助、能源消耗和更新改造补偿等方面给予大力支持；要扩大公共财政覆盖农村范围，发展农村客运，尽快实施车辆规费征收优惠政策，对道路客运公交化票价改造后提供财政补贴，使农村客运比照城市公交客运政策，得到政策支持成为可能，真正实现城乡居民基本公共交通服务均等化。

4.6 研究完善城乡客运一体化的法律法规和标准规范体系

加快给予城市公共交通和道路客运方面优惠的有关立法工作，出台一系列有利于城乡客运一体化发展的法律法规，并依据法规研究制定一系列配套措施，从法律上保证政府对公共交通和农村客运的财政补贴。此外，城市公交和城际、城乡公路班线的线路审批，要依据《行政许可法》重新制定运输线路审批的行政许可范围、原则等细则。

在标准规范方面，要研究制定城市道路与公路结合部道路及相关设施以及城市客运枢纽设施的规划、设计标准和规范。此外，要修订从事班线客运的车辆改为公交化运营后的载客标准，在车辆购置、更新、报废以及座位、吨位核定及检测等方面，实行统一的检定标准与核准制度。

第十二章　武汉市统筹城乡交通发展现状分析与对策建议

吴洪洋　孙黎莹　江玉林

(交通部科学研究院中国城市可持续交通研究中心)

摘　要:本文是在交通运输部综合规划司带领下对武汉城市圈实地调研的基础上形成的,首先分析了武汉市城乡交通发展的现状与问题,从供需矛盾、战略规划、体制机制、税费政策、市场管理、法规标准等方面深层次分析了现阶段影响城乡交通统筹发展的主要原因,最后提出了武汉市统筹城乡交通发展的解决思路

关键词:统筹城乡交通　道路客运　公共交通

1　前言

武汉市地处以长江经济带为东西向发展轴、京广铁路与京珠高速公路为南北发展轴而构成的"十"字形一级发展轴线交汇处,历史上向来是"九省通衢"。2008 年,国务院选取武汉"1 + 8"城市圈为"两型社会"建设综合配套改革试点区。为此,统筹城乡交通发展成为推进两型社会建设的一个重要环节。武汉城市圈以武汉市为中心,以 100km 为半径的城市群落,包括武汉以及黄石、鄂州、孝感、黄冈、咸宁、仙桃、潜江、天门等 8 个中小城市,面积约 6 万 km^2,是湖北省乃至长江中游最大、最密集的城市群。现为全国四大铁路枢纽之一、高等级公路主枢纽、长江中游最大的航运中心,具有优越的交通、通讯区位优势。武汉市在整个城市圈中的地位尤为突出,其非农业人口、建成区面积、GDP 总量分别占到城市圈总量的 44.7%、42.8%和 57%。因此,本次统筹城乡交通发展的调查研究将重点在武汉市统筹城乡交通发展现状与实践,以武汉市为突破点,为识别全国统筹城乡发展过程中面临的问题、面临的挑战以及解决思路提供基础。

2　武汉市城乡交通发展的现状与问题

2.1　城市道路与公路建设稳步增长,但相互间缺乏有效衔接

近年来武汉市加快了道路基础设施建设的力度,截至 2006 年,城区道路长度达 2 369km,道路面积 4 328 万 m^2,人均道路面积 9.6m^2。与 2005 年相比增长 6.3%,如表 1 所示。

武汉市主城区现状城市道路指标统计表　　表 1

年份 \ 指标	道路里程(km)	道路面积(万 m^2)	人均道路面积(m^2)
2004	2 161	3 569	8.5
2005	2 174	3 625	8.8
2006	2 369	4 328	9.6

数据来源:《2007 武汉市交通发展统计年度报告》。

此外,公路里程也呈较快增长态势,如图1所示。

到2006年,武汉市公路在册通车里程8 633.87km,比2005年增长了81%。其中:高速公路242.3km;一级公路493.097km;二级1 454.198km;三级680.117km;四级5 437.522km;等外526.636km。此外,在所有通车公路中,国道3.83%,省道5.53%,县乡道路90.25%,如图2所示。

截至2006年底,全市现有乡镇84个,通达率100%;现有行政村2 080个,其中已通公路的有2 078个,占行政村总数的99.9%。

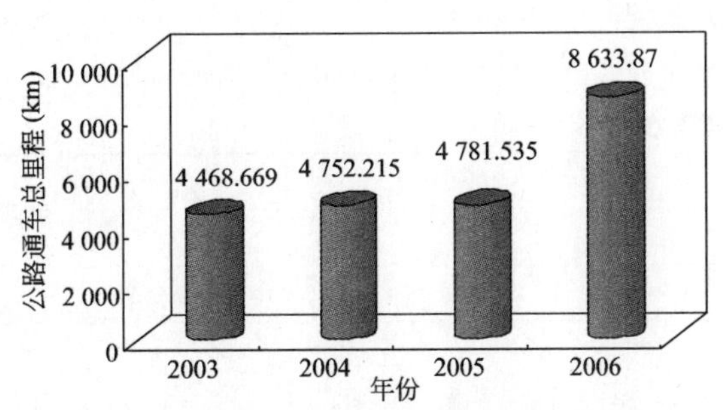

图1 武汉市公路通车总里程变化趋势图

数据来源:《武汉交通统计年鉴2003~2006》。

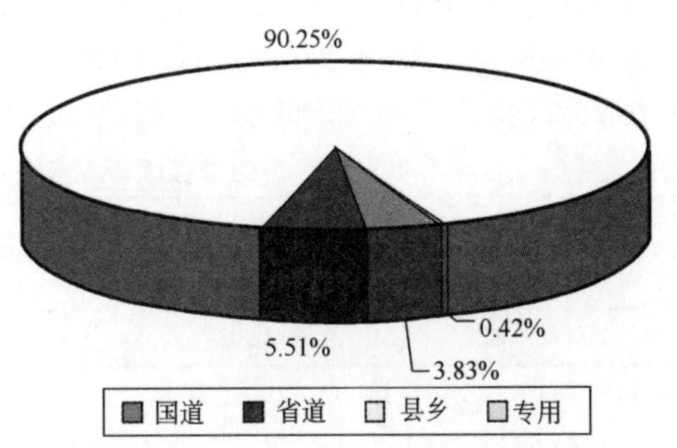

图2 2006年武汉市各类道路比例图

数据来源:《武汉交通统计年鉴2006》。

尽管基础设施建设增长较快,但由于过去二元体制的分割,致使城市道路与公路之间衔接不畅,一体化的道路网络并未形成,快速交通体系不完备,公路和航道技术等级较低,高速公路数量少。主要体现在:

(1)公路"街道化"过程中,由于公路与城市道路在养护管理的标准不同,由于部门之间协调不畅,经常出现多头、无头管理现象,导致部分进出城道路养护不及时,脏、乱、差,存在较大安全隐患。

(2)部分收费公路,随着城市的向外扩展,逐渐成为城市市区的主干道,影响了相关城市土地开发以及相关城镇的招商引资吸引力,因此当地居民和市政府强烈希望道路取消收费,但由于公路采取"贷款修路,收费还贷"的原则,因此带来公路经营部门与城市政府以及当地百姓之间矛盾突出。

(3)由于城市道路与公路设计标准不同,如公路上没有非机动车道、人行道、绿化照明等,在公路与城市道路衔接的路段变换突然,导致一些安全事故的发生。

2.2 城乡运力和线网服务增强,但发展不均给居民带来不便

近年来,武汉市城镇居民和农村居民经济收入增长很快,如表2所示。2003年至2007年五年间,城镇居民可支配收入增长了68.4%,年均增长14.9%,农村居民纯收入增长了53.6%,年均增长11.2%。城乡居民收入比基本上维持在2.4~2.6之间;城乡之间依然存在较大差距。

武汉城乡居民年人均收入统计表(单位:元) 表2

年　份	2003	2004	2005	2006	2007
城镇居民可支配收入	8 524.5	9 564.1	10 849.7	12 360.0	14 357.6
农村居民纯收入	3 497.2	3 955.0	4 341.0	4 748.0	5 371.0
城乡居民收入比	2.44	2.42	2.50	2.60	2.51

数据来源:《武汉市情2004~2008》。

在居民个人消费总支出中,农村居民交通通信消费占总消费的比重增加较快,可见农村居民对交通通信的需求有较大增长,如表3所示。

交通和通信消费占个人消费性总支出的比例(%)　表3

年　份	2003	2004	2005	2006	2007
城市居民	10.01	9.57	9.30	10.79	9.51
农村居民	6.44	7.51	9.58	9.00	9.75

数据来源:《武汉市情2004～2008》。

由于居民生活水平的提高,对于多样化出行服务的要求也有所提高,为此,武汉市政府做了大量的工作,如增加运力,加快客运公交化改造等。

在运力发展方面,城市公共交通与班线客运增长不均衡,2003～2006年的统计数据来看,武汉公交运营车辆数量以每年8.4%的速率增加,但是班线客运运营车辆基本没有增加,反而有所减少,见表4。

班线客运营运车辆和公交运营车辆统计(单位:辆)　表4

年　份	2003	2004	2005	2006
班线客运运营车辆	3 358	2 748	3 959	3 463
公交运营车辆	4 903	4 964	5 659	6 232

数据来源:《武汉交通统计年鉴2003～2006》。

在运输网络方面,截至2006年底,武汉市共开通道路客运线路1 068条(跨省线路313条、跨地市线路343条、跨县线路246条、县内线路166条)。全市着力推进城郊道路客运公交化改造,改造一级网络22条、二级网络46条、三级网络8条。新增通车行政村156个,全市农村客运通车率由2005年底的87.2%提高到94.7%。客运班车已通达所有80个乡镇和2 001个建制村中的1 835个村,并有7个农村客运站和315条客运班线。

2006年,武汉公交运营线路达259条,运营线路总长4 653.1km,线网总长949.3km。其中公交集团233条(普线71条,专线162条);通恒公司线路10条;小公共汽车经营单位线路16条。按照规划,到2010年,基于武汉市公共交通的主要流向、道路网布局、综合客运交通枢纽分布、"两核心、十中心、十组团、四大产业园"各部分之间的客流分布和布局网络的形成,初步形成由骨架线路、基础线路、补充线路构成的武汉市公共交通网络。以主要交通走廊上的轨道交通和快速公交为骨架,依托公交枢纽站的建设,重点调整现有线路,保障便捷合理的换乘衔接,将平均线长有19.4km降至14km以内。

近郊、绕城、远程公交线路42条,实现城乡客运交通一体化,通过武汉市规划的七条快速出口路,连接武汉市外围长途客运枢纽及新洲、黄陂、江夏等远城区,加强武汉市周边各城市与武汉市中心的联系,促进周边城市经济的发展。近郊与远程线路总长度510km,平均线路长度22.2km。2010年对现有各远城区进入主城区的线路进行整合,按城乡道路客运交通一体化布置的公交线路,连通远程各区域。2020年根据客运流情况,逐步分级,以直达为主,形成主城区连通运城区的快速客运走廊。

从上面的现状可以看到,武汉市在满足城乡客运需求增长和推进城乡客运服务一体化方面做出了大量的工作和努力,取得较大成效,但仍然不能满足城乡居民多样化、可选择出行增长的需求,给城乡居民出行带来较大不便。主要体现在:

(1)由于运营网络的二元分割,缺乏有效整合,运力分配和发展的不够均衡,导致农村和郊区居民出行不便。

(2)由于客运场站与公交场站上级主管部门的不同,导致一些客运站在设计和运营过程中与公交车站未进行有效整合,导致居民换乘时必须带着行李走很长时间实现换乘。

2.3 市场竞争不公平,致使道路客运实载率、低浪费大

武汉市道路客运运力近四年来几乎没有增长,但是由于短途运输受公共交通线路延伸影响,长途运输受到铁路运输和"黑车"的影响,班线客运实载率低,造成资源浪费。

首先,由于城市公交和道路客运在享受政府补贴等政策不同,潜在地影响着两种运输模式的公平竞争。武汉市财政每年给予市公交集团一定数额的财政补贴(历史上年财政补贴高达1亿多元,目前每年

仍享受市财政3 000万元补贴)。在运营成本上升较快时,市政府还给予一定的扶持政策(如2006年给予燃油补助2 000万元);而道路客运自负盈亏,不享受市财政补贴,因而造成客运企业运营成本大,运行组织困难。

其次,由于新一轮交通运输市场竞争日益激烈,公路运输业目前都被各地列为支柱产业,许多地方对当地公路客运有关规费给予优惠政策,同时不按"客运线路对等开行"原则行事,限制武汉的车辆在当地发展线路,破坏了竞争的公平环境。

据统计,武汉市每天进出的长途客车有近6 000台,其中武汉市的车辆只占到1/3。省内客运线上,除武汉至黄石、黄州等少数线路外,多数线路都是武汉车少、外地车多,武汉至鄂州等线路甚至没有武汉车。省客集团等武汉客运企业纷纷诉苦:在一条线路上,本应双方对开车辆,但武汉以外的地方,往往以各种理由限制武汉车辆进入,形成单方垄断的局面;在武汉市从未限制外地车辆进入的背景下,显得很不公平。

一些客运车辆为争抢客源,不按规定线路运行和进站发班,沿街揽客、兜圈打转等,侵犯了其他经营者和广大乘客的合法权益。

由于受到多方面因素的影响,武汉市道路客运一直处在微利或亏本经营,平均实载率仅在40% ~ 50%之间,给客运企业经营带来困难。

2.4 城乡客运服务水平提高,但服务标准和票价差别较大

截至2006年底,武汉市共有道路营运车辆76 766辆。其中客运4 393辆、110 690客位(班线客车3 463辆、旅游客车785辆、其他客车145辆);货运车辆70 923辆、275 847吨(普通货车68 285辆、危险货物运输车辆1 370辆、专用载货汽车1 217辆、大型物件运输车辆51辆);机动车驾驶员培训教练车1 450辆。在所有的4 393辆载客汽车中,高级客车1 731辆、中级客车1 458辆,普通客车1 204辆分别占载客汽车总量的39.4%、33.2%和27.4%。农村客运方面,2006年,更新公交型客车179辆,新增客运班车79辆,配套建设了240个候车亭、449个招呼站。在公共交通方面,2006年,武汉市公共交通运营车辆总数为6 292辆,其中空调车2 399辆,普通车3 893辆,空调车占车辆总量的38.1%。

武汉市道路运输经营企业呈现规模小、数量多的特征。其中,道路旅客运输业户数为115户,而拥有100辆及以上车辆的企业只有7户;而公交车辆绝大部分都归武汉公交集团管理,因而服务标准统一,服务质量普遍高于杂乱的道路客运车辆。其次,城市公交车辆不断增加和更新,营运车辆状况好于运力更新不足的班线客运。此外,目前武汉市部分客运站点没有符合标准的营运场所,营运车辆质量参差不齐,运营调度手段和水平很低,给安全营运带来很多隐患。

另外,农村客运具有里程短、客流少、效益不高的特点,因而需要各级政府和相关部门给予一定的优惠政策,以扶持行业生存发展。但武汉市农村客运普遍存在成本高、税费重、效益差等问题。由于农村客运长期处于低效益运营,导致热线运输争相挤入,运力大于运量的矛盾愈演愈烈;冷僻线路无人问津,车辆陈旧、票价高、服务差的痼疾难以得到根本性的改变。

从票价来看,武汉市公共交通与道路客运票价差别较大。城市公交因公益性特点和规费政策的不同,票价制定时综合考虑市民承受能力,因此价格相对低廉,普线车每人1.2元,专线车每人2元;道路客运由于要自负盈亏,票价由四部分构成:基本运价+保险费+客运附加费+通行费,它随着运输里程的增加而增加。道路客运票价普遍高于城市公交票价。由于规费政策、税费模式不同、执行票价等的不同,使城市公交具有明显的优势,因此受到市民普遍欢迎。一旦城市公交车和道路客运车同线运行,市民往往选择城市公交车,从而引发与道路客运经营者的冲突。

其次,武汉市农村二三级网络客运票价水平普遍高于进入市区的一级网络的票价,平均每人每公里0.17元,比一级网络0.15元高出13.3%。农村客运的服务对象以农民为主,较高的客运票价,增加了低收入群体的出行负担。

2.5 信息化建设步伐加快,但城乡间信息整合与共享不足

"十五"期间,武汉道路运输积极加强科技化建设步伐,建设了道路运政管理信息系统、汽车抽样调查管理系统,使道路运政管理部门的管理工作走向规范化、科学化、信息化。同时,初步建成了机关办公自动化(OA)系统,推进了行业管理部门的办公自动化、网络化、电子化进程,实现了内部信息及数据资源共享与交换及内部公文流转、办公事项的协同处理,提高了办公效率,降低了管理成本。

近几年来,武汉市交通系统各单位结合本单位、本部门的实际,大力推进信息化工作,在信息化建设方面取得了一定的成绩。

在交通运营管理的信息化方面,一批与交通运营管理密切相关的信息系统得到了普遍应用,并取得较好的经济效益和社会效益。如公路运输行业管理系统、公路客运线路管理系统、道路运政管理系统、公路规费广域网征管系统、市电子征稽管理系统、市客运出租车办证系统、出租车驾驶员培训系统、公路通行费收费系统和监控系统、水运市场管理系统、水上安全系统、船舶管理系统等。以及相关企业的信息系统,如公交集团、省客集团、交通控股公司、港口集团均建立了局域网,计算机已普遍应用于企业管理工作中;公路客运站售票管理系统、公交车辆及生产辅助管理系统等系统的应用提高了企业的管理水平和经济效益。

尽管公共交通与道路客运运营管理信息化方面都得到了较大的提高,但是两者之间的相互整合与资源共享平台的建设还很不足,相互间信息不通,联网不畅,为形成一体化的票制,给居民出行带来不便。举一个简单的例子,一个乡村居民想从住处到北京,必须先想办法买到从当地到县城的车票,到县城后还需买到武汉市的车票,到武汉后还必须买到北京的火车票,还不一定能买上。由于信息的共享平台和整合机制没有建立,致使这样一个简单的出行需要通过多次的中转才能到达目的地,而其中还有很多不确定因素,导致居民出行不省心,不舒心,不放心。

政府部门也意识到由于信息资源不能共享带来的诸多问题,由此也把未来城乡交通信息化建设提到重要日程上来。按照武汉市交通信息化发展规划,将建成一个以信息网络为依托,数据库资源为基础,电子政务为龙头,各类应用软件系统为支持的武汉市交通信息化系统。基本实现交通信息数字化,交通建设和营运信息化,交通管理和决策智能化,在交通信息基础设施、交通执法管理和便民服务方面达到国内同类型城市的先进水平。重点建设项目主要有:

(1)信息化基础设施方面:交通通信系统、交通地理信息系统、信息交换平台、交通 GPS 控制中心、交通视频监控中心、交通呼叫中心、交通流量采集中心、网络安全保障系统、交通信息化标准与规范。

(2)交通电子政务方面:交通门户网站、公众出行综合服务系统、交通视频会议系统。

(3)交通安全管理方面:交通安全监督管理系统、危险品运输管理系统、铁路无人看守道口管理系统。

(4)交通辅助决策支持方面:领导综合查询系统、交委机关管理信息系统、公路交通流量统计分析系统、交通规划辅助信息系统、交通数据仓库、武汉交通信息化发展战略研究。

3 武汉市城乡交通发展存在问题的原因分析

3.1 供需矛盾突出

近年来,武汉市机动车与交通客货运量和周转量增长较快。从机动车增长情况看,2006 年,武汉市机动车拥有量持续增长,总量达到 70.3 万辆,较上年增加约 5 万辆,增长率为 7.7%。2003 至 2006 年,机动车数年均增长 4.7 万辆,年均增长率为 7.8%,如图 3 所示。

在全市各类机动车中,车辆构成以客车和摩托车为主,分别为 29.4 万辆、27.2 万辆,各占到总量的

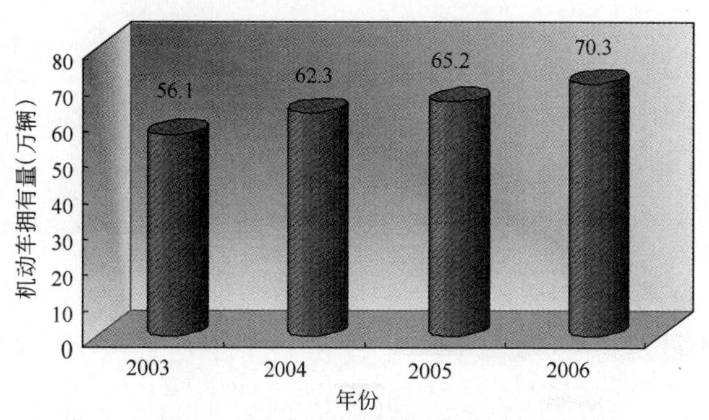

图3 武汉市机动车拥有量增长趋势图

数据来源:《2007 武汉市交通发展年度报告》。

41.8%和38.7%,但机动车的增长主要来自小客车,小客车较上年增长约3.8万辆,增长率为16.6%;小货车增加了0.5万辆,增长率为9.6%。

从机动车拥有量的分布来看,7个中心城区机动车拥有量为43.2万辆,占全市机动车总量的61.4%;6个运城区机动车拥有量为24.6万辆,占全市总量的35.0%;武汉市经济开发区和东湖高新技术开发区机动车拥有量2.5万辆,占全市机动车总量的3.6%。汉口地区的机动车拥有量最大,为23.6万辆,占城区机动车总量的54.5%,占全市总量的33.5%。

2006年,武汉市私人机动车拥有量达到45.5万辆,占全市机动车总量的65%,比上年增加了约4.5万辆,增长率为10.9%,高于全市机动车平均增长速度。其中私人客车比上年增加4.2万辆,达到19.2万辆,增长27.8%,而武汉市机动车总量全年增加约5万辆,表明机动车的增加主要来自于私人客车。

从交通运输量和周转量看,2006年武汉市完成对外交通客运总量1.6亿人次,货物运输总量2.1亿吨,分别比上年增长5.1%和6.1%,如表5、表6和图4所示。

武汉市历年对外交通运输量表 表5

指标＼年份	2002	2003	2004	2005	2006
客运量(万人次)	11 933.3	11 867.6	12 842	15 413.4	16 193.7
货运量(万吨)	15 942.6	16 609.8	17 300.4	19 611.7	20 817.8

数据来源:《2007 武汉市交通发展年度报告》。

武汉市2006年对外交通运输量表 表6

指标＼分类	公　路	铁　路	航　空	水　运	合　计
客运量(万人次)	1 0771	4 849	573.7	—	16 193.7
货运量(万吨)	8 972	8 990	6.8	2 849	20 817.8
旅客周转量(亿人公里)	71.1	410	62.1	—	543.2
货物周转量(亿吨公里)	69.5	1 017	0.76	225.5	1 312.76

数据来源:《2007 武汉市交通发展年度报告》。

城市公共交通方面,2000~2006年,武汉市城市公共交通客运量从117 272万人次增长到178 489万人次,增长了52.2%,年均增长7.1%,如表7和图5所示。

武汉市公共交通客运量统计表 表7

指标＼年份	2000	2004	2005	2006
年客运量(万人次)	117 272	149 880	150 234	178 489

数据来源:《2007 武汉市交通发展年度报告》。

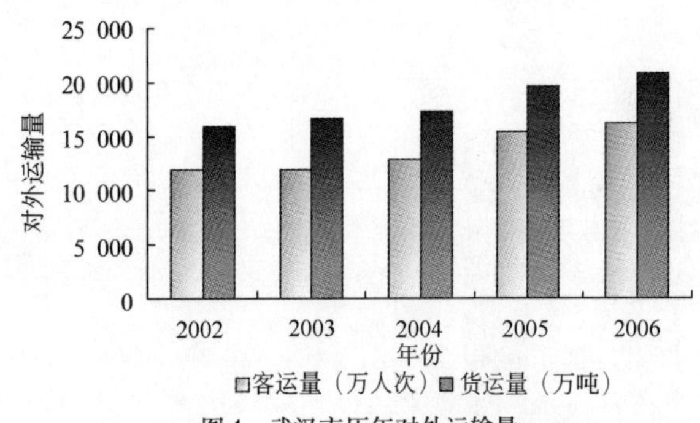

图4　武汉市历年对外运输量

数据来源:《2007 武汉市交通发展年度报告》。

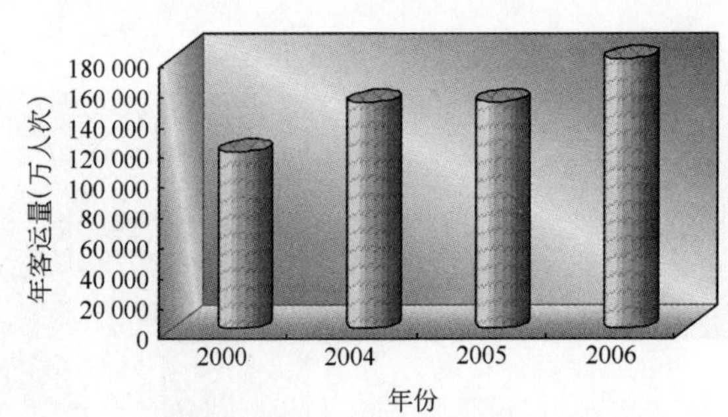

图5　武汉市公共交通年客运量变化图

数据来源:《2007 武汉市交通发展年度报告》。

从基础设施方面看,2006 年,武汉市城区道路长度达 2 369km,道路面积 4 328 万 m^2,人均道路面积 9.6m^2,比上年增长了 6.3%,低于同比机动车保有量增长率 7.8%。公路方面,2002~2005 年,公路通车里程年均增长 3.4%,也低于同期机动车增长的速度,表明公路建设速度跟不上机动车发展速度,道路交通基础设施建设滞后于社会经济增长速度,不能满足日趋增长的交通出行需求。

枢纽场站方面,交通枢纽建设布局不合理。现有客运站大多数规模较小,功能单一,配套设施缺乏,在目前的 24 个客运站中,仅有 5 个一级站和 7 个二级站,大部分客运站等级较低、设施差、容量小。这种状况不利于客运交通本身的组织与衔接,也不符合有关客运站应"具备足够的场地"的要求,此外,城市公交与长途客运衔接不够紧密,严重影响了城市交通的正常运行。

分析其根源,近年来,武汉市交通建设资金压力巨大,自有资金与资金需求相形见拙,招商引资项目有限,银行银根紧缩,部省、地方政府对交通的投入与武汉交通的地位作用、发展规模、发展速度不相适应。

武汉市在高速公路建设方面虽然有一定的投融资渠道,但其他基础设施建设由于其公益性特征致使融资困难,建设投入与需求矛盾十分突出,资金不足仍然是制约武汉交通发展的瓶颈。

3.2　战略规划思路有待研究

近年来,武汉市交通部门和规划部门都在着手制定相关规划。

3.2.1　公路网发展规划方面

"十一五"期间将续建、新建高速公路 10 条,总里程 308.34km(含阳逻长江大桥);新改建国省干线 12 条,总里程 191km;新改建一般干线 51 条,总里程 596km;乡级公路改造 200km;建设通 150 人以上的自然村(湾)公路 4 800km;危桥改造 39 座、路面改善 172.6km;构筑武汉"四环十射"快速骨架路网;市域干线路网覆盖所有乡镇,向上连通高速骨架路网,向下连通通村公路。

公路里程:将突破 14 000km(含通自然村公路)。其中高速公路达到 609km、国省干线 829km、县乡公路 3 948km,通行政村、自然村(湾)公路达 9 000km 以上。

路网密度:高速公路网密度将达到 7km/km^2 以上,等级公路网密度将达到 100km/km^2 以上。

3.2.2　枢纽场站建设方面

"十一五"规划中在主城区布局了 10 个主枢纽客运站。其中规划设置 4 个客运中心,分布在武汉三镇、青山各一处,功能齐全,规模较大;规划设置 6 个客运站,包括 4 个一级客运站和 2 个二级客运站,其中 3 个在汉口,2 个在武昌,1 个在汉阳。

此规划还明确了建设 28 个农村客运站的目标,其中东西湖区 5 个、江南区 2 个、蔡甸区 4 个、江夏区 5 个、黄陂区 10 个,新洲区 2 个,并且均为五级站。

将新建和续建张家湾、郭徐岭、关山、郑店、刘店、蔡甸等六个货运站,新建武汉集装箱公路中转中心和武汉国际物流园。武汉市在"十一五"期间将形成六个货运站、一个集装箱转运中心和一个物流园的格局,吞吐能力将达到 603 万吨/年。

从所做的规划来看,都比较注重基础设施建设规划,缺乏对统筹城乡交通发展战略性的思考和规划,对于未来城乡交通发展的方向、发展思路、发展重点的认识还不明确。

3.3 交通协调机制还需改进

2001年9月,武汉市进行新一轮政府机构改革,市委、市政府将市公用局承担的城市公共交通的行政管理职能划入市交委。武汉市交委实行综合交通管理体制改革,主管全市道路运输和城市公共交通工作,从而为推行城乡客运交通一体化扫除了体制障碍,很大程度缓解了城乡客运之间的矛盾。

但在城乡交通基础设施规划、管理与养护方面仍然缺乏整合有效的协调机制,特别是武汉城市圈的建立,对武汉市城乡交通发展提出了更高的要求。对此,湖北省制定了建立完善武汉城市圈综合交通发展的六项议事协调机制:

(1)建立综合交通发展联络员制度,确保信息渠道畅通。

(2)建立综合交通发展联席会议研讨制度,加强对综合交通发展重大问题的沟通协调。

(3)建立综合资料、统计信息定期报送制度,建立各部门重要统计指标目录,按期对纳入目录的指标进行统计分析。

(4)建立重大项目前期工作跟踪协调制度。建立完善综合交通重大项目库,加强重大建设项目特别是武汉城市圈交通项目清单中要实施的铁路、公路、水路、民航、管道、通信等重大项目前期工作的跟踪、服务和协调。

(5)建立重大建设项目质量安全调度制度。

(6)建立重大政策和信息情况交流共享制度。

我们期望六项议事协调机制形成和实施后,再加强区域交通规划和实施方案的沟通与协同,必将对武汉市和城市圈统筹城乡交通发展起到重要推动作用。

3.4 城乡税费政策差异

3.4.1 交通规费政策不同

按有关法规规定,武汉市城郊道路客运车辆需缴纳养路费、客运附加费、运管费、通行费等交通规费。以20座中型客车为例,每年需缴纳上述费用约3.5万元/车台;而城市公交因具有公益事业性质,按国家有关规定,享受免缴国家规费等优惠政策。

除此之外,道路客运还需缴纳交通安全设施维护费、车辆安全检验费、防洪保安费等各类税费,致使道路客运在运输成本上远远高于城市公共交通。

3.4.2 财政补贴政策不同

由于城市公交具有的公益性特点,市财政每年给予市公交集团一定数额的财政补贴。在运营成本上升较快时,市政府还给予一定的扶持政策;而道路客运自负盈亏,不享受市财政补贴。

3.5 运输市场管理存在一些突出问题

(1)挂靠经营行为突出。武汉市现有道路客运企业33家,客运资产和经营方式基本上是采取挂靠形式。经营分散,且车型杂乱、设施简陋,难以形成规模经济效益,经营者的抗风险能力、制约能力和服务水平较低。

(2)经营行为不规范。为争抢客源,部分挂靠经营车辆不按规定线路运行和进站发班,沿街揽客、兜圈打转等违章经营行为时有发生,侵犯了其他经营者和广大乘客的合法权益,在一定程度上造成社会不稳定。如洪山交通发展公司部分经营跨市的客运班线串线到武大至湖工大城市公交线路上经营,并多次聚众闹事,甚至堵塞交通,造成了恶劣的社会影响。

3.6 运输法规标准不同

由于道路客运与城市公交在基本性质、遵循法规、载客标准等方面的不同,带来相互间执法矛盾较多、相互间的协调不足等问题突出。

在经营性质方面,道路客运为广大城乡市民提供长、短途客运服务,属经营性范畴;而城市公交主要为城市职工上下班和市区居民出行提供交通服务,"是关系国计民生的社会公益事业"(见《建设部关于优先发展城市公共交通的意见》),具有社会公益性质。

在法律法规方面,城市公交主要服务于中心城区,适用《武汉市城市公共客运交通管理条例》;而道路客运主要服务于中心城区以外的区域,适用《中华人民共和国道路运输条例》和《湖北省道路运输管理条例》等法规。

在载客标准方面,道路客运和城市公交在载客量上也有较大不同,按照建设部标准,城市公共交通是按每平方米8个人核准载客量,而道路客运必须按照座位数量核准载客量,且严格控制超载。

4 武汉市统筹城乡交通发展的对策建议

目前,中国正在构建东部、中部、西部和东北地区"四大经济板块",作为中部地区的特大中心城市,武汉市正面临难得的发展机遇,湖北省委省政府制定了以武汉为核心,以一百公里为半径,武汉与周边黄石、鄂州、孝感等八大城市共建"武汉城市圈",进一步带动全省的发展思路。

21世纪头20年是我国经济发展的重要战略机遇期,而"中部崛起"战略的实施是加快武汉发展的难得机遇。武汉要走在"中部崛起"的前列,城市综合竞争力除政策、开放程度、人文力量、区位优势、空间优势、科研水平、技术力量和城市环境等因素外,其城市交通体系是城市综合竞争力诸多因素中的重要因素。因此,编制统筹城乡交通发展战略规划,加大城乡交通基础设施投资建设力度,提高城乡公共运输分担能力,制定统筹城乡交通发展的推进政策,创新统筹城乡交通发展的管理体制机制,健全交通法律法规体系,规范城乡道路交通运输市场,探索统筹城乡的运营组织方式,加大技术创新提高服务质量,对构建武汉及武汉城市圈的现代化综合交通体系对促进武汉发展尤为重要。

4.1 编制统筹城乡交通发展战略规划

武汉市正处于城市化和机动化快速发展的关键时期,城市交通面临着前所未有的严峻挑战,客观上需要宏观战略发展规划和综合交通规划指导城市交通发展建设,此外,国家发改委、建设部和公安部在一系列文件中明确提出,要加强规划指导,编制城市综合交通规划,纳入城市总体规划按规定程序批报。

制定战略规划应在国家"两型社会"建设总体方针的指引下,从宏观层面上确定武汉市统筹城乡交通发展的目标,明确发展的战略思路、战略重点以及未来的行动规划,指导相关管理部门以及城乡交通经营部门开展具体工作,从而避免发展过程中走弯路。

4.2 加大城乡交通基础设施投资与建设力度

4.2.1 交通基础设施建设用地划拨政策

交通基础设施是社会经济发展的基础,是城乡基础设施的重要组成部分,具有较强的公益性,对公益性交通基础设施建设用地采取土地划拨政策。对现有的和已经规划审批的交通基础设施用地纳入红线控制,不得随意改变其功能和用途,如遇特殊情况,必须征得规划部门和用地单位同意,并给予合理的土地和经济补偿。在用地特别紧张的地段,允许交通企业在不改变交通设施用地规模和功能,并经规划部门批准的前提下,利用现有场站设施进行综合立体开发,盈利资金主要用于交通基础设施建设。

4.2.2 交通基础设施建设资金纳入公共财政政策

加大资金投入,将交通基础设施建设所需资金列入各级政府财政年度预算计划。以项目为载体,争取上级政府支持。建立交通项目库,形成"在建一批、规划一批、论证一批、储备一批、招商一批"的良性循环机制,重大交通工程项目积极争取纳入中央、省、市、区各级政府财政支持的建设项目计划。

通自然村(湾)公路建设的投入由省、市、区分担,不增加乡、镇、村(农民)负担。

建立公共交通政策性亏损补贴补偿和成本核定机制。因价格限制因素造成的政策性亏损，政府应给予补贴；因承担社会福利（包括老年人、残疾人、学生、伤残军人等实行免费或优惠乘车）和完成政府指令性任务增加的支出，政府应给予经济补偿。

4.2.3　加快城市公共交通基础设施建设

按照“统一规划、统一管理、政府主导、市场运作”的方式，加大政府投资建设力度，积极推进公共交通场站建设。机场、火车站、长途客运站、开发区、居住区和公共活动场所等重大建设项目，应将公共交通场站作为项目配套建设同步设计、同步建设、同步竣工、同步交付使用，对未按规定配套建设公共交通场站设施的建设项目依法不予审批、验收；加强重要交通节点、不同交通方式之间换乘枢纽建设；对已投入使用的公共交通场站设施，不得随意改变用途；改善和提升现有公共交通场站使用功能，充分开发利用有条件的公共交通场站。

4.2.4　改革站场管理模式，鼓励和支持以地方政府为主体加快道路客货站场建设

按照“交通社会化、社会办交通”的精神，实行“统一规划、分级管理、定额投资”的管理模式，所有规划内的等级客货运站场、按省厅统一定额标准进行政策性引导投资，全部资金落实到项目建设单位，积极鼓励和支持以地方政府为主体，组织项目业主负责规划内的项目建设管理，充分发挥各级地方党委、政府和交通部门的积极性。

此外，农村客运场站是发展农村客运的平台。发展农村客运的场站建设需采取“政府主导、行业补助、企业自助、社会赞助”，把农村客运场站建设与农村公路建设有机结合起来，做到同步规划、同步设计、同步建设、同步验收，早日实现农村乡镇有站、村庄有亭、路边有牌的目标，使农村群众出行有遮风挡雨的场所，使农村客运具备良好的发展条件。

为有效协调不同运输方式，需要注重各种交通方式换乘枢纽的建设，缩短不同交通方式之间的换乘距离和时间。在城市主要交通干道，必须建设港湾式停车站，配套建设站台设施。

4.2.5　加快城市圈基础设施规划一体化建设

制定城市圈道路运输发展一体化规划，对城市圈内的城乡道路客运站点的选址、规模、等级、服务功能等，统一规划、合理布局，实现交通资源的共享及优化配置，实现各站点能与其他各种运输方式和各种客运服务方式有效衔接。

以城市圈一级客运站为中心，依托高速公路，建立城际高速旅客运输网，以城市圈二级客运站为基础，连接国道省道干线，建立区域快速旅客运输网，以农村客运站为依托，连接乡村公路，采用班线直达经营、公交化经营、特色班线经营、联合经营、捆绑经营、区域经营、专营经营、延伸经营等多种模式，大力发展农村客运，建立农村旅客通达运输网。依托城市圈旅游资源，结合市场需求，开辟旅游客运专线。鼓励将具备条件的道路客运班线改造为公交化运营的班线，实现与城市公交无缝对接、“零距离”换乘。

4.3　制定统筹城乡交通发展的推进政策

4.3.1　优先发展城市公共交通政策

城市公共交通是公益性事业，是为广大市民生产、生活提供廉价出行方式的主要载体，必须实行低票价政策，以最大限度吸引客流，提高城市公共交通工具的利用效率。同时要建立各种城市公共交通方式之间合理的比价关系，根据不同运输工具、营运方式、交费方式等情况，制定不同的票价形式和票价水平，促进不同交通方式的合理分工协作，实现优势互补。

确立公共交通在城市交通中的优先地位和主导地位，大力发展城市公共交通。通过公共交通规划优先、投入优先、财税政策优先、道路交通管理优先，保证公共交通用地需求、资金投入、高效运营和换乘方便，引导个体交通适度发展，并向公共交通方式转移。

大型公建必须配套公交设施，同步规划、同步设计、同步施工、同步交付使用，未将公共交通设施用地纳入配套建设的规划项目，规划部门不予审批。

4.3.2 *落实道路客运的各项优惠政策*

一是落实站点补助政策,争取资金及时到位,防止补贴资金截留挪用;二是严格站点技术规范,制定符合当地农村客运实际的站点建设规范,统一式样、材料、规格、质量标准,加强建设质量监管,打造"优质工程",做到建养结合;三是积极争取上级交通主管部门和各区政府出台扶持农村客运二、三级网络的优惠政策,使农村客运特别是偏远乡村的客运线路"可得通、留得住、有效益",改变"票价高、负担重、效益差"的现状。

4.4 创新统筹城乡交通发展的管理体制

2001年9月,武汉市进行新一轮政府机构改革,市委、市政府将市公用局承担的城市公共交通的行政管理职能划入市交委。武汉市交委实行综合交通管理体制改革,主管全市道路运输和城市公交工作,为推行城乡客运交通一体化扫除了体制障碍走进了一大步。经过多年的改革,武汉市基本形成了综合的交通管理体制。武汉市交通委员会是市政府组成部门,负责全市水、陆交通运输及城市公共交通(包括公共汽车、电车、轮渡、出租汽车等)的组织领导和行业管理;组织制定全市公路和水路交通行业的发展规划,负责城市公交、公路和水路交通基础设施建设管理,及全市公路、航道的养护和维护;负责协调城市公交、公路、水路、铁路、民航等各种运输方式的协调衔接;负责综合协调武汉铁路分局、郑铁武汉客运分公司、长航局、长航集团等16个交通相关单位。此外,与交通相关的其他政府管理部门还有建委、发改委、公安等部门,各部门的管理职能分工如图6所示。

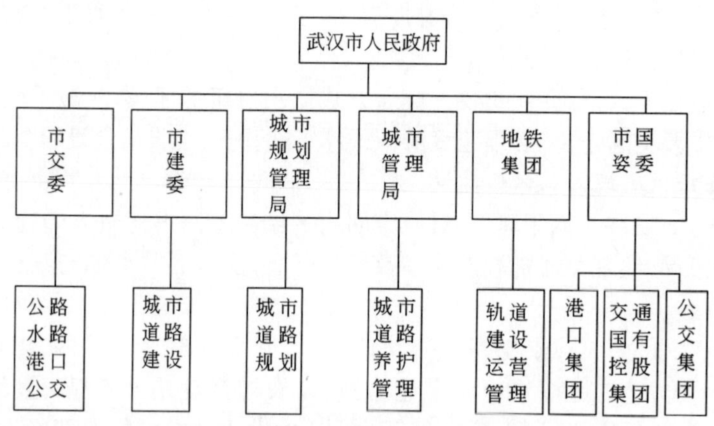

图6 武汉市交通管理体制现状示意图

图6中:市建委负责城市道路、桥梁、隧道等的规划、计划并组织实施,负责城市道路、桥梁、轨道交通、隧道等市政基础设施建设项目的可行性研究、立项、初步设计的审查、审批或报批,并组织实施。

市城管局负责全市城市道路、桥梁、路灯、户外停车场等设施的维护养护管理,及城市道路临时占用、挖掘的审批、许可和收费。

市公安交通管理部门负责城市道路交通安全管理与控制。

由上可以看出,武汉市在统筹城乡交通发展的一体化管理体制建立过程中是成功的,其经验可以值得其他城市进行借鉴,主要包括:

(1)坚持政企分开的原则,不断促进交通管理部门职能转变。武汉市在综合交通行政管理体制改革中,坚持政企分开的原则,把企业的生产经营权和投资决策权交给企业,把社会可以自我调节和管理的职能交给社会中介组织,努力把交通管理部门的职能转变到经济调节、社会管理、公共服务上,从根本上解决了政府部门"越位、缺位、错位"的问题。同时,武汉市不断深化交通国有企业改革,先后组建了三大交通企业集团公司。一是组建了武汉市交通国有控股集团公司。2000年,将21家公路运输、水路运输、汽车维修企业全部移交交通控股集团公司管理。二是组建了武汉市港口集团公司。2002年12月,根据国务院深化双重领导港口管理体制改革的精神,将武汉港务管理局整体改制为港口集团公司。三是组建了武汉市公交集团总公司。2001年市政府机构改革后，市交委研究拟定了《关于组建市公共交通集团有限责任公司的实施方案》，该方案经市委、市政府批准已正式实施，公交集团公司于2003年4月正式挂牌运作。目前，武汉市交委与所属交通运输企业全部脱钩，形成了交通控股、港口、公交三大集团公司集约化、规模化运营的新格局。他们的资产隶属市国资委管理，党的工作归口市委企业工委，市交委负责交通运输行业管理。通过改革，精简了人员，节约了经费，提高了工作效率。

(2)转变管理方式，提高管理效率。在交通管理体制改革中，武汉市交委努力由全能政府向有限政府转变，由管制型政府向服务型政府的转变，使交通管理部门的主要职能转变到宏观调控、市场监管和公共服务上来，促进交通事业健康发展。首先，顺内部管理体制，减少多头管理。在不断深化市交通行政管理体制改革的过程中，市交委积极推进内部管理体制改革，按照"一件事情一个部门主管"的思路，理顺了客运出租汽车和汽车租赁业的管理职能。明确市客运出租汽车管理处为出租车行业主管部门，将出租汽车的道路运输证改由该处颁发；明确市公路运输管理处为汽车租赁业的行业主管部门。其次，减并管理证照，改善经营环境。2002年，按照省、市政府的要求，对全市出租汽车的有关证照进行了精简。将原出租车营运证、道路运输证合并为道路运输证，将原出租车驾驶员培训证、驾驶员服务资格证、客运驾驶员上岗证合并为营业性道路运输从业人员资格证。再次，减少行政审批事项，缩短办事时限。2001年，按照国家、省、市减少行政审批事项要求，市交委对交通行政审批进行了认真清理，取消了交通行政审批事项21项，保留了59项，转移了11项，对现有59项审批项目进行进一步的清理和精简，精简比例达到50%。

4.5 健全交通法律法规体系，严格依法行政

强化行业管理，严格依法行政。加强交通行政执法队伍建设，强化执法监督管理，规范行政执法行为；大力整顿交通市场秩序，严厉打击损害路产路权、非法经营、偷逃规费、"三乱"等交通违法行为，依法保护投资者、建设者和经营者的合法权益，形成统一开放、公平竞争、规范有序的交通市场。

完善市场准入和退出机制，促进优胜劣汰。建立和完善资质管理制度、服务质量招标制度和年审等制度，定期进行审验，对不具备市场准入条件的交通从业单位和个人，限期进行整改，仍不能达到要求的，坚决清出交通市场；对诚信度高、装备条件好、提供优质服务的单位和个人给予不同形式的奖励。

4.6 建立统筹城乡交通发展协调机制

4.6.1 改革运管费征收管理机制，积极推进"四费合一"征收

为保障运管机构集中精力履行市场管理职能，整合交通内部资源，改变多头征费、多头执法格局，积极应对燃油税改革，推进"四费合一"征收管理体制改革，在条件成熟的情况将运管费移交征稽机构征收。

4.6.2 改革传统行政管理方式，建立促进道路运输发展长效机制

通过建立健全道路运输信息发布制度，改革道路客运线路资源配置方式，清理和规范客运市场挂靠经营，建立以服务质量信誉考核为核心的市场监管体系，标本兼治，致力于从根本上解决道路运输行业存在的重大问题和制度弊端，促进道路运输健康有序发展。

4.7 规范城乡道路交通运输市场

4.7.1 全方位开放交通市场政策

对国家法律法规没有禁止的交通领域实施全方位的对内对外开放，降低市场准入门槛，简化审批程序，提高办事效率，为交通行业营造宽松的政策环境和服务环境。以交通发展规划为依据，按照"谁投资、谁决策、谁受益、谁承担风险"的基本原则，拓宽多元化筹融资渠道。鼓励和吸引社会资本、私人资本等投资交通建设，广泛招商引资；积极运作土地资本，其增值部分用于交通建设；利用股权和经营权有偿转让、兼并重组、拍卖、发行债券，以及交通设施冠名权有偿使用等方式，盘活存量资产；寻求金融信贷支持；对

新进入交通市场的经营企业,第一年免征企业所得税,第二年减半征收企业所得税;重大交通项目建设、政策法规、措施出台等进行公众听证和舆论宣传。逐步形成“政府主导,市场化运作,企业为主体,社会广泛参与”的交通建设、经营、管理良性发展态势,确保武汉交通的持续、健康、快速发展。

4.7.2 进一步规范农村客运市场

按照“定标准车型,定服务承诺,定服务价格,定运行区域,挂牌运行”的运营模式,规范农村客运市场经营行为,提高服务水平。引导农村客运经营业户组建规范的股份合作制企业,提高相对发达农村地区的客运规模化、集约化水平。落实农村客运车辆有关优化政策。

4.7.3 进一步加强市场监管,确保运输服务质量明显提高

整治市场违规经营行为,保持公平竞争有序的市场环境。一是扎实开展“两证”换发工作;二是加大市场整治力度;三是完善质量保障体系;四是进一步规范出租汽车客运管理;五是强化道路运输安全管理。

4.7.4 积极稳妥地推进城市公共交通行业改革

大力扶持公共交通骨干企业的发展,以建立规范的现代企业制度为目标,不断深化国有城市公共交通企业改革,为优先发展城市公共交通创造有利条件。在产权明晰的基础上,鼓励和引导社会资金、国外资金建设城市公共交通设施、参与国有公共交通企业改革和重组。积极稳妥地推进城市公共交通行业的特许经营。对新开辟线路或重新确定经营者的线路与设施,依照有关规定对经营者的经营资格、技术、质量和服务进行审查并采取招标方式授予特许经营权。对授予城市公共交通线路特许经营权的企业,明确其应承担的社会公益性责任、准点守时责任、社会效益责任和车辆更新降低污染的责任,防止恶性竞争。

4.8 探索统筹城乡的运营组织方式

(1)由道路客运与城市公交对接运营。在全市几个主要进出口道路、城郊结合部选择对接点。对接点的选择除考虑主要进出口道路、城郊结合部因素外,还要遵循以下原则:一是资源共享,无论道路客运场站,还是城市公交场站,谁适宜谁就作为对接场站;二是方便换乘,对接场站周边布局较多的公交线路,有利市民通达武汉三镇。此举既可消除长期以来道路客运与城市公交的运营矛盾,还可减轻中心城区交通压力。

2005年6月22日,汉南区纱帽道路客运5101、5102路公交车辆在汉阳王家湾与城市公交实现对接运营;同年8月30日,黄陂南部地区道路客运1128、1129、1165、1166、1167路公交车辆在江岸新荣村客运站与城市公交实现对接运营;2006年6月20日,黄陂区三里1120、窑头村1121,新洲区阳逻2106路道路客运公交车辆暂进武汉港客运站;2006年10月1日,蔡甸区城关道路客运3101路公交车辆在汉阳王家湾与城市公交实现对接运营;2006年12月,新洲区邾城2101路道路客运公交车辆暂进武汉港客运站。

(2)由道路客运与城市公交整合运营。江夏区庙山一带引进了18所大学,20多万名师生员工入住。解决大学生的出行问题,牵动着省市委、省市政府领导的心。鉴于江夏区一级网络车辆满足不了大学生出行的需要,市交委采取由道路客运与城市公交整合运营的方式:江夏区政府将2个国有客运企业资产、债权债务、人员整体划转给市公交集团,市公交集团出资8 000余万元,对江夏区一级网络中的308辆私营车进行收购,并按每车2人安排就业。2006年6月12日新机制正式运行,纸坊至中心城区开通901、902、903、906等5条公交线路,金水闸至中心城区开通910路公交线路,流芳至中心城区开通755、756、757、758等4条公交线路。

(3)由城市公交直接运营。一是按照《市政府办公厅转发市交委关于进一步加强我市城郊各区道路客运市场管理工作意见的通知》(武政办〔2005〕39号)中规定的:将东西湖区吴家山地区和江夏区由武汉东湖新技术开发区管委会托管地区的公交客运纳入中心城区管理范围,统一规划、统筹发展;二是卫星城镇与中心城区新开辟的道路,由于没有道路客运班车运营,如盘龙城经盘龙大桥到汉口中心城区、阳逻经阳逻大桥到武昌中心城区,直接由城市公交开辟线路运营。上述地区根据经济发展状况以及市民出行需求,适时新辟和调整公交线路,形成区内线网分布合理、对外连接畅通的公交网络格局。

2005年8月,505、528、741等3条城市公交线路开进了东西湖区吴家山地区;2007年5月,黄陂区盘龙城经济开发区开通了到汉正街的291路城市公交车;2007年7月,黄陂区前川街开通了到汉口火车站的292路城市公交车;2007年12月,新洲区阳逻开通了到武昌白玉山群力村的231路城市公交车;2008年4月,黄陂区武湖农耕年华开通了到花桥一村的293路城市公交车;2008年5月,黄陂区城关开通了鲁台至黄陂一中、祝店的611路,百秀街至理林大道的612路城市公交车。

(4)推进道路客运的公交化改造。城郊各区要加快建立道路客运三级网络,对纳入网络建设的公路客运班线进行公交化改造,实行"三化"(运营主体公司化、营运方式公交化、经营行为规范化)、"五定"(定线、定点、定时、定票价、定经营期限)、"六统一"(统一管理主体、统一规费政策、统一同线运营车辆车型、统一管运标识、统一营运计划、统一服务标准)管理。

4.9 加大技术创新提高服务质量

4.9.1 建立"政、产、学、研"相结合的交通科技创新体系

加大交通科技资金投入,建立"政府为主导,企业为主体,高校和科研院所协作联动"的创新体系。以交通发展需求为导向,建立健全科技创新、成果转化的激励机制,充分发挥政府、中介组织和企业在科研成果转化和推广中的作用。对影响"和谐交通"和"集约型交通"建设全局的重大交通科技项目进行攻关,以交通新技术、新材料、新设备、新工艺、新能源,推动行业科技进步和武汉交通现代化建设。以信息化建设为重点,全力推进交通智能化。以加快高层次管理人才和高技能科技人才的引进、培养和使用,为武汉交通可持续发展提供人力资源支撑和动力保障。

4.9.2 进一步提高道路客运公交化运营服务质量

加强运营服务质量管理,提高从业人员素质和企业服务水平,满足人民群众出行要求。在建立农村客运服务质量信誉考核和服务质量招投标,完善农村客运市场准入和退出机制的基础上,切实加强农村客运从业人员的职业培训,大力开展以提高服务质量为主体的农村客运竞赛活动,尽快使农村客运的服务质量有明显的改观。

4.9.3 提高城市公共交通服务质量

进一步优化公共交通线网,提高公共交通线网覆盖率,努力形成结构合理的城市公共交通网络。进一步提高公共交通服务的舒适度,努力提高车辆技术等级,鼓励发展大容量、低能耗、环保型的公交车辆,大力推进公交车"油改气"工作;大力推进公交企业节能降耗工作,通过加强企业内部管理,进一步降低安全费用等生产经营成本。

第十三章　长株潭城市群统筹城乡交通发展现状分析与解决思路

李　娜　孙黎莹　戴　帅

(交通部科学研究院中国城市可持续交通研究中心)

摘　要:本文总结了长株潭城市群"两型社会"建设中统筹城乡交通发展存在问题,并对问题进行深入分析研究,提出相应的政策建议;为进一步明确长株潭城市群未来统筹城乡交通和区域交通发展的目标原则、主要内容、重点任务和政策措施提提供参考依据。

关键词:长株潭城市群　统筹城乡交通发展　体制机制　规划战略

长株潭城市群位于湖南省东北部,包括长沙、株洲、湘潭三市,下辖4市8县184个中心镇。长株潭城市群面积2.8万km^2,2007年人口1 325.62万人,经济总量3 462.05亿元,分别占湖南全省的13.3%、18.9%、37.6%。长株潭城市群用不到全省1/7的面积,不足全省1/5的人口,创造了全省1/3以上的经济总量,成为全省经济发展的重要核心增长极;长株潭城市群城镇化水平不断提高,到2006年底,长株潭城市群城市化率达到51%,高出全省平均水平12.3个百分点;但是长株潭城市群城乡居民生活水平差距大,长株潭三市的农民人均纯收入与城镇居民人均可支配收入之比为1∶2.6;长株潭综合交通运输体系基本形成,客货运量稳步增加,2006年长株潭地区完成客运量占全省客运量的21.56%,货运量占全省货运量的29.94%。

长株潭城市群经济上已经成为湖南省的重要核心,且城镇化水平不断提高,综合运输网络已经形成,目前仍存在城乡居民生活差距大,城乡交通服务不平衡问题。2007年12月14日,国家发展和改革委员会正式批准长株潭城市群成为全国"两型社会"建设综合配套改革试验区。而长株潭城市群的城乡交通一体化也是"两型社会"建设的专项内容,因此,有必要开展该地区统筹城乡交通发展的调研,以便摸清现状,发现问题,分析原因,总结经验,寻求解决对策,为今后制定有关政策提供参考。调查组将致力于长株潭城市圈交通协调发展研究,以促进城市和区域交通的发展,为促进经济的国民经济又快又好发展提供决策支持。

1　长株潭城市群统筹城乡交通发展现状

1.1　理顺城乡客运管理体制

长沙率先理顺城乡客运管理体制,将道路客运与城市客运实行统一归口交通运输管理部门管理,将农村客运网络纳入城市公交体系,形成城内、"城—县","县—乡","乡—村"三级公交网络。

1.2　加大农村交通基础设施建设

长沙市委、市政府先后下发了《长沙市县到乡镇公路改造工程管理实施办法》、《关于加快农村公路建设的意见》和《关于农村公路建设管理的实施意见》等指导性文件,2003~2007连续5年把农村公路建设列入"八件实事"进行考核。同时,将一批项目列入市管重点工程,进行跟踪管理,享受优惠政策,使工程迅速上马,加快建成并发挥效益。长沙农村公路建设高速向前推进,建成了一批统筹城乡经济发展的重要项目。2003~2007年,该市共完成农村公路建设投资29.78亿元,建设改造农村公路6 044.7km,其中县乡公路1 846.5km、通村公路4 198.2km,建设农村客运站55个。到2007年年底,村级公路硬化率已达65.2%,全市共2 748个建制村,76.8%通上水泥路,按全市公路通车里程计算,公路网密度每百平方公里达102km,市区到县、县到乡镇"一小时交通圈"已经形成。长沙已建成农村客运站27个,已征地或在建的农村客运站24个,到年底可基本竣工。一个以城区为中心,乡镇为节点,连接城镇、辐射乡村,方便快捷的农村道路客运网络正在形成。

株洲市加大公路建设力度。至2007年底,公路交通基本实现"株洲三小时,县市一小时"快速交通网络,形成了以京珠、上瑞高速公路为主干线,莲易、106国道及七条省道为主骨架,200多条县乡道为辐射的公路网。

湘潭市重视农村公路建设管理,于2006年制定了《湘潭市农村公路建设管理试行办法》。湘潭市从2003年开始实施"通乡公路"、"通达工程"、"通畅工程"以来,全市共修建农村公路水泥路1 606.6km,其中县道191km,乡道232.6km,村道1 183km,总投资40 730万元。全市712个行政村有85%的村通了水泥路。

1.3 开通长株潭城际公交,加快城乡公交客运一体化进程

长株潭三市进行了长株潭公交一体化的规划。规划的长株潭城际间一体化公交开行16条线路,作为试点,目前开通6条,包括4条通往三地接合部之间的沿途停靠线路和2条长沙直通株洲、湘潭的大站快速线路。目前开行的长株潭一体化公交线网情况示意见图1。

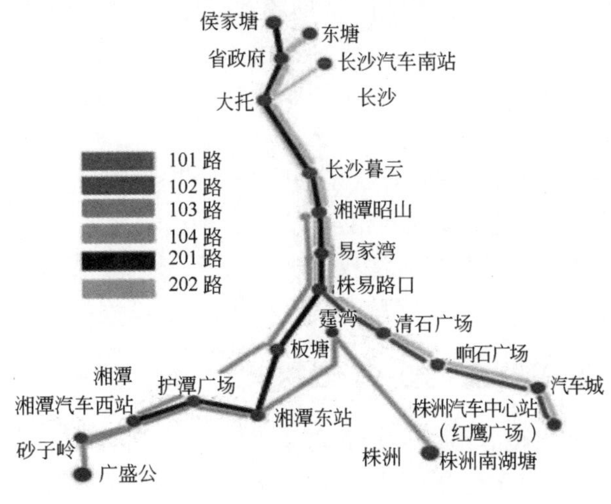

图1 长株潭一体化公交线网示意图

1.4 改善城乡运输结构

近年来,公路客运市场上出现了众多商务车辆租赁公司(其经营范围涉及城市出租车和公路班车、包车业务),长沙公路客运市场形成了主体多元、分散经营的格局。长株潭三市共有城市公共交通企业17家,市区(不包括县市)公交车共4 630辆,出租车9 485辆(其中长沙6 280辆,株洲1 950辆,湘潭1 255辆)。长株潭三市共有道路客运企业37家,三级以上的客运企业总共19家,其中,长沙14家,湘潭3家,株洲2家,共有6 100台运营客车,152 269个客运座位;客运线路1 711条。货运服务企业1 518家,货运车60 806辆,其中危货运输3 103辆;驾校97所。

截至2007年6月,长沙全市农村客运线路由2002年的178条发展到239条,运行班车由2002年的969辆发展到现在的1 159辆,总计21 890个座位。长株潭三市大力发展城际交通,已经开通的6条城际公交线路中客运班线类型有直达班车、沿线服务班车,根据途径线路又分为快速客运班车和普通客运班

车,服务方式多元化。道路客运对开城市客运班车总共218辆,对开日发班次417班次,三市之间日均旅客发送量30 581人次,客运出站的实载率为76%;具体的客运运力情况见表1。

长株潭城际客运情况表

表1

起终点城市	投入营运车辆(辆)	日均旅客发送量(人次)	起终点城市	投入营运车辆(辆)	日均旅客发送量(人次)
长沙—株洲	28	9 200	株洲—湘潭	28	900
长沙—湘潭	32	12 800	湘潭—长沙	63	3 300
株洲—长沙	59	3 800	湘潭—株洲	8	580

数据来源:《湖南省公路运输管理局关于"两型社会"建设中道路运输发展情况的报告》。

2 长株潭城市群统筹城乡交通发展存在的问题

2.1 城乡交通管理仍存在体制性障碍

长株潭城乡交通目前在交通管理方面实行的是双重管理体制。按照交通部相关行业规定,在城市规划之内,由于城建养护的道路是公交营运范围,超出该范围的公路则是公路客运范围。各自的经营范围都有自己行业的规定,这也就导致相应的管理部门各自为政,未能形成两者的协调发展。尽管今年召开的全国十一届人大会议实行了"大部制"改革,中央一级城市公共交通管理职能划归交通运输管理部门,但具体到湖南省的交通体制改革和职能调整,还有一段较长的过渡时期。由于目前两种运输方式管理的权属不同,公交一体化按各自的权限和范围运作,市场经营碰撞难以消除,组合协调难度较大,融合程度难以提高。造成两方面问题:部分线路同时接受管辖城市市政公用事业局管理,作为线路经营主体的公交客运公司也同时接受两个部门的管理,往往会出现政策措施不协调的状况,不利于农村客运市场的有序发展,对城乡客运公交化进程带来阻力。

城乡交通管理政出多门的交通管理体制导致了很多交通问题。首先是交通管理法规互相矛盾和抵触,管理者和经营者无所适从;其次是站场规划相互脱节,各种运输无法有效衔接,客货运输中转环节较多;管理职能交叉,部门利益冲突,经营者的合法权益难以保障。长株潭的交通行政管理体制改革势在必行,理应积极主动,采取措施迎头赶上,为推进城乡交通一体化和"两型社会"交通建设提供体制保障。

2.2 有关法规政策不能适应快速发展的城乡交通需求

湖南省现有的交通法规有《湖南省道路运输管理条例》与《湖南省城市公共客运管理办法》,分别管理农村客运班线与城市公交。城市客运划归交通运输行业管理后,需要适应统筹城乡交通发展的新要求,尽快制定城乡统一的交通法规政策,使城乡交通管理能依法行政、依法管理;使各客运企业按统一的政策、法规及市场运行规则各尽其职,从而最大限度地保障各方面利益,实现总体效益最大化,不断推进城乡交通一体化的进程。

县道、乡道路政管理按照《公路管理条例》执行;应尽快研究出台农村客运的优惠政策,明确市、地区、县各级政府的有关管理与服务责任和补助办法;尽快出台农村公路养护与管理办法,明确农村公路的路政管理相关内容。通过省厅出台湖南省农村公路路政管理实施办法,进一步明确农村公路的管养内容,责任主体、管理体制、事权划分、资金渠道、路政管理要求等。

2.3 城乡交通基础设施建设不足

2.3.1 长株潭城乡交通网络建设缺乏规划与衔接

城乡交通网络的规划与建设缺乏有效整合与衔接,如拥有80余平方公里、90万常住人口、号称"交通枢纽"的株洲市区,道路客运站场面积只有44 018m^3,比省内多数地市一个大型客运车站的面积都小,且站场分布不够合理,仅有的三个等级客运站全部位于一个区内,不利于与其他运输方式的衔接。

长株潭三个城市之间的高速通道已经衔接,公路网也初具规模,但是技术等级总体偏低。公路除了几条国家干线外,区域公路技术标准不高,四级路和等外路比重占总里程的 87.4%,区域公路等级平均水平不到四级。

公路交通、铁路交通、轨道交通、城市公共交通之间的衔接需要进一步加强。主要是需要调整各种运输方式之间的枢纽节点的有效衔接,减少旅客换乘距离和时间,实现农村客运与城市公共交通及铁路的接驳换乘,重视解决城市居民和三地农民出行难、换乘不便的问题。

2.3.2 客货运场站规划建设不足

长株潭客货运站的规划布局存在一定的行政区划地域限制。虽已经具有一定的分布规模,但目前的客货运站场存在问题:

(1)长株潭现有场站布局不能适应统筹城乡交通发展的需要。随着三个城市规模的拓展和扩大,没有三市统一的汽车客货运站场的调整性建设规划(包括停车场布局规划),没有充分考虑三市跨省跨区域的长途客运班线与城市地铁、轻轨实现方便换乘等因素。

原布局建设的公路客运场站在位置、功能和作用等方面与城市发展产生新的冲突,需要做出调整。如长沙市汽车南站长期超负荷运转,而客运中心等其他客运站却作用发挥不明显。设在市中心的车站总体上都面临交通拥堵现象,交通不够畅通。以长沙市为例,长沙市五大汽车站拥有各类建制的公路营运客车 1 037 辆,日发班次 4 930 班次,日发送旅客近 8 万人次,辐射全省 14 个地州市及全国 18 个省市。2007 年月平均进出站客运量 192.7 万人次,比 2006 年月平均进出站客运量 159.7 万人次增加 33 万人次,增长 32.7%。汽车站的容量和规模都需要扩展,并要解决好与公共交通的整合衔接问题,方便日益增加的进出旅客的近距离换乘。

(2)客货站场建设不足。主要体现在一体化综合运输枢纽建设滞后,特别是株洲和湘潭市的公、铁、港货运枢纽规划建设不足;此外,农村客运站点建设远远落后于城市公交站点建设条件。农村客运站点没有与农村公路同步规划、同步设计、同步建设、同步验收;客运站建设目前存在征地难、成本高、管理不规范的问题;农村停靠站建设不够方便当地农民就近乘车。

总体来说,长株潭城市群的城乡交通发展,还未达到全面、协调发展阶段,随着长株潭城市群规划和方案实施即将推开,一些深层次的矛盾和问题逐步暴露出来,如城乡交通规划和运营管理缺乏综合考虑和统筹协调,规划的执行缺乏足够的资金支持和保障,城乡交通基础设施布局结构不合理,投资比例失调,枢纽换乘系统建设滞后,公交和客运班线市场无序竞争等,亟须制定科学的城乡交通一体化发展战略和政策。

2.4 城乡交通服务价格差别较大

2.4.1 城乡交通运价差距大

长沙、株洲、湘潭三市一体化公交线路采用的是省物价局核定的试行票价,试行期一年。试行票价从 2008 年 1 月 15 日起正式施行,长株潭公交线路车票价格主要按照不同线路和客车类型实行分段定价,见表 2。

长株潭一体化公交线路票价表 表 2

线　路	里　程(km)	票　价	线　路	里　程(km)	票　价
101	22	中型中级客车 4 元	104	39	普通客车 5 元;空调客车 6 元
102	22	中型中级客车 4 元	201	54	大型高档一级客车 14 元
103	—	普通客车 2.5 元	202	54	大型高档一级客车 14 元

数据来源:长株潭一体化信息网。

而长株潭三市的城市公交的票价如下:

长沙市城市公交票价:普通车 1 元,空调车 2 元。其中学生卡 1 ~ 12 路为 5 折,其他路线为 9 折;普通卡为9折。

株洲市城市公交票价:普通车1元,豪华车2元,少数线路加上郊区线路实行翻牌票价1~2元不等。学生卡5折,普通卡9折。

湘潭市城市公交票价:根据里程与车型划分票价1~3元不等。学生卡5折,普通卡9折。公交票价标准不同,三市对公交企业的票价补贴也存在差别。

2.4.2 税费政策存在不公平性

(1)长株潭一体化公交没有享受城区公交车的税费待遇。按照规定,公交车可以享受免交养路费、过路过桥费、客运附加费和运管费的优惠。但是目前开通的6条长株潭公交并没有完全享受到相关优惠政策。油价的波动,增加了客运企业运营成本,而长株潭公交不能完全享受城市公交燃油补贴。

(2)道路运输与城市公交在税费上存在不公平待遇。道路运输相对于城市公交客运,在车辆投入、费用支出(主要表现在通行费)等方面,需要更高的成本支出,而且由于先行政策倾斜中心不同,公路客运车辆在政府补贴(如燃油补贴)、政策扶持方面不能享受城市公交同等待遇,并需额外承担养路费、客运附加费、运管费等税费缴纳义务。道路运输通行费用过高。随着高速公路网络的不断扩大,车辆运行时间、舒适程度得到大幅提高,但车辆通行费用也增长较快。目前,车辆通行费在车辆运营成本中,平均占有14%的比重。高额的通行费给客运经营者带来较大的成本压力,通过成本转嫁,造成农村居民出行时票价偏高,带来明显的不公平待遇。

2.5 城乡交通运营组织需要统筹安排

城乡客运由于对农村客流的规律把握不够,难以适应农民居住分散、客流量小、客源不稳定等特点,在运力组织上存在较大问题。往往呈现高峰时段运力不足,低峰时期运力过剩的状况,农村客运线路的运营组织方法缺乏合理调整,没有结合农村赶集高峰和日常平峰的实际,适时调整客运高峰时期的班次密度,开行定时、定班、定线,调配隔日班、周班、赶集班,实施滚动发车、定线循环运行和预约叫车等多种经营方式。运力结构不够优化,导致线路运营成本上升,经营状况不佳。同时,运营组织水平的低下也促发了非法车辆的客运市场,在线路服务不足的地区,面包车、三轮车等非 法营运车辆泛滥。同时城乡客运运营组织不力也导致农民出行不省心、不放心、不舒心。

货运的车型单一,经营方式落后,不能全方位为货主提供快速、便捷、高效、安全的门到门服务;货运运价执行不到位,成为货运超载超限运输的主要根源之一,并且运输专业化程度不高。应该引导货运企业发展厢式货车、集装箱运输车和大型现代运输车辆。认真执行新的国家汽车技术检测标准和检测报告制度,完善营运客车等级评定和货车推荐车型制度,促进环保节能。继续推行船舶标准化、大型化、专业化。

2.6 城乡交通客运市场竞争不公平,经营不规范

由于农村客运通达深度不够,不少未通客车的行政村,当地群众出行十分不便,同时给摩托车、手扶拖拉机、农用三轮车等不具备载客营运资格的机动车载客拉人以可乘之机,这些车凭借自身的灵活性、隐蔽性、当地经营帮派性以及地方主义的保护性等优势,运输成本低廉,在城乡公交线路上以城乡公交的形式组客合乘,严重影响了客运市场的正常经营。

长株潭三市的城乡交通客运经营者结构非常复杂,既有纯粹的个体挂靠经营,也有联营体挂靠经营,还有自由经营者承包经营。例如长沙市,有85%以上的城乡客运存在着“以包代管”和“挂靠经营”的粗放经营模式,无证经营,站外组客,宰客、甩客等不良现象时有发生,这些非法载客营运行为,严重扰乱了客运市场的经营秩序。

长途客运、短途客运与城市公交客运之间,在发展过程中存在着政策、资金、税率、运价等方面的差异,尤其是城市公交与公路客运在运价政策、运营线路安排、城区停靠站点等方面存在双重标准,导致相互间竞争平台不公平,线路恶性竞争经常引发矛盾冲突。

2.7 运输企业持续发展举步维艰

长沙市九家公交企业已经完全市场化,各公交企业承担的社会义务极不均衡,在资源配置等市场要素方面也不够公平。湖南龙骧巴士是长沙公交行业的骨干企业,相对于其他几家公交公司而言,它线路资源差,社会负担重,全市 9 条刷学生卡的线路,湖南龙骧巴士占 6 条,数十条由火车站等客流密集地始发的线路,湖南龙骧巴士仅占 3 条。

客运企业亏损严重。湖南龙骧巴士有限责任公司受油料价格持续走高、原辅材料价格继续增长、工资及工资性成本居高不下、燃油补贴不能及时到位的影响,公司从 2008 年 1 月至 5 月,亏损 882.87 万元,比去年同期增加亏损 582.93 万元。扣除亏损后,公司经营现金流入只有 48.87 万元,现金流趋近于正负临界点,企业经营已经十分困难,正常运营生产将难以维持。

3 长株潭城市群统筹城乡交通发展若干思路与对策建议

3.1 明确统筹城乡交通发展的战略规划

统筹城乡交通发展应以规划为龙头,加大整合城乡交通资源的力度,结合当地的城镇规划和产业布局,制定一套完整的、相互协调衔接的综合交通规划体系。着眼城乡和区域经济社会发展的实际情况,编制和完善城乡一体化的综合交通发展总体规划,把广大农村纳入到规划范围,把城市交通基础设施延伸到农村,把交通服务设施站点配套到农村;在统筹城乡交通发展的战略规划的基础上,根据旅客流量和货物集散需求,对全市的和区域的城市公交客运、农村班线客运、枢纽站点和运力资源加以整合利用,按中心城区至城郊、县城,城郊、县城至乡镇,乡镇至所辖行政村等多个层次进行统一规划,构建三级或四级道路客运网络和城内城外畅通对接的物流运送网络,实现客运零换乘和货运无缝衔接,为当地社会经济发展创建更加多元化、更高层次的城乡交通运输服务。

3.2 建立统筹城乡交通发展的一体化管理体制

建立城乡一体化的交通运输管理体制机制。要解决城乡交通一体化过程中的二元矛盾,首先要实现城乡交通管理体制一元化,将体制之间的矛盾转化为管理职能分工明确、不同管理部门又能够协调配合的新体制机制,把两个部门管理无法协调解决的矛盾放在统一的一个部门内解决。各地人大代表都有类似的提案,交通运输部也将出台理顺中心城市交通行政管理体制的指导意见,作为国家配套综合改革试验区尤其需要科学策划、大胆改革,实施“一城一交”管理模式,真正建立起政令统一、管理顺畅、规范科学的综合交通管理体制。

建立区域交通管理体制与高度协同的工作制度。建议争取基层政府的支持,联合公安、工商、交通等相关部门共同组成的运输市场综合执法工作组,共同开展农村客运市场整治工作;发挥基层交管站作用,配合当地交警等部门,组织城乡结合部和乡镇的黑车稽查,随时监管,加大对黑车的打击力度;加强先进科技的应用,更及时更准确地取证,有效查处非法营运车辆,保障辖区内运输市场秩序。

交通运输部门要会同有关部门认真做好组织协调、公司化改造、车辆收购、运力投放、人员安置、站点设置等工作。对于阻挠村村通班车开通等行为,要依法从严查处。信访部门要制定突发事件应急预案,明确责任主体,落实包保责任,确保信访稳控措施落实到位。新闻单位要采取多种形式进行广泛宣传,取得广大人民群众的支持,为实施城乡交通一体化创造良好的外部环境。各级人民政府和交通等有关部门要做好车主的思想教育工作,化解可能引发的利益矛盾。监察、物价、建设、规划、财政、市容、劳动和社会保障、国土资源、安监、税务、工商等部门要按照各自职责,密切配合,全力支持,切实推动这项工作顺利进行。

3.3 制定服务于城乡居民的交通法规和标准规范

在制定服务于城乡交通一体化的法律法规的同时,制定便利于城乡居民出行的运输服务标准规范。为了让村镇老百姓享受与城市市民同样的服务,促进城乡经济一体化的发展,应该在“村村通”服务中推行诚信可靠的承诺性服务,按照城市公交班车运营标准,采取司乘人员统一着装、佩证上岗,车辆喷印营运单位统一编号,服务使用普通话和规范用语,体贴乘客,照顾“老、弱、病、残、孕”,在车内设立意见箱、乘客投诉电话,接受乘客的监督与要求;同时,应与城市公交一样严格按统一规定的运行时刻准点发车,建立完善的驾乘人员考核制度,确保驾乘人员的综合素质和运行技术达到规范化要求。

3.4 制定促进现代交通服务业有关政策

坚持和进一步完善优先发展城市公共交通的政策。按照“完善政府经济调节、市场监管、社会管理、公共服务的职能”要求,依靠当地各级政府坚持公共交通优先发展的战略,切实加强对优先发展城市公共交通工作的组织领导,根据城乡公共交通发展规划、综合交通体系建设规划和“两型社会”交通建设方案,结合各地实际,制定并落实扶植政策措施,特别要比照城市公交享受的政策研究制定加快发展农村客运的各项优惠政策,促进城乡公共交通的新发展。

制定科学合理的城乡交通一体化经济政策,包括城乡公交化网络建设的公共财政投入、建立城乡同等待遇的低票价补贴机制、落实燃油涨价补助及其他各项补贴、公益性专项经济补偿等方面的经济政策。

研究制定城乡道路运输一体化的实施细则和办法,明确实施城乡道路运输一体化的责任、任务和具体做法,发挥各级政府的积极性和创造性,加快推进城乡公共交通一体化进程。

3.5 进一步加快城乡交通基础设施建设

继续加快干线通道网衔接和农村公路基础设施建设。城乡交通基础设施一体化是统筹城乡发展的前提。交通基础设施和公用服务设施要按照“统一规划,统一布局,资源共享,分步实施”的要求,加强城市与乡村道路设施的配套衔接,进一步提高城乡道路主骨架的技术等级和调整优化快速公共交通网络,加强建设质量监督和防止资源浪费;加快建设与农村居民日常生活密切相关的交通服务点;继续推进农村公路网络工程建设,大力实施农村运输网络工程,强化村级公路等级化、路面硬化建设,实现村级公路互联成网;着力构筑内外衔接、城乡对接、方便快捷的现代化交通服务网络,实现区域各市、县镇及重要出口高等级公路的连接,县镇与乡村间通达便利的公路网,达到村村通水泥路油路的目标。

重点支持综合交通运输枢纽和客货运输场站建设。按照交通运输站场要体现“功能性、标志性、超前性”的要求,规划建成功能标准高、配套设施完善、服务设施齐全、管理手段先进的客货运场站体系。在所有乡镇建成集农村客运管理、农村货运管理、交通规费征收、农村公路养护管理“四位一体”的基层交通站所,所有主干线增加建设“便民候车亭”,按照实际居民出行需要规划不同等级的客运站场,尤其要注意开辟接驳到社区和行政村的公交线路和停靠站点,方便城乡群众出行。在重点县乡镇,规划建设货运场站、货物配载基地,大力发展农村物流。

3.6 建立统筹城乡交通发展的一体化运行机制

一方面建立完善的线网营运机制。线网运营机制包括区域运营组织和线路多层次、多模式运营。要在城乡交通一体化规划指导下开展运营,例如:可以城市圈一级客运站为中心,依托高速公路和城市主干道,建立城际高速旅客运输网;以城市群二级客运站为基础,连接国道省道,建立中心城市到卫星城(区县城)、城乡和区域快速直达或分区接驳的旅客运输网;以农村客运站为依托,连接县城、乡镇和行政村公路,建立干支结合的农村客货运输网络。运营组织模式可采用城际或省际班线高速直达运营、城乡公交化运营、区域内快慢班线组合运营、分区包片(线)运营,跨区(市)接驳运营等;经营方式可采取联合经营、区域经营、特色经营、捆绑经营、专营经营、延伸服务经营等多种模式;如鼓励将具备条件的道路客运班线改造为公交化运营，实现与城市公共交通班车对开、站场资源共享、调度信息联网等合作经营。还可依托城市群旅游资源，结合市场需求，开辟旅游客运专线以及个性化包车经营；开发不同层次的服务以满足不同群体的交通选择偏好。

另一方面不断完善市场运营机制。要完善市场准入和退出机制，促进优胜劣汰。建立和完善资质管理制度、服务质量招标制度和年审等制度，定期考核审验；清理和规范客运市场挂靠经营，对实际不够具备市场准入条件、服务低劣、违法违规的交通从业者，限期进行整改，仍不能达到要求的，坚决清出运输市场；对服务质量好、安全有保证、诚信守法、管理规范的运输经营企业应让其占有更多市场份额，并给予不同形式的奖励和政策优惠。

积极推进城乡交通综合执法改革。坚持立法与执法并重，监督管理与维护公众利益并举，加强法规的组织实施和统一执法工作。强化市场监管，依法整顿城乡市场秩序，严厉打击损害路产路权、非法经营、偷逃规费、"三乱"等城乡交通违法行为，依法保护投资者、建设者和经营者的合法权益，形成统一开放、公平竞争、规范有序的城乡交通运输市场。

3.7 通过科技创新提高服务能力

制定三市区域的道路运输信息化发展规划，加大资金投入，加快建设三市统一的道路运输管理信息系统，实现三市道路运输管理系统联网和运政稽查联网。推广使用IC卡道路运输证、从业人员资格证；建设三市道路运输统一的公共服务信息平台，向社会提供综合信息查询、公众投诉、求助服务，提升公共服务能力。

建设三市统一的GPS公共服务平台，鼓励三市运输企业应用GPS监控系统、行车记录仪、无线射频技术和条形码技术等，提高运输的自动化程度和动态监控能力。高起点地建设三市道路客运综合服务信息系统，客运站场采用计算机联网售票、电子显示设备、电子监控设备。建设三市公共交通"IC卡管理中心"，实现三市公交IC卡互通，方便群众出行；建设三市货物运输信息公共服务平台，开发货运交易电子报价系统、电子交易系统，三市所有货物运输交易全部通过信息平台完成交易，为了方便外地进入三市的货运车辆，三市所有大型停车场设置终端机，驾驶员只需在停车场刷卡，通过货运交易所的电子报价系统和交易系统很容易就可以找到合适的货源，为运输车辆提供简单、方便、快捷、高效地货物配载信息服务。

通过运用先进科技手段提高运输组织管理水平，促进城乡各种运输方式的协调和有效衔接。应用高新技术，开发研究并推广应用智能交通系统，保证城乡运输安全、提高运输效率。运输技术装备建设应坚持自主创新与引进国外先进技术相结合，高新技术与先进适用技术相并举，在不同区域采用更好的技术装备；注意结合"两型交通"建设要求，按照中央和交通运输部节能减排工作部署，鼓励运输企业采用或改造在用车辆，逐步提升运输企业的科学管理水平和集约化、规模化发展能力，降低客货运输成本，减少外部负效应，保障安全质量，促进大型运输企业在推进城乡交通一体化的实施过程中发挥骨干作用。

第十四章　南京市城乡交通一体化研究思路与对策

(南京市交通局政策法规处)

摘　要:本文论述了城乡交通一体化的概念、目标及基本要求;从基础设施不协调、运输市场不统一、供给与需求不适应等方面分析了南京城乡交通发展存在的问题;从认识观念、政策与立法、管理体制等方面分析了制约南京城乡交通一体化发展的原因;从转变观念、规划建设、增加投入、规范市场、推进立法等方面提出了推进南京城乡交通一体化的对策措施。

关键词:南京　交通一体化　思路　对策

党的十七大提出了科学发展观的理论,提出了要统筹城乡发展和推进社会主义新农村建设。交通作为国民经济发展的基础性产业在统筹城乡经济发展中承担着重要的任务。在当前我国推行大部制改革和构建综合交通运输体系的有利环境下,如何改变当前南京市城乡交通分割现状,提高城乡交通运输组织能力,实现城乡交通资源均衡发展,是摆在我们面前的一个重要问题。本文主要是基于这一考虑,对南京市当前的城乡交通发展的政策和措施进行检讨,提出应对之策,以期对今后交通发展有所裨益。

1　城乡交通一体化的内涵

由于长期以来存在的城乡二元制结构对立,城乡公共资源配置不均衡,使城乡优势互补作用未能充分体现。随着社会经济的发展,这种城乡二元制结构对城乡经济发展的不利因素日益凸现。实施城乡交通一体化,以科学发展观为指导,把实现基本公共服务均等化作为根本出发点,统筹城乡协调发展显得越来越重要。

1.1　城乡交通一体化的概念

城乡交通一体化并不是城乡交通的等同化或相同化,城市和农村在国民经济发展中的地位和作用各不相同,其交通需求也各不相同,因此交通资源配置应当有所区别,以适应城乡不同的交通需求。城乡交通一体化的实质是通过对城乡交通资源合理配置,实现各种运输方式的有效衔接,方便城乡旅客和物资双向流动,最大限度达到便捷、安全、畅通之效能,逐步缩小不合理的城乡交通差距,转移大城市的部分功能,减轻大城市发展压力,推动小城镇的发展,最终实现经济合理布局,社会经济发展与生态环境保护相适应。

因此,所谓城乡交通一体化就是政府对城乡交通发展实行统一规划、统一政策、统一管理,以构建综合交通体系、实现城乡和谐发展为目标,实现城乡交通资源的优化配置,提高运输效能。

1.2　城乡交通一体化的目标

实现城乡交通一体化的长远目标为:构建畅通、便捷、安全的城乡交通运输网络,健全交通信息网络体系,实现各种运输方式有效衔接,逐步形成综合运输体系,最大限度满足城乡交通需求。

城乡交通一体化发展的近期目标为:围绕城乡统筹发展这一根本要求,建立城乡交通统一的管理体制和地方交通法规、规章和政策体系,完善城乡交通建设投融资政策,消除城乡一体化的障碍,逐步建立公平、开放、统一的城乡交通运输市场。

为实现上述目标,结合南京的实际情况,近期主要任务是:实现城市公共交通与农村客运的有效对接,加大轨道交通向郊县的延伸,加强城际铁路、地方铁路的建设,同时要考虑各种运输方式的充分衔接问题;围绕社会主义新农村建设,对农村班车通达工程和场站建设给予一定的政策扶植和财政支持,保障基本公共服务的均等化;要逐步消除城乡交通二元制结构,在现有的政策框架内首先解决"公交下乡"和"农公班线进城"的问题。

1.3 城乡交通一体化的基本要求

城乡经济一体化需要交通一体化的支撑。城乡经济分工与协作是社会经济发展的必然反映,必须由交通运输这条纽带进行连接,交通运输需求也随着经济的发展呈现出多元化的趋势,因此推行城乡交通一体化已经成为今后城乡交通发展的必然选择。

实现城乡交通一体化发展,一是要打破原来重城市轻农村的观念,本着"城乡并重"的原则发展城乡交通运输;二是建立城乡交通统一的法律法规和政策体系,构建城乡统一的运输市场;三是进一步理顺管理体制,逐步建立起"大交通"的管理格局;四是充分发挥市场作用,发挥各种运输方式的优势,实现资源的优化配置;五是各种运输方式的有效衔接,道路运输、城市公共交通要与铁路和航空等进行充分对接;六是实现城乡交通服务的均等化,构建城乡交通信息一体化。

2 城乡交通发展存在的问题

2.1 城乡交通基础设施建设不协调

"十五"期间南京市加大了交通基础设施建设的力度,共投资209亿元,主要用于高速公路、国省干线公路和港口设施建设。在主城区与郊县之间建成了快速通道,城市交通对周边区域的辐射能力增强。到"十五"末,公路网密度达到1.47km/km^2,公交线网密度约2.8km/km^2。城市道路共5 244km,农村公路8 690km,轨道交通取得了突破性发展,轨道一期工程共建成22km,但是向农村延伸程度不够。农村公路建设发展较快,但是农村公路资金主要以农民出资、县区政府筹措和市交通部门以奖代补的模式构成,同时还存在着农村公路等级较低、养护管理不到位及客运站亭设施管理资金短缺等问题。内河航道通航能力不足,区县航道等级较低,除长江以外没有四级及以上的航道,不能有效地发挥货物集散运输的作用。随着跨江战略的实施,过江通道的制约因素的影响已经较为明显。总体看来,城乡交通设施配置上还不能满足城乡交通一体化的发展需要。

2.2 城乡道路运输市场不统一

城市公共客运和道路客运长期以来都是由不同的管理部门、执行不同的政策、依照不同的法律法规进行管理的,这就造成了道路客运市场的不统一,削弱了政府宏观调控的能力,阻碍了城乡交通一体化的进程。随着城市的发展,主城区不断向外扩张和延伸,"公交下乡"和"农公班线进城"成为一种发展趋势。由于城市公交和农公班线分属于两个不同政府部门管理,经营者的利益很难协调和平衡,再加上两类经营主体的竞争环境不同,因此出现"热线"线路公交下乡,"冷僻"线路无人经营的现象,影响了农村客运通达工程的实施。南京市出台的《南京市城市公共汽车出租汽车管理条例》,对城市公共客运与道路客运的界定不太明显,如将城市旅游车的范围扩大至南京市行政区域内,造成城市旅游客运与道路客运之间的交叉及多头执法的现象。出租汽车的实际需求已经超出了原来仅限于城市公共交通的范畴,成为城乡共同的交通需求。从实际情况来看,南京市出租汽车的管理分割为城内和城外,主城区内由市政部门通过有偿招标的形式确定经营人;郊区各县由市政部门委托交通部门进行管理,以无偿的形式通过服务质量招标投标确定经营人;各县由交通部门根据道路运输的法规、规章进行管理。由于政策不同,因此在同一个城市内部不同区域的经营者不能跨区域从事经营活动。

2.3 交通供给不能满足群众出行需求

南京市目前尚未形成以多种交通方式(公交、出租、轨道、轮渡、道路客运)相结合的合理配套,协调经营,多层次、高等级、大容量的立体交通网络体系,对南京实现跨江发展和统筹城乡发展形成了一定程度上的制约。南京市现有公交线路313条,包括郊区进城的线路59条。按照现有公交车拥有量,每条线路平均为17辆车辆,以营运时间14个小时计,平均每间隔50min发班一次。公交车出行的分担率约为19%,上班高峰期运力仍然相当紧张。郊区进城线路较少,按照南京市城市发展规划和“一城三区”城市发展思路,公交发展还不能与城市发展相适应。南京市现有出租汽车8 700辆,按照人均计算,827人拥有一辆出租车,造成乘出租车难,特别是新城区乘车更难,为非法营运提供了生存土壤。虽然地铁已经投入使用,但是其拉动城乡交通发展的能力有限。农村客运通过实施农公班线班车通达工程,在一定程度上解决了群众出行难的问题,由于处于起步阶段且缺乏相应的政策支持,一些冷僻线路经营者难以维持正常经营,班线通达程度较低,发车密集度较低,同时也存在出行形式单一,农村多元化交通出行需求不能得到满足,特别是现行的法律法规体系,不利于农村客运多元化市场的形成。

3 制约城乡交通一体化发展的原因分析

3.1 认识观念的原因

我国长期存在的城乡二元制结构及城市在国民经济发展中的重要地位,在客观上造成了城市发展的强势和优越地位。随着社会经济的发展,实现城乡和谐发展和统筹城乡发展成为面临的紧迫问题,这也是实现社会公平正义的必然要求。推行城乡交通一体化就是坚持贯彻公民平等使用公共资源的权力的延伸,也就是实现基本公共服务均等化。对城乡交通一体化重要性的充分认识,不仅是农村发展的需要,也是城市发展自身的需要,只能通过城乡优势互补才能提高整个地区的综合竞争力。只有提高城乡交通一体化的认识,才能本着“统筹规划、适度超前、经济节约、供需相适应”的原则,全面推进城乡交通一体化的进程。

3.2 政策和立法的原因

由于我国的立法体系是以国家立法为主地方立法以辅,立法原因导致的城乡交通发展不均衡主要表现为三个方面。一是交通基础设施建设的融资政策。一级公路和城市道路建设立法中规定了相应的融资政策,按照国家规定可以向社会融资或转让经营权,鼓励社会参与建设;而农村公路则没有相应的政策,在一定程度上阻碍了农村交通基础设施建设的发展。二是规费征收政策。城市公共交通减少征收或免收养路费,不收运输管理费和客、货附加费,而道路运输则需要交纳相应的费用。三是政府的资金扶持力度不同。本着公交优先发展的原则,政府对城市公共交通和农村客运的资金扶持力度也各不相同:如南京市对公交公司的车辆采购实施补贴,普通车型每辆补贴6万元,空调车辆每辆补贴12万元,而农村客运增加运力和提高车型档次却没有相关方面的资金扶持。

3.3 管理体制的原因

当前制约城乡交通一体化进程推进的一个主要因素是管理体制不顺,存在各个部门各自为政的现象,协调工作难度比较大,不利于城乡交通发展各项规划的统筹编制。在现有的框架下推行城乡交通一体化主要靠政府政策扶持和规划统筹,因此理顺管理体制非常重要。

从目前各地的情况来看,在实施“大交通”格局的地方推行城乡交通一体化难度较小,政府可以通过制定相应政策措施来实现各种运输方式有效衔接。南京市管理情况较为复杂,轨道交通、城市道路的规划、建设和管理由建设部门负责管理,市区城市公共汽车和出租汽车由市政公用部门管理,道路、航道和港口设施的建设和客货运输、水路运输及县里城市公共交通由交通部门负责,再加上铁路运输由铁道部门进行管理,这种管理体制加大了政府协调工作的难度,很难实现各种运输方式的有效衔接。

4 实现城乡交通一体化发展的对策

城乡交通一体化是社会经济发展的必然趋势,也是交通自身适应社会需要的必然选择,结合南京市的实际情况,推行城乡交通一体化应当从以下几个方面做起。

4.1 城乡交通统一规划和建设,实现交通资源的优化配置

对全市道路、港口、航道、铁路、航空、场站等交通设施统筹考虑,围绕综合运输体系的建立和各种运输方式"无缝衔接",对交通设施进行合理布局。城乡交通规划的编制要与国家重点交通设施相衔接,与区域交通、城际交通相衔接,本着节约资源、减少投资和提高效能的原则,提高各种交通设施的利用率。要尽量使大城市功能分散化,避免人口过度集中超过城市的负担能力所带来的各种问题。要充分发挥轨道交通的优势,大力发展地铁和轻轨,按照南京市"三城九镇"的发展模式,加快建设郊区、县的铁路,促进城市的规模效应和城市边缘卫星城镇的发展,提升南京交通的对外辐射能力。要加强出城快速通道的建设,提高路网密度。要为城乡物资流通创造良好的环境,在高速公路出入口、港区、高新技术开发区和加工业集中区域建立物流园。

4.2 统一城乡财政投入,完善投融资管理制度

统筹城乡发展关键在于统筹城乡建设的资金投入,现在南京市城乡交通发展的二元化体制还比较明显,制约城乡交通发展的主要因素是资金不足的问题,有些县区已经背上了沉重的负担。对于基本交通基础设施建设,由政府统一规划。建设资金本着政府统筹统还的原则,由政府统一财政投入。要积极争取国家各类专项建设资金和投资补助资金。对于不足部分的资金筹措,可以通过政府贷款、股份融资、发行企业债券和BOT模式进行融资,也可以国有设施有偿使用的收入作为资金来源之一。

交通基础设施作为公共产品,其融资形式可以采用多元化,但是应当确定政府的主导地位。公共产品社会化经营容易产生一定领域的垄断,往往会发生由于决策不够科学和民主而造成投资与收益巨大的差异,同时过多的收费将恶化城市的发展环境,增加经济发展成本,发展到一定程度会成为制约经济发展的因素。因此交通基础设施融资应当以政府还贷为主或国有投资占主导地位,兼顾不同投资人的合理利益,收回成本或得到一定的收益后即成为免费公共产品。这就需要进一步完善财政管理制度和投融资制度,最大限度地实现交通公共产品的经济效益和社会效益。

交通运输业是服务业的重要组成部分,国家制定了鼓励服务业发展的政策,可以向政府申请建立交通运输业发展专项资金,争取政府对城乡交通发展的支持。认真研究对城乡交通实施统一的补助政策和相关措施,对于从事道路运输经营的企业贷款可以实行政府贴息补贴。现在对城市公共交通政府已经实施了相应的补贴措施,对农村客运公交化的补助现在仅限于交通部门的运管费和客票附加费的减征或一定期限的免征上,这远远不能解决经营单位存在的资金不足和收益较低的问题。因此需要建立统一的城乡交通专项资金补助制度。

4.3 保障科学决策,建立公平合理的市场机制

城市化的发展和城乡一体化的发展对原有的管理模式带来了冲击,因此需要对目前的管理体制进行改革以适应社会发展的需要:

一是实现两种道路运输模式的有效整合。城市公共交通向道路客运靠拢。城市公共交通的行政区域经过高速公路的,一律不得超载,售票应按照客运以行驶里程计算的方式。对于不经过高速公路的,可

完全按照公交现有的售票规定收取票款;农村客运向公交化转换。农村客运可采取发流水班的方式,采取沿途设站停靠或直达两种经营模式。农村客运进入城区之后不得再沿途停靠,只能在规定的站点内停靠,解决农村客运公交化车辆的进城问题。

二是要本着节约能源和提高运力投入的效率的原则,进一步开放市场。对本市行政区域内的道路运输市场实施统一管理,进一步放开运力管制,只要企业符合相应的经营条件就应当准予其从事相应的经营活动。要使经营企业在市场的环境下自我发展和成长,自行承担经营风险,使群众能真正享受到市场自由竞争所带来的便利。要放开全市短途配送,对全市短途配送市场进行统一管理,特别是统一标志和统一车型,除上下班高峰期之外,可以自由通行。

三是要进一步转变政府管理的方式。行业管理部门要进一步解放思想,将工作的重点放在培育市场发展、化解市场风险和加强安全监管上来。要重点培育物流企业做大做强,为其提供政策支持。要实现运输市场的多元化发展,既发展龙头品牌大型企业,又要发展中小企业和个体企业,适应运输的多元化需求。在一些经营较分散、经营主体规模小的领域可尝试建立风险基金制度,增强风险抵御能力。要将行业监管的重点放在从业人员资格、车辆技术条件和安全管理等方面。要引导行业协会健康发展,行业协会要加强自身发展的完善,在行业资质管理、行业发展标准制定、市场调研、风险规避和参与政府决策方面发挥作用。

4.4 转变管理理念和思路,积极推进交通立法

把交通行业发展的政策上升为法律法规是实现行业管理的有效手段,在当前法制社会的大环境下,必须推进地方交通立法,对交通行业发展实施依法管理。当前的立法需要解决的问题主要有:

一是理顺管理体制的问题。根据当前国家管理体制改革的发展趋势和外省市管理体制改革经验,实现各种运输方式无缝衔接的关键在于建立大交通的运输格局。要科学划分各级交通管理部门的职权,按照决策权、执行权和监督权相分离的要求对现有的管理模式进行改革,提高管理效能。

二是构建统一的运输市场。南京市原来的道路交通分属于两个部门管理,形成了城内和城外两个不同的运输市场,同时两者之间也有交叉。这两个市场的管理模式各不相同,政策各异,经营者应当分别取得两个部门的许可才能从事相应的经营活动,增加了经营成本,因此需要制定一部统一的地方道路运输法规。

三是规范市场的经营秩序。要进一步强化交通运输经营者提供公共服务的义务,在立法中要体现提供服务的强制性,未经管理部门批准经营单位不得随意停止提供公共服务,要保障重点物资的运输,又服从政府为应对处理紧急事件的调度。要把反不正当竞争和市场垄断作为规范的重点。要体现交通公共政策的引导作用,在培育市场方面既要鼓励规模化、集约化的经营,又要发展一定数量的个体经营等,满足公共服务的多元化需求。

第十五章　破解二元结构　推进西安城乡客运一体化

（西安市交通局）

摘　要：本文从理顺管理体制、统筹规划城乡客运；创新管理机制，推进城市公交服务农村、促进公路客运进城、培育城乡客运市场；解放思想、转变观念，兼顾利益、和谐发展，政策扶持、行业监督等实施策略方面，介绍了西安市破解城乡二元结构、实现城乡客运的网络化、一体化运营的经验。

关键词：西安　城乡客运一体化　模式

西安市是世界历史文化名城，国际旅游目的地城市，国家级科研教育和高新技术产业基地，黄河中上游地区交通、信息、金融、商贸中心。近年来，西安市以科学发展观为指导，转变观念、理顺体制、整合资源，打破二元分割，通过对各种运力资源的合理调控配置，推动了城市公交与区县乡村交通的统一规划和高效、协调发展，实现了城乡客运的网络化、一体化运营模式，在全国中心城市城乡道路一体化改革中走在了前面。

1　理顺管理体制，统筹规划城乡客运

从改革开放到20世纪初，西安市城市城乡客运和全国多数城市一样处在二元化状态：公共交通由城建部门管理，公路客运隶属交通部门管理，职能交叉、政出多门，公路客运和城市公交形成了以“零公里”为界的楚汉鸿沟，部门之间的利益冲突和地方保护使公路客运与城市公交出现了客源之争和线路之争，影响了客运服务质量，客运交通发展与体制不顺之间的矛盾日益突出。

2002年，西安市政府按照西安城乡一体化发展的总体要求和“一城一交”的原则，把原来归口公用事业局管理的城市公交行业归口交通部门管理，建立与行业发展相适应的城市客运管理体制，实行对公路客运与城市公交行业的统一领导、统一规划、统一建设、统一管理。

在此基础上，西安市统一布局公路客运与城市公交线网规划，大力整合客运资源，做到城乡客运市场一盘棋。西安市交通局和长安大学共同编制了《西安市道路运输主枢纽及线网布局规划》、《西安市公共交通专项规划》、《西安市“十一五”交通发展规划》，并被纳入西安市城市总体规划，明确规定：西安中心城区与副中心城区及旅游景点全部实现城市公交客运直接覆盖，副中心城区与乡村、乡村与乡村则通过公路客运班线对接。这项规划为构建城乡客运一体化体系描绘了蓝图。

2　创新经营机制，构建城乡客运一体化

城乡客运一体化是统筹城乡发展的重点工程，西安市交通部门按照“合理布局、统筹规划、兼顾利益”的原则，创新机制，分步实施，稳步推进，从三个方面进行突破。

2.1　车头向下，城市公交服务农村

随着西安周边高速公路、国省干线公路、农村县乡公路的跨越式发展，公路与城市道路实现了高标准对接，公路客运与城市公交弥合城郊结合部真空的条件已经成熟。

原来长期在西安南北中轴线长安路上经营的公路客运中巴车由于高速行驶、随意停靠、开门揽客和服务质量低劣,被市民称作"疯狂老鼠",部分运营者还时常堵路上访,阻挠城市公交正常运行和向下延伸,成为客运市场一大顽疾,被网民评为西安市"十大教训"之一。

为根除长安路客运顽疾,西安市经过充分调研论证,在兼顾经营者利益的前提下,由具有竞争实力的西安市公交总公司投入资金2 700万元,收购经营组织化程度低的89辆中巴车,使其退出市场,同时开通横贯西安南北中轴线、连接市区和长安区大学城的环保公交600路,使长安路交通客运秩序有了质的改善。可以说,公交600路的开通是西安城乡客运一体化的破冰之旅,是城市公交向区县乡村延伸迈出的第一步。

西安地处关中平原中部,八百里秦川著名的旅游景点通过新开、延伸线路相继实现了公交覆盖,拉动了陕西省旅游产业的发展,推进了区县的城市化进程。东到临潼区兵马俑、华山,西至扶风县法门寺,北起高陵县泾河开发区,南至长安区大学城,都有公交车的身影。陕西省关中环线建成通车后,西安交通部门又及时开通了两条公交环山旅游线路,连通了长安、户县、周至、蓝田4个县区、30多个旅游景点,使中心城区与秦岭北麓连接,结束了秦岭北麓与城市中心城区的多年封闭。秦岭脚下的农民迈出门槛就可跨上公交车,广大群众高兴地说,"现在路修了,路通了,916车也通了,也便宜了,到西安半个小时也就到了,方便得很。"

截至2007年底,西安城市公交线路达到206条,运营车辆5 500辆,"公交下乡"线路已达到30%,车辆达到1 000多辆,延伸线路总里程已超过300公里,平均每天发送乘客70万人次,架起了连接城乡的金桥。

2.2 公路客运进城,推行公交化管理

过去,西安市共有短途公路客运班线300多条,客运车辆1 700多辆,经营主体"多、小、散、弱",安全保障能力不强,服务质量不高。城市公交下乡虽能解决部分农民的出行问题,但更广大农村群众的出行需求还有赖于公路客运自身升级改造来满足。针对这一需求,西安市交通部门对短途公路客运班线采取了线路进城,推行公交化管理的改造措施,以开通新线、改造老线、整合城乡结合部线路等多种模式,引导运输企业以资产为纽带,以并购、联合、参股、融资等方式进行全面清理挂靠。

西安到沣峪口短途公路客运线路的公交化改造就是一个具有代表性的事例。该线路涉及8家参营企业、16条干支线路、100多辆"私车公挂"中巴车,受利益驱动,营运秩序混乱,抢客、揽客、甩客现象时有发生,由于经营利益主体较多,城市公交难以延伸,群众投诉不断,对该线路实行改造迫在眉睫。经过科学决策,西安市交通部门制订了"投资主体多元化、经营管理公司化、运营方式公交化"的改造方案。

方案的第一步是对原挂靠车主实行经营权和所有权分离,线路具体参营者转换为投资入股者,和企业签订投资入股协议,明确股份和利润分配:前期投资原车主占60%,企业占40%;在利润分配上先给原未到期车辆给予经济补偿后,再按各自投资额进行再分配;同时,对原车主分红期享受经营期满的次月起顺延二年的优惠政策,待原车主享受经营期满的次月起顺延二年的分红期后,投资比例再调整为原车主占40%、企业占60%,实现了企业绝对控股。

第二步是将原8家参营企业整合为2家企业,按照统一运营管理,统一线路车型,统一招聘驾乘人员,统一服务标准,统一核定运价、统一经济核算的"六统一"管理模式,实行真正意义的公司化经营管理。

第三步在运营模式上纳入城市公交序列管理,统一按"9"字头编序,在城市道路及城乡结合部设立公交站点;在车型上,选择安全、环保、节能、经济型客车,采用低踏步、大采光、低排放、电子路腰牌;在运营调度上滚动发车,定线循环;在票价的制定中,参照城市公交的低票价政策,让农民享受到城市公交的便利及价格优惠。公交化改造后的西沣路916路、921路、922路相继开通,覆盖了沿线80余座村庄及学校。截至2007年底,全市短途公路客运推行公交化管理的线路已达到70%,日发送旅客近100万人次。

2.3 多元投资,培育壮大客运市场主体

城乡客运一体化既不是简单套用城市公交的发展模式来发展农村客运,也不是农村客运彻底公交化,而是两者相互吸取有益于自身发展的积极因素,相互促进,协调发展的双向演变过程。建立现代企业制度,坚持以人为本,和谐发展,用市场机制调解各种矛盾、调整各方利益,是推进城乡客运一体化最有效的方式。西安市交通部门把产权结构调整、培育壮大市场主体的突破口选在了公路客运与城市公交矛盾比较复杂的长安区,率先成立了股份制的“西安市长安公交有限责任公司”,将新公司注册在长安区,西安市公交总公司、长安区客运公司、陕西平安客运有限公司分别出资49%、48%和3%,并按照《公司法》和现代企业制度进行组建和运作,较好的调整了各方利益。

2005年到2006年,西安公交长安有限责任公司相继开通了由市中心经长安区通往秦岭北麓野生动物园的公交320路,以及辐射长安区主要乡镇和旅游景点的321路、322路、323路、324路公交车,长安区的城乡客运网络日臻完善,公交线路已经达到20条,公交车已达600余辆,公路客运和城市公交有机融合,线网布局优化,服务水平大为提高,老百姓非常认可,将西安公交长安有限责任公司称作是“城乡一体化大道上的一盏明灯”。

借鉴“西长公交客运公司”的组建经验,西安市积极加大对城市公交与市辖高陵、临潼等区县的协调力度,目前已完成西安公交高陵有限公司的组建工作,将进一步统筹规划配置西安市区与北郊的客运资源,最大限度地满足城北群众的出行需求。

城市公共设施向农村的延伸拉近了城乡居民的距离,改变着农民的生活条件和消费方式,也改变着农村的发展轨迹,长安区农民普遍认为“把路一修,车方便了,人在西安干啥都方便了,和城里人的思想基本上都一样,观念也都变了”。

城乡客运一体化成为新农村建设一系列巨变的起点,随着城乡客运的逐步融合,农村和城市的资源要素加速向中心城区、中心镇聚集,中心城镇的技术、信息、服务也顺畅的流向农村,城乡经济互动发展的良好格局已经形成。

3 立足“三个服务”,破解发展难题

城乡客运一体化的推进并非一帆风顺,面对体制改革、机制调整和利益再分配带来的阻力和难题,我们始终坚持“服务经济社会发展全局、服务社会主义新农村建设、服务人民群众安全便捷出行”,开拓进取,力求统筹发展、和谐发展。

3.1 解放思想、转变观念是前提

社会主义市场经济发展需要更加安全、便捷、快速、可靠的交通运输作保障,交通运输不仅要在数量上满足要求,而且要在服务质量上与之相适应。城乡客运一体化发展,是交通运输发展的需要,更是社会经济发展的需要。

首先是要取得各级政府的重视与支持。有了西安市政府理顺体制、统筹规划的决策,区县政府转变观念,支持路、站、运一体化发展的举措,才能将“路运并举,和谐发展”的理念落到实处。西安市长安区的发展实践证明,城市公交突破“零公里”界限,深入区县腹地,打破地方保护,公交车通到哪里,经济就发展到哪里,土地就增值到哪里。其次是要取得全社会的理解、支持与认同。城乡客运一体化不能只是交通部门的管理理念,我们从满足群众需求、有利于区域经济和社会发展出发,努力打破部门利益分割,着力推动观念转变,让行业行为变成政府行为,进而在全社会形成全市客运一体化的氛围。再次,还要引导经营者解放思想。引导农村客运企业正确对待市场经济,认识有市场就有竞争,有竞争就存在优胜劣汰的必然规律。

3.2 兼顾利益、和谐发展是关键

城乡客运一体化进程也是一个利益再调整、再分配的过程，为了维护行业稳定，我们既要保证城乡客运一体化工作的顺利开展，又要努力兼顾各方利益，减少推进中的阻力和矛盾。通过对企业组织结构和经营结构的调整，兼顾各方利益，一是清理个体挂靠，实现企业规模化、集约化经营，对退出主干线的公路客运经营者在区县境内重新规划线路，对资源进行重新配置，深化企业组织结构调整。二是通过线网优化和调整，深化企业经营结构调整，提高运输效率。由公路客运承包、挂靠车辆经营者与企业协商入股，实行股份制改造，实现参股各方利益均沾、风险共担、经营同心。

通过收购、兼并、置换、入股等一系列改造模式，一方面较好地解决了车辆产权问题，提高了经营的集约化和组织化程度；另一方面较好地解决了原有经营者退出市场的问题，确保了平稳过渡，促进了城乡客运一体化的顺利发展。

3.3 政策扶持、行业监管是保障

城乡客运一体化的推进需要政策支撑，西安市政府出台的《城市公共交通优先发展实施意见》为城乡客运一体化发展提供了保障，我们又相继制定了《县际线路参营客车产权结构及经营管理机制转换的指导意见》、《西安市城乡公交客运管理暂行办法》和对公交化线路与车辆油料补贴优惠政策，通过规范服务标准，提高服务质量，强化安全管理，既提高了经营者进行公交化改造的积极性，也为广大城乡群众出行提供更多、更快、更好的服务。同时我们以建立市场退出机制为切入点，推行企业质量信誉考核制度，建立和完善考核评价体系，对企业在安全生产、经营行为、服务质量、管理水平和履行社会责任等方面进行定期考核，并将考核结果作为行政许可的前置条件，对考核先进的企业积极扶持，对考核差的企业限制其发展，直至取消其经营资格，令其退出市场，保障城乡客运一体化的稳步推进与健康发展。

目前，西安的城乡客运一体化线路已经发展到90多条，2 100多车辆，西安中心城区到副中心区的覆盖率达到80%，副中心区到乡镇的通车率达到100%，四通八达、纵横成型的客运网络正在有力地带动社会主义新农村建设和区县城市化进程，推动西安市社会经济快速和谐地向前发展。

第十六章　济南市城乡客运一体化发展探讨

吕安涛[1]　祁素生[1]　张志山[2]　郭　林[1]　崔　建[2]

(1. 山东省交通科学研究所;2. 济南市交通局运输管理办公室)

摘　要:详细阐述了城乡客运一体化的必要性及理论内涵,结合济南城乡发展实际明确提出了城乡客运一体化的基本架构与发展思路,探讨了济南市城乡客运一体化发展的保障措施与政策建议。

关键词:城乡客运　一体化　发展

0　引言

近年来随着济南市城市的不断延伸,卫星城、开发区、住宅小区不断在旧城区的边缘出现,又不断形成新的城区,城市和乡村相互深入、相互融合,已没有明显的城乡界限。公交车想"突破围城"开往郊区,郊区的客运班车"车临城下"想竞争市区客运。由于体制不统一和政策差异,造成乡村客运与城市公交客运的矛盾日渐突出,特别是城乡结合部,矛盾更加严重。

为加快济南市城乡一体化建设,打破城乡壁垒,实现生产要素的合理流动和优化组合,促进农村经济发展和生产力的合理分布,完善农村客运结构,服务"三农",体现"为民、便民、亲民"的思想,适应新时期农村经济发展战略和城乡社会经济一体化发展的需要,有必要进行城乡道路客运一体化研究。城乡客运一体化是统筹城乡社会经济发展、推进城乡一体化的先导,也是交通发展应追求的更高层次的目标。它有利于道路客运资源的有效整合和充分利用,保持供需基本平衡,避免无序竞争与浪费;有利于规范客运市场,为广大经营者创造一个公开、公正、公平的竞争环境,充分激活其经营积极性;有利于各种道路客运方式的有效衔接,方便人民特别是乡村居民的出行和中转换乘,为城市人口向郊区转移创造便利条件,缓解城市压力,同时增加客流量,带来道路客运新的经济增长点。

按照济南市委、市政府把济南建设成环渤海地区创业环境最优、人居环境最佳、综合实力最强的现代特大中心城市的发展规划,济南市交通局适时提出了推进城乡客运一体化的交通发展战略研究。

1　城乡客运一体化建设的必要性

1.1　解决好"三农"问题的重要前提和基础条件

满足农民群众的出行需求,极大改善广大农民群众生活条件,促进农村经济发展,促进边远、贫困地区农民脱贫致富,是各级政府不可推卸的职责。从我省人均收入水平看,当前全市相当一部分农村,尤其是那些尚未通公路、客车的地方,他们与城市的差距不是在缩小,而是在呈加速扩大的趋势。道路运输作为搞活农村经济的主要手段,必将对改善农民生活水平起到巨大的推动作用。交通部门作为政府主管交通的机构,有义务创造良好的交通环境,让广大农民群众充分感受到交通现代化建设给他们带来的方便和快捷,促进农村经济社会的快速发展和人民生活水平的不断提高。

1.2　城市化进程的必然要求

城乡经济改革、特别是农村经济改革的成功,使济南市城乡关系进入了一个新的阶段。农村客运在加强乡村与城市之间的人员和经济往来方面发挥着重要作用,是发展农业、繁荣农村、致富农民的重要支持和保障。在乡村地区,人多地少、劳动力大量剩余的基本国情是乡村城市化的内部推动力;城乡居民收入分配差异,生活方式与生活质量的差别则是中国乡村城市化中来自乡村外部的拉力。在这两种“力”的作用下,乡村经济迅速呈现多功能综合发展的局面;乡村非农产业的发展,不仅为大量乡村剩余劳动力提供了就业机会,提高了乡村地区的收入水平,而且也大大改善了乡村地区的基础设施状况与生活质量,加速了乡村城市化进程,而乡村城市化进程的加速又使城乡差距日益缩短,城乡旅客出行量增多。

1.3 提高交通整体保障能力的重要举措

城乡客运是交通运输体系的重要组成部分,也是保障社会经济正常运转的重要支持系统,必须在总量、结构、质量等各个方面都得到提高,最大限度地满足经济发展和社会进步的需要。目前,虽然山东省农村客运长期存在的出行困难状况得到缓解,但这种缓解是在社会生产力和人民生活水平不高的情况下实现的,农村客运不适应区域社会经济发展的矛盾仍未得到根本解决,基础设施总量不足,生产方式较为落后,仍然是综合交通运输体系的薄弱环节。随着我国社会主义市场经济体制的逐步完善,城乡客运实行一体化,已经越来越被各级政府和广大旅客所认同,城乡客运一体化已经成为道路客运的一种必然发展格局。

1.4 拓展和规范道路运输市场的机遇

从交通发展的整体性、协调性、可持续性来讲,城乡客运具有特定的连接城乡、沟通内外、贴近人民群众、服务农民的特点,直接关系到交通运输体系整体水平的提高。离开了农村客运事业的跨越式发展,不可能实现济南市交通新的跨越式发展。近年来,城乡客运工作取得了较大进展,但相对于人民生产生活日新月异飞速发展的快节奏而言,仍需要不断研究提出改善城乡客运工作的新举措、新办法,促进城乡客运网络协调发展,为实现交通新的跨越式发展奠定更加坚实的基础。随着城市道路和高速公路联网畅通工程、干线公路网络化工程、县乡道路通达工程的全面推进,济南市已经具备了城乡道路客运一体化发展的硬件条件。发展城乡客运一体化,是道路公共交通发展的必然趋势。

1.5 交通运输管理体制改革的必然归宿

目前,北京、上海、重庆、海南、陕西等省市,以及广州、武汉、深圳等全国绝大多数省会城市、中心城市已经建立了大交通管理体制,对道路班车客运、城市公交客运、出租汽车客运等实施统一管理。我国部分省市城乡客运一体化管理的成功经验表明,实行一体化管理,可有效地解决传统管理模式下由于部门职责交叉、多头管理引发的各种矛盾,可以实现长途班车、公交车、出租车以及其他新型客运的合理分工,有序衔接,构成快捷舒适、安全畅通的城乡客运交通体系,促进区域经济的协调发展。大交通格局要求统一客运市场管理,彻底打破市场分割和行业垄断。

2 城乡客运一体化的理论内涵

城乡一体化是城市化发展的一个新阶段,是随着生产力的发展而促进城乡居民生产方式、生活方式和居住方式变化的过程,是城乡人口、技术、资本、资源等要素相互融合,互为资源,互为市场,互相服务,逐步达到城乡之间在经济、社会、文化、生态上协调发展的过程。当前,我国区域经济发展中最突出的矛盾是城乡二元经济结构,即自给性浓厚的农村经济与城市较发达的市场经济的对立与冲突,这一矛盾一方面限制了农业市场化进程,另一方面造成了工业品市场需求不足。城乡一体化就是要把工业与农业、城市与乡村、城镇居民与农村居民作为一个整体,统筹谋划、综合研究,通过体制改革和政策调整,促进城乡在规划建设、产业发展、市场信息、政策措施、生态环境保护、社会事业发展的一体化,改变长期形成的城乡二元经济结构,实现城乡在政策上的平等、产业发展上的互补、国民待遇上的一致,让农民享受到与城镇居民同样的文明和实惠,使整个城乡经济社会全面、协调、可持续发展。

城乡客运一体化包括三层含义:一是城乡客运在管理体制上归口一家管理,协调发展;二是城乡客运各种运输方式之间要分工不分家,各有侧重,互为补充,密切衔接,相辅相成,充分发挥促进城乡协调发展的综合功能;三是城乡客运要通过政府引导和市场逐步发展,形成统一完善的道路客运网络,实现便民、利民、为民,安全、舒适、快捷、规范的社会效益与经济效益目标,全面体现交通部提出的"高速客运结点化、区间班线直达化、城乡班线公交化"要求。

实施城乡客运一体化,政府依法对道路客运实行统一规划和管理,不仅使政令一致、税费一致、待遇一致、服务标准一致、市场监控一致、奖罚政策一致,而且便于优化资源配置,实现资源共享,科学界定职能,理顺管理者与相对人关系,促进管理方式由"管车"向"管市场"转变,从宏观上对运力投放、运价监督、车辆结构、旅客流向、流量、流时进行科学合理的调控,逐步建立起机构精干、体系完整、职能明确、权责一致、管理顺畅、运转协调、行为规范、办事高效、服务到位的客运管理长效机制。

3　济南市城乡客运一体化基本架构

推动济南市城乡客运一体化建设的基本宗旨是:公共交通覆盖全市所有行政村、居委会,以通公共客车为原则,不通客车为例外,加快零换乘进程,不断满足全市城乡居民的出行需要。

济南市城乡客运一体化建设的基本架构是:打破行业壁垒,建立协调机制,优化线路布局,统一服务标准,加快节点建设,促进站点共享。实现"一次换乘到枢纽,二次换乘到乡镇(办事处),三次换乘覆盖市域任意一个地方",简称"一二三"工程。

具体可以描述为:主城区之内,城市公交车四通八达,连通所有居委会;主城区到县市所在地、重点乡镇、近郊乡村实行公交化运行,一票直达;县市之间,县市到乡镇、大型中心村开通直达班车;乡镇之间,乡镇到乡村有固定班线;村村之间有客车;枢纽站、等级站、港湾式停靠站、沿途简易站、终点站回车场等五类站场布局合理。全市所有宜建客运站的乡镇都有一个五级及以上客运站,城郊以外的所有客运站点公用共享。

4　济南市城乡客运一体化发展思路

4.1　组建市交通运输局

根据国家大部制改革思路,建议各市成立交通运输局把原属市政公用事业局的指导城市客运的职责整合,统一由交通运输局负责城乡客运工作。整合运输车辆管理、城市公交客运管理、出租客运管理、道路客运管理等职能,在道路资源、站点资源、线路审批等方面进行综合管理,为城乡客运一体化提供管理保障。

4.2　成立公共客运管理处

将原属于市交通局客运管理处与市公用事业局城市公共客运管理处职能整合后,成立公共客运管理处,负责全市公共交通、出租客运与道路客运的行政管理工作,统筹城乡客运发展。

公共客运管理处的主要职责为:

(1)负责编制公共客运发展专业规划和年度计划,并组织实施;

(2)负责公共交通、客运出租企业特许经营权授予和对公共交通、客运出租特许经营者监管;

(3)指导城市公共客运管理服务中心的工作;

(4)负责客运业户及其客运班线、旅游客运、包车客运、出租客运、旅游客运的开业审核、审批和年度审验工作;

(5)负责客运附加费、运输管理费的征收和上缴,负责客运单证的管理和发放;

(6)负责组织春运等节假日运输及其他指令性道路客运任务;

(7)负责监督检查全市道路客运安全生产、客运市场管理、监督检查和行政处罚,受理查处客运服务质量投诉,调解客运商务纠纷,维护道路客运市场平等竞争秩序;

(8)指导全市道路客运行业精神文明创建活动,引导客运经营者和驾乘人员提高服务质量。

4.3 成立公共交通指挥调度中心

成立统一的公共交通指挥调度中心,监控公交车、班线客运车的运输情况,根据实际客源情况,及时调整各种公共交通的运力,应对各种突发事件的发生。具体可以描述为图1的内容,该系统是基于GIS技术的信息指挥控制系统,通过数据库将客运车辆的基本属性和客运线路、车辆概况等基本情况录入,可以根据客源情况及时调整公共交通的运力,出现突发事件时为公共交通指挥调度中心提供信息决策,以便应对和解决突发事件。

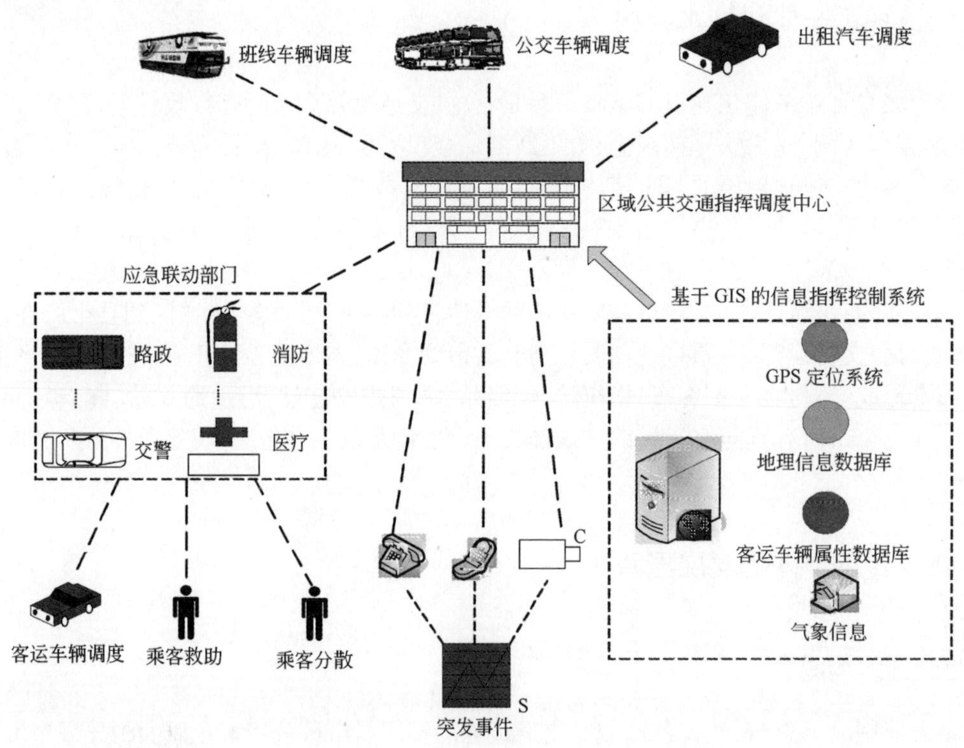

图1 公共交通指挥调度系统

4.4 成立出租车管理科

为了科学合理的指导和规范城市出租汽车业的发展,将原属于市交通局客运管理处与市公用事业局城市公共客运管理处的出租车管理职能整合后,成立出租车管理科,为公共客运管理处的分支机构,专门负责城乡客运一体化中有关出租车行业的管理工作。

4.4.1 出租车管理科主要职责

(1)负责出租车行业的管理工作,对全市出租车业发展进行宏观调控,制定有关出租车客运管理规范性文件,制定行业发展规划,并组织实施、推进出租车运力结构调整和技术进步;

(2)负责全市出租车企业经营资质管理和质量信誉考核工作;

(3)负责出租客运的开业审核、审批和年度审验工作;

(4)负责监督检查全市出租车客运安全生产、出租客运市场管理、监督检查和行政处罚,受理查处出

租车客运服务质量投诉,调解客运商务纠纷,维护道路客运市场平等竞争秩序;

(5)负责对出租车市场需求与运力供给监测,定期对出租车里程利用率、载客次数、待客时间、单车运营收入、成本、行业平均利润等指标进行调查,以此作为数量控制的依据。

4.4.2 出租车的营运管理措施

(1)在中心城区内实行以公司化为主体的管理制度,逐步建立市场调控机制,转变出租车公司的职能。出租车公司应从统一购车租赁承包而营利的企业,转变为以服务为主要目标的行业性单位,承担车辆调度、安全防范、车辆维修、后勤服务、叫车服务、服务监管等软硬件服务。政府应规范其服务职能,使其成为政府与出租车驾驶员之间的桥梁。把特许经营权招标分配管理费纳入交通运输局出租车管理科统一管理,建立出租车市场发展基金。

在分中心城区适度调整和放宽个体出租车运营条件,实行特色管理和准许个体驾驶员进入市场的机制。一要进行分中心城区驾驶员经营特许权的审核。合理制定和公布个体出租车经营权的数量。二要对乘客投诉、无理拒载、价格欺诈、绕路、车容和车内卫生等进行年审并处罚,情节严重者没收其经营权。三要建立现代科技"一卡管到底"的个体出租车行业管理方案。四要对分中心城区个体经营统一标识。车型标准略低于市内,区别于城内出租车的形象标识,统一票据,统一起步定价,限在中心城区以外经营,归分中心城区交通局主管,实行地方招标、监管。

(2)实行"公车、公营、公管"。目前,出租汽车公司大部分实行挂靠经营或买断经营的模式,出租车驾驶员是实际意义上的投资人,但车辆以公司名义登记注册。这就形成了产权关系不明,造成政府对企业的管理缺乏手段,管理难以到位。要彻底解决以上矛盾,必须对出租汽车经营模式进行改革,实行"公车、公营、公管"。所谓"公车、公营、公管"是指企业统一出资买车,驾驶员签订劳动合同和营运任务承包合同,按月交给公司一定费用,同时企业为驾驶员建立养老、医疗、失业保险,建立"政府—部门—集约化经营—企业内部组织—个体经营者"之间一层管一层、一级对一级负责的管理体系,从上到下实施有效管控。

(3)对于跨区经营的出租车,近期采取线路审批制,分中心城区的出租汽车如需跨区经营,需向所在区县交通部门提出申请,申请通过后,将办理跨区运营许可证,可在市域内跨区经营。

远期打破现有的地域限制和法规限制,实现大交通格局。对出租车实行智能化管理,建设一个统一高效、功能完备的出租汽车智能化调度服务系统,该系统能够将收集、整理的客源信息及时传送给待客出租车,以便迅速向乘客提供运输服务,实现运输组织的集约化服务,使市域内的出租车资源达到最优化配置。所有的出租车自由出入市区内,不划定运营范围,通过对出租车的营运里程计数来统一电子收费管理。

4.5 设立公共交通企业服务中心

由于公共交通具有较强的公益性,属于公共服务类产品,需要政府规范其服务。设立公共交通企业服务中心,指导、协调、规范各企业的业务开展。统一客运车辆标识、标志,统一站点、站牌的形式,统一工作人员服饰,统一开展广告服务,重点实现票务统一结算与拆解。将全市的原来的分属不同部门与企业的服务热线与监督电话,统一到交通服务热线,一个号码,多家提供话务人员,分类接通,方便群众。另外,整合现有各类客运信息网,组建城市公共出行服务网。

服务中心内设有各种行业管理协会,如出租车行业管理协会。其主要职责有:制定行业职业规范和信用管理制度,并监督其成员遵守;同时,应积极主动向交通运输局或政府有关部门反映协会成员的意见和要求,依法维护出租汽车经营者和从业人员的合法权益;建立行业协会与政府管理部门对话机制,就制定规则、保护权益、维护秩序、考核体系、民主监督和车位定价等方面进行沟通协调,共同搞好出租车市场的管理和服务。行业协会还要承担一些教育培训和管理职能,在政府部门和出租车公司之间发挥有效的桥梁作用,促进全行业的健康发展。

5 济南市城乡客运一体化发展基本原则

(1)以人为本原则。充分贯彻以人为本的理念,一切政策都应以方便旅客出行,缩短旅客平均出行时间和保证旅客出行安全为首要前提,以构造良好的工作、生活环境,以满足社会对道路运输服务的需要目标。

(2)综合运输效益最大化原则。不单纯考虑从一条或几条路的角度考虑客运网络的规划和建设情况,而应从区域可持续发展战略出发,综合考虑城乡客运一体化,通过科学的网络布局,实现区域内与区域外的各种客运方式的有机衔接,实现区域内公交线网与公路客运网有机衔接,实现各客运站之间、客运站与火车站、航空港、商品集散地之间的各种客运方式的有机衔接,达到整体运输效益最大化。

(3)制度调整原则。体制上的障碍是城乡客运一体化的根本性障碍。在现行体制不做调整或调整不大的情况下,要通过技术创新、管理创新寻求城乡客运一体化的途径。

(4)平等原则。同样的营运环境,执行统一的政策、管理与规范,以求相互平等。如果公路客运与公交客运的服务功能、运行线路、停靠站点等运营环境相同,应该执行相同的政策,采用一致的管理模式、统一的技术标准与规范,一视同仁,缩小公路客运与公交客运在法规、政策、管理上的差别,改变二元化格局。

(5)市场开放原则。建设部2002年底要求对水、电、气、公交经营权等公用事业以多种形式的资金进入,并允许充分竞争。一家垄断的局面,在竞争意识、思想观念、服务意识方面都不能满足城乡公交一体化发展的需要。因此,要引入服务质量招投标制度和经营期限制度,建立完善的退出机制,开放公交客运市场。

(6)集约化经营原则。引导经营业户在自愿的前提下,成立紧密型的经济实体,实现公司化经营,实现车辆档次合理、运行班次和时间稳定,经营秩序规范,服务质量优良,经营主体要集中。

(7)服务标准统一原则。城市公交、班线客运,统一按照“五定、四统一、两保”(定线路、定班次、定时间、定票价、定站点、统一排班、统一调度、统一结算、统一票价,保零距离换乘、保安全有序运行)的要求规范营运。

6 济南市实现城乡客运一体化措施与建议

城乡客运建设是一个系统工程,从其组织实施到发挥规模效益,从所牵涉的部门、领域到对社会政治、经济生活的客观影响,都要求各级政府和主管部门必须从全心全意为人民服务的宗旨出发,解放思想,科学规划,改革创新,抓住客运经营主体多、运输组织松散、生产效率低、经济效益差、抗风险能力弱、安全隐患多、站场基础设施落后、经营行为不规范、市场秩序比较混乱等关键问题,制定相应的应对策略,探索和开创济南市城乡客运一体化工程建设的新路子。

6.1 依靠政府,顺利实现机构改革

根据大部委改革要求,积极向市政府申请组建济南市交通运输局,实现一体化的大交通管理体制,即“一城一交”的大交通管理模式,统筹运输车辆管理、城市公交客运管理、出租客运管理、道路客运管理等职能,在道路资源、站点资源、线路审批等方面进行综合管理,创新机构设置,实行统一的政策法规和行政程序;建设快速运转的新的工作机制,提高行政效率,为城乡客运一体化提供管理保障。

6.2 出台办法,统一行业管理政策

行业组织管理是推动城乡客运一体化工程实施的首要因素。政府及行业主管部门的职能在于以服务为宗旨,综合运用经济、法律及必要的行政手段,宏观调控,促进市场经济发展,实现全社会资源配置的

优化。同样的营运环境,应当执行统一的政策、管理与技术规范。建议加快法律法规建设,尽快出台《济南市城乡客运管理条例》,明确规定班线客运、公共汽车、出租车的有效衔接与规费征缴办法,稳定和促进城乡客运市场的可持续发展。市有关部门要定期对城乡客运一体化建设工程进行监督检查,形成年初有部署、实施有检查、年终有考核、违规违纪有责任追究的工作机制。可以通过问卷调查、召开村民座谈会、举办民主议政日活动、聘请监督员、明察暗访等多种渠道,广泛倾听社会各界的意见。同时,要充分发挥各级人大代表、政协委员的监督作用,不断从形式和内容上对城乡客运一体化工程进行深化。

6.3 制定优惠政策,积极培育农村客运市场

对于客流少、效益差的农村客运线路,各县市区道路运输管理部门要结合当地实际,制定切实可行的优惠政策。具体政策有:农村客运线路允许实行定线不定车;经营农村线路的企业按行业管理部门的规定统一式样;对于经营状况良好、服务质量优秀的企业适当延长经营期;根据实际情况,给予区域化经营的企业在新增车辆和班次以及车辆在不同线路上调整自主权,其他经营模式的企业增加支线运输车辆和班次允许采用核准制;允许农村客运经营企业自主发布车身广告;根据实际情况,对贫困地区经营短途农村客运的企业和经营业户在交通规费方面享受城市公交企业的待遇;对经营冷线的企业适当给予补助。针对部分农村客运班线线路短、运价低、道路状况差而油料等费用较高的情况,要积极与有关部门协调,加强农村客运市场营收情况的调查研究,切实解决农村客运经营者在营运中的实际困难,扶持农村客运市场快速发展。

6.4 解放思想,建立良好的运营机制和运输组织方式

坚持高要求、高起点,继续把服务质量招投标、组建客运公司、实行经营期限制、与公交协调整合运输资源等做法推广下去。在市场准入方面,要积极实行服务质量招投标制,通过招投标确定经营主体,以保证客运服务质量水平。坚持“资质面前人人平等”的原则,凡是具备资质条件的企业,不管所有制如何,不论隶属关系,不按地域界限,都可以进入农村客运市场从事与其资质等级相适应的经营活动。坚持以市场为中心,以股份为核心,以资产为纽带,严格按照《公司法》和公路客运管理等有关规定,鼓励组建规范化的股份制企业,实现公司化管理服务和股份制经营。可视具体情况鼓励采取带车入股、整体买断、一线一公司等方式,成立股份合作、独资或线路公司,实现规模化、集约化经营。

6.5 标本兼治,建立有序规范的市场环境

树立城乡客运市场一体化观念,按“标本兼治,疏堵结合”的原则,有针对性地发展城乡客运并规范城乡客运市场,对城乡客运实行统一的市场准入制度、服务规范。协调公共交通系统的不同主管部门对道路客运系统实行统一规划、统一管理,依照有关法规合理划分公路客运和城市公交客运及其他客运组织方式的经营范围。实现一体化区域内与区域外的各种客运方式的有机衔接,实现区域内公交线网与公路客运网有机衔接,实现各客运站之间、客运站与火车站、航空港、商品集散地之间的各种运输方式的有机衔接和有序规范市场环境,达到整体运输效益最大化。济南市城乡客运协调办公室应该加大执法力度,对套牌、假牌、无证等非法营运车辆进行打击,维护正常的城乡客运市场秩序;加强使用道路资源的监督力度,杜绝经营企业或个人非法占用已有客运资源。整顿的目标是:优化客运市场秩序,打击非法营运及欺行霸市的黑恶势力和车匪路霸,加大客运市场监管力度,规范客运经营行为,确保运输安全,提高运输服务质量,创造公开、公平、规范、有序的营运环境,促进城乡客运市场持续健康发展。

6.6 建章立制,加强城乡客运安全管理

农村客运安全隐患较多,需要综合治理。交通部门尽管不是道路安全的主管部门,但对运输经营者的安全生产是负有重要监督职责的。各级交通主管部门和道路运输管理机构要逐级落实安全生产责任制,并把企业的安全生产状况作为资质评定、信誉考核、年审年检的重要指标,防止不具备安全生产条件

的经营者进入农村客运市场。抓好重点部位、重要环节的安全管理。严格车辆检测维护制度,确保车辆技术状况完好,严格执行车辆出入库检查、安全卡、配备双班驾驶员、“三品”检查制度,严禁非法改装、拼装、老旧车辆和农用车投入旅客运输,确保车辆运行安全。

6.7 加强宣传工作,征得社会各界支持

实施济南市城乡客运一体化工程,不可避免的涉及线路、车辆调整与新增,也势必会影响部分线路经营者的利益,可能会诱发不安定因素,因此,要加大宣传力度。一是要充分发挥新闻媒体宣传主渠道的作用,在报纸、电台、电视台向社会各界广泛宣传“城乡客运一体化”工程的重要意义。二是充分利用从业资格培训、乘务员培训、月检等时机,向经营者宣传客运一体化工程的规划与设想。通过宣传,使广大经营业户和人民群众真正了解这项利民工程的意义,为确保工程顺利开展起到有效的推动作用。

7 结语

城乡客运一体化是一项系统工程,任重而道远,需要合理规划,逐步实施。实现城乡客运一体化有利于打破城乡二元结构、加快城镇化进程,缩小城乡差距,是构建和谐社会实现小康社会的重要工程,应当统筹考虑,最终真正实现城乡客运一体化。

公交优先篇

第十七章　TOD及其在中国的实践

彭　唬[1]　李　炎[2]　江玉林[1]

(1.交通部科学研究院中国城市可持续交通研究中心;2.长沙理工大学)

摘　要:TOD发展模式已经成为城市综合发展的一个重要归回模式和发展方向。论文在对TOD开发模式定义的基础上,结合中国实际情况,提出TOD的内涵,并针对中国城市目前已经实施TOD规划模式的案例进行了剖析,最终总结提出中国城市发展TOD面临的环境条件,以及中国城市发展TOD模式的政策建议。

关键词:TOD　实践

1　概述

城市空间布局一直是城市规划、城市地理学、城市交通规划等领域的研究焦点,它可以简约的理解为城市土地和交通通道的空间配置和时间配置。追溯区位论时期,人们开始研究如何配置各类用地在城市空间上的布局才能达到最优,城市交通对城市空间形态的影响;后来,随着人们对城市交通与城市发展之间的关系深入研究,发现了城市交通与城市土地利用之间的相互作用关系,互动机理,并且陆续提出了各种定量分析方法,以及二者之间一体化模型的构建,试图揭示城市土地利用与交通之间的作用过程和作用机理。

TOD模式,确切地说TOD概念,最早提出于美国,20世纪80年代以来,由于以小汽车为主导的交通模式在美国产生了越来越多的问题,由于越来越多的人生活在郊区,蔓延式增长的结果是人们必须花更多的时间在上下班的路上,同时,城市内部的衰落也带来了很多的社会问题。

为解决这些问题,基于可持续发展的"精明增长"、"增长管理"、"新城市主义"等理论和思想开始出现。总的来说,过去在城市空间发展中推崇的功能分区,排斥了城市中的高密度、小尺度社区和开放空间的混合使用,破坏了城市的多样性。而城市的低密度分散式蔓延,又对资源、环境、交通造成了严重影响。因此,应当提倡高密度、多样化、混合式的土地使用模式,注重使用公交的邻里区开发,将一切与居民生活密切相关的设施都布局在步行的可达范围内,重视公共交通系统与城市土地使用的协调,促进公交使用的增加。

2　TOD内涵

1993年,新城市主义的代表人物之一、美国加州大学伯克利分校的Peter Calthorpe,提出了明确的"TOD"规划理念,将"TOD"解释为高密度居住、零售、办公、公共设施和开发空间相混合的一种土地使用模式,并提出了与传统规划思想不同的规划准则(见图1)。

事实上,TOD是城市土地利用与公共交通联合发展研究与实践的一个标杆,它包括了几方面的内容,一个是公共交通系统的规划与建设,一个是城市空间开发模式。从城市空间发展的角度来看,城市空间功能布局是TOD模式的重要工作内容之一,因为其不仅仅涉及城市道路网络布局、公共交通线路布局,而且还涉及到城市各类用地的空间最优布局;从城市联合开发的角度来看,提倡绿色环保出行,综合考虑公众出行的可达性、舒适性等,以及土地利用如何开发、利益分配。因此公交导向与土地开发二者的有效、高效相互作用是TOD发展的根本所在。

奥克兰"城市中心12街区"BART公交站

美国旧金山"美国广场"公交站地区

图1 TOD模式案例

TOD模式的基本内涵可以概括为:

(1)公共交通+土地开发

以步行、自行车和公共交通(常规公交、大运量快速公交、轨道交通)为主体的交通发展模式,以公共交通站点及公交通道为发展核心的高密度混合城市土地开发模式。且为公众提供舒适、可达、安全环境的城市发展模式。

"TOD"模式所强调的功能集中和土地高强度开发具有以下几方面的益处:①提高公交的使用效率;②降低城市基础设施的建设和运营成本;③减少城市居民日常活动的交易成本,包括日常交流、搜寻信息、寻找工作机会以及日常出行等各种成本。

(2)地域综合体+利益联合体

TOD开发地区是一个地域综合体,公共交通和土地开发是系统内的两个相互促进的子系统,二者之间不仅仅存在空间上的相互匹配,而且在综合开发上也存在利益相互促进和效率相互促进的关系,即形成一种土地开发反哺公共交通、公共交通引导城市开发的利益联合体。

"TOD"模式作为新形式下的城市发展理念,其形成是一个历史角色转变的过程,这种模式以优化社区环境、提高生活质量、促进公交的使用为目的,强调在公交站点周围的紧凑开发,并通过土地的混合使用,建立良好的非机动出行环境,从而实现交通与城市空间的协调。经过多年的理论探索与实践积累,公交引导城市发展模式已经从早期的一种规划理念,逐步发展成为一种"与时俱进"的规划方法,成为一种有别于传统"小汽车交通导向"开发的城市可持续发展模式。

3 中国城市发展与TOD

3.1 居民出行数量与质量

近年来,随着全国小汽车拥有量的快速增加,全国各大城市原有的城市交通系统已经明显呈现出不能满足迅速增长的交通需求的特点。城市交通建设的步伐跟不上城市交通需求的增长速度,导致全国城市居民平均出行时间增长,特别是在大型、特大型城市,市民将越来越多的时间花在上下班的途中。据有关研究,由于交通拥堵在美国每年导致了680亿美元的经济损失。而交通拥堵给中国带来的经济损失,以及能源的浪费,也是十分严重的。

城市扩张,居民出行距离、出行时耗增加;再加上人民生活水平的提高,旅游、购物等出行上升。大量的城市交通出行需求,迫切需要更为科学、更为合理的城市发展模式。以出行距离为例,TOD所提倡的高密度开发和混合开发,最大限度地将交通需求在轨道沿线周围得到满足,有研究表明,由于实施了TOD

模式，在公共交通车站附近居住、工作、购物的居民，可以减少 20% ~40% 的出行需求。TOD 模式重视居住与就业平衡，让城市居民的出行尽可能在短距离内实现，并且降低很多无效的出行，让居民出行更加科学有序。

3.2　建设资源节约、环境友好社会的需要

随着十一五规划中"节能减排"目标的制定，对汽车尾气排放总量控制的要求越来越高，迫切需要更加环保节能的交通方式革命式的改变人们的出行。目前，我国许多大中城市的大气污染正经历着由煤烟型向机动车尾气型的转化。一些大城市机动车排放的污染物对多项大气污染指标的贡献率已达到 60% 以上，北京 70% 的空气污染来自机动车的废气排放。交通污染治理已成为城市大气环境治理的主要内容之一。据统计，2004 年北京、上海、广州等城市机动车排放有害气体在大气污染物中所占比例分别为 80%、75%、68%，有害颗粒物比例平均在 50% 以上，成为这些城市第一大空气污染源。城市主要道路两侧的噪声污染不断加剧，全国 80% 以上大城市交通干线噪声超标（大于 70dB），严重影响了居民休息和教育、文化活动。

由于 TOD 模式减少了小汽车的出行、鼓励了步行等慢行交通方式，有研究表明汽车尾气等温室气体的排放将减少，TOD 将减少每个家庭每年 2.5 ~3.7t 的温室气体排放。在圣迭戈的 TOD 居住区，由于良好的设计、高密度的开发方式，该区域的每个家庭将比其他区域的家庭减少 20% 的温室气体排放量。中国正步入机动化快速发展阶段，如果 TOD 所倡导的出行模式得到广泛推行，对于改善自然环境时大有帮助的。

3.3　城乡统筹一体化发展

中国是一个"二元经济"结构特色明显的国家。在转型期，中国改革的一项重大任务，就是要打破二元结构，实现城乡和谐发展。在打破二元结构的过程中，政府将起到十分重要的作用。它一方面需要充分运用其自身的公共资源，为消除二元结构提供公共产品；另一方面，需要通过公共政策的调整，推进城市市场资源与农村互动，最终实现城乡经济的一体化。

TOD 所倡导的公共交通引导城市开发，可以促进城乡一体化进程中城市与乡村的融合进程。通过大容量的公共交通工具，将城市建成区已经饱和的人口疏散到城市边缘区，从而促进了当地的经济发展、就业、房地产市场的发展。另一方面，TOD 将城市人口引向周边郊县的同时，也给当地的经济和社会带来了一定程度上的冲击。而造成这种冲击的根本原因是城乡二元格局的限制所导致的经济发展差距。

3.4　土地保护与储备

随着我国的城市化速度的加快，城市建成区的人口饱和所导致的住宅紧张、不断增长的经济发展需求都刺激了城市边缘区的土地开发。一个个"产业开发区"的仓促审批、建设，不但侵占了大量的耕地资源、带来了一系列的社会问题，也不利于城市交通的健康发展。而一座座在城市边缘兴建的大规模的住宅区，由于缺乏统筹规划，土地混合开发的力度不够，往往从建成的那天起就成了"卧城"的代名词，由此所造成的"潮汐式"交通问题在大城市相当普遍。

通过实施 TOD 所倡导的高密度的土地开发和土地的混合利用，可以有效缓解蔓延式增长的趋势，节约土地利用面积，这对中国这个人多地少的国家来说是非常有吸引力的。此外，实施 TOD 有助于减少居民的居住成本，有助于缓解我国日趋严重的高房价局面。TOD 在美国实施的经验表明，由于生活在 TOD 区域的市民不必借助于小汽车交通工具上下班，从而节约停车的开支。TOD 尤其有利于中低收入家庭，有利于减少这些家庭用于交通方面的开支，在美国，中低收入者每年用于交通上的开支占其总支出的 20% 至 40%。

4 TOD 中国典型案例分析

4.1 北京——南中轴路 BRT

2005 年 12 月 30 日,中国首条快速公交线——北京南中轴路快速公交全线贯通,标志着公共交通又一运营模式的建立,是北京城市交通可持续发展的有效举措。北京的 BRT 系统有着得天独厚的实施优势,由于预留地铁 8 号线的空间,在道路中央预留了 17m 的宽度。除前门至天坛段路段,其余路段均设置了快速公交专用通道。

从城市总体规划上来说,南中轴路 BRT 是连接南苑、亦庄、黄村等南部城市边缘集团与市中心的关键通道(见图 2)。从城市发展的角度出发,通过快速公交的建设和道路综合改造,南中轴沿线景观将会得到极大改善,会促进南城的长远发展,使城市形态向更为平衡的布局演化。其次,南中轴路沿线居住密度较高,沿线有许多居民在城区就业、就学,还有一些大型商业设施,其沿线有北京最大的小商品批发市场,有巨大的客流需求。南城也是北京市经济适用住房的重要开发区域,中、低收入家庭较多,需要为他们提供高品质、低成本的公共交通服务,南中轴沿线虽然规划了地铁八号线,但短期内不会实施,在此情况下,快速公交就成了理想选择,快速公交的建设是提高公交服务水平本身的迫切需求。

图 2 北京 BRT 车站的岛式站台

南中轴路 BRT 建设模式采用政府投资与市场运作相结合,由政府负责道路桥梁等基础设施建设,由 BRT 运营企业负责车辆、站台及相关运营管理设施建设。2005 年已组建了北京市畅达通有限责任公司,作为 BRT 项目业主单位,主要负责 BRT 系统的日常运营和管理。南中轴快速公交系统与环路主要交叉点土地利用性质是受严格控制的,特别是大型的商业、办公用地,由于会生成大量的交通发生吸引,近几年来是受规划部门严格控制的。这就决定了在 BRT 站点周边不可能同地铁物业那样采用相同的联合开发模式。

4.2 深圳——地铁一号线

深圳是一个典型的带状城市,东西长 49km,南北平均宽 7km,在一条狭长的地带上,东西向和南北向的车流、人流相互交叉、互相干扰,交通问题严重。地铁一号线的修建很大程度上是为了满足深圳市区东西之间的交通出行。深圳地铁一期工程共建 20 座车站,全长 17.387km,见图 3;由南向北的 4 号线,从皇岗口站为起点,经福民、会展中心、市民中心到少年宫全长 4.479km。

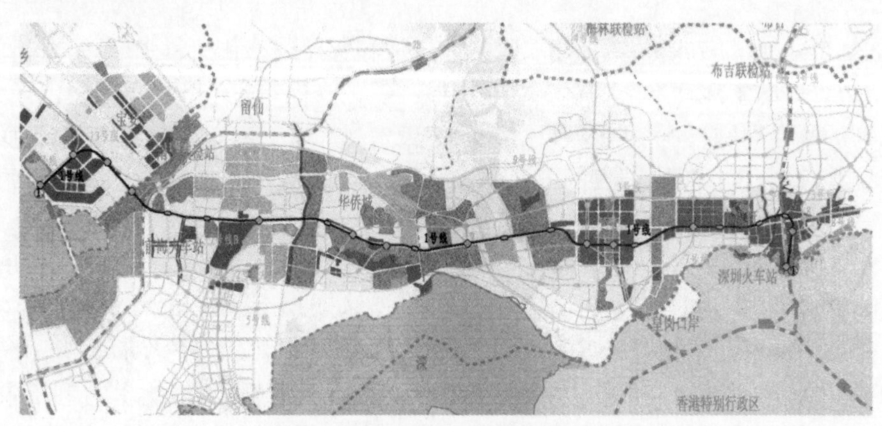

图 3 深圳地铁 1 号线联结了深圳东西带的狭窄区域

在交通供给不能满足交通需求的区域修建大容量公交是我国许多大型城市解决交通拥堵问题的一种治本的办法。许多城市都将第一条轨道交通线路规划在交通需求最旺盛的区域,这样做一方面是为了最大程度上缓解交通拥挤的局面,另一方面也保障了地铁运营期间的搭乘乘客数量,确保了地铁运营商的票价收益。深圳地铁一号线也不例外的采取了这种"DOT"的规划思想,即轨道交通服务于城市发展的需要。同时,轨道交通建成后发挥的效应也进一步促进了城市的发展,可以说,在深圳"DOT"和"TOD"是相互紧密联系在一起,不可分割的。

深圳市地铁有限公司于2003年9月成立了资源开发分公司,负责物业、广告、商贸、通信等地铁资源的开发利用。根据有关规划,深圳地铁商业规划将分为站厅内零星商铺物业、站厅内中型商业物业和与站厅相连的地下商业街等3种业态。根据规划,地铁商业街将设主体商场,商场经营品种力求与地面商业配套或填补市场空白。深圳地铁包括大剧院站、会展中心站、世界之窗站等三个站厅层,拥有物业区面积分别为1 000m^2、1 800m^2、750m^2。此外,市民中心站、岗厦至会展中心区间、会展中心至购物公园区间设有地下商业街。而小商铺主要分布在多站的站厅,包括便利店、冲印店、银行、书报亭等,对此一股投资热潮已在深圳兴起。

从深圳轨道交通1号线的建设历程可以看出,DOT与TOD始终贯穿于轨道交通建设的整个过程。由于各种各样的原因,一个城市的第一条轨道交通线路往往规划在交通需求增长最快、交通供给缺口最大的地方。而这样的城市走廊往往和城市发展的形态紧密相关,而深圳地铁一号线就是一个典型的例子。面朝特区香港,背靠大陆的城市地理位置,决定了其狭长的城市空间形态,而当这种空间形态发展到一定程度水平时,其内部的交通联络由于城市经济的发展而出现了问题,而用轨道交通优化城市内部空间结构已经成为了许多城市规划者在解决此类问题的首选。

5 结语

5.1 中国城市TOD实践之条件分析

5.1.1 规划制度及其协调制度

在《城乡规划法》中,关于交通规划的规定仅限于总体规划和详细规划需要的技术内容,而对单独编制城市综合交通规划未明确说明完整的编制程序和编制内容的要求。实际上,综合交通规划已经逐步形成了完整的技术框架和内容,不仅局限于城市规划编制办法,但是交通规划的层次划分和编制内容与城市规划又存在一定的偏差。由于交通问题的日益突出,许多城市开始重视城市交通规划的编制,但是仍然基本上处于理念重视阶段,在实际操作过程中重视不足。往往忽略了城市综合交通规划的统领作用,过度重视轨道交通及快速公交规划的编制,城市交通微循环不畅的问题随处可见。尽管一些规划中融入了公交优先和TOD理念,但在操作过程中TOD往往变成了DOT,失去了TOD的作用。

由于在法律上和实际操作过程中,出现了城市规划与城市综合交通规划之间衔接上的偏差,又由于不同部门编制规划,往往存在不同编制主管部门之间缺乏沟通与协调,造成TOD模式在规划用地布局、开发强度上存在上位规划和下位规划的不能很好对等。同时在建设和管理方面也就势必存在不协调。

5.1.2 公共交通与土地利用开发密度

开发密度和开发强度是TOD模式实施的重要方面,公共交通线路和站点的开发密度是否与城市交通出行量分布相吻合,土地利用开发强度是否与公共交通线网布局相协调,居住、就业与公共交通网络是否三位统一,这些都关系到TOD开发价值的真正体现。

TOD模式实施首先要适应具体的环境条件,对于中国城市高密度的土地开发和公共交通开发,需要一个与之匹配的开发强度,随着城镇化的快速推进,到底中国城市需要什么样的土地和公共交通开发密度是需要很好的理论分析和实践操作的,然而在这一方面还远远不够。

5.1.3 利益分配机制

利益分配机制是体现TOD利益联合体的重要手段,目前国内城市土地开发和交通设施开发分属不同部门,基础设施之间的正负外部性没有很好的关联起来。城市交通枢纽的建设,会给周边地产、商业带来不小的经济效益,而这些正外部性在国内几乎没有反补到交通设施的建设和投资。发过来,地产和商业开发又能够带来充足的交通流量。

由于缺乏这种利益分配机制,往往是造成交通基础设施投融资机制单调,政府单方面投资,不但增加了政府财政负担,而且也不利于市场机制运营。

5.2 中国城市TOD实践之政策建议

5.2.1 规划制度与规划方案地位保障

从城市规划角度,如何制定土地利用政策,实现公交引导的发展模式(TOD),交通规划所起的作用至关重要。现在城市详细规划中的地块性质、容积率、绿地率、建筑形式、外观色彩等方面早已是规划设计条件和规划审批考虑的主要因素,而交通容量尚未成为城市规划决策的主要依据之一,尤其是成为否决规划设计的条件。因此在城市规划、实施、监督层面提升城市交通规划的地位和作用,加强城市交通规划和TOD规划方案实施的保障地位。

5.2.2 利益分配的协调机制

城市大规模的大容量公共交通,特别是轨道交通,除了建设周期长、投资大等因素外,很大的一个不利于实施BTO的因素是城市居民可选择的出行方式很多,票价的制定是一个非常敏感的问题。票价高了、低了都不可行,都无法保障资金的回收和设备、车辆的正常维护保养。

纵观国内外的轨道交通开发实践,比较成功的投融资模式都联合了周边的土地开发。在中国香港地铁的“地铁+物业”开发模式中,无须政府投入资金、补贴运营或担保贷款,地铁公司自负盈亏,承担建设及运营成本,地铁公司统筹所有轨道及房地产规划、建设、管理及协调,土地产权统一,直到物业落成,这样就减轻了政府的经济负担。因此必须建立一种土地与交通联合开发的利益分配机制,形成良好的土地增值反补公共交通的运作模式,以推进中国城市TOD发展模式的推广。

5.2.3 一体化的TOD站点设计

一体化公交枢纽是实现TOD模式的重要内容,综合枢纽周边土地开发,商业开发等是交通网络中最为发达的地点之一,也是最能体现TOD模式的节点。我国城市的公交枢纽大多是将多个交通中心、多种公交方式混杂于一处,并没有形成整合的换乘枢纽,乘客换乘需要行走较长而复杂的路线。

一体化理念指综合考虑不同层面的交通联系、疏解和引导功能,通过优化整合各类交通资源及对各类交通方式流线的合理设计,实现城市轨道交通、常规公交、小汽车等交通方式与其他长途运输方式之间的无缝换乘,从而为广大出行者提供便捷、安全、舒适的换乘条件。一体化理念的优化以及一体化枢纽的规划建设,已经成为TOD发展模式、优化城市交通出行环境、缓解城市交通问题的关键环节。

参考文献

[1] 潘海啸,任春洋.《美国TOD的经验、挑战和展望》评介.国外城市规划.2004,19(6):61-65.

[2] 马强.近年来北美关于“TOD”的研究进展.国外城市规划,2003,18(5):45-50.

[3] Peter Calthorpe. The next American metropolis-ecology. community and American dream. Princeton Architecture Press. 1993:49-76.

[4] 徐康明.北京快速公交疏通“首堵”的良策.

[5] http://transitorienteddevelopment. dot. ca. gov/photo/stateViewPhotoStation. jsp? photoId=130&&stationId=4.

[6] http://transitorienteddevelopment. dot. ca. gov/photo/stateViewPhotoStation. jsp? photoId=611&&stationId=20.

[7] 张琦等.北京动物园公交枢纽规划设计与换乘组织分析.城市交通.2005,3:4-7.

第十八章　大部制下完善公交补贴机制的政策建议

孔志峰[1]　江玉林[2]　彭　唬[2]

(1. 财政部财政科学研究所;2. 交通部科学研究院中国城市可持续交通研究中心)

摘　要:与公共医疗、义务教育一样,基本出行服务也属于基本公共服务范畴,公共财政应把这项基本公共服务履盖到全体公民。在原体制下,这一公共产品仅覆盖到城市,随着大部制的实施,城乡交通统一归口交通运输部,为把基本出行服务这一公共产品覆盖到全体人民提供了制度保证,在此背景下,需要重新认识现有的公交补贴机制,进一步完善公交补贴机制。

关键词:大部制　公交补贴机制　政策建议

2005年,《国务院办公厅转发建设部等部门关于优先发展城市公共交通意见的通知》明确提出规范公共交通补贴制度,即:对公共交通实行经济补贴、补偿政策。建立规范的成本费用评价制度和政策性亏损评估制度,对公共交通企业的成本和费用进行年度审计与评价,合理界定和计算政策性亏损,并给予适当补贴。

建立规范性的公共交通补贴机制,对于缓解国家财政压力,激发公交企业的活力并促进其最终走向市场具有现实意义,因此有必要在建立大部制的前提下,按照市场经济体制的基本要求,对现有的公交补贴机制进行改造,使公交企业能够在保证公共利益最大化的原则下,实现经济上的可持续发展。

1　我国公交补贴的现状

改革开放以来,随着社会经济发展的持续高速增长,公共交通补贴在补贴金额、补贴机制、补贴方式以及保障制度上都呈现了较好的发展态势。2005年,全国城市公共电汽车运营财政补贴总额为26.8亿元,较2004年增加了38.5%;全国36个中心城市中有23个城市对公共电汽车运营有财政补贴,补贴总额为21.6亿元。

1.1　主要的公交补贴机制

1.1.1　规范型的公交补贴

主要体现在三个领域:一是招投标方式,对取得固定线路经营权的公交企业进行的补贴;二是通过地方政府的规范性文件,规定公交补贴方式,如2007年重庆市,完成了公交补贴机制的改革,规定了公交补贴的具体补贴办法;三是对一些专项的公交补贴,如燃油补贴、车辆更新补贴等。

1.1.2　预算约束型的公交补贴

在我国比较普遍考虑地方政府年度预算能力,公交企业实际亏损等补贴需求一般很少考虑。为了简化这一决策程序,一些地区甚至采取了基数包干法,公共补贴额一定几年不变。

1.1.3　谈判型的公共补贴

指公交企业每年按照实际亏损的发生额,与地方财政部门进行协商后,确定公交补贴额度,目前这种方式在一些中西部城市居多。

1.2 公交补贴资金的保障机制

1.2.1 地方政府的公交补贴资金保障机制

由于把公交补贴定位为“城市公交补贴”,在现行的财政体制下,城市公交的补贴资金,主要由地方政府负责解决。地方政府在安排预算时,主要是通过“国有企业政策性亏损”科目来核算。

1.2.2 中央政府的公交补贴资金保障机制

中央财政在公交补贴上,几乎没有承担相应的事权,即公交补贴没有纳入中央财政预算,仅仅是从2006年起,财政部决定:对包括公交企业在内的一部分公营企业,进行燃油补贴。

2 我国公交补贴存在的主要问题

目前的公交补贴,仅仅是对城市公交进行的补贴,农村尚无补贴,而且在补贴中,基本上处于财权事权不对称状态,规范的公共补贴机制还没有形成,公交企业普遍面临着经营困难,主要表现在:

2.1 公交企业成本核算体系尚未建立,信息不对称造成补贴缺少参照标准

我国目前没有专门从事公共服务的财务会计制度,在企业内部的核算机制中,还不能形成针对公共产品成本的核算体系,导致企业经营成本难于计算,信息不对称现象极为普遍,致使公交补贴缺乏可靠的核算标准。

2.2 国有公交企业承担着较重的历史包袱

历史包袱使国有公交企业的竞争力受到明显的影响,消除国有企业历史包袱尚没有一个统一的、规范的补贴方法予以解决。以太原市为例,国有公交企业的历史包袱,相当于企业亏损总额的27%。

2.3 城乡一体化下公交补贴问题没有解决

在传统的城乡分离的管理体制下,城市“公交”由建设部门管理,享受政府补贴;农村以及城乡之间的公共交通被称作“客运”,由交通部门管理,按照市场原则,由客运公司自负盈亏。目前,除了一些试点城市进行了有益的探索外,还没有形成有体系的政策思路。

2.4 公交企业补贴机制未考虑公交优先政策的成本

为了落实城市公交的优先发展战略,各城市的公交线路和运营时间不断扩大,这些新增路线,解决了城市化、城镇化过程中居民出行的基本需求,但大多数属于有发展潜力、目前没有经营利润的线路,出现了线路增加越快,亏损越大的局面。

2.5 公交补贴机制不规范,难以形成规范的市场化机制

政府对公交的补贴对象模糊,缺乏对补贴效果的考核,运营效率、服务质量下降与补贴额无关,导致补贴效果不理想。长期以来,公交企业主要依靠政府补贴,运营效率不和经济挂钩,服务质量下降也与企业生存无关。经营者面对补贴、运行成本、服务质量三个问题,花费最大力气的往往是争取更多的补贴而不是降低运行成本。随着新路线的开辟和成本的增加,企业亏损和对其补贴有逐年增加的趋势。

据统计,2006年,北京市城市公共交通业行业收入超过102亿元,但北京市城市公共交通业行业的亏损仍然达到13亿元,亏损率比上年增长了311.13%。一些大城市和特大城市交通紧张的状况日趋加剧,成为社会关注的热点,巨额的公交补贴并没有完全达到目的。

3 完善公交补贴机制的政策建议

大部制下对公交企业的补贴，应当按照市场经济条件下政府的职能要求，强化公交补贴管理，形成适合我国国情的公交补贴机制，同时要兼顾到社会公平与效率原则，不能成为短期的救急方案，并且适当引入竞争机制，提高补贴效率和公共交通服务质量。

3.1 理顺政府在公交补贴中的事权与财权

理顺管理体制后，需要根据市场经济条件下政府与市场的分工，重新调整公交补贴机制的管理体制，使之更好地符合新形势下公交的发展要求，需要解决的问题主要集中在中央与地方的公交补贴事权、财权界定上。

3.1.1 中央政府需要承担的事权、财权

(1)中央政府需要承担向全体人民提供基本出行服务的基本公共产品的责任，并因此承担这部分补贴的支出责任；

(2)中央财政因享受了公共交通行业为提高我国宏观经济运行效率产生的正外部性，需要通过补贴的方式，形成激励机制；

(3)中央政府需要按照国有企业改制中的事权财权划分，承担国有公交企业的一些历史包袱。

3.1.2 地方政府需要承担的事权财权

(1)地方政府需要承担公交企业垄断性亏损补贴的财权；

(2)地方政府享受的公交企业正外部性，需要地方政府通过公交补贴的方式，进行弥补；

(3)地方政府需要对国有公交企业承担的公共建设成本以及国有企业历史包袱，承担起相应的补贴责任。

3.2 理顺城市与农村公共交通补贴机制

需要通过两种改革渠道，使农村居民享受基本出行的公共服务，一是实现农村客运的公交化，二是把城市公交延伸到农村。比较科学的方法是建立起中央政府与地方政府共同承担的公交补贴体制，并通过中央财政对农村公交的补贴机制和政策扶持，推进城乡交通的一体化。但是对于农村客运，应当因地制宜，分阶段、分步骤建立补贴制度和扶持制度，现阶段不能一刀切完全由政府进行补贴。

3.3 按照市场经济条件下政府职能，完善公交企业的考核机制

建立起公共交通的考核机制，使之既能成为交通运输部考核各地公交行业发展的重要依据，又能成为计算公交补贴的相关依据。在建立这一考核机制的过程中，一方面要通过规范和完善公交企业的财务会计制度、公交服务质量评价体系、公交补贴绩效评价制度、公交补贴相关部门的联席会议制度和建立公交补贴政府采购制度等配套制度；另一方面，更需要通过进一步的深入研究，形成核算正外部性与优先发展性的相关指标。

3.4 按照公交企业的服务功能的实现程度，完善公交补贴机制

城市公共交通发展要纳入公共财政体系，建立健全城市公共交通票价机制、成本核算机制和补贴机制。对由于实行低票价以及月票、老年人、残疾人、伤残军人免费乘车等减免票政策形成的城市公共交通企业政策性亏损，城市人民政府应在定期对城市公共交通企业成本费用进行年度审计与评价的基础上，合理给予补贴。大中城市可按年度实行运营公里补贴，小城市可按年度实行定额补贴，并将上一年度政策性亏损补贴列入政府下一年度财政预算，按年度足额落实到位。对承担社会公益性服务所增加的指支出按月度或季度给予专项经济补贴。补贴经费在政府年度预算中列支，统筹安排，重点扶持。

3.5 完善公交补贴资金保障机制

公交补贴是由中央、地方政府通过一般预算的安排来实现的。在完善公交补贴机制过程中,形成稳定的公交补贴资金保障机制,尤为重要。根据不同的补贴内容,建议建立如下的保障机制:

3.5.1 国有企业亏损补贴

通过完善亏损补贴方法,使国有企业亏损补贴转化为公营企业的亏损补贴,确保公交补贴改革的持续性。

3.5.2 特许权收入

地方政府的特许权收益的范围很广,因此应当以税式支出形式出现的公交补贴,可以以地方财政一般预算中的特许权收入作为重要的资金来源。

3.5.3 社会保障支出

对于生活困难群体和需要救济照顾的特殊群体,属于优抚救济类型的社会保证公交补贴,应当在社会保障支出的预算中予以安排。

3.5.4 支农支出

解决好公交企业向农村延伸后,对农民的公交补贴问题,可以通过交通部门、财政部门的共同努力,形成一个以支农支出为资金来源,推进农村客运公交化、促进城市公交向农村推进的政策。

3.5.5 政府采购

针对政府提出的特殊任务,如救灾等应急事件处理、运动会等重大社会活动人员疏散、特殊的运输任务等,可以通过政府采购的形式,安排进下一年度预算中,弥补公交企业这方面的成本。

3.5.6 国有企业改制费用

建议在地方财政的一般预算支出中,安排一部分国有企业的改制费用。国有公交企业长期形成的有中国特色包袱,需要通过一般预算中,国有企业改制的管理方法,另行安排相关的预算予以解决。

3.6 建立竞争性的公共交通特许经营制度

让两家以上的公共交通企业参与竞标以获取线路的经营权,推动公交企业以积极的态度参与市场竞争。城市有关部门负责公交线路的规划、经营线路的制定(主要包括运营线路车辆的类型、营业时间、发车间隔、票价等)、线路招标、经营规范实施与监督等。

3.7 建立大运量公共交通沿线土地增值返还机制

通过将公交企业纳入大运量公交沿线的土地增值的分配中来,使大运量公交的正外部性内部化,协调城市公共交通与土地利用之间的关系,为实现城市公共交通可持续发展提供坚实的基础。

第十九章　中国 BRT 发展的经验与议题

王元庆　张丽君　李　娜

（长安大学 BRT 研究中心）

摘　要：本文从城市可持续交通问题的提出入手，结合中国城市交通发展的实际，提出了城市可持续交通发展的内涵与特征，并结合中心城市在国家社会经济发展过程中的地位，提出研究中心城市可持续交通发展的重要性。

关键词：BRT　发展　经验　议题

0　引言

从 1999 年昆明按照现代交通理念，建成第一条公交专用道算起，中国在公交优先方面已经走过了十年历程。而从 2005 年底北京建成首条达到国际高载客量水准的北京南中轴 BRT 线路算起，中国在高标准 BRT 公交发展上也走过了三年历程。在近三年的时间里，北京、杭州、昆明、济南和常州在 BRT 发展上取得了实质性进展，BRT 在主城区、主城与城市发展新区间发挥着显著的交通作用，获得了所在城市的广泛认可。与此同时，上海、深圳、广州、成都、西安等城市对如何发展 BRT 仍存在争议，城市决策者在 BRT 建设标准、发展时间及线路选择方面的不同意见导致实质性工作的停顿。在 BRT 已经获得显著发展的昆明、北京、杭州、济南、常州等城市，其发展过程中也存在过一些争议，这些争议的解决对其他城市本身也有借鉴价值。为此，本文拟以 BRT 得到快速发展的中国城市作为研究对象，明晰 BRT 发展中取得的成功经验及面临的挑战，为相关城市发展 BRT 提供借鉴。

1　中国发展 BRT 案例城市概况与发展规律

通过深入分析中国城市发展 BRT 的演变历程，发现 BRT 发展态势与城市规模密切相关，在线位布局、建设项目选择结果方面具备一些共同的特点，在优先发展 BRT 原因上，既有共性，也有鲜明的城市特点。

1.1　城市规模与发展 BRT 的关系

中国 BRT 发展较快的五个典型城市概况如表 1 所示。从表 1 可以看出，城市建成区人口在 100 万左右，建成区面积在 100 km^2 以上的大城市适合建设 BRT。总结分析所选典型城市的快速公交、地铁与城市布局关系如图 1 所示。从图 1 可以看出，随着城市人口的增多，城市发展轨道交通的热情也会增加。昆明、杭州 BRT 与地铁所规划的线位功能与走廊高度重合，表明 BRT 在服务功能上与轨道交通上存在一定的可替代性，BRT 可以是发展轨道交通前的过渡性大运量公共交通方式。北京的布局说明，当城市规模进一步扩大时，单纯依靠轨道交通难以满足城市发展对大运量公交的需要，BRT 可以作为大运量客运方式的补充，加密轨道线网，与轨道交通一起组成城市骨架客运网，轨道交通与 BRT 具备很强的互补性。虽然更小规模的城市还没有发展快速公交的成功案例，但并不代表这些城市不适合发展快速公交，伴随汽车保有量的快速增加，一些城市中心区交通拥堵加聚，或许一些规模更小、城市出行沿带状聚集的城市会逐步选择发展 BRT。

中国发展 BRT 的典型城市概况(2006 年)　　表 1

城　市	昆　明	北　京	杭　州	常　州	济　南
建成区人口(万)	164	809	216	107	243
建成区面积(km²)	233	1254	327	108	305

注:①建成区人口数据来源于:http://tieba.baidu.com/f? kz = 175138980;

②建成区面积来源于:《中国城市建设统计年鉴 2006 年》。

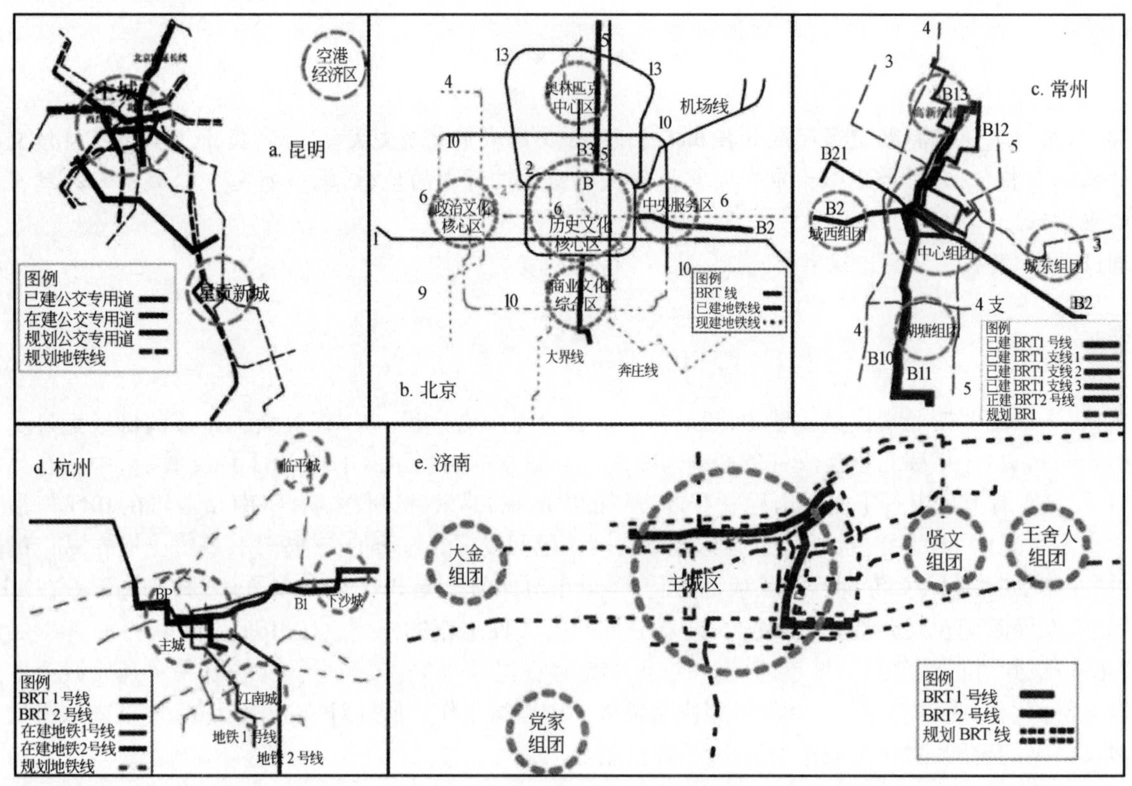

图 1　中国案例城市、BRT、轨道线网布局关系(长安大学 BRT 研究中心整理)

1.2　BRT 线网布局

从图 1 可以看出,典型城市的 BRT 线网布局一般呈放射式。昆明、杭州、常州、济南为主城中心放射,BRT 布设在中心城区主要客运走廊或中心城区与卫星城之间。北京将 BRT 布设在主城外围,呈放射状分布,加密轨道交通线网对城市主要走廊的辐射。这些城市的 BRT 布局,与所在城市的轨道线网在规划和建设时序上需要统筹考虑,实现轨道交通、BRT 与常规公交相互协调,共同组成公交优先网络的目的。

也有一些 BRT 线路不通过城市中心,这些位置两侧通常规划了能产生大量客流的用地,期望通过 BRT 带动周边土地开发,实现交通引导土地发展(TOD)。如昆明已经建成的广福路线,快速公交线路沿线规划了大型居住小区和公共设施,终点为新开发区,走廊 BRT 公交车道、站点均已建成,目前公交流量较小,该走廊公交线路主要发挥带动 BRT 发展的作用。

1.3　BRT 建设项目的选择及优先发展 BRT 的关键原因

近期 BRT 项目选择的共同目的都是应对城市交通拥堵,带动外围新城发展。但在项目选择的关键理由上,又具有鲜明的城市特点。

总体而言,城市机动车拥有量迅猛增长,道路资源有限,造成各案例城市交通拥堵严重。这些城市一般在提出发展 BRT 之前,都考虑过发展轨道交通的可能性。由于轨道交通建设投入大、周期长、运行亏损、见效慢、审批难等,且城市决策者认为轨道交通要么远水难解近渴、要么经济上不可承担、要么审批上难于通过,从而最终选择了发展见效快、成本低的 BRT。尽管交通专家认为 BRT 既具有轨道交通运量大、速度快的运营特点,又具有地面公交投入小、建设周期短、运营灵活的优点,但通常中国城市决策者从建设轨道交通拉动地方经济发展、增加更多交通空间、项目越大政绩越突出的角度出发,更愿意选择建设轨道交通。目前已发展 BRT 的几个城市,各自都有很特别的 BRT 发展理由,而这些理由在中国的大城市中,并不具备普遍性,因此,中国大城市为什么要发展 BRT 仍需要进行研究。例如,北京选择了大规模建设轨道交通以缓堵,但由于城市太大,仍不能满足缓堵需要,奥运会迫在眉睫,最终选择了运量大、见效快的 BRT 发展之路;由于国家对轨道交通项目的审批限制,常州难以达到发展轨道交通的相关条件,只能走发展 BRT 之路;受到特殊城市文化和地质条件的影响,担心地下工程影响水系,举世无双的泉城——济南,优先考虑了发展 BRT;而杭州发展 BRT,与城市由于西湖引起的道路网方面的天然缺陷关系密切。

BRT 建设除了走廊的客运特点要考虑外,通常要与城市的市政建设与维护建设紧密结合,如果某条走廊道路需要大修或改建,BRT 增加的专用车道又能在城市道路扩建时同步实施,且在 BRT 实施前后其他道路使用者利益没有变化,关于发展 BRT 的争议就较少(北京、济南),如果显著增加了社会车辆在城市中心的拥堵状况,反对的声音就会在开通初期经常听到(杭州、昆明)。

表 2 从五个方面总结典了型城市发展 BRT 的相关特点。

案例城市 BRT 发展特征 表 2

城市	布 局	布 局 特 点	近期 BRT 特点	近期 BRT 作用	优先发展 BRT 关键理由
昆明	井字形公交专用道与“十字形”BRT 结合	主城中心放射、连接主城与卫星城,与地铁规划相关度高	建成北京路、人民路、金碧路、西昌路中心市区井字形网,广福路新区线	缓解拥堵,提高主要走廊公交服务水平	道路拥堵严重,土地资源短缺,其他选择受限,带动新区发展
北京	二环外多条放射线	主城外围放射,为地铁过渡与加密线	南中轴路、朝阳路、安立路 BRT 三条城市放射线	延伸、补充轨道交通覆盖范围	大量投资建设的轨道交通仍不能满足需要,通过 BRT 补充与过渡优质城市客运
杭州	10 条中心区放射线	主城中心放射、连接主城与卫星城,与地铁规划相关度高	中心市区主要走廊开通 1 号线、2 号线	提高道路载客通过率,连接新区	减轻西湖造成的中心区路网结构不好影响
常州	5 条组合线路组成的放射 + 方格式网布局	干支结合主城中心放射、周边直达,无地铁规划	BRT 系统由 1 条主线、3 条支线组成,换乘免费	形成城市客运主骨架,方便居民出行,缓堵	交通拥堵严重,道路资源短缺,城市用地有限,发展轨道交通受限
济南	规划“6 廊 6 枢 10 线”,2009 年前形成“两横三纵”网	主城中心放射,无地铁规划	2008 年开通 BRT1 号和 BRT2 号线	形成城市客运主骨架,方便居民出行,缓堵	泉城制约地铁发展

资料来源:长安大学 BRT 研究中心根据多种信息来源整理。

1.4 BRT 发展效果

通过收集、整理各城市 BRT 发展的相关信息,发现案例城市 BRT 发展产生的效果集中在三个方面:通过显著提高走廊运营速度和走廊公交载客能力带动城市公交服务整体水平与服务效能的显著提高,推动 BRT 走廊和连通地块的发展,在环保、节能、落实以人为本的科学发展观上成效显著。案例城市 BRT

发展在这两个方面取得的具体效果情况分析如下。

1.4.1 BRT带动城市公共交通发展

BRT通过提高走廊公交运营车速和载客能力,从而带动城市公共交通服务水平的提高。

(1)走廊公交运营速度及可靠性的提升

BRT与普通公交相比,通过缩短站点乘客上下车时间减少了站点停靠等待时间,通过提高路段行车速度、减少交叉口等待时间,提高整体运营速度。在站点间距与轨道交通相当、公交线路安排合理的情况下,BRT速度与轨道交通相当。案例城市快速公交运行速度情况如表3所示。昆明在主要交叉路口间距小(400m)、公交线路整合力度很小的情况下,运行车速达到了普通公交运行速度较高值,北京、常州、杭州的运行速度与轨道交通相当。

案例城市BRT运行速度 表3

	昆　明	北　京	常州(BRT1)	杭州(BRT1)	济　南
专用道运营速度(km/h)	18	28	25.64	25.3	21

资料来源:长安大学BRT研究中心根据多种信息来源整理。

乘客对有无BRT差别的认识中,运营速度提高是次要的,最重要的变化是给乘客带来出行时间的可预见性和可控制性。车道专用、站台服务质量稳定,使得BRT使用者可以忽略交通拥堵对出行时间的影响,使其生活安排得更加从容、高效。在2007年末的全国性冰雪灾害天气面前,常州市路面状况很差,私家车使用者面对恶劣天气,纷纷弃车改乘BRT出行。由于驾乘人员专业,BRT充分显示了灾害天气情况下维持城市交通的重大价值。

(2) BRT带动公交分担率上升

BRT大容量车体、舒适的乘车环境、快速的行车速度、较高的出行时间可预见性,显著提升了BRT的吸引能力,增加了走廊公交流量。通过归纳案例城市的BRT的客流情况(如表4所示),可以发现昆明、常州的BRT网络,显著提高了城市的公交分担率。北京的BRT利用了两个车道的道路资源,具备超过某些城铁线路的载客能力,济南、杭州线路主要目的在于增强城市与重要新发展地区的客运能力,其载客能力还没有充分发挥,需要通过增强BRT沿线的土地开发强度进一步提升客流量。

案例城市快速公交客流量情况 表4

昆明	由1999年的50万人次增加到2007年12月的162万人次
北京	截至2007年1月,公交日均客流量已超1000万人次;截至2008年9月,北京BRT日客运量高达14万人次,最多的一天达20万人次
常州	截至2008年6月,公交日均客运量达89万人次(最高143万人次),比2006年底增长71.52%
济南	BRT1号线自2008年4月22日开通营运以来,日客运量平均达4万人次
杭州	截至2007年4月,BRT1号线日运载乘客4.53万人次,最高达到7.3万人次

资料来源:长安大学BRT研究中心根据多种信息来源整理。

(3)BRT得到了沿线民众的广泛认同

一些城市已经做过的调查揭示,居民对BRT总体满意度很高。昆明满意度达到97%以上,北京满意度也在90%左右,常州满意度达85.5%。常州灾害天气情况下BRT的表现,得到了政府和民众的高度评价。作为走廊沿线出行的最佳选择,该走廊人们出行便利程度较常州其他地带好得多,灾害结束后,政府对BRT运营机构进行了嘉奖。

1.4.2 带动沿线土地开发

在引导和带动道沿线经济发展,促进其所联系的新城发展方面,BRT成效显著。已经得到的信息显示:昆明北京路延长线公交专用道的建设,促进了两侧土地的高密度开发态势;北京BRT1号线,带动了沿线房地产的开发速度及房价的提升;常州BRT1线的建设,密切了城北和城南的联系,引导和带动了沿线土地开发利用增值;济南北园大街BRT线,也成为了北部房产市场升温的导火线,促进了北园区域经济发展提速。

1.4.3 BRT 产生的其他效益

BRT 的发展对出行模式有一定的影响,减少了小汽车的出行需求,在减少汽车引起的能源消耗、汽车排放方面发挥了重要作用。BRT 的发展,使人们出行需步行、骑车到达和离开 BRT 站点,增加了上班族的身体活动量,有利于其身体健康。

1.5 小结

从案例城市发展实际看,BRT 投资少、见效快,可以切实改善人们的出行条件,受益人口众多,可持续性强,符合国家所倡导的科学发展观思想,在我国必将迎来更好的发展前景。

2 城市发展 BRT 的主要议题

案例城市发展 BRT 并不是一帆风顺的,一些争议目前已经解决,这些争议对别的城市具有借鉴价值,而在运营中刚刚暴露出的问题,则需要中国城市在以后的 BRT 发展中注意。

2.1 案例城市的 BRT 议题回顾

昆明:作为最早发展的城市,昆明面临过的主要问题有公交专用道放在路中的合理性、站点应该放在交叉口上游还是下游、是否应该以及如何保障公交车在交叉口的专有路权、公交线路的整合与公交改革等众多争议,除了最后一条外,其他争议基本均已解决。

北京:北京 BRT1 号线发展在决策阶段受到了多个部门的共同支持。建成后在线路整合、站点服务能力、BRT 站点识别及过街配套、非机动车与 BRT 冲突点处置等方面出现了一些争议,目前已经得到了解决。

杭州:建成后在压缩小汽车路权和 BRT 线路效率不高方面出现了激烈的争议,后通过线路调整改善了 BRT 道载客能力,在分道设施安全性、票价方面出现过争议。

济南:在走廊选择、BRT 与城市高架项目结合方面出现过争议。目前这些争议已经解决。

2.2 中国 BRT 发展的议题

案例城市所出现的这些争议,如果可以研究透彻,在决策中明晰,则会加快这些城市当初发展 BRT 的决策速度和决策水平,促使人们更好的接受 BRT。这些争议有的具有共性,需进行系统研究使相关城市决策时更加科学。下面,以案例城市议题为基础,结合其他城市推动 BRT 中遇到的困难,将中国当前 BRT 发展面临的关键议题归纳为以下四个方面。

2.2.1 利益相关者的认同

BRT 在所有交通方式中、在既有的交通体系中如何发挥作用,发挥什么样的作用,似乎是明确的:城市客运主骨架网络的关键元素。而在发挥这两方面作用时,如果考虑不足、方案设计不能协调好各方利益,就会和既有交通体系的受益者、担心 BRT 建设影响地铁发展者产生冲突。

作为后来者,将 BRT 引入交通已经拥堵的中心市区,会占用道路资源,在开通初期可能让小汽车出行者、普通公交甚至自行车、行人、路边停车者的利益受损(如杭州 BRT1 号线对小汽车出行者的影响,北京 BRT1 号线配套的公交线路整合导致的极少数人出行便利性的下降,昆明公交线网整合难等现象)。这种利益调整,尽管利益受损者与受益者相比人数极少,受损额也远小于改善公交服务所产生的效益,但其反对者比较确定,会在能找到的一些场合发表反对言论。同中国改革开放以来长期执行的维持存量、发展和调整增量这种符合经济学帕累托最优(所有人利益不受损,部分人利益有改善)的发展模式不同,BRT 发展实际上存在交通资源使用、交通投入份额的调整,对一些人利益带来的损害是不可逆的、长期的,是一场利益上的革命。因此,投资少、见效快、受益广泛的 BRT 项目在决策时面临的阻力将是持久、坚强的。当争论激烈时,按照中国的传统决策方式,搁置争议,暂时不在这方面有所作为,就成为一些希望平稳发展的城市领导的最优选择,这一问题是中国 BRT 发展中面临的最重要问题,也是在一些城市 BRT 发展难的根本原因。因此,BRT 方案并不是载客能力、通行速度越大越好,而是要兼顾好多方面利益,对利益受损者的合理要求提供尽可能好的替代选择,尽量减少利益受损人数及受损程度就成为 BRT 发展中主要的问题。

2.2.2 技术标准与工程方案

(1)在 BRT 线路采取开放式还是封闭式、左开门还是右开门、车道放在道路断面的什么位置上所存在的争议。

(2)车辆底盘高度与运营成本、站台条件相关,底盘高度选择的实质是运行与购置成本的争议,是乘客舒适性考量上的争议,目前仍广泛存在。

(3)BRT 配套设施问题。在专用路权保障技术上,物理方法的适当性(杭州曾经的侧翻隐患、昆明曾出现的专用权保障难,杭州的路侧穿越车辆妨碍 BRT 运行)、BRT 站的诱导系统设置方法、站台设置与乘客进站交通组织方法等均需要完善。

(4)交通控制问题。BRT 作为走廊上一种新的交通成员,这种成员动力性能和其他成员不同,如何保障交叉口、过街通道处不同交通出行者的安全,也是需要重视的一个问题。

2.2.3 服务规划

BRT 的线路组合、BRT 与普通公交、地铁的合作配合、BRT 票价票制制定等问题由于和运营商之间的利益协调、乘客利益协调相关,争议多且持久,影响 BRT 效果的发挥。如杭州 BRT4 元票价,较原来普通公交票价提高幅度较大,影响了客流吸引能力,引起许多乘客的不满。

2.2.4 BRT 投入与补贴

BRT 在运送能力与运输速度上与轨道交通相似(路段上 2 条专用道相当于轻轨、站点处 4 条专用道相当于地铁),BRT 支持者要求城市在投资、运营补贴上比照对地铁的支持态度,只需拿出建设轨道交通约 1/10 的投入,就可以取得相当甚至更好的公交优先运行绩效。但在实际推动过程中,城市政府更愿意采取类比道路公交政策的前后比较态度,对 BRT 在道路环境、站点拆迁与建设方面的投入力度不大,希望问题简单化,对承担运营期的亏损补贴准备不足,许多城市希望 BRT 建成后不用补贴,票价也要和普通公交相当。这些认识导致 BRT 在站点上完全受制于既有道路条件,占地少,难以达到较高的服务水平,要求 BRT 车辆运营成本尽量低、购买成本也要显著降低。这种决策逻辑上的双重标准,导致了由于投资或运营补贴难以落实造成的 BRT 决策与实施的缓慢。

3 针对中国 BRT 发展议题需要开展的工作

从现存议题来看,BRT 议题不单纯属于工程领域,包括工程技术问题,也包括利益相关者的利益平衡问题。需要认识到中国的国情与西方的差别,我国当前的发展路径是通过科学发展,实现国家富强。因此,不能简单的照搬西方已经形成的研究结论,而要引入社会学方法,基于本国国情,通过独立研究,形成适合中国 BRT 发展的决策思维。从议题的特点看,要开展的工作包括研究和教育两个方面。

3.1 研究工作

(1)研究适用于中国城市的概念上的和操作上的新的 BRT 系统模型,包括公车专用道、公交车道、票价收取、开放或封闭系统等。

(2)研究 BRT 与土地使用、公共交通网络整合的工具和技术。深入分析当前存在的问题,研究 BRT 的战略规划、网络布局、设计指南、服务标准等技术模块和分析工具。快速公交导向发展的方法论将会成为一个主要的焦点。

(3)研究公共交通发展的政策、法律和制度。分析 BRT 与公共交通整合发展过程中的政府框架和体制中的无效因素,针对不同政府类型的不同的制度改革,提出改革的方向、战略和技术指导方针。研究BRT的战略规划与评价标准等技术模块和分析工具。

(4)研究BRT发展的财政政策和效益评价。分析基于资金投资与土地使用的潜在的财政方法,来推动BRT的发展。同时也进行BRT、轨道交通与大容量快速交通之间的评估以获得交通导向发展政策。

(5)针对不同城市的交通需求特点,研究BRT车辆的技术和经济性能,也应该研究现有车辆技术与先进车辆技术的区别以及ITS应用技术,来提高车辆的安全性。由于车辆工业的国际合作与交流,潜在的利益和经济也将探索。

(6)案例示范研究。对昆明、北京、常州、济南等城市开展案例研究,对不同城市BRT系统的运营效果进行比较,形成中国城市BRT发展的技术推广材料。

(7)建立BRT发展知识库,针对不同规模、人口、车辆保有量的城市,提供BRT发展的政策、规划、设计、融资、运营管理等方面知识储备,形成能支持BRT相关决策的智库。

(8)做好能力建设。基于BRT的技术和案例研究,编写并出版BRT的技术导则、培训材料等,通过会议、培训班、研讨会、技术考察等形式,针对不同的决策者、设计者和管理者,提出实用性较强的培训方案。

3.2 教育工作

(1)培训BRT发展中的相关参与者,包括交通决策者、规划者、管理者。

(2)形成专家组,编写培训教材和指导方针。改进这方面人才培养的相关大学研究生课程;通过富有成效的研究活动和实际项目参与来培养硕士、博士研究生。

(3)在大学和案例城市之间建立学术交流项目,提高理论研究与实际工作水平和能力。

(4)建立BRT知识库网站,提供技术支持信息、研究成果和案例学习中的启示等内容,服务城市。

(5)通过城市公交周和无车日宣传,促进BRT和公共交通的发展。

4 结语

本文通过对中国BRT发展较快的案例城市的经验和问题的系统研究,指出中国快速公交发展取得了重大成就,主要体现在公交服务的显著提升、对城市外围地区的带动作用、显著的综合效益。同时,通过对案例城市交通发展争议的回顾和深层次解剖,指出了中国BRT发展的关键议题及需要开展的工作。

参考文献

[1] 周伟,Joseph S. Szyliowicz. 中国可持续交通发展国际论坛. 北京:人民交通出版社,2007.

[2] 冯立光,江玉林. 借鉴国外城市公交优先发展经验. 建设科技,2007,12.

[3] 江玉林,等. 中国中心城市可持续交通的发展方向//中国中心城市可持续交通发展年度报告(2007),2007.

[4] 蔡健臣,徐康明. 大力发展快速公交,打造常州公交都市:城市车辆,2008,03:62-64.

[5] 何东全,徐康明. 优化城市公共交通系统——大力发展大容量快速公共汽车系统. 中国建设信息. 2005,01:47-49.

[6] 徐康明,刘丽娅,郭小培. 中国城市公共交通政策. 城市公共交通. 2004,03.

[7] S. K. Chang and Y. C. Lu. Comparison of Transit Technologies for Transit-Oriented Development. Journal of City and Planning. 2008, 35(4):(380-405).

[8] S. K. Chang and Y. J. Guo, "Development of Urban Full Trip Cost Models," Transportation Planning Journal, 2007, 36(2): 147-182.

[9] WANG Yuan-qing, LI Jiang-ying. Business, Management and Planning for Sustainable Transportation Development. World Transport Policy & Practice, 2006,9(29-34).

[10] 王元庆,孙林岩,等. 我国大城市交通问题产生的体制原因及解决对策. 城市问题. 2007,5:75-80.

[11] 孙传姣,王元庆,等.快速公交行车系统方案决策研究.交通运输工程与信息学报,2007,2:44-50.
[12] 唐翀.昆明城市发展与 BRT 规划建设,2006.11.
[13] 隋振江.北京快速公交系统规划设想与示范工程.http://www.chinastc.org,2004.11.
[14] 章振国.昆明快速公交——实践、反思和发展策略.国际城市可持续能源发展市长论坛.2004.11.10.
[15] 昆明快速公交发展规划及研究成果.http://www.jt66.com.中国道路交通网,2008.11.
[16] 肖辉杰.晚报记者杭州体验 BRT 在争议中前进:http://www.dzwww.com,2008.04.19.
[17] 杭州"快速公交" 惠民还是毁民.http://www.zjol.com.cn,2006.8.24.
[18] 快速公交造福市民 BRT 一号线元旦开通.http://news.cz001.com.cn,2007.12.28.
[19] 常州:快速公交一号线正式开通.http://www.tzjs.gov.cn,2008.1.3.
[20] 规划历史.http://www.jnup.gov.cn.
[21] 济南为什么要键 BRT.http://www.qlwb.com.cn,2008.04.30.

第二十章　北京市优先发展城市公共交通战略研究

（北京市交通委员会）

摘　要：本文论述了北京市落实公交优先发展战略的举措：确定公共交通在城市可持续发展中的重要战略地位、社会公益性地位；城市公共交通设施用地优先、投资安排优先、路权分配优先、财税扶持优先；就低统一票制票价、优先提升市区地面公交系统和加快轨道交通建设、实行轨道交通全网低票价政策，改革郊区公共客运、构建农村公共交通系统等。分析了北京市优先发展城市公交的特点和存在的主要问题，并提出了下一步北京优先发展城市公交的努力方向。

关键词：北京　公交优先　举措　思路

随着经济社会现代化、城市化、机动化进程的加快，北京市机动车保有量迅猛增长（见图1）。截至2008年7月底，北京市机动车保有量达到337.1万辆，小汽车出行总量达到741万次/日。机动车保有量和小汽车出行量的迅猛增长，带来了交通拥堵、尾气污染、能源消耗等一系列问题。

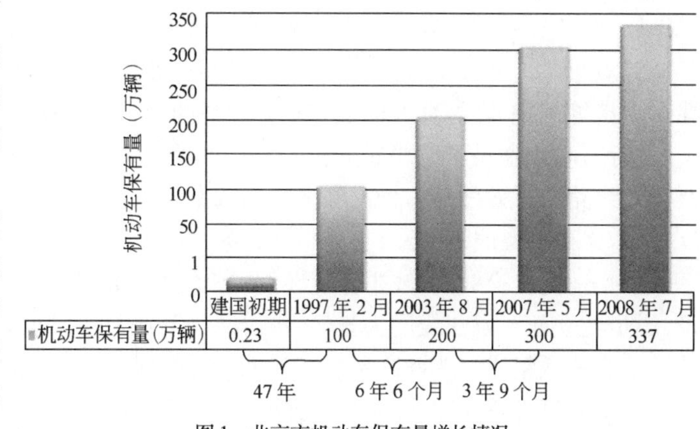

图1　北京市机动车保有量增长情况

早在5年前，北京市委、市政府就审时度势，从落实科学发展观的高度，全面实施优先发展城市公共交通战略，并取得了一定的成效。本文就北京市优先发展城市公共交通战略所做的工作进行研究，并提出今后北京市城市公共交通发展的努力方向。

1　北京市城市公共交通发展现状

目前，北京市共有轨道交通运营线路8条（1号线、2号线、13号线、八通线、5号线、10号线、奥运支线、机场线），里程200km；地面公交线路932条，车辆21 688辆（其中市区0～8字头线路504条，车辆14 936辆；市郊9字头线路140条，车辆4 459辆；远郊区县境内线路288条，车辆2 293辆）。2007年公共交通完成客运量50.45亿人次，公交出行比例达到34.5%，比2006年提高了4.5个百分点，交通出行结构初步得到了改善（见图2）。

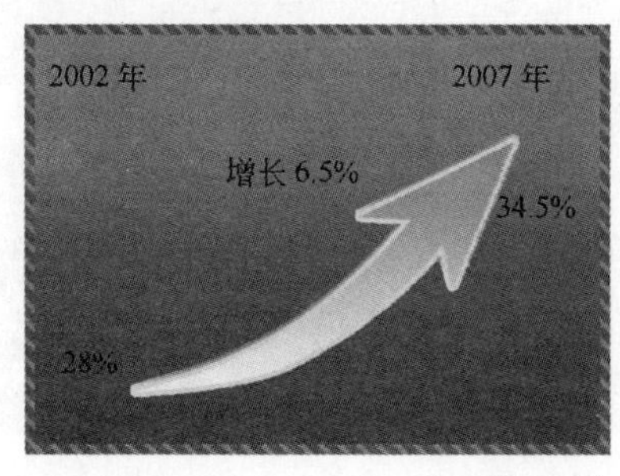

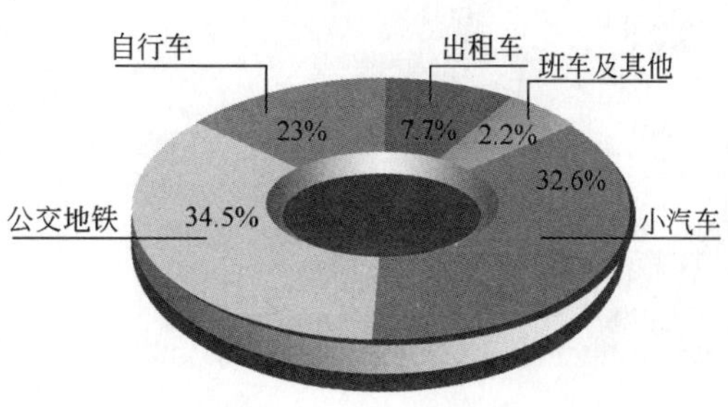

图2　北京市交通出行结构示意图

2　北京市优先发展城市公共交通的总体思路

2005 年 4 月,北京市政府发布了《北京交通发展纲要》,明确提出了加快构建以轨道交通和大容量快速公交为骨干、地面公交为主体的综合公共交通运输体系,至 2010 年,城市轨道交通线网和大容量快速公交(BRT)系统初具规模,中心城公共客运系统承担全日出行量比例达到 40% 以上的总体目标。

2006 年底,北京市政府发布了《关于优先发展公共交通的意见》,确定优先发展公共交通的总体思路是"两定四优先"。"两定"即确定发展公共交通在城市可持续发展中的重要战略地位,确定公共交通的社会公益性定位;"四优先"即公共交通设施用地优先、投资安排优先、路权分配优先、财税扶持优先。同时,北京市政府将优先发展城市公共交通工作分为三步:第一步,就低统一票制票价,优化提升市区地面公交系统;第二步,加快轨道交通建设,实行轨道交通全网低票价政策;第三步,对郊区公共客运进行改革,加快构建农村公共交通系统。

3　北京市优先发展城市公共交通工作进展

3.1　在就低统一票制票价的同时,优化提升市区地面公交系统

3.1.1　就低统一市区地面公交票价,普惠于民

针对市区地面公交月票普票并存、月票无效线路与月票有效线路车辆满载率不均衡,月票有效线路乘车拥挤等问题,在综合考虑乘客利益的基础上,自 2007 年 1 月 1 日起,就低统一市区地面公交票制票价,发行市政交通一卡通普通卡和学生卡,实行持卡成人 4 折、学生 2 折优惠。低票价政策实施后,原月票有效线路和无效线路车辆高峰平均满载率趋于均衡,市民公交出行费用大幅降低。

3.1.2　优化公交线网,全面提升公交服务水平

一是优化公交线网,减少重复线路,扩大覆盖范围。从 2006 年 8 月起,共分六批优化调整线路 276 条,逐步建立起了以快线网为骨架、普线网为基础、支线网为补充的相匹配的三级公共交通网络。其中:围绕中心城撤销线路 71 条,调整线路 81 条,削减市区重复设站 3009 个,长安街、三环路、北京站、西客站等地区重复线路多的状况得到了明显改善;依托高速公路开通 4 条远郊快速公交线路,使顺义区、怀柔区、平谷区、密云县居民的平均出行时间缩短 20 ~ 50min,为远郊区县居民的交通出行提供了极大的便利;扩大边缘覆盖,新开小区支线 124 条,增加线网覆盖 103km,改善了回龙观、天通苑、望京科技园、昌平新城、百子湾、万泉寺等 430 余个小区居民的出行。此外,2005 年底随着南中轴路大容量公交开通,还调整优化了 14 条线路。

图 3　4 个远郊区县高速公交开通

图 4　南中轴路大容量公交开通

二是强化公交优先理念，加大路权优先力度。2007 年北京市进一步加大了施画力度，在平安大街及其延长线、长安街延长线等重点路段施画了 55km 公交专用道(其中二、三环主路施画 6 处 4.9km)，延长了 30 条 71.1km 专用道高峰时段的起止时间。自 1997 年北京市在长安街施画了全国第一条公交专用道以来，至 2007 年底已在 80 条道路施画公交专用道 217km，其中四环路内主干道已施画 160.1km。同时北京市还逐步建立起了公共交通信号优先系统，对大容量快速公交实行公交优先信号，在特勤管理中兼顾公交优先。上述措施使地面公交车辆平均运营速度达 15.2km/h，比 2003 年的 14km/h 提高了 8.6%。图 5 所示为北京市公交专用道实施情况。

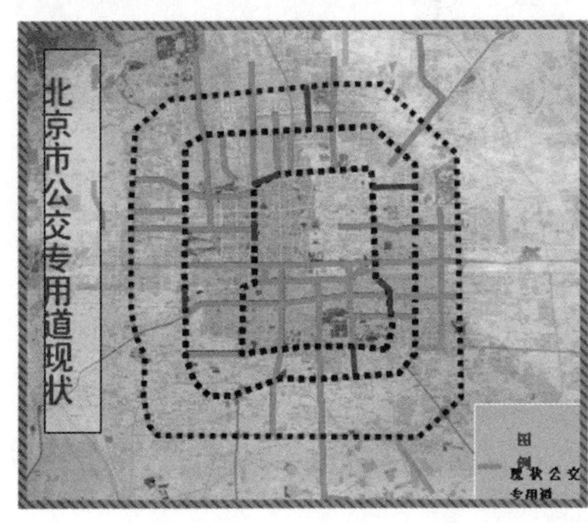

图 5　北京市公交专用道实施情况

三是完善换乘设施，缩短换乘距离，改善换乘条件。按照客流量大小、集散能力，北京市将换乘设施分为三级。其中：一级换乘节点即综合枢纽站，日客流量达 8 万人次以上，可实现公交、地铁等多种交通方式的“零换乘”。目前规划综合枢纽 13 处，已建成动物园、六里桥、西客站北广场、北京南站 4 处，在建东直门、西直门、一亩园、西客站南广场 4 处。二、三级换乘节点即换乘中心站和换乘站，日客流量分别在 5 ~ 8 万人次和 2 ~ 5 万人次。根据线网布局需要，规划在市区建设二级换乘节点 20 处、三级换乘节点 49 处、公交综合驻车设施 12 处。目前，已建成安定门、北官厅等 33 处(见图 6)，实现 119 条线站内到发、每日 37 万人次站内换乘。换乘设施建设既方便了乘客，又减少了公共交通与其他交通的相互干扰。

图 6　建成的安定门、北官厅等 33 处换乘设施

同时，为方便小汽车与公交、地铁换乘，沿中心城周边轨道交通和大容量快速公交车站规划了 26 处驻车换乘场站。目前，已建成天通苑北、北苑等 2 处。其中天通苑北驻车换乘停车场一期投入使用后，

285 个车位泊位使用率达 100%。为满足换乘停车需要,2007 年底完成了二期工程,新增车位 151 个,见图 7。市政府对驻车换乘实行停车按次 2 元的低收费政策,引导小汽车换乘公共交通。

图 7　2007 年 10 月 7 日开通的天通苑北驻车换乘停车场

四是加快更新环保车辆,提高乘坐舒适性,减少尾气排放。2005 ~ 2007 年北京市共购置新型环保公交车 11 090 辆,其中更新 9 662 辆车,新增 1 428 辆,尾气排放全部符合国 III 标准,部分达到国 IV 标准。2008 年北京市还将更新、新增环保型公交车 2 766 辆,届时公交车将全部符合环保要求。目前,北京市公交车辆技术水平已居全国领先地位。

3.2　加快轨道交通建设,实行全轨道路网单一低票价政策

3.2.1　制定轨道交通建设规划,加快线网建设

2007 年国家发改委批复了《北京市城市快速轨道交通建设规划(2004 ~ 2015)》。按照规划,到 2015 年,北京市将投资 2 700 亿元新建轨道交通线路 15 条,形成由 19 条线路构成的"三环、四横、五纵、七放射"轨道交通网络,总运营里程将达到 561km,见图 8。届时,轨道交通作为公共交通系统的骨架将在北京市基本形成,市民的出行将更加便捷、快速、准时。为抓紧落实规划,北京市委、市政府每年安排专项资金 100 亿元,并通过轨道交通建设投融资平台,综合应用地铁债券、基金、银行贷款等多种融资方式,平衡年度投资高峰需求,统筹安排好新线建设资金。同时成立了轨道交通建设指挥部,按照确保工程安全、质量、功能、工期、成本"五统一"的原则,统筹协调轨道交通线网建设。

3.2.2　加快既有线路改造,提高安全水平和运营效率

近年来北京市先后投资 84.25 亿元对地铁 1、2 号线进行消除隐患工程改造,包括对 342 辆老旧车辆进行强检强修,至 2007 年底,更新老旧车辆 180 辆,同时对供电、通信设备等进行了更新改造。

通过充分挖掘潜力,缩短发车间隔,增加列车编组,以适应网络化运营要求,应对大客流压力。截至目前,既有的地铁 1 号线、2 号线、13 号线、八通线等 4 条线先后多次缩短高峰时段发车间隔,最小间隔分别由 3 分钟、3 分 30 秒、4 分钟、5 分钟缩短到 2 分 30 秒、2 分钟 30 秒、3 分钟、3 分 30 秒,同时 13 号线、八通线列车编组由 3 节调整为 6 节。特别是 2007 年 10 月 7 日地铁 5 号线实现了高水平开通,完成土建、供电、消防等全部 8 项验收,保证了列车超速自动防护系统(ATP)、安全门等稳定运行,创造了地铁开通试运营发车间隔 4 分钟的国内

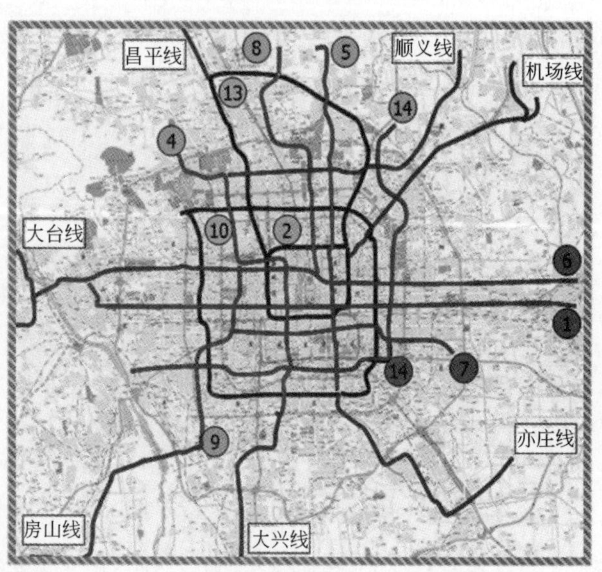

图 8　北京市城市快速轨道交通建设规划(2004 ~ 2015)

最高水平，目前最小发车间隔已缩短到3分钟。

3.2.3　实行轨道交通全路网单一票价的低票价政策，发挥其骨干作用

2007年10月7日，随着地铁5号线的开通试运营，轨道交通实施全路网单一票制、每人次2元的低票价政策，同步实现了进站换乘不再两次购票验票，提高了换乘效率和服务水平，做到了全网无障碍换乘和“一票通”、“一卡通”的目标。

3.3　对郊区公共客运进行改革，加快构建农村公共交通系统

3.3.1　实行低票价政策，惠及郊区市民

落实市委十届二次全会“解决好郊区公交问题，坚持实行公交公益性低票价政策”要求，按照“整体推进、分级负责、分步实施”的原则，推进城乡公共交通一体化，对郊区公共客运进行改革。

市郊9字头公交线路，自2008年1月15日起在现行票制票价的基础上实行持卡乘车与市区公交线路同折扣优惠，即在现行票制票价基础上持卡乘车成人4折、学生2折。各远郊区县政府根据实际情况，从2008年1月15日起也对远郊区县境内客运实行了票价折扣优惠政策，同时研究了包括完善远郊区县境内客运发展规划、理顺体制、规范运营服务、推进市政交通一卡通系统建设以及财政扶持政策、行业监管措施等内容的区县境内客运改革方案。

3.3.2　明确责任主体，加大财政扶持力度

根据事权与财权相统一的原则，明确了市、区两级责任。市郊9字头公交的财政扶持由市级负责，区县境内客运财政扶持由区（县）级负责，市级给予支持。市级支持政策包括：加大对区县转移支付力度，市财政已确定车船税款由区县留用，区县境内客运折扣减收补贴核入区县体制中，同时免征区县境内客运车辆养路费等。

通过以上工作，北京市公共交通运营效率全面提升，服务质量明显改善。截至2007年底，市区地面公交、轨道交通、市郊9字头公交日均客运量分别达1 302万人次、325万人次和202万人次，比上年同期增长22.6%、116%和40.5%。市政交通一卡通得到了广泛使用，目前累计发放一卡通IC卡1 650万张，日均刷卡999万笔，最高日刷卡1 216万笔，刷卡比重占日均客运量的85%以上。广大乘客排队上车、文明乘车的风气正在逐步形成。

4　北京市优先发展城市公共交通的特点和存在主要的问题

北京市优先发展公共交通得到了党中央、国务院领导的充分肯定，广大市民享受到了改革发展带来的实惠，社会反应良好，各界普遍欢迎。2006年北京市被评为全国优先发展公共交通示范城市。在2007年北京市社情民意调查中，公共交通是解决最好的民生问题之一。总结北京市优先发展公共交通的工作，主要有六个特点：

一是领导高度重视。从战略发展高度将优先发展公共交通作为贯彻落实科学发展观、解决民生问题、构建和谐社会首善之区的重要工作来抓，明确了总体思路和发展方向。

二是多部门统筹协调，密切配合。交通、发展改革、规划、土地、财政、公安交管等部门和各区县政府以及交通企业，在研究制定优先发展公共交通政策措施以及实施过程中讲大局、通力合作，积极为优先发展公共交通献计献策，努力工作。

三是措施到位，全面推进。以公共交通公益性低票价为切入点，分三步逐步推进改革，首先从市区地面公交开始以吸引市民选择公共交通出行，缓解市区交通拥堵。其次制定轨道交通线网规划，加快轨道交通建设并改革票制票价以吸引客流，发挥轨道交通的骨干作用。第三，统筹城乡推进城乡公共交通一体化，对郊区公共客运进行改革，使改革成果惠及广大市民。

四是理顺体制、创新机制。在管理体制方面，明确市区0~8字头和市郊9字头公交的行业管理由市级交通运输管理部门负责，区县境内客运由区县政府负责。在线网布局方面，明确市区0~8字头公交线

路主要服务于城八区,市郊9字头公交线路主要服务于市区与远郊区县县城和重点乡镇以及远郊区县间的出行,区县境内客运线路主要服务于各远郊区县境内的出行。在创新机制方面,探索建立了与公益性定位相适应的公共交通投资建设运营管理体制,按照新建公交枢纽投资纳入城市基础设施建设,由政府统筹安排资金的思路,建立了交通枢纽资本金投入机制,组建了专业化交通枢纽公司,统筹交通枢纽建设、运营、管理和服务。同时调整现有市区公交首末站功能,公交驻车和管理设施外移后,改造一批原有场站用于乘客换乘。适应轨道交通网络化运营需要,成立轨道交通指挥中心,负责组织制定线网运力配置计划和线网调度规则、审查各运营商突发事件应急处置预案、协调指挥线网突发事件应急处置等。

五是努力做到公交优先、企业优秀。在加强公共交通基础设施建设的同时,努力做到服务标准化和规范化,转变观念,强化安全生产和服务质量管理,全面提升公交行业的公共服务意识,以合理的运营成本提供优质、高效的公共交通服务。目前,地铁行业被评为首都文明行业,公共电汽车行业也已通过文明行业评审。

六是加强政府监管。公共交通作为社会公益性事业,是政府为市民提供的公共服务,北京市委、市政府决定将公交财政补贴调整为公共财政对公共交通的支出,同时加快制定相关标准规范,加强对公共交通的政府监管。

北京的交通问题,实际上是现代化、城市化、机动化发展过程中多种矛盾的集中反映,既有人口增长和城市拓展、城市功能过于集中、封闭独立的“大院”分割城市路网等带来的问题,也有机动车增长过快和交通结构调整滞后,交通系统各方面整合不足、综合管理不到位、市民现代交通意识参差不齐等问题。解决北京交通问题必须标本兼治,综合治理。尽管北京市优先发展公共交通取得了一定成效,但与科学发展观的要求和广大市民的期望还有很大差距。目前存在的主要问题是:

一是建设地面公交快速网络任务仍然艰巨。如何通过路权使用优先并逐步使公交专用道之间、公交专用道与轨道交通和大容量快速公交之间形成快速网络、让公共交通真正快起来需要进一步形成共识,特别是拥堵较严重的路段施画公交专用道还要认真研究,合理规划设置。

二是换乘设施建设需要加大力度。在加快换乘节点建设的同时,须进一步落实用地、加快项目审批进度、明确配套支持政策。

三是郊区境内客运体制机制还有待完善。目前北京市尚有3个区县未实现“村村通公交”,农村公共交通的发展水平还需进一步提高。远郊区县境内客运虽实行了票价优惠,但体制机制还没有完全理顺。

5 下一步北京优先发展城市公共交通的努力方向

解决城市交通问题需要一个长期的过程,要在交通基础设施扩容中特别注重轨道交通系统与“微循环”道路系统建设,优化设施结构;在交通结构调整中更加重视公共交通的路权优先、用地优先,加快构建公共交通网络,并努力调控小汽车的合理使用;在管理中更加注重细节和系统运行安全,依靠体制机制与科技创新,市民参与、综合治理,充分挖掘既有设施潜力等。在优先发展公共交通工作中,下一步应当致力于处理好以下问题:

(1)继续坚持公共交通优先发展战略,不断优化城市交通结构。

一是要加强公共交通规划、建设和管理工作。协调发展轨道交通、地面公交、郊区客运,构建快速大容量客运交通为骨干、多种方式协调运输的城市公共客运系统,初步建成现代化物流运输系统,改善城市交通运输结构。

二是加大公共交通路权优先力度,特别是交通拥堵路段的路权优先,增加拥堵路段的公交专用道,加快大容量快速公交系统建设工作。

三是要进一步落实设施用地优先,加快公交枢纽、场站等设施建设。依托轨道交通车站加快交通枢纽的建设,包括宋家庄枢纽、六里桥枢纽、北苑北枢纽、苹果园枢纽等。各个枢纽都要与地铁车站统一考虑,并对各种换乘接驳方案进行专题研究。

四是要充分挖掘潜力。通过提高发车率、增加车次，缩减轨道交通运行间隔，提高运行效率。不断提高公共交通出行比例，优化交通结构。

(2)继续完善公共交通基础设施，让公共交通服务更方便更快捷。

一是继续加大公共交通线网优化调整力度。在轨道交通与公共汽车的运行网络设置、运力设置、乘客换乘等环节上统筹协调，优化整合现有公交客运网络，科学合理配置相应运力。配合10号线一期、奥运支线、机场线和大容量公交线路开通，合理调整一批公交线路，配套优化轨道交通沿线公交线路。

同时加强城南和郊区的公共交通基础设施建设。可以开始先期研究主要服务于南城的7号线、14号线、房山线，同时增加远郊区县快速公交车辆配置，方便郊区居民出行。

二是加快公交枢纽建设，实现地面交通与轨道、民航、铁路、小汽车、自行车等其他交通工具的合理衔接，方便换乘。同时，加快快速公交的规划和建设进程，使市民利用公共交通出行更加方便、快捷。配合东直门枢纽站的建设，合理规划布置各类交通工具的位置，继续加快大容量公交的建设。

(3)加强科学管理，进一步提高公共交通管理和服务水平。

一是要加强静态停车管理。加快商场、医院、运动场馆等大型公建停车设施的规划、建设，加强对各类停车场的收费、服务、管理。鼓励公共设施配建的地上、地下停车设施全面对社会开放，实现资源共享。通过经济手段引导车辆进入地下停车，尽可能减少地面停车。

二是要进一步加快道路交通信息化与智能化建设。

(4)加强对公共交通资金投入的监督管理，促进公共交通事业又好又快发展。

着眼于公共交通可持续发展，研究公益事业的成本收益平衡点，在保障公共交通事业必要的资金投入的同时，不断完善公共交通政府财政支出相关制度，建立公共交通合理成本标准考核机制和车辆、场站投资以及低票价公共财政支出及补偿机制。

进一步加强政府监管。公交企业要以最小的运营成本提供优质、高效的公共交通服务。特别是市交通运输主管部门要加大指导远郊区县做好郊区县境内客运监管工作力度，包括明确服务标准，加强行业监管，制定郊区境内客运统一服务规范、一卡通卡使用监管办法和企业成本标准，以及行业检查、监督、考核办法。

(5)采取综合措施，为优先发展公共交通创造良好环境。

一是避免城市中心人口、城市功能过度集中，合理调控城市交通量，减轻公共交通压力。二是加快研究和制定引导小汽车合理使用的政策。三是降低出租车空驶率。增加电话叫车比例，增设出租车调度站、停靠车位。四要做好政策及相关配套措施和出行信息服务宣传。以奥运交通保障为契机，加强全社会公共交通宣传教育，提高交通参与者现代交通意识。五是通过继续开展“公共交通周及无车日”活动，广泛宣传优先发展城市公交的重要意义，倡导绿色交通的理念，引导市民把公交作为首选的出行方式。

第二十一章　城市公共交通改革与管理研究

——采取切实措施落实公交优先

(上海市城市交通管理局)

摘　要:本文论述了上海市突出规划先行,深化体制改革,完善市场格局,优化公交网络,政府购买服务,强化政府监督、规范经营行为,加快基础建设、改善运行环境、提升队伍素质等方面切实落实公交优先发展战略,提高城市公交运行效率,降低出行成本,提升市民出行质量的举措和政策建议。

关键词:上海　公交优先　举措　政策建议

近年来,上海市积极贯彻公交优先发展战略,推进公共交通事业建设和发展,取得了显著的成效。2007年底全市公交线路达991条,运营里程达11.3亿公里,日均客流达760万人次。上海轨道交通已有8条线路,161座车站,运营里程达234公里,日客运量达300多万人次。出租汽车47 000辆。但上海作为一个人口多、地域小的特大型城市,交通问题是城市发展中的永恒主题和难题。

经过20世纪90年代以来的高强度投入、大规模建设、全方位改革,上海交通难问题得到很大缓解,但是并没有根本解决。随着上海经济社会的快速发展和人民生活水平的迅速提高,以及人口大量导入、道路资源有限、交通拥堵、市民出行不便等交通问题越来越突出。要切实解决好像上海这样一个特大型城市的交通问题,必须始终牢固树立、坚决实施"公交优先"的发展战略,花更大力气、采取更有力措施,坚持不懈地把优先发展城市公共交通贯穿于全市交通建设和管理的全过程、各环节。这既是上海全面贯彻落实科学发展观、加快构建社会主义和谐社会的必然要求,也是从根本上解决上海交通问题的必由之路。

下面从七个方面提出实施推进公交优先的举措与政策建议。

1　实施公交优先,突出规划先行

规划是交通发展的先导。上海全力实施公交优先发展战略,大力扶持城市公共交通发展,在制定规划中突出公交优先战略,实现公交与各种出行方式的有机整合,体现总体上的最优,服务于城市的总体发展进程。

1.1　中心城区整合轨道、公交线网布局,提高市民出行质量

中心城区道路交通矛盾最为突出,地面公交线网密布,但受道路拥堵的限制,行驶速度慢,市民反映强烈。采用"轨道交通＋地面公交"为主的交通组合方式是缓解交通拥堵、提高市民出行质量的重要途径。

(1)确立轨道交通的首选地位。轨道交通快捷、舒适、准点的特点,使之成为市民出行的首选。中心城建设轨道交通能够保证良好的初期客流效益,能更好地缓解地面交通的压力。中心城区轨道交通要成网状布局。

(2)巩固地面公交的基础地位。随着轨道交通的迅速发展,其骨干首选的作用将日益显现,但要完成市民出行输送任务还离不开传统的地面公交。在中心城区应当结合新的城市轨道交通布局,对公交线

网进行重新规划,加强与轨道交通的连接,在夯实地面公交的基础上实现轨道交通和地面公交"两网合一",形成合力,发挥优势互补叠加效应,改善市民出行。

(3)抑制小汽车在中心城区的使用。近几年来中心城区小汽车迅速增加,占用大量公共道路资源,是中心城区拥堵的症结所在。要通过运用"拥挤收费"、提高停车收费等经济杠杆减少小汽车在中心城区的使用;同时,建立配套基础设施,鼓励停车换乘,提高公共交通的吸引力。

1.2 远郊区大力发展地面公交,满足市民出行需求

城市郊区由于历史原因,公交发展落后于中心城区,至今仍有不少空白区域。轨道交通在郊区发展呈线状布局,主要解决郊区与市中心区的连接,因此加快地面公交发展是郊区的主要任务。

(1)加快郊区轨道交通建设。形成郊区轨道交通线状网络布局,实现郊区与中心城区的连接,缩短郊区市民到中心城区的乘车时间。

(2)全面发展郊区地面公交。郊区相对于市区来说,面积较大,人口密度较低,运输任务业比较分散,因此,地面公交将承担着更多的运输任务。上海通过实现"村村通公交",满足郊区市民出行需求。

(3)适当引导小汽车的发展,并做好轨道车站停车换乘设施的配套,为私家车停车换乘乘坐公共交通进入市区提供保障。同时,积极采用 BRT 等方式,实现区域之间的快速联动。

1.3 围绕公交优先确定多种出行方式的定位

城市居民有多种出行方式的选择,包括公共交通、私人汽车、自行车、摩托车、步行等。公共交通系统又包括地面公交(公共汽车、电车)、轨道交通和出租车三部分。毋庸置疑,多种出行方式中应以公共交通为主。根据上海的特点,应形成"轨道交通为骨干、地面公交为基础、出租汽车为补充"的城市公共交通体系。发挥轨道交通运量大、速度快、准时等特点,在城市公交系统中起到骨干作用。发挥地面公交线路多、分布广的特点,完善其在城市公交系统中的基础作用。发挥出租汽车"门到门"服务的特点,真正成为城市公交系统的重要补充。

1.4 实施公交优先,限制私人汽车使用

相比于公共交通,虽然私人小汽车在自由、灵活、便利等方面具有无可比拟的优越性,但它在耗能、环境、占用道路等方面产生的负面效应比公共交通大得多。发展公共交通必须加强私人汽车的需求管理。

公共交通优先是一个系统工程,推进公交优先发展必须同时制定限制私人汽车使用的相关政策,才能发挥公交优先发展的作用。上海多年来坚持通过经济政策对私人汽车拥有实行有效控制,从一定程度上抑制了私人汽车的过快发展。今后还要研究推进道路拥挤收费等限制使用的政策,从"限制拥有"向"限制使用"平稳过渡。政府通过私车需求管理得到的资金,用于城市公共交通的投入。

2 深化公交改革,完善市场格局

上海公交 1996 年起实行改革。12 年来,实现了行业体制、机制的根本性转变。引入了市场化机制,企业的市场和效益观念得到加强,管理水平和劳动生产率得到提高,积极性得到较充分发挥,行业服务供应能力和车况设施、技术装备明显改善。2007 年与 1996 年相比,车辆增加了 27%,营运里程增加了 98.6%,客运量增加了近 16%,单车里程载客量下降近 40%,舒适度明显提高,"乘车难"矛盾基本解决,为改善市民出行条件和城市形象做出了积极贡献。

但是随着上海经济社会的快速发展和人民生活水平的不断提高,本市公交发展面临着一些新的瓶颈和挑战。市民降低出行成本的呼声高;公交票价多年未动,成本不断增加,改善企业经营状况的难度高;实行多元投资后,政府加强行业监管,提高队伍素质与服务质量要求高。

面对新情况、新问题,上海全面落实科学发展观和优先发展城市公共交通战略,紧紧抓住上海举办世

博会的契机,坚持行业公益性与运作市场化相结合,突出公益特性,进一步深化完善公交改革。

(1)深化公交体制改革。按照公交行业公益特性,加大政府对公交的投入力度,进一步发挥国有资本在公共交通投资、建设、运营管理中的主导作用。上海公交体制实行多元投资,现有43家公交企业中巴士、大众等股份制公交企业占全市公交规模的80%,还有20余家社会投资的小企业。股份制企业和社会投资企业追求经济利益的市场特性,与公交为社会公众服务的公益性之间形成了一定矛盾,这种矛盾在公交票价受政府限制,经营成本不断增加,企业经营日益困难的条件下显得更加突出。在一定程度上阻碍了公交优先发展战略的实施。因此,上海将进一步深化公交体制改革,实现上市公司从经营公共交通中剥离,形成国有资本为主体经营公共交通的新体制。2008年将完成公交体制深化改革。

(2)完善公交市场格局。上海公交市场格局的现状是43家公交企业经营近千条公交线路,企业规模、经营状况、管理水平和服务质量参差不齐。营收高的线路争着上,造成线路重复,运力浪费;边缘地区客流少,线路缺班次稀;一些线路为减少成本抽班次,造成营运间隔大,乘客候车时间延长等,公交服务质量难以提高,乘客意见较多。政府管理部门在推进公交发展、实施线网优化调整中受到了来自企业利益的阻力。为解决上述问题,上海在深化公交体制改革的基础上,贯彻落实国家关于健全“国有主导、多方参与、规模经营、有序竞争”的公交市场格局的要求,推进企业整合,鼓励兼并重组,进一步发挥国有骨干企业在加强内部管理、提高服务质量方面的引领和支撑作用。根据上海公交网络布局和发展规划,推进区域整合和公交企业兼并重组,并制定相应的配套政策,逐步提高市场集中度。中心城区形成国有骨干公交企业为主经营,远郊区充分发挥城市交通两级管理区县的积极性,推进一区一骨干公交企业的经营模式,探索进一步提高服务质量,增强政府调控力的实现方式。

3 优化公交线网,提高运行效率

方便市民出行是推进公交优先发展的根本目的。调整城市交通线网合理布局,发挥公共交通系统的整体运行效率,是方便市民出行的有效措施。上海公交线网随着城市发展和市民需求每年都作调整。“十五”期间,全市940多条线路有700多条进行了调整。然而,市中心线路重复,郊区缺少,线网布局不合理的问题没有得到根本解决。为此,要在深化完善公交改革,公交优先发展各项工作不断推进基础上,统筹优化调整公交线网。

(1)“两网合一”,配合衔接。推进轨道交通与地面公交“两网合一”,做到合理分工,紧密衔接、互补双赢。公交线网特别是中心区网线必须紧跟轨道交通基本网络加快形成的步骤,实行结构性调整。

(2)“区域差异化”网线布局。第一,中心区“减负”。以轨道交通为主导,大幅度消减与轨道交通客流走廊重复路线,减少和缩短穿越性长线;第二,外围区“搭桥”。以轨道交通为骨干,增加连接轨道交通站点、枢纽和居住区客源点之间的驳运线,为放射状的轨道交通线路集疏客流;调整区域线填补公共交通网络空白;第三,远郊区“扩网”。完善市通郊、郊通郊沟通,对无轨道交通通达的新城发展点到点公交快线;完善镇域公交网络,提高网路和站点覆盖率,积极发展城乡巴士,实现“村村通公交”。第四,发展社区巴士。上海市郊新建小区越来越多,发展社区巴士,实现居民小区与公交网络的连接,丰富公交线网的“毛细血管”。

(3)线网梳理、功能分级。按照骨干线、驳运线、区域线的功能分级,对现行的混合线网进行梳理,使得线路功能合理化。骨干线布设在中心区的客流走廊,与轨道交通网络形成互补,在外环外依托高速公路和干线公路形成新城与中心城、郊区新城之间的点到点快线;驳运线重点布设城市外围地区,连接枢纽站点和新村小区等客源点,在支路上运行,提供短途循环或往复接驳服务;区域线介于骨干线和驳运线之间,在划定的交通区域运营,在次干道和支路上运行,重点解决区域出行。

根据上述原则,在广泛听取社会、市民意见基础上,修改完善上海市公交线网优化调整的总体规划,经市政府批准后,分三年实施到位。重点结合轨道交通发展,实施公交线网优化调整计划,努力推进线路布局向相对区域经营转变,构建方便换乘、功能清晰、布局合理的公交网络,提高整体运行效率。2008年计划新辟、延伸、调整公交线路200条以上。其中,城乡巴士线路30条;道路、桥梁符合公交车通行条件的行政村实现村村通公交。

4 政府购买服务,降低出行成本

降低市民出行成本是推进公交优先发展中最能让市民直接享受实惠的措施之一,也是公交行业构建社会主义和谐社会的重要举措。近年来上海推出了多项降低市民出行成本的措施。

(1)全面实施换乘优惠。2006年起逐步实施换乘优惠,实施范围从市中心区几十条线路推广到内环线内409条线路,从公交推广到和轨道交通换乘优惠,优惠幅度从初期每次0.5元,提高到1元。现在每天享受换乘优惠的人次超过100万。2008年换乘优惠准备覆盖到全市城乡所有公交线路。每次享受换乘优惠的间隔时间也准备从90分钟再予以延长。

(2)完善老人免费乘车。2007年10月上海推出了70岁以上老人非高峰时段免费乘车。2008年又免费为老人办理发放了可乘车计次的敬老服务卡,公交、轨道交通工作人员推行针对老人乘车的服务操作规定,使老人免费乘车更加方便,管理更加完善。

(3)统一城乡票价结构。由于历史原因,本市公交票价结构复杂,有单一票价、多级票价,空调车、非空调车,大巴、中巴不同价,常规公交和专线公交不同价。由于郊区线路多实行多级票价,因此,大量到市郊结合部居住地市民交通费用增加。2008年将按照统一市区和郊区票价结构,放宽基准乘距,实施费率递远递减原则,对全市公交票价结构进行调整,进一步降低郊区和中心城外围地区居民通勤出行成本。

(4)加大政府投入和公共支出力度。为加大对公交的支持,上海市政府从2002年起设立公交专项资金,用于公交企业减少富余人员,高等级和清洁能源车辆购车补贴和推进信息化建设等,还采取了油价补贴,减免养路费等措施。2008年进一步完善政府扶持政策和购买服务的机制,增加资金加大政府对公交的扶持力度,将车辆额度拍卖收入聚焦用于公共交通,提高车辆环保水平、推进公交信息化建设、政府购买公共服务、节能减排等。

5 强化政府监管,规范经营行为

推进公交优先发展需要加强政府监管,提高行业管理水平。法律法规提供保障。

(1)修订"公交条例",实施制度保障。去年我局根据公交优先发展战略的要求和上海贯彻落实的实际情况,开展立法调研,研究修订地方性法规《上海市公共汽车和电车客运管理办法》,完善各项监管制度、扶持保障机制、规范经营和服务要求等,使公交优先发展从法律制度上得到保障。

(2)加强线路经营权考核,完善退出机制。公交线路是公共资源,应当交给管理服务规范、乘客满意的企业来经营。上海多年来探索通过加强线路经营权管理,形成退出机制,改变公交线路经营的终身制,让那些管理服务水平低下,乘客很不满意的企业退出公交行业。总结吊销线路经营权做法,强化日常监管和线路经营权评议考核,完善退出机制及相关配套政策,将一些管理服务不规范,乘客意见强烈的线路,通过到期不再授予或者违规吊销线路经营权的办法,收回线路经营权,交由管理服务比较好的企业经营,实现线路资源向服务质量好、社会效益显著的企业集聚。同时,政府加大对公交营运企业的监督、对服务质量进行考核,完善诚信体系建设,落实企业诚信考评。重点对行车作业计划执行、车辆配置、营运服务质量、安全行车等加强监督考核,杜绝挂靠、买断等不规范经营行为。通过加强线路经营权管理和诚信建设,引导企业不断提高服务水平。

(3)实行公交成本规制,规范企业经营行为。现在各地政府都对公交发展予以支持,但如何建立约束企业经营行为,政府予以合理补贴,是政府管理部门面临的新课题。上海按照国务院提出的"建立规范的成本费用评价制度和政策性亏损评估制度”的要求,结合上海特点,统一公交行业核算制度,制定成本规制办法,明确成本约束要求,规范职务消费。建立规范的成本费用评价制度,完善相应的监控措施,确定公交企业实施审计的要求。由相关政府管理部门和专家组成评价委员会,评估企业经营状况,提出政府扶持和投入的意见。2008 年初开展公交企业成本规制的试点,取得了初步经验,年内管理部门将下发公交会计核算试行办法,统一主要收入、支出核算口径和分摊原则,制定成本规制管理办法,明确组织机构、约束规定、监审程序和违规处理等要求,争取在公交行业全面实施。

6　提高职工收入,提升队伍素质

20 世纪 90 年代中期后,上海公交行业职工收入增长缓慢,与社会平均收入水平的差距不断扩大,截至 2007 年低于社会平均收入水平 17%。公交职工收入与队伍稳定和服务质量密切相关,也关系到公交优先发展措施能否通过职工得到实施。所以,应当采取切实措施,提高职工收入,激发职工工作热情,提高服务质量。

(1)制定公交职工工资指导意见。我局在市总工会、市劳动保障局牵头下,会同市交通局、市建交委、市国资委等部门开展对公交职工收入情况的调研,制定提高公交职工工资的指导意见,准备向全行业公布实施。

(2)建立公交职工工资正常增加机制。一是将职工收入纳入经营者任期目标考核;二是实施工资集体协商制度,提高职工收入的保障力度;三是合理调控企业内部收入分配差距,经营者收入规定在合理倍数内,分配方案经职代会通过后监督执行;四是研究建立公交职工收入的保障扶持机制,根据公交提供公共服务的特点,通过成本规制,界定企业合理工资成本,确定正常增长制度。力争通过两年努力,使公交职工平均工资不低于本市职工平均水平。

(3)强化职业道德和业务培训。在提高工交职工收入的同时,加强从业人员队伍建设,提高从业人员职业道德、职业规范和职业素质。在职工收入中确定岗位服务、技术、操作规范等考核要求,将提高收入与提高服务质量挂钩。加强主要从业人员业务技能和职业道德的培训,不断提高行业队伍的整体素质和服务水平。

7　加快基础建设,改善运行环境

实施公交优先发展,必须加快基础设施建设。进入 21 世纪,上海围绕轨道交通为重点加快了城市交通基础设施建设,促进了城市公共交通事业又好又快发展。

(1)继续推进轨道交通基本网络建设。2008 年在建轨道交通线路 5 条、车站 116 座、盾构推进 150km。力争 2009 年建成轨道交通 8 号线二期、7 号线、9 号线二期、10 号线、11 号线北段、2 号线东延伸、7 号线北延伸等线路。世博会前形成 11 条线、400 公里的轨道交通基本网络。

(2)加大推进公交路权优先的力度。中心城区新建公交专用道 20km 以上,新城区推进公交专用道建设计划,加大公交港湾式站点的建设力度。选择公交专用道或线路集中的路段,进行信号优先配时的试点。进一步研究选择重点客运走廊,推进快速公交线路建设。

(3)加快换乘枢纽和停车场库的建设。建设 2 个公交停车保养场,新增停车泊位 700 个;新开工建设临港大学城、中环沪太路、静安寺等 17 个公交客运枢纽,其中 4 个具有 P + R(停车—换乘)功能,以缓解中心城区道路交通矛盾,做好世博会的交通保障,吸引个体交通换乘公共交通进入市中心,建立“P + R”枢纽建设和运营纳入公益性项目的机制,制定运营管理办法。

(4)提高公交信息化服务水平。公交车载智能装置(GPS)使用数超过 10 000 辆,内环线区域内车辆基本全覆盖,远郊区覆盖率超过 50%。推进公交候车亭与电子站牌整合,增加开通车辆到达预告等信息的电子站牌数量。今年建成的10个综合交通枢纽实现信息联网。加快公交客流、能耗数据即时采集系统的试点和全行业运营监控指挥系统的建设。以公共交通卡为载体,采集基础信息,为行业监管、辅助决策和政府扶持提供基础数据。以实现智能化调度、即时采集营运信息和提供乘车信息服务为目标,建成公交运营信息发布系统和市民出行查询服务系统,全面提升公交信息化服务水平。

(5)加快车辆更新促进交通节能减排。加大政府对车辆更新的扶持力度,提高乘车舒适度和环保要求,鼓励低标公交车辆提前报废更新。2008年更新和提前报废更新车辆1750辆以上,国III排放标准车辆达到28%;外环线内国I、国0排放标准的在用公交车实施报废更新,基本消除冒黑烟现象,并进一步落实责任追究制度和长效管理机制。针对本市新能源应用品种较多、缺乏统一规范的情况,结合公交特点,对新能源汽车进行多技术研发和比选,抓紧研究提出上海公交车辆使用环保新能源的意见。

第二十二章　由北京城市客运发展看公交优先政策绩效

王元庆[1]　李　娜[1]　李满囤[2]

(1.长安大学 BRT 研究中心　2.陕西省交通厅)

摘　要:本文分析北京交通的主要矛盾在于交通需求和供给在总量和结构上的双重失衡,并基于西方经济学,从商品的需求量与人们收入水平之间变化需求关系的角度分析矛盾,为提高解决交通问题的效率,更好的贯彻公交优先政策,对北京城市交通提出建议。

关键词:公交优先　交通效率　经济学

最近,北京的公交票价降价、地铁票价降价使公交优先再次成为了人们关注的焦点。作为交通规划从业者,经常出差经过北京,感觉目前的优先方法效率有所提高,但仍未很好地满足北京市民对交通出行的基本需要。下面,拟从提高解决交通问题的效率角度对北京交通提出一些建议。

1　北京交通的主要矛盾

北京出行中堵在路上会经常碰到。出差中听出租车驾驶员介绍,北京 90% 以上的交叉口在高峰时会堵车,高峰时间在逐渐拉长,这样在什么地方拥堵、堵塞多长时间越来越难预见,出行者也越来越难避免交通堵塞。外地调到北京工作的朋友介绍,由于途中时间的难以控制,在北京工作带来的变化就是每天只敢安排办一件事,第二件事就可能由于堵在路上无法实现,工作效率较其他城市降低很多。

2007 年初,北京将实施了半个世纪的公交月票制度取消,取而代之的是——公交 1 元起价,普通乘客刷卡 4 折优惠,学生刷卡 2 折优惠。到 2007 年 6 月份的统计表明,北京日均 1 200 余万人次乘坐公交车,比票价改革前增加了 250 万人次。相隔半年多,北京又宣布了地铁票价为一票制,票价下调至 2 元,不到以前最高票价的一半(见图 1 ~ 图 3)。这些政策,旨在刺激人们更多的选择公交出行,政府为此预计要投入 20 多亿元的财政补贴。但近期在北京出行的经验和相关文献表明,高峰时部分路段交通依然十分拥堵。

图 1　公交票价改革之前的北京公交

图片来源:http://news.tom.com

图 2　公交票价改革之前的北京地铁

图片来源:http://newsphoto.chinadaily.com.cn

北京奥运期间，由于社会活动减少，加之单双号分别隔日禁行，北京城市交通拥堵很少，期间，大多数习惯选择小汽车出行者，不得不换乘地铁、常规公交出行。由于乘客多，地铁乘客拥挤显著增加，而刚开通不久的五号地铁线，又似乎是交通最拥挤的线路之一（见图4）。地面公交运力增强后，服务水平有所提高。由此可以间接说明，提高地面公交路权优先，限制小汽车出行，是可能将减少拥堵与满足人们出行需要统筹好的。

图3　公交票价改革之后的北京公交

图片来源：http://cn. bbs. yahoo. com

图4　公交票价改革之后的北京地铁

图片来源：http://www. lingse. cn/bbs

国外一些城市的调查研究表明，城市交通拥堵主要集中在早晚高峰，约80%出行为家与工作单位（约60%）、学校（约20%）间的出行。北京的公交、地铁网络原来早晚高峰已经十分拥堵，想要吸引小汽车出行者乘坐公交车，减少道路拥堵，愿望是好的，但由于早晚高峰时原来的公交系统已经十分拥堵，早晚乘坐公交的感觉已经是已有公交乘客一天中最痛苦的经历，被堵在路上的公交车辆时常使人们上班迟到，这又怎么能使乘坐小汽车上班一组愿意改变出行方式呢？即使愿意改变的出行者也会由于公交恶劣的服务质量而又换回原有的出行方式。

北京的交通拥堵主要由于交通需求和供给在总量和结构上的双重失衡。城市交通是完全自由的开放系统，交通需求是快变量，很难完全控制，交通问题只能是缓解和调节。随着特大城市中边缘集团、近郊住宅区的大量出现，人们的出行距离大幅度延长，无论是进城上班、办事、购物还是娱乐，都要走很长的路。平均出行距离拉长，交通源分布相当繁杂，并向外围转移。其中一部分显然是人为增加、无效或低效的。

2　矛盾分析

西方经济学中根据商品的需求量与人们收入水平之间的关系、对消费者收入变动的反应程度不同，把商品分为正常商品和低档商品。正常品的需求收入弹性系数可等于1，大于1（奢侈品），或小于1（必需品）。可将小汽车出行归分为奢侈品（$E_m>1$），即需求富于弹性，表示需求量变动的比率大于价格变动的比率；而公交出行则属于必需品（$E_m<1$），即需求缺乏弹性，它表示需求量变动的比率小于价格变动的比率。

随着消费者收入水平提高时，本来被认为是奢侈品的东西，也许会被认为是必需品，本来被认为是正常商品的东西，可能会被认为是低档商品。

无论是奢侈品还是必需品，当其价格下降时，或者人们购买水平提高时，其替代效应、收入效应均使该商品的需求量（购买量）增加，而且奢侈品的变化还更为突出。因此，当人们的收入提高到一定的水平时，人们对出行费用的关注将会降低，更强调于出行质量。客观上的自主选择，将会导致小汽车出行比例上升。主要是由于在出行过程中不考虑交通事故情况下，人们普遍认为小汽车出行具有更高的可达性，可实现点对点的出行，安全、舒适，许多爱车族昵称小汽车为“移动的家”。而公共交通则较为拥挤，乘客的人身、财产的安全性无法保障。对两种出行方式的出行环境、出行时间及出行的灵活性选择上不同的评价是本身存在的,不以政府降低公交票价而改变。

随着经济的发展,由于小汽车的出行效率优先于公交、地铁,其出行比例会不断地扩大,致使北京的交通拥堵状况越来越严重。即便地铁网络建成,吸引一部分有车族换乘公交出行,但是道路拥堵稍稍缓解的同时又会吸引另外一部分人开车出行,交通拥堵仍将继续。只有当选择小汽车出行时被堵在路上,长时间到达不了目的地;相反的,公交则真正实现了便利快捷,二者相比,选择小汽车出行损失较为惨重时,有车族才会自动从驾驶座上离开,选择乘坐公交、地铁出行。

我国的财富分配格局正在逐步从金字塔形向橄榄形转变,尤其在北京等大城市,趋势更为明显,中等收入阶层逐步壮大。这个阶层选择公交出行,价格低廉只是一方面,乘车环境、舒适度、可达性则更重要。公交票价的改革,对价格敏感度较高的低收入人群作用较为明显,进一步地刺激其选择公交出行;另一方面却使中等收入阶层原本选择的比较"高端"、乘客人较少、乘车环境较好的空调车票价和普通公交车一样,客流量剧增,乘车环境急剧恶化,部分人因无法忍受挤车之苦而放弃公交车选择私家车。而对于小汽车出行者,原本公交车不是太挤的时候都不愿意乘坐,在票价改革后更加拥挤的状况下,他们更加不会改变出行方式。

3 建议

若想把城市从小汽车大量使用,城市道路拥堵、废气排放、能源消耗严重等众多问题中拯救出来,唯一的出路就是:提高公交服务水平,更强硬地贯彻公交优先政策并限制小汽车使用。笔者提出以下几条建议:

(1)在城市中心区压缩小汽车的路权,构建地铁、快速公交协调运作网络,提高常规公交的运能,控制小汽车使用。

北京城市道路较宽,干道多是双向八个车道,加上两侧辅道,则双向高达十几个车道,道路交通硬件建设提速,城区道路里程在全国领先,道路的宽度甚至超过伦敦、巴黎,而密布于城区的立交桥更已成了北京的象征性符号。然而,道路交通硬件的高水平,并没有彻底实现缓解交通拥堵的目标,相反,似乎陷入了路越修越多、车越来越堵的恶性循环。

截至2007年6月底,北京机动车保有量突破300万辆,私家车超过一半。城市二环至三环之间的干线道路上,高峰时刻车辆的平均速度已经下降到2005年的10km/h以下,已经慢于自行车的时速——12km/h。道路资源的增长根本就满足不了车辆的快速增长。按照这样的趋势发展下去,最终会达到一个平衡点:路面上小汽车拥堵,无法行进,促使其不得不换乘公交、地铁出行。与其越扩越堵,不如像南中轴那样,划出几个车道进行快速公交的建设。北京南中轴路交通干道上的快速公交享有通行优先的"特权",行车速度比普通公交车快一倍,乘客减少了出行时间,候车满意度达到90%。

缓解北京交通拥堵,单靠不停地修桥建路不行,单靠"交警+协管"的人海战术也不行,而应更重视管理模式、方法、制度上的改进,对小汽车交通需求实施引导与调节,保持汽车交通量与道路负荷容量相匹配,加大道路之间的连通率。

(2)为满足多层次乘客需求整合公交线网、合理规划公交线路、提高公交服务水平。

常规公交网络现状与现实中乘客需求还有一定的差距。应该根据大量的居民出行OD调查分析,合理布局公交线网,引进大容量的公交,衔接换乘。在新建道路同步设置公交专用道,现有道路增加施画公交专用道,延长现有专用道的使用时间,修建施画公交港湾,实行公交优先信号,特勤管理兼顾公交优先,实施道路工程改造,设置大容量快速公交专用道。

让公交线路进入社区,为道路、场站不具备公交开线条件的小区开辟小区公交支线。优化公交线网,提高公共交通的运营效率,使公交线网布局更加合理,减少重复线路,调整不合理线路,扩大覆盖范围,按照"社区(通过支线)→换乘点(通过干线)→目的地"合理布局。逐步建立起了以快线网为骨架、普线网为基础、支线网为补充的三级公共交通网络。

建设地铁、快速公交、常规公交高效换乘中心，实行各种公共交通换乘免费或者优惠换乘政策，为乘客提供了可靠、舒适、快捷的服务。完善交通设施的功能结构，提高承载能力、运营管理水平，基本适应城市日益增长的交通需求，初步形成中心城市和城际交通一体化新格局，使得市区交通拥堵状况有所缓解。

(3)重视基于交通模型的交通规划研究，提高决策精准性和改善的针对性。

国外城市的主干道基本都比我国道路要窄，且车道不多，但由于整体的交通网络规划、设计较科学，交通较为流畅。因此，北京交通未来的目标不应是修更宽的路，造更多的桥，而是要整合道路资源，将其使用效率发挥到最大，这就涉及一个城市建设宏观规划上的问题。

必须重视按照国际主流概念做基于交通模型的交通规划，需要进行大规模的居民出行 OD 调查，收集交通设施、运营规划、交通管理、路网现状、土地利用、社会经济活动、城发展政策等方面信息，将公众、参与部门、政府领导、区域部委的意见和建议纳入规划模型分析、选优阶段中，做好规划、服务，提高交通对策的绩效与政府的执政能力。相关管理部门的方法应更加专业化，更多地借鉴国外成功经验，增加管理的科技含量；在做出任何决策前，要注重正视客观现实，采纳民意，提高决策精准性。从具体细节上改善服务水平，符合大多数人利益，更好地使用资源，缓解交通拥堵。

(4)基于分区域交通流量与停放特征精细分析，出台有效减轻拥堵点的停车政策。

对分区域的交通流量进行分析，针对不同区域的资源条件、不同出行时期的交通特性和不同目的的出行需求以差别化供给提供多样化的交通服务。市中心区交通设施的供给以公共客运为主，对小汽车使用可以实行分时分区有弹性的限制管理。同时，对不同区域，制定不同的停车设施配备建设标准和停车服务价格，推行分时段弹性停车费率制度。应该考虑不同类型的交通出行，对小汽车出行分别进行限制：对硬性必需的小汽车出行，应该提供停车服务设施；但对弹性可有可无的小汽车出行，应该通过在具体地点采取停车控制措施，刺激其出行方式的改变。

此外，建议对现行的机动车停车收费标准进行调整，制定分时段、分地段、差别化停车收费政策，缓解城市中心区交通拥堵，合理安排地上停车场、地下停车场的比价关系，促进停车资源的均衡使用。在重要地铁口设立大型停车场，方便有车族泊车通过地铁进入市中心，缓解道路交通压力。

参考文献

[1] Ali Mekky. Analytical Transportation Planning [M]. America, 2001.

[2] Michael D. Meyer Eric J. Miller, Urban Transportation Planning [M]. (Second edition). Mc Graw Hill, Boston America, 2001 .

[3] Alan Black. Urban Mass Transportation Planning[M]. 1995.

[4] N·格里高利·曼昆. 经济学原理[M]. 3 版. 梁小民译. 北京:机械工业出版社,2003.

[5] 罗杰 A·麦凯恩(Roger A. McCain). 博弈论战略分析入门[M]. 原毅军等译. 北京:机械工业出版社,2006.

第二十三章 如何解决城市公共交通公益性与市场化的矛盾

(乌鲁木齐市城市交通局)

摘 要:本文针对城市公共交通公益性与市场化的矛盾,从合理配置公交资源、规模经营、有序竞争;实行公交线路特许经营,让优势企业主导公交市场;强化政府责任,为公共交通发展提供制度保障的角度提出对策和建议。

关键词:乌鲁木齐 公共交通 公益性 市场化 矛盾

随着我国城市公用事业市场化进程的加快,城市公共交通的市场化改革也在不断推进。国有公交企业改制和民营企业进入公交行业,形成了国有主导、多方参与、打破垄断、公交通畅、出行便利的市场格局,极大地方便了人民群众的出行,促进了城市公共交通事业的发展。

在城市公交行业市场化改革的过程中,也出现了很多的问题和困难。目前,关于公交行业市场化改革问题的讨论和实践仍在继续。从全国的情况来看,一些财政实力雄厚的城市开始将城市公交的公益职能放在首位,花巨资从市场上赎购线路经营权,交给国有公交企业经营,政府加大财政补贴力度,支持城市公交企业的发展。而财政实力弱的城市,则更加注重城市公交的市场化,不断减少政府财政对公共交通事业的投入,有些城市甚至给公交企业"断奶",致使公交企业经营陷入困局,举步维艰。

这两种做法都不免有些极端,笔者认为,只有坚持公益性,才能将票价保持在群众可支付能力的范围内,是城市公共交通的职能所在,而推进公交行业市场化,才能打破垄断,引入适度竞争机制,促进公交企业节能降耗,提高服务水平,更好地满足群众需求。因此,首先应该明确城市公共交通的公益性定位,在此基础上的市场化才是今后城市公交发展的方向。

如何解决城市公共交通公益性与市场化的矛盾,在此谈一点浅显的认识。

1 合理配置公交资源、规模经营、有序竞争

城市公交线路是重要的公交资源,具有有限性和稀缺性的特点,这就决定了城市公交行业的市场化必须在合理配置公交资源的基础上开展。一些城市在公交客运市场放开后,没有考虑到市场的实际需求,随意审批增加公交企业和公交线路,造成经营主体多、小、散、弱,公交线路重叠严重,客源分流,收益分散,经营者之间竞争激烈,公交资源浪费,经营效益不佳,服务质量下降,公共利益难以保障。

由于公交资源的有限性和稀缺性,如何在保证社会公益的基础上发挥其最大经济效益,是市场化能否成功的关键。

这就要求政府发挥好合理配置公共资源的职能作用,按照城市整体发展要求,制定良好的公共交通规划,科学布局公交线网,减少市区内骨干线路和基本线路的重叠率,在新增线路时以喂给线路为主,向城乡结合部、公交盲区和空白点发展,形成一个以骨干线路、基本线路、喂给线路和换乘枢纽有机组成的合理的公共交通网络。在线路经营权的分配上,政府要注重企业的经营效益问题,切忌过度分散,应指导企业采取市场运作的方式进行整合,以强化规模经营。将效益好的、效益一般的、亏损的线路综合考虑,平均分配,以保证企业在经营过程中能够以好补差,起到一定的效益平衡作用。这样做,既能减轻线路重叠率高带来的公交资源浪费,提高公共交通资源利用效率,企业的效益得到一定的保证,又满足了边远区

域群众的出行需求,促进了企业提供社会公益服务的积极性。

2 实行公交线路特许经营,让优势企业主导公交市场

城市公共交通是政府为群众提供的公共服务产品,其服务的效率和质量是人民群众满意不满意的关键所在。在过去完全由政府垄断并直接提供服务的时代,其服务的成本高昂,但服务的质量不高,效率低下,群众是不满意的。在打破政府垄断,实行公交行业市场化的今天,政府部门不能一推了之,而应更加注重企业在市场化状态下提供公共服务的效率和质量。简言之,在城市公共交通实行市场化、社会化的同时,必须不断加强法制化建设,通过法律形式确定政府与经营者的关系,才能够保障企业提供公共服务的质量和效率。

在城市公交行业实行特许经营,就是由政府制定城市公共交通发展规划,确定供给数量和质量标准,明确政府和经营者的权利、责任与义务,通过向社会公开招投标方式确定经营者。在经营过程中,按照特许经营协议的约定,加强对企业服务质量考核,促使企业不断改善服务,对不能按照特许经营协议约定提供服务的企业要强制退出城市客运市场。通过优胜劣汰,以竞争方式有效调动优势企业的积极性,保障优势企业在竞争中保持相对优势,让服务质量和效率优良的企业在市场中起主导作用,为提高社会公益服务质量提供保障。

通过实行特许经营,使政府从公共服务的"直接提供者"变为"发包人",将政府权威与市场交换的功能优势有机组合,在充分利用社会资源,减少政府资金投入的同时,提高政府提供公共服务的能力,通过发挥市场机制作用调节公共服务的供给和需求,从而使城市公交行业在整体上达到降低成本、提高效率、服务优质的目的。

3 强化政府责任,为公共交通发展提供制度保障

城市公共交通的公益性,决定了它不是纯粹的商业活动,城市公共交通的市场化,只是突破了政府决策、政府执行的传统模式,改变了公交服务供给方式,提高了公交服务的供给效率,而不能简单地将公交企业完全推向市场进行商业化经营,在这个方面,政府应当负起责任,给予必要的投入,保证其正常运转。

3.1 强化社会公益职能,保持低票价政策

从全国的大趋势来看,城市公共交通的公益性职能在不断得到强化,保持低票价甚至把公共交通作为社会福利的呼声也越来越高。各大城市老年人、盲人、伤残军人免费乘车政策都在执行,还有些城市恢复了成人优惠月票制度,一些城市大幅降低公交票价,吸引群众乘坐公交车出行,这说明各地政府在强化公交公益性的问题上是有共识的。强化社会公益职能,保持低票价政策是政府义不容辞的责任。

这里需要注意的问题是,强化社会公益职能并不是要回到过去政府垄断经营的老路上去,放弃市场的调节作用,完全靠政府财政支持来实现,也不能把公交行业作为纯粹的社会福利事业,不计成本地去实现社会公益职能。而是要将市场调节的无形之手与政府调控的有形之手有机结合起来,实现公交资源的优化配置,以降低企业经营成本,为保持公交低票价政策,实现社会公益职能打下良好基础。

保持公交低票价政策也并不是完全背离市场调节的原则,票价越低越好,而是要在公交运营成本与群众可支付能力之间选择好一个平衡点。既要保证票价在群众可支付能力范围之内,又要考虑到票价收入能够满足企业的基本经营需求,以保证企业的可持续发展。

3.2 建立公共财政补偿、补贴制度,实行税费减免政策,保障公交企业实现合理收益

城市公交企业具有极强的社会公益性质,决定了它不能以利益最大化作为其最终目的,但在市场化条件下,公交企业也同其他企业一样,需要通过合理的经营收益维持生存和发展。

在承担社会公益义务和低票价政策制约的前提下,如何帮助公交企业实现其合理收益,维持生存与发展,是政府部门无可推卸的责任。

首先,公交企业作为市场经营主体,就要在加强企业经营管理水平、节能降耗,提高效益上下功夫,避免因经营无方、管理不善而导致亏损。其次,对因政策原因,如票价限制、特殊群体免费或优惠乘车等企业无法控制的因素而造成的政策性亏损,政府则应给予相应的补偿或补贴。

所以,政府应将优先发展城市公共交通纳入公共财政体系,明确公交企业的合理收益水平,实行税费减免政策,减轻公交企业税费负担,建立规范的成本费用评价制度和政策性亏损评估和补贴制度。以严格的制度来规范政府和企业的行为。

对公交进行补贴和补偿的前提是公交企业财务必须透明,运营成本必须向社会公开,政府要能够随时掌握公交企业运营成本和经营收益等财务状况。企业达到合理收益水平的,政府不再予以补贴,低于合理收益水平的,由政府财政给予相应的补偿或补贴。同时要严格区分企业的经营性亏损和政策性亏损,属于政策性亏损的给予补偿,以鼓励公交企业认真履行社会公益职能,保障企业生存和发展的能力。属于经营性亏损的企业自负,以避免出现政府为企业经营不善买单,使企业产生依赖思想,不思进取,影响公交行业整体服务效率和质量的提高。

3.3 将公交场站建设纳入城市公共基础设施建设范畴

随着公交客运市场化和经营主体的多元化,过去由国有公交企业承担公交场站建设任务的方式已经不能适应发展需求,建设公交场站的巨额投入也会加重公交企业的负担,公交场站建设滞后的情况更加严重。

因此,城市公交的基础设施建设,应纳入城市发展和建设总体规划,按照"统一规划,统一管理,政府主导,市场运作"的原则,由政府投资建设或通过实行政府行政划拨土地,在新区开发、旧城改造、居住区建设以及新建、扩建机场、火车站、长途汽车客运站、旅游景点和大型商业、娱乐、文化、教育、体育中心等项目时,鼓励开发商等社会资本同步投资建设公交场站,并面向公交企业提供有偿服务等方式,加强公共交通场站建设,以改善城市公交场站建设滞后的状态。由公交企业承建公交场站时,政府除应行政划拨土地外,还必须给予强大的资金支持,从根本上解决由企业投资建设公交场站而给企业经营带来的成本费用负担,使企业轻装上阵,集中精力搞好服务。

3.4 加强对公共交通行业的宏观调控和监管

在推进公交行业市场化的进程中,必须加强政府对公共交通的宏观调控和监管职责,以保证社会公益性不受损害。

由于公交客运市场化后,企业有可能过度强调赢利,对获利高的线路配置较新的车辆,提供较好的服务,而对效益差而又不得不提供服务的线路则消极对待,以破旧的车辆、较长的营运间距来降低成本,应付乘客,服务质量达不到政府和群众的要求。

政府作为城市公共交通的组织者和领导者,必须以结果(即群众满意不满意)为导向对市场化后的公共交通服务实行有效监管。认真分析可能影响公共服务质量的因素,对其中的关键环节和重要因素实施监控,同时注意收集公众对公共服务质量的评价信息,建立并完善相应的公共服务质量评估指标体系,制定监管规则。加强对企业服务质量考核,促使企业改善服务。对达不到服务质量要求的企业,要予以淘汰。让有竞争力、服务好的优势企业主导公交市场,促进公交行业服务质量的提高。

总之,城市公交行业市场化改造后,如何保障其公益性职能和实现企业合理收益的问题,对于政府管理部门而言,是一个挑战。笔者认为,只要政府及工作人员强化责任意识,按照市场经济规律,健全法制、依法治理,不断探索新思路,改善管理方式和方法,实现公交资源优化配置,就能够提高服务效率和质量,实现公共利益最大化,同时,通过建立完善的政府公共财政补贴机制,又能有效约束与合理满足公交企业的经济利益,保证公交企业的可持续发展。

第二十四章　发展快速公交是厦门市破解交通难的重要途径

林金平

（厦门市交通委员会）

摘　要：随着经济的发展，人口的剧增，厦门市机动车的数量不断攀升，道路交通拥挤加剧。为了实现交通的跨越式发展，厦门市认真落实公交优先发展战略，大力发展城市公共交通，建设快速公交系统（BRT）工程。快速公交系统对于厦门市破解“交通难”，改善市民出行条件，营造安全、畅通、文明、和谐的交通环境具有重要意义。

关键词：快速公交　公交优先　跨越式发展

2005年以来，厦门市汽车拥有量快速增加，增长幅度达到年均25%左右，2007年全市汽车拥有量达到22.6万辆。车辆的快速增加造成了城区交通的拥堵，岛内交通主干道高峰时段平均车速逐年下降，2007年降到22km/h，高峰时段部分交叉口排队现象严重，排队长度达到100m左右，车辆通过交叉口要等候2～3个红绿灯周期，高峰期的公交车平均时速仅为12km/h，低于18km/h的国际警戒线。

面对严峻的现实，厦门市应未雨绸缪，寻求科学合理、可持续性的交通发展模式，以应对未来城市发展的需求。

1　优先发展公共交通是厦门市破解交通难的主要途径

纵观世界各大城市缓解交通拥堵的基本模式，不外乎两种：一种是增加道路的供给能力以满足日益增长的交通需求，如修路架桥、提高道路等级等；另一种是提高道路使用效率，如优先发展城市公共交通，引入智能交通设施等。当然，适当控制交通需求增长，如实施道路拥挤收费、车辆单双号控制等，也是在不得已情况下可以考虑采取的措施和手段。

近年来，厦门市在道路投资建设方面的力度是前所未有的，动工建设了集美大桥、杏林大桥、翔安隧道、成功大道、鹭岛大道等一大批大中型交通工程，这些项目的建成对于提高道路通行能力、缓解城市交通拥堵起到了重要作用。但是，厦门市域面积狭小，土地资源十分紧缺，未来难以依靠持续的新建道路来满足交通需求。与私人交通相比而言，公共交通可以极大地节省道路资源，1辆公交车占用的道路面积仅相当于2辆小汽车，但其运载的人数却是小轿车的20～30倍。因此，发展集约型的公共交通体系，是解决交通发展与用地矛盾的明智之举。这是厦门市优先发展公共交通的第一个原因。

第二，能源供给的严峻形势决定了厦门必须优先发展公共交通。国外的研究结果表明：如果使用清洁柴油的大型快速公交车辆，每人每公里消耗的能源为小汽车的8.4%；如果是混合动力车辆，则只有小汽车的4%。在国际油价日益高涨、国内石油供给缺口不断拉大的今天，只有依靠低能耗高效率的公共交通系统，才能实现城市交通向节约化的转变。

第三，环境承载能力的限制决定了厦门必须优先发展公共交通。作为港口风景旅游城市，环境质量对于厦门有着居功至伟的意义。机动车数量的高速增长，带来的是空气和噪声污染的日趋恶化，汽车尾气污染已成为城市空气环境恶化的主要根源，显著现象就是雾霾天气时有发生。公共交通，是一种人均污染产生和排放量较低的交通方式。在城市发展和环境保持的两难抉择之间，发展公共交通成为厦门的必由之选。

第四,厦门市常规公交发展的局限迫切需要进行突破与升级。经过长期努力,厦门市公共交通取得了长足发展,但与厦门的跨越式发展和广大市民的出行需求不相适应,尤其是没有完全意义上的公交专用道,路权优先难以得到保障,导致公交速度慢、准点率低,影响了市民出行。要突破厦门市常规公交面临的困境,适应城市发展和市民出行的需求,就必须进行深层次的变革,探索引进新的大容量、快速度的交通运输方式,实现对现有运输方式的升级。日本东京机动车拥有量700多万辆,远远超过厦门,但其高水准的公共交通体系使得人们日常出行基本选择公共交通,而避免驾车拥堵和高昂收费,私车主要用于周末休闲娱乐,这对处于现代化进程中的厦门极具借鉴意义。

2 发展快速公交是符合厦门市实际、实现公交升级的正确选择

大容量、快速度的城市交通运输方式,主要包括地铁、轻轨、快速公交等。但是,根据我国现阶段申报发展轨道交通的城市条件要求,厦门还不符合建设地铁、轻轨等城市快速轨道交通的条件,一是城市人口数量不足,建设轨道交通的城市总人口应超过700万人,城区人口应超过300万人;二是客运量不足,轨道交通规划线路的客流规模应达到单向高峰每小时3万人次以上,而厦门快速公交一号线的单向高峰小时客流量远期预测仅为1.7万人次。此外,厦门是一个众星拱月、非带状的城市,目前建设轨道交通的效应不明显。而发展快速公交系统对人口及经济规模没有特殊的要求,对于不具备建设轨道交通条件而公共客运能力不足的城市可优先考虑建设快速公交系统。

快速公交系统(BRT)是利用改良型的公交车辆,运营在公共交通专用道路空间上,保持轨道交通运营特性且具备普通公交灵活性的一种快捷的公共交通方式。BRT是目前国际上推广相当成功的一种公共交通系统,它具有建设时间短、投资低、运量大、速度快等特点(表1),同时通过采用较为舒适的车辆、快上快下的票务候车系统和信号优先系统,使得整体服务水平大幅度提升。

快速公交(BRT)与其他公共交通模式的比较 表1

交通方式	地铁	轻轨	BRT	常规公交
敷设方式	地下线为主	高架线为主	地面线为主	—
投资额(亿元/km)	4~8	2~2.5	0.2~0.7	—
单向客运量(万人/h)	3~8	1~3	1~1.5	0.3~0.5
平均速度(km/h)	35~40	30~35	15~20	10~15
建设时间(年)	4~6	3	1~2	—
系统灵活性	低	低	高	高

厦门市在广泛借鉴国内外其他城市建设发展快速公交系统经验的基础上,结合本市实际,确定了厦门快速公交系统规划建设方案,具有以下特征:

第一,从建设方式来看,BRT一号线采用高架形式,其他BRT线路采用地面形式。在土地资源匮乏的情况下,厦门市利用道路中分带、采取全线高架的方式建设BRT一号线,这是国内首创。

第二,从投资成本来看,BRT一号线(高架)平均每公里造价约7 499万元;BRT成功大道、鹭岛大道专线等地面线路平均每公里造价1 500万~2 000万,均远低于轻轨和地铁的造价。

第三,从建设周期来看,BRT一号线的建设周期仅1年,其他线路因采用地面形式周期更短。

第四,从运营车辆来看,BRT采用低地板新型公交车辆,每车载客可达到60~80人,单车售价近100万元,而国产地铁的单车售价约1 000万元,远较地铁和轻轨节省。

第五,从行驶速度来看,BRT一号线采取高架形式,其最高行驶速度可达60km/h,平均运营速度达到30~40km/h,与地铁和轻轨相当;其他地面线路运营速度也可达到20~25km/h。

第六,从客运量来看,BRT一号线远期(2020年)单向高峰小时客运量可达到1.8万人次/h,相当于4

节编组轻轨交通的运量。

第七,从环保性来看,BRT 一号线利用中央分隔带采取高架形式,较少占用道路平面空间,同时噪声比轨道交通小。

第八,具有较高的安全性。一是 BRT 专用车辆动力采用日野动力、德国 ZF 底盘和自动变速箱。二是桥梁路面采用抗滑性能、抗车辙性能和抗滑性能均较好的改性沥青。三是配备完善的消防设施系统,制定完备的安全应急处理预案。四是采取了车辆限速装置、站台安全屏蔽门系统等人性化的措施。五是建立高性能、安全可靠的 BRT 通信智能系统,实现 BRT 的合理调度和有效监控。

第九,有利于降低市民出行成本,票价更加经济、合理。厦门市 BRT 按照里程计费的方式,刷卡起价 0.3 元,每公里递增 0.1 元;开启空调期间,起价 0.6 元,10km 以内每公里按 0.2 元计价,10km 以后乘段每公里按 0.1 元计价。链接线实行一票制,刷一通卡 0.3 元,投币 0.5 元。

第十,有利于优化公交线网布局,市民出行更加便捷。一是 BRT 的建设,将使厦门市公交线网逐步形成以 BRT 为骨干,公交枢纽为中心,常规公交干线、支线为基础的层次分明、衔接紧密、功能清晰、覆盖面广的公交网络。二是在 BRT 沿线布设链接线,实现 BRT 枢纽及站点周边 2 ~ 3km 范围内居住区、商业区、工业园区、学校的客流与 BRT 无缝衔接,方便市民出行。

3　加强快速公交运营管理,为市民出行提供优质服务

2008 年 8 月 31 日,厦门市快速公交一期 3 条线路正式投入运营,线路最高车速达到 60km/h,平均车速为 30km/h,平峰发车间隔为 3min,高峰发车间隔为 1.5min。表 2 为厦门市快速公交今年 9 月、10 月的运营情况。

厦门快速公交 2008 年 9 月、10 月的运营情况　　表 2

线　路	月　份	营运总车辆数(台)	实际日运行总班次(班)	总客流量(万人次)	总营收入(万元)
快线	9 月	120	1 524	308.7	274.0
	10 月	120	1 866	404.1	340.0
链接线	9 月	90	5 302	165.7	53.6
	10 月	90(暂停 3 条线路)	4 726	201.8	73.7

从表 2 可知,快速公交快线的日均客运量 9 月份为 10.3 万人次/日,10 月为 13 万人次/日,10 月比 9 月有上升,总营收入也增加。说明厦门市 BRT 以其快速及低廉的票价吸引了大量的客流,且还有很大的增长空间。

虽然快速公交的开端良好,但长期的运营管理任务更加艰巨。BRT 在厦门市是新生事物,要想充分发挥其优点,使其与厦门市的交通系统相适应,则还需要从以下几个方面努力:

首先,要加强管理,规范运营。加强学习,认真探索、借鉴国内外有关 BRT 的好做法、好经验,努力提高企业经营管理水平。要按照现代企业的要求,建立健全公司管理制度,规范公司的运营管理。

其次,要以人为本,提供优质服务。BRT 公司精心挑选了一批素质高、技术好的驾驶员和其他管理人员,要加强培训教育,增强服务意识,切实提高服务水平。在运营服务过程中,要更加注重细节,广泛听取意见,努力改善服务。

第三,要严格管理,确保安全。驾驶员要增强安全意识,认真履行有关安全规定和操作规程,切实安全行车。BRT 公司要落实安全生产责任制、行车安全检查制度、BRT 车辆技术检验制度等各项制度,健全安全工作机构,严把车辆技术关和一线驾驶员安全行车关,落实车辆安全日检、趟检制度,坚持经常性的安全教育活动,加强安全检查,消除安全隐患,尽量防止和减少各类事故的发生;要制定各类安全预防及应急处置预案,开展预案演练工作,确保应急处置工作有效、有序开展。

发展快速公交是厦门市改善民生、为民办实事、破解交通难的重要举措,同时也是厦门市落实公交优

先政策的重要体现,反映了社会公平与效率,有利于促进厦门市创建文明和谐城市。下一步,厦门市将继续积极推进快速公交系统建设,形成独具厦门特色的快速公交网络,构建高水准的城市公共交通体系,为广大市民提供“安全、经济、快速、便捷、舒适、环保”的公共交通服务。

参考文献

[1] 徐家钰.城市道路设计[M].北京:中国水利水电出版社.2005.

[2] 厦门市海西交通科技咨询中心.厦门市快速公交一期工程配套的常规公交线网调整方案报告[Z].厦门:厦门市海西交通科技咨询中心,2008.

[3] 杨新苗,郭秀芝,陆化普.厦门岛绿色快速公共交通系统发展构想[J].现代城市研究,Vol.1,2003.

国际经验篇

第二十五章　公共交通立法、规划、运营、管理、投融资之国际经验

江玉林　彭　唬　何新东　冯立光　郝记秀

（交通部科学研究院中国城市可持续交通研究中心）

摘　要:“他山之石,可以攻玉”。在寻求缓解大城市交通拥堵及其他相关问题的解决办法过程中,我们需要具有国际视野,有选择地借鉴吸收国际上许多大城市的成功经验和做法。为此从公共交通立法、规划战略、综合客运体系建设、公共交通运营机制、投融资机制以及出租车管理等方面概括国际发展经验,为我国公共交通发展提供实践参考。

关键词:公共交通　国际经验

1　立法保障公共交通优先发展

各国城市公共客运交通立法,其目的和主要内容相似。美国、法国、德国和中国香港等国家和地区在这方面的一些经验可供借鉴。

1.1　美国:立法鼓励公共交通发展

加强立法,是美国政府解决城市交通拥堵、环境污染等问题所采用的一个重要手段。从20世纪初至今,美国先后出台了《城市公共交通法》、《城市公共交通扶持法》、《综合地面交通效率法》、《21世纪交通平衡法》等若干国家法规,以规范和鼓励公共交通发展。

1.2　法国:重视法规的配合与协调,促进公共交通发展

1995年至2001年间,法国政府相继颁布了一些与城市公共交通相关的法律,其中最重要法规是《空气清洁法》和《国家城市振兴协作法》。这充分体现了政府在优先发展城市公共交通方面的政策导向作用。

1.3　德国:立法保障公交建设资金,实现公交资源优化整合

为了从资金上保证公交优先政策,以及明确资金分配和使用权限,德国联邦政府制定了《乡镇社区交通资助法》和《区域化法》。这些法规规定了政府在推行公交优先政策及推动公交建设中的投资数额,以及联邦公交建设投资的分配和使用。

2　战略引导公共交通可持续发展

重视公共交通发展战略的战略性、前瞻性和导向性,以保证公共交通的可持续发展。在这方面,英国和中国香港地区都给我们树立了良好的榜样。

英国:制定战略,完善公共交通体系

2000年7月,英国运输部发表了《英国2000—2010年交通运输发展战略:10年运输规划》,以改善公交相关的基础设施,提高公共交通的服务质量和能力。

3　规划促进公共交通有序发展

3.1　通过规划,保障土地利用与公共交通系统的协调发展

国外在城市规划建设过程中,十分重视土地利用与交通系统的协调发展,不断探索科学合理的城市和交通发展模式。

3.1.1　库里蒂巴:运用带状发展理念,通过交通轴线引导城市发展

20世纪70年代,巴西库里蒂巴在城市规划中运用了带状发展的概念,实施沿轴线发展的城市结构设计模式。通过一系列分区用地控制规划和其他用地刺激方法,促使城市沿着五条结构轴线向外发展。

3.1.2　哥本哈根:因地制宜,提出"手指形态规划"

哥本哈根根据自己城市的特点,提出了"手指形态规划"。该规划明确要求城市要沿着几条狭窄的交通走廊向外发展,走廊间由限制开发的绿楔(公共绿地)隔开;同时维持原有中心城区的功能,政府规定轨道交通系统的建设要先于或者与沿线土地开发同时进行。

3.1.3　新加坡:重视规划协调,运用多种手段进行管理和控制

自20世纪60年代后期,新加坡就开始进行土地利用与交通的长远规划。新加坡采取了"城市组团"和"混合开发"的发展模式,有效地减少了城市的交通出行总量。并将为公众提供方便快捷的交通服务放在首位;并严格按照法定的规划程序进行土地开发,有效地保障了土地的利用与交通运输、环境保护等的协调发展。

3.2　加强对交通规划的管理和控制

欧盟交通委员会在其《面向可持续的城市交通政策》中提出:地方政府必须严格制定城市交通规划,以提高交通的安全性、可持续性和城市综合竞争力,从而提高人民的生活质量。

欧盟的综合交通规划充分考虑了交通需求产生的原因,有效地促进了交通规划与土地利用之间的协调兼容,并制定了一体化的交通规划,将其作为城市发展战略规划的一部分。

4　多种措施推动一体化综合客运系统建设

进入21世纪,世界主要发达国家纷纷制定了新世纪综合客运发展战略规划。建立国家综合运输体系,已经成为各国战略选择的共同目标。

4.1　法国:重视衔接、换乘和服务质量

20世纪70年代法国提出要优先发展公共交通。巴黎市政府采取了建设"模式转换中心",改善行车和换乘条件等多项措施,吸引人民使用公共交通;并在空间设计、时间组织、地铁运行、公交服务和环境等多个方面,提高各种交通方式换乘的质量要求;此外,统一的票证和票价制度,提高了公共交通的使用率。

4.2　新加坡:立体换乘,多式联运,各尽其责

新加坡大力推崇"门对门"交通和"无缝衔接"交通服务,通过建设综合换乘中心、多种运输方式联运和高效的票价管理,力图将工作、购物等各种活动用公共交通系统紧密连接起来,使不同交通工具的换乘距离控制在步行范围之内,真正体现出公共交通的便捷。

5　公共交通运营机制灵活、高效

德国、美国、法国、韩国和中国香港的经验表明:灵活、高效的运营机制,是保障公共交通发展的持久动力。

5.1 德国:区域公共交通联合运营机制

德国大城市与周边中小城市之间,一般采用轻轨和公共汽车等方式连接。这种公共交通系统,一般属一个公共交通公司所有;公共汽车则按运行线路,可能分属不同公共交通公司所有。这些公共交通公司均为私有或以私有股份为主导。

5.2 芝加哥:一家统管和运营模式

美国芝加哥城市公共交通系统,包括地铁和巴士,由芝加哥交通管理局独立管理和运营,所有的场站设施、线路、车辆、驾驶和乘务人员都直接从属于芝加哥交通管理局。芝加哥交通管理局每年制定用于公交基础设施投资和公交运营的收支预算,提请地区交通管理局批准。

5.3 库里蒂巴:公交管理与运营相分离

巴西的库里蒂巴采取的是,公交管理与运营相分离的模式。其公共交通系统由一家属于市政府管理的城市公交公司(URBS)管理。公司下属运营企业都是私人企业,这些企业都是通过线路招(投)标的方式取得公交运营的资格。运营企业收到的票款,必须统一交存到 URBS 公司的专门账户中。URBS 公司控制私人运营公司的里程,并按完成的运营里程,给予私人公司补偿。

5.4 法国:直接经营与授权经营相结合

法国 1982 年颁布了《国内交通指导法》,规定政府要向所有人提供价格合理的公共交通。同时,将公共交通的具体管理权利下放给地方政府,由地方政府成立交通组织机构负责组织城市或大区的公共交通。法国公共交通的经营模式中,有 10% 的企业是交通组织机构(AOT)的直属公司直接经营,90% 通过公共服务授权,签订合同经营。特许权的授予通过招标取得,具有透明性。

5.5 首尔:经营招标,运营里程分配

韩国首尔的做法,是由政府主管部门提出公交线运行系统整编和运行费用方案;企业经自主磋商后签订共同遵守的“运行协定”,再与政府主管部门协商,定案后经政府批准后付诸实施。确定运行路线时,在尊重、照顾一些公司的路线“既得权”的同时,对部分新辟线路通过招标竞争选定经营者。在分配制度方面,将经营者的收入决定方式以运行里程为标准。对各公司的服务、经营状况加强检查评估,根据不同情况由政府财政给予相应补贴。

6 积极的公共交通投融资机制

为保证公共交通企业的正常运行和发展,需要政府采取各种措施满足公共交通发展的资金需求。从美国、法国、日本等国家的经验来看,积极的公交投融资体制建设非常重要。

6.1 美国:财政补贴促进公交发展

美国在 20 世纪 70 年代开始对公共交通提供公共拨款和经营性补贴。20 世纪 90 年代在《综合地面交通效率法》和《21 世纪交通平衡法》(简称 TEA21)中,保证联邦政府对公共交通的资助。美国对公共交通的投资体制是由各级政府分担,不管公交企业如何亏损,都依据既定的议案给予优厚的政策和补贴,并力求使其有更多的发展。

6.2 法国:财政维持公交收支平衡

法国巴黎,每3年由公交企业制定一次3年规划,根据公交企业提出的规划,由巴黎交通管委会审核客运收入。1971年首先在巴黎开征交通税,交通税以外的收支差额,全部由财政补贴补齐。2001年以前,公交财政补贴由国家承担70%,巴黎大区各地方政府承担30%。2001年后,国家负担51%,地方负担49%。

6.3 日本:公交建设资金来源多样

日本公共交通建设的资金来源,主要是国家拨款、地方政府拨款和贷款。国家拨款部分是从汽油、柴油、液化气销售中征税;地方政府拨款部分是从各种交通设施的收费中开支;不足部分是从银行低息贷款。一般在新建公共交通设施时,中央政府资助50%~60%,地方政府资助25%,其余为低息贷款。

东京交通设施的财源中,崭新的思想是民间团体的参加。对新建道路和铁路,由民间开发者提供大规模资金。

7 完善出租车的准入、运营机制

英国、韩国等国家,执行严格的市场准入制度。在伦敦,申请当一名出租车驾驶员需要经过多次严格考试、审查、体检和个人经历审查,才能获得经营权。韩国的出租车行业一开始对市场进入控制十分严格,也是采用牌照政策要申请牌照;1993年后,韩国政府就开始着手逐步改革出租车行业的规制措施。

8 启示

8.1 加强城市公共交通立法

我国目前尚无城市公共交通法,且缺少统一和规范。为此国务院建设行政主管部门起草了《城市公共交通管理条例》,已报国务院审议。在今后的工作中需要继续完善和配套,加强交通法规之间的协调衔接,并要在法律上确定对公交的补贴,规定公交管理的公众参与。

8.2 重视规划与战略,建设一体化的综合客运运输体系

各级政府应当高度重视公共交通发展战略规划,因地制宜,综合协调多种客运方式,优化功能结构,做好配套衔接,建立便捷、高效、安全、公平的城市客运运输网络,让城乡居民平等享受公共交通服务。

8.3 建立适合我国国情的公交财政补贴机制

我国毕竟是发展中国家,需要适应建设社会主义市场经济的要求,根据自身财力和各地实际,建立因地制宜的公交财政补贴机制。

(1)明确中央和地方在公共交通财政补贴中的分担比例。

(2)建立完善的补贴测算机制。由政府对公交公司运营业务中的基本公交服务和公益部分进行财政补贴,确保公交企业的正常运营。

(3)建立完善的财政补贴核查制度。

(4)充分发挥市场经济的作用,提高企业本身的竞争力。

8.4 引入市场竞争机制,促进公共交通有序发展

(1)政府为企业提供公平、合理的竞争环境。

(2)应发挥我国各级公共交通协会在政府与企业之间的桥梁和纽带作用。

(3)区域间城市公共交通系统,在加强政府间的合作的同时,要发挥中介机构的作用。

8.5 建立以公共利益为宗旨的出租车行业准入、运营和退出机制

(1) 建立合理的市场准入机制。打破市场垄断,通过一系列的法规、条例等配套措施开放市场。

(2)政府加强市场监管,保护合法运营,打击非法运营。

(3) 建立严格的市场退出机制,去莠存良。

第二十六章 韩国首尔城市交通发展战略的演变及其对中国的启示

彭 唬[1] 江玉林[1] 王元庆[2] 王海燕[1] 刘蕾蕾[1] 李 威[1]

(1 交通部科学研究院中国城市可持续交通研究中心;2 长安大学)

摘 要:首先对首尔城市发展现状和历史概况进行了总结和回顾,从城市发展层面了解首尔城市交通系统发展的宏观背景;接下来分别从城市机动车发展、城市居民出行特征、道路网络、公共交通等几个方面,分析了首尔城市交通现状与存在问题及其原因。在此基础上,提炼首尔城市交通发展政策与战略的产生背景和主要内容,包括公交发展战略、交通需求管理政策、停车管理以及交通基础设施投资建设等;并对其进行经验剖析,最后提出首尔经验对我国城市交通发展的借鉴。

关键词:首尔 城市交通 发展战略 启示

0 城市概况

首尔位于朝鲜半岛的中部地区,在汉江和南山之间,汉江穿城而过。近些年来,随着城市化进程的快速推进,首尔的都市区已经扩展到南山以北,汉江以南。首尔是韩国政治、经济、文化和教育的中心,也是全国陆、海、空交通枢纽。2005 年 1 月,韩国政府通过决议,“汉城”一词不再使用,改称“首尔”[1]。首尔特别市有 25 个区,15 267 个村,这些村庄又由 112 734 个“番地”组成。首尔市在 20 世纪 60 年代人口还只有 244.5 万,到 2006 年底,人口达到 1 035.6 万多人,占韩国总人口(4 885 万人)的 21.2%。首尔市的地域也不断扩大,1973 年面积达到 627km^2,比 1949 年增加 2.3 倍。汉江两岸的市区各有人口约 500 万,而北岸的发展用了 600 年,南岸仅用了 30 年的时间[2]。目前,面积 605.33km^2,人口密度 17 108km^2[3]。

在 19 世纪末期,随着现代交通工具——铁路和汽车的发展,首尔开始了城市扩张。到了 1963 年,首尔行政区扩大,快速的工业化和大规模的土地开发运动,进一步推动了首尔城市扩张。20 世纪 60 年代至 70 年代,因城市不断扩张,首尔出现了一系列的交通问题。到了 20 世纪 80 年代,首尔从中心城市发展成为多中心城市,城市继续扩张,并逐步演变成一个高人口密度、高增长速度的都市连绵区。

在《首尔 2006 年蓝图》中提出了首尔发展的战略目标:在未来的 10 ~ 20 年里把首尔建设成为世界四大城市之一的战略。为了实现这个市政目标规划了三大蓝图:温暖的首尔、便利的首尔、充满活力的首尔。这个发展战略反映了首尔政府以可持续发展为目标,以人为本的 21 世纪世界大城市发展战略和城市规划的新范式。首尔城市发展战略的精神,也在“世界城市市长论坛”的《首尔宣言》中更为清楚地得到阐述,其中强调了以人为本的城市步行环境和以公众交通体制为中心的城市交通体制的建设[4]。

1 城市交通发展基本特征

从首尔的交通基础设施、公共交通发展和改革,以及居民出行特征几个方面,了解城市交通发展的基本现状。随着首尔城市近 50 年的快速发展,伴随着城市化进程和交通技术的革新,不但加速了首尔城市扩张,而且促进了交通系统建设的日趋完善。

1.1 城市机动车

从1970年开始，首尔的机动车拥有量呈现了直线增长的态势，如表1所示。1970年，机动车保有量为6万辆，到了1980年，机动车保有量增长到20.7万辆，增长近3.5倍。1990年1月份，机动车保有量达到100多万辆，比1980年增长了近5.7倍。然而从1990年开始，机动车保有量增长速度放慢，但是总量仍旧在增长。1993年机动车保有量达到170万辆，相比1970年，机动车增长了20倍以上，而道路面积仅仅增长了22.1%，这就导致首尔高峰小时的机动车行驶速度从30.8km/h下降到19.5km/h[5]。到了1997年，机动车保有量达到220万辆以上，目前，首尔的机动车保有量已经超过300万辆。

首尔机动车发展变化 表1

年　份	1970	1980	1990	1995	1996	1997	2006
机动车总量(千辆)	60	207	1 193	2 043	2 168	2 249	>3 000
客车总量(千辆)	18	99	883	1 595	1 704	1 698	—
每1 000人机动车拥有量	10.9	24.7	109.4	192.8	—	216.5	—
每1 000户机动车拥有量	54.7	112.4	358.4	592.5	—	642.7	—

图1为首尔市2000年道路交通流量与车速；图2为首尔市2000年千人私家车的拥有量。这都反映了首尔市城市机动车的快速增长的状况。

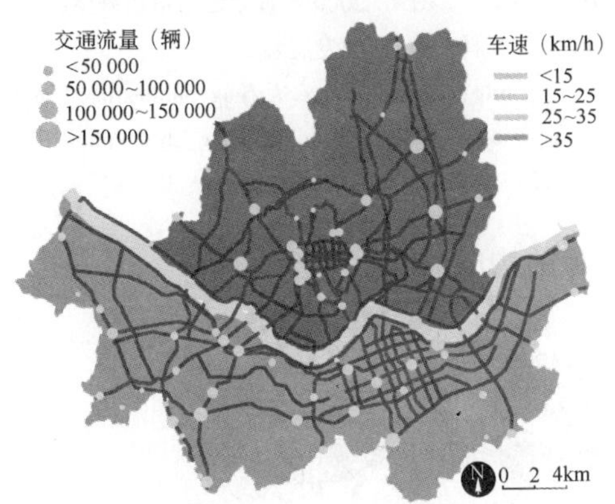

图1 首尔2000年道路交通流量与车速

图2 首尔2000年千人私家车拥有量

1.2 城市居民出行特征

首尔居民出行的主要交通方式，包括公共交通、轨道交通、出租车和私家车几大类。从20世纪80年代开始一直到公交改革之前，公共交通分担率逐年下降，从最初的60%多下降到2002年的26.0%，公交车的分担比例也从原来的第一位退居到第二位。与常规公交恰恰相反，地铁的分担率自始至终保持着增长的态势，从最初的不足10%的分担率，增长到2002年的接近于40%。小汽车的分担率在1996年以前，呈现逐年增长趋势，最高时超过20%，1996年之后，逐年下降，但下降幅度不大，维持在18%左右。出租车的分担率从20世纪80年代一直到2002年，从最初的20%下降到10%以内，其分担比例最低[5]。图3为首尔历年通勤空间的分布情况。

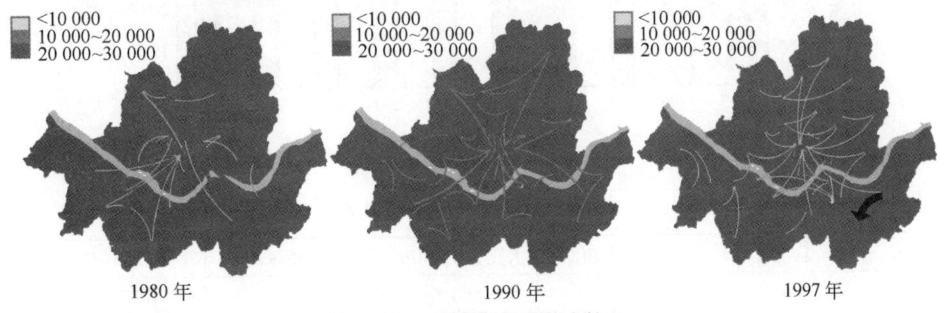

图3 首尔历年通勤空间分布情况

1.3 城市道路网络

首尔的道路网络集成了环线道路、放射性道路和格网型道路等多种类型。众所周知,城市空间拓展与城市道路等交通基础设施的发展密不可分,二者之间存在着相互作用的关系。首尔的城市道路网络也是伴随着城市的不断扩展而发展,从图4和图5中可以清晰地看到首尔道路网络的空间演变过程。

图4 2000年首尔城市道路网络

资料来源:韩国发展院

http://www.sdi.re.kr/eng/publication/book_read.asp?page=2&gb=Publication&r_gb=Publication&no=792

在20世纪30年代,首尔的道路基本上都局限在四大门之内,只有少数的几条道路连接麻浦(Mapo)和永登浦(Yeongdeung-po),还有汉江两岸道路。在20世纪60年代之前,首尔城市发展重点在汉江的北岸,城市道路以条带形态为主,围绕首尔古城的东西两侧发展。到了20世纪70年代,随着汉江南岸开发建设,南岸道路网络逐步建设形成,道路网形式主要是格网状,同时围绕首尔的环线道路初见端倪。到了20世纪80年代,城市道路建设集中在江南区。到了20世纪90年代,城市道路建设处于挖潜阶段,城市快速路陆续建设,原有城市道路改造升级,城市环线道路建成,有些类似于北京市的环线道路建设,有内环和外环两条,此外加上Kangbyonbukno路、奥林匹克路、Tongbu路、Sobu路和Pukbu路,形成首尔的骨架网。到了2004年,首尔市道路总长度达到8 011km,道路率达到21.53%[6],如图6所示。首尔市道路的构成,如表2所示。

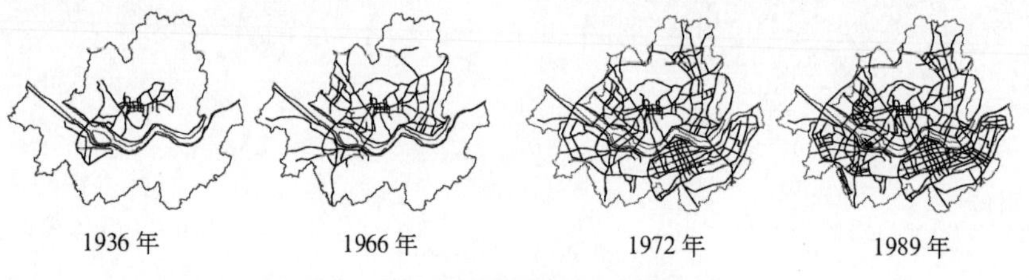

图5 首尔城市道路网络空间演变

资料来源:韩国发展院

http://www.sdi.re.kr/eng/publication/book_read.asp?page=2&gb=Publication&r_gb=Publication&no=792

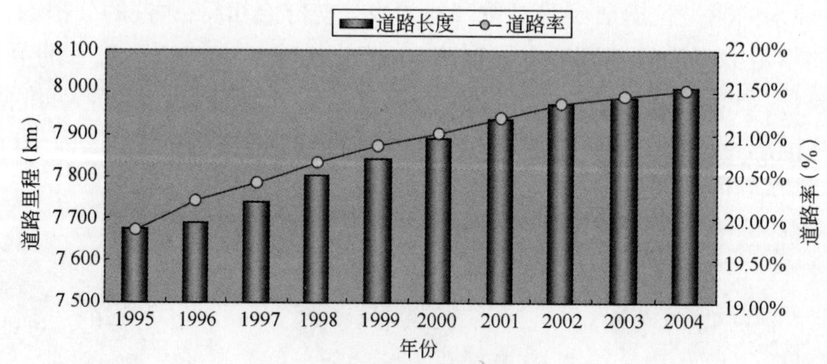

图6 首尔道路里程变化

2004年首尔市道路构成表 表2

区　分	总　计	40m以上道路	大路(25~40m)	中路(15~20m)	小路(15m以下)	广　场
长度(km)	8 011	243.2	698.6	832.0	6 236.9	80个
面积(平方公里)	80.64	10.83	20.31	13.71	33.21	2.57

1.4 城市常规公共交通

提起首尔的公共交通,不得不提及首尔的公共交通改革。首尔从20世纪50年代到现在50多年的发展历程,人口增长了4倍多,居民收入增长了4倍多,导致城市土地稀缺、交通拥挤,城市不断扩大。人口和经济的高速发展,使得交通系统无法承受巨大的交通需求,主要体现在以下几个方面:

(1)交通基础设施与私家车增长供需不平衡;

(2)公共交通管理效率低下;

(3)公共交通面临轨道交通和私家车的双重压力;

(4)城市污染和交通安全面临严峻考验。

总之,首尔的公共交通已面临非改革不可的状况,其改革原因如图7所示。

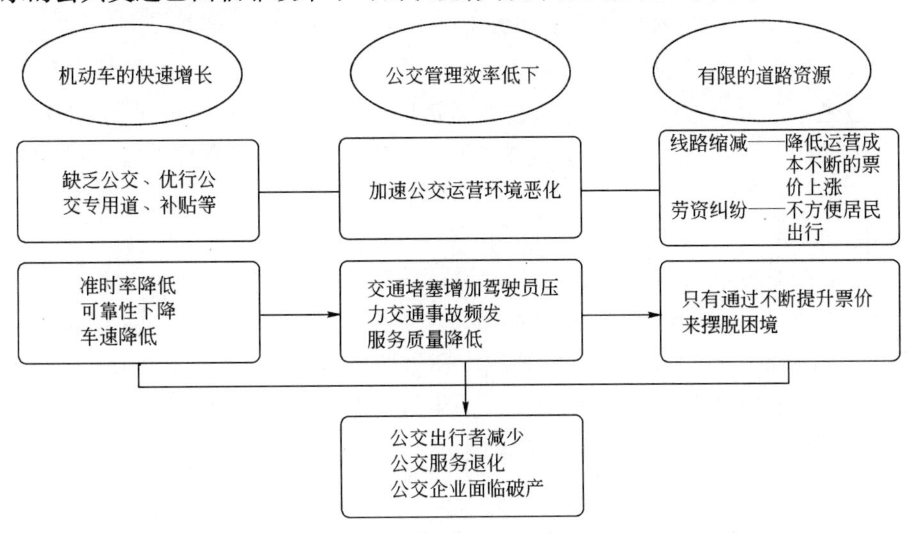

图7 首尔公交改革原因

据估计,2003年首尔交通堵塞的成本已超过80亿美元,占到2003年国民生产总值的4%[7]。汽车使用的增加,使空气受到严重污染、城市噪声污染严重、交通事故居高不下、道路和停车设施过多地占用土地,土地资源变得越来越稀少。城市可持续发展面临严峻的现实交通问题,为此首尔市政府决定进行公交改革,立足于公共交通与城市土地布局整合考虑,还市民一个清洁、高效的城市环境。

1.4.1 改革前公交状况

首尔的公共汽车是重要的居民出行工具,在公交改革之前,公共交通共有368条线路,承担了全市26%以上的居民出行。改革之前,服务于大城市及其以外的各条线路上的公共汽车分为四类,如表3所示。公交专用道路运营情况:中央公交专用道7.6km,路侧设置的公交专用道66个区间209km。

2004年6月首尔市公交线路情况　　表3

类　型	都市型	高级型	快捷型	循环型	合　计
路线数(条)	253	37	12	66	368

随着地铁的发展和私家车的增加,公交车的客源还是在不断地流失,城市公交占出行总量的比例从1996年的30%降到了2002年的26%。多年来,首尔的公交分担率基本上处于停滞状态。1996年,首尔公共汽车的利用率是30.1%,2002年已降至26.0%,而同期私人轿车的利用率却从24.6%上升到26.9%。公交车和私人轿车利用率的此降彼升,自然加剧了城市交通的紧张状况。公交企业从原有的1997年103个减少到2003年末的57个,日渐低迷的公交产业呈现出一种无能为力的状态,而其后果却直接地影响到了每一个市民。

改革之前,公交运营模式主要以市场化为主体,难免造成线路分配不均、线路重复系数高、线路长、公共服务体系滞后、利益为导向等问题,这些与城市发展目标发生背离,越发需要深化改革、提高公共交通的公益性服务水平。

1.4.2 首尔公共交通改革

2000 年,首尔市政府开始着手制定公共交通改革计划,并于 2004 年 7 月 1 日正式开展了公交系统整合性的改革。力求通过改革,协调交通运输容量和需求之间的矛盾,提高运营效率。公交系统的改革目标:①建设以人为本的环境友好型公共交通;②满足乘客的需求;③增加乘客的满意度;④达到系统本身财务的可持续性。为了实现上述目标,有效解决首尔公交行业面临的复杂的问题,所有系统都在一个整体框架下加以整合并实施[8]。按照革新规划,2006 年首尔公交占出行总量的比例将提高到 33.4%,而私人小汽车占出行总量的比例则将从 2002 年的 26.9% 下降到 18.7%。首尔的公交革新是一项包括体系改造、运营革新、管理与技术升级的系统工程。

(1)改革的决策机构,建立全新的公共交通管理体系

为调解各种利益相关者之间的纷争和冲突,以期实现各方共赢,首尔市政府为此成立了公交系统改革公民委员会。这是一个由"政府、市民组织、公交运营机构、专家"共同组成的管理委员会,代表了改革中的各个利益群体,并充分体现了"专家"技术决策的作用和认可,委员会拥有很大的决策权力,同时强调公众参与。

(2)建立新型的收费系统

收费系统改革是公交改革的一个重要内容,这里整合了常规公共交通系统和轨道交通系统,交通费用由居民出行距离来决定,而与出行方式没有关系。在首尔市内,公交服务在前 10km 内的单一票制为 800 韩元,然后每 5km 增加 100 韩元。基本收费制度还包括免费换乘 4 次,既适用于公交也适用于地铁。乘客可以选择用智能卡或现金支付,但用现金支付的乘客不享受免费换乘的优惠,而且无论乘坐何种交通工具,还需比用智能卡多付 100 韩元。这种票价制度以出行距离为计价依据并提供一定时间内的免费换乘,极为有效地提高了地面公交的乘客人数。这种收费系统可以通过基于 GPS 设备的智能卡实现。

(3)大力建设公共交通基础设施

在讨论公共交通基础设施建设之前,先来了解一下首尔城市道路规划与建设:首尔的骨架网络由城市快速道路(全长 147km,有 6 条轴线,包括 2 条沿江路、1 条环线路和 3 条南北向道路)、干线道路(全长 405km,有 24 条轴线)组成。公交革新把城市道路划分为干线、支线、循环线和广域线,明确规定各类道路的功能。干线的作用是连接城市中心与市区边缘及卫星城;支线的作用是连接干线与地铁站并承担小区域内的客运;循环线的作用是专门承担汉城与卫星城的联系,主要为卫星城内居民购物和上下班乘车需要服务;广域线负责通过快速大客车连接首都圈与市中心。计划自 2004 年起规划、整治 80 条左右的干线道路,其中主干线 18 条,同时整建支线道路 350 条、广域线道路 43 条、循环线道路 2 条,形成纵横交错、主次分明、开放发散的城市道路网。

公共交通基础设施建设主要体现在两个方面:一个是公共交通网络建设;一个是公交专用道建设。

①公交网络

将全市所有的公共交通线路通盘考虑,重新设计公交线路。减少距离过长的公交线路,线路平均长度由原来的 20.3km 降低到 18.5km,调整公交重复系数过高的道路,改变为干线实现直线化,提高快速性;支线与干线连接,方便换乘等,以减少集中度,防止不必要的公共汽车供应。同时,更好地提供公共汽车与地铁及城市铁路的连接服务。为了更加方便居民出行,还通过设置公交车身颜色和编号来定位公交线路功能,以此方便乘客乘坐公交。

②中央公交专用车道

在公交改革之前,公交专用车道设置在道路的两侧。现在,首尔一改往日做法,采用中央公交专用车道,可以有效减少路口车辆对公交车产生很大的干扰。公交专用车道从 219km 延长到 294km。2004 年,中央公交专用车道行驶线路有 3 条主要通道(全长 27km),到 2006 年达到 6 个交通通道(58km)。通过中央式公交专用道的建设,首尔将建立一个 BRT 网络,该网络具有岛式公交车站和路口信号优先。

(4)技术创新

在公交改革项目中,关键的技术创新是指新智能卡系统和公交管理系统(Bus Management System, BMS):①新智能卡系统(T- money),乘客在乘坐公共汽车和地铁时使用智能卡,可以获得换乘费用的折扣,而且也可以选择使用预付卡或信用卡的形式;对于公交公司而言,采用新的智能卡系统,可以更准确地计算车票收入,增强了公交车票收入管理的透明化。②公交管理系统(BMS),其与信息服务(TOPIS)融为一体,可提供交通信息数据,这些数据可以上载到市区各个交通网点。这一系统还将 ITS 和 GPS 技术结合起来,确定公交车所在位置,控制班次表,还可以通过互联网、手机以及掌中宝 PDA 向乘客提供公交信息,使所有乘客可以方便快捷地了解公交行驶时间和距离,并以此来安排自己的最佳出行时间和线路。准确而全面的地面公交运营服务信息,是吸引居民选择地面公交的有力保证。

(5)其他改革内容

建立了公共交通运营准入制。由于公共汽车线路的私有化,线路调整困难,且收益率高的线路与收益少的线路之间的服务存在差异。为确保公共汽车线路的公平性,提高所有线路的服务水平,提出了线路投标制及收入资金共同管理的政策。其基本原则是线路体系改编后,运营公司自行调整线路和投标线路,各公司通过共同的运输协定,共同管理收入,根据运行业绩进行核算。

此外,首尔还制定了一系列的城市交通可持续发展政策,例如停车政策,鼓励公共公交政策,限制小汽车使用政策等。

1.4.3 首尔公共交通改革成就

首尔市这次常规公交的改革促进了该系统的整合与协调,实现了预期的改革目标,其各项指标在改革前后发生了很大变化。以上所有成就既表明了首尔市政府坚定不移地提高首尔市交通通畅和改善城市环境的决心,也体现了首尔市政府、公交运营商、交通和城市专家以及首尔市民相互配合、共同努力的结果。现面对改革前后各项指标进行对比分析。

首尔公交改革的目标,是提高城市交通系统的运行效率,提高系统运行的机动性,优化出行环境,及时发布方便和灵活的出行信息。另外在道路安全、交通条件、污染排放和能源消耗方面也都有所进步。表 4 列举了改革前后的指标对比情况[9]。

改革前后公交系统运行对比 表 4

项目 \ 时间	2003 年、改革前	2004 年、改革后
每天乘坐公交车的人数(千人)	4.869	5.350
每天乘坐地铁的人数(千人)	9.307	9.888
发车频率(min/班)	5 ~ 15	5 ~ 15
公交车平均运行车速(km/h)	13	17.3
舒适性(低板公交车)		78 辆
便利性		142 换乘点
准时性	0.537	0.493

1.5 城市轨道交通与出租车

首尔地铁四通八达,目前共有 8 条线,全长约 287km,位居世界第 4 位。年运送乘客数为 22 亿人次,位居全球第 3 位。首尔地铁共有 260 多个车站,每站都有很多出口[10]。几乎所有的地铁站周边都是社区的中心点,出了检票口不远即可抵达办公的地点、购物的场所、休闲的去处、就医的地点等。运行时间从早晨 5 点开始到凌晨 1 点。此外首尔还有四条地上铁路和远郊铁路。

为使每一条地铁线路都能够让乘客一眼就辨认出来,采用了最简易的办法——颜色区别法。例如,地铁 1 号线为红色,2 号线为绿色,3 号线为橘黄色等。首尔地铁主要运营公司有两家,分别是:1 ~ 4 号线，首尔特别市地铁公社;5 ~8 号线，首尔特别市城市铁道公社。

首尔的出租汽车共有四种类别:普通出租汽车、模范出租汽车、大型出租汽车和品牌呼叫出租汽车。普通出租汽车的车身多为白色或银白色,在首尔极为普遍,起步价也很便宜。因为模范出租汽车和大型出租汽车是韩国最为豪华的出租汽车,汽车本身就是韩国高档汽车,所以起步价要贵一些[11]。

2 首尔交通政策和战略的演变及其关键因素

进入20世纪末期,首尔的交通状况日趋恶化,交通需求持续增长,尤其是1998年金融危机结束后,经济开始复苏,到了2000年机动车保有量已经达到300万辆,每千户机动车拥有量从1995年的593辆猛增到810辆。越来越多的私人出行将增加,为了更好地应对首尔未来交通问题,首尔决定实施新的城市交通发展战略,其内容涉及:①鼓励公共交通发展战略;②交通需求管理战略;③提高出行环境战略;④停车发展战略;⑤交通基础设施投资建设战略。

2.1 公共交通发展战略

大运量公共交通发展战略,主要包括的内容:轨道交通的扩展和服务质量的提高以及公共交通改革。根据首尔都市政府发展战略,在2001年,投资7.6亿美元建设轨道,轨道交通长度从1998年的98.5km;增加到145km;第三阶段从2003年开始,实施新的投资政策,吸引更多的来自于世界各地的私人资本投入到轨道建设中,首尔市政府计划提供更多的基础设施、用户信息系统、弱势群体服务设施。为了吸引更多的人使用地铁,还建设了停车换乘设施61处和10个多功能换乘中心。

2.2 交通需求管理战略

在首尔,私家机动车占用道路资源的比例在60%,但是仅仅承担了接近20%的分担比例。由于私家车的大量使用,每年首尔将花费社会成本2.4亿韩元和2.9亿升汽油,机动车污染占首尔的80%以上。为了鼓励公共交通发展,首尔制定了交通需求管理的发展战略。

2.2.1 实施拥堵收费

从1996年开始,使用namsan1号和3号隧道且仅有1~2个乘客的私家车将收取拥堵费2000韩元,实施一年的效果是降低了13.6%的交通流量,并且车速提高了38%(从21.6km/h到29.8km/h)。对于两条隧道的替代线路,实施交通拥堵收费的效果也非常明显,交通流量降低了5.7%,车速提高了15.5%。

2.2.2 基于使用者的交通需求管理战略

1995年开始实施交通需求管理战略,目的是降低交通影响费用超过20%(等同于大房子使用奢侈税),如果雇主(房产拥有者)实施交通需求管理政策的话,可以降低交通需求超过20%。这个战略有些类似于美国南加利福尼亚的XV法规,不同的是前者降低出行参与企业的交通税,后者补贴没有使用汽车或者大房子的人。首尔的政策有三种情况:一是,对于车牌尾号与日期相同的(当天没有使用私家车);二是,如果在星期一没有使用私家车且车牌尾号是1或者2的;三是,如果在奇数天与车牌尾号相同且没有使用私家车的。对于不同的政策,其他日期停车可以享受20%的折扣。

2.2.3 提高燃油税

交通需求管理战略之三,是增加私家车的燃油税。据估计增加30%的燃油税,可以降低7%的交通流量。对于不同的油种实施了不同的税费,例如:汽油税是柴油税的两倍,这可能会诱发更多的人购买柴油车。为了劝阻这些群体对燃油税的抵制,政府将综合考虑降低私家车拥有税的负担,或者分类型制定车公里的保险成本。

2.3 停车发展战略

1997年政府出台了停车系统发展战略，将降低城市中心去交通拥堵地段的商业和办公用地20%～40%的车位供给量。政府没有去建设更多的停车设施，而是每年增加公共场所的停车费用，鼓励市民选择公交出行。在首尔一个停车位平均一年费用将达到4 000万韩元。

然而居住区将加强停车供给，达到每户人家有0.7个停车泊位，但是所有居住区附近的道路停车全部收费，而且居住区的车辆是不允许停车的。政府出台政策规定购买车辆的市民必须提供停车泊位，此外，城市计划根据停车需求状况，调整不同地段停车费用，逐步降低路内停车比例，逐步扩大对所有的公车进行收费管理。

2.4 交通基础设施投资建设战略

道路等基础设施建设，是首尔交通发展战略的一个重要内容。由于首尔的道路有80%是低于12m宽的，其承载能力优先，因此首尔都市区政府决定建立更多的城市快速路。根据发展战略，到2005年城市快速路达到218.7km，而1997年只有150km。此外，建设了四条主要的桥梁来连接汉江两岸。由于快速路的建设，必将吸引大量车流，而释放原有道路的空间容量，对此将进一步提高步行环境。

此外，快速路和主干道之间的连接线也是交通基础设施建设的主要内容，政府发现仅仅依靠扩大道路的长度和宽度不能保证交通通道的快速行驶，不同层次道路网之间的便捷连接是提高道路通行能力和降低投资成本的有效手段。

3 首尔经验对我国的启示

3.1 城市交通建设的积极性

首尔城市交通发展的一个成功标志就是公共交通改革，其成功改革的关键在于全体首尔市民的参与。在这里政府主导、市民参与、企业实施，构成交通系统的三个主要部分都充分地调动了积极性。在这场没有硝烟的战役中，首尔构建了一个能够体现多方利益的组织管理机构，很好地解决了各参与者利益冲突问题，调动了各方的积极性。然而这里还有一个更为重要的因素：政府能够认识到城市交通问题的症结所在，并且充分发挥主观能动性和调动其他参与者积极性的功能。

在城市交通系统建设过程中，从上层管理机构、规划机构，到中层企业，到实际的消费群体，每一个方面都能够积极地投入到保护城市、恢复城市的运动中去，并能够在各自的位置上发挥各自的功能，使得整个系统能够迅速地朝着健康可持续的方向运转起来，这样的积极性是协调的、开放的、透明的。充分调动系统内部各组成部分之间的积极性，才能够使得交通系统达到最优，各参与者实现利益的最大化。

3.2 城市交通管理的系统性

作为与民众密切相关的交通模式，其改革成功的关键是重视自上而下与自下而上两种力量的相互配合，对于公共交通的建设模式、管理模式、规划方案设计等，首尔市政府制订了一系列的能够符合实际交通需求的改革方案。在这里需要企业的支持和认可，需要民众的支持、理解、配合和共同努力，才能保证改革的顺利进行。如何从规划、管理、运营等层面有效指导城市交通发展，答案是制定因地制宜的、系统的城市管理方式。

交通管理的系统性从一个侧面反映，仅仅靠一种方法来运转整个交通系统是不现实的，也是无法实现的，因此，需要多种辅助政策的整合，支持交通系统发展。首尔的交通发展战略中，充分考虑了长远目标、近期目标，近期重点、远期重点，各种政策如停车（拥堵）收费、鼓励政策等，同时兼顾了交通系统内各种方式的功能定位,并且能够按照系统的思维去制定建设发展方案。

3.3 城市交通规划的整合性

规划是城市交通可持续发展的第一步,首尔交通发展战略重要的一个启示就是规划的整合。首尔公交线路的整合、交通枢纽的整合、交通方式的衔接与整合,都很好地诠释了零距离换乘的理念以及整合规划的功效。事实上,城市交通规划的一个重要内容是网络系统的整合和交通资源的优化配置,从系统最优的角度出发,均衡考虑各种交通方式之间的衔接,定位各种方式的功能,最大和最优发挥各种方式的工作能力,这些都需要整合的交通发展模式。

目前,我国正处在公共交通优先发展的重要阶段,各级政府充分认识到了公共交通对于城市发展的重要程度,并纷纷制订了一系列的公交优先发展策略和政策,鼓励市民公交出行。但是长期以来城市交通分属不同部门,各部门大部分从自身行业发展需求出发,制定部门规划,而忽略了从城市系统整体出发制定相应的规划。为此我国城市应该充分重视规划的整合性,制定真正满足城市交通系统的规划。

3.4 城市交通发展的技术性

技术的革新力量从来都是不可低估的。首尔交通系统发展中引入了大量的现代化技术,例如:全球定位系统、公共交通管理系统、数据采集与分析系统、一卡通系统、便捷的用户信息系统等。这些都为快速了解整个公共交通运行状况,保证公交运营的安全性和可靠性,准确核对公共交通客运量,方便市民出行等提供了先进的技术保证。

我国许多中心城市在交通系统中也都采用了各种先进技术,提高交通系统管理和运营的效率,但是由于城市规模不断扩大,道路拥堵越发成为城市病,导致各种不确定因素增多,对于交通控制和交通调度等提出了严峻的挑战,这需要更加先进的技术,提高运行的可靠性和信息传输、数据采集的实时性。

参考文献

[1] http://torchrelay. beijing2008. cn/cn/journey/seoul/seoulnews/n214266899. shtml.

[2] 赵丛霞,金广君,周鹏光. 首尔的扩张与韩国的城市发展政策. 城市问题,2007(1):90-96.

[3] http://www. long. cc/edu/html/2008/2/31583. htm.

[4] 李奎泰. 首尔和上海的城市发展战略和城市文化政策之比较. 当代韩国 ,2006(1):85-90.

[5] Toward Better Public Transport Experiences and Achievements of Seoul. Seoul Development Institute.

[6] Thematic Maps of Seoul. Seoul Development Institute.

[7] Toward Better Public Transport-Experiences and Achievements of Seoul,11 页.

[8] Kim. G. Experiences and Achievements of Seoul's Public Transportation. Reform, Sungkyunkwan University. 2005.

[9] Won-Yong Kwon and Kwang-Joong Kim. Urban Management in Seoul-Policy issues and response. Seoul Development Institute. 2001.

[10] http://www. cityup. org/topic/bjsubway/abroad/20070927/32865. shtml.

[11] http://chinese. visitseoul. net/visit2008ck/article. do? method = view&art_id = 501546.

第二十七章　新加坡交通需求管理经验及对我国的启示

冯立光[1]　易宏江[2]　万绪军[1]　王海燕[1]

(1. 交通部科学研究院中国城市可持续交通研究中心;2. 北京中远物流有限公司)

摘　要:本文系统地总结了新加坡的交通需求管理经验,介绍了新加坡对小汽车和公共交通发展采取的"推、拉策略",对新加坡交通发展的成功经验和失败教训进行了归纳和总结,包括车辆拥有、车辆使用、停车管理、交通换乘及多式联运、票制票价、信息服务、车队管理、公交优先等方面的内容。结合我国城市交通发展的现状和特点,对城市交通的发展提出了措施和建议。

关键词:新加坡　交通政策　交通需求管理　公共交通

0　引言

20世纪60年代以后,交通工程专家逐渐认识到,仅仅依靠增加交通供给的对策,很难从根本上解决城市交通供求不平衡的矛盾,因此提出了交通需求管理(TDM,Travel Demand Management)的概念,明确了从供、求两个方面来解决城市交通问题的思想。交通需求管理(TDM)是一种以管理为导向的策略,它通过经济、技术、管理、法规等手段,正确引导和调控交通需求的增长,合理配置交通资源,调整交通需求在时间、空间和不同运输方式中的分布,从而实现人、车、路、资源、环境等方面的相对平衡和可持续发展。

新加坡在城市交通发展过程中采取了很多卓有成效的政策和措施,成为世界各国学习的典范。他山之石,可以攻玉,通过系统的总结和分析新加坡交通需求管理经验,可以为我国城市交通发展提供决策参考,对实现我国城市交通可持续发展起到重要的借鉴作用。

1　城市及交通发展现状

1.1　城市概况

新加坡是一个海岛国家,位于马来西亚半岛的南端,土地面积约704km^2,人口约450万,平均人口密度达6 400人/km^2,是世界上人口密度最大的国家之一。新加坡是亚洲经济比较发达的城市化国家,2006年人均GDP约30 000美元。新加坡境内自然资源匮乏,经济发展的对外依存度较高,因此,新加坡非常重视改善投资环境,以吸引外来资本。高效便捷的交通运输系统是新加坡吸引外资的重要内容,也是世界各国争相学习的典范。

1.2　交通发展概况

新加坡的交通基础设施建设已经比较完善,现已建成包含轨道交通、常规公交、出租车、私人交通等在内的综合、高效的城市交通体系。目前,境内道路网络长度约3 100km,其中高速公路150km,构筑起一个高度发达的立体陆路交通网络,四通八达。机动车保有总量72万辆,其中私人小汽车41.4万辆,如表1和图1所示。

新加坡公交发展的供给情况　　表1

公共交通方式	基础设施(km)	运输装备(辆)
城市道路	快速路150km,主干道560km,次干道425km,支路1 930km	—
地铁	3条地铁线路,109km,67个地铁站	—
轻轨	3条轻轨线路,共计29km,43个站	—
公共汽车	270条公交线路,4 400个站点	共3 500辆,双层公交车 高达4.3m,铰接式车长19m
出租车	—	7个出租车公司,22 000辆出租车

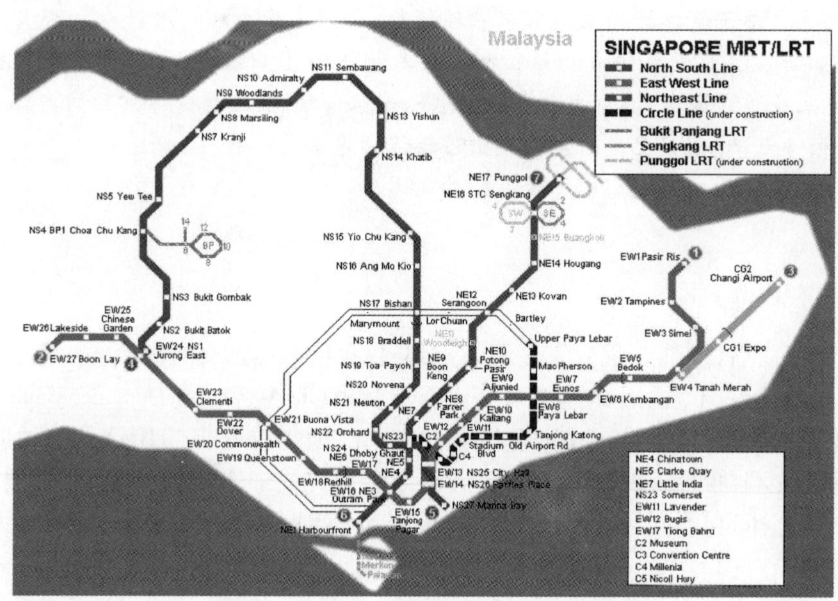

图1　新加坡城市轨道交通网络布局示意图

2　新加坡交通需求管理的主要经验

1967年至1971年间,新加坡的城市规划部门对岛内的自然资源开发进行了一次概念规划,指出“必须在小汽车和公共交通的使用上保持一个理想的平衡状态”。为此,新加坡采取了两种极端的方法来发展交通:“拉动(PULL)”策略——改善公共交通服务和“推动(PUSH)”策略——限制小汽车使用(包括拥车证制度,道路拥挤收费制度等)。

1996年,新加坡政府颁布了《交通发展白皮书——建设世界一流的陆路交通系统》,提出四项基本策略(土地利用与交通发展的一体化规划,优先发展公共交通,交通需求管理,路网建设与提高通行能力),进一步明确了“推、拉”策略在城市交通发展中的战略指导地位。同时指出,要实现远期公共交通出行比例达到75%的目标,努力做到人口增长和经济发展不受制于有限的空间和资源。

2.1　小汽车的拥有和使用管理政策

2.1.1　小汽车的拥有限制

(1)车辆注册费

1975年,政府开始征收汽车附加注册费。由于新加坡的车辆都是进口的,附加注册费使得购车的费用成倍增长,1983年后,附加注册费的征收额度相当于汽车市场价格的175%。此外,每辆车还要缴纳

1 000新元的登记费。

(2)公路税

新加坡的公路税征收标准按照车辆发动机的型号确定。1972 年 11 月 17 日前,车辆公路税每年的征收标准为 0.1 新元/cc。此后根据不同的发动机功率分等级征收,1998 年 11 月 10 日,公路年税标准上调为 0.7 ~ 1.75 新元/cc。按照这一标准,一辆小汽车的最终价格达到车辆市场销售价格的 4.5 ~5 倍。

(3)环保要求

为减少汽车废气对空气的污染,新加坡规定,从 1992 年 7 月起,购买新的小汽车必须安装催化转换器,以使尾气排放达到环保要求,这使得购车者又需额外开支 1 200 美元。

(4)车辆限额制度

为了抑制对小汽车的使用需求,1990 年 1 月,新加坡开始执行车辆限额制度,即拥车证制度,目标是将车辆增长率控制在 3% 以内,迫使小汽车购买者付出高额代价。按照规定,除公共汽车、救护车、消防车外,其他车辆均受限额管理,要买车的人必须首先向政府提出申请,投标购买一张有效期为 10 年的“拥车证”,对于没有获得“拥车证”的车辆,严格禁止上路行驶。

申请车辆按照排气量被划分为七类,一张拥车证从车辆注册之日起 10 年有效。10 年后,驾车者无论是继续使用这辆车还是另购新车,都必须支付另一笔费用。如果车主想继续使用这辆车,就必须按照新的拥车证价格再次付费,方可取得另外 10 年的拥车权。如果不愿再付钱,这辆车即刻报废,禁止使用,以保证拥车证的市场流通。

在初期,政府规定拥车证可以转让,由此造成了很多投机活动。1991 年 9 月,政府规定该证不准转让,导致拥车证价格迅速上升,从几千新元涨到数万新元。经过进一步修改,新的政策规定拥车证和车辆在前 3 个月内不准转让,后 3 个月内转让的利润须交回车辆注册局,目的在于限制投机活动。

车辆注册局每月进行一次“拥车证”招标,价格依照市场供求关系的变化而上下浮动,其配额则在综合考虑上一年汽车的总数、每年的固定增加额度、报废汽车的数量等多种因素的基础上计算出来,并结合实际情况作出进一步的调整,以使车辆的平均增长速度不超过 3% 。

2.1.2 小汽车使用限制

(1)限区许可证办法

从 1975 年起,新加坡政府通过“限区许可证方案”(ALS, Area License Scheme),实行了第一个道路收费措施,以减少市中心区的交通堵塞,具体规定如下:

①限制区域

限区许可证方案的指导思想,是在小汽车造成交通堵塞的时间和地点对使用这些道路的车辆收费。市中心区近 7.2km^2 被划为控制区域 RZ(Restricted Zone)作为收费区域,在限制区域 27 个进出口道路上悬挂指示牌标识。

②限制时间

该方案最初是在早高峰实施,后来改为每周一到周六(工作日)从上午 7:30 ~9:30,每周一到周五从下午 4:30 ~6:30 对小汽车进行限行。

③限制对象

除救护车、消防车及公共汽车和公共车辆、高载客率的小汽车外(含驾驶员 3 人),其他车辆均需购买并出示有效许可证。

④限制方式

许可证有月票和日票两种,日票通行证每天需要 3 新加坡元,月票为 60 新加坡元每月。检查许可证的地方设在限区的进出口处,无许可证的车辆被登记后将被处以罚款。

⑤实施效果

ALS的实施效果非常明显,实施后,限制区内高峰小时的交通量下降了45%,平均车速从每小时18km增加到每小时35km。同时,使用公共交通上班的出行增加了近50%,达到上班总出行的46%,汽车合乘比例也大大提高。限区许可证制度对控制中心区的交通堵塞起到了重要的作用。

(2)道路电子收费系统(ERP, Electronic Road Pricing)

1998年9月,新加坡政府对东海岸公园大道、泛岛、中央等高速公路以及限制区(中央商业区)采用了公路电子收费技术来代替ALS,整个计费过程全部由计算机控制,车辆通过时无须停车或减速。

①系统组成及收费方式

ERP系统由车载装置、限制区入口处检查设备、中央计算机系统三大部分组成,采用主动式收费原理,当汽车驶入限制区时,入口车载装置与检查设备通过短程通信系统(DSRC)交换信号,费用即从储蓄卡(Smart Card)上面扣除,车载装置上的液晶显示器能显示收费额及卡中的余额。检查设备设在所有限制区入口处,由车辆检测器、摄像机和控制器组成。若未按规定付费,摄像机将车辆后部的牌照摄入,通过数字线路网络把信号传输到中央计算机系统。

新加坡政府通过不断地对收费费率、控制原则、限制时段与罚款金额的调整,ERP系统已基本能够高效、有序地调整道路交通流量,保证限制区域道路的畅通。电子定价系统的基本原则是将车辆的平均行驶速度控制在合理的范围内:快速路的车速控制在45~65km/h,而主干道的车速为20~30km/h。在此基础上,根据不同车型、不同收费点、不同时间制定收费方案。

为了更好地与实际交通状况相适应,收费标准根据当天的不同时刻、区域、车辆的平均速度和车流量进行调整,是个浮动数据。政府在7 000辆出租车上安装GPS系统,每隔一刻钟测定一次车速,管理部门根据不同类型道路上的车速对收费标准进行调整,以调节该路段的交通量。在车流高峰期,收费标准最高,在非高峰时段收费会大幅度降低,在某些时段,甚至不予收费。

②实施效果

在1999年实施的第一年内,高峰时间内进入限制区域的小汽车数量减少了15%。ERP实施以后,道路收费系统获得了更大的灵活性,体现了污染者和使用者付费的原则,更为公平;其次,ERP更方便,能够即时确定并扣除费用;另外,使用自动电子控制设备,消除了人工误差和人为因素的干扰,使得车辆付费更为可信。

(3)停车换乘

为应对公众对落后的公交服务和ALS收费系统的抱怨,1975年,新加坡政府实施了一项停车换乘计划。在市区边缘地区建设了15个停车场,设置了约10 000个停车位,收费价格十分优惠。同时还开通了11条穿梭巴士线路,在交通枢纽和客流聚集点之间进行短距离快速运输,规定这些巴士不能超载。这些措施的目的是吸引小汽车使用者在边缘地区换乘公共交通前往中心城区,以缓解中心城区的交通拥堵。

(4)车辆合乘

1975年新加坡实施限制区拥堵收费(ALS)制度以后,为减少付费,车辆合乘逐渐兴起。因为按照规定,只要一次乘坐达4人,即可免缴拥堵费。驾车人经常在公共汽车站点附近搜寻3个合乘人员进入市中心区,重点地区的公共汽车站点成了车辆合乘的主要客源地。车辆合乘有效减轻了早期落后的公共汽车运力的负担。在早高峰期的30~45min以内,车辆合乘能运送约2万名乘客,相当于180辆双层公共汽车的运力。1989年,ALS制度重新规定,所有的车辆都要交纳拥挤收费,车辆合乘的优惠权被取消。同时,公共交通系统的服务能力得到大幅度地提升,车辆合乘逐渐衰退。

(5)非高峰时期小汽车使用规定

1991年,新加坡政府实施了周末轿车行驶方案。该方案的主要目的是使小汽车在非高峰时间更有效地利用道路资源。按这个方案登记的小汽车,均使用特种红色牌照,牌照上印有防盗号码。购买这种车可得到1500新元的折扣,公路税也低于一般车辆。根据规定,这种车非周末期间只能在19:00~7:00这段时间行驶,星期日和公休日全天可行驶。若想在限时外使用,就必须购买特别的日票。若违反规定,将受到种种严厉惩罚,其最低罚款是要加收一般车辆半年的养路税。

(6)对旧车的使用限制

新加坡对旧车的使用年限有明确的规定,如果汽车寿命已超过10年,公路税将增加10%,超过14年则增加50%。另外,为鼓励人们放弃使用旧车,政府规定居民在购买新车取代旧车时,可享受一定比例的车辆附加注册费折扣。这些措施实施的目的在于减少道路上的旧车,降低尾气排放,减少交通事故。

2.2 土地利用与交通的一体化规划

2.2.1 城市规划的管理制度

在新加坡,政府通过经济和行政等手段,将大量的土地所有权收为国有,实施严格的控制。并严格按照法定的规划程序进行开发,有效保障了土地利用与交通运输、环境保护等的协调发展。

自20世纪60年代后期,新加坡就开始进行土地利用与交通的长远规划。新加坡目前的规划系统是由规划法令规定的一套法制系统。国家负责工业园区及高层公建住宅区的建设,同时也向私人出租土地用于商业、住宅以及娱乐设施的开发和建设。规划的主管部门是市区重建局,它由法律授予规划、规划管理以及征收发展费的权力。市区重建局在法定的总体规划指导下实施规划管理。新加坡的55个分区都制定了开发指导规划,该规划以土地使用和交通规划为核心,根据概念规划的原则和目标,制定土地用途、发展密度、高度、交通组织、环境改善、历史保护和开发等方面的开发指导细则和控制指标。这种规划类似我国的控制性详细规划。

2.2.2 土地利用与交通的整合

为促进土地利用与交通的整合,新加坡采取了"城市组团"和"混合开发"的发展模式。该国传统的商业中心在南部,然而城市的布局跳出南部,在西部、北部、东部各发展一个"卫星城",也叫"组团",每个"组团"都建设了完善的基础设施,功能齐全,可以充分满足"组团"居民工作、娱乐、休闲、购物等的需要,有效地减少了城市的交通出行总量。

早在1965年制定概念性规划时,新加坡政府就将为公众提供方便快捷的交通服务放在首位,规划非常超前,为公共交通留有了充分的发展余地。尽管经过多年发展,规划的地铁线路周边的土地利用性质也很少发生变化,仍然留有大量未开发的空地,以随时满足公共交通的发展需求。在繁华的地段也不例外,有力地保障了公共交通和土地利用的一体化发展。

2.2.3 规划管理和控制手段

(1)运用经济手段和行政手段,调控土地利用和转让。新加坡规划管理充分利用了经济手段和行政手段,对于任何批准的发展计划,如果发展计划的容积率超出总体规划的容积率、发展计划的人口容积率超出总体规划的最高规定、发展计划牵涉到建筑及土地用途的更改,造成地价增值,必须向市区重建局缴纳发展费,充分保障了规划的落实。

(2)运用信息技术加强规划的管理。可靠、准确的数据是实施规划管理的重要依据。新加坡十分注重土地利用信息和发展数据的采集,及时跟踪城市形态的发展进程,并对规划实施过程进行分析。同时,还运用信息技术开发了城市规划的管理信息系统,以提高规划的管理效率和监督力度。

(3)严厉的规划执法。对于违反规划进行土地开发的行为,新加坡制定了严厉的处罚规定,违法者必须付罚款3 000元新币或被监禁不超过3个月,有的还会受到更加严重的处罚。

2.3 优先发展公共交通

目前,新加坡建成了世界一流的公共交通系统。现状高峰时期,公共交通(含轨道、公共汽车和出租车等)的出行分担率达到62%,全天平均为58%。其中,地面公交系统占公交出行总量的60%左右。2005年,新加坡公共汽车的运量为290万人次/天,轨道交通为130万人次/天,出租车为90万人次/天。

公共汽车高峰期发车间隔最小为3min,十分便捷。

2.3.1 对公共交通基础设施和装备大力投入

(1)基础设施建设

对于公共汽车,新加坡政府负责基础设施的投资建设,例如公交枢纽、站点、公交专用道、公交信号及其他公交优先的保障设施。公共汽车站点都配备了良好的通勤服务设施。新加坡政府规划在2020年将轨道交通由目前的138km扩展到540km。政府对轨道交通的线路、车站、控制中心、换乘场站以及第一批运营设备的购置(如车辆等)进行资助。而对于第二批运营设备(在第一批使用期满以后的装备)的购置费,运营公司只需要支付与第一批购置价格相同数额的成本,其他增加的成本由政府支付。

(2)运输装备

新加坡的公交公司购买公共汽车车辆不需要像小汽车那样投标"拥车证"。另外,对于公共汽车车辆,虽然均为柴油车,但可以免交柴油机税。目前,新加坡95%以上的公共汽车都装有空调,并安装了较宽的车门,很多车辆都设计了较低的底盘,可以水平上下客,提高了上下车的速度,车上配有轮椅固定器以方便残疾人乘车。

2.3.2 改善交通换乘条件

新加坡大力推崇"门对门"交通和"无缝衔接"交通服务,力图使不同交通方式的换乘距离控制在步行范围之内,真正体现出公共交通的便捷。政府通过实施公交一票制和改善换乘条件,有效地促进了不同方式的兼容性以及公共交通系统的一体化发展,如图2所示。新加坡共有22个公交换乘枢纽,这些枢纽由政府建设并转给公交公司进行日常管理。另外,为满足乘客的需要,换乘设施设计得方便实用,具有较好的可达性。很多地铁车站本身就设在集购物、休闲、娱乐为一体的大型购物中心的地下,事实上已成为公共汽车和出租汽车的综合换乘场所。因此,许多拥有私人小汽车的人平时也选择乘公共交通出行。

图2 新加坡盛港新城综合换乘站实景图

2.3.3 科学高效的票制票价管理

(1)票制管理制度

在新加坡,批准公交票价调整的权力不在政府手中,而是由独立的机构——公共交通理事会(PTC)来评估和管理。PTC通过科学地审查公交公司提出的票价调整建议,使公共交通的社会效益与公司的经济效益达到适度平衡。公交公司在PTC的管理监督下按照一定的票价进行有效运营。

PTC规定公交票价的制订必须坚持三个原则:公司的营运收入应能承担其经营成本;必须有可持续的资产置换政策;票价必须是公众可负担的,并且应随着运营成本的增加定期修订和调整。基于这些原则,并以每年经营费用的增加额、消费价格、工资变动指数为参数,PTC建立了一个经验公式来定期进行票价调整。

售票系统通过自动更新票价划分标准,并借助车辆定位系统(VLS)确定车辆的位置,利用事先设定的程序,根据乘客乘坐的距离来计算票价。

(2)票制整合技术

为促进合作、提高效率,SBS和SMR T公司合作成立了公交联合客运有限公司。其作用是管理并整合轨道交通和公共汽车的票制票价,使其成为一个统一的、综合的公共交通网络,以推动票价和网络的整合。1991年,公共交通的票价开始整合,在规定的时间内两种交通方式之间的换乘可以享受一定的折扣。

随着公共交通网络的扩张,更多的信息需要储存在磁卡里,原有售票制度已经无法满足需求。2002

年，政府资助票务软件开发和基础设施建设，用非接触式智能卡或 EZ－link 卡取代了磁卡，可以依据出行距离准确地扣除票价。采用 EZ-link 卡最大的优点是乘客并不需要知道确切的票价，系统会自动计算并从卡中扣除。EZ-link 卡可以在地铁、轻轨、公共汽车和出租车等各种公共交通上使用，并且在 45min 之内换乘时可以打折，节省了出行成本。

2.3.4　高效的公交车队管理

新加坡的公交运营商非常重视车辆的调度和管理，使用最新的产品和技术来提高运营效率，而这些都是在没有政府补贴的情况下成功运作起来的。通过将通用分组无线业务（GPRS）绑定在全球移动系统（GSM）中，并配备车辆定位系统等手段，来实现实时的车队管理。全球定位系统（GPS）接收器固定在公共汽车车辆中，控制中心可以据此监测交通拥堵、交通事故等突发事件，并及时派遣替换公共汽车和拖车。

2.3.5　改善公共汽车的出行环境

（1）设置公交专用道

1974 年开始，新加坡建设了 112km 的公交专用道。每天早晚高峰期各运行约 2.5h，其余时间可允许社会车辆通行。但是在繁忙的商业街区，公交专用道全天都只允许公共汽车运营。新加坡设置公交专用道的标准是：每小时至少有 50 辆公共汽车使用该道路，并且该道路上至少每个方向有 3 个车道。此外，在公交专用道上还需要设置一些隔离或警示标志设施以减少转弯车辆和出租车上下客的影响，同时还要加强对路边停车的管理。公交专用道，使公共汽车平均速度提高了约 15%。

（2）减少站点停靠延误

公共汽车在站点处的停靠是时间延误的主要原因，站点处的车辆经常需要排队上下客。为改善这一状况，新加坡公共汽车站点区域设置了黄色标记，可使 2～3辆车同时停靠以便乘客上下车。公共汽车站间距离一般为 400m 左右，通常位于接近路口及行人过街处、行人天桥或地下通道等位置，使通勤者可以安全穿过道路。另外，在其他公共交通场站附近一般会设置公共汽车停靠站点，以促进一体化换乘。

图 3　新加坡公共汽车站点附近的禁停区

在路侧土地资源允许的情况下，设置公交港湾，可有效地提高安全性和交通效率。同时，在公交站点前方主流车道上设置了黄色的禁停区域，为离站的公共汽车汇入主流交通流消除了障碍，如图 3 所示。

3　新加坡交通需求管理经验对我国的启示

3.1　我国城市迫切需要从供给和需求两个层面，制定综合的交通发展政策

新加坡的经验表明，对于现代化的大城市地区，优先发展公共交通是解决城市交通问题的根本出路，而适当限制小汽车的过度使用也是城市交通发展的必要手段。1996 年新加坡政府及时出台了交通政策白皮书，确定了交通发展的四大战略政策，提出了交通发展的“推、拉”策略，为新加坡建设世界水平的交通运输系统奠定了基础。

当前，我国城市正面临着快速机动化和快速城市化的双重压力，处于城市交通发展的重要转型时期。在此背景下，我国城市应该在加强道路基础设施建设的同时，促进以公共交通为主体的交通发展模式，并且在条件成熟的情况下，适当地抑制小汽车的过度使用。

3.2 加强对小汽车的管理,适时出台交通需求管理政策

本世纪头20年是我国城市交通发展的关键时期,是各种交通方式快速发展变化和交通系统结构逐步定型的重要阶段。我国城市应未雨绸缪,提前采取措施,加快制定有关政策措施,通过实施差别化停车收费、交通拥挤收费等交通需求管理政策,合理限制小汽车的使用。鼓励步行、公共交通等环境友好型的交通方式,降低城市的交通需求总量,促进交通需求与土地利用之间的互动和协调。

在制定交通需求管理政策时充分考虑城市的自然条件、经济水平等特点,还要调查当地居民的生活习惯、商业类型和产品类型。尤其是涉及产生大量出行的项目的建设,综合考虑未来周边地区的经济发展、环境规划及环境保护问题,制定科学的TDM方案和有效的保障措施,保证交通的可持续发展。

3.3 采取切实措施,保障公共交通优先发展

城市政府应从法律法规建设、路权和资金保障、税费制度改革等方面采取措施,保证公共交通优先发展战略的落实。首先,要加快制定健全、稳定的法律法规体系,引导和规范城市公共交通的发展。通过法律、法规的形式将公共交通发展相关部门的职责和协调机制明确下来,将各部门的管理职能从政府的政策制定和监管中剥离出来,为实现公交优先发展提供政策和制度保障。其次,要制定相关政策,切实保障公交发展的土地、资金、路权等方面的优先权;在城市道路规划和设计过程中,先要考虑公共交通的需求和功能,保证公共交通享有足够的、合理布局的城市道路资源;另外,政府要在公共财政资金的分配上,将发展公共交通系统放在第一位,鼓励私人部门和企业参与规划和投资,包括国外资本和技术资源等;最后,通过制定公交价格和税收保障政策,取消所有消费者的能源补贴,改革低收入家庭的政府补贴规定,实施公共交通发展的价格和税收引导政策。

3.4 加强对城市土地开发的监督和管理力度

针对我国城市普遍存在的资源短缺、人口密集的特点,在城市总体规划和详细规划阶段,应强化对土地开发项目的交通影响评价制度,明确相应的交通影响评价内容,将土地开发强度控制在交通和资源环境的承载范围之内,保障城市的可持续发展能力。要加快完善相关的政策法规,健全交通影响补偿费的征收机制,在中心城区限制建设对交通影响过大的商业性建筑,对不符合交通影响评价制度要求的开发项目实行一票否决制。

要进一步健全监督机制,建立健全城市交通和土地利用协调发展的长效跟踪机制,通过制定对大型城市基础设施项目的公众听证制度,保障社会公众对城市土地利用的参与和监督。在大型建设项目的论证、规划、审批、建设、验收等各个阶段,都应该充分发挥规划者、建设者、政府决策者和社会公众等各个相关主体的参与和监督作用,完善责任追究制度,实现各司其责、权责明确、相互配合、相互监督。

3.5 积极推进TOD发展模式,实现城市交通与土地利用的协调发展

大城市要积极推进TOD发展模式,加快构建多种交通方式并存的复合型交通走廊,实现以公共交通引导城市土地的开发,实现公交网络布局与城市土地开发的相互协调。公交线路的布设和站点的选址必须根据城市用地现状和规划情况,保持与城市主要客流分布相一致。公交站点的布设要选择临近高强度、高密度开发的地段,并且要根据城市不同用地性质的需求,配置相应的公交网络,以充分发挥公共交通系统对城市发展的引导和支撑作用。另外,城市土地利用要配合公交网络的建设,在充分考虑线路走向和站点布设的基础上,对公共交通沿线的土地进行居住、办公、商业等用地类型的综合规划,以平衡沿线各种类型的建设用地规模,促进公交网络与城市土地开发建设相互适应、协调发展。

参考文献

[1] George San A Decade of Travel Made Easy, (1995 ~ 2005), Singapore, Land Transport Authority, 2005.
[2] Sharp, Ilsa, The Journey, Singapore' s Land Transport Story. Singapore, Land Transport Authority, 2005.
[3] 周伟. Joseph S. Szyliowicz, 中国城市可持续交通发展的战略与政策研究. 北京:人民交通出版社,2005.
[4] 江玉林,冯立光. 可持续交通发展国际经验. 北京:人民交通出版社,2007.
[5] 德国技术公司. 可持续发展的交通. 北京:人民交通出版社,2005.
[6] 沈建国. 中国城市化之路. 北京:国建筑工业出版社,2001.
[7] 江玉林,吴洪洋. 中国中心城市可持续交通发展年度报告(2007). 北京:人们交通出版社,2007.
[8] 陆化普. 城市土地利用与交通系统的一体化规划. 清华大学学报(自然科学版),2006 年第 9 期.

第二十八章　库里蒂巴城市交通发展战略的演变及其对中国的启示

刘蕾蕾　刘　秀　吴洪洋　江玉林

(交通部科学研究院中国城市可持续交通研究中心)

摘　要:库里蒂巴作为世界上 BRT 系统发展最为发达、最为成熟的案例之一,其发生、发展过程对于发展的城市来说,具有很好的借鉴。本文从库里蒂巴城市公共交通系统建设的主要特点出发,论述了其优缺点,并对库里蒂巴市公共交通发展政策的演变过程进行了仔细剖析,内容涉及公共交通规划、规划实施、公共交通服务品质等方面,最后结合我国城市发展实际情况,提出了建设可持续的城市公共交通系统建议。

关键词:库里蒂巴　城市交通　发展战略　启示

0　城市概况

库里蒂巴位于南美国家巴西东南部的巴拉那州,它与温哥华、巴黎、罗马、悉尼被联合国命名为世界上第一批"最适宜人居住的城市",也是在当时发展中国家唯一获此殊荣的城市。实际上无论是以面积或者人口计算,还是依据它在巴西以至世界的政治经济地位来衡量,库里蒂巴都不是什么举足轻重的城市。然而,由于其城市规划在探索城市可持续发展之路上取得的举世公认的成绩以及近乎完美的公共交通系统,使它在全球享有广泛的声誉。

在 1950 年,库里蒂巴的人口还只有 30 万(市区 14 万),到 1990 年已达 240 万(市区 150 万),城市面积大约 432 万平方公里[1]。在这段时期内,城市的经济结构和实力也发生了很大的变化,由原来以农牧业经济为主一跃成为一个工业和商业中心。至 20 世纪 90 年代初期,它的人均年收入已达 2 500 美元。

据 2006 年 IBGE(巴西统计局)统计数据,库里蒂巴已成为巴拉纳州面积最大的城市,巴西第七大人口城市。2007 年,库里蒂巴城市人口达 323 万人,人口密度 4159.4 人/km^2[2]。库里蒂巴和其他 9 个城市创造了巴西全国 25% 的 GDP,其中库里蒂巴市 GDP 占全国 GDP 总量的 1.1%[3]。库里蒂巴现在已成为巴西南部最大的金融中心,城市 GDP 居南部城市之首。

1　库里蒂巴城市公共交通系统

简单、实用是库里蒂巴公共交通系统最突出的特点。整个公共交通系统只有公共汽车,没有轻轨、远郊铁路或是其他的交通方式。为库里蒂巴公共交通系统赢得广泛声誉的是其高效率和极高的成本效益,系统客运量达到每小时 2.3 万人次,相当于里约热内卢地铁每小时的客运量,公共汽车系统也因此被称为"路面地铁"。表 1 为 1990 年上下班通勤模式比例比较。

1990 年上下班通勤模式比例比较(Brown,2001)　　表 1

城　市	私家车	公共汽车	步行/自行车/其他
阿姆斯特丹	40	25	35
库里蒂巴	14	72	15
华盛顿	77	16	7

与此同时,库里蒂巴拥有小汽车的高保有量。2001 年的小汽车数量是 722 997 辆,2006 年增长到 963 464 辆,增长率为 24.96%,2006 年人均小汽车拥有量为 1.85[4]。到 2007 年,小汽车保有量增加到 1 006 944辆,平均每 3 ~4 人拥有一辆小汽车,是巴西小汽车保有量最高的城市[5]。实际上,库里蒂巴 75% 的出行却是借助公共交通完成,公共汽车系统日运送旅客达 2 080 518 人次(URBS/ Urbanization of Curitiba 2004)。这是由于一方面实行了公交车专用道,另一方面采取了多种公交优先的交通管理措施,所以吸引了大批小汽车拥有者尤其是通勤者乘公交车上下班,小汽车只有旅游度假时才用。可以说,库里蒂巴是实现公交优先良性循环的范例。极高的公交分担率,是库里蒂巴实现可持续发展的基础之一。

1.1 综合公共交通系统的线路和车站

库里蒂巴综合公共交通系统的 340 条线路,1 550 辆公交车,覆盖了该市 1 100km 的道路,其中公共汽车专用道为 60km,公共汽车日行驶里程为 38 000km。根据其服务特征,这些线路分为快速线、支线、城际联络线和环线、大站快车线、常规的整合放射线及市中心环线等。表 2 为库里蒂巴交通指标。

库里蒂巴交通指标(Costa,2005)　　表 2

指　标	数　量	指　标	数　量
车辆数	655 386	公共交通线路密度(km/km^2)	210.9
千人拥有车辆数	410	公共交通终端站	29
公共汽车数量	2 100	管式车站	351
周运输旅客数量	2 140 000	日运行公里数(km)	468 500
公共交通线路	385	运营公司数	22
公共交通线路长度(km)	3 261 168		

按照城市总体规划,由城市中心发射出的 5 条主干道是公共汽车系统的骨架。另外还包括远郊之间通行的道路,公交线路网络如图 2 所示。

库里蒂巴的公共汽车道路网络(见图 1),经过了 30 年的发展。1972 年规划设计的第一条长 20km 的公交专用道,于 1974 年投入使用。这也是库里蒂巴"三重轴线道路"的雏形,也是库里蒂巴政府对公交运营线路的调整和整合的开始。2001 年,库里蒂巴已建成使用的公共汽车主要道路里程达 40km。经过近几年的建设,公共汽车专用道发展到 60km。库里蒂巴公共交通道路系统发展历程的重大事件,如表 3 所示。

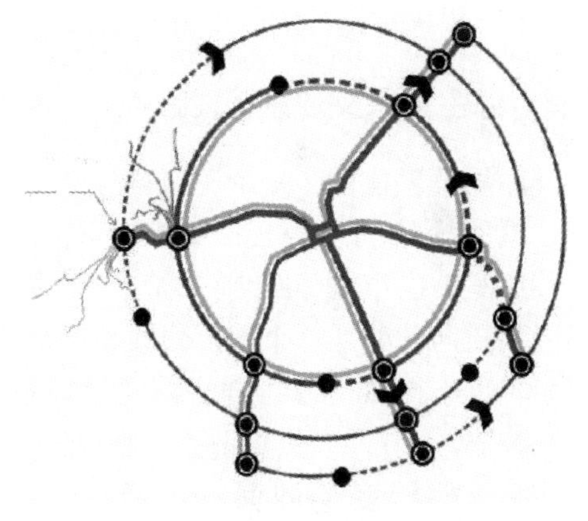

图 1　库里蒂巴公交道路网络

库里蒂巴公共交通道路系统发展历程重大事件　　表 3

年　份	重大事件
1974	首次建设南北主轴线两条公共汽车快速路
1978	新建三条公共汽车快速路
	在交通系统中引入计算机控制
1979	实施公益性票价:全社会统一票价,使低收入人群和长距离出行者受益
	在现有的路网基础上建设跨区线路
1982	建设连接城市中心和工业区的道路,改建区域间道路
1991	将管式车站应用到公共汽车直达线路
1992	投入使用双铰接公共汽车

公共交通服务有以下4种主要形式:

(1)Express buses,具有地铁高运量和高效准时的特点,红色车身,在60km长的公共汽车专用道上运行,承担城市绝大部分客流;

(2)Feeder buses,橙色车身,在300km的支线(feeder)线路上运行,连接有换乘功能的终端站;

(3)Inter-district buses,黄色车身,运行在185km长的环形线路上,连接终端站;

(4)Direct buses,银色车身,连接分散的站点,线路长度250km。

公共交通服务还包括其他小规模的公共汽车,如旅游景点专车、学生专用的公共汽车、环绕CBD的班车、连接城市中心和相邻城镇的公共汽车等。公共交通网络覆盖8个相邻城市。

快速公交使用专用的公共汽车专用道,收费统一,对于领取救济的人免费,车站与商业设施出入口相连,提高客流的集散速度,保证载客的效率。由于高载客量和高效率,库里蒂巴快速公交已成为世界城市发展快速公交的榜样和典范。

城市综合公共交通系统内共设有如下三类车站,适应客流量不同的区域:

(1)管式车站

管式车站共266个,站间距离多为500~1 000m,其最大优势是可大大加快乘客的上下车速度,此外还使乘客免受气候条件的影响,同时水平登车设计和进站口自动升降装置,使年老者和残疾人能够方便地使用公交系统。

(2)大型公交站

大型公交站多位于综合公共交通网络的轴线上,可分为中转式的大型公交站和终端式的大型公交站。中转式的大型公交站为不同的线路提供分隔开的上下车站台,并以地下通道的形式连接这些站台,从而使乘客可以实现方便的换乘。而终端式的大型公交站则位于结构轴线道路的末端,配建有大型的基础设施,以处理城市周围地区与市中心间更多的运输量。

(3)传统车站(略)

1.2 综合公共交通系统优缺点

库里蒂巴建设了一个适合自身情况、以公共汽车为主的城市公共交通系统。相比于我国公共交通运营亏损的状况,库里蒂巴公共交通系统的运营没有补贴,而是依靠票务收入维持运营。

库里蒂巴市在20年前开始采用专用优先线路的特快城市公共交通系统,城市公共汽车从城市中心辐射状通向各处。这个城市公共交通系统比城市有轨电车和城市地下铁道系统的建造便宜得多,而且不利影响也小得多,公共交通系统的建设投资少、见效快。

2 库里蒂巴交通政策的演变

在20世纪60年代和20世纪80年代,库里蒂巴的交通处于快速发展时期,早在20世纪40年代构想的城市规划,在既定的投资水平上,已经不能够满足经济和人口快速发展带来的交通需求。因而,库里蒂巴在1964年提出新的城市规划方案,经过两年完善形成了"库里蒂巴总体规划",并指导了城市30年的建设和发展。总体而言,库里蒂巴城市规划考虑了较为长远和全面的发展目标,以公共交通为干线通道,在沿线的主要站点建立相对密集和具有混合土地利用型的社区和市镇,使城市土地的发展和公共交通系统天衣无缝地结合在一起。

库里蒂巴的交通规划和土地利用规划在过去的半个多世纪中,相互协调演变。这一历程大概分为三个阶段[6]:第一阶段(1943—1970),构建发展愿景,确立最基本的规划原则,用以指导城市规划建设期的决策制定;第二阶段(1972—1988),规划的积极执行期,建成了一个整合的公共交通网络;第三阶段(1989年至今),完善和细分区域公交服务,最显著的成果是引入了直达快线和大容量管状车站。现代库里蒂巴的城市规划最早可以上溯到1855年,法国规划师皮埃尔图路易提出了第一个城市规划的构思。

1943 年,另一位法国规划师阿尔弗雷·阿嘎治制定了该市的第二个城市规划方案,是第一个综合城市规划。20 世纪 60 年代,库里蒂巴开始探讨从城市总体布局上着手,来寻求解决因经济发展和人口增长所带来的城市环境和交通问题的新途径。

2.1 规划原则的确立——阿嘎治规划和 1965 年规划

二战前的"阿嘎治规划"全力推动机动化的进程,1965 年总体规划则完全纠正了这个思想,强调城市发展应该以人为本,而不是立足于小汽车。阿嘎治规划的目的是为了应对二战结束后的大发展,该规划的核心前提假设是机动车会呈指数级增长,而为了适应交通的增长,就需要建设由市中心向外辐射的大道。阿嘎治规划套用巴黎的城市发展模式,以老城区为核心,采用一圈圈向外扩大的环状道路和一系列源自老城区的放射形道路相结合的方式来处理城市发展扩大的问题。规划中还涉及到将一项城市主干道扩展到 60m 的计划,这要求拆除包括部分悠久历史的大型宅邸在内的沿线所有建筑。这项规划关于机动车会积满库里蒂巴的假设几乎一度成为现实,当时正值巴西致力于成为世界汽车制造业龙头的时期,国内油价始终维持在相当低的水平上,库里蒂巴也在蓬勃发展,很多人以为,该城市正沿着其附近新兴大都市圣保罗的道路向前发展。

实际上,库里蒂巴市一直没有足够的资金来实施阿嘎治计划,但这个规划却让公众意识到面对二战后城市迅猛扩张的趋势,城市应该制定相应的对策。在州立发展银行的支持下,当地官员组织了规划师和建筑师通过竞赛的方式来组织编制城市的总体规划,并最终形成了 1965 年版的城市总体规划。新的总体规划摆脱了 1943 年制定的环形城市形态,取而代之的是放射状城市结构。这个总体规划设想将库里蒂巴市发展成一个线形的城市,不能在各个方向无限制的拓展。其核心思想是保留和加强市区核心和发展轴线,因此,大容量的公交就成为城市的首选出行方式。

1965 年版的城市总体规划与阿嘎治规划的本质区别,在于更强调交通的目的是为了满足人的出行而不是机动车的出行,而当时巴西的多数城市的规划都注重满足小汽车出行。到了 20 世纪 60 年代,库里蒂巴市中心已经出现了人口密度高和交通过度拥挤的迹象,为了避免重复圣保罗和其他大城市出现的漫无目的的城市扩张,城市总体规划要求将人口的增长尽量安置在最初规划的两条城市发展轴线两侧,而规划的城市发展轴最终发展为五条。这种规划思想与以往规划着重于只建设放射性干道是完全不同,在过去的阿嘎治计划中,放射性干道道路是一种纯粹的道路基础设施,其作用是连接低密度的郊区和城市中心区,这种连接轴线会产生单向的潮汐交通。而在新的城市总体规划中,这些线形走廊或者称为城市发展轴,在其两侧将吸引新的土地开发,最终与市中心遥相呼应。这些城市发展轴成为高密度土地开发的通道,并使得各种交通产生双向交通流,及促使公共交通的可持续发展,即让所有的公交线路双向都处于相对高的满载率。而市区中心主要是对步行者或是换乘的乘客开放,机动车则退居二线。

打造一个线形城市要求城市土地开发、公共交通服务和城市道路的功能分类都能够互相紧密地结合在一起,必须做到统一规划。库里蒂巴促进城市发展轴线形成的最主要方式就是设置完全封闭的公交专用道。公共交通线路成为新城的骨干网络,在城市发展轴线上还包括为机动车服务的具有各种道路功能和通行能力较大的平行道路,快速直达公交也行驶在城市快速道路上,同时还设置了连接发展轴线沿线用地的辅路。根据规划,城市核心区域限制发展,而将新的土地开发集中在有大容量公交的轴线附近,土地发展密度呈梯形递减,离轴线越远土地密度越低。

2.2 规划的实施——综合公交网络的建立

1964 年到 1979 年,巴西处于军事专政统治时代。在这个时期,巴西奉行市场开放政策,政府依赖于巨额外债,兴建了不少耗资巨大、收效期长的大规模工程项目。绝大多数的巴西城市也都在建设高速公路和高架桥来满足小汽车和火车的需求,项目投资规模追求"越大越好"。至 1982 年,巴西经常项目赤字已高达 163 亿美元,国际储备减少到 40 亿美元,中长期外债的还本付息额相当于出口收入的比重已上升到97%,外债总额达701亿美元[7]。在当时的风气下,任何有关限制机动车发展的提议都被视为左派言论,1965年城市规划的实施困难重重。

城市总体规划实施的第一步,始于1971年杰米·勒纳当选为库里蒂巴市市长。杰米·勒纳的强势和果断的领导风范,在城市规划的实施过程中起了举足轻重的作用。为了树立起信誉和推动政府的工作,勒纳的策略是实施一系列投资少见效快的项目。实施城市总体规划最快和最简单的一件事,就是1972年将市中心区最主要的大道——"11月15日大道"改为步行街。这个改变很快遭到周围团体的抗议,并诉诸政府。但是,零售商的销售量却迅猛增加,于是零售商转变为支持者,其他地方的商人们也纷纷要求将其临近的街道改为步行街。此后,库里蒂巴的步行街系统迅速扩展到49个街区。在勒纳上任的第一年,他还推动了其他举措以改善市中心的环境,包括刷新历史建筑的外表,改善公园和公共广场的环境等。

实施1965年规划,建设库里蒂巴市发展轴线的关键步骤是建成"三重轴线道路"。这个库里蒂巴独创的方案有效地整合了大容量公交、道路和土地开发,贯穿着整个城市发展轴。有意思的是,"三重轴线道路"得益于"阿嘎洽规划",该规划提出建设60m宽的景观放射形大道,且为此在几条交通走廊上预留了道路用地,使得勒纳政府可以有机会来实施"三重轴线道路"的项目。这也许是一个偶然的机会,但是"阿嘎洽规划"实际上起到了一个土地储备的作用,如果没有当初修建大的景观大道的设想,那么就不可能有实施"三重轴线道路"和线形城市所需要的用地。图2宏观描述了"三重轴线道路"的概念。

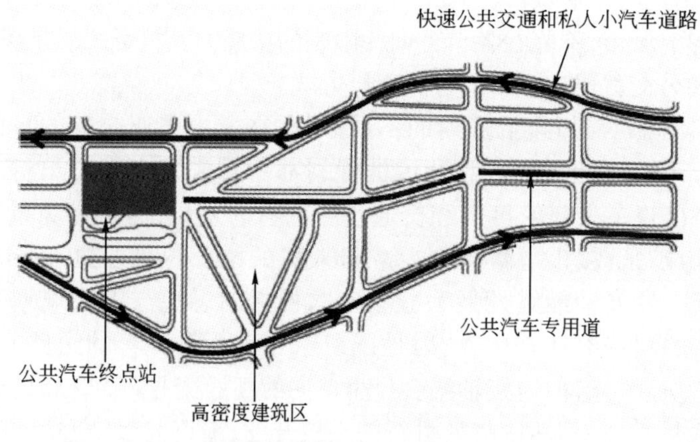

图2　三重轴线道路概念

"三重轴线道路"中心是两条完全隔离的车道给大容量的公交车专用,公交车辆进入换乘点,乘客可以方便地换乘支线或是可以穿越城区的其他公交线路。中央公交道两侧是单向的道路,用作辅助道路,以提供车辆出入道路两侧的建筑。在轴线道路两侧,分别是两条单向高通行能力的街道,一条单向道路服务于进城方向的车流,另一条服务于出城方向的车流。在成对的单向道路上设置有大间距的"直达公交线路"。这组单向道路也是城市发展轴的边界线。

高密度建筑群和混合型的土地使用性质,是"三重轴线道路"沿线土地开发的两个特征。高密度建筑群使得公交专用道沿线产生足够多的公交生成点和吸引点,从而支撑了这些公交主干线能保持高发车频率和通行能力。混合型的土地使用性质保证了城市发展轴线不仅是公交出行的生成点,同时又是公交出行的吸引点,因此使得这个交通走廊的客流需求是双向平衡的。

与主要公交走廊相邻的都是高层建筑,这些建筑的底层和二层主要是零售商业,上面的楼层主要是办公、住宅和商住两用。这些建筑占据了公交专用道和单行线之间的街坊,整个城市发展轴线上的土地形态和使用性质都是这样规划的。轴线以外,可步行到公交主干线的地区,可以称作"居民区",居民区的居住密度随着距离公交干线的距离递增而锐减。高层建筑布设在机动车流量高的道路两侧,从而确保低密度居住区不受高机动车流量的影响，确保居住区的宁静。

在《库里蒂巴：生态变革》一书中，杰米·勒纳大加赞赏“三重轴线道路”：首先，它保住了城市的规模和传统，替代修建一条规模庞大的高速路的方法是修建三条常规宽度的道路，每一条道路有其各自的功能；其次，要想提高公交系统的运营速度，最大的障碍正好是缺乏建设公交专用道的空间；最后，无论从造价还是建设周期上来讲，一年内建成 20km 的三重轴线道路是不成问题的。

在当时库里蒂巴迅猛增长的情况下，为避免土地利用因为私人房地产过热而肆意发展，“三重轴线道路”正好可以引导城市的发展方向，开发商们知道哪块地能用，这样就减少房地产商的投机行为，不仅可以帮助绝大多数中产阶级降低房价，同时还能抑制与房建配套的其他基础设施和配套服务的成本。“三重轴线道路”还引入了“新城市化主义”和“新城市设计”一直反对的道路功能分类的概念。“新城市化”的理念试图实施道路功能相对一致，方便行人、让机动车频繁地停靠等一系列限制机动车出行的网格状道路网络，这种规划理念所需要的道路面积率要比根据道路功能分类的路网面积率高很多。在库里蒂巴，道路功能分类与土地使用性质、密度和公交服务是相适应的。所有的道路和公交系统都是平面运行的，也就是说整个交通系统几乎没有那些“矮化”行人和破坏居住环境的大型高架道路或是跨线桥。

集成公交网络的建设是实施库里蒂巴长期战略规划的第二个重要步骤。集成公交网络可以确保公交与轴线外围地区更好地衔接。

勒纳政府选择了地面公交而不是轨道交通，这与勒纳行事见效快、成本低的风格一致，也博得了广泛的赞同——地面公交系统更适合像库里蒂巴这样的第三世界的中等规模城市。

最早建成的 20km 长的公交专用道是城市的南北轴线，形成了这个线形城市的“脊梁骨”，此外有约 45km 的常规公交线路和 2 个终点站相连接，作为它的接驳线。系统工作日平均客流量达到 45 000 人次。到 1978 年，开通了第三条沿东南走向的公交专用道，开辟了另一个新的发展轴线。1979 年，集成公交网络的概念正式诞生。当时，库里蒂巴的公交网络不能为穿城出行提供良好的服务，由此就建立了“跨区域线路”的公交服务，首先建立了一个 44km 的环形线路，可以与三条公交专用道的中间站实现换乘。到了 1980 年，集成公交网络中共有 9 个中途站、终点站可以使乘客在快速线、接驳线、环线间换乘，系统的工作日日均客流量超过了 20 万人次。截至 1982 年，共建成四条同心圆的区域环形线路服务整个区域：最内侧的距离市中心较近，第四条几乎快到了城市的边界。整个集成公交网络共有 167km 环形线路、294km 的接驳线路和 54km 的“快速公交线路”，日均客流量达到了 50 万人次，是八年前客流的 20 倍[9]。

2.3 提升公交服务品质

20 世纪 80 年代中期，库里蒂巴的公交网络因为自身的成功而成为受害者，客流量不断增多，使得干线“快速公交”越来越拥挤，同时车辆的延误现象越来越频繁。最初改进措施是使用双铰接车，但事实证明这只是权宜之计，即使提高了通行能力，也不能缓解新增的客流需求。

由于建设轨道交通的投资巨大，得不到公众的支持，库里蒂巴的公交规划师们设计出了一个创新概念，即尽量挖掘“三重轴线道路”的潜能，使公交的运能达到轨道的运能。在公交专用道两侧的单向道路上设置大容量的直达公交线路，车辆只在主要换乘站停车，从轴线末端到市中心只有 2 ~3 个车站。水平登降和站台售票装置是系统的重要组成部分，在公交车辆到达之前，提前完成购票和检票的步骤。这种直达线路的车辆可以搭载 110 名乘客，通过管状车站（水平登降、站台售票）上下客，每小时运送乘客的能力是普通公交线路的 3.2 倍，比铰接车的运送能力提高了 70%。直达线路于 1991 年投入运营，最初有 4 条线路，每日运送 10 万人次的客流。1995 年，库里蒂巴的直达公交线路已经多达 12 条，日运送乘客22.5 万人次。

直达线路无疑是库里蒂巴最显著的创新举措，它打破了以往公交运送能力的极限，并大大改善和提高了公交服务的水平。主干道沿线那些出行距离较长的乘客，如从城市边缘地带到城市中心区,往往都是选乘直达线路。那些出行距离稍短的乘客,如从居住地去往轴线沿线的购物中心,则更倾向于选乘公交专用道的线路。即使有轨道系统的城市也不能提供像库里蒂巴这么丰富的出行选择。正是这些各种类型的沿轴线的公交线路,才能满足土地利用和出行的需求。无论是短距离、非高峰的日常出行,还是高峰时段的工作出行,公交专用道及其平行线路都有可供选择的公交线路,且非常便利。

2.4 库里蒂巴的公共交通——世界一流的公交系统

俯瞰库里蒂巴,公交、土地利用以及道路空间综合规划所造就的城市形态一目了然,站在州立电信公司的观察塔上往下看,四排高层建筑走廊十分突出。就像1965年的城市总体规划设想的一样,今天的库里蒂巴就是一个典型的线形城市。混合使用的高层建筑紧邻着公交专用道,外面则是低密度的居民区,它们之间的边界非常清晰。商业中心显得很突出,受保护的绿化地区恰到好处地点缀了城市风情。

库里蒂巴公交网络,对于交通和环境状况的改善有影响,参见 Bonilha 研究机构 1991 年组织的针对直达线路乘客的调查。调查显示,在直达线路开通的第一个月,有28%的乘客在此线路开通前是开私人汽车上下班。据此,研究者提出,这个集成的公交网络每年减少2 700万次的机动车出行。并且相比于巴西同等规模的城市,每人消费的汽油数量减少了25%。高的载客量也降低了乘客的平均出行费用,每位市民的公共交通支出只占收入的10%,低于全国20%的标准。

3 库里蒂巴经验及对我国的启示

不可置否,库里蒂巴是值得任何一个城市学习的。无疑,库里蒂巴成功经验的背后有其特殊的政治、经济和地理因素,而世界上恐怕没有哪一个城市具有和库里蒂巴一模一样的条件。我们需要做的就是从典型案例中找出普遍适用的成功因素。

从上面的介绍我们可以看到强有力的政治意愿和领导决策层,制定土地利用总体规划,严格控制城市扩张,着重发展高密度走廊,规划高载客率的公共汽车专用道路,使用放射道路连接交通环线是库里蒂巴公共交通系统成功最主要的三个因素。

与国内城市相比,库里蒂巴在市区面积和小汽车保有量方面相当于我国的特大城市(成都),而人口数只相当于我国的中等城市,其土地利用率很低。以交通为例,库里蒂巴市区面积为432km^2,居民人数为158.6万人,小汽车的保有量为47.6万辆,平均每10人拥有3辆小汽车,是巴西小汽车拥有率最高的城市,市区公交道路1 000km,这些数据分别是长春市的64.5%、180%、190%、106%。目前长春市在高峰时段,主要道路已经出现了交通拥堵现象,但是由于库里蒂巴完善的公交系统高效地吸收了城市高峰时出行人员的数量,即使在高峰期交通也是畅通的。

我国城市化进程的快速发展和经济水平的提高要求建立大容量、快速高效的现代化城市公交系统,减低机动化发展对城市带来的压力。目前,我国的一些大中城市仍以非机动化交通手段作为主要的出行方式,尤其是自行车交通占据了城市客运出行很大比例,机动车与大量的自行车出行混合在一起,形成了我国城市混合交通严重的典型特征。同时,在远程出行中,传统的公共交通由于容量小、速度慢等缺陷,难以充分发挥其出行效率高和平均个人占用道路面积小的特点,不能满足一部分人对顺畅出行的需求。结果导致目前私人小汽车迅速发展、机动车出行量急剧增长,并造成城市交通经常拥挤不堪、污染日益严重等后果。

因此,要实现我国城市交通的可持续发展,必须优先发展公共交通,减少私人小汽车的出行比例,不断提高公共交通的服务质量,吸引更多的公交使用者;同时在各种公共交通方式之间以及公共交通和私人交通之间形成一套有机衔接和方便换乘的系统,最终形成一个结构合理、多方式协调统一的城市综合交通运输体系。

(1)在城市规划设计和城市交通规划设计中,要始终坚持可持续发展的方针

可持续发展是一项长期战略,因而也最需要政策的延续性和行动的持久性。换句话说,它要在日积月累中方能见效。库里蒂巴的成功不是轻易得来的,而是从20世纪60年代起就不断努力的结果。

(2)从自身条件出发,坚持走"相宜技术"之路

无论是形成早期城市结构轴线所规定的快车线路,还是后来在技术创新下产生的"路面地铁",库里蒂巴都拒绝技术至上主义,反对一味追求高投入的技术方法解决城市问题,而是从实际出发,寻求最适合自身条件的途径。这也是任何一个国家、任何一个城市发展以及交通发展应该坚持的原则。

(3)制定促进城市交通可持续发展的相关政策

库里蒂巴的经验说明,交通政策和其他城市政策相结合能够指导城市发展(如土地使用,住房和经济增长)。交通政策和城市政策要相依而行,才能在城市内部实现快捷高效的人和物的移动。从交通政策的导向上看,应限制私人车辆的使用,将运量集中到大型公共运输工具上。为此,一方面需要政府出台相应的政策,鼓励人们使用公共交通方式;同时要提供良好的公共交通服务,以及方便的交通换乘枢纽。

(4)合理布局城市居住区

按照库里蒂巴和国际大都市发展的一般规律,改变居民的住宅分布结构是解决市区交通拥挤的居住环境和交通状况的主要方法之一。目前,北京城市建设重点已逐步从市区向远郊区转移,市郊客流将会迅速增长。据预测,2008年北京郊区进入市区的年交通量将达到2亿人次以上。不仅对于北京,对于中国其他的特大、大型城市来说,积极发展市郊路网规划,促进城市功能的合理布局是缓解目前城市交通拥堵的有效措施之一。

(5)充分发挥公交作为基础设施的带动作用

在世界的许多其他城市,大运量交通通常是在为时过晚、迫不得已的情况下才予以考虑的,这导致其解决办法代价过于昂贵而无法充分发挥基础设施的潜能和在城市发展中的带动作用。库里蒂巴的总体规划创造性地将大运量公共交通道路作为城市发展的结构主轴,将土地使用、道路系统和大运量交通三位一体综合地进行规划和实施,避免了许多其他城市环状发展模式中大量使用私人小汽车在市郊间通勤所产生的交通问题,使城市沿规划所期望的方向发展。不可否认,库里蒂巴选用中间车道作为公交车专用道的道路系统是独特的,也不可否认,要在道路建设完成后再效仿库里蒂巴模式进行修改,困难和代价都是十分巨大的。近年来,我国城市拓宽修建道路为数并不少,道路宽度也不在库里蒂巴之下,然而都很少给予公交车以专用道,更不用说发挥大运量交通对土地使用和城市发展的带动作用了。库里蒂巴的成功,说明在恰当的时间作出正确决定的重要性。

(6)鼓励快速公交系统(BRT)的发展

在我国大城市和特大城市多中心城市群的结构模式中,解决交通问题的重点在于强化中心城市间的通道特性,注重中心间连接走廊的通道畅通,在中心城区与卫星城之间建立发达的交通运输网络系统。特别要重视中心城区与郊区卫星城镇之间大容量快速公共交通系统的建设,以促进市区与郊区、城市与边缘地区、主城与周围城镇间日益紧密的联系,而这一大容量、快速运输的要求与快速公交系统所能提供的优质服务特性正好相符。

对于中等城市而言,我国城市发展的另一个趋势就是呈组群式/分散组团式结构。它由若干经济联系紧密的城镇群所组成,各组群均有中心城,并具有独立职能,而全市的中心则通常位于各组群中心,是全市政治、文化、商业中心。整个城市以公路网为主要骨架,联系各中心城,同时各中心城市内部均有城市干道网。快速公交系统具有设置公交控制中心、对不同车辆类型兼容和车外收费等一系列特征,该系统的引入将能够较好地满足分散组团城市对公共交通系统的服务要求。

参考文献

[1] 王骏阳. 库里蒂巴与可持续发展规划[J]. 城市总体规划,2000(4):8-12.

[2] http://en. wikipedia. org/wiki/Curitiba.

[3] Bulletin 2007 of Socio-economic Information. Curitiba S. A., Municipal Government of Curitiba.

[4] Jonas Rabinovitch, John Hoehn. A sustainable urban transportation system: the "surface metro" in Curitiba Brazil. 2006,5.

[5] Leroy W. Denery, Jr. Bus rapid transit in Curitiba, Brazil-An information summary. Publictransit US Special Report No. 1, 2004,11.

[6] 罗伯特·瑟夫洛,宇恒可持续交通研究中心(译). 公交都市. 北京:中国建筑工业出版社,2007.

[7] http://www. smes - tp. com/Article_Show. asp? ArticleID = 9259.

第二十九章　伦敦市中心区拥挤收费政策分析

李旭辉[1,2]　吴洪洋[1]　江玉林[1]

（1. 交通部科学研究院中国城市可持续交通研究中心；2. 同济大学）

摘　要：首先分析伦敦实施中心区拥挤收费政策实施的背景，结合实施目标以及技术手段，对实施效果进行交通运行效率、出行特征、安全、环境和商业经济等方面的影响作了系统的分析和评价。在此基础上，根据我国城市交通发展现状提出伦敦中心区拥堵收费对我国的借鉴意义。

关键词：伦敦　拥挤收费　政策分析

1　政策实施背景

伦敦工业化的起步较早，加上人口增长、失业率增加以及旅游业的发展等因素，使其交通系统的压力与日俱增。尤其是小汽车的过度使用，造成中心区交通拥堵、环境恶化以及居民生活质量下降，威胁到市区中心商业的发展。另一方面，长期以来，中央政府对伦敦交通的投资尤其是公共交通的投资不足，使现有的交通系统无法有效支撑经济的发展，交通系统难以进一步发展完善，交通与经济社会的矛盾得不到有效缓解。在此背景下，伦敦市政府提出在中心区实施道路拥挤收费及其他交通需求管理政策。

1.1　城市人口及经济发展概况

（1）人口快速增长。近 40 年来伦敦的人口先减后增，于 1983 年降至 650 万人，此后持续增加，到 2000 年，人口升至 738 万。大伦敦当局（Great London Authority）预测到 2016 年伦敦的人口将达 810 万人。这一数量将会突破伦敦 10 年交通发展规划预测的 760 万人。

（2）就业岗位不断增加。中心区是伦敦发挥世界城市功能的核心地区，在整个伦敦乃至全世界均占据着重要地位。与之相应，就业人口众多，通勤强度很大。中心区附近的通勤密度显著高于周边地区。在未来 10 年里伦敦将会额外增加 27 万个服务就业岗位，其中 40% 将分布在中心区。未来就业人口的大量增长，对中心区已经恶化的交通状况更加不利。

1.2　城市交通发展概况

城市交通发展和运行状况主要有以下特征：

（1）城市机动化程度发展迅速，小汽车成为造成伦敦中心区交通拥挤的主要原因。在收费之前的 2002 年，伦敦中心区收费时间、收费区域内年均工作日交通总流量为 164 万辆/km，其中小汽车的交通总流量为 77 万辆/km，占全部交通流量比重的 47%。可以推算出 2002 年小汽车对中心区潜在交通流量的贡献率高达 68%。

（2）道路资源有限，拥堵严重且相对集中。1968 年以来，伦敦道路网的堵塞程度越来越严重，全英国有 40% 的交通堵塞都发生在伦敦。严重交通拥挤的地段集中且稳定，尤其是市中心，该处由于历史悠久，古建筑林立，已不可能继续新建或扩建道路，而那里对道路需求的增长又是十分稳定的。

（3）交通运行状况表现欠佳。近几十年来伦敦中心区、内伦敦、外伦敦的行车时速均呈现持续下降的态势。1990 年代穿越伦敦的平均速度已经低于 20 世纪初，而在那时候伦敦市没有汽车。相比 1960 年代,伦敦市中心的交通速度也已经下降了20%多,早高峰的时速从1968年的23.6km/h(1975年是21.1km/h)下降到1998年的16.6km/h。2002年11~12月的全日平均车速为14km/h,同100年前的水平相当。

(4)公共交通状况有待进一步改善。由于长期以来中央政府对伦敦交通的投资尤其是公共交通的投资不足,资金短缺使得现有交通系统的运作无法得到有效支撑,更得不到进一步的发展完善,交通矛盾得不到有效的缓解。

1.3 政治条件

2000年5月选举产生了大伦敦市政府,由当年的7月份开始行使职权。自2000年7月3日起,大伦敦市政府下属的伦敦交通局开始执行交通政策,公共交通、河流交通、道路网的统一管理和监察职能。这个新机构整合并代替了从前负责伦敦交通管理的众多机构。从而填补了自1986年取消大伦敦议会所造成的组织机构上的空白。

2 政策实施目标及技术分析

2000年首届大伦敦市政府成立,首任市长提出了新政府解决交通矛盾的几项重要措施,其中之一就是在中心区实施道路拥挤收费。伦敦交通管理局(TfL)和其他各相关部门经过充分的论证和广泛的公众咨询,并借鉴世界其他一些城市的做法和经验,于2003年2月17日星期一,在交通拥挤最为集中的区域——“中心区”(Central London)正式启动了“交通拥挤收费”计划。

2.1 政策实施的目的及目标

2.1.1 实施目的

通过减少收费区域的交通量,来降低交通拥堵程度;改善公共交通运营;改善小汽车使用者出行时间的可靠性;使货运更加可靠,确保交通持续高效发展。

2.1.2 计划目标

总目标:提升伦敦交通系统的可靠性、效率、质量和综合性,为大都市区提供世界级别的服务。

具体目标如下:

(1)伦敦市中心的交通减少10%~15%。

(2)道路延误降低15%~25%。

(3)中心区域的车速增加10%~15%。

(4)改善外围区域交通状况,改善公交车辆运营环境。

2.2 政策实施过程的技术分析

(1)收费时间:周一到周五(公共假期除外),上午7点到下午6点半。2007年2月19日开始,收费时间改为上午7点至下午6点。

(2)收费区域:拥塞收费区是内环线(Inner Ring Road)之内的一个封闭区域(如图所示),内环线上行驶不收费。该区域占地约22km^2,占伦敦市总面积的1.3%,是伦敦市最繁华拥挤的地带。2004年,伦敦市运输局(TfL)又考虑将收费区域进一步扩展到威斯敏斯特、切尔西等区域。2007年2月19日开始,收费区又向西扩展到肯辛顿、切尔西、骑士桥、诺丁山等富人区。如图1。

(3)收费对象:主要针对小汽车。某些驾驶员、车辆以及个人可以享受90%的折扣,甚至完全免费,这些群体和车辆包括:各种公益车辆(残疾人服务机构、园林、救护等),9个以上座位的车辆,在收费区域内居住的人口,采用石油替代燃料(电力)的车辆,两轮车,微型出租车等。

(4)收费标准及惩罚规定:2005年7月4日前缴纳5英镑,之后缴纳8英镑。进入该区域的车辆不论

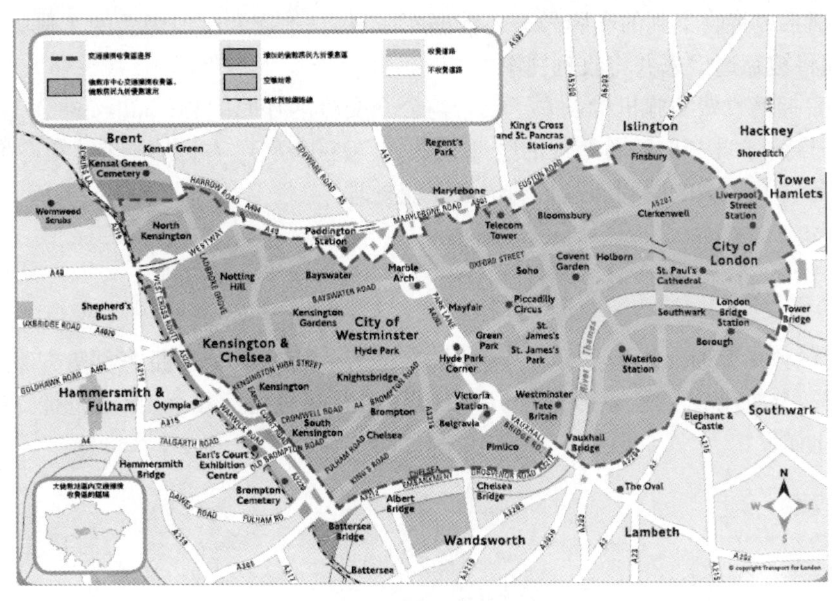

图1　伦敦拥挤收费区域示意图

大小、型号、种类只收一次费用，缴费后当日可多次进入该区域。既可每天交纳，也可按星期、月、年交纳。还可以提前一次性付清所须通行的天数。详见表1。

伦敦拥堵收费标准和惩罚标准　　表1

1. 进入收费区之前或之后缴纳	须在当日晚间10点之前
2. 当晚10点到12点之间缴纳	必须增加5英镑的罚款，总额10磅
3. 当天晚上12点之后缴纳	罚款80磅，两周内缴清则罚款减少为40磅，超过四周则上升为120磅
4. 始终没有缴纳罚款或累计罚款单超过三张	车辆将被扣押，直至缴清所有款项为止
5. 2006年6月实施"次日付费"	由原来的8英镑/天改付10英镑/天

图2、图3显示了拥挤收费付费时间的分类细目。2006年，当天支付是最主要的方式。

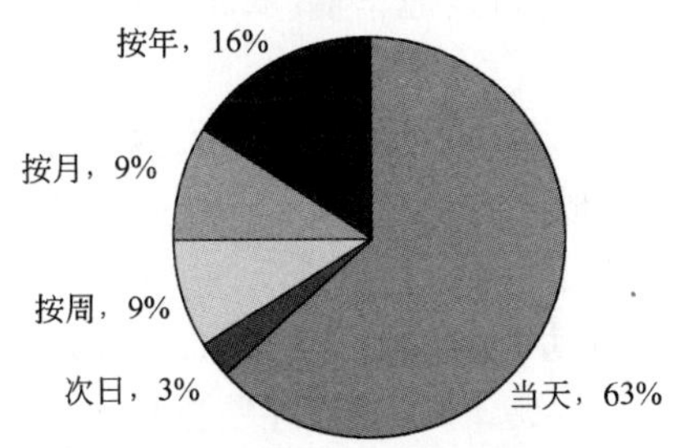

图2　付费时间分类细目

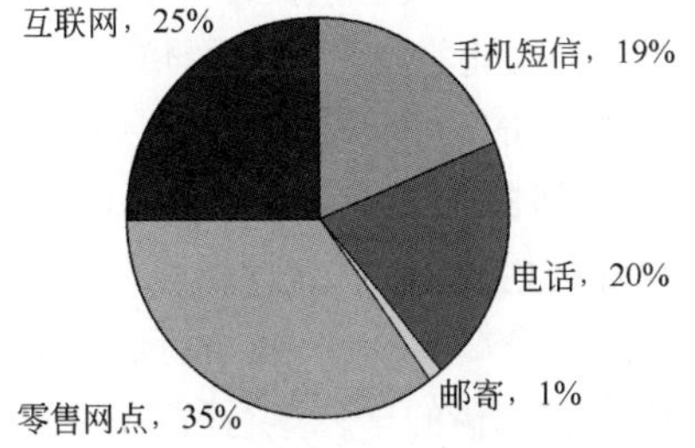

图3　不同缴费方式人数百分比

（5）收费方式：缴费方式十分灵活，包括在零售商店、自动售货机、报摊、加油站交费（35%）、电话（20%）、互联网（25%）、手机短信（19%）以及邮寄（1%）。如果运营车辆在25辆以上的，还可以按照"车队方案（Fleet Scheme）"方式更方便快捷的支付。见上图。一年来这一比例基本保持恒定。

（6）识别手段：拥堵收费区域共174个进出口的各主要街道上都有醒目的标志（红色的C）提示驾驶员他将出入收费区。全市区域内有203个照相机采用"自动车牌识别技术"（Automatic Number Plate Recognition，ANPR），对进入拥塞区的车辆进行自动识别，准确率可达90%以上。见图4。

图4　收费指示标志

自动车牌识别系统将收集到的车牌号输入数据库,于每日午夜和已经缴费的车辆牌号数据库进行比较,未缴费的车辆将被筛选出来并将收到罚单。

(7)组织保障:拥挤收费实施机构设立了一个与公众交流的呼叫中心(call center),主要提供收费、咨询、投诉等服务。目前呼叫中心每周处理的呼叫次数在70 000次左右,其中支付和咨询分别占65%和31%。另外大约有36 000次的呼叫通过自动语音系统处理。

3 实施效果评价

到目前为止,伦敦市交通局发表了五次年度报告,总结了伦敦市中心拥挤收费方案的实施情况和效果。结合相关资料,分析比较实施拥挤收费前后市中心内的交通运行效率、出行特征、交通安全、环境和经济等方面的变化如下:

3.1 交通运行效率

3.1.1 拥挤水平(交通延误)

拥挤收费实施前,该区域每公里交通延误的时间2.3min/km;引入收费后,2003年7~8月,延误降至1.7min/km,相对应的拥挤程度下降26%;2004年和2005年与收费前的2002年相比,平均延误分别降低26%和22%;2006年,尽管交通量有所下降,但与2005年相比,平均延误有所增加。

同时,内环路拥挤状况基本稳定,进出收费区的放射性道路上的平均延误减少了0.3min/km(降幅达20%)。而内环路之外和南北环路之间的主要道路网络以及其所环绕的区域上的拥挤延误有所加剧。

3.1.2 行车速度

收费前2002年11~12月,全天平均车速仅为14km/h;收费之后,2003年6月,平均速度提高到16~17km/h,高峰时段的车辆速度提高了10%~20%。区域内的拥挤水平平均下降了30%。

3.1.3 交通量变化

(1)出入收费区的交通量

实施收费后最明显的数量变化体现在2003年。2006年与收费之前的2002年相比:进入收费区的总体车辆数降低16%,其中包括21%四轮或多轮车辆和30%的可收费的其他车辆。2005年7月收费提高后,当年秋季的变化量是春季的两倍。

出入收费区的小汽车和出租车数量与2003年相比减少了1/3,卡车数量略有减少,其他车型变化不大。进入收费区的公共汽车、长途汽车和自行车数量持续增加,反映了伦敦中心区车辆出行的规律。

(2)收费区内运行的交通量

2003年与2002年相比,收费区收费时段内四轮及其以上的机动车的车公里(vehicle-kilometers)减少了15%,所有的车辆的车公里行程减少了12%,小汽车则减少了34%。2004年各项指数下降不多。尽管2005年7月提高了收费,但该年变化指数与2004年相比变化不大。但2006年与2002年各项数据相比,变化值均在20%以上。

(3)收费区域之外的交通量变化

收费区域之外的交通量也发生了变化,但是变化较小。伦敦运输局的结论是:没有显著的证据表明内环路以外的交通有很大的改变。

3.1.4 小结

图5是伦敦中心区内交通量、拥挤情况和街道工作的指数。从图5中可看出:

(1)2006年交通拥挤的增加与收费区内急剧增加的街头工作紧密相关。

(2)收费对降低进入收费区的交通量效果非常明显,直接的降低量约20%。

(3)拥挤的变化趋势表明,在收费后的2003年,拥挤降低程度明显,但在2005和2006年,拥挤又加剧。

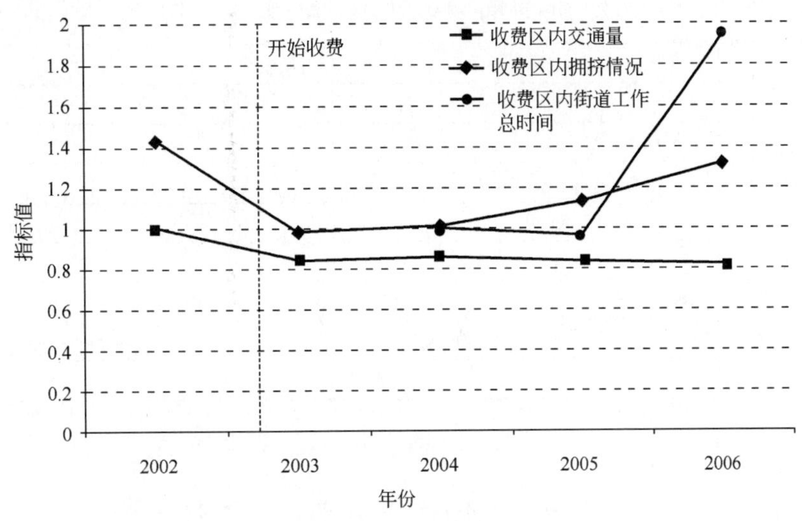

图5　伦敦中心收费区内交通量、拥挤情况和街道工作的指数

(4)在2005年和2006年,街头工作迅速增多,增幅超过90%,这表明需要取消这些设施,以缓解拥挤。

3.2　居民出行特征的变化

实际调查的数据显示,2003年秋季与2002年同期相比每天穿行中心区的小汽车减少了65 000~70 000车次,这与其早先的预测大致相同。在居民出行特征变化方面,在此主要讨论从小汽车向其他交通方式的转移。

(1)居民出行乘坐公共汽车变化情况。总体而言,2003年比2002年公共汽车乘坐人数同期增加18%,而2004年比2003年同期增加12%,高峰时期的乘客量约达到116 000。2005年的提高收费对此影响不大。

在实施收费之后,拥挤收费区2003年公共汽车平均速度比2002年提高了7%,内环道路和紧挨收费区的放射性道路上提高2%。在南北环路之外其速度下降3%。2003年之后,所有区域公共汽车的速度都呈下降趋势。

因交通拥挤降低,公共交通的服务可靠度也得到相应的改善。2003年,因交通拥挤造成的公共汽车服务中断情况降低了近40%。在收费区内和周围区域的运营线路改善了近60%。

(2)地铁乘客量变化情况。由于人们出行向巴士转换以及整个经济的下滑等原因,由地铁进入市中心的人数减少了5%~10%,伦敦整体的地铁乘坐量下降了2%~3%。最近几年,乘客量逐渐增加,已经达到并稍微超过了收费实施前的水平。

(3)铁路乘客量变化情况。进出伦敦中心区域的国有火车的乘客量,因拥挤收费只出现小幅增加,据统计,2003年比2002年只增加了1%。

3.3　对交通安全的影响

事故呈现下降趋势,以2003年2月至2003年8月的观察数据为例,与去年同期相比,个人伤亡事故下降了20%;两轮车(摩托车和机动脚踏两用自行车)事故总数下降15%,自行车下降了17%。图6、图7表明了收费区和大伦敦其他地区人身伤害事故在2001年1月至2004年11月内的变化趋势。

上面几图都表明:虽然每个月的数据变化显著,但从2003年2月引入拥挤收费前,伤亡数就呈下降趋势。

在个人损伤方面,尽管实施收费后行人在收费区的活动增加,但在收费的头两年内,与行人有关的事

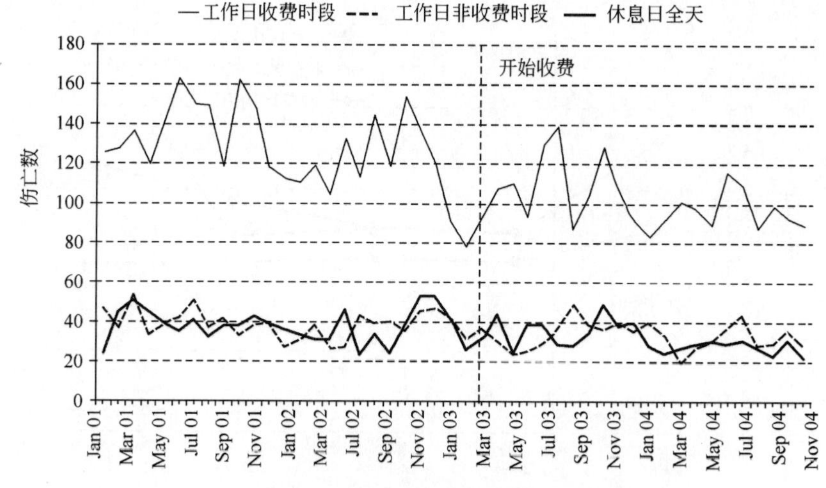

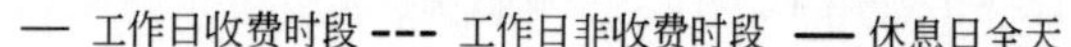
图6 收费区道路交通事故伤亡率(以月为周期)

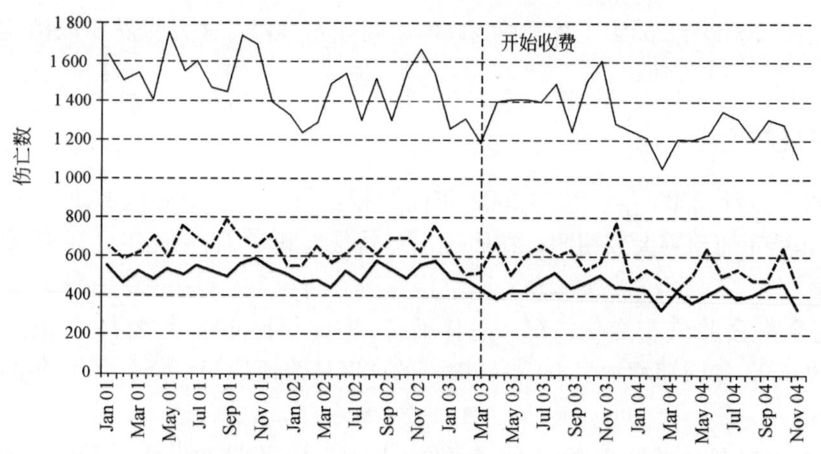

图7 大伦敦区除去收费区和内环路的道路交通事故伤亡率(以月为周期)

故数却呈现绝对的减少;在车辆方面,收费区内主要类型的车辆涉及的交通事故都呈下降趋势。2005/2006 的数据与前几年的数据相比,下降幅度最大的是动力两轮车的碰撞事故,下降约 26%,紧接着是自行车和长途车,下降 19%。小汽车事故次数降低 9%,货车下降 5%,而与上年相比出租车事故增加了近 30%,但仍远远低于实施收费后的第一年,当时出租车事故总量增加 10%。最后,与上年相比,自行车事故增加 15%,这与收费前基本持平,这可能是收费期间骑自行车进入收费区人数增多的原因。

3.4 对交通环境的影响

(1)根据 2003 年伦敦运输局完成的一个大规模的调查,与 2002 年同期比较人们对整体环境质量的评价普遍有所提高。2003 年实施收费之后和 2002 年实施收费之前相比:

①在收费区的主要道路上 NO_x 和 PM_{10}的排放量降低了 16%,其中 12% 的改变量归因于由拥挤收费引起的交通改变(车流量和速度),其他的 4% 归因于基础改变,例如汽车技术标准的改善等。

②个人使用车辆方面的变化使排放量降低 15%。

③公共汽车和出租车增加带来的负面影响已由小汽车、货车和商品车数量的减少所抵消。

④内环路上 2002 年和 2003 年的排放量变化很小,在 1% 之间。

⑤二氧化碳的排放量减少 20%,燃料的使用降低 19%。

2003—2006 年收费期间,在收费区内及其周围地区,因交通引发的污染排放得到降低,各污染物排

放下降比率依次为 NO_X17%，PM_{10}24%，$CO_2$3%。

(2)环境噪声。根据相关统计，收费区内所有地点的噪声的检测值大部分呈上升趋势。原因需要深入调查。

3.5 财政效益

其中2003年数据为实施收费后6个月的收费总额见表2。影响收费额变化的原因主要有以下几点。

2003～2006年收费总额(单位:百万英镑) 表2

年份＼项目	标准车收费总额	车队收费总额	居民收费总额	其他收费总额	执法收费总额	总收入	总花费	净收入
2003年	102	11	2		50	165	97	68
2004年	98	17	2		72	190	92	97
2005年	121	19	2	2	65	210	88	122
2006年	125	27	6		55	213	90	123

(1)2005年收费金额由5英磅变为8英磅。

(2)2006年6月，在第二天付费的政策开始实施，且收费金额增加到10英镑，每车/天比正常多了2英镑。

(3)更长远的影响是2007年2月19日实施的收费西扩计划。

3.6 对商业和经济的影响

(1)对交通影响的花费—收益评估。通过实施拥挤收费，减少交通拥挤、改善出行时间的可靠度、减少乘客在公共汽车站的等候时间、降低燃油消耗以及事故数减少等都具有经济效益。这些都是与实施收费项目的支出相抵消的。根据TfL的相关计算，拥堵收费每年能产生50 000 000英镑的净收益。

(2)对伦敦中心零售业的运行评估。拥挤收费对大部分的商业活动影响很小，对零售业等一些特殊类型的商业影响较大。根据调查，2003年前半年伦敦中心的零售业与2002年同时期相比，出现显著下降。用于表示人们进入零售中心的"Footfall指数"表明，在伦敦市区内，每年下降7%。与此同时在伦敦或英国其他地区，这一指数成稳定的增长趋势。销售额与前一年相比呈下降的趋势，但是零售业受很多因素(如海内外观光人数、消费者花费、网络购物和非中心区零售中心发展等)的影响。

总体而言，我们得到如下结论：

(1)大量研究表明拥挤收费对收费区域内商业的影响是平衡的。

(2)收费项目和商业指标(如雇佣率、商业数量、周转量以及效益)没有直接关系。

(3)对商业和居民财产的研究也表明拥挤收费对其无明显影响。

商业部门研究项目的证据不是决定性的。在收费区的一些部门要比收费区外的表现要好，但收费区内的另一些部门却比在收费区外的表现要差。这些区别相关性很小，而且不同数据间没有连续性，因此很难确定哪些不同是由拥挤收费引起的。

分析的结论是：拥挤收费对伦敦市中心经济的影响是平衡的，对个人商业的影响非常小。积极的方面主要是：收费区出行时间缩短和商业出行、交流出行可靠性的增加使生产效率提高，节省了费用。消极的方面主要是：一些商业的成本会因供应和货运进入收费区的付费而增加。

3.7 公众评价和接受程度

TfL进行了两次大规模的调查。一是针对收费区域和伦敦中心区家庭居民的面对面的调查；二是针对伦敦外围以及M25之外的要进入收费区的单住居民。

调查涉及很多内容：对当地(或当地居民)的影响；进入收费区域或区域内的可达性；对不同出行行

为的影响;对时间和经济的影响;对家庭的必然影响。

2002 年实施收费之前就对伦敦中心和外围的居民进行了座谈会,2003 年又进行了一次。因此,我们可以将 2002 年和 2003 年的影响进行比较。

(1)收费区内居民的情况。居住在收费区内的居民大都对项目实施后当地的变化持积极态度,55%的受访者未经考虑便认为项目实施使拥挤减少,一半的居民认为在区域内出行更容易了,只有 5% 的人认为出行比以前困难。

(2)当地居民的情况。大多数收费区内的居民在他们去商店、工厂和服务场所的可达性没有变化。而且认为可达性变好的居民占 19%,是认为可达性变差(6%)的 3 倍。伦敦市中心的受访者却认为收费项目并没有对他们当地产生太大影响(63%认为无变化,41%认为有变化)。

(3)停车方面。尽管在很多方面,停车和收费没有直接联系,但是对受访者而言停车是个非常重要的问题。例如,未经提示超过 1/4 的伦敦市中心的受访者认为停车位越来越少,过多的交通停车监管或停车费用的升高是当地环境恶化的主要原因。

(4)公共交通方面。伦敦市中心的受访者(尤其是 Hoxton 和 Peckham 的)认为当地的公共交通在可达性和可靠性上改善很大。超过 55 岁的没有私家车的受访者要比其他年龄段的人认为公共交通更加舒适。

总体来说,收费区内的受访者表示他们在收费区内的出行并没有多大改变,他们使用小汽车也没有多大变化。然而对市中心的受访者来说,汽车使用率下降明显,因为他们每天进入收费区要缴纳 5 英镑。在伦敦外围居住的受访者很少单独驾车驶入收费区。70% 的受访者在实施项目前会偶尔驾车进入收费区域,一半的人认为实施收费影响了他们的交通模式。

(5)收费服务质量。付费者对在收费方案的满意度基本达到 79%,而 2005 年时该值为 77%,达到了收费后的满意度最高值。对收费过程的满意度从 2005 年的 82% 上升到 2006 年的 85%,同样达到收费后的最高值。经改善,收费的准确率达到 99.8%。2006 年,所有的收费口都得到改善,平均排队等待时间只有 9s,呼叫电话不通的情况只占 0.5%,调查员收到的拥挤投诉也减少。

4 伦敦拥堵收费对我国的启示

伦敦的拥挤收费政策是比较成功的案例,取得了较好的实施效果。它在一定程度上表明,私人小汽车出行者对收费价格是比较敏感的,这类措施对于减少小汽车出行、缓解交通拥挤是有效的。

近几年来,我国城市交通正处于快速发展阶段,拥有良好机遇的同时也面临较多问题,如私人小汽车数量及出行比例扩大、城市中心区拥堵严重等,对此伦敦的拥堵收费经验具有良好的借鉴意义:

(1)政策制定从公众利益出发,站在系统的角度统筹全局,目的是为了提高交通运行效率并便利全社会的出行。

(2)从政策的酝酿、制定、实施以及改进,无不经历了一个科学、谨慎的过程,在充分利用当地条件基础上,听取民意,科学分析,最终使政策的实施获得成功。

(3)注重进行相关性的分析和总结,全面反馈实施效果,必要的时候进行了改进和调整。

(4)民意在一项政策实施前的倾向性,未必能真实反映出政策的实施效果。拥挤收费尽管曾遭受过各利益群体的强烈反对,也曾对一些小零售商产生过影响,但市民很快看到了拥挤收费所带来的好处和利益,包括曾经强烈反对该政策的社会群体,现在都已经普遍接受甚至希望继续扩大该政策的实施范围。由此可见,民众未必一开始就能准确识别和支持一些看似不利,实际上造福于民的一些政策和措施。随着项目的实施和民众的体验,这些措施最终会被接受和欢迎。

(5)实施拥堵收费应该建立在一定的交通状况下,需要与之相适应的政治、经济和交通条件。

尽管伦敦中心区拥挤收费取得了很大的成效,也考虑了一些差别化优惠措施,但还不能称其为最佳方案,仍然存在一些不足。例如:

(1)收费标准比较单一,没有采取基于车辆在拥挤区行驶里程的费率,公平性有待提高。

(2)收费对时段/区域没有细分,即没有在非常拥挤的时间提高收费,在不太拥挤的时段/区域适当降低收费,实施效果有待进一步改进。

(3)该系统的日常管理成本相对较高。

(4)尽管公交服务水平改善很大,对地铁系统的投资也正在增加,但公共交通服务尤其是地铁,目前仍比较拥挤。

(5)目前,伦敦的交通拥挤水平又有所恶化,其具体原因尚不明确,我们应慎重。

第三十章　美国旧金山湾区公共交通发展战略及其对中国的启示

郝记秀[1,2]　江玉林[1]　刘蕾蕾[1]　彭　唬[1]

(1.交通部科学研究院中国城市可持续交通研究中心;2.长安大学)

摘　要:首先从宏观上对美国旧金山湾区的公共交通现状进行了总结和回顾,其次从管理体制、规划制定、公共交通运营管理等方面分析了旧金山湾区公共交通现状及其发展经验,在此基础上,总结旧金山湾区公共交通发展战略的基础、保障和措施,并进行深入剖析,最后提出美国旧金山湾区公共交通发展战略对我国城市公共交通发展的借鉴。

关键词:旧金山湾区　公共交通　发展战略　启示

0　概况

旧金山湾区是指环绕着美国西海岸旧金山海湾的九个县共101个城市的地域,面积17 955km²,共有人口700多万,其中华人约70多万,是继纽约、洛杉矶、芝加哥、休斯敦之后的美国第五大都市区。区内主要城市有:旧金山、圣荷塞和奥克兰。

旧金山的经济以服务业为主,金融、国际贸易、高科技经济以及城市文化也很发达,美国最大的银行之一——美洲银行总部、代表美国新思想的斯坦福大学和举世闻名的硅谷即位于旧金山湾区。2000年,旧金山湾区的国民生产总值为3 210亿美元。

旧金山市因气候冬暖夏凉,阳光充足,被誉为“最受美国人欢迎的城市”,不仅是美西海岸金融,贸易的重要城市,而且也是举世闻名的旅游度假胜地。始建于1933年1月,1937年5月通车的金门大桥(Golden Gate Bridge)更是该市的地标性建筑,每年吸引近160万游客观光。金门大桥的北端联结北加利福尼亚州马林县,南端联结旧金山半岛,它跨越联结旧金山湾和太平洋的金门海峡,见图1。

图1　金门大桥

旧金山是一座国际化城市,人口构成复杂,有很大的亚洲人、意大利人、法国人、墨西哥人、黑人和西班牙人的社区。每个社区都有各自的特点,市内的唐人街据称是亚洲以外最大的华人社区。见图2。

2000年网络泡沫时,旧金山湾区的商业和文化中心——旧金山市人口达到最高点为77万多人,人口密度达到每平方英里1.6万人,成为美国人口密度仅次于纽约的大城市。旧金山湾区私人拥有汽车的比例非常高。2000年的该地区的车辆保有量为450万辆,平均每个家庭拥有1.85辆汽车,平均每人有

0.65 辆,几乎每个 18 岁以上的人都有一辆车。

然而,高人口密度以及海域面积的限制,使得旧金山湾区的交通更倾向于公共交通,旧金山湾区的公共交通非常发达,公交线路通车里程为 11 200km(其中 660.8km 为轨道交通)。经营公共交通的单位有 24 家,其中有轨道交通的单位主要包括:湾区捷运、半岛通勤列车,旧金山市区的 Muni,湾南的圣它克拉拉县的 Valley Transportation Authority(主要是圣荷塞市区的轻轨列车)。另有跨越本区的省会走廊列车 Capitol Corridor(圣荷塞通往加尼福尼亚首府萨克雷门托的客运)、ACE(本区域东边的斯道克顿通往圣荷塞的通勤列车)和全美铁路客运经营的由奥克兰通往芝加哥、洛杉矶等地的旅客列车。比较有影响力的城际轨道交通单位是湾区捷运和半岛通勤列车。

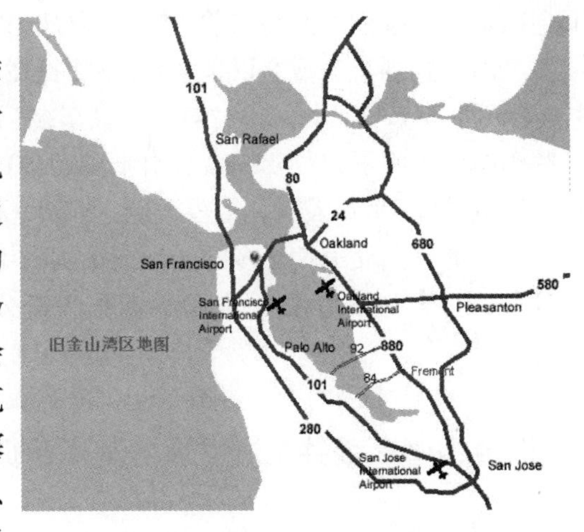

图 2 旧金山湾区示意图

湾区捷运(BART),是旧金山湾区最先进和最有影响力的城际轨道交通系统。它始建于 1964 年,1972 年 9 月投入使用。目前运营线路 152km,39 个车站和 669 辆车体。湾区捷运跨越 4 个县 22 个城市。见图 3。

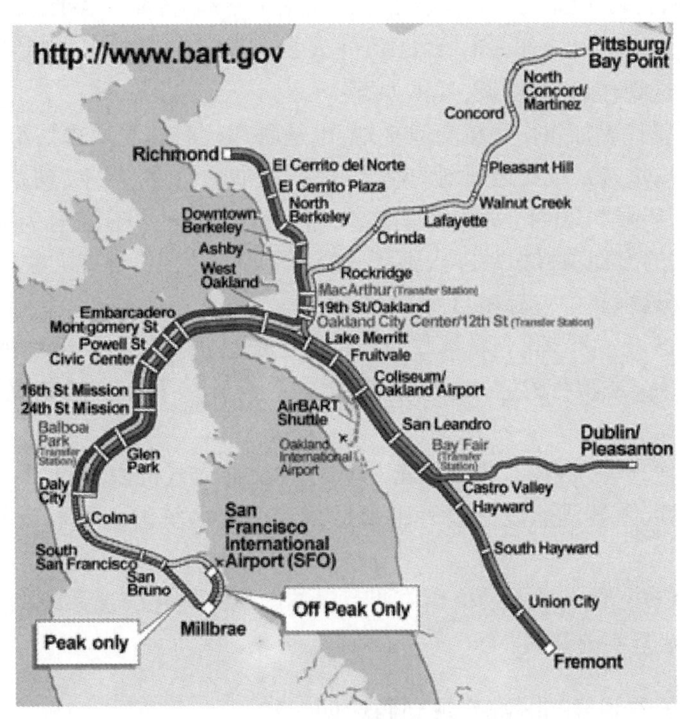

图 3 BART 线路示意图

湾区捷运配备有先进的操作系统、电力牵引和计算机控制。所有车辆运行的状况都会实时反映在操作控制中心的巨型电子屏幕上。操作控制中心对全路所有车辆运行、电力供应、通风和紧急事项进行监控和操作。还能直接控制列车的速度、停站和安全间隔。所有车站都设有自动售票机,可接受各种信用卡、ATM 卡和现金。所使用的磁卡票能自动记录进站时间、站名并在出口时扣除乘车费用。湾区捷运在市区基本属地下铁路,在郊外则采用全封闭的地上线路,运行速度较高,最高时速可达 130km,平均旅行速度(含停靠站时间)为 57.6km。工作日一般从早上 4 点到午夜 1 点,日发车 192 次(周末为 190 次,早上发车时间变动较大),日均客运量达 34.1 万人次,年达 9 亿 9 千万人次。

半岛通勤列车主要运行于旧金山和圣荷塞之间,半岛通勤列车的线路建于 1851 年,原来属于南太平洋铁路公司。1991 年 12 月,由旧金山、圣马刁、圣它克拉拉三县组建的半岛走廊共同权力委员会购买了旧金山至圣荷塞的线路路权并直接经营，从1993年开始由3县摊付通勤列车的经营亏损。

半岛通勤列车自成立以来，服务不断提高。目前仍采用内燃机车牵引，车体是双层。工作日从早上4点半到午夜12点，每半小时对发一班车，上下班高峰则加密车次，如从下午4点半到5点半，在旧金山，一些车的发车间隔仅仅4min。工作日共有80个车次(周末及节假日则大幅缩减，如周日仅20个车次)，日均运量约2.74万人次。年客运量达1 000万人次。

发达的公共交通使更多的通勤出行从依赖小汽车转移到公共交通上，并促进了旧金山湾区服务业、经济贸易、金融、文化等的发展，同时其公共交通发展战略对我国大城市交通发展很有借鉴意义[1][2][3][4]。

1 旧金山湾区公共交通发展的基本特征

1.1 统一协调的交通管理体制

1970年，加州立法机关通过成立了旧金山湾区都市交通委员会(Metropolitan Transportation Commission，MTC)，MTC专门负责整个旧金山湾区交通的计划、融资和协调；1988年(湾区)高速公路和快速专用道路服务局(Service Authority for Freeways and Expressways，SAFE)并入MTC，1998年加州交通厅又将湾区(大桥)收费局(Bay Area Toll Authority，BATA)并入MTC，构建了“三合一”的区域一体化交通管理机构。MTC的主要职能是规划、融资和协调，具体如下：

(1)规划职能：它不仅代表加州作区域交通规划，也是联邦政府的区域规划组织成员(代表联邦政府负责对当地交通的计划)，负责区域交通规划的制定，包括区域内公路、航空、铁路、海港、自行车、人行设施等综合发展规划，规划年限为20年，每两年更新、发布一次。由于MTC兼有为加州和联邦政府审核拨款申请的职能，任何新建的交通项目如果进入不了MTC的20年规划，也就无法取得联邦和加州政府的支持(政府支持资金在交通项目中占有相当大的比重)。

(2)融资职能：一方面，是MTC代表联邦政府确定湾区交通项目拨款的分配使用；另一方面，它也同时代表加州政府确定湾区交通项目的选择和资金使用。目前，MTC每年大约掌握10亿美元的资金分配使用权。

(3)协调职能：一方面，MTC利用其规划职能协调各种交通方式的发展；另一方面，通过监督湾区各公交经营机构的年度预算、乘客满意度测评等来衡量整个交通系统的效率和有效性，提出每年的改进措施。

MTC的统一规划、融资和协调功能是构建协调有序的区域一体化交通系统的根本保障，为形成区域一体化公共交通系统奠定坚实的基础。

1.2 具有可持续性和高透明度的区域公共交通规划

MTC从整体宏观上掌控区域交通规划的统一性、长期性和连续性，形成可持续发展的区域交通规划。作为公共交通的骨干部分旧金山湾区的轨道交通，其运营也具有可持续性，MTC规定轨道交通的经营单位要作长期(20年)规划和短期计划(年度和专项计划)，对长期规划也要每两年更新、发布一次，从宏观区域交通规划到中观公共交通规划，旧金山湾区形成了一套完整、协调的区域公共交通规划体系，保证了区域公共交通规划的顺利实施和稳定推进。

可持续的区域公共交通规划不仅要定期更新发布，同时受到湾区的不同层次民众的监督，每个民众都有权从MTC、政府联合会、BART办公楼前的文件架和相关网站上免费索取湾区不同层次的详细规划，并可提出反馈意见，大大提高了区域公共交通规划的透明度，为区域公共交通发展开辟了通畅的信息渠道。

1.3 协调有序的区域一体化公共交通系统

不同公共交通方式具有不同的特点及适用范围，因此，互相之间的协调以及与小汽车之间的协调成为旧金山湾区公共交通优先发展的一个重要内容。

1.3.1 城际轨道交通与连接城市的协调

城际轨道交通载客量大，客流的疏散和积聚十分重要。旧金山湾区解决这一问题的方法有两种：一是城际轨道交通尽可能延伸到城市中心，这是最有效的方法。如 BART 进入旧金山和奥克兰都是采取地下形式，而到人口较少的 Lafayette 和 Walnut Creek 则采用高架的方式直接进入市中心。在旧金山市中心最繁华的 Market Street，BART 和 Munich 同在地下分上下两层运行，共用地面出入口，以方便乘客换乘和节约地面用地。半岛通勤列车由于建设较早（已有 150 多年历史），也都经过所连接城市的中心，为进一步方便乘客，半岛通勤列车已提出了修建向旧金山市渔人码头延伸线的规划。二是与城市公共交通的配合。BART 这方面做得就非常好。在 BART Walnut Creek 站，除了 BART 自己的免费停车场（约有 1500 个车位，从 2002 年 9 月起收费），还有 11 条公共汽车线路通往城市各个方向。而 Walnut Creek2001 年的人口是 6.46 万人，市区面积为 50km^2，成为湾区最适合居住的城市。

1.3.2 城际轨道交通与其他交通方式的协调

为保持城际轨道交通与公路交通的协调，城际轨道交通自身十分注意提供相应的设施和服务。如 BART 除了在旧金山和奥克兰市中心没有汽车停车场之外，在其他的 20 个城市的车站都设有免费的汽车停车场，停车位达 42 230 个。在新建的到旧金山国际机场项目中，新设的 4 个车站除机场原已有停车场外，其中 3 个车站都配套建设有停车场，增加车位 5 400 个，极大地方便和吸引私家车主使用 BART。在与航空运输的衔接上，BART 从建成之初就开始规划向旧金山国际机场的延伸线项目，并在 Coliseum 车站设有专门的公共汽车连接奥克兰国际机场。半岛通勤列车为弥补公共交通的不足，开有自己的公共汽车队伍，以方便乘客中转。在沿途 4 个车站设有免费汽车接送服务，包括旧金山、圣何塞国际机场。半岛通勤列车在旧金山中心与 Muni 的轻轨相连，在 Mountain View 和 Tamien 这两个站也与圣何塞的轻轨连接。此外，BART 和半岛通勤列车都允许自行车免费随人搭乘，以吸引乘客。

1.4 公共交通产权公有化、决策政府化、经营企业化

在 20 世纪 70 年代以前，公共交通主要由私人公司提供，但由于私人汽车的迅猛发展，公交企业亏损严重。为照顾中下阶层（主要是支付不起城市中心昂贵的停车费者和无车族）的利益，维护社会稳定，政府开始收购、接管经营亏损的公交公司。旧金山湾区的轨道交通及大多数其他公共交通方式均属政府所有，政府经营，机构的职员为公务员。然而运营模式类似于上市公司，财务和决策过程等均向公众公开。

以旧金山湾区捷运系统（BART）为例，在其管理架构中，与一般上市公司不同的只是其董事会成员——9 名董事的产生方式和决策过程。董事的产生是按照湾区捷运线路行经的城市划分为 9 个选区，由选区居民直接选举产生。董事任期 4 年，董事会全权负责 BART 一切重大事项的最终决策，其上面再无任何主管部门需汇报和请示。其董事会议的日程表是固定的，会议地点也是固定的。重大问题的决策须事先在报纸等媒体上发出公告。任何居民都可以参加会议并陈述意见（每人限 3min），其意见当场由董事表决决定。董事会负责聘任总经理、法律总顾问、财务总监和董事会秘书。然后由总经理选聘副总经理和执行经理（部门经理），负责日常的运营管理[7][8]。

2 旧金山湾区的公共交通发展战略及其经验总结

2.1 坚持优先发展公共交通不动摇是公共交通发展战略的根本

从旧金山湾区的公共交通发展可看出，优先发展公共交通，加强大容量公共交通尤其是轨道交通的

建设和发展是大都市以及都市圈区域交通发展,是整个城市乃至区域可持续发展的根本保障。以旧金山湾区轨道交通运营的经济社会效益为例加以分析:

经济效益:旧金山湾区的城际轨道交通仅就日常运营而言都是亏损的,更谈不上初始投资的回收,轨道交通的票额收入占经营支出的比例大多在50%以下,其余的不足部分由"半分税"和房地产税直接补贴。"半分税"由税务部门征收,每季度末转账到轨道交通运营部门。例如BART 2001年度票额收入仅占总支出的49.5%,其他收入仅占了5.59%,"半分税"、房地产税等的补贴占44.91%。

社会效益:旧金山湾区轨道交通的运营和发展大大减缓了公路交通阻塞、环境污染程度,有效提升了城市竞争力,提高了居民生活水平和生活质量。据湾区空气质量管理委员会的测算,BART的运营每天相当于减少了56t一氧化碳的排放;半岛通勤列车的运营每天相当于减少33t空气污染物的排放。如果没有BART,上下班时间湾区大桥的车辆将从30 000辆增加到60 000辆,塞车时间将比现在大大延长(目前高峰期塞车时间一般为1h左右)[5][7]。

从经济效益上看,公共交通的运营和发展大多依靠政府税收或补贴维持,但公共交通发展带来的社会效益是难以用经济效益来量化和评估的,尤其是公共交通发展有效降低的城市环境污染是小汽车普及发展带来的经济效益难以弥补的。

在政策方面,城市宪章中明确规定关于公共交通优先:"公共交通优先的改进措施,如公共交通专用车道和专用道路,以及信号系统的改进,可以提高公交车辆的行驶速度。为了满足新商业区和居住区开发而形成公共交通的需求,应当落实新的交通投资。"

2.2 构建综合交通管理体制是公共交通发展战略的保障

旧金山湾区都市交通委员会(MTC)的规划、融资和协调功能从体制上保障了城市乃至整个区域公共交通规划、投资建设和不同方式之间的协调发展的统一性、长期性、连续性和稳定性。

(1)从规划上:MTC兼有加州和联邦政府的规划职能,并定期更新和公布,增加了规划的透明度,实现了从联邦政府—州—区域—城市不同层级的规划统一性、长期性和连续性。

(2)从投资上:以轨道交通为例,旧金山湾区把轨道交通的建设和运营分开来。基础设施的建设(或购买、租赁)及更新,以及车辆的采购等称资本项目;日常的经营称经营成本项目。资本项目的资金,主要来源于联邦政府、州政府的拨款,以及当地县一级的资金等三部分。对日常经营项目,联邦和州政府一般不参与,全靠当地县一级的资金投入。

(3)从协调发展上:通过MTC规划的进入市中心的轨道线路和停车场及普通公共交通接驳线路的运营,从区域整体及局部不同线路出发实现公共交通内部及与小汽车方式之间的协调发展。

2.3 公众拥有,企业化运作是公共交通发展战略的有效措施

经过历史证明公共交通的私营运作无法实现可持续发展,以公众拥有为主是公共交通发展的主要方式,然而公众拥有自然有其固有的缺陷,容易产生惰性,大大降低了公共交通的服务水平,或形成行业垄断。以旧金山市营交通公司——MUNI为例:

MUNI已有近百年的历史,其运行系统包括55条公共汽车线,12条无轨电车线,5条有轨和轻轨线和3条轨道缆车线;共有495辆公共汽车,330辆无轨电车,136辆有轨电车,27辆复古电车和40辆轨道缆车。遍布旧金山市的车站有5 300个,口客运量为75.1万人次,年客运量为2.34亿人次。

20世纪80年代到90年代,MUNI经历了十分困难的时期,经济来源发生问题,也得不到有力的支持。服务质量下降。为了扶持濒临崩溃的公交事业,社会公众发起"拯救MUNI"的运动;与此同时,"旧金山规划与城市研究"的活动也十分重视公交的作用。最终,旧金山市通过新的立法规定在体制上将MUNI从一个政府部门转变为独立的公司实体,总经理对新成立的城市交通管理机构负责。并从政策上给予较大的支持,使MUNI开始实施其振兴计划。由于运行管理的加强,企业化运作的完善,MUNI的服

务质量不断改善,准点率明显提高,事故率也有下降,收到了很好的社会反响[6][7][8]。

3 旧金山湾区公共交通发展战略对我国的启示

3.1 公共交通管理趋向区域化

随着城市化进程的推进,城市的不断扩张,逐渐形成了大都市圈等区域发展模式。公共交通逐渐由国家级交通、城市级交通两个层次向国家级交通、区域级交通和城市级交通三个层次转化。城市、大都市圈是国家和地区经济发展的龙头,人口聚集的节点,资源集结的中心。城市发展和城市化程度的不断提高成为增强国力、发展经济和提升社会文明的助推器,极大地提高了我国整体经济规模和效率效益,推进了我国经济由粗放式发展向集约式环境友好式发展的转变。城市从产业布局上看呈现由中心城市向周边中小城市、市中心区向郊区,由主城区向周边卫星城镇从高到低呈梯度式扩展;中心城市及城市中心区具有创新能力的、技术和资本密集型产业的密度高,具有很高的经济发展综合水平;郊区及周边城市由于历史发展因素,以及区位条件的制约,产业布局的水平较低,技术程度不高,因而经济综合发展水平相对较低,和大城市尤其是中心区之间存在产业梯度差异,这种梯度差异使得城市群以及城市内部经济活动在交通上表现为生产要素的流动,其中劳动力的流动是生产要素流动的一个重要部分,公共交通是劳动力生产要素流动的载体,是城市群经济集聚效应的通道,主导着城市群乃至城市经济的繁荣,是城市群发展的动力所在。因此,公共交通管理区域化逐渐成为公共交通管理的发展趋势。

然而我国的城市公共交通乃至都市圈的公共交通仍旧处于城市公交、郊区公交、长途客运等纷繁复杂的分割管理、各自发展的局面,尽管随着国家大部委改革进程的推进,城市交通管理体制改革也在不断涌动,然而距离构建区域化的公共交通管理部门仍旧有很长的路要走,推进公共交通管理区域化是构建区域综合交通运输管理体制的第一步,急需进行改革和尝试。

3.2 公共交通运营趋向政府管理化、企业运作化

随着市场经济改革的不断深入,公交企业市场化运营已成为必然趋势,然而完全将公交推向市场,由于受各企业自身功能和利益的限制,必将影响城市公共交通的整体规划和布局。

3.2.1 公共交通运营政府管理化

为保证城市公交基础性作用及公益性不衰减,城市公交客运市场的改革应以国有主导为宜,在国有主导的前提下,才用企业化运作机制。为克服公交行业企业化运作的消极作用,需要制定有效的制度来规范、监管和维护市场秩序。

3.2.2 公共交通运营企业运作化

特许经营制度是指在公共交通行业中,由政府授予公交企业在一定时间和范围对公交服务进行经营的权利,即特许经营权。特许经营模式应是公交企业在政府的监控下进行有限度的竞争。由旧金山湾区的轨道交通运营可看出公共交通企业之间的竞争不再是企业经济效益的竞争,而是服务质量的竞争、社会效益的竞争。由于公共交通的公益性需求,政府应制定合理的补贴机制,在保证公交企业可持续运营的情况下,鼓励企业充分开发和挖掘公交市场潜力,树立市场营销的思想,不断创新和开发公交新产品,满足市场需求[9]。

3.2.3 公共交通运营企业与政府的协作

在公共交通运营中,政府担任公共交通管理和提供公共交通服务的角色,以为广大公众提供优质高效的公共交通服务为底线,定期对公共交通运营企业进行考评,实行透明管理,采用旧金山湾区规划需要公众监督的制度来监督公共交通的服务水平,以制约公共交通运营企业。

3.3 公共交通补贴测算科学化、机制法制化

微观经济定价理论认为:补贴政策会涣散企业追求微观经济效益的动因,导致企业经营管理低效率,

造成过量投资和资源配置的扭曲;宏观经济定价理论认为:运输价格应以宏观效益为主制定目标,应以低廉的收费,甚至不惜亏本,以体现社会福利性,线路越多交通越方便,在宏观上对社会贡献就越大。所以微观经济定价理论主张公交企业应自负盈亏,税收水平应用来补贴企业全部经营费用和资本费用;宏观经济定价理论认为最大化公共交通服务,运输亏损通过政府补贴的方式弥补[10]。

由旧金山湾区公共交通发展战略可看出,科学合理的补贴机制是保证旧金山湾区公共交通可持续发展的重要保障,因此,我国城市公共交通应建立科学测算补贴的模型,并从法律法规上构建合理的补贴机制,改变我国目前城市公交补贴随意化的现状。

参考文献

[1] SF Environment. Sustainability Plan for San Francisco. 1996.

[2] 章希. 旧金山的公共交通. 城市交通,2004,18(5):12-15.

[3] 刘丽. 旧金山海湾地区大都市区的土地资源管理模式. 国土资源情报. 2007(9):7-10.

[4] 方明豹,戚建辉,安静. 旧金山海湾地区轨道交通信号改造及其启示. 城市轨道交通研究. 2005(1):79-81.

[5] 贾颖伟. 美国旧金山湾区城际轨道交通的特点和发展趋势. 广东交通,2002(6):22-25.

[6] 贾颖伟. 美国旧金山湾区的城际轨道交通. 城市轨道交通研究,2003(2):69-73.

[7] 申伟强,宋键. 旧金山湾区捷运(BART)系统简介. 地下工程与隧道,2004(4):52-54.

[8] 孟昭昆. 可以借鉴的旧金山交通管理规则. 城市交通,2003,5(2):78-81.

[9] 朱晓超. 世界发达城市交通治理经验. 财经,2004(2):48-49.

[10] 刘彤,綦忠平,王逢宝. 新加坡公交定价模型对城市公交票价改革的启示. 价格理论与实践,2007(10):46-47.

第三十一章　名古屋城市交通发展战略的演变及其对中国的启示

李振宇[1]　高　平[2]

(1 交通部科学研究院;2 北京灵图软件技术有限公司)

摘　要:本文系统分析了名古屋城市交通的发展历程、主要特征和政策演变,介绍了名古屋公共交通目前的运营状况及其近期规划,结合我国城市交通发展的特点,提出了几点具体的措施和建议,对我国城市交通的可持续发展具有重要的借鉴意义。

关键词:名古屋　城市交通　政策

0　城市概况

名古屋是日本仅次于东京、大阪和横滨的第四大城市,位于本州中南部,是日本中部政治、经济、文化和交通中心,其地理位置见图1。名古屋连同郊区与卫星城市和爱知、三重、岐阜三县共同构成了日本三大城市圈之一的名古屋大城市圈。2005年,全市总面积326.45km^2,辖16个区。全市总人口223.5万,户均人口2.27人/户,人口密度6 847人/ km^2,城市人口密度6 846.7人/ km^2。

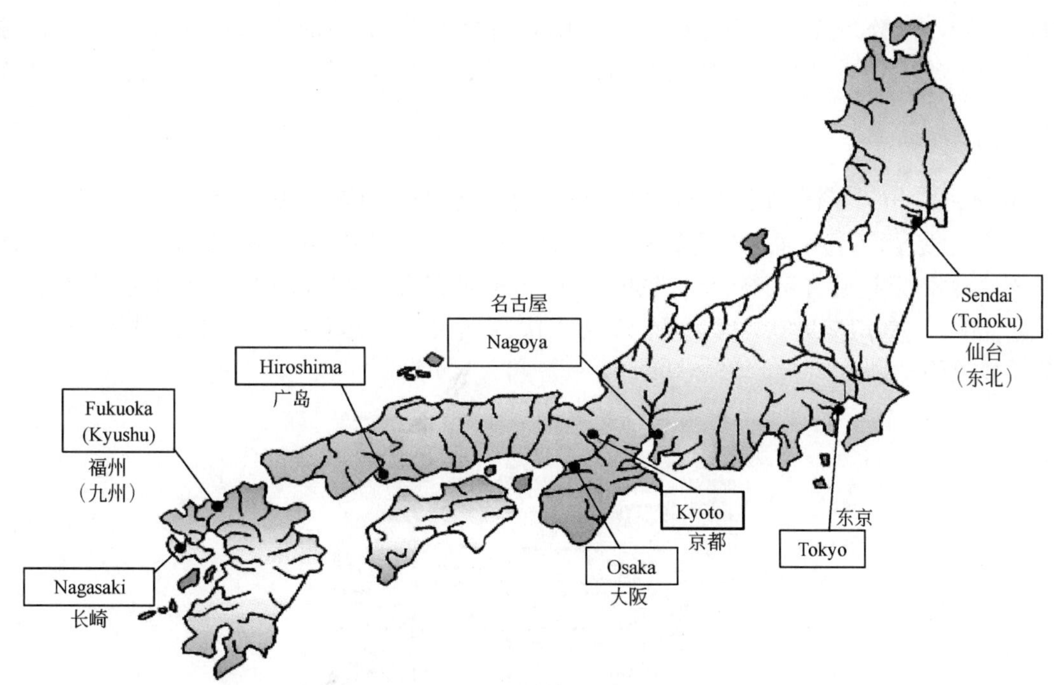

图1　名古屋的地理位置图

2004年,名古屋全市国内生产总值127 119.27亿日元,人均GDP达568.77万日元,但仅比2000年增长1.3%。1996年至2004年,日本东京、大阪、横滨和名古屋四大城市的GDP增长趋势见图2[1]。

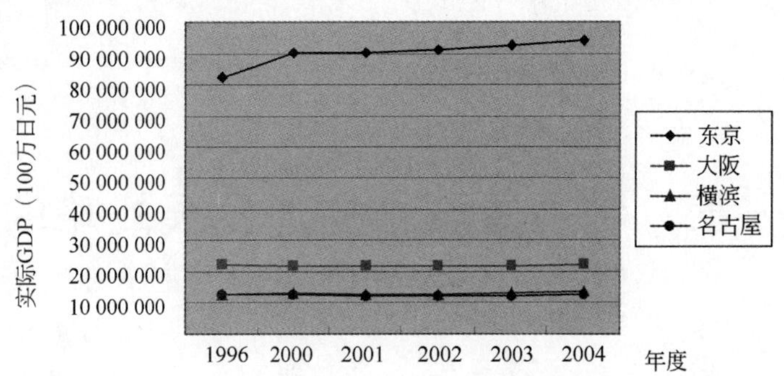

图2 1996年至2004年东京、大阪、横滨和名古屋实际GDP增长趋势

1 城市交通发展基本特征

1.1 道路基础设施

20世纪60年代以前,名古屋城市道路的主要特征是路网密度较高,但道路的等级较低。60年代中期后,机动车的快速发展迫使城市政府新建与改造道路,这样才使道路的容量有了较大发展。通过新建和改造道路,使道路规模、等级有了较大改善和提高,到1975年道路面积率达到13.72%,人均道路面积达到21.53m^2;80年代中期以后,名古屋的道路增长主要依赖高架道路,道路总体水平的增长更加缓慢。2000年和2003年,名古屋的道路网密度分别为19.1km/km^2和20.3km/km^2。

1.2 城市交通概况

1.2.1 公共汽车

名古屋的公共汽车以市营为主,隶属于市交通局,同时也有部分属私营公司经营,公交线路全长5 358.6km。2004年,公共汽车日均载客量32万人次,占全市总客运量的2.9%。2006年,名古屋拥有城市公交线路161条,运营车辆1 027辆,总车站数1 371站,平均站距424m。公共汽车的基础设施得到大幅度提高。

1.2.2 轨道交通

2005年,名古屋市的轨道交通中,日本旅客铁道株式会社经营的城市电气铁道有5条线路,长238.8km;其余为名古屋铁道、近几铁道等4家公司经营的城市电气铁道,共有19条线路,长583km。地铁系统为名古屋市交通局独家经营,共有6条线路,长89.1km。单轨铁路为一家私营公司经营,1条线路,长7.4km,为坐卧式。2004年,轨道交通日均客运量797万人次,占全市总客运量的22.2%,名古屋城市轨道交通网络布局示意见图3。

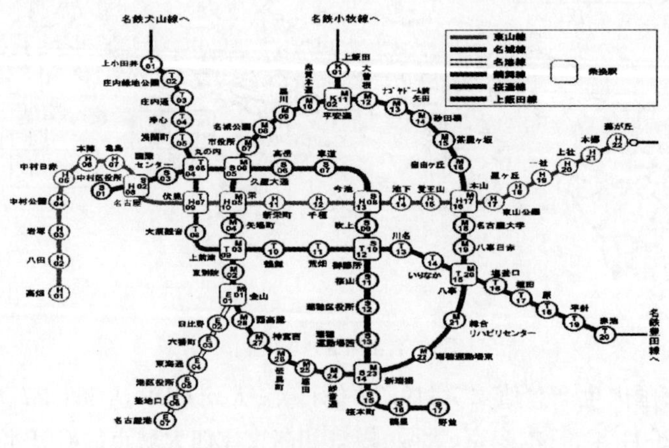

图3 名古屋城市轨道交通网络布局示意图

1.2.3 出租汽车

名古屋市的出租汽车以公司和个人经营为主,出租汽车都配备有卫星定位系统。名古屋市内出租车利用率不是很高,原因有二:一是轨道交通、公共汽车都直通机场,非常便捷;二是出租车在日本都比较昂贵,名古屋的出租车起价 550 日元,基础里程之后又是每两公里 580 日元。坐出租的确是非常"奢侈"的举动。2004 年,名古屋市约有出租汽车 7 000 多辆,年乘客运送量约为 22 万人次,占全市总客运量的 2.0%。

2 名古屋交通政策的演变及其关键因素

2.1 机动车保有量组成结构变化

不同时期的经济发展水平决定了不同的机动化发展水平和机动车保有量的结构组成。20 世纪 60 年代中期,在日本经济高速发展的推动下,城市地区的机动车快速发展,家用小汽车开始进入普通家庭。50 年代中期,名古屋市的机动车千人拥有率只有 46 辆;到了 60 年代中期也只有 96 辆。1965 年以后,城市机动车、特别是家用小汽车迅速发展,1970 年则为 172 辆,发展速度达到了五年翻一番的水平;又经过五年后的 1975 年,机动车拥有率再次翻番达到了 312 辆;此后,又经过 10 年的发展,1985 年发展到了 446 辆;1990 年机动化水平达到了每两人拥有 1 辆。家用小汽车的发展水平则达到了每 3 人拥有 1 辆,基本上是户均 1 辆小汽车。2000 年家用小汽车的发展水平则达到了每 2 人拥有 1 辆,机动化程度进一步明显提高。

名古屋机动车发展的另一个特点是城市机动车发展首先是城市摩托车的发展,然后才是小汽车的大量发展。机动化发展初期,摩托车在整个机动车中占的比例超过 50%;随着机动化水平的提高,小客车在机动车中的比例逐步提高。目前,小客车比例已经超过 60%,1965 年至 2000 年名古屋机动车保有量组成结构变化见图 4[2]。

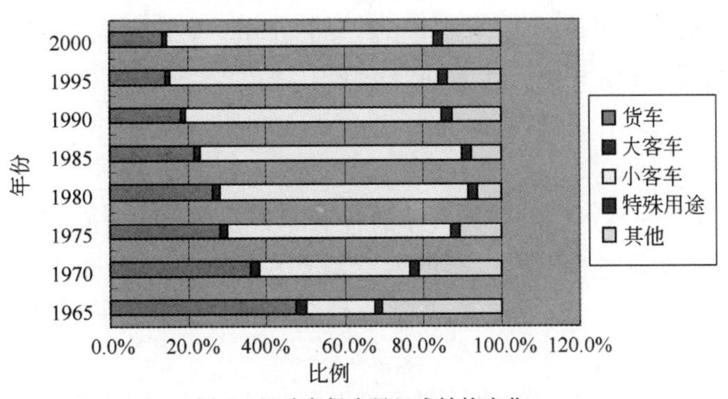

图 4 机动车保有量组成结构变化

2.2 出行方式的结构变化

1975 年至 2004 年,名古屋市居民出行方式结构发展的总体特征是:轨道交通出行比例有所下降,私人小汽车出行比例迅速增加,地面公交出行比例逐步萎缩。1975 年至 2004 年名古屋居民出行方式结构变化详见表 1。

名古屋居民出行方式结构变化　　表 1

年份	轨道交通			地面公交	私人小汽车	出租车
	私营	国营(JR)	地铁			
1975	12.9	7.0	11.7	15.5	47.9	5.0
1980	11.3	5.2	11.7	10.6	56.8	4.4
1985	10.9	5.6	11.8	8.4	59.2	4.1

续上表

年　份	轨道交通			地面公交	私人小汽车	出租车
	私营	国营(JR)	地铁			
1990	8.9	6.3	10.5	6.8	64.2	3.3
1995	9.3	4.4	10.9	5.9	67.0	2.5
2000	8.6	4.6	11.1	5	68.6	2.1
2004	7.7	4.5	10.0	3.4	72.4	2.0

注:地面公交中包括市营公交和私营公交。

从表1可以看出,轨道交通(国营、私营和地铁)在整个居民出行中的比例从1975年的31.6%降到2004年的22.2%;地面公交在整个方式结构中比例也从1975年的15.5%迅速下降到2004年的3.4%;而私人小汽车在整个方式结构中比例则从1975年的47.9%迅速增长到2004年的72.4%。公共交通在整个城市客运中发挥的作用的确非常有限,其中有三个主要原因:一是名古屋是日本主要的汽车生产企业(Toyota、Honda)的大本营;二是名古屋在实施二战后的经济恢复计划时,在交通基础设施建设中修建了两条100m宽和若干条50m宽的宽阔道路;三是名古屋的小汽车使用的导向政策认为,由于轨道限制了小轿车的使用和本市经济的发展,1974年,爱知县政府拆除了路面上所有的轨道。以上措施,加上名古屋市内道路交通网密集,这些都为小汽车的发展提供了良好的基础设施条件。

2.3　公共交通的票制票价

名古屋政府通过不断丰富公共交通的票价体系,使市民能得到不同程度的优惠来鼓励市民出行乘坐公共交通,对名古屋城市交通的可持续发展发挥了重要的作用。名古屋公共交通的票制大概可以分为普通车票、Tranpass卡、旅游卡、通勤卡和一日卡等[3]。

2.3.1　普通车票

(1)公共汽车

公共汽车的票价大都是统一票价。公共汽车的普通车票是成人200日元,儿童100日元。1号高速公路Sakae至Morinosato-danchi之间公共汽车的票价是成人210日元,儿童110日元;深夜公共汽车的票价是成人400日元,儿童200日元。另外也有一部分是按照乘客的出行里程收费。

(2)地铁

根据出行距离和出行范围,名古屋的地铁票价可以分为5个区,不同的区域相对应不同的票价,1~5区对应的成人票价分别是200、230、260、290和320日元,儿童(小学生)可以享受半价优惠,但不足10日元的仍要按照10日元付费。

2.3.2　Tranpass卡

Tranpass卡是一种被名古屋市民广泛采用的普通乘车卡,它适用于各种市营交通(公共汽车、地铁)、名铁(公共汽车、电车)、PeachLiner(桃花台新交通)、Aonami线(名古屋临海高速铁道)和Linimo线(东部丘陵线)等的公共交通系统。

2.3.3　旅游卡

旅游卡使用的是磁卡,适用于市营公共汽车、地铁、Aonami线等,且如果在市营公共汽车之间、市营公共汽车与地铁之间、市营公共汽车与Aonami线(名古屋临海高速铁道)之间、地铁与Aonami线之间在90min以内转车,就可以获得成人80日元(儿童40日元)的优惠。旅游卡具体又可以分为很多种类,详见表2。

名古屋公共交通旅游卡分类表

表2

类　别			售价(日元)	可使用的面额(日元)	备　注
公共汽车和地铁通用	成人票	500 日元卡(赠送、纪念用)	500	500	这类卡等同于 Tranpass 卡
		1 000 日元卡	1 000	1 000	
		2 200 日元卡	2 000	2 200	
		3 300 日元卡	3 000	3 300	
		5 600 日元卡	5 000	5 600	
	儿童票	1 100 日元卡	1 000	1 100	适用于 Meitetsu 公共汽车
公共汽车白日票	成人票	2 800 日元卡	2000	2 800	
	儿童票	1 400 日元卡	1 000	1 400	
地铁白日票	成人票	2 400 日元卡	2 000	2 400	
	儿童票	1 200 日元卡	1 000	1 200	

2.3.4　通勤卡

通勤卡主要服务于市民通勤、学生通学和残疾人士的通勤，适用于区间内的各种公共汽车和地铁系统，线路内可以自由上下车，公共汽车和地铁系统之间的换乘也可以享受20%的优惠。

2.3.5　一日卡

一日卡可以分为四类，对应有不同的价格。市民和游客可以根据自身不同的出行需求购买最适合自己的一日卡，一日卡可以用于市内的各种公共汽车和地铁系统，名古屋一日卡的具体分类和相应票价详见表3。

名古屋一日卡分类表

表3

类　别		售价(日元)	备　注
公共汽车和地铁通用	公共汽车、地铁全线一日乘车卡	成人 850 日元，儿童 430 日元	
	节假日公共汽车、地铁全线一日乘车卡	成人 600 日元，儿童 300 日元	包括节假日和每月 8 日(环保日)
公共汽车专用	公共汽车全线一日乘车卡	成人 600 日元，儿童 300 日元	
地铁专用	地铁全线一日乘车卡	成人 740 日元，儿童 370 日元	

2.4　城市交通发展政策

尽管，名古屋由于其居住密度相对较低和城市道路交通网密集，目前仍是以小汽车交通为主的交通出行方式。但是，为了实现名古屋市和城市交通的可持续发展，同时也为了节约能源、保护环境，名古屋的城市交通仍然坚持以优先发展公共交通的发展战略作为未来正确的发展指导。目前，名古屋城市交通正在实施的主要交通政策有如下四个方面[4]。

2.4.1　减少小汽车使用

通过采取综合措施，如调整小汽车的停车管理等行政管理措施、使用智能交通系统等技术措施和收取拥堵费等经济措施，减少小汽车的出行需求，降低小汽车的出行比例。例如，日本的汽油税很高，大约是美国的5倍左右。在日本，小汽车登记注册的重要条件是必须在居住地附近有路外停车位。这些措施都有效地限制了名古屋家用小轿车的使用。

2.4.2　公共交通导向开发

利用 TOD(Traffic Oriented Development)的发展模式，沿轨道交通线路、站点附近进行高强度的土地开发，建设新的居住区和商业区，同时鼓励发展自行车、步行等非机动交通出行方式的政策。

2.4.3　促进公共交通的发展

通过确定轨道交通、公共交通等到站点的准确时间，不断提高公共交通服务水平和服务质量等方式，吸引市民出行优先选择公共交通，减少拥堵，增加公共交通的出行比例。

2.4.4 加强交通需求管理

交通需求管理的理念促使政府对现在的交通政策框架重新审定,比如对管理措施、交通规划、各方对投资的分担额度等问题的审定,总体上影响着交通服务的供需平衡。在日本,从防止全球气候变暖的角度来说,交通需求管理已经成为政府交通政策的一个关键组成部分,为此正在进行各种试点项目。

2.4.5 提倡环境友好的生活方式,提高公民意识

围绕建设城市绿色交通系统,开展城市公共交通周、无车日及安静小区等节能环保活动,突出宣传公交优先、支持环保、节能减排的观念,不断提高市民的交通环保意识。

2.5 公共交通运营状况及其近期规划

始终坚持以优先发展公共交通战略为指导,不断提高服务水平和服务质量,建设快速、安全、舒适、环保的城市综合交通系统是名古屋市城市交通发展的目标。力争在2010年,名古屋市公共交通的发展目标是将小汽车和公共交通的出行比例由7:3转变为6:4[5]。

2.5.1 公共汽车

2010年,在运量方面,名古屋市公共汽车将保持当前日均99 000km运距的服务水平。在财务收支方面,要恢复经常账目盈余。公共汽车的收支、日客运量现状及预测见表4。

地面公交的收支、日客运量现状及预测(单位:10亿日元,税除外,1 000人) 表4

类 别		2005年(实际)	2008年(计划)	2009年(计划)	2010年(计划)
收支状况	收入	24.5	24.5	24.7	24.7
	支出	24.6	24.7	24.9	24.6
	平衡	-0.1	-0.2	-0.2	0.1
日客运量		304	284	281	281

2.5.2 轨道交通

2010年,轨道交通也将保持当前的发车频率和运行效率,地铁线Sakuradori Line(樱通线)延长线野并至德重段开始运营。在财务收支方面,要恢复经常账目盈余,减少财政赤字并逐渐减少用来弥补财政赤字的贷款,轨道交通的收支、日客运量现状及预测见表5。

轨道交通的收支、日客运量现状及预测(单位:10亿日元,税除外,1 000人) 表5

类 别		2005年(实际)	2008年(计划)	2009年(计划)	2010年(计划)
收支状况	收入	82.3	82.7	83.5	84.2
	支出	90.5	85.9	84.2	81.6
	平衡	-8.2	-3.2	-0.7	2.6
金融债券		13.6	12.6	12.2	11.4
日客运量		1 149	1 144	1 145	1 146

3 名古屋经验对我国的启示

名古屋城市交通的发展经验表明:在快速城市化和机动化的双重背景下,解决城市交通问题的唯一途径是城市交通的可持续发展必须首先确立以优先发展公共交通的发展战略为指导,并制定明确的城市交通发展政策;必须坚持构筑公共交通为主导的城市综合交通体系,引导和鼓励小汽车使用者向公共交通方式转化,向大众、高效、快速、低耗、可持续发展的方向转化。

3.1 城市交通系统与城市土地利用的协调发展

城市交通与土地利用的协调是解决城市交通问题、实现土地利用集约化的重要前提，也是决定城市能否实现可持续发展的关键。城市交通与土地利用协调发展的重要手段是坚持以公共交通为导向的土地利用发展模式。即沿公共交通尤其是轨道交通线路及站点附近发展城市新居住区和商业区，甚至新市区；各个TOD地区之间的居民出行活动能够方便地使用公共交通工具；TOD发展的重要原则是改变了传统的城市土地分散利用的规划思路，通过土地利用的合理发展和合理布局，降低小汽车交通在日常出行方式中的比例。

3.2 构建以公共交通为主体的城市综合交通系统

构建以公共交通为主体的城市综合交通系统，提高城市交通的运行效率，是我国城市交通系统发展面临的挑战。要有效地解决我国城市的交通问题，优先发展公共交通无疑是最经济，也是最根本的办法。

根据名古屋的公共交通发展经验，要形成城市交通的合理结构，有必要在自行车出行范围以外的中长距离出行中，优先发展公共交通，减少私人小汽车的出行比例，不断提高公共交通的服务质量，不断引进先进的公共交通新技术，以吸引更多的公交使用者；同时要加强枢纽建设及一体化运输，在各种公共交通方式之间以及公共交通和私人交通之间形成一套有机衔接和方便换乘的条件，最终形成一个结构合理、多方式协调统一的城市综合交通运输体系。

3.3 统筹兼顾，形成一个科学规范的公共交通票价体系

一个科学的、规范的、合理的公共交通票价体系是城市交通可持续发展的重要组成部分。我国部分城市公共交通系统中现行的一票制、低票价体系存在着诸多问题。以北京为例，为了提高市民公交出行比例和减少拥堵，北京市2007年开始实行低票价公交政策，这不仅在财政上不可持续，而且阻碍公交部门改善服务。仅2007年一年，北京市为低价公交支付公交部门和地铁公司的财政补贴高达数十亿元，这笔补贴已成为政府的巨大经济负担，极不利于我国城市交通的可持续发展。根据名古屋市城市交通发展的经验，应该根据我国公共交通体系的具体特点，以经营成本为基础，同时考虑市民经济承受能力，坚持兼顾企业的发展需要，形成一个科学合理、内容丰富的公共交通票价体系，逐步降低市民出行成本。

3.4 合理引导，有效调控家用小汽车的使用

根据名古屋小汽车发展与使用策略，应该允许大城市根据自身的道路容量制定机动车交通使用总量控制措施，运用有效的经济手段，根据区域道路容量、道路功能分级等，分区域、分时段、分标准实行小汽车道路使用者进入中心区级差收费。日本名古屋通过采用控制停车位总量、区域差别化停车收费、小汽车年使用费制度、征（增）收税费等管理手段和经济手段相结合的方式，对城市小汽车的拥有、使用和城市机动车交通量的控制产生了积极的调节作用，同时也进一步优化了城市居民出行方式结构，可谓一举两得。与此同时，引导和鼓励小汽车使用者转向选择公共交通方式也是节约能源、保护城市环境的重要措施。

3.5 实施对机动车、步行、自行车的综合出行需求管理措施

通过制定有效的制度和政策，通过城市规划和经济等手段，以限制出行需求，使需求时间、空间均衡化，以保持一定的供需平衡。在综合出行需求管理措施方面，名古屋市正在执行的措施有：制止城市决策者随意地减少和压缩城市自行车道和步行道的错误决策；打开封闭的街区，开拓和延伸自行车和步行专用道，不断增大无车区范围；在城市中心区建立高速步行系统，方便群众出行和游览；尝试对交通拥挤路段、拥挤时段实施分时段道路使用收费制即拥挤收费，引导车辆避开拥挤路段和高峰时段或者改变交通方式。

参考文献

[1] Transport Policy in perspective: 2005, Japan Research Center for Transport Policy, 2006.
[2] 中日城市交通发展对比分析. 城市交通,2002(1).
[3] http://www.kotsu.city.nagoya.jp/chinese/chinese_tickets.html.
[4] Urban Environment and transportation Course Textbook, JICA, 2007.
[5] Nagoya Municipal Transportation Business Management Innovation Plan, 2006.

第三十二章　纽约“公交优先战略”及其对中国的启示

张晓欣[1,2]　彭　虓[1]　江玉林[1]

(1. 交通部科学研究院中国城市可持续交通研究中心；
2. 中国社会科学院研究生院)

摘　要:随着中国城市规模的快速膨胀和城市人口的急速增长,城市交通问题日益突出,寻求一条破除交通瓶颈的发展道路已经迫在眉睫。纽约是世界上人口密度较高的城市之一,城市公共交通承载了2/3以上城市客运量的,对缓解城市交通压力起到了关键性的作用。探索纽约的交通发展对解决我国交通现实问题具有积极的借鉴作用。本文通过对纽约公交优先发展战略的研究和分析,从发展地面公交汽电车交通和建立发达的地铁网络两个方面,揭示了纽约市政府公交优先战略的具体措施和做法,最终提出纽约公交优先战略对我国“优先发展公共交通”的启示。

关键词:纽约　公交优先　启示

0　城市概况

纽约市位于美国大西洋海岸的东北部,纽约州东南部,是世界第十三大城市,美国最大城市及第一大港。一个多世纪以来,纽约市是一座全球化的大都市,而且一直是世界最重要的商业和金融中心之一,直接影响着全球的媒体、政治、教育、娱乐以及时尚界。由于联合国总部设于该市,因此被世人誉为“世界之都”。纽约与英国伦敦、日本东京并称为世界三大国际都会。

它由布朗克斯区、布鲁克林区、曼哈顿、皇后区、斯塔滕岛区五个区组成(见图1)。全市总面积1 214.4km^2,市区人口1 881.85万,人口密度约1.05万人/km^2。纽约的GDP,占全美国的GDP总量的24%,约为2.6万亿美元,相当于上海GDP总量的44倍,相当于北京GDP总量的79倍。

图1　纽约行政区划

1 纽约交通概况

纽约市为美国最大、最拥挤的城市,亦为世界上最大的大型都会区所在,因此该市的交通流量十分庞大。每逢高峰时段或假日,大量人潮、车潮流动于市中心曼哈顿内或五大区之间,市区内各重要干道及重要的连外桥梁,经常出现交通阻塞的情形。

纽约市与其周边地区有着庞大的交通流量,纽约州、新泽西州、康涅狄格州有着大量的通勤上班族,每天对大纽约地区有非常大的运输需要,这使得大纽约地区拥有全美国最发达的大众运输系统。因此在以纽约市为中心的纽约都会区,存在由各州政府独自或互相合作成立的单位负责提供大纽约地区的交通需求。相对于美国其他大部分都市(尤其是洛杉矶)以私人小汽车为主的交通方式,纽约人主要是搭乘公车、地铁及渡轮上下班,而其中纽约地铁是世界上最大的公共运输系统之一。

除了发达的都会区内交通之外,纽约市与全美各地的往来亦十分频繁,通过发达、复杂的铁路、公路网,纽约居民可以更快速、方便地往返于全国各座都市。此外纽约由于地处美国东北部,距离欧洲较近,又接近全球最繁忙的北大西洋航线,因此不论是与欧洲各地间的空运及海运交通,均十分繁忙。

在民航机场方面,纽约市为美国少数同时拥有三座机场的都市,分别为位于皇后区的肯尼迪国际机场和拉瓜迪亚机场,以及位于新泽西州境内的纽华克自由国际机场。这三座机场每年平均的客运量(肯尼迪国际机场约 4 100 万人、纽华克机场 3 300 万人、拉瓜迪亚机场约 2 600 人)加总起来,将超过 1 亿人次。这个惊人的数字甚至超过了芝加哥奥黑尔国际机场及芝加哥中途国际机场相加的总客量。因此纽约的空域是全美国最繁忙的。

在水运方面,纽约港是北美洲最繁忙的港口,亦为世界上天然深水港之一。由于纽约位居美国大西洋东北岸,邻近全球最繁忙的大西洋航线,再加上港口条件优越,又与伊利运河连接五大湖区,因此奠定了其成为全球重要航运交通枢纽及欧美交通中心的地位。纽约港有水域约 700 多平方公里和陆地 1000 多平方公里。全港有 16 个主要港区:纽约市一侧 10 个,新泽西州一侧 6 个。全港深水码头线总长近 70km,有水深 9.14m、12.80m 的远洋船泊位 400 多个。

2 纽约市公共交通优先发展战略

纽约市是美国城市中人口密度最高的城市之一,世界上许多银行、金融机构、大公司的总部都设在这个不足 25mile^2 纽约曼哈顿岛上;纽约市市政府及联合国总部也设在那里。如果纽约市的各届政府在城市发展史上不以“优先发展城市公共交通”,尤其是发展城市地下交通,那么今天的曼哈顿岛上的城市交通状况面临的只能是大围堵的状况。

据 1991 年至 2000 年的统计显示,地铁和巴士每年客运总量一直呈增长趋势,在十年中公共交通年客运量增长了 5.78 亿。如图 2 所示。

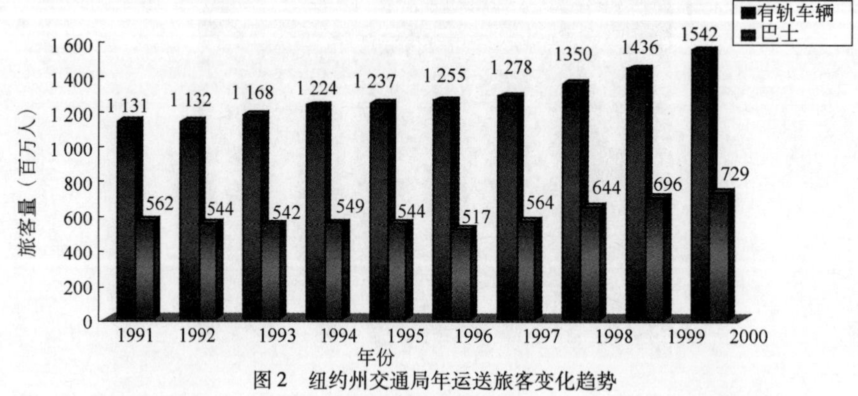

图 2 纽约州交通局年运送旅客变化趋势

数据来源:《国外城市公共交通发展研究》2001 年 10 月,清华大学交通研究所

2007年纽约的公交系统在交通高峰时间承担了全市80%的运量,纽约州交通局的业务统计如表1所示。

纽约城市公共交通各种方式(地铁、通勤铁路、轻轨、地面公交、轮渡)均由纽约州交通局(New York Metropolitan Transportation Authority)统一管理,城市公共交通的这种管理机制便于组织各种交通方式间的衔接和换乘,提高整个城市公共交通系统的运输效率,贯彻落实"公交优先"的发展战略。

2007年MTA总量统计 表1

项　目	内　容	项　目	内　容	项　目	内　容
2007业务预算	103.6(亿美元)	地铁列车	8 646(辆)	公交里程	3 879(mile)
日平均旅客	8 272 117(人)	公交车辆	6 202(辆)	地铁站数	734(站)
地铁线路及公交线路总数	378(条)	轨道交通里程	2 058(mile)	员工人数	67 457(人)

资料来源:2008年6月13日,http://www.mta.info/mta/ network.htm

2.1 优先发展地面公交——巴士

纽约市的公交车由纽约市捷运局经营、管理,全市拥有6202辆公交车,共有14 000个公交车站,公共汽车分别用区名的第一个英文字母标明在某区的行驶,如表2所示,多数线路的车在本区行驶,少数跨区行驶。

行政区与公交车辆打头字母标志 表2

行　政　区	打头的字母	行　政　区	打头的字母	行　政　区	打头的字母
曼哈顿区	公交车标以M	布鲁克林区	以B打头	斯塔腾岛区	以S打头
皇后区	以Q打头	布朗克斯区	以BX打头		

全市共有公共汽车线路830条,线路总长15 485km,行驶在五个区的235条线路上,每条公交线路一年365d、一天24h开通,每天高峰时乘坐公共汽车进入城市核心区的人数达11.6万人,承担总交通量的8.3%。纽约市为实现"公交优先"对地面巴士采取了一系列的政策导向。

2.1.1 资金投入

优先发展公共交通需要大量的政府资金投入,根据美国联邦交通部统计,全国城市公共交通的资金来源37%是客票收入,5%由州政府补贴,34%由市政府补贴。

负责纽约市公共交通的纽约州交通局每年都要公布一个财政年度报告,在报告中可以看出本年度的资金来源。据资料统计,每年公交车和地铁、铁路的营运收入来自几个方面:乘客的票价大约占50%,地方政府补贴占24%,纽约州政府补贴占23%,联邦政府补贴占2%,其他来源占1%。

纽约州一年约有28亿美元的交通特定财源,其中60%用于公共交通的运行,40%用于道路和桥梁。主要有以下财源:

(1)机动车燃料税。

(2)对本州内进口精制、销售的全部是由精制品收价格的17.7%的税。

(3)货车重量和距离税。

(4)车辆登记费和许可费。

(5)通行费。

2.1.2 优化公交车的服务及运营,加大公交的吸引力

(1)公交车票价低廉,转乘方便;老年市民和残疾人有半价优惠。纽约市所有公交车(除行驶在东西快行线上的快速公交车以外)的票价是统一的,无论路程远近、每张票都是1.5美元,乘客可以投币,也可以使用捷运磁卡。而且,老年人、残疾人都可享受优惠半价。111cm以下的儿童与大人同行可享受免费乘坐。一个成年人可免费带领3位儿童乘坐公交车。纽约市公交部门还规定,一张车票在规定时间里,可以在同一方向转乘车时使用。乘客在下车前问司机要一张"转车票"在两小时之内均可以此转乘同一

方向的公共汽车。如果使用捷运磁卡,在坐了地铁后还可以在同一方向里转乘公共汽车。这种"一票到底"的制度使市民得到实惠,使得利用公交上下班比拥有私车更省钱。

(2)纽约市开辟"校车",优先通行。黄颜色的校车是专门供公立学校的学生上、下学乘坐的。校车享有的优先权甚至超过了普通的公交车,所有车辆,只要遇见校车都要主动礼让,绝不可以与其抢道,任何车辆行驶时都与其保持一定距离,这些规定连普通公交车都必须遵守。城市的管理者充分重视对弱势群体的关怀。

(3)纽约市内的公共汽车设计先进。公共汽车发动机后置,自动换挡,驾驶员视野开阔,不易疲劳。另外,所有车辆都有冷暖空调和紧急逃生出口。后门的踢板可以转换成升降机,方便残疾人坐轮椅上车。使用升降装置的残疾人和老年人无需当时付车资,他们可以从驾驶员这里要一个免费邮寄的信封,在方便的时候将车资寄还给捷运局。为了便于老年人上车,车头的右侧可以下沉,使前门踢板接近人行道。车厢里,不管是坐、是站,乘客都可以很方便地摸到条形橡皮开关,要求驾驶员在下一站停车。如果车上没有人按开关,站上又没有乘客等候,驾驶员就不用停车,公交车的运行速度由此加快。

(4)纽约市公交车清洁、舒适、安全,规范。任何一辆公交车,票价统一,享受到的服务标准统一。纽约市公交车运行基本准点。在纽约市,每一个公共汽车站牌上都详细记载着这条线路的每一趟车的到达时间。纽约市曾经对捷运局管辖下的公交车的运行是否准时进行过一次调查,结果是90%的车辆能做到到站前后误差在5min之内。公交车的准时使其成为市民们可以信赖的代步工具。

2.2 大力发展城市地下捷运交通——地铁

纽约地铁自1904年10月运营以来,已经经历了100多年的历史,是世界上最早建成的地铁,除去像曼哈顿世贸大厦下面的站台外,几乎所有其他的站台都很狭窄。1904年10月第一条9mile的线路建成通车,标志着纽约地铁的诞生。从1913年到1940年,纽约地铁经过两次大规模的扩建,形成了覆盖全市的地铁网。20世纪40年代是纽约地铁的黄金时代,每年旅客高达20亿人次。后来由于汽车的普及和高速公路的建设,纽约的地铁就没有再大规模建设,所以纽约地铁最年轻的线路也有半个多世纪的历史。

纽约的地铁系统共有27条线路,总长达722mile(合1 162km),469个车站遍及全市,其中277个地下车站,153个高架车站,8 646辆地铁列车,为旅客提供多种高速列车和列车跳停站服务,在高峰时段列车运行间隔为1.5~5min,从凌晨00:00到05:00这段时间内,列车运行间隔时间延长到20min。纽约城市交通每天按时刻表运行6 500列车,运送客流为310万人次,有1万多个地铁信号设备,205个变电站及6 000多辆轨道车辆。纽约地铁的主干线有四条轨道,其中有两条是给快车行驶,另两条则是给慢车行驶,当纽约第一条地铁线路于1900年开始兴建时,就确立了要铺设四轨的原则,这是一项有远见的设计,在尖峰时间,地铁就可以运输大量的乘客,纽约地铁主要干线也都是以四轨为主。

地铁极大地促进了纽约的发展,从1910年到1940年,纽约90%的人口增长集中在地铁沿线。围绕着地铁的兴起,纽约还出现了"地铁文化"。在美国生活不能没有私车,但在纽约可以省略,不少有车族都是出城才开车,市内的交通全靠地铁。纽约优先发展地铁的战略主要体现在以下方面:

2.2.1 投资方面

投资不足是世界上任何一个大都会城市面临的共同难题,但是尽管如此,在未来的25年里,纽约市交通管理局用于维修、新建项目的预算将达1万亿美元,其中7千亿用于新的地铁修建,3千亿用于高速公路何桥梁的修建。对于已经运营27条地铁线路的纽约,这一数额远远超出我国现阶段北京等特大城市地铁网络初始建设的投入。

2.2.2 票价

在票价方面,百年前地铁开通时车票是5美分,该票价一直保持到1947年,目前是2美元一次。多类型票价加大了地铁的吸引力。纽约市地铁和巴士的票价都是单程每张2美元,主要服务从郊区直达市内的通勤族的快线巴士单程每张5美元。还有一种单日"Fun Pass"允许游客一天无限次乘坐地铁和巴士,售价每张7.50美元。单周、双周或者包月无限次乘坐的MetroCard,售价分别为每张25美元、47美元和 81 美元。单日 MetroCard 从首次使用到次日凌晨 3 点有效;7 日(周票)、14 日(双周票)或 30 日(月票)无限次乘坐的 MetroCard 则是截至首次使用后的第 7 日、第 14 日或第 30 日有效。游客可以以现金、信用卡或者借记卡在各个地铁站购买 MetroCards。

2.2.3 轨道交通线路网发达

通勤铁路与地铁两套线路错综交叉,功能互补,有力地保证了轨道交通线路畅通发达,高效及时。

纽约的轨道交通接功能分为两个系统,服务于市区 l730 万人口,800km^2 面积,承担市区出行活动及上下班的地铁捷运系统、服务于大都市区(1 861 万人口,19 740km^2),承担外围区和邻近地区居民至市中心区上下班的通勤铁路两种不同功能的系统其运营管理和线路结构亦有所不同,通勤铁路以射线形式终止于中心区。地铁线路则穿越中心区,这与不同系统服务的客流特征有关。通勤铁路客流以上下班的通勤客流为主,其主要流向是从中心区一外围区,因此,通勤铁路终止于中心区;地铁服务客流是市区客流,包括市区的上下班客流和其他客流,因此地铁线路以直径线形式穿越中心区,以减少换乘。另外,通勤铁路线路长,站距大,速度快,保证远郊居民能快速到达中心区,地铁线路相对较短.站距小,速度较慢,主要保证中心区居民的出行。

长距离放射状轨道交通线路网,能够疏散大城市中心区高密度的人口分布,拓展城市发展空间。纽约地铁的建设引导了市中心曼哈顿地区的人口向外围的布朗克斯、布鲁克林和昆斯三地区转移:地铁的建设和不断发展成网使中心区的人口减少了 63%,外围三区的人口则成倍增长。

放射状的轨道交通网络保持了特大城市中心区的繁荣和强大。纽约市中心的曼哈顿地区汇聚了所有的地铁线,是通勤铁路的终点。每天大量客流通过通勤铁路的地铁进入该地区上下班,有几十万的乘客在这些轨道交通线路间进行换乘。该地区集中了纽约市区大部分工作岗位,国际上各种组织与机构也集中于此,放射状的地铁和通勤铁路系统使纽约能保持和发展一个经久不衰和充满活力的中心区。

2.2.4 轨道交通线路的建设与周边土地开发同步进行

纽约地铁在新建线路时,与沿线土地开发同步进行,开发商可以对地铁进行部分投资,减少政府负担。同时,土地开发为地铁线路带来客流,提高了地铁建成初期的客运量。另外,轨道交通车站与摩天大楼的整合开发。纽约市中心的曼哈顿地区高楼林立,是世界的商务中心区,该地区集中了纽约所有的地铁线路和通勤铁路线路。因此,该地区的地铁车站与周围办公大厦联为一体,周边写字楼的办公人员不用离开办公楼即可进入位于大楼下的地铁车站,实现了地铁与商务、办公大楼的整合,这种整合所带来的巨大人流对地铁和大楼开发商都是双盈的。地铁带动了纽约中心区较高的建筑密度和建筑容积率。

2.2.5 便利的换乘

(1)轨道交通系统本身的一体化——线路间的免费换乘。纽约地铁系统共 27 条线路,地铁实行一票制,一票到达,在整个系统内有 50 个换乘站可以实现免费换乘,不同线路间的换乘不需重新购票,体现轨道交通线路间的一体化。免费换乘为乘客出行提供便利,提高轨道线路的客流吸引量,轨道交通与地面常规公交的换乘衔接,地铁与地面公交之间的整合对地铁系统和地面公交均是十分有利的,通过整合使整个公共交通系统相互协调、优势互补,充分发挥各自优势,共同为城市客运交通服务。纽约地铁系统与地面常规公交的整合(地铁与其他公交的换乘衔接规划),如表 3 所示。

纽约主要枢纽地铁与其他公交方式的整合情况 表 3

枢纽站	地铁线路数	地面公交线路站	其 他
George Washington Bridge Bus Station 175 St'181'	3	12	
Port Authority Bus Terminal	3	9	通勤及长途客运
Penn Stanon	6	8	长岛通勤铁路
World Trade Center	9	6	轮渡
Court St/Borough Hail	10	14	
Grand Central Terminal	5	13	北万通勤铁路
Flushing-Main Street	1	20	市郊线路

(2)轨道交通与私人交通的换乘衔接,即"停车+换乘"。为了减少城市中心区的交通拥挤,提高中心区公共交通出行量,纽约市在地铁的终点站建立了几个"停车-换乘"设施,如地铁7号线Flushing—Main Street终点站,建立了一个具有1 000多个泊位的高架停车库,使Flushing地区的居民通过"停车+换乘"进八中心区。

2.2.6 快速分流:划分市区地铁快速线与普通线

纽约地铁线路运营管理分为两个层次,即快速线和普通线,快速线与普通线交叉互补,大大提高了地铁运送乘客的效率。这两种服务是通过两种形式实现的。一种是通过一条线路四条轨道铺设,中间两条线路开行快速线,两边开行普通线,快速线与普通线同站台换乘;另一种是同一条双轨线路开行"越站"列车,即快速列车仅停大站,普通列车则站站停。

2.3 公交优先发展辅助战略

限制私车使用,保障公共交通的优先通行,成为纽约市公交优先发展的辅助战略。城市公交管理部门利用政策导向鼓励市民多乘公交车、少开私家车。城市政府则通过征收燃油税、过桥、过路费来限制私人小汽车的使用,体现政府"公交优先"的政策。

(1)中央商务区设立公交专用道

纽约市的两个中央商务区都在曼哈顿,一个在中城洛克菲勒中心附近,另一个在下城华尔街附近。上下班时间,这里成为交通核心聚集地。为此,曼哈顿区中央商务区设立公交专用道拖车区;在一定路段,除公交车以外,所有车辆不许"左拐"或"右拐"。另外,纽约市政府在市中心地区专门辟有"公交专用道",在早上8:00至晚上7:00这一时间段,这条专用道只供公交线使用,任何别的车辆一经发现在这条道上面行驶,就会遭到罚款。

(2)中央商务区严格限制私车停放

中央商务区的主要街道,如第五大道、第六大道、麦迪逊大道和时代广场附近的一些地区都设有明显的交通指示牌,标明"无论何时,这一区域为禁停区"。如有违规,一经发现,立即由拖车公司将车拖走。事主除了要交65美元的罚款还要自付95美元的拖车费。这就阻止了一部分人开车进入纽约中央商务区。但是公交车就没有这些限制,在中央商务区的各个路口和各条街道,都有公交车停靠站,乘客只要乘坐公交车,可以方便快捷到达任何地方。所以除了地铁以外,公交车是纽约市民最常用的代步工具。

(3)加大曼哈顿发展私家车的成本

对于进入曼哈顿区的机动车辆有诸多限制。纽约市交通管理部门规定,私家车在星期一到星期五的早晨6:00到10:00不得经过某些路口进入曼哈顿,被禁止进入的路口都设有专人检查来往车辆,避免私家车蒙混过关。这一措施大大提高了曼哈顿地区在这一时段内的车流速度。

在纽约市曼哈顿岛上,聚集着大量高收入人群。纽约市由于地价昂贵,公寓楼自设停车场的较少,但营业性的地上、地下停车场较多;收费十分昂贵。以纽约市曼哈顿中城停车场为例,每一小时最低收费7.99美元,在一些闹市区,停车费用可以高达每小时20美元。公寓中,一个车位一月要付300~400美元以上。所以一般来讲,在曼哈顿要想拥有私家车,每年花在车库上的钱要高达5 000美元左右。这一举措阻止了一部分人群购买私车。加之市中心很难找到免费停车的地方,一旦停错车,高额罚款随即就到。所以,很多普通市民从不考虑购买私家车。

(4)高速公路、桥梁、隧道收费与管理方法鼓励多人乘坐的交通运输工具

①设HOV专用车道,鼓励上下班几人合伙开一辆车。在长岛高速公路,专门设有"多人乘坐的车辆"专用道。这种车道只允许车内乘坐的人数3人或3人以上的车子行驶。如果不到三人,而使用这一专用道,将被处以100美元以上的罚款。设HOV专用线,也与城里设公交专用线一样,是为了鼓励节约能源、减少公路交通拥挤。HOV线位于高速公路的内侧,是最安全、也是最快捷的一条线(内侧行驶的车辆最少受外侧行驶车辆的干扰)。另外,合伙搭车的人越多,车辆在道路上占有的面积也就越少,交通堵塞现象也就越少,也越节约能源。

②高速公路、隧道、桥梁上对小汽车征收的过路费、过桥费、过隧道费要多于多人乘坐的交通工具。以位于哈德逊河底的纽约市通往新泽西州的林肯隧道为例，进出隧道的收费为：小汽车 4 美元，能载 40 人的大型旅行车反倒只收 3 美元。其他隧道均如此。

(5)美国国会在 1992 年通过“联邦雇员清洁空气奖励法”，规定联邦政府的雇员每日上下班如搭乘公共交通工具，联邦政府就为每一名雇员提供 65 美元的交通券，可用来乘坐公共汽车和地铁。

此外，“联邦税法”也做了相应修改，允许私营企业主为其雇员提供每月最多 65 美元的类似补贴，并允许将这笔钱作为可抵扣税款的营业费用。

一边是搭乘公交车有补贴拿，一边是开私家车的经济上的种种不合算。大城市的居民在日常出行问题上会根据自己的收入水平更多地选择公交车。

3 纽约“公交优先战略”对我国“优先发展公交”的借鉴

中国城市交通正处于快速发展转型阶段，许多大城市交通十分紧张，并面临着进一步恶化的趋势，纽约的“公共交通优先战略”对我国“优先发展公交”有以下三个方面的借鉴作用。

3.1 城市交通一体化管理

目前，中国的城市交通分属于不同的政府部门管理，缺乏统一的规划与管理协调机制，致使城市公共交通在规划、管理、发展上不衔接、不平衡。纽约州交通局统一管理纽约各种方式城市公共交通(地铁、通勤铁路、轻轨、地面公交、轮渡)，实现各种交通方式间统一规划与管理、提高了整个城市公共交通系统的运输效率、增强了公共交通的吸引力。城市公共交通的这种管理机制能够便于组织各种交通方式间的换乘和衔接，出台及优化以“公交优先发展”为核心的各种政策措施，形成各交通部门目标一致、互相制约、协调统一的联动机制。

3.2 充分提高公共交通的吸引力

就我国目前的城市交通需求来看，靠现有的公共电汽车和有限的道路资源难以从根本上解决“乘车难”的问题，从纽约的经验可以看出，发展多层次、多结构、立体化的公共交通对缓解城市交通压力具有重要意义，而且是行之有效的手段。因此，中国城市的公共交通还应是交通发展的重点，需加大投入力度，尤其是兴建轨道交通网络，引入和优化大容量、高效率、低能耗、可持续的交通运输方式，提高公共汽电车的服务质量，增强公共交通对公众的吸引力已迫在眉睫。

3.2.1 增强公共交通自身优势

在公共交通规划前期做到长远综合考虑(例如地铁设计四条轨道，规划枢纽站场保证 4 条以上地铁线路的地下换乘)，加大公共交通在城市各条道路的覆盖面，为市民提供便捷乘务；保证线路设计清晰科学，车行准时；根据实际客流情况，设置公共交通快线及普通线；在公共交通管理方面，提供人性化服务和科学周到的管理，照顾弱势群体利益，提供多种形式的便利服务，例如：为在校学生提供校车，并保证校车的优先行驶地位。

公共汽电车的优先通行可从以下方面入手：

(1)公共汽电车专线。

(2)公共汽电车专用道。

(3)在一些商业性街道上只准公共汽电车通行。

(4)公共汽电车在交叉口优先通行。

(5)公共汽电车优先交通信号控制系统。

(6)公共汽电车停靠站的保护。

3.2.2 加大各级财政补贴

保持优惠的票价,减少居民乘车成本,同时购置先进车辆设备,保障提供安全通达的服务。明确核定公共交通企业的经营成本,乘客的乘务成本公开透明化,保障财政补贴的落实,固定公共交通的收入来源及补贴标准,推广低票价和便捷服务。

3.2.3 公共交通整合

综合利用交通运输资源,提高与其他交通方式的衔接、整合,换乘便捷,扩大公交的覆盖面,体现公共交通的灵活性。

重视公共交通与城市用地的整合与衔接,配合城市规划引导城市发展方向、疏导客流。公共交通基础设施,尤其是大型公交换乘枢纽站的建设比较落后,应加强枢纽站的综合开发,形成多功能、全方位的服务模式。

3.3 优先发展公共交通,限制其他交通方式

交通拥堵,能源浪费,空气污染严重,要求我国城市政府各种政策措施的制定指向“公交优先发展”。交通管理部门需增设和维护公交专用车道,保障各类型公交车辆优先行驶权限,政府各级部门采用多方式鼓励员工乘坐公共交通工具。制定各种政策措施对私车加大调整各种税费,增加私车使用成本,并且适当考虑限时限量进入城市中心区,同时加大停车管制,加重对交通违规的处罚力度。

参考文献

[1] http://www.mta.info/mta/network.htm.
[2] 清华大学交通研究所.国外城市公共交通发展研究,2001.
[3] 周伟.中国城市可持续交通发展战略策略研究.北京:人民交通出版社,2005.
[4] 中国交通年鉴(2006年).北京:人民交通出版社,2006.
[5] 郝瑶.巴黎、伦敦、纽约和东京四大城市的交通政策发展动向.首都经济杂志,2002(9).
[6] 李忠东.纽约交通管理细节.城市交通,2002:5(6).
[7] 王祥.纽约与上海城市轨道交通的对照.交通与运输,2000.
[8] 杨东援,韩皓.世界四大都市轨道交通与交通结构剖析.
[9] 罗晓辉.从纽约客运交通看中国大城市客运交通发展.北京建筑工程学院学报,2002:18(4).

中国城市交通可持续发展国际研讨会论文选

（2008年12月15—16日·北京）

1. 城市结构与城市交通

——重庆城市交通发展与挑战

周　涛　傅　彦　高志刚

（重庆市城市交通规划研究所）

摘　要：本文从重庆市城市空间结构发展历程揭示了城市交通与城市空间结构的关系，并且针对重庆市都市区既有的“多中心、组团式”城市结构与目前城市规划发展趋势的矛盾，提出坚持“多中心、组团式”城市空间结构应采取的规划策略和措施。

关键词：城市规划　城市空间结构　城市交通　多中心、组团式

Urban Structure and Transport

——Urban Transport Development and Its Challenges of Chongqing City

Zhou Tao　Fu Yan　Gao Zhigang

(Chongqing Transport Planning Institute)

Abstract: Analyzing the development of Chongqing urban space structure, this paper announces the relationship between urban transport and space structure. Based on the contradiction between the existed “polycentric and clustered structure” and urban development trend, the planning tactics and measurements was presented, that should take to insist this “polycentric and clustered structure”.

Key words: Urban planning, Urban space structure, Urban transport, Polycentric and clustered structure

1　城市演变历程

从城市发展历史来看，重庆都市区城市的演变与交通的发展有着密切的联系。1891 年的开埠时期、20 世纪 40 年代的陪都时期、50 年代的国民经济恢复时期、60 ~ 70 年代的三线建设时期，以及 1997 年以来的直辖时期，是重庆城市发展史中最快的 5 个历史时期。在这几个时期城市形态依托城市交通轴的发展和变化而呈现出清晰的历史脉络：集约式发展——一主多点（“陪都”时期，依托两江水运，见图 1）“大分散、小集中、梅花点状”的结构形态（新中国建立的恢复时期，依托两江及城市道路向西延伸，见图 2）“多中心、组团式”（三线建设以来，依托两江三线）“主城三片、十二个组团和十一个外围组团”（直辖，依托城市道路及跨江桥梁，见图 3）。在重庆城市空间发展过程中，各种深层结构和规律性分析都指向一个方向——沿交通干线发展。沿交通干线永远都是城市用地生长的最佳区位，它是空间形态演变的重要因素。

从城市的空间结构来看，随着交通线路的扩张，城市逐步向外发展，城市由多个中心组成，每个中心具有相对完整的功能形态和各自的影响范围。城市的核心区形成中心城区，外围包含若干功能组团，城

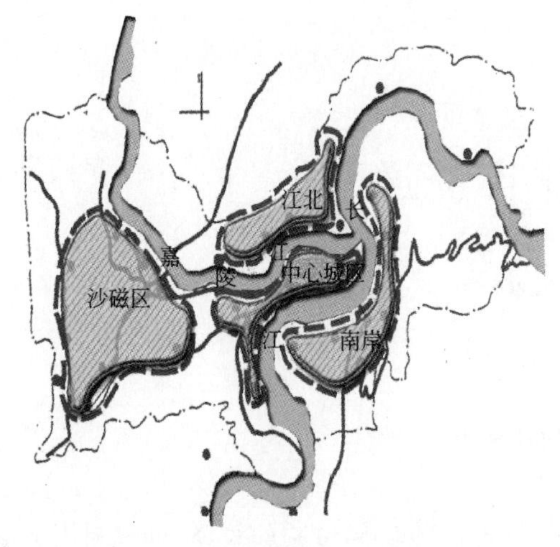

图1 “陪都”时期重庆城市形态示意图

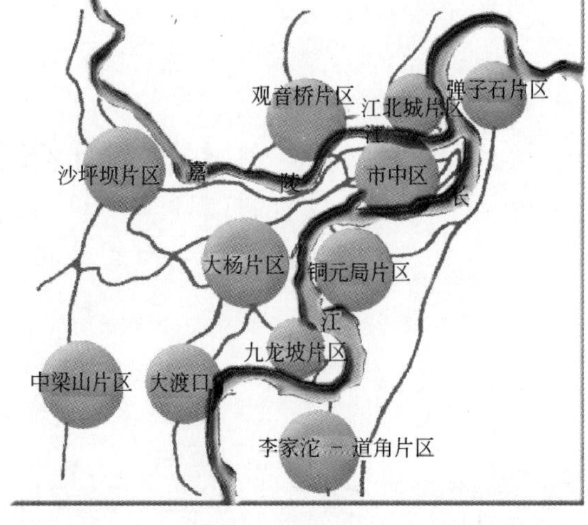

图2 “大分散、小集中、散点分布”的城市形态示意图

市呈网状结构形态。这种“多组心，组团式”的空间发展同时体现着“集中”和“分散”相统一的空间过程，但从区域空间的角度来说，重庆都市区空间发展仍是以“集中”为主导趋势的。它主要表现在人口增加、中心城市的改造与更新、边缘的外向蔓延、郊区城市化等方面。外围组团在两山之外与主城区在两山之间的拓展仍旧依附着主城区的核心功能。

这种“集中”与“分散”相统一的格局使得都市区呈现影响力由内至外逐步递减的态势，渝中半岛是重庆的政治、经济中心，具有最大的影响力，成为结构的中心核，即中心；江北、南坪、杨家坪、沙坪坝等位于两山之间城市建设密集区，具有较大的影响力，是次级核心，形成四个副中心；而在外围区，城市空间结构的发展需要通过建立新的核心来分解中心区的压力。从目前看来重庆总体结构实际上是松散的卫星状，各核之间的联系小于与中心核的联系，但是随着近年来次级核心的迅速发展，以及中心核功能即将疏解的趋势，各核的影响力趋近平衡，城市发展也以结构调整、新核建设和老核更新来实现。

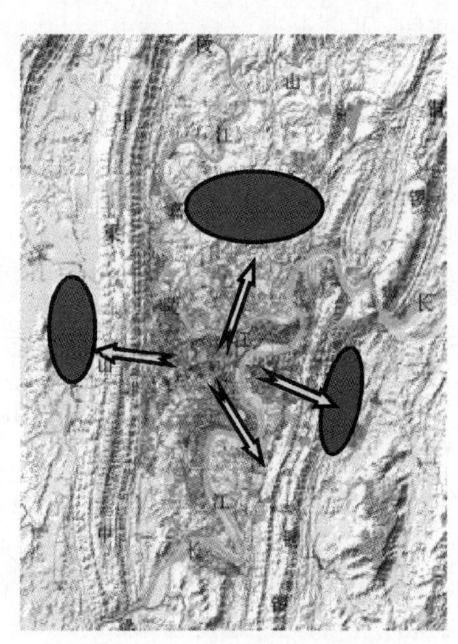

图3 越江、跨山的发展趋势示意图

2 城市结构与交通出行的关系

交通出行特征与城市结构密切相关，城市用地的布局决定了居民的出行特征，通过综合交通调查结果显示，功能完善的组团居民出行大部分在组团内部完成，但目前发展趋势来看，跨组团的出行正逐步增大。出行特征主要表现在以下方面。

(1)居民人均出行率较低，不同地区差异较大。2007年主城区综合交通补充调查结果显示，主城区6岁以上居民人均日出行率为2.18次(图4)，与全国其他大城市相比，处于较低的水平，这是由于特殊的地理条件和组团式城市结构，使出行中公共交通承担35%、步行达50%这样的条件下形成的，同时由于组团功能的相对紧凑使得居民出行需求能够在组团内部得到相应满足。

不同地区居民人均日出行率存在较大差异，呈现由中心区向外围区逐步递减的趋势。

(2)由于组团式的城市结构，组团内部出行的比率较高。由于城市组团式的结构，组团内部的功能都较完善,因此出行需求在组团内部都能得到满足,在出行的空间分布上,各组团内出行比例平均达70%,尤其在北碚、沙坪坝等区域,组团内部的出行更为明显。这主要是由两方面原因形成的:一是组团自身功能较为完善,大部分出行需求可以在组团内部得到满足,如沙坪坝,就业、教育、日常生活基本能在组团内部完成,跨组团的出行需求较少;二是由于跨组团出行的距离较大,制约了部分跨组团出行,如北碚,由于与相邻组团的距离较远,抑制了部分跨组团的出行。

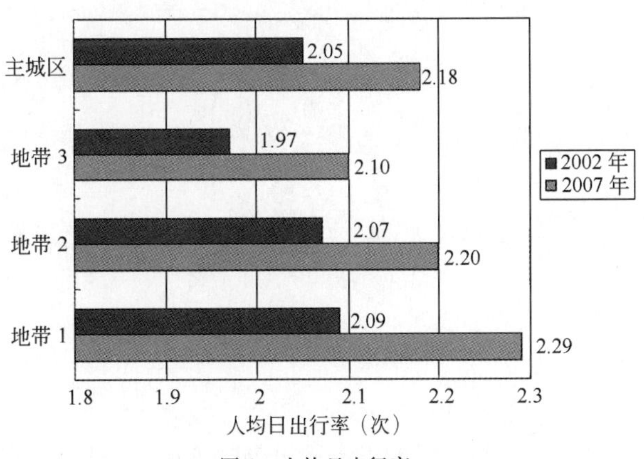

图4 人均日出行率

注:地带1-渝中半岛;地带2-内环线以内的组团;地带3-内环线以外主城区以内组团

(3)步行方式比率高。受地形和经济的制约,目前重庆居民出行步行比率较高,2007年步行出行比率为50%,这主要是由于重庆的地形特征使得出行结构呈现典型的二元结构,即机动出行和步行,同时由于在小范围内城市功能的完善,使得基本出行大多能通过步行方式解决。

(4)用地性质与交通出行的关系密切,体现了组团式城市结构对交通的有利性。调查数据显示,居民出行最主要的目的为上班和上学,其次为购物和娱乐等,不同性质用地所吸引的交通方式是不同的,中小学校用地的从业人员出行方式以步行和公共交通为主,行政办公用地、商业服务用地和旅馆用地的从业人员主要以公共交通方式为主,而工业用地和行政办公用地小汽车出行比重明显高于其他用地类型的比例。可以看出,组团内居住、就业岗位及学校的配套,使得主要的出行集中在组团内部,如果某种用地性质改变,则会产生大量的组团之间的出行,事实表明,功能完善的组团对城市交通来说是十分有利的。

3 城市空间结构发展趋势及面临的挑战

3.1 城市空间结构发展趋势分析

结合城市空间结构分类诸如单核集中点状结构、线性带状结构、分散型城镇结构、紧凑城市结构、多核组团式结构等类型,重庆都市区的多核组团式结构固然是城市发展适应自然地形、地貌的结果,但这种结构模式已渐成为世界上特大城市空间结构发展的一个主要趋势,其特点是高密度城市在一定地域范围内得到疏解。城市表面形态的分散和城市整体运作效率,是建立在各核之间的联系、联系方式和联系效率的基础上,同时它还蕴藏着与自然生态环境有机融合的内涵。

多中心、组团式的城市结构是重庆市历次总体规划中一贯坚持并得到高度评价的城市空间结构发展策略,既顺应了重庆城市发展的自然条件特征,又是一种可持续的城市发展形态。未来城市的空间形态仍将继续保持多中心组团式模式。同时,结合两江四山的自然山水格局特征,将主城区的城市空间结构为"一城五片、多中心组团式",城市未来将由中部向外围区域拓展,分别为东、西、南、北四个方向,外围区域的发展将有效疏解中部区域的压力,目前随着副中心功能的完善,已有效地缓解了解放碑中心区的压力,同时医疗卫生、文化、体育、会展中心、博物馆等设施的分散布置,分散了城市功能,对城市的发展是十分有利的。但从发展趋势来看,"多中心、组团式"的城市空间结构却没有彻底贯彻,主要体现在城市空间的拓展对城市组团间隔离的破坏,导致城市正在向"摊大饼"的模式发展。主要表现在以下方面:

(1)组团规模扩大,组团之间的绿地、河流和山体被大量侵占,组团之间粘连趋势明显。从1983年—1998年~2004年城市总体规划修编城市空间结构的演变图(图5)可以看出,组团的规模不断扩大,功能布局在更大范围内进行解决,原有的组团隔离已不明显,组团的扩大直接导致了组团内部出行距离越来越大,越来越多的步行方式将转向小汽车或公共交通,城市机动化将进一步提高。

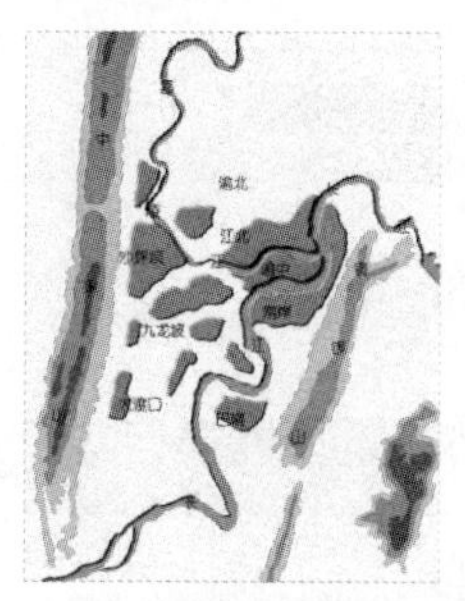

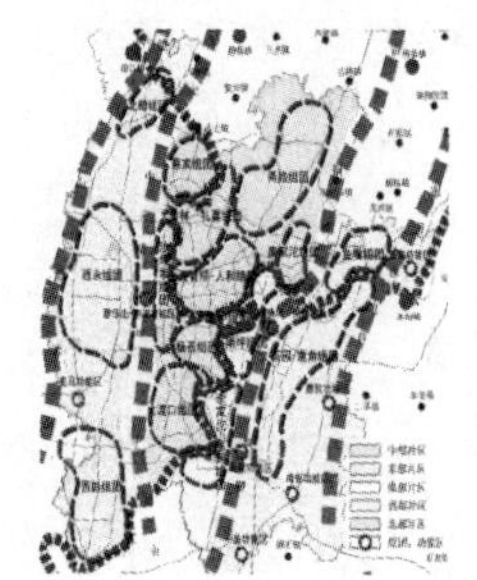

a) 1983年城市空间结构示意图　b) 1998年城市空间结构示意图　c) 2004年城市总体规划空间结构示意图

图5　城市空间结构演变示意图

从以上对比图可以看出,组团之间已无明显界限,黏连趋势明显,组团之间的出行距离快速增长,这种出行增长也反作用于城市空间结构的变化,加速了组团间隔离的破坏。

(2)组团内生产生活就地平衡的功能弱化,交通出行平衡被打破。随着主城工业企业"退二进三"政策的实施和推进,大量就业岗位迁至城市新拓展区,而原有的居住等用地形态保持不变,导致就近生产生活的工业型组团随着主体企业的搬迁而瓦解,居住与就业岗位由原有的就地平衡模式转变为交通跨区域出行,组团之间的通勤量增加,加大了组团间道路的交通压力。如长江电工厂搬迁至新区后,原工业用地转变为商业、居住用地,一方面工业的搬迁并没有带来相应居住的移动,就业岗位与居住之间的出行大量增加;另一方面转变成的第三产业用地又成为一个大的交通吸引点,组团自身的交通平衡被打破。

(3)旧城改造建设总量过大,超出已有规划交通设施的承载能力。旧城改造的速度过快,由此带来的居住、商业等吸引成倍增长,大大超出城市用地及道路的承受能力,同时相应基础设施建设跟不上旧城改造速度,城市及交通的压力极大。

(4)低密度、蔓延式发展造成了土地资源的浪费,引导城市错误地向小汽车交通方式发展。这样的模式尤其体现在城市的新拓展区,出现了以北部新区为代表的"无中心非组团"式沿交通干线的蔓延发展。在城市新发展区进行低密度用地拓展,这样的"分散资源、遍地开花"的无控制的城市扩散发展模式,导致资源的浪费、外流和区域中心城市的空心化,对城市的发展是十分不利的。

(5)较高的交通出行成本影响东西部片区的发展。根据城市总体规划,东西部片区是城市发展的重点地区,良好的交通条件是加快两个地区发展的重要因素,但西部片区与中部的联系仍然主要为成渝高速中梁山隧道和尚未正式运营的遂渝高速歌乐山隧道;东部片区与中部的联系也仅通过渝黔高速真武山隧道和在建的南山隧道,高速公路收费提高了两个片区的交通出行成本,一定程度影响了它们的发展。

3.2　城市及交通发展面临的挑战

引发近年来组团和组团布局变化的主要包括交通发展、单位制生活瓦解、产业结构和产业布局调整、组团隔离带保护乏力、新拓展区的开发模式缺乏引导等多方面的原因。

(1)单位制生活瓦解带来了相应的交通压力,出行需求增加。原有的生产生活就地平衡的模式被打破,组团之间的通勤量增加,加大了组团间道路的交通压力。

(2)大量通道的修建满足了基本交通需求外,更滋长了组团间的交通出行,由此带来了小汽车需求的增长。我们这个城市长期以来坚持的城市空间结构模式正在被破坏,大量通道的修建使得人们长距离的出行增长得到满足,也滋长了组团间交通需求的增长,尤其从2002年起又实施了路桥收费制度改革,消除了城市组团的距离感,城市出行更加便捷。

如果说城市人口增长、产业结构和用地布局是导致都市区"多中心、组团式"空间结构破坏的重要因素,那么过量的组团联系通道则是"催化剂",因为这样的通道减小了组团间的距离感,破坏组团间既有的隔离体系,无形中"催促"组团界限逐步消失,对组团式城市结构的维持产生较大的冲击。因此,"多中心、组团式"布局的城市的交通规划必须充分重视组团间交通与组团隔离之间的相互影响,避免组团黏连现象的产生。规划中如何找到交通便捷性与组团隔离的平衡点是我们面临的最重要问题。

(3)重庆这样的土地资源、交通资源紧缺,人口规模较大,交通发展不允许以小汽车为主的发展模式,必须依靠公共交通解决出行。组团规模的扩大增强了人们的活动半径,主观上对组团就地平衡工作和生活的需求下降,加之人口的增长、城市各种资源的有限不能承受以小汽车为主的发展模式,唯一的出路是依靠公共交通解决出行问题,实现资源的共享。

(4)公共交通与小汽车进入相互竞争阶段。随着出行量和出行距离的增加,城市机动化水平的提高,城市机动化对城市道路系统提出了更高的要求,道路交通系统面临城市向外拓展、车辆快速发展的压力;同时越来越多的步行交通转向小汽车或公共交通,小汽车对公共交通形成极大的竞争压力,当前正处于公交与小汽车交通方式进入相互竞争、两者相持的时期,一旦小汽车发展占据有利地位,对城市的发展将极为不利,目前中国城市如北京已有如此教训。

4 面对城市发展趋势及挑战应采取的措施

重庆城市发展过程中面临着许多新的问题,诸如小汽车时代的迅速降临、城市建设能力的大幅度提高、就业结构和就业形式的变化等,应从城市功能方面、区域差别、交通引导等方面加强城市的“多中心、组团式”空间结构。

4.1 城市功能结构方面

(1)城市新拓展区,东、西部片区应加大投入,尽快完善各种城市配套功能,包括交通功能,使其具有较强的吸引力。

(2)对于现有的城市中心应进一步加强配套功能的完善,如医疗卫生、教育、文体等设施,使居民出行能在一定范围内得到解决。

(3)切实做好中心及副中心建设强度的规划控制,如渝中半岛、沙坪坝等区域,避免过多居住、商业的集中。

(4)进一步完善社区基本功能,包括社区医疗中心、超市、便民店等设施,使居民的日常需求能在社区内解决,减少出行量。

(5)切实实施城市紧凑发展,加强组团间隔离带的保护,避免城市蔓延、无序的发展。

4.2 城市交通发展

(1)按城市建设密度分区,实行区域差别政策,同时对不同密度的分区实行相应的开发量及基础设施控制标准,以使两者相匹配。以区域差别政策为指导合理引导小汽车的使用、小汽车使用的区域差别化政策及不同区域各种交通设施的使用等进行系统研究,以指导城市交通的发展。

尤其是渝中半岛地区,这是重庆市级行政中心、商业中心,也是建设密度最高的区域,由于特殊的地形条件,土地开发已趋于饱和,目前旧城改造已基本结束,功能已基本完善,城市发展以优化功能为主,相应的交通基础设施已比较完善,城市向优化城市功能发展,交通发展重点在于充分利用现有道路资源,充分挖掘道路潜力,进行有效的资源整合。

对于渝中半岛来说,首先应进行充分的交通改善策略研究,以指导交通发展;同时半岛地区建设量实行适度控制,包括居住、停车设施,不宜大量发展;充分挖掘现有道路的潜力,提高道路和交叉口的通行能力,包括公交停靠站、人行过街设施等各种交通设施的建设;更重要的是必须通过轨道这种大容量的交通方式来解决该地区的出行问题;逐步调整对外交通用地,减少交通吸引,如菜园坝火车站、菜园坝长途汽车站、朝天门长途汽车站。

(2)以交通带动城市新的中心区发展。加大大容量公交系统的投入力度,在东、西部片区发展之前建成,这样可吸引更多的社会资本注入政策性增长地区,使这些地区达到相当的发展规模,从而带来足够的运输需求量,令公共交通系统更合乎经济效益。

(3)切实落实公交优先战略。加大轨道交通的投入,提前进行快速公交前期研究,切实落实公交优先战略。在城市建设密集区和新拓展区,发展大容量公共交通方式,如轨道交通、快速公交等。同时在城市公共政策中,特别是财政和税收方面给予公共交通支持和优惠,以切实做到公交优先。

(4)以轨道交通站点带动土地使用的调整,进行高强度的开发和建设,其他地区进行有效控制。我们主张城市集中紧凑发展,新区建设和轨道交通密切配合,在小汽车大规模发展之前建立公共交通优先的机制,与大公交体系优先相适应的城镇体系。进行轨道站点周边土地利用研究,进行相对的高强度开发的建设,而其他地区对其建设量进行有效控制,实现可持续发展。

5 结语

重庆城市发展过程中面临着许多新的问题,诸如小汽车时代的迅速来临、城市建设能力的大幅度提高、大量农村转移人口涌入城市、产业结构和就业形式的变化,以及人们对更高品质生活环境的追求,都会对城市组团和组团式布局带来较大的影响。完全依靠自然地形来维持组团式布局的理想模式必然受到挑战,交通也面临着道路通畅与维持组团隔离的矛盾,特别在城市的新拓展区,如何正确引导组团式城市功能的配置,避免城市低密度、蔓延式发展也是摆在规划工作者面前的重要问题,针对这样的问题,我们更应主动思考,积极探索,维护和发展我们这个城市已有的、可持续发展的、节约的布局结构。

参考文献

[1] 余颖. 紧凑线性空间发展——重庆都市区城市空间结构形态生长的交通导向战略研究[F]. 2004.

[2] 周涛,高志刚. 重庆都市区交通发展策略[J]. 2004.

[3] 重庆市城市总体规划修编办公室. 重庆市城市总体规划(2005~2020). 2005.

[4] 重庆市主城区综合交通规划办公室. 重庆市主城区综合交通规划(2002~2020). 2004.

[5] 易峥. 重庆组团式城市结构的演变和发展[J]. 规划师. 2004(9).

2. 城市综合交通协调发展评价体系研究

刘　勇　杨静蕾

（南开大学交通经济研究所）

摘　要：系统、科学、客观的评价指标体系是分析城市综合交通现状的基础，文章从综合交通体系与城市经济发展协调度、综合交通体系内各种运输方式间的协调水平和综合交通网络布局协调三个层面构建了中国城市综合交通协调发展评价指标体系。

关键词：城市综合交通　协调发展　评价体系

Study on the evaluation index system of urban comprehensive transport system

LiuYong Yang Jinglei

(Institute of Transport Economics, Nankai University)

Abstract: Systemic, scientific, and objective evaluation index system is very important for analysis of urban comprehensive transport. Based on harmony coefficient among comprehensive transport systems and urban economic development, coordinated development among transportation modes, and coordination of urban transportation network layout, the paper builds the evaluation index system of China's urban comprehensive transport to achieve its achievement.

Key words: Urban comprehensive transport, Coordinated development , Evalution index system

近年来我国城市综合交通基础设施建设取得了长足的进步，在我国城市化进程和城市经济发展中起到了积极作用。但是随着我国土地资源极缺和能源紧缺约束的日益增强，以及在国家提出科学发展观和构建和谐社会的战略任务要求下，传统的高投资、高能耗、高排放和多占地的城市交通发展模式显然不再适合我国的现实国情和国家战略要求。我国城市交通建设需要及时转变交通运输增长方式、优化资源配置、提高运输组织效率，构建资源集约型、环境友好型的综合交通运输体系。

综合交通的概念早在20世纪20年代就已经开始使用，但无论是国内还是国外在理论和实践上都在近十几年才开始得到普遍的关注和研究。我国在2003年国家发改委正式设立交通运输司时起开始系统地推行综合交通的理念与实践。同期南开大学交通经济研究所与发改委交通运输司合作开展了一系列综合交通运输体系的理论研究。然而，我国城市综合交通整体效率还有待进一步提高，法律环境还有待进一步完善，管理水平还有待进一步提升。一套系统、科学、客观的评价指标体系不仅能够使决策者充分地了解我国城市综合交通的现状，而且还为城市综合交通规划和法律、法规制定提供比较准确的现状分析和未来发展的标杆。

我国目前对城市综合运输体系的评价还没有全面成熟的成果，没有建立完整系统的定量分析评价体系，以定性评价为主，或者只进行某一方面的评价，这样有可能导致评价结果有失偏颇。综合交通运输系统内部结构复杂、外部关联性强，影响因素繁多，构建一套具有适用性、可比性、客观性以及可操作性的指标体系是建立科学评价体系的关键。借鉴国内外已有研究和实践,本文采用多角度、多视点的方法,提出了一套适用于中国国情、以资源优化整合为目标的评价指标体系。

1 评价指标体系的构建原则

指标体系建立的目的是构建指标体系的最终目标与落脚点,而评价指标集由于评价目的、评价客体和评价主体价值观念的不同而呈现多样性,因此需设计符合评价目的、评价客体特征和评价主体价值观念的评价原则。

(1)系统性原则。综合运输系统是一个内在结构复杂的系统,因此,在其评价指标体系建立的过程中,要求所有评价指标要构成一个具有内在联系的体系。

(2)客观性原则。建立综合运输评价指标体系的目的主要是通过综合运输系统综合评价从而为政府指导综合交通建设与发展提供科学的决策依据,鉴于评价指标体系建立的客观性是影响着政府决策正确性的重要因素,所以,评价指标体系的建立必须突出体现客观性原则。

(3)通用可比性原则。运用评价指标体系评价综合交通系统时,常常需要进行纵向(动态)、横向(静态或动态)的评价分析,因此,评价指标体系的建立一定要体现通用性和可比性。

(4)实用性原则。实用性原则要求评价指标体系要繁简适中,评价方法中的计算要简便易行,评价指标所需的数据要易于采集。

(5)发展性原则。评价的目的不在于评优罚劣,而在于通过发挥评价的诊断、督导的功能而进一步提升综合交通运输效率。因此,在建立综合交通系统评价指标时,要静态指标和动态指标相结合充分体现发展性原则。

2 城市综合交通协调发展评价体系构建

随着交通需求不断向高质化和安全化演进,不仅要求各种运输方式充分发挥自身的优势和特点,实现自身的规模和范围经济,而且还要求不同运输方式之间能够实现一体化运输,满足货运的无缝衔接和旅客运输的零换乘。与此同时,随着我国城市化进程推进和城市的协调发展,要求我国综合交通体系要能更好地适应中国经济和社会的发展。基于此,课题组遵循指标体系构建的原则,通过专家咨询、专家深度访谈和Delphi等方法,经过多次论证,初步提出了从综合交通体系与城市经济发展协调度、综合交通体系内各种运输方式间的协调水平和综合交通网络布局协调三个层面来构建中国城市综合交通协调发展评价指标体系。

2.1 与城市经济发展协调度评价

综合交通运输体系的协调发展首先是与经济和社会发展的相协调。不仅要满足经济发展水平的要求,而且还要满足人们的日常生产和生活,同时作为能源消耗和环境污染大户,综合交通体系也需要与自然环境的承载力相协调,因此,该层次主要从评价综合交通发展水平与经济的适应度、与社会发展的满足度和与自然环境的匹配度三个角度展开。

2.1.1 综合交通体系与经济发展协调度

该方面的主要评价指标包括:交通业产值占GDP比重、交通业固定资产投资占总固定资产投资的比重、客/货运弹性系数、适应度。

2.1.2 综合交通体系满足社会发展的程度

该方面的指标主要包括:人均路网长度、人均交通事故损失额、交通业就业率。

2.1.3 综合交通体系与自然环境匹配度

该方面的指标主要包括:单位里程占地面积、单位周转量能耗、环境污染。其中,环境污染又主要包括交通运输业的废气、废水排放量和噪声等。

2.2 运输方式间协调度评价

交通需求的变化、经济与社会发展的新要求和新变化，使得单一或简单联运已经不能很好地满足社会经济发展的需求，要么成本过高，要么效率过低。因此，对方式间的协调高级化要求越来越高。而方式间的协调主要涉及投资结构和运输市场结构的合理性以及运输的一体化程度三个方面。

2.2.1 投资结构合理性

不同运输方式的协调发展首先来自城市对不同运输方式投资存量和增量比例结构的合理性。该方面的评价指标主要包括：各方式固定资产存量比例和各方式固定资产增量比例。

2.2.2 运输市场结构合理性

不同运输方式的协调最终表现在客、货运输比例结构的合理性。该方面的评价指标主要包括：各方式客货运输量分担率和各方式客货周转量分担率。

2.2.3 运输一体化程度

运输一体化主要体现在不同运输方式间的有效、快速衔接，鉴于数据的可得性，本文仅采用联运量占总运输量比例、联运周转量占总周转量比例和换乘/换装效率三个指标。

2.3 网络结构协调度评价

网络结构是综合交通体系的骨骼和主干，其协调程度的好坏直接影响综合交通体系协调发展程度的高低。网络结构的协调不仅包括场站间的协同度和线路与区域间的匹配程度，而且还需包括网络的可达性和连通度的评价。

2.3.1 场站

该方面的评价指标主要包括：场站覆盖率、场站间距和场站技术等级。

2.3.2 线路

该方面的评价指标主要包括：线路长度、线路技术等级和区域线路密度。

2.3.3 网络布局

该方面的评价指标主要包括：网络可达性、网络通达度。

图1所示为城市综合交通协调发展评价指标体系图。

3 主要指标计算说明

(1)适应度＝运输供给能力(换算吨公里)/运输需求量(换算吨公里)。

其中取值：1.35～1.45 表示国民经济与运输系统处于优化协调状态；1.15～1.35 处于基本协调状态；0.85～1.15，处于趋向失调；小于0.85，处于严重失调状态。

(2)客(货)运弹性系数＝旅客周转量(货物周转量)的增长率/国民收入增长率。

(3)路网密度＝换算路网长度/区域面积。

(4)人均路网长度＝换算交通路网长度/总人口。

(5)人均事故损失额＝交通事故损失总额/总人口。

(6)交通运输业就业比重＝交通运输业就业人数/总就业人数。

(7)各方式固定资产存量结构＝各方式固定资产存量/总交通运输固定资产存量。

(8)各方式资产增量结构＝各方式当年固定资产投资/当年交通运输业固定资产投资总量。

(9)单位周转量能耗＝交通运输业总能耗/周转总量。

(10)联运周转量比重＝联运周转量/总周转量。

(11)联运运量比重＝联运货运量/货物运输量。

(12)某一方式运量分担率＝某一运输方式运量/总运量。

(13)某一方式周转量分担率＝某一方式周转量/总周转量。

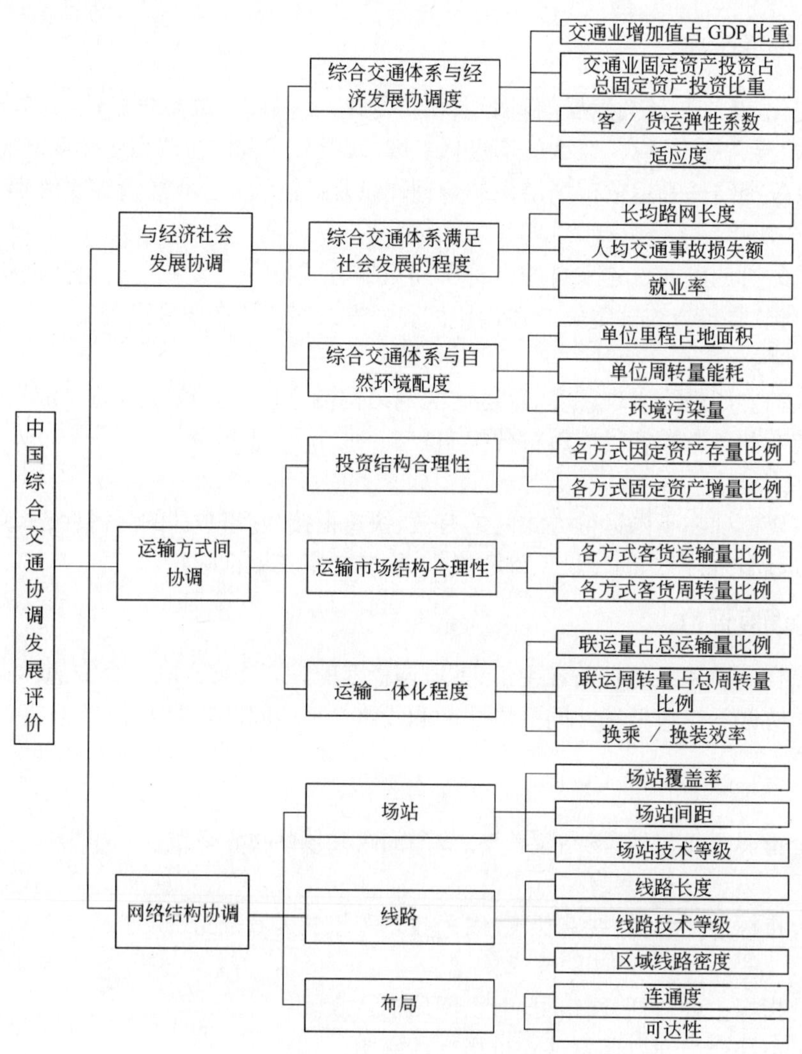

图1 城市综合交通协调发展评价指标体系图

(14)连通度 $=L/\sqrt{A\times N}$。

式中:L——道路长度(km);

A——区域面积(km^2);

N——区域内节点数。

对区域公路网来说,连通度小于1,表示路网连通度较差;$1<$连通度<2 路网连通基本良好;$2<$连通度<3.22 路网基本完善;路网$\geqslant 3.22$ 达到理论状态。

(15)交通可达性=干道交通路网一定距离范围内人口数/总人口数。

参考文献

[1] 徐利民, 胡思继. 论交通运输系统的协调发展. 技术经济, 2003(5).

[2] 张生瑞, 严宝杰. 交通运输系统协调发展的理论分析. 长安大学学报, 2002(2):51-53.

[3] 张国伍. 论交通运输系统规划、协调与发展. 交通运输系统工程与信息, 2005(1):16-24.

[4] 汪传旭. 交通运输与经济协调效果的综合评价及其灵敏度分析. 上海海运学报,2000(1):22-28.

[5] 武旭,等. 交通运输与经济协调发展评价的研究. 北京交通大学学报,2005(6):10-14.

[6] 吴文化. 中国交通运输效率评价体系研究分析. 综合运输, 2001(2):37-39, 2001(3):32-35, 2002(4):27-30.

[7] 熊崇俊, 宁宣熙, 潘颖莉. 中国综合交通各运输方式协调发展评价研究. 系统工程, 2006(6):1-7.

3. Strategies for Achieving Sustainability through Integrated Transportation and Urban Development in USA

(Kumares C. Sinha[1] and Ghim P. Ong[2] School of Civil Engineering, Purdue University
West Lafayette, IN, USA)

Abstract: This paper examines the various options that have been used by transportation and urban development agencies to promote sustainability. An integrated transportation-land development framework is critical to address explicitly sustainability concerns in urban areas. A number of cases studies are presented to illustrate lessons learned from the implementation of some of the options.

Introduction

In recent years, there has been much interest among urban and transportation planners to integrate urban transportation and land development planning. This is very much driven by concerns about climate change and sustainability. The 1987 report by the World Commission on Environment and Development, also known as the Brundtland Commission, provided a formal definition of sustainable growth: "Sustainable development is development that meets the needs of the present without compromising the ability of our future generations to meet their own needs". Coupled with the call for reduction in carbon dioxide emission in the Kyoto Protocol and other regional and international agreements, sustainability has grown to an overarching concept involving environmental quality, social equity and economic development. Today, sustainable development is widely viewed as development that improves the standard of living and quality of life, while at the same time protecting and enhancing the natural environment and preserving local culture and history. Efforts are being made globally to increase the sustainability of development patterns.

Urban areas in America started to experience urban sprawl as early as the beginning of the 20th century with the emergence of affordable personal transportation (starting with the mass production of the Ford Model T in 1908) and the growing middle-class. Post World War II transportation and housing policies greatly accelerated the process of urban sprawl, resulting in the decentralization of metropolitan areas which profoundly affects the way transportation systems are planned and designed. Today, the legacy of urban sprawl is prominent in America - single use zoning, low-density land use, excessive dependence on automobiles, soaring automobile ownership and the decline of public transportation. This, in turn, has led to serious consequences in terms of congestion, declining road safety, the depletion of non-renewable energy sources and the specter of climate change.

Congestion not only results in the loss of economic productivity, but also results in excessive energy consumption. It is estimated that congestion costs the United States economy $78 billion annually in the form of 4.2 billion lost hours and 2.9 billion gallons of wasted fuel (Texas Transportation Institute, 2007).

1 Olson Distinguished Professor. School of Civil Engineering, Purdue University. West Lafayette, IN, USA. Email: sinha@purdue.edu

2 Postdoctoral Research Associate. School of Civil Engineering, Purdue University. West Lafayette, IN, USA. Email: ongr@purdue.edu

Congestion also results in increased air pollution (in terms of emissions of carbon monoxide, sulfur oxides, nitrogen oxides and particulate matters) and carbon dioxide emission (which contributes to global warming) (TRB, 1997).

Another consequence of heavy use of automobiles is the dependence on imported petroleum. The USA consumed approximately 20.7 barrels of oil domestically in 2007 and approximately two-thirds of this was spent on transportation (Bureau of Transportation Statistics, 2008). Out of the total transportation petroleum consumption in the USA, highway transportation accounts for 92% - significant majority of the overall domestic demand for oil. With continued dependence on oil, the recent increase in fuel prices has hit USA and the rest of the world hard. For the first time in decades, auto travel demand dropped and the use of public transportation increased (FHWA, 2008a).

Urban sprawl and high auto ownership and usage have adversc impacts on health and quality of life. There may be a significant connection between sprawl, obesity, and hypertension in an automobile centered setting as people are forced to drive, thus walking far less than they would otherwise (McKee, 2003). In terms of quality of life, some researchers have argued that the proximity of the workplace to retail and restaurant space (which provides cafes and convenience stores for daytime customers) is an essential component to the quality of urban life - a key component missing in the current environment. Furthermore, the closeness of the workplace to homes also gives people the option of walking or riding a bicycle to work or school and promotes more interaction between individuals (Frumkin, 2002; McKee, 2003).

Data of the past few decades from cities around the world indicate that while there are significant differences in socioeconomic and technological characteristics among cities, a remarkable similarity exists in trends in urban transportation (Kenworthy et al., 1999; Sinha, 2003). The current growth in the use of automobiles in many cities of developing countries follows similar trends experienced several decades earlier in the United States and other developed countries. Even though there is much awareness of and knowledge about sustainability, private vehicle ownership and use continue to grow at an accelerating pace as personal incomes rise and the desire to experience faster and more reliable transportation spreads.

Urban density, expressed in the number of people and/or jobs per unit of land, is the key indicator of the level of automobile ownership and use, and of associated parameters of sustainability (Sinha, 2003). As personal incomes rise, an individual's choice of residential and job location increases, causing a decrease in urban density and affecting the relative use of private transportation and mass transit. Even a small increase in urban density can have profound impacts on sustainability of urban area by slowing or reversing the growth in private automobile use and making transit and other modes attractive and viable (Table 1).

It is imperative therefore for transportation and urban planners to develop new approaches in transportation and urban planning, emphasizing integration to achieve sustainability. Some of the strategies that have been considered in the USA to integrate urban transportation and development are discussed below.

Relationships between Urban Density and Sustainability Parameters (Sinha, 2003) Table 1

Independent variable (y)	Dependent variable (x)	Equation	R^2	Elasticity (at mean)	Semielasticity (A) Elasticity (B)
Urban population density (persons/hectare)	Cars per 1 000 people	$y = 627.58\ e^{-0.0106x}$	0.837 8	-0.010 6x (-0.57)	(A) An increase of 10 persons/hectare in population density decreases the number of cars per 1,000 people by 10.6%.
Urban population density (persons/hectare)	Transit boardings per capita per year	$y = 5\,138.37\ln(x) - 2\,273.54$	0.704 5	$[\ln(x) - 1.9769]^{-1}$	(A) A 10% increase in population density increases transit boardings per capita per year by about 14.

Continue

Independent variable (y)	Dependent variable (x)	Equation	R^2	Elasticity (at mean)	Semielasticity (A) Elasticity (B)
Urban population density (persons/hectare)	Transportation energy consumption by private modes (MJ/capita)	$y = 277,345x^{0.6358}$	0.797 3	-0.636	(B) A 10% increase in population density decreases transportation energy consumption by private modes per capita per year by 6.4%.
Urban population density (persons/hectare)	Car kilometers of travel per capita per year	$y = 65,743x^{0.7351}$	0.827 3	-0.735	(B) A 10% increase in population density decreases car kilometers of travel per capita per year by 7.4%.
Urban population density (persons/hectare)	Carbon dioxide emissions from transportation (kg/capita/year)	$y = 18,189x^{0.5992}$	0.811 7	-0.599	(B) A 10% increase in population density decreases carbon dioxide emissions from transportation per capita per year by 6%.
Urban population density (persons/hectare)	Transit cost recovery factor	$y = 0.2696\ln(x)^{0.3511}$	0.621 9	$[\ln(x) - 1.30213]^{-1}(0.35)$	(A) A 10% increase in population density increases transit recovery factor by 0.027.

Source: Sinha (2003).

Strategies for Sustainability through Urban Transportation Planning

There are many opportunities and options that have been adopted or considered to promote sustainability through various policies and measures as listed in Table 2.

Transportation Policies and Measures Table 2

Transport Supply Measure	Transport Demand Management	Targets and Standards
Road construction	Road pricing	Air pollution standards
Rail investment/construction	Toll charges	Noise level standards
Improved public transportation	Parking control	Road safety standards
Traffic management	Auto restricted zones	Fuel consumption controls
Provision of Park and ride	Goods traffic restraint	Emission standards
Pedestrian areas	Pedestrian priority	Carpooling policy
Bicycle and walk ways	Bicycle priority	Public transit use policy
	Bus priority	
	Traffic calming	
	Carpooling/Carsharing	

Source: Banister (2005).

Overall, strategies can be classified as transportation supply/demand measures or specific transportation policies targeted at improving sustainability. These approaches primarily aim to relieve congestion and to promote the use of alternative transportation modes. Some of these strategies are discussed below.

Public transit investment/construction: This has been one of the most popular measures adopted in metropolitan areas and large cities in the United States. Examples are the existing metro systems in large cities such as New York, Atlanta and Washington D. C. and the proposed light rail system in Seattle.

Road construction: Road construction has been historically used to "relieve" congestion in the United States. However, this approach is no longer a viable alternative because we cannot build our way out of congestion. On the contrary, in recent years, the deconstruction of some sections of urban freeways has been used (in San Francisco and Milwaukee, for example) as a way to enhance community cohesion and improve quality of life.

Car pooling/sharing and high-occupancy vehicle priority: In increasing number of urban areas, high-occupancy vehicle (HOV) lanes are being used for vehicles with multiple occupants including buses. In some areas, such as Atlanta, Southern California, Hartford, Seattle and Boston, HOV lanes are in operation full-time, while in others, such as the San Francisco Bay Area, Phoenix, Long Island, and Northern New Jersey, they are usable by other vehicles outside of peak hours.

Congestion pricing: Congestion pricing creates a market for road use based on the willingness of drivers to travel during peak periods. Most of the congestion pricing schemes in the USA are implemented through the conversion of high-occupancy vehicle (HOV) lanes to high-occupancy toll (HOT) lanes. Active HOT lanes are in operation in the states of California (I-15 in San Diego, 91 Express Lanes in Orange County), Colorado (I-25 in Denver), Minnesota (I-394 in Minneapolis), Texas (I-10 and US-290 in Houston), Utah (I-15 in Salt Lake City), and Washington (SR-169 from Auburn to Renton). Several other HOT lanes are being constructed in northern Virginia and in other states as well.

Pedestrian priority and provision of bicycle ways: Pedestrian priority and the provision of bicycle ways have been implemented in some areas in the USA to promote neighborhood accessibility and to improve safety and thus contributing to the community quality of life. The non-motorized transportation pilot program (NTPP) under the recent federal legislation is an example of this initiative (FHWA, 2008b). This program is providing funding to four communities (Columbia, MO; Marin County, CA; Minneapolis Area, MN; Sheboygan County, WI) to improve walking and bicycling networks and to increase rates of walking and bicycling.

Strategies for Sustainable Land Use Development

The key to achieving sustainable urban development lies in the implementation of an effective land use planning and management. Wheeler and Beatley (2004) suggested a definition for sustainable urban development as "development that improves the long-term social and ecological health of cities and towns." It was hypothesized that a sustainable city would include compact, efficient land use; less automobile use yet with better access; efficient resource use with less pollution and waste; the restoration of natural systems; good housing and living environments; a healthy social ecology; sustainable economies; community participation and involvement; and the preservation of local culture and wisdom. Table 3 shows some of the planning measures that have been employed in various urban areas in the USA and abroad.

Urban Land Use Development Policies and Measures Table 3

Planning Measures
Emphasis on economic growth of principal city centers
Designated cities or areas for growth/control over the pattern of development
Relocation of particular employment groups/sectors
Use of preferred locations for travel generating activities (i. e. town centers)
Fiscal inducements to relocate in designated areas
Zoning ordinances (single use, mixed use, densities etc.)
Green belts around urban areas
Regeneration of decaying areas (inner city centers)
Improvement to housing and neighborhood quality/facilities
Parking standards for new developments
Environmental impact assessment
Smart growth provisions

Source: Levy (2006).

Zoning ordinances: The most commonly available land use development tool is local zoning ordinances. While traditional zoning regulations control land use types, lot sizes and site designs, there have been many innovations to adopt zoning powers to achieve sustainable growth by controlling density through planned unit development measures, restricting new development to specific areas, and providing additional density incentives for "brownfield" and "greyfield" land. Zoning restrictions can also be used to reduce the minimum amount of parking required to be built with new development, and to require set-asides for parks and other community amenities.

Environmental impact assessment: A tool to implement desirable land use development is to require prospective developers to prepare environmental impact assessments of their plans as a condition for state and/or local government approval for permission to build. These reports often indicate how significant impacts generated by the development will be mitigated, the cost of which is usually paid by the developer.

Smart growth: Emerging policies and measures to achieve sustainable urban development are embodied in the concept of smart growth. As of 2006, mayors of 320 cities in the USA have committed their communities to actions to meet the Kyoto Protocol - one of which is to adopt smart growth principles for urban planning (Pew Center on Global Climate Change, 2008). The core principle of smart growth is to control urban sprawl. Basic elements of the concept are discussed below (Smart Growth, 2008):

- Compact neighborhoods: Creating compact, livable urban neighborhoods is a critical element of efforts to arrest urban sprawl and to protect the climate. The efforts include adopting redevelopment strategies and zoning policies that channel housing and job growth into urban centers and neighborhood business districts, to create compact, walkable, and bicycle and transit-friendly hubs. Such policies often require local governments to implement code changes that allow increased height and density downtown and regulations that not only eliminate minimum parking requirements for new development but establish a maximum number of allowed spaces. Other strategies could include mixed-use development, inclusion of affordable housing, restrictions or limitations on suburban design forms (e. g. , detached houses on individual lots, strip malls and surface parking lots), inclusion of parks and recreation areas.

- Transit-oriented development: Transit-oriented development (TOD) is a residential or commercial area designed to maximize access to public transport, and mixed-use/compact neighborhoods tend to use transit at all times of the day. Other measures might include regional cooperation to increase efficiency and expand services, and moving buses and trains more frequently through high-use areas.

- Walking and biking communities: In walkable communities, housing, offices, retail areas and services such as transportation facilities, schools, and libraries are located within a safe and easy distance to encourage pedestrian and bicycle transport. When pedestrian and bicycle facilities are available, they expand transportation options, and create a streetscape that better serves a range of users: pedestrians, bicyclists, transit riders, and automobiles. The benefits of a walkable community include lower transportation costs, greater social interaction, improved personal and environmental health, and expanded consumer choice. Land use and community design plays a pivotal role in encouraging pedestrian environments.

- Community quality of life: The community quality of life is enhanced with the preservation of open space and critical habitat; the reuse of land and the protection of water supplies and air quality; transparent, predictable, fair and cost-effective rules for development and historic preservation; the preservation of large areas where development is prohibited and nature is able to run its course, providing fresh air and clean water. Expansion around existing areas allows public services to be located where people are living without taking away from the core city neighborhoods. This development around preexisting areas decreases the socioeconomic segregation allowing society to function more equitably, generating a tax base for housing, educational and employment programs.

Implementing Integrated Transportation-Land Use Development Strategies in America

Planning for sustainable development calls for the integration of land use and transportation, creating a compact city design which limits automobile use and encourages the use of transit, bicycle and walk. Livable communities also seek to provide options for those who cannot or who choose not to drive, for children and seniors who want more independence, and for people who might want to drive to work one day and bike the next. Four examples are discussed below to illustrate strategies used to implement successful integration of land use and transportation development.

Regional Authority to Coordinate Land Use and Transportation Development in Atlanta, Georgia

The Atlanta region (Figure 1) has an enormous diversity of population and communities with substantial economic, cultural, educational and infrastructure assets. The region has been a magnet for new jobs and residents over the last few decades with the area growing by more than a million people over the past ten years. The Atlanta transportation planning area covers nearly 4,000 square miles and is home to more than 3.7 million people and 2.5 million jobs. By 2030, the region is expected to grow to six million people and 4.2 million jobs. In addition to the new development created by the growth in the region, urban sprawl is expected to consume 600,000 acres to accommodate just over one million new residents if the current trends continue (Atlanta Regional Commission, 2008).

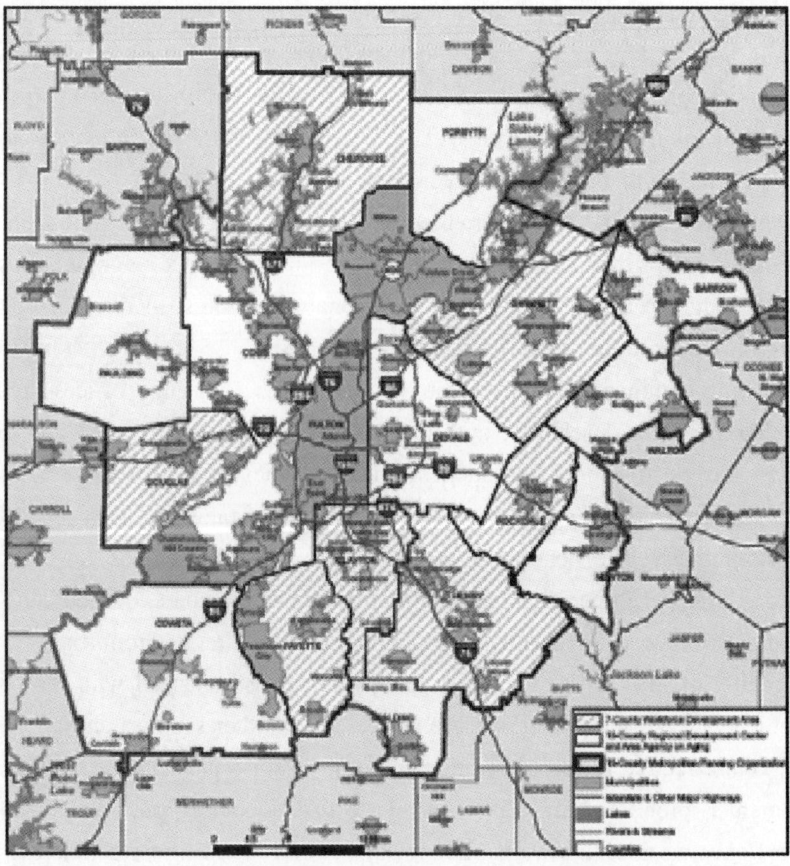

Figure 1 Atlanta region under the administration of the Atlanta Regional Commission

The Georgia Regional Transportation Authority (GRTA) was created by the Georgia Legislature in March 1999 with powers to "establish new transportation services, control regionally significant private and public developments and review transportation planning in the region" (GRTA, 2001). Under the law, GRTA has the authority "to manage, or cause to be managed, transportation and air quality in areas of Georgia that are in non-attainment of federal air quality standards" (GRTA, 2001). The agency has also been granted broad powers "to impose transit systems and highways on local governments, to restrict development, and even to put pressure on cities and counties to raise taxes" (Cashin, 2000). More importantly, GRTA has the power to review and veto projects that do not conform to the regional transportation plan (RTP) in order to secure local government compliance with RTP (GRTA, 2001).

In May 2006, the GRTA/ARC approved a Unified Growth Policy Map, a new Regional Development Plan, a Place Type and Development Matrix and a Regional Strategic Transportation System for the Atlanta metropolitan area. These aim to promote sustainable land-use transportation development in the region (Atlanta Regional Commission, 2007). Key aspects of the plans include:

- Developed area policies:
  - Promote sustainable economic growth in all areas of the region.
  - Encourage development within principal transportation corridors, the Central Business District, activity centers and town centers.
  - Increase mixed use development, transit-oriented development, infill and redevelopment.
  - Design transportation infrastructure to promote a sense of belonging for communities.
  - Promote reclamation of brownfield sites.
- Housing and neighborhood policies:
  - Promote housing of varying styles, densities and price ranges to cater for individuals and families of different incomes and age groups.
  - Create communities with greenspace and neighborhood parks, pedestrian and biking options.
  - Promote sustainable and energy-efficient development projects.
- Open space and preservation policies:
  - Protection of environmentally sensitive areas
  - Increase amount, quality, connectivity and accessibility of green space.
  - Preserve and enhance historic resources.
  - Discourage growth in undeveloped areas through regional infrastructure planning.

Significant Lessons Learned

The GRTA has demonstrated that sustainable land-use transportation development has to be performed at a regional scale, as can be seen by the level of collaboration between different counties, or between elected officials and the public. This is an excellent example to illustrate how the growth of the cities can be managed by proper land use transportation planning and policy-making without compromising on sustainability.

California Urban Sprawl Control Law

Transportation is California's largest source of greenhouse gas emission, accounting for 40% of emission by all sectors, and cars and light trucks representing almost 30% of the emission within the transportation sector. Long commutes and congested highways further aggravate the problem. It is recognized by the state government that imposing fuel-efficient vehicles and the Low Carbon Fuel Standard are not enough to reduce emission of greenhouse gases and it is necessary to reduce the number of miles driven by individuals. Thus in September 2008, a law requiring that transportation planners must adopt a "sustainable communities strategy" was enacted (Office of the Governor of California, 2008). The law offers local governments regulatory and other incentives to encourage compact new development and transportation alternatives.

The basics of the law (Chapter 728 of California Statutes, 2008) are summarized as follows:

• Transportation planning: The California Air Resources Board (CARB) will set regional greenhouse gas reduction targets after consultation with local governments. That target must be incorporated within that region's Regional Transportation Plan (RTP), the long-term blueprint of a region's transportation system. The resulting model will be called the Sustainable Communities Strategy.

• Housing planning: Each region's Regional Housing Needs Assessment (RHNA) – the state mandated process for local jurisdictions to address their fair share of regional housing needs – will be adjusted to become aligned with thc land use plan in that region's Sustainable Communities Strategy in its RTP (which will account for greenhouse gas reduction targets).

• California Environmental Quality Act (CEQA) reform: Environmental review will create incentives to implement the strategy, especially transit priority projects.

Local governments will have to plan for sustainable growth by clustering homes, businesses, and transportation hubs together, and by providing citizens housing options near where they work and live. The land use plans are to be submitted to the CARB to ensure they meet regional emission reduction targets. The CARB will set the 2020 and 2035 targets for each region of the state by 2010, and regional authorities will be required to take these targets into account when developing regional plans. This legislation will also steer public funds away from sprawling development and projects that meet the climate goals will receive priority in funding.

Significant Lessons Learned

This law is America's first attempt to legislate mandatory land-use transportation planning with environmental and global warming considerations. Recognizing that emission standards and fuel-efficient vehicle technologies are not sufficient to reduce greenhouse gas emissions, the state government rightly acknowledges the importance of reducing automobile travel by appropriate land use-transportation planning. This plan adopted in California could become a model of what could follow in the rest of the states.

Transit Oriented Development at Pearl District, Portland, Oregon

The State of Oregon forbids the use of inclusionary zoning and requires compact infill development as an outcome of urban growth boundaries around all urbanized areas. These two conditions have helped set the stage for the remarkable redevelopment of the Pearl District, north of the downtown, and the South Waterfront area south of downtown. New mixed-use neighborhoods have rapidly developed with mixed-income housing, shopping, employment, and public open space uses. Portland's efforts can provide some critical lessons for creating mixed-income communities around transit across the United States (Reconnecting America's Center of Transit Oriented Development, 2007).

Portland Streetcar Construction and Operations

As a part of Portland's broader strategy to improve mass transit throughout the region, the streetcar system was built as a downtown circulator. The initial 2.4 mile segment of the line was completed in 2001 and subsequently extended twice. The line now has 38 closely spaced stations, each a few blocks apart, allowing the streetcar to serve as a "pedestrian accelerator" and producing increased walking trips and less demand for parking (Figure 2). The average weekday ridership in 2006 exceeded 7,000, which is almost double the ridership number in 2001. Journey-to-work travel within the streetcar district consists largely of transit and walking trips (30%) without many auto trips (40% of total), verifying the circulatory role it plays both within the downtown area and between other transit options.

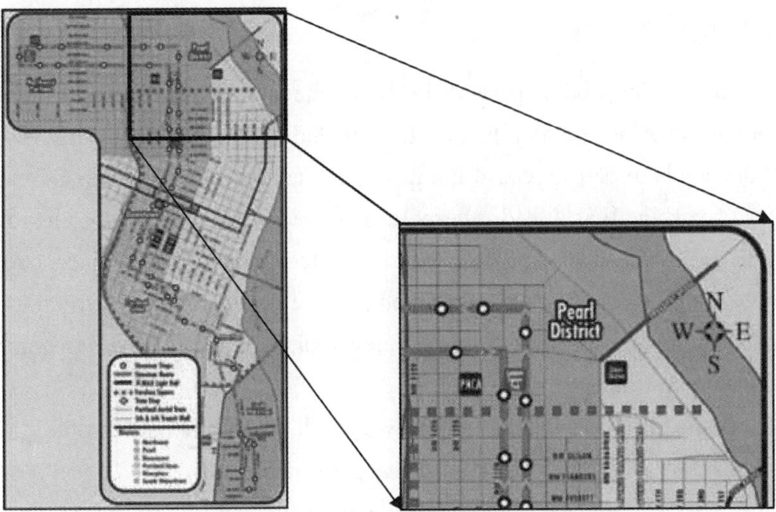

Figure 2 Portland Streetcar route information (Pearl district in N-E corner)

Portland used creative approaches to fund the streetcar construction. The cost of parking was increased from 75 cents to 95 cents per hour and the city issued bonds backed by future parking revenues to raise $28.5 million. Property owners along the alignment agreed to form a local improvement district (LID), which provided another $10 million. Tax increment financing contributed $7.5 million, and a mix of other sources provided another $11 million.

Improvement to land development, housing and revitalization

A large amount of obsolete, industrial land had existed in large parcels close to downtown prior to the streetcar investment. The Portland Development Council worked to stimulate the private market by investing in new housing, commercial opportunities, and open space near the streetcar stations. The city also rezoned an additional 40 acres of industrial land that had served as a warehouse district to allow for more commercial and mixed-use development (Table 4). The relatively small number of property interests in these areas allowed for master planning of whole new neighborhoods. It also allowed the City to leverage significant contributions to the construction of the streetcar and many other critical public infrastructure improvements necessary to create balanced, high-density areas. The high value of new development in these areas has produced a sizeable stream of tax increment funds and the revitalization of the Pearl District (Ohland and Poticha, 2006).

Land Use and Density, Portland Downtown in 2005 Table 4

Type	Land Use (within 0.5 mile of stops)	Densities
Housing	25%	39.13 dwelling units per acre
Commercial	53%	1.41 floor area ratio
Industrial	11%	0.04 floor area ratio
Mixed Use	11%	—
Civic	N.A.	—

Source: Reconnecting America's Center of Transit Oriented Development (2007).

Households living within the streetcar corridor transit zones also are more likely to use transit for commuting to work than households located elsewhere in the region. Most striking, and reflective of the urban environment and proximity to central business district, over 30% of the people in the district walk or bike to work and less than 40 percent commute by automobile. This is in contrast to the Portland region's modal split of 82% work trips by automobile, 6% transit and 4% walk/bike (Reconnecting America's Center of Transit Oriented Development, 2007).

Significant Lessons Learned

One of the most significant findings is the powerful role that developer agreements can play in stimulating development that supports a range of community benefits, including the creation of transit-supportive development. It is clear that the levels of density could not have been achieved in the Pearl District without the streetcar, given the amount of parking that would otherwise have been necessary. Other lessons learned include:

- The extent of large, single-owner parcels with obsolete industrial uses adjacent to the downtown provided the opportunity to create whole new neighborhoods and to design new infrastructure and urban amenities accordingly. These parcels created the framework for developing public-private agreements that included affordable and mixed-income housing goals.
- Prior to the development of the Pearl District, very little housing existed in the downtown. The streetcar and coordinated redevelopment benefited from pent-up demand.
- One of Portland's significant opportunities in planning for and implementing new high-density downtown neighborhoods was the relative lack of population in the industrial areas that were being redeveloped. The lack of existing residents meant little or no community opposition to adjacent development projects or high residential densities, and also created no significant displacement of low-income households.

Walkable Communities along Rosslyn-Ballston Metro Corridor, Arlington, Virginia

Arlington's smart growth planning approach places dense, mixed-use, infill development at five Metro stations - known as the Rosslyn-Ballston Corridor - and tapers it down to residential neighborhoods (Figure 3) (Arlington County Government, 2008). Incentive zoning was used to attract private-sector transit-oriented development. The development plans within the corridor follow set goals for type of use, open space, infrastructure, and design. Each plan focuses growth within a walkable radius of the stations and preserves established neighborhoods and natural areas. Arlington's urban villages emphasize pedestrian access and safety and incorporate public art, "pocket" parks, wide sidewalks with restaurant seating, bike lanes, street trees, traffic calming, and street-level retail. In terms of traffic calming measures, the county has been using traffic circles, raised crosswalks, speed bumps, and other design elements—to protect pedestrians and cyclists (Lehman and Boyle, 2007). Pedestrian routes link to Arlington's many transit systems, including the D. C. Metro. Most notably, the WALKArlington program was launched to advocate pedestrian-friendly street designs so as to make the streetscape safe and inviting (Arlington County Government, 2008). Furthermore, cultural and health activities are held along the corridor to improve the quality of life of residents and commuters.

Results

As of 2004, there were over 21 million square feet of office, retail, and commercial space; more than 3,000 hotel rooms; and almost 25,000 residences, creating vibrant "urban villages" where people live, shop, work, and play using transit, pedestrian walkways, bicycles, or cars. At typical suburban densities, this development would consume over 14 square miles of open space, compared to the roughly two-square-mile Rosslyn-Ballston corridor. The corridor is so popular that preserving affordable housing is a challenge. In 2001, Arlington adopted an expanded bonus density provision for development of affordable housing, allowing up to 25% more density. The transit successes and corresponding environmental performance are impressive. Metro ridership doubled in the corridor between 1991 and 2002. Nearly 50% of corridor residents commute by transit.

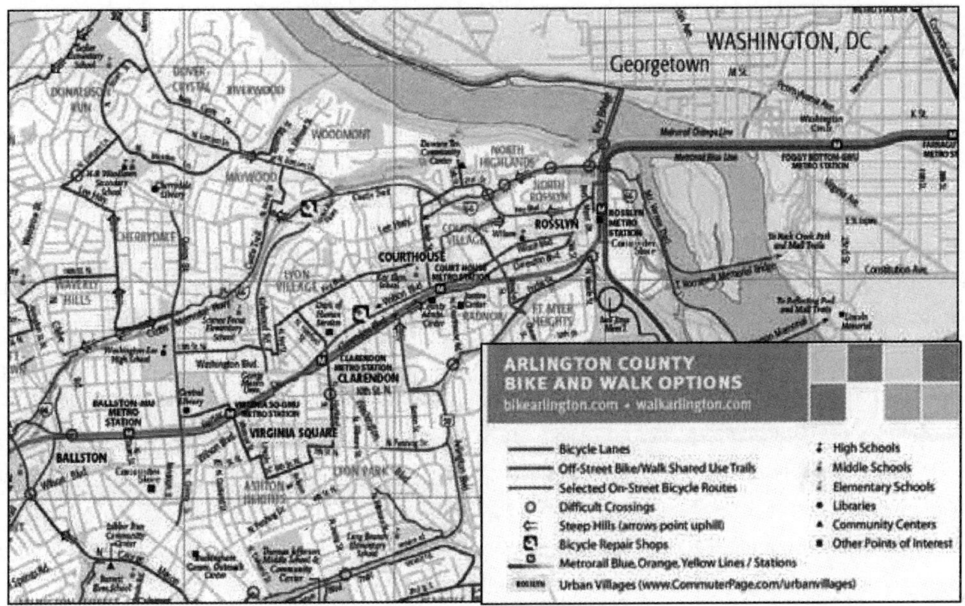

Figure 3　Biking and Walking along Rosslyn-Ballston Metro Corridor, Arlington, Virginia

In terms of transportation modal share, 47% of the residents use modes of transportation other than automobiles to get to work and 73% arrive at the rail stations by walking. This has provided cost savings since the county no longer needs to provide long term commuter parking and in addition, the land parcels previously used for parking have been developed. About 40,000 commuters board daily at the five urban stations in the Rosslyn-Ballston Corridor. About 29,000 riders board at the four suburban stations further out in the Orange Line with some 15% arriving on foot and 58% by car (Dittmar and Ohland, 2004).

Significant Lessons Learned

In order for a community to be walkable, it must have an adequate pedestrian network, a safe and pleasant environment, and ample destinations. While traditional neighborhoods, towns, and cities grew up walkable, most recent developments have typically been built with cars in mind. The WalkArlington project along the Rosslyn-Ballston Metro Corridor shows that creating an active walkable community requires time, leadership, resources, and public support. With an emphasis on a healthy lifestyle and the creation of a vibrant environment along the corridor, the walkable community advocated by Arlington will not only increase the transportation choices available to commuters but also provide health benefits, safety, and an improved quality of life for its residents.

Conclusions

With increasing concern on the unsustainable nature of the current transportation and urban development in the United States, planners have sought to address the negative impacts of urban sprawl, over-dependence on automobiles and their negative impacts on the environment and community well-being. This paper has discussed various integration strategies that planners have considered in urban transportation and land use planning and development. Lessons learned from successful implementation of some of these strategies can be of assistance in future development of sustainable urban areas.

References

[1] Arlington County Government. (2008). *WALKArlington*. Website: http://www.walkarlington.com (Last accessed: 26 October 2008).

[2] Atlanta Regional Commission. (2007). *Envision 6: Regional Development Plan Policies* 2007. Atlanta, GA.

[3] Atlanta Regional Commission. (2008). *Regional Development Plan Technical Report*. Atlanta, GA.

[4] Banister, D. (2005). *Unsustainable Transport: City Transport in the New Century*. Routledge.

[5] Bureau of Transportation Statistics. (2008). *National Transportation Statistics* 2007. Federal Highway Administration, Washington D. C.

[6] California Statutes. (2008). *Chapter 728: Transportation planning: travel demand models: sustainable communities strategy: environmental review*. California State Legislature.

[7] Cashin, S. D. (2000). Localism, self-interest, and the tyranny of the favored quarter: Addressing the barriers to new regionalism. *Georgetown Law Journal*, 88, pp. 1985-2015.

[8] Dittmar, H. and G. Ohland. (2004). *The New Transit Town: Best Practices in Transit-Oriented Development*. Island Press, Washington D. C.

[9] Federal Highway Administration. (2008a). *Traffic Volume Trends*. FHWA Office of Highway Policy Information. Website: http://www.fhwa.dot.gov/ohim/tvtw/tvtpage.cfm (Last accessed: 26 October 2008).

[10] Federal Highway Administration. (2008b). *Bicycle and Pedestrian Program - The Nonmotorized Transportation Pilot Program (NTPP)*. FHWA Office of Planning, Environment, and Realty. Website: http://www.fhwa.dot.gov/hep/index.htm (Last accessed: 26 October 2008).

[11] Frumkin, H. (2002). Urban Sprawl and Public Health, *Public Health Reports*, Vol. 117, pp. 201-217.

[12] Georgia Regional Transportation Autority (GTRA) (2001). *Georgia Regional Transportation Authority Annual Report*.

[13] Kenworthy, J. R., Luabe, F. B. and Newman, P. (1999). *An International Sourcebook of Automobile Dependence in Cities*, 1960-1990. University Press of Colorado, Boulder, Colorado.

[14] Lehman, M and Boyle, M. (2007). *Healthy and Walkable Communities*. Institute for Public Administration, College of Human Services, Education & Public Policy, University of Delaware.

[15] Levy, J. M. (2006). *Contemporary Urban Planning*, 7th Edition. Pearson, Upper Saddle River, NJ.

[16] McKee, B. (2003) As Suburbs Grow, So Do Waistlines, *The New York Times*, 2003-09-04. The New York Times Company. Retrieved on 26 October 2008.

[17] Office of the Governor of California. (2008). *Governor Schwarzenegger Signs Sweeping Legislation to Reduce Greenhouse Gas Emissions through Land-Use*. Press Release. Website: http://gov.ca.gov/press-release/10697 (Last accessed: 26 October 2008).

[18] Ohland, G. and S. Poticha. (2006). Street Smart: Streetcars and Cities in the Twenty-First Century. *Reconnecting America*, November 2006, pp. 58-62.

[19] Pew Center on Global Climate Change. (2008). *Climate Change 101: Understanding and Responding to Global Climate Change*, Arlington, VA. Available: www.pewclimate.org Retrieved on 26 October 2008.

[20] Reconnecting America's Center of Transit Oriented Development. (2007). Portland Streetcar Corridor, In *Realizing the Potential: Expanding Housing Opportunities Near Transit*, Federal Transit Administration Report Number CA-26-2004, pp. 136-160.

[21] Sinha, K. C. (2003). Sustainability and Urban Public Transportation. *ASCE Journal of Transportation Engineering*, Vol. 129, No. 4, pp. 331-341.

[22] Smart Growth Network. (2008). *Principles of Smart Growth*. Website: http://www.smartgrowth.org/about/principles/default.asp (Last accessed: 26 October 2008).

[23] Texas Transportation Institute. (2005). Mobility Report. Texas Transportation Institute. College Station, Texas.

[24] Transportation Research Board. (1997). *Toward a Sustainable Future: Addressing the Long Term Effects of Motor Vehicle Transportation on Climate and Ecology*. Special Report 251. National Research Council, Washington DC.

[25] Wheeler, S. M. and Beatley, T. (2004). *The Sustainable Urban Development Reader*. Routledge.

4. 基于 TOD 的哈尔滨市交通规划研究

侯典建　陈永胜

（北京工业大学交通工程北京市重点实验室）

摘　要：哈尔滨市作为黑龙江省的省会城市，我国东北地区的中心城市，国家重要的制造业基地，其地位和作用是不言而喻的。通过对哈尔滨城市现状的研究，以 TOD 模式作为哈尔滨城市规划的出发点，分析了哈尔滨市的公交需求总量，界定其公交走廊线路，对哈尔滨市的公交方式分层次地进行了规划研究，以期对相关的研究提供一些参考。

关键词：TOD　公交走廊　BRT

Urban Transport Planning Based on the TOD of Harbin City

Hou Dianjian, Chen Yongsheng

(Key Laboratory of Transportation Engineering, Beijing University of Technology)

Abstract: Harbin, as the capital city of Heilongjiang province, is the central city in the northeast of China. In this paper, the current status of urban development was analyzed, and the public transport planning with the different level was presented based on the demand analysis, location of the public transport corridor.

Key words: TOD, Public transport corridor, BRT

1　引言

TOD 即是指以公共交通为导向的城市发展，源于 19 世纪 60 年代的美国，由建筑工程师哈里森·费雷克提出的。最早的概念是“聚集在公共交通站点周围，以公共交通为主要交通方式的土地利用策略”，为了解决二战后美国城市的无限制的蔓延而采取的一种以公共交通为中枢，综合发展的步行化城区。

2　哈尔滨市规划背景

哈尔滨是黑龙江省的省会城市，我国东北北部中心城市、国家重要的制造业基地、历史文化名城和国际冰雪文化名城。近年来，随着经济全球化的广度和深度的不断发展，哈尔滨也逐步成为世界经济格局中的重要部分，在东北亚的经济地位更为突出。

2006 年 8 月，国务院批准哈尔滨市对部分行政区划进行调整，调整后的哈尔滨市辖道里、道外、南岗、香坊、平房、松北、呼兰、阿城 8 个区和宾县、巴彦、依兰、延寿、木兰、通河、方正 7 个县，五常、双城、尚志 3 个县级市，全市总面积 53 068 平方公里，其中市区面积 7 086 平方公里，建成区面积 331.21 平方公里，市区人口 464.24 万人。

3 哈尔滨市公共交通现状分析

3.1 公交发展概况

哈尔滨市现有公交线路174条,公交车辆4 667台,公交企业41家。其中,国有公交企业2家,即市公共汽车总公司、市公共电车总公司,民营公交企业39家。自2001年以来,随着城市经济的发展,人口的增加,人们的出行也在不断地增加,而公交车作为一种主要的代步工具,其需求量不断地增加,可达性所涉及的范围也在不断地扩大。

营运车辆及线路随年份变化曲线如图1所示。

从图1可以看出,从2001年开始,公交车辆及其线路都在相应的增加,除2004年公交运营车辆数量由于车辆更新换代原因有所下降外,基本上均保持不断增加的态势,其中公交车辆年均增长5.9%,运营线路数年均增长10.6%。同时,可以看出从2004年以后公交线路增加的速度明显高于车辆的增加速度,车辆数和线路增长的不匹配,其比例从平均每条线路34辆标台下降至26标台,这势必会对市民出行的公交需求有一定的影响。

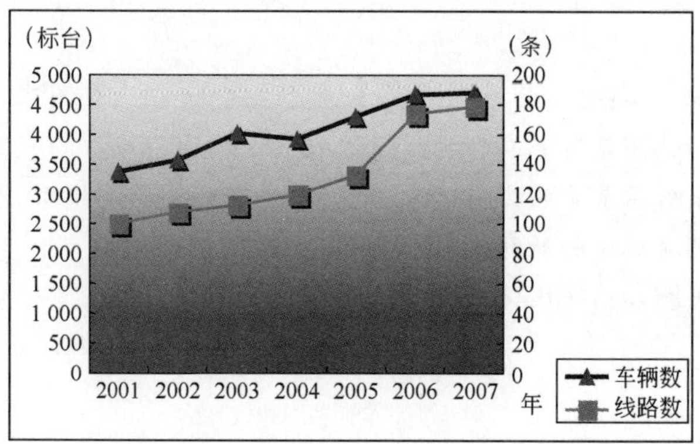

图1 公交车辆及线路变化图

3.2 公交线网布局

哈尔滨市现有公交线路174条,公交营运线路长度3 120.4km,目前哈尔滨市公交服务仍然主要集中在二环以内的城区,城市公交平均站距市区为0.68km,郊区为2.15km,城市公交站距平均为0.88km,二环以内公交线网300m服务范围达到85%,500m服务范围近乎100%,相对而言,外围城区的公交覆盖率太低,300m的服务范围仅达15%。人均道路面积6.34m^2,建成区内平均路网密度5.45 km/km^2,平均公交线网密度为2.33km/km^2,居民出行是在一个非常局促的地上空间流动的。这样就增加了公交的运力超荷负担,以及公交的在拥挤的道路上行驶速度的降低,从而加大市民的公交等待时间。

3.3 公交客流分布特征

哈尔滨市现有人口974.8万人,其中市区398.9万人,市辖县575.9万人,人口密度为183.7人/km^2。根据2000年哈尔滨市居民出行调查结果显示市区居民日均出行次数为2.2次,参考近十年的哈尔滨市的居民出行的发展情况,2006年初哈尔滨市区建成区居民日均出行次数为2.23次,建成区352万居民日出行量约为785万人次。图2所示为居民出行的主要出行方式比例图。由此可见,目前哈尔滨的公共交通是最重要的机动化出行方式,这对城市交通的可持续发展奠定了良好的基础。

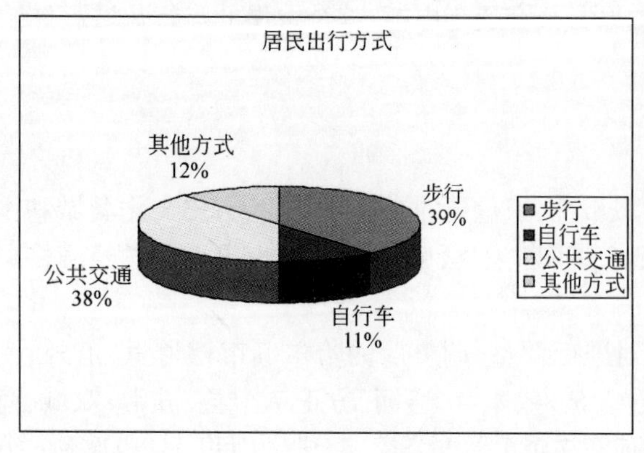

图2 居民出行方式图

哈尔滨火车站是市区内最主要的交通枢纽,作为市区最大的公交枢纽站,日公交客运量达到了12万人次左右,三棵树火车站、道外公交客运站公交客流日集散量均在5万人次左右,中央大街、秋林地区的公交客流量在5万~10万人次,也是具有相当规模的公交枢纽区域。其客流空间分布图如图3所示。

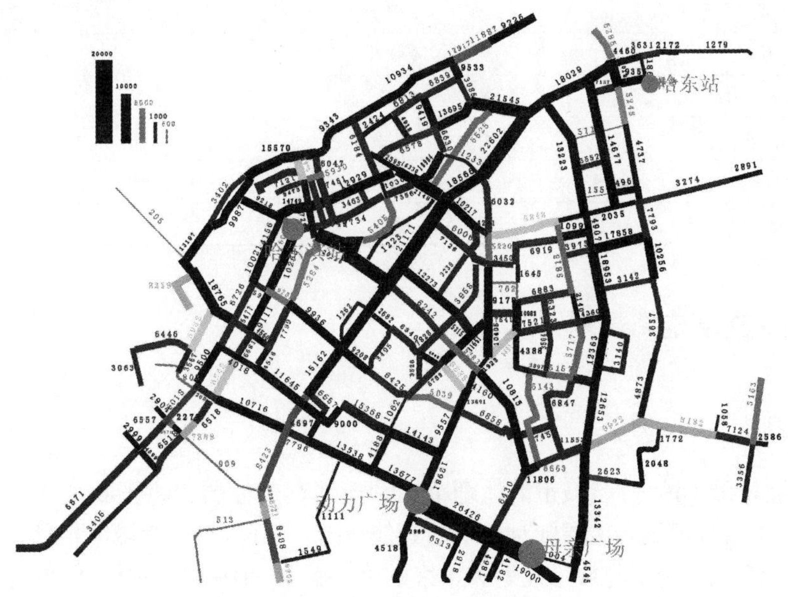

图3　哈尔滨市区公交路网流量图

线路走向和客流分布表明,哈尔滨市区公交客流与城市布局比较一致。哈尔滨东站火车站的主要的客流疏散道路,十字主干路上的客流需求比较大,快速环路上的公交需求较大,其中动力广场——母亲广场段的客流需求相对较大,南北向、东西向以及斜向线路客流经过市内大型客流集散点,并以这些市内大型客流集散点为节点成放射状分布。

4　公共交通发展需求预测

公交需求预测背景指哈尔滨市社会经济和交通特征,根据哈尔滨市历史统计数据和《哈尔滨市城市总体规划(2004～2020)》,对哈尔滨的规划年发展指标进行预测(见表1、表2)。

2010年各种出行目的的产生量预测(千人次/日)　　表1

地　　带	基于家工作	基于家其他	非基于家
核心区	258.8	141	60.9
二环内	2 674.1	1 474.9	266.9
二环-三环	496.3	249.9	34.6

2020年各种出行目的的产生量预测(千人次/日)　　表2

地　　带	基于家工作	基于家其他	非基于家
核心区	265.3	153.7	113.7
二环内	2 833.1	1 661.6	514.9
二环-三环	646.9	346.4	82.1

根据预测交通出行总量和公交出行方式结构,预测2010年全市公交出行总量达到438万人次/日,预测2020年全市公交出行总量达到598万人次/日,见表3。

居民公交出行预测　　表3

人　口	2 010	2 020
规划人口(万人)	490.8	558.3
人均出行率(人次/日)	2.35	2.55
出行量(万人次)	1 153	1 424
公交比重(%)	38	42
公交总量(万人次)	438	598

5　哈尔滨市TOD交通走廊规划

5.1　交通走廊线网

随着哈尔滨市经济的不断发展,城市的地理范围和土地利用性质也将不断变化。显然,中心城区的变化不会太大,未来的城市规划将主要针对城市的其他地区。因此,与中心城区相比,其他地区未来的客流量也会产生更大的变化。为了与城市规划和未来的经济发展相协调,必须规划更为快捷、有效的公共交通系统。为解决这一问题,可对哈尔滨市进行公共交通走廊规划。

基于哈尔滨现状人口的分布,结合规划年后哈尔滨市九大用地组团的形成分布,其交通走廊图如图4所示。

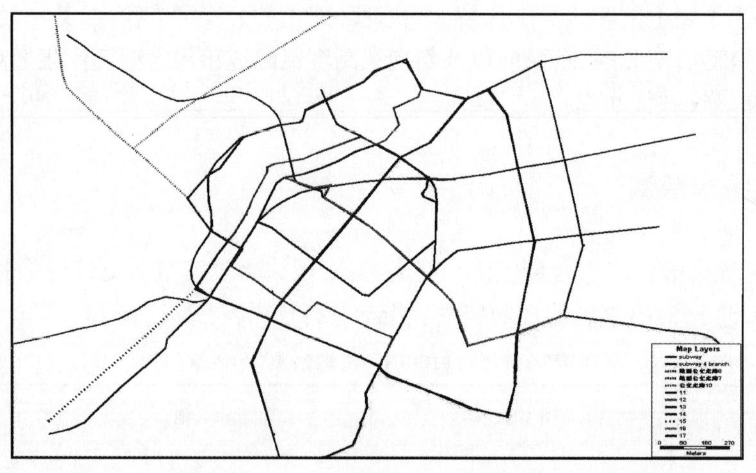

图4　交通走廊线路走向示意图

5.2　地下轨道交通为主的TOD模式

根据规划的网络结构和网络规模计算,本规划共布置5条线路和2条支线。

一号线:连接东北至西南,并向南延伸的直径线。线路起点为动化工路,其目的在于解决哈东站以东地区居民的出行和带动该地区旧城的改造。

二号线:线路串联道里、南岗、香坊等区,北部越过松花江到太阳岛,该线路是连接松花江两岸的线路,同时也对香坊的旧城改造起到重要的推动作用。

三号线:贯穿中心城区的一个环形线路,其主要作用在于方便乘客转车换乘,加强各城区之间的发展。

四号线和四号支线:连接道外、南岗、东帝与边缘区王岗镇、由北向西的直径线。为了加强南岗经济技术开发区、高新技术产业开发区与市区的联系,在正线的省政府站设了一条支路到化工路。

五号线和五号支线:是连接东风镇与群力的东西向直径线,为考虑新技术开发区的建设,线路在康安路以西的新亭街站设置支线到达该区。

轨道交通作为TOD发展的主要交通模式,五条轨道线路作为哈尔滨市居民出行的主要交通方式承担着哈尔滨市的客流集散,旧城区的改建,新城区的建设及经济技术文化交流为依托的混合式土地利用模式,与我国倡导的可持续发展的目标是一致的。

5.3 地上BRT公交走廊主导的TOD线网

快速公交系统是一种介于轨道交通与常规公交的一种新型的运营系统,主要是指具有专门路权,封闭运行,水平上下车,大容量车辆、车外检票等特点的地面公共汽车体统。它利用现在公交技术配合智能交通系统的管理,使传统的公交系统基本上达到轨道交通的服务水平。

根据世界其他国家和地区的BRT设置经验,以及哈尔滨现有道路状况,道路设置采用路中式专用道路。此专用道路因工程量小,采用管理措施就可以实现路中式专用道的修建可先将中央车道改建为BRT公交车专用道路,两侧再拓宽来恢复原有道路情况。站点的设置如图5所示:车站设在BRT专用道的中央,站台设在车站的中央可以供双向的BRT车辆使用,这种站台利用率高,节省人力和物力。

5.4 常规公交

常规公交作为哈尔滨市现有的主要公共交通方式,其地位和作用是不可忽视的,而根据公交总量的预测,哈尔滨市2020年常规公交日客运量总需求为496万人次,其中越江需求为87.4万人次,根据规划常规公交日客运总量将达到430万人次,越江公交客运总量为78万人次,其运力之大是显而易见的。

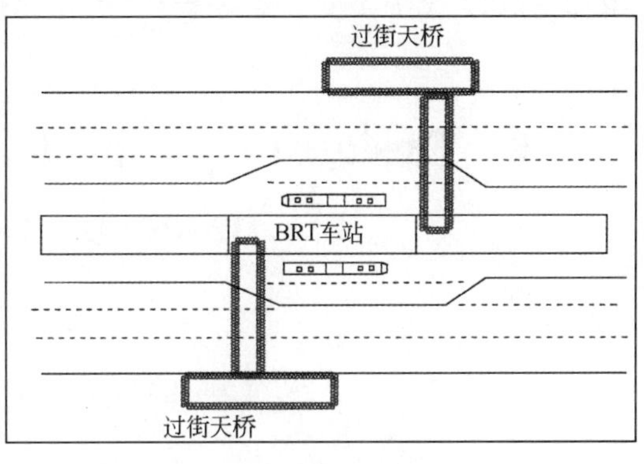

图5 BRT站点平面图

常规公交作为规划公交线网的一部分,考虑到居民出行及公交线网的连续性,原有合理的公交线网将会继续为广大市民服务,而那些现有的公交线路与居民的公交需求不一致,线网重复性大的将被取缔。构筑干线BUS与支线BUS结合的公交线网,减少重复线路,提倡多层次、线站结合、整体化的公交出行系统的建设,以适应不同层次旅客之需。

6 结语

伴随着经济的发展,我国城市人口所占的比重将会越来越大,机动车的保有量也将会越来越大,城市居民交通需求相应的也会随之增加,交通拥挤、混乱将会是我国城市发展所面临的一个巨大的挑战,而这种现象在我国的大城市将会更加的突出。TOD作为城市发展的一种模式,和发展小汽车模式的主要区别在于其可持续性。

参考文献

[1] 哈尔滨市城市规划设计研究院.哈尔滨市轨道交通网络规划[R],2003.
[2] 魏海磊,董德存.BRT推动TOD在我国实用性研究[J].交通与运输,2007,7.
[3] 陆建.基于TOD常规公共交通规划方法研究[J].武汉理工大学学报,2007.
[4] 杨励雅,邵春福.基于TOD模式的城市交通与土地利用协调关系评价[J].北京交通大学学报,2007,6.
[5] 陆化普,黄海军.交通规划理论研究前沿[M].北京:清华大学出版社,2007.

5. 基于枢纽的城乡公交一体化设计

王　家　杨新苗

(清华大学交通研究所)

摘　要:随着我国城市化的加快,城市扩张成为我国城市发展的大趋势。为了满足广大人民群众的出行需求,怎样在更广大的区域内提供交通服务成为了各级城市政府的巨大挑战。目前在城乡结合部城市公交与道路客运的经营区域重叠导致很多矛盾的产生,其中主要有体制与经营模式的问题。交通枢纽以其投资小、见效快,对现有体制影响较小成为短期解决城乡公交一体化问题的有效途径。

关键词:枢纽　城市公交　道路客运　一体化设计

Design of public transit in suburb integration based on public transfer hub

Wang Jia　Yang Xinmiao

(Tsinghua University, Institute of transportation)

Abstract: China is under rapid process of urbanization, extended city bring great demand of public transit service. In the suburban area of most Chinese cities, public transit service is provided by different companies, rather than monopoly mode of public transit in downtown, fierce competition leads to a lot of conflict and problems. In this essay, the author would analysis main reasons which cause the problems and recommend public transfer hub which is relatively less cost and short term as an efficient solution for the integration of different kinds of companies before the whole system reform.

Key words: Public transfer hub, Public transit, Highway passenger transportation

1　我国城乡公交一体化发展现状

随着经济发展,城市化的进程随之加快,城市区域不断扩展。作为城市服务的重要组成部分,公交系统也随着城市的扩张而延伸,线路的增加与延长使得城市公交与道路客运系统发生重叠。城市公交的扩张,提高了公交系统的可达性,提高了城乡居民生活与出行的质量。同时在这种大趋势下,我国很多城市面临着城乡公交一体化的挑战。

公共交通的城乡一体化,是区域交通一体化进程中的重要组成部分。主要方式为城市公交随着城市扩张不断进入原有道路客运市场及经营区域。在此发展过程中由于体制与利益的冲突,必然会产生一定的矛盾。2008 年 4 月在廊坊的黑车驾驶员围堵北京公交车事件就是这一矛盾的集中爆发。本文将就这种一体化模式进行矛盾产生原因与解决方式的探究。

2　城乡公交一体化进程中的问题

城市公交与道路客运由于发展历史、发展环境等因素的差异,导致在一体化的过程中产生了一些矛盾与冲突。

2.1 管理体制的差异

在我国现行体制下，除北京、天津、武汉等少数几个城市实行交通、民航、城市交通统一管理的体制外，其余各省、直辖市以及以下各级政府均实行分权管理制度。非城市交通建设、道路管理、公路客运一般由当地交通部门管理运营，城市交通建设、道路管理、公交由当地城市建设部门（建委、建设厅、建设局等）管理运营。在这种体制之下，道路的使用权属依附于道路的隶属权属，公交企业（通常都是国有国营）和公路客运企业分属于建设部门和交通部门，在不同的管理体制、归属关系、法律法规下运营[1]。在一体化的过程中如何进行统一管理成为体制改革的重点。城市公交进入城郊市场，必然要遵循当地政策与法规，适应当地的市场条件。例如道路客运由于各地区客流需求没有城市客流需求的规模并具有一定的波动性，在线路上具有相当的灵活性，很多车辆同时拥有多个牌子与路线，城市公交若想进入市场必然需要进行调整。又如城市公交没有规费的责任，在进入城郊区域的时候需要与当地政府进行协商解决。在这一点上，城市公交进入城郊存在一些困难。

2.2 运行体制与服务目的差异

提供公共交通服务的目的在于提高社会总效率，减轻对于环境等因素的副影响。因此公交服务的正外部性相当显著，同时在城市中公交服务又带有福利性质，因此在公交定价中往往成本—效益分析的结果并不直接体现在票价中，例如北京公交的定价导致公交企业票款收入明显小于其短期运营可变成本，需要政府进行大量补贴。

而在道路客运系统中，运营企业与管理部门不能获得足够的财政补贴支持，因此对于公交的财力支持明显要低于城市政府。作为道路客运系统的经营者与运营者，定价时必须考虑是否能够盈利的问题，同时很多城市道路客运系统中存在大量的私人参与，这部分运营者仅与公司签订松散的劳动合同，不享受各种优惠措施如规费、汽油补贴等等[2]。这些因素导致道路客运的价格往往明显高于城市公交。另外，由于对成本进行压缩，道路客运的服务水平与服务质量往往低于统一管理的城市公交。

总体来讲，城市公交系统的服务目的是增进全社会的效率，定价与服务质量往往不依赖于市场的调节；而道路客运运营目的中很大一部分包括了维持经营、产生盈利等目的，受市场变动影响较大。因此在公共交通一体化的过程中，道路客运就处于竞争的弱势地位。

3 基于枢纽的城乡公交一体化

枢纽的作用在于不同交通方式的转换，不同等级的出行方式转换[3]。这样的功能使得枢纽在解决城市公交与道路客运一体化过程中具有显著的作用。在城郊或城乡结合地带建设枢纽，城市公交完成中心城区与卫星城的客运，而乘客在枢纽中进行换乘，再通过城郊或郊区的道路客运线路完成下一步出行。可以说枢纽是公交以点带面的重要转换方式。利用公交枢纽进行公共交通与道路客运的一体化主要有以下几个优点：

3.1 有效形成分工合作

城市公交与道路客运的一体化核心内容是进行有效的合作，枢纽的建设可以有效的提供城市公交与道路客运的衔接。

这样的分工合作首先可以避免过长线路与重复线路，提高单车运营效率。过长的运营线路使得客流离散性大，常常出现某一些车站客流量很大而另外一些车站没有乘客的现象。建设换乘枢纽可以有效限制运营线路长度，提高运输系统效率。建设枢纽还可以避免重复线路，若大量线路由城市中心区域直接连通至郊区，在城市中这些线路不可避免的将产生线路重复，单车运营效率低。进行枢纽的建设可以使得公交线路与城市客运线路进行整合,使得车辆可以进行更充分的利用,例如提高线路的可达性与发车的间距等服务标准。

枢纽的建设还可以促进轨道交通、快速公交系统的发展,由于枢纽至城市中心区可以产生稳定、大量的客流,可以基于大量的交通需求建设大运量公交。提高整体运送效率,节省道路空间与能源消耗。

3.2 较为经济的投资方式

枢纽建设费用较机构改革、运营企业重组等解决方案成本低,可以有效利用现有资金。我国一般中等以上城市在城郊地带均设有长途汽车站,现状是这部分长途汽车站与当地公交部门没有进行充分的协作。乘客从长途客车转乘城市公交十分不便。可以对此类长途客运站进行改造,新建几千平方米公交车停车场同时引入几条公交线路,总投资在一千万元以下。

新建枢纽对于一些中型城市财政的压力也不会很大,枢纽一般建设在城市郊区或城乡结合部,地价低。对于一般客流需求只需要进行平面换乘的设计,万余平方米作用的停车设施加上几千平方米的换乘站建筑即可完成枢纽功能。

除提供交通服务,枢纽还可以进行商业开发,如附近商业开发、房地产开发。例如北京的东直门交通枢纽,除三层以下作为换乘枢纽,上层建筑物还作为写字楼商场等进行开发。枢纽公司在这些商业开发中获得一部分利润作为维持枢纽的一部分资金支持。

3.3 对现有管理模式影响小

现有城市公交与道路客运的一体化必然伴随着现有体制的改革,然而任何一项改革都需要一段时间进行实施在资源有限的地区,可以先行考虑枢纽的建设。枢纽的管理可以由政府所有的独立部门进行运营,城市公交公司与道路客运公司分别购买相应的服务。由于运营区域的不同,管理部门可以进行针对性地监管,防止线路交义带来的责任不清,同时场站与枢纽有单独公司管理可以使得公交公司与道路客运公司避免经营压力,专心于客运服务的提供。

4 结语

我国城市化正处于高速发展的阶段,城市的扩张,城市区域的形成都促使传统的城市公交与城郊、郊区公交系统的接驳与一体化形成。在现有体制正在转型的时期,换成枢纽的建设可以作为提高客运服务的首要选择,促进城乡公交一体化的形成。

参考文献

[1] 郭晓云.发展城市公交与公路客运混业经营[J].综合运输,2004(6):56-57.
[2] 江永贝.城郊短途客运与城市公交管理体制亟需统一[J].运输经理世界.
[3] 黄志刚,荣朝和.国外城市大型客运交通枢纽的发展趋势与原因[A].交通运输系统工程与信息,2007(7):12-16.

6. 城市公共汽电车中途站人流组织设施优化研究

李卓斐[1] 李瑞敏[2] 赵 曦[1] 刘庆楠[1]

(1. 清华大学土木工程系;2. 清华大学交通研究所)

摘 要:本文针对目前城市公共汽电车中途站的人流组织设施单体设计中不规范、不科学等问题,首先在实地调研的基础上,利用 SWOT 分析方法对影响中途站人流组织的四个关键因素进行了分析,分别为站台栏杆、站台地线、引导牌、协管人员。其次通过问卷调查及理论分析探讨了造成中途站人流秩序混乱的主要原因,在此基础上,结合心理学等方面的基础理论,从地面等候区域标线、公交站牌、引导牌及栏杆四个方面对中途站人流组织设施进行了优化研究,提出了相应的设计参考参数及设计方法,并在实际案例中进行了应用分析。结果表明良好的中途站设施设计可以有效地引导候车者在中途站范围内的排队行为,从而解决城市公共汽电车中途站乘客候车、上下车秩序混乱的问题。

关键词:公共汽电车中途站 人流组织 单体设计 行为特征 心理学

Facility Optimization for Passenger Flow Organization at Bus Stations

Li Zhuofei[1] Li Ruimin[2] Zhao Xi[1] Liu Qingnan[1]

([1]Department of Civil Engineering, Tsinghua University;
[2]Institute of Transportation Engineering Tsinghua University)

Abstract: This paper presents a new method of bus station optimization design for passenger organization in order to resolve the disordered situation. Based on the field investigation, four key factors were analyzed with SWOT method, including station railings, station marking, guidance sign and assistant managers at bus stations. The main reasons of the disorder at bus stations were also discussed according to the survey and theoretic analysis. Then based on the related theories, for example, the psychology, four kinds of passenger organization facilities were studied, including ground marking in the waiting area at bus station, bus line sign, guidance sign and railings, eventually the design parameters and methods were presented. The proposed design method had been implemented at a bus station near the Beijing Forestry University. The field test result indicated that the design method presented in this paper is effective to optimize the passenger organization at bus stations.

Key words: Bus Station, Passenger organization, Facility design, Behavior characteristic, Psychology

1 引言

在我国现阶段大力倡导公交、优先发展公交的时代背景下,公共汽电车作为城市公共交通的重要形式之一已经成为城市中必不可少的交通工具。然而当前由于技术等方面的原因,城市中居民对公交车站——尤其是对利用最多的中途站的负面评价很多,如高峰期间车站人满为患、拥堵不堪、上下车秩序混乱

基金项目:国家教育部博士点基金资助项目(20070003065),北京市科委绿色通道项目(D07020601400705)

等,这些都影响着公交服务水平的提高。另一方面,人流秩序的混乱也增加了公交车停靠站点的时间和对道路空间的过多占用,从另一方面影响了城市道路交通流的运行。与首末站和枢纽站相比,中途站规模较小但数量庞大,分布面及影响面都较广,但其设计并不复杂,也容易规范,对其进行良好的设计对提高公交中途站的人流及车流秩序能够起到良好的作用。

本文主要针对城市公共汽电车中途站的人流组织设施,结合北京市案例站点,研究其人流组织的方式方法,并对一些现有措施进行整合及优化。

2 中途站人流组织现状分析——以北京为例

为把握中途站人流特点,作者对北京市典型区域的典型公交中途站的人流组织情况进行了实地调研。选取的不同区域类型包括:人群素质较高的高校周边区域(如清华、北大周边)、人群较杂的信息产业核心区(如中关村地区)、北京市重点建设街道(如长安街)和商业中心区(如西单)等。调查结果表明:车站的人流秩序在很大程度上取决于人流组织设施的数量,且主要存在以下问题。

(1)目前北京市的部分中途站没有任何人流组织的辅助设施(在调研的车站中占20%),候车人流比较混乱,尤其在高峰时期严重影响了上下车流畅性,降低了效率;

(2)一些已设置部分人流组织设施的中途站,站内秩序得到了较大的改善,例如2008年北京市二环以内的中途站增加了一些人流组织设施和管理人员,现已收到了较大成效;

(3)在已有的人流组织设计中,设计不合理的现象普遍存在,设施配置和放置都很随意,没有最有效地发挥其作用。

总体而言,目前北京市公共汽电车中途站人流组织设施的管理比较混乱,各种组织设施的功能也不明确,对此,本文引用SWOT(Strength、Weakness、Opportunity、Threat)分析法来对各种人流组织设施的功能进行明确和区分。

SWOT分析即态势分析,该方法将与研究对象密切相关的各种主要内部优势、劣势、机会和威胁等,通过调查列举出来,并依照矩阵形式排列,然后用系统分析的思想,把各种因素相互匹配起来加以分析,从中得出一系列相应的结论,而结论通常带有一定的决策性。运用这种方法,可以对研究对象所处的情景进行全面、系统、准确的研究,从而根据研究结果制定相应的发展战略、计划以及对策等。

表1是基于实地调研分析得出的各种人流组织设施的SWOT分析结果。

公共汽电车中途站候车人流组织设施SWOT分析 表1

设 施	Strength	Weakness	Opportunity	Threat
站台栏杆	对人有很强的约束作用,可以有效阻挡无秩序的人流	护栏的开口太多,而且没有明确的标识指示某开口对应哪一路车,因此作用有限,反而有时人站车辆停靠不准,阻碍了乘客的上下车。栏杆会占用一定的空间,易令人产生倚靠心理从而影响人流排队	人们往往习惯于被栏杆约束,且栏杆给人的空间感最为明确	没有一个合理统一的设计标准,往往做得不够人性化
站台地线	能够在地面上划分出各路公交车的候车区域而不占用空间	人多时被踩踏,可视性不好,耐久性不好,夜间的可视性不好	不占用空间,容易改动,绘制简单;可以通过优化设计来弥补被踩踏导致的不可见性	候车乘客多的时候易被覆盖,造成后来的乘客难以观察
引导牌	乘客能在更远的地方看到对应的上车口,起到引导人流作用,不会被人群遮挡。可更明确地为驾驶员指明停车地点	现有的引导牌美观程度不够,容易显得车站杂乱且制作安装相对麻烦	人们大多愿意寻找视野水平线内的标志物	目前还没有统一的设计标准,有些不能起到明显标示的作用
协管人员	能够有效地组织候车人流和指挥公交车停靠站	占用劳动力资源	大多数乘客会服从管理,通过口头教育培养文明乘车的行为习惯	在优化设施设计之后,可能不再需要协管人员的管理即可实现自觉排队

3 中途站人流秩序混乱成因分析

车站人流秩序是由每位站内乘客的行为轨迹的集合所决定的,乘客这些行为的产生则是有一定的心理因素作为原动力。因此,为了更好地探究站内人流混乱的成因,作者现场观测和模拟了候车人群的各种站内行为轨迹,并通过问卷调查的方式来研究乘客实际的行为特征,应用行为心理学等基础理论进行分析,从而找出产生既有行为的根源。

通过研究候车乘客的行为轨迹和心理特征,关于中途站人流秩序混乱的成因作者得出如下一些定性结论:

(1)缺乏对口排队的行为——由于指示不明确,等候同一路车的乘客分散站立,增加了上车的距离和时间,扰乱其他乘客候车;

(2)普遍存在抢占座位的心理,造成上车时拥挤现象;

(3)候车空间不合理——候车区的地上画线占地面积相等,没有根据不同线路的客流量大小有针对性的施划,造成候车空间的不合理利用;

(4)站牌环岛效应——目前在公交车中途站,往往有很多人聚集在站牌周围,在车站形成了围绕车站指示牌的环岛效应,阻挡了站台其他乘客察看站牌和通过;

(5)乘客沿路缘站立,易走上马路占用非机动车道(尤其是在无机非隔离的道路边设置的中途站),也存在一定的事故隐患。

4 中途站人流组织设施优化研究

公交中途站的站台设施主要有两种功能:一种是提供站台服务,如垃圾桶、路灯、座椅等,以满足乘客照明、休息等要求;另外一种则是规范乘客的交通行为,实现人流有序组织,相关设施如栏杆、引导牌、信息显示屏、等候区域标线等。有时,同一种设施也会兼具以上两种功能,如公交站牌既可以向乘客提供相关线路信息,也具有吸引乘客的附带效果,因此其摆放位置的不同也会对站内人流线路产生很大的影响。

合理设置的人流组织设施可以规范乘客的交通行为,从而最大限度地引导人们形成良好的候车秩序,使得站台内实际的人流可以基本按照工程师期望的路线、方式行动。通过规范站台内人流组织,进而规范站内秩序,提高公交服务的水平,同时帮助市民培养文明候车的意识,提高乘车安全性和舒适度,高效利用站台空间。

本节基于之前对造成秩序混乱成因的分析,以心理学、行为学等作为理论依据,通过调研观测和调查分析,进行了人流组织设施的研究,科学合理地优化了设施设计参数。其中,所研究的单体设施主要包括地面等候区域标线、有详细线路说明的公交站牌、引导乘客上车的线路指示牌以及栏杆四大类。

4.1 地面等候区域标线

相对于首末站和枢纽站,中途站台面积有限,作为其空间内较大面积范围内的引导性标识,公交中途站台等候区域标线对乘客的排队行为有着最直接、最直观的引导作用。比起其他站台设施,要求其应有更强的视觉效果,且能够有效地通过颜色和形状的组合运用,将中途站原有空间分为目标明确、功能清晰的不同区域,从而明确乘客候车的位置,并最大限度地引发乘客产生排队的心理倾向。

4.1.1 标线颜色

黄色和白色有着较大的反光性和亮度比,与现有的浅灰色路面都能形成较为强烈的对比,尤其是黄色,其引导性比其他颜色都要强[4],因此黄色给人的视觉效果是最强烈的。

但因为常被用作警告信号,黄色会使人心理感到有潜在的危险存在,容易产生紧张情绪[12],因此建议只用在需要强制乘客排队的初级阶段。当人们逐渐形成了排队习惯以后,标线的作用更多是明确乘客候车的区域,以实现站台空间的合理划分、利用。此时,则可采用更为舒适且与周围景观相适应的颜色,例如蓝色。

4.1.2　标线形式

在经过一系列的方案对比研究后,作者初步设计了五种标线形式,以实地调查问卷的方式就其对乘客排队的心理影响进行评定,获得有效问卷237份。结果表明采用将等候区用颜色涂实的方案最为有效,且更加规整美观。另外,为了使乘客更方便的将等候区域与相应线路对应,在等候区域的首末端都应标注相应的线路数字。根据调查分析结果及方案对比分析,设计方案如图1所示。

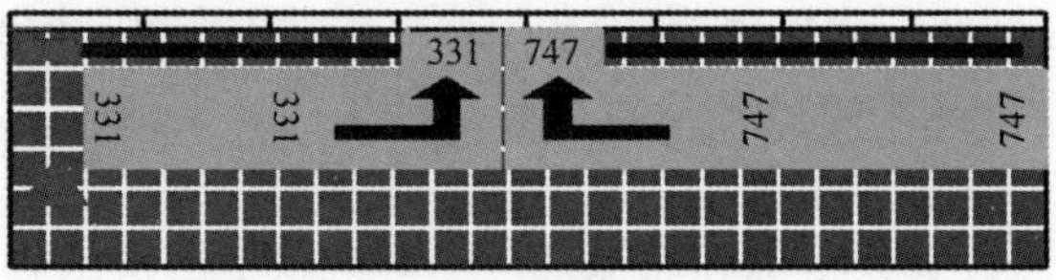

图1　等候区域标线示意图

4.1.3　划分区域的宽度

考虑到上车队伍如果是两排或是更多排,乘客会因为争挤而延误上车时间,因此限制乘客在上车时队伍为一列。根据人机工程学中所研究的人体尺寸以及影响舒适度和空间利用效率的“人体气泡”理论,最终将等候区域的宽度限制在60~70cm。

4.1.4　划定区域范围

美国社会学家赫伯特·盖斯指出:“人所创造的人工作品是(也只能是)一个潜在环境,这个环境只有在文化背景的基础上被人们感受到之后,才能变成一个有效环境。”。要使潜在环境对行为的暗示引起人们注意,并按其意图行事,必须经过三个步骤:首先,使用者必须发现这个提示信息;其次,能够理解其含义;最后,还得乐意按此信息的提示去行动。一般来说,对于后两个步骤,尤其是第三个步骤,设计者是无能为力的,但对第一步骤——提供一个明确的信息,则是设计者的责任,也是后两步骤的先决条件[7]。

因此在进行等候区域的划定时,一定要把所设计的理想排队状况下的等候区域全部标定出来,使乘客能够强烈的感受到设计者对人流的引导,以保证实际排队情况和设想状况尽可能接近。而现有的很多站台,只标出等候区域前面的一小段,就期望乘客能够了解设计者的意图,并自觉排队,这是很难达到预想效果的。

4.2　公交站牌

站台内公交站牌的主要作用是给乘客提供明确的线路信息,帮助其完成出行线路的选择。但是由于人们心理行为特征的影响,公交站牌同时也会起到聚集人群的附加效应。因此公交站牌应该具有较强的可读性,并且其放置位置要尽量避免阻碍站内乘客的行为流线。

4.2.1　样式

从人的阅读角度来说,人的眼睛是横列的,视野呈左右宽阔,上下窄小,因此自左而右的阅读速度比自上而下要快,另外,文字横向时人对长短的识别也比纵向要强烈;关于字体,经过比较,在远距离或是高速运动的情况下,粗壮的黑体字、圆头体字笔画粗细一致,间架方正、明确,易于识别;另外,深底白字的效果通常比白底深字的扩张性强,传达信息的速度快;而利用光线照明时,明度和鲜艳度高的颜色反光或透光性强[6]。

考虑以上因素,最终设计站牌上字均采用自左到右的横向排列,字体选用黑体和圆头体。关于用色,考虑北京已形成的站牌系统的用色习惯,建议每块站牌的主站名为“绿底白字”,线路标号为“红底白字”,且为方便患有红绿色盲的市民出行,不允许采用“绿底红字”的标注方式。

4.2.2　放置

站牌主要分为两部分。站牌的上面部分标有站名和本站线路,下部站牌部分主要介绍各线路的具体信息。对于上部站牌,为使乘客在较远的地方即可找到目标站台及所需线路,此部分最低处的高度应大于2.0m,最高处小于2.5m。对于下部具体线路信息部分,通过研究,当公交线路标识板的底边设置在距地面0.9m的位置时,在人的头部固定不动的情况下,公交站牌的大部分面积位于所设定人体高度的最佳眼睛转动区之内[5]。因此,这部分的最低处不得低于0.9m。同时,考虑到中国人的平均身高(中国成年男性:169.7mm,成年女性:158.6m)并参考相关文献[1],建议此部分的最高处距地面距离不得大于1.9m,为方便使用轮椅的残疾人阅读,重要信息部分不得高于1.8m。

另外,心理学家德克·琼治的边界效应理论表明在各地铁站和剧场休息室的等候人群,总是试图置身于人流流线之外而靠柱子等候。在日本,人们在观察了火车站后得出:旅客总是想设法使自己置身于视野良好、不为人注目或不受人流干扰的地方,在没有座椅的情况下,柱子就可能成为凭靠物[7]。

因此,站牌尽量放在人流的上游,保证流线顺畅,以防乘客看完了站牌后直接站在站牌周围候车,造成人流堆积。另外,根据北京市《公共汽电车站台规范》,站牌距车辆停靠侧的路边不小于0.4m,距辅路(或人行道)一侧不小于0.3m。[13]各建议尺寸如图2所示。

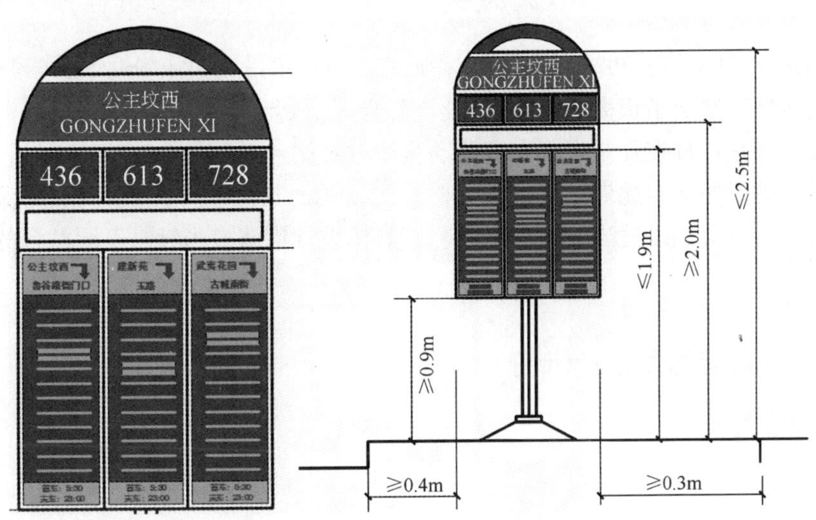

图2　站牌详图及站牌设计、安放尺寸

4.3　引导牌

在站台上用于引导上车的线路引导牌对于乘客和驾驶员均起到指示作用:对候车乘客来讲,能够为其指明相应车辆的上车口;对于驾驶员而言,则可明确其停靠的地点。因此要求引导牌在一定范围和各种天气条件下都具有良好的可识别性,并且高度能够保证阅读的方便。

4.3.1　颜色

引导牌的底色和数字要有较高的对比度,此处主要参照已有的关于颜色搭配与明视距离的研究结果[4]来进行选择,同时考虑人的舒适程度和与周围环境的融合,最终建议选用蓝色作为底色,字体颜色为白色。

4.3.2　字高

对于驾驶员,字的可辨度与驾驶速度有关,在我国国家道路标志和标线的规范中,有关于汉字的高度和计算行车速度的明确规定[3];对于乘客,字高关系到其可视范围。综合以上考虑,确定字高为25~30cm。这对于40km/h的车速以及10m范围内的乘客来讲都是足够的。

4.3.3　放置

考虑放置高度时,要保证乘客在进入站台后便可清楚的注意到引导牌上的线路数字,而且既不会被其他乘客遮挡,也无需费力抬头查看。对于驾驶员,要保证在进站停车时可方便的看清引导牌上的线路数字。考虑放置位置时,要防止公交车在停靠时反光镜或者其他伸出车辆的物体和引导牌发生碰撞。

综合上述分析,建议引导牌下缘与地面高度不应当低于2m,也不应当大于3m,且距路边距离应当大于600mm。如图3所示。

4.3.4 样式

为保证引导牌在多个角度都有良好的可视性,故将其作为三棱柱形状,如图3所示。

4.3.5 材料

引导牌的材料要考虑在夜晚路灯照耀的情况下,能够具有良好的反光性能使得等车乘客和驾驶员都可以看到,可参照我国道路交通标志标线规范的相关规定进行材料的选取。

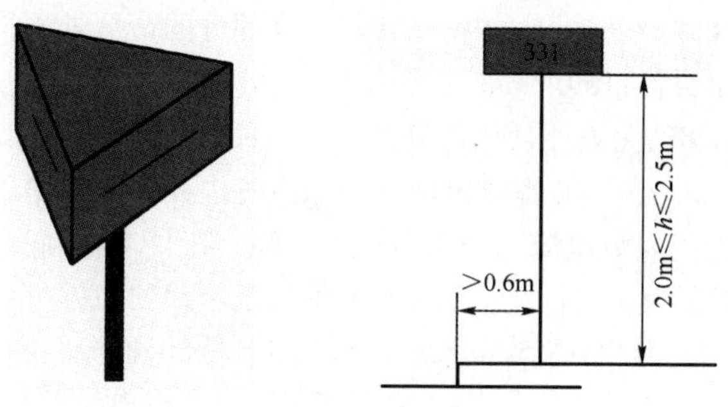

图3 引导牌及其放置位置示意图

4.4 栏杆

与标志标线相比,栏杆具有不可跨越的特点,因此在各种约束措施中强制性最强。但是它在约束人们行为的同时也给乘客活动造成了很大阻碍,一旦设置不合理,则会对站台人流造成极为严重的阻碍作用。

设计中需要注意的是栏杆在强制规范乘客活动流线时对站台空间灵活性的削弱,过多的布置栏杆很可能会造成更多乘客的不便。因此应该尽量减少栏杆的使用,只在站台的边缘设置起保护作用的栏杆,以及在一些流线的转折点上加以适当的栏杆约束。其具体设计措施应当针对不同站台的形状、乘客流线给出专门的设计。

5 北京林业大学站人流组织设计示例

5.1 站点的选取

作者选取具有一定代表性的中途站——北京林业大学站作为实验站。北京林业大学站站台尺寸典型,高峰期间乘客流量大密度高,公交线路数量适中,且实验前没有任何组织人流的措施。

5.2 乘客候车行为分析

经现场观测和视频观测分析,站在站牌附近和靠近路边的乘客是对车站秩序造成不良影响最大的人群,该部分人定义为"高能量"的乘客,这部分乘客上车欲望更强,易冲上马路,不仅存在一定的安全隐患,也使得进站车辆无法准确停靠。

5.3 设计

设计的首要问题就是引导这部分"高能量"的乘客有序等车和上车,改变"高能量"乘客的候车轨迹,降低他们对车站秩序造成不良影响的可能性。

根据前面的研究,首先要明确每条线路的上下车区域,使乘客站立在相对应的范围内。如果未指定范围,普通乘客向"高能量"乘客转变的可能性增大,且会因为站立点不集中而使得乘客上车移动距离大,不仅增加上车耗时还会妨碍其他乘客候车,因此需要在划定的区域内设置更详细的引导路径或者更准确的上下车口,作者在实验中初步选取了地线设施。

实验效果比较分析如表2所示。

实验效果对比分析　　表2

比较项目	实验前	实验后
排队形式	完全松散	聚集在对应上车口
乘客平均上下车耗时(s)	2.00	1.39
站立范围(m^2)	23	19.5

续上表

比较项目	实验前	实验后
站在路缘处人数(%)	40.5%	27.7%
走上公路等待	经常发生	偶尔发生
人群涌向等车口	经常发生	次数明显减少
遮挡站牌的情况	经常发生	次数明显减少

本实验说明了经相应的交通组织措施优化后的人流组织设计能较好的改善中途站秩序,提高中途站上下车效率及公交服务质量。

6 结语

分布广、数量多的中途站是城市公共交通系统的重要元素,通过改善中途站内候车及上下车秩序可提高公共交通服务质量,同时起到培养市民文明乘车品质的作用。本文结合北京市公共汽电车中途站实际状况,在实地调查、问卷调查、理论分析的基础上,从地面等候区域标线、公交站牌、引导牌及栏杆四个方面对公共汽车中途站的人流组织辅助设施的分析与优化进行了研究,提出了相应的设计方法和设计参数,同时利用实际中途站,经过现场实验,结果表明本文提出的优化设计方法具有良好的应用效果。在本文中,各单体设施之间的组合设计并没有展开讨论,未来还需要通过仿真和实地实验等方法对其进行进一步的研究。

参考文献

[1] Kimley-Horn and Associates, Inc. Bus Stop Safety And Design Guidelines[R]. March 24,2004.
[2] 姜辉. 大型客运站高峰期客流组织研究[D]. 成都:西南交通大学,2007.
[3] 中华人民共和国国家标准. GB 5768—1999. 道路交通标志和标线[S],1999.
[4] 日本建筑学会. 建筑设计资料集成(人体. 空间篇)[M]. 天津:天津大学出版社,2007.
[5] 张自然. 北京公交车站信息布局设计初探[J]. 装饰,2005(05):8-9.
[6] 郑毅. 静态公共交通站牌设计应注意的几个方面[J]. 装饰,2005(05):10-11.
[7] 徐从淮. 行为空间论[D]. 天津:天津大学,2007.
[8] ACT Planning & Land Authority. Act Bus Passenger Station/Stop Design guidelines Final Report[R]. 2005.
[9] Public Transport Bus Stop Site Layout Policy for Universal Accessibility including Tactile Ground Surface Indicators and Wheelchair Access [S] ,June 2003.
[10] Darnell & Associates. Bus stop design guidelines [R]. 2006.
[11] 应朝. 漫话建筑色彩[J]. 新建筑, 1985(01):41-42.
[12] 李爱民. 路面标线的颜色[J]. 公路交通科技,1987(03):40-43.
[13] 北京市质量技术监督局. 公共汽电车站台规范[S],2007.

7. 城市轨道交通换乘枢纽可持续发展评价

陈钢亮　程　琳

(东南大学交通学院)

摘　要:从轨道交通发展的现状出发,阐述了进行轨道交通换乘枢纽可持续发展评价的必要性。依据可持续发展的观点,运用了系统工程的方法,对轨道交通换乘枢纽从环境利益、乘客利益、枢纽自身利益三个方面确立了可持续发展评价准则,建立了九项可持续发展评价指标,最后采用了层次分析法,对轨道交通进行了可持续发展评价。

关键词:轨道交通　换乘枢纽　可持续发展　评价　层次分析法

Evaluation on the Sustainable Development of Rail Transit Transfer Hubs

Chen Gang liang　Cheng Lin

(Transportation College, Southeast University)

Abstract: Based on the current development of rail transit, the paper discussed the necessity of the evaluation on the sustainable development of rail transit transfer hub. According to the viewpoint of sustainable development and the method of system engineering, the paper established the evaluation principles from three aspects, including environment benefit, passenger benefit, transit transfer benefit and these three aspects included nine evaluation indexes. At the end of this paper, the rail transit transfer hub was evaluated under the method of AHP.

Key words: Rail Transit, Transfer Hub, Evaluation, AHP

1　引言

目前,我国的大城市以及特大城市正在积极规划、兴建轨道交通,一种以轨道交通为骨干以公共汽、电车交通为主体的,实现各类交通方式之间有机衔接的城市综合客运交通体系正在逐渐形成。个别城市比如北京、上海的轨道交通已经基本形成网络,其他的一些城市比如西安、南京、杭州等也已经或者正在完成轨道交通网的规划。

城市轨道交通换乘枢纽是城市公交系统的组成部分,更是轨道交通网络发挥其重要作用的关键要素之一,因此有必要对轨道交通换乘枢纽进行评价。在以往的研究中,对轨道交通换乘枢纽的评价主要集中在枢纽的设置、布局、方便性、换乘效率、基础设施配置、乘客满意程度等方面,对轨道交通换乘枢纽在可持续发展方面评价的研究还较欠缺。本文从可持续发展的观点出发,旨在建立轨道交通换乘枢纽的可持续评价体系,诊断制约轨道交通换乘枢纽可持续发展的主要因素。

2 建立评价指标体系

2.1 建立评价指标体系的原则

评价指标体系是对一些归类的指标按照一定规则与方法,从评判对象的某一方面或多方面或全面的综合状况作出优劣评定。建立评价指标体系应遵循以下原则:

(1)科学性原则。指标的选择、数据的选取、计算与合成必须以公认的科学理论为依据。

(2)定性和定量指标相结合的原则。必须坚持定量指标(换乘时间)和定性指标(换乘的舒适度)相结合。

(3)协调性原则。综合评价指标很多,要求指标与指标间应相互协调,不能相互矛盾。

2.2 评价指标的选取

参考可持续发展观点在其他方面的应用评价,结合轨道交通换乘枢纽自身及所作用的对象,轨道交通换乘枢纽可持续发展评价指标主要从环境利益、乘客利益、枢纽自身发展利益3方面考虑,提出道路交通量变化、能源消耗、噪声污染、污染物排放、出行时间节约度、安全性、舒适度、枢纽智能化程度、枢纽的能耗9个具体量化指标。评价指标体系结构如图1所示。

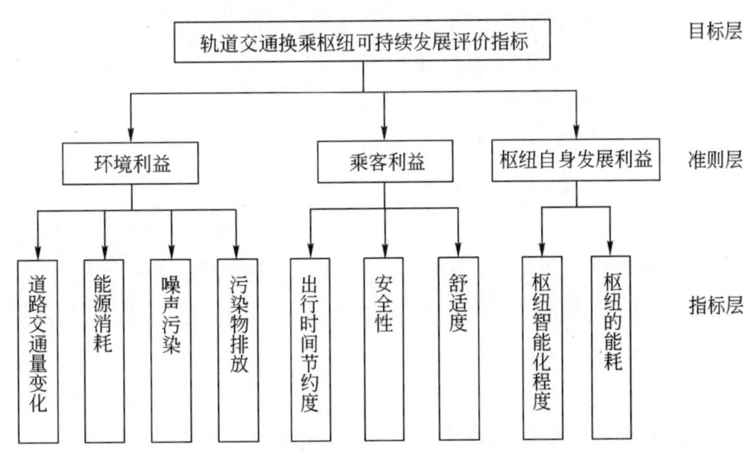

图1 城市轨道交通换乘枢纽可持续发展评价指标体系结构图

(1)环境利益指标。是指换乘枢纽对环境的贡献程度,用于衡量换乘枢纽对环境产生的影响。通过道路交通量变化、能源消耗、噪声污染、污染物排放等指标进行量化。

(2)乘客利益指标。是指换乘枢纽对乘客的出行带来的利益,用于衡量换乘枢纽对使用者(主要是换乘乘客)的利益表现。通过出行时间节约度、安全性、舒适度等指标进行量化。

(3)枢纽自身发展利益指标。是指枢纽本身对自身发展所带来的利益,通过枢纽智能化程度、枢纽的能耗等指标进行量化。

2.3 评价指标的量化

(1)道路交通量变化

由于轨道交通相比地面交通具有快速、安全、准时、高效等特点,换乘枢纽建成之后,必然会吸引一部分原本使用地面交通出行的乘客改用轨道交通出行。

因枢纽的存在而使得地面道路交通量发生变化主要来之于两部分,一部分是原本选择地面常规公交出行的乘客,另一部分是原本选择小汽车出行的乘客。利用非机动车出行改用轨道交通的乘客,由于对地面交通影响不大,不在考虑范围之内。据此,道路交通量变化 y_1,其计算公式为:

$$y_1 = \xi_1 \frac{\eta_1 P}{W} + \eta_2 P$$

式中:P——换乘枢纽乘客换乘量;

W——常规标准公交车的载客能力;

ξ_1——常规标准公交车的折换系数;

η_1——由地面公交改乘轨道交通的乘客数所占此枢纽总换乘量的比例;

η_2——有小汽车出行通过停车换乘改乘轨道交通的乘客数所占此枢纽总换乘量的比例(假设每辆小汽车只坐一个人)。

(2)能耗

和地面常规公交和小汽车相比,轨道交通是一种大容量的交通工具,在能耗上远远优于两者。通过计算轨道交通换乘枢纽存在建成前后的能耗比,可以了解轨道交通换乘枢纽的存在在能源节约方面的贡献。能耗比 y_2,其计算公式为:

$$y_2 = \frac{\eta_1 Pe_1 d_1 + \eta_2 Pe_2 d_2}{(\eta_1 + \eta_2) Pe_3 d_3}$$

式中:d_1——无换乘枢纽条件下,公交乘客的平均站数;

d_2——无换乘枢纽条件下,小汽车使用者的平均出行距离;

d_3——换乘乘客乘坐轨道交通的平均站数;

e_1——单位站距每位乘客的公交能源消耗量;

e_2——单位距离小汽车的能源消耗量;

e_3——轨道交通单位站距每位乘客的能源消耗量。

以上这些参数可以通过交通抽样调查来获取。

(3)噪声污染

换乘枢纽的噪声污染主要和轨道交通的类型有关,细分之后可以分为三类:第一类是地下轨道交通的方式;第二类是地上轨道交通,但是有防噪设施;第三类是地上轨道交通,没有防噪设施。这三类的噪声污染第一类最小,第三类最大。

(4)污染物排放

轨道交通采用的是清洁的电能,没有排放出任何有害气体,因此,此处的污染物排放主要是指在轨道交通枢纽不存在的情况下,乘客利用常规公交和小汽车所排放的污染物。污染物排放量 y_4 包括乘坐常规公交的乘客所消耗的能源排放的尾气总量与利用小汽车出行的乘客所消耗的能源排放的尾气总量之和,其计算公式为:

$$y_4 = \eta_1 Pd_1 f_1 + \eta_2 Pd_2 f_2$$

式中:f_1——单位站距单位乘客公交车消耗的能源所排放的尾气量;

f_2——单位距离小汽车消耗的能源所排放的尾气量。

(5)出行时间节约度

出行时间节约度是指所有换乘乘客的出行时间相对与原先出行时间的减少的百分比。这里的换乘乘客主要包括三个部分,公交车乘客、小汽车使用者以及非机动车使用者。出行时间节约度 y_5,其计算公式为:

$$y_5 = \frac{P\left(\frac{d_3 s_3}{v_3} + T\right)}{\frac{\eta_1 Pd_1 s_1}{v_1} + \frac{\eta_2 Pd_2}{v_2} + \frac{\eta_4 Pd_4}{v_4}}$$

式中:v_1、v_2、v_3、v_4——公交车、小汽车、轨道交通、非机动车的正常运行速度;

s_1——公交车的平均站距；

s_3——轨道交通的平均站距；

η_4——换乘乘客中原非机动车使用者所占的比例；

T——平均换乘时间。

(6)安全性

安全性是指枢纽在发生紧急情况下，对乘客的疏散能力。主要用对一批换乘客流的实际疏散时间与适宜疏散时间之比。安全性 y_6，其计算公式为：

$$y_6 = \frac{T_a}{T_b}$$

式中：T_a——对一批换乘客流的实际疏散时间；

T_b——适宜疏散时间。

实际疏散时间以分钟表示，与一批换乘客流量大小和换乘设施 1min 的疏散能力有关。一批换乘客流量取决于高峰小时需求量、发车间隔以及换乘客流在高峰小时分布的均衡性。为充分反映冲击性，一批换乘客流量一般考虑最不利的情况，如通道换乘形式为本线双向列车同时到达的情况，即一对列车承载的换乘量。换乘客流的不均衡性用超高峰系数描述，不同时期、不同线路取值不同。适宜疏散时间是人为设定的，如果站台上距离瓶颈设施最远处乘客以正常步速到达瓶颈设施前，前面的客流能被完全疏散，即不需要等待，认为比较理想；否则形成拥堵，产生一定延误。因此，以站台最远处乘客到达瓶颈设施的正常步行时间为适宜疏散时间。

(7)舒适度

舒适度是指在换乘枢纽内，乘客从枢纽所提供的服务项目中获得舒适、满意的程度，反映了换乘枢纽为乘客提供各项服务的水平。舒适度指标是一个定性的指标，可以通过换乘枢纽的室内温度、候车设施等一系列指标进行考核，也可以通过对乘客进行舒适度调查询问获得。

(8)枢纽的智能化程度

枢纽的智能化程度主要表现在运行管理的智能化上。以网络化、信息化为基础，通过自动售票、检票停车诱导，全方位向乘客发布信息，以实现枢纽资源最有效的利用和最高的效率。一般由专家评判法确定，属于定性指标。

(9)枢纽的能耗

枢纽的能耗是指枢纽在正常运转状态下，单位时间内所需要消耗的能源数量。枢纽消耗的能量往往和枢纽的内部空间大小、所用的材料类型、通风状况、照明等一系列因素有关，若考虑到这些因素，往往会使得表达式过于复杂，且各项数据难以采集，实用性差。鉴于枢纽的运转主要依赖于电能，所以枢纽的能耗可以考虑为枢纽的电能消耗量。这里我们采用枢纽单位面积单位时间的电能消耗作为枢纽的能耗，其计算公式为：

$$y_9 = \frac{U}{M}$$

试中：U——单位时间内整个枢纽所消耗的电能；

M——枢纽的建筑面积。

3 城市轨道交通换乘枢纽可持续发展评价

目前最常用的综合评价的方法有专家打分法、专家调查法、模糊综合评价法和层次分析法等。在这些方法中，模糊综合评价法一般对能够量化的指标可以进行有效的综合评价，但是在不可量化的指标上面就显得有些不足，而专家打分法对定性化的指标能够较准确的把握，但是主观性较强。层次分析法克服了这两个缺点，是一种较为实用的多准则综合评价方法，它把复杂问题分解为各个组成因素，并将这些因素按支配关系形成有序的递阶层次结构,通过两两比较的方法确定层次中诸因素的相对重要性,最后综合人的判断以决定诸因素相对重要性的排序。这种方法能够统一处理决策中的定性与定量因素,具有实用性、综合性、系统性等优点。

基于本文建立的定性和定量相结合的评价指标体系,本文将采用层次分析法对城市客运换乘枢纽进行评价,具体评价步骤如下:

(1)建立层次结构

通过调查分析,把轨道交通换乘枢纽可持续发展评价指标体系按性质分层排列,建立递阶层次结构,如图1所示。

(2)评价指标值的计算及无量纲化

在综合评价的众多指标中,有些指标只能进行定性分析(如舒适度、智能化程度),有些指标虽可进行定量计算,但由于各指标意义不同,它们的实际取值范围悬殊较大,而且单位不同。因此,在进行综合评价以前,需要对指标进行无量纲化处理,将各指标的属性值统一变换到[0,1],包括定量指标的无量纲化和定性指标的无量纲化。由于指标类型不同,各指标属性值转化为评价值的方法也不同。

(3)建立评语集

城市客运交通换乘衔接涉及到技术、经济等不同领域,为全面、真实地反映客运换乘的实际情况,可以通过成立专家组确定评语集。首先将评语集分成不同的等级,一般分为"好"、"较好"、"一般"、"较差"、"差"五个等级,再将这些评价等级构成评价论域,根据专家调查的结果,采用统计分析方法确定各项指标的评价标准值。如表1所示。

指标的评价标准 表1

评价等级	好	较好	一般	较差	差
评分取值标准	100~80	80~70	70~60	60~40	40以下

(4)构造判断矩阵A

判断矩阵是AHP的信息基础,矩阵元素的值反映了各元素的相对重要性。利用成对比较法和1~9比例标度(标度含义见表2)构造判断矩阵A。

(5)计算评价结果

$$A = (a_{ij})_{n\times n}$$

式中:元素a_{ij}表示准则i相对于准则j的重要性比例标度(见表2)。判断矩阵A具有以下特征:$a_{ij}>0$,$a_{ij}=1/a_{ji}(i\neq j)$,$a_{ij}=1(i=j)$,$i,j=1,2,3\cdots n$。

1~9比例标度 表2

标度	含义	标度	含义
1	表示因素i与j相比,具有同样重要性	7	表示因素i与j相比,比j具有强烈重要性
3	表示因素i与j相比,比j具有稍微重要性	9	表示因素i与j相比,比j具有极端重要性
5	表示因素i与j相比,比j具有明显重要性	2、4、6、8	表示需要在上述两个标度之间这种时的定量标度

判断矩阵A确定之后,先求解出最大特征值λ_{max},然后根据$AW=A\lambda_{max}$,求解出λ_{max}的特征向量W,对W进行归一化处理即得权向量。

(6)一致性检验

由判断矩阵A导出权重向量时,要求A具有一致性或偏离一致性的程度不能太大,否则导出的权重并不能完全反映各元素之间相对重要性程度。因此,在求权重之前,必须对判断矩阵A进行一致性检验:

$$CR = CI/RI$$

式中:CR——判断矩阵的随机一致性比率;

CI——判断矩阵一致性指标,$CI=\lambda_{max}//(n-1)$,n为A的阶数;

RI——判断矩阵的平均随即一致性指标。

当 $CR<0.1$ 时,即认为判断矩阵 A 具有满意的一致性,说明权数分配是合理的;否则就需要调整判断矩阵,直到取得满意的一致性为止。

(7)综合评价指标

对评价指标体系中单项指标的计算,可以较好地反映轨道交通换乘枢纽在可持续发展的各个侧面的情况。如果对其进行综合评价时,可采用加法合成计算系统的综合评价值。假设评价问题的评价目标为 B(综合评价值),相应的评价指标矩阵为 $Y=\{y_1,y_2,\cdots,y_m\}$,相应的权重矩阵 $W=\{w_1,w_2,\cdots,w_m\}$,其中 y_j、w_j 分别为各因素的评价值和权值,则有:

$$B=Y\times W^{\mathrm{T}}=\sum_{j=1}^{m}y_jw_j$$

城市轨道交通换乘枢纽在可持续发展涉及到的三个准则层,可以看做三个子系统。首先分析这三个子系统的可持续发展状况,结合综合评价方法得出三个子系统的综合评价值,分析三个子系统的重要程度,然后三个子系统的重要度为权,最终取得城市轨道换乘枢纽可持续发展的综合评价值。

4 结语

本文从可持续发展的角度出发,对轨道交通换乘枢纽从环境利益、乘客利益、枢纽自身利益三个方面确立了评价准则,建立了道路交通量变化、能源消耗、噪声污染、污染物排放、出行时间节约度、安全性、舒适度、枢纽智能化程度、枢纽的能耗等九项评价指标,最后采用了层次分析法,对轨道交通进行了可持续发展评价。本文的主要成果是大部分指标已经量化,数据容易采集;缺点是少部分指标由于客观条件的限制,未能够实现量化,只能通过定性的方法来评价,同时缺少实例分析。

参考文献

[1] 王志臣,王丽娟,高峰.城市轨道交通换乘效率评价[J].铁道运输与经济,2008,30(1):74-76.

[2] 赵惠祥,耿传智,钱雪军.城市轨道交通系统可靠性指标及其计算[J].城市轨道交通,2006,26(5):44-46.

[3] Schneider J B, Deardorf R, Deffebach C, et al. Planning, designing and operatingmulti center timed transfer transit systems: guidelines from recent experience in six cities [OL]. Seattle: Washington Univ. , 1983: 121.

[4] 汪江洪. 一种新的组合评价在轨道交通换乘枢纽评价中的应用[J]. 铁道运输与经济, 2008, 30(8): 55-58.

[5] 宗婷, 张生瑞, 霍东方, 柳孟松. 城市客运交通换乘枢纽评价研究[J]. 水利与建筑工程学报. 2007,5(3):68-71.

[6] 白雁,韩宝明,干宇雷.城市轨道交通换乘站布局综合评价方法研究[J].都市快轨交通,2006,19(3):30-33.

8. 直线式公交停靠站影响范围研究

张水潮　任　刚

(东南大学交通学院)

摘　要:简述了国内对直线式公交停靠站影响范围研究的概况,应用车流波动理论,得出了单车道情况下公交停靠站产生影响的条件及影响区域的长度,在此基础上,分析了双车道情况下超车产生的机理,并基于不同的车流密度,讨论了公交停靠站影响的车道数及影响区域的长度,最后对本文的研究结果进行了进一步深化的展望。

关键词:直线式　公交停靠站　车流波动理论　影响范围

Research on influence scope of beeline – shaped bus station

Zhang Shuichao　Ren Gang

(School of Transportation, Southeast University)

Abstract: The general situation of domestic research on influence scope of beeline-shaped bus station is briefly introduced. Applying the traffic flow wave theory, this article obtains the condition of beeline-shaped bus station bringing influence and the length of influence area in the condition of single – lane. On this basis, the mechanism of becoming overtaking in the condition of double lane is analyzed. And based on the different traffic flow density, this article discusses the number of influencing lanes and the length of influence area of bus station and gives the prospect of further deepening the research results at last.

Key words: Beeline-shaped, Bus station, Traffic flow wave theory, Influence scope

1　引言

公交车的运营特性决定了它每隔一段距离,就必须进入规定的停靠站停靠。对于直线式停靠站,在公交车进站停靠时,将占用机动车道,形成道路交通的瓶颈,影响停靠站所在车道及相邻车道上社会车辆的正常行驶。这种影响存在着一定的范围,可从长度和广度上进行衡量。长度是指公交车停靠对所在车道及相邻车道所影响的上游区域长度,广度是指公交车停靠所影响的车道数。目前,国内学者对该方面的研究较少。文献[1]从运动学的角度对公交车的停靠过程进行分析,将其分为减速进站、停靠上下客和加速出站3个阶段,并分别对每一阶段的影响范围进行计算和叠加,得出了简单明了的计算公式,但该方法只适用于单车道的情况,对于多车道(考虑超车)的情况便不适用。文献[2]从交通波理论的角度分析了不同交通流密度条件下公交停靠站的影响区长度,但在计算公式推导及结果分析时存在不少疏漏。本文在基于文献[2]的分析方法下,对单车道和双车道条件下直线式公交停靠站的影响范围进行研究。

资助项目:国家重点基础研究发展计进(973 计划)资助项目(2006CB705500),项目负责人:王炜;国家自然科学基金资助项目(50608018),项目负责人:任刚。

2 单车道情况

对于单车道情况,公交车进站停靠仅对本车道后续车辆产生影响,因此,在分析公交车停靠的影响范围时,只需分析影响区域的长度即可。

在分析时,设公交车停靠时间为 t_p ,交通流的平均车头时距为 $\bar{t}_h$,交通流的无影响间隙(车辆之间互不产生影响的车头时距)为 t_n ,并令 $t_m = \bar{t}_h - t_n$ 。显然,当 t_m 大于 t_p 时,即在公交车辆完成上下客任务后加速出站时,后续车辆尚未到达公交站点,此后,后续车辆可以以正常速度通过公交站点,这种情况下,公交停靠站点对道路交通流的影响可忽略不计,其影响区长度视为0,如图1所示;反之,当 t_m 小于 t_p 时,即公交车未完成上下客时,后续车辆就已到达公交站点,后续车辆不得不因公交车的停靠而减速甚至停车,公交车辆在站点停靠对后续车辆的运行产生较大影响,其影响区长度为 s 。以下对后者情况进行详细分析。

图2描述了交通波的形成与传播轨迹。设公交车减速停靠时刻为零时刻,对应位置为零位置,即坐标原点 O 是公交车的变速点,接着后续第一辆车也减速,其开始减速的位置在 O 位置之后,用图中 A 点表示,继之第二辆车在 B 点开始减速。直线 OAB 显示了停车波的动态轨迹,它的斜率就是停车波的波速 V_{w1} 。公交车完成上下客任务后,在 C 点(t_p 时刻)开始加速,C 点即为公交车的变速点,接着后续第一辆车也加速,在图中用 D 点表示,继之第二辆车在 E 点开始加速。直线 DE 显示了起动波的动态轨迹,它的斜率就是起动波的波速 V_{w2} [3]。

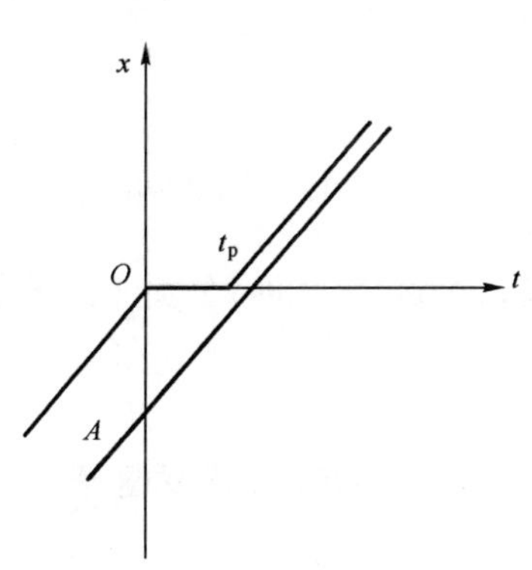

图1 单车道交通波集散过程

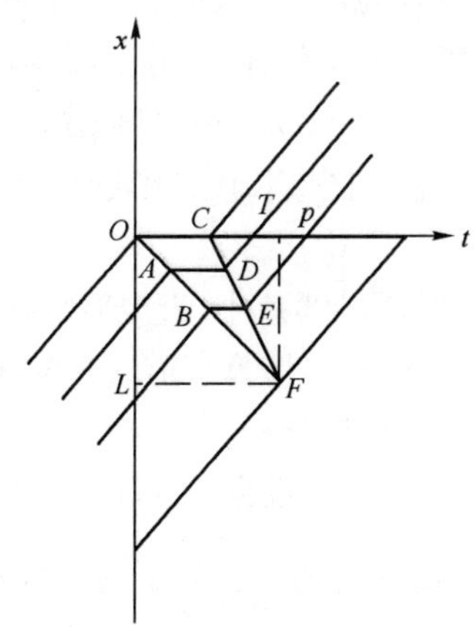

图2 双车道交通波集散过程

从图2可以看出,尽管在 t_p 时刻,公交车加速启动,但车队尾部到达的车辆仍需要停车等待,直到前车加速时才能加速启动,即只有当整个车队消散以后(图中用 F 点表示),公交车停靠产生的影响才得到消除[2]。

设自由流速度为 v_f ,阻塞密度为 k_j ,则 $\eta_i = k_i/k_j$, $v_i = v_f(1 - \eta_i)$ 。设公交车进站停靠前社会车流的速度为 v_1 ,交通流密度为 k_1 ,公交车进站停靠后社会车流的速度为 v_2 ,交通流密度为 k_2 ($v_2 = 0$, $k_2 = k_j$);公交车加速出站前的速度为 v'_1 ,交通流密度为 k'_1 ($v'_1 = 0$, $k'_1 = k_j$),公交车加速启动后速度为 v'_2 ,交通流密度为 k'_2 。根据交通波波速计算公式得:

$$V_{w1} = v_f[1 - (\eta_1 + 1)] = -v_f\eta_1$$

$$V_{w2} = v_f[1 - (\eta'_2 + 1)] = -v_f\eta'_2 = -(v_f - v'_2) \approx -v_f$$

因此,公交车停靠的影响时间 T_p 和影响区域长度 L 可由直线 OF 和直线 CF 的交点计算得出:

$$T_p = \frac{t_p}{1 - \eta_1}$$

$$L = | T_p V_{w1} | = v_f t_p \frac{\eta_1}{1 - \eta_1}$$

当 $t_p = t_m$,即 $\bar{t}_h = t_p + t_n$ 时,其车流密度为 k_0,车流量 $q_1 = \frac{1}{\bar{t}_h} = v_1 k_0 = v_f k_0 (1 - \frac{k_0}{k_j})$,所以 $k_0 = \frac{k_j - k_j \sqrt{1 - 4/[(t_p + t_n) v_f k_j]}}{2}$,因此单车道情况下,公交车停靠的影响区域长度可表述如下:

$$L = \begin{cases} 0, & k_1 \leqslant k_0 \\ v_f t_p \frac{\eta_1}{1 - \eta_1}, & k_1 > k_0 \end{cases}$$

3 双车道情况

如图 3 所示,当公交车进站停靠时,其所在车道的后续社会车辆将选择进入相邻车道以减少延误,这势必将影响相邻车道的交通流,此时,需对两条车道的影响区域长度分别进行研究。

根据交通量的大小,公交车后续社会车辆的行驶情况可以分为以下几类。

(1)当车头时距较大时,其后续社会车辆还未到达,这样,公交车的停靠对后续社会车辆并没有产生影响,即两车道的影响区域长度均为零。

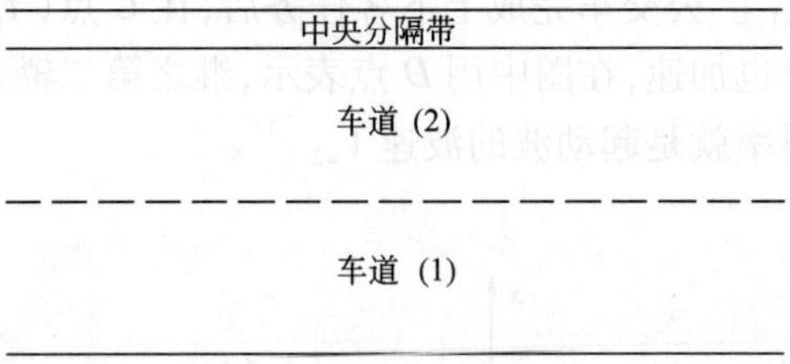

中央分隔带

车道 (2)

车道 (1)

图 3 双车道情况

(2)当车头时距减小,在公交车停靠并驶离之前,后续社会车辆一部分超车驶入车道二,另一部分在本车道形成排队或减速通过。此时,在计算公交车停靠的影响范围时,不仅要计算本车道的影响区域长度,还要计算相邻车道的影响区域长度。

(3)当车头时距继续减小,直至后续社会车辆无法通过超车驶入车道二,此时,公交车的停靠对车道二不产生影响,从而只需计算车道一影响区域的长度。

以下对此进行理论分析。

为研究问题方便,假设在公交车进站停靠前,车道一与车道二的交通流密度和速度相等,且均为 k 和 v,$\eta = \frac{k}{k_j}$。并设车流的车头时距满足爱尔朗分布[4],即:

$$P(t_h \geqslant t) = \sum_{i=0}^{l-1} (qlt)^i \frac{e^{-qlt}}{i!}$$

式中:q 为交通量(辆/s),$l = \frac{m^2}{S^2}$(m 为车头时距观察数据的均值,S^2 为观察数据的方差),并四舍五入取整数。

对于第一类情况,车道一公交车停靠产生影响的临界密度仍为:

$$k_0 = \frac{k_j - k_j \sqrt{1 - 4/[(t_p + t_n) v_f k_j]}}{2}$$

即当 $k \leqslant k_0$ 时,两车道的影响区域长度均为零。

对于第二类情况,设可超车车头时距为 t_h^0,车道二产生可超车车头时距的概率为 P_0,且 $P_0 = \sum_{i=0}^{l-1} (qlt_h^0)^i \frac{e^{-qlt_h^0}}{i!}$,则车道一因超车而形成的车流密度为 $k_1 = \frac{vk - qP}{v}$,$\eta_1 = \frac{k_1}{k_j}$,所以,类似于单车道情况的分析,因公交车停靠而产生的影响时间为 $T_p = \frac{t_p}{1 - \eta_1}$,车道一的影响长度为 $L_1 = v_f t_p \frac{\eta_1}{1 - \eta_1}$。

车道二因车道一超车而形成的车流密度为 $k_2 = \dfrac{vk + qP}{v}$，$\eta_2 = \dfrac{k_2}{k_j}$，交通波波速为 $V_{w2} = v_f[1 - (\eta + \eta_2)]$，车道二的影响长度为 $L_2 = V_{w2}T_p = v_f t_p \dfrac{1 - (\eta + \eta_2)}{1 - \eta_1}$。

对于第三类情况，当 $\bar{t}_h < t_h^0$ 时，车道一中的车辆便无法向车道二超车，因此对车道二便不产生影响，临界时的车流密度为

$$k'_0 = \frac{k_j - k_j\sqrt{1 - 4/(t_h^0 v_f k_j)}}{2}$$

而此时，车道一的影响长度为 $L_1 = v_f t_p \dfrac{\eta}{1 - \eta}$。

综上所述，对于双车道情况，两车道的影响区域长度分别为：

$$L_1 = \begin{cases} 0, & k \leqslant k_0 \\ v_f t_p \dfrac{\eta_1}{1 - \eta_1}, & k_0 < k \leqslant k'_0 \\ v_f t_p \dfrac{\eta}{1 - \eta}, & k > k'_0 \end{cases}$$

$$L_2 = \begin{cases} 0, & k \leqslant k_0 \\ v_f t_p \dfrac{1 - (\eta + \eta_2)}{1 - \eta_1}, & k_0 < k \leqslant k'_0 \\ 0, & k > k'_0 \end{cases}$$

4 结语

本文从车流波动理论的角度分析了单车道与双车道交通影响区域的范围，并得出了相应的计算公式。但本文仍有不少有待进一步研究、深化的地方，例如对于三车道情况，其影响范围将是如何；若公交车站台相距较近，其影响范围又是如何，等等。此类问题的研究将有助于城市公交站台设置的优化，也是我们进一步努力的方向。

参考文献

[1] 周智勇，黄艳君，陈峻，等. 公交专用道设置前后无港湾公交停靠站特性研究[J]. 公路交通科技，2004，21(7)：104-107.

[2] 张翼，赵月. 关于公交停靠站影响区范围的研究[J]. 交通科技与经济，2008，10(2)：111-113.

[3] 张露. 路面停车对交通流的影响研究[D]. 北京：中国农业大学，2005.

[4] 王炜，过秀成. 交通工程学[M]. 南京：东南大学出版社，2000.

[5] 王殿海. 交通流理论[M]. 北京：人民交通出版社，2002.

[6] 杨孝宽，曹静，宫建. 公交停靠站对基本路段通行能力影响[J]. 北京工业大学学报，2008，34(1)：65-71.

[7] 彭国雄，莫汉康. 城市公交停靠站设置常见问题及对策[J]. 交通运输工程学报，2001，1(3)：77-80.

[8] 阳丽，孔令江，刘慕仁. 城市主干道有公交停靠站的混合交通流模拟[J]. 广西师范大学学报：自然科学版，2008，26(1)：16-18.

9. 中国城市公交改革历程与探索

李 冉 杨新苗

(清华大学交通研究所)

摘 要:本文介绍了中国城市公交改革的历程,提出了通过招投标方式合理引入竞争机制。其中重点介绍了不同合同类型的适用性并给出了相关建议。同时特别强调了政府的职责。

关键词:公交改革 合同

Urban Bus Reform Process and Exploration in China

Li Ran Yang Xinmiao

(Institute of Transportation Engineering of Tsinghua University, Beijing 100084)

Abstract: This article introduces the urban bus reform process in China. It's suggested that the competition mechanism is introduced by bidding. The applicability of different types of contracts are described with related recommendations. Particularly, the duty of the government is emphasized.

Key words: Bus reform, Contract

1 我国公交改革历程

自20世纪50年代起至今我国公交事业在经营模式方面一直进行着不断的改革与探索,如图1所示。

自20世纪中叶直到80年代中期,中国城市公交一直是在政府的扶持下,由国有公交企业垄断经营。

20世纪80年代中期,实行改革开放政策之后,中国经济进入了高速发展时期。80年代末,随着公交行业上游市场,如汽油、原材料等开始市场化,公交企业的经营成本急剧上升,而政府投入无法满足实际需求。为此,1985年批准了原城乡建设环境保护部《关于改革城市公共交通工作的报告》(国发[1985]59号),明确提出:城市公共交通是社会生产的第一道工序;城市公共交通要走市场化的道路,要多家经营、统一管理;加快发展城市公共交通以带动城市的发展。这期间,各地方政府以国家、部委相关政策文件为指导,结合自身实际情况,纷纷出台放松管制措施,千方百计吸引社会投资,搞多家经营。但效果并不理想,公交市场秩序混乱,服务质量下降,恶性竞争严重。

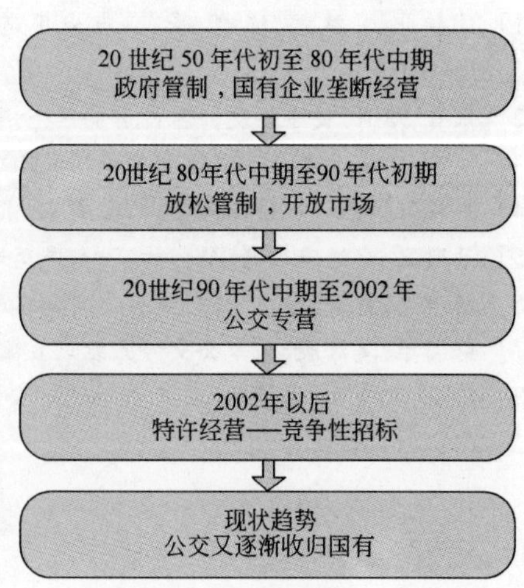

图1 我国公交改革历程

20世纪90年代中期至2002年，中央加快了由计划经济向市场经济转变的步伐。1994年建设部针对前一阶段公交市场秩序混乱、恶性竞争激烈、服务质量下降等问题提出《关于对城市公共汽电车实行专营权管理的意见》，旨在通过加强政府行政审批，控制经营者数量过快增长，强化政府监管，维护市场秩序，遏制市场的过度分割及经营者之间恶性竞争的局面，以维护公众利益。专营权管理意见规定，政府有权"授权专营企业实行专营和决定特定线路专营权的授予，并可根据本规定决定撤销对专营企业的专营授权或撤销某些线路的专营权"。经过专营制度的实施，公交运营秩序得到了改观，国有企业受到的冲击得到了缓解，各经营者及其经营的线路也相应固定下来。

中共十六大、十六届三中全会之后，中国城市发展进入了一个新的阶段，公交发展的大背景也随之改变。中共中央《关于完善社会主义市场经济体制若干问题的决定》明确提出了对城市公共事业进行深化改革的要求。为此，建设部2004年以建城[2004]38号《建设部关于优先发展城市公共交通的意见》文件明确了中国今后公交发展的思路。同时明确了今后中国城市公交行业改革的思路，即要进一步打破垄断、开放公共交通市场，实行城市公共交通特许经营制度，逐步形成国有主导、多方参与、规模经营、有序竞争的格局。2004年3月19日，建设部出台了《市政公用事业特许经营管理办法》。在特许经营制度中，其核心是通过政府授权，在经营主体的选择过程中引入竞争机制。但是该办法并没有对公交行业如何开展特许经营给予明确的指导。

就公交发展现状及走向来看，我国公交又在逐步收归国有。这一现象的产生源于公交的准公益性定位，以及政府对公交事业的高度重视与大力推进。北京目前所采用的经营模式就是政府主导，国有垄断，加之高额的财政补贴。然而这种"北京模式"是否就是最好的选择？可以肯定的是，这种模式很难在我国大多数城市推广。

2 公交改革方法探索

我国公交改革的历程并不平坦，政府以及整个公交行业仍在试图寻找一种更加适合我国国情，有利于公交行业健康发展的改革方案。可以认为，至今为止，我国各城市还没有真正找到一种有效的经营模式。特别地，在2005年国家管理部门发布46号令和一系列相关文件后，中国的许多城市正在努力使市政府部门脱离城市公交的运营活动，同时引进私有资本到这个一向都依靠垄断的公有行业中，即进行公交市场化改革的尝试。但是，因为缺少具体的政策纲领，缺少国际国内公交市场化成功经验的引导，我国各城市的做法各不相同，很多城市经历了公交市场化改革的失败，或是正处在改革的彷徨与茫然期，不知该何去何从。

其实我们应该充分意识到市场化只是一种手段而非目的，真正促进公交运营效率和质量提高的是市场竞争。在公交行业改革过程中，不必过分拘泥于市场化开放的程度和范围，竞争机制的引入和完善才是市场化的精髓。同时，市场机制并非万能，应该强调政府责任与制度规范。公共交通的定位是准公益性事业，其投入要坚持以政府投入为主，这是任何城市，地区的政府不应回避的事实。

随着国家大部制体制改革的推进，建议各地方首先理顺管理体制，成立公共交通主管部门，对所辖行政区域内的公共交通进行统一管理，整体规划。包括线网、场站规划，基础设施建设，合同管理等。公共交通管理体制的统一同时也是解决城乡客运一体化问题的关键，是形成大公交架构的基础。

根据国际上相关经验，公交运营模式可以通过招投标的方式引入市场外竞争。合同形式包括总成本线路合同，总成本区域合同，净成本线路合同，净成本区域合同。各地区可以根据自身的实际情况选择合适的合同方案。

(1)区域合同方案，即管理部门通过招投标授予某一公交运营商在一定区域内的专有公交运营权。它适用于下列情况：

①城市包含一些相对独立的分区；

②管理部门希望运营商能承担地区的公交服务规划(需获得管理部门的审批)；

③管理部门希望加强某一公交运营商在某一区域内的地位,使其成为该区域内唯一的公交服务提供者。

(2)线路合同方案,即管理部门通过招投标授予某一公交运营商一条或一组线路的专有公交运营权。它适用于下列情况:

①在一定年限之后委托重新招标;

②管理部门确定公交线路和每天的时刻表;

③管理部门被确定为公交服务的提供者;

④管理部门希望为小的运营商提供参与公交服务的机会;

⑤管理部门为公交服务规划负全部的责任;

⑥管理部门不希望干涉运营商的盈利水平。

(3)总成本合同管理,即管理部门负责运营商在特定区域和特定时段公交运营的全部成本,而所有票款收入归管理部门而不是运营商所有。它适用于下列情况:

①管理部门希望避免运营商在街道上争抢客源;

②管理部门希望为所有地区的所有路线之间提供免费或打折的换乘,以期将线路重复系数降低到最小;

③车下票款收入比例较高。

(4)净成本合同,即运营商承担所有运营费用,同时保留所有票款收入。它适用于下列情况:

①管理部门希望给运营商激励以增加乘客数量和收益;

②管理部门希望给运营商在公交线路和时刻表方面一些弹性,以最大限度地提高公交的吸引力和效率;

③车下的票款收入比例较小;

④车下票款收入分配易于实现;

⑤管理部门希望固定公交补贴数额。

一般认为,总成本合同更有利于政府对公交市场的管理与调控,能更有效的保证公交服务质量,有利于系统整合,不会出现道路上争抢客源的恶性竞争。但应该注意的方面是,因为总成本合同中,运营商上缴所有票款收入,就没有提高客运量的动力,要保证公交服务水平必须在合同中纳入质量激励措施。运营商达到一定标准可以得到额外的奖金,但如果没有达到预先在合同中规定的服务水平也要缴纳罚款。奖惩机制对于控制公交服务水平非常有效,但前提是合同能够有效执行,这需要公交管理部门有一支认真负责的监督小组,不断的对运营商的工作进行考核,其中乘客的满意度可以作为重要的考核指标。

另外总成本合同要求运营商缴纳全部票款,在IC卡未普及的时期,监督票款的征收及上缴情况也是监督小组的重要工作。

在公交改革过渡阶段,首先应该调整公交行业结构,培养公交市场潜在的竞标者。一方面区域垄断性国有运营企业可以进行重组,分解为几个独立的公交运营商,打破原有垄断格局;另一方面,整合小型运营商,成立联盟或协会,使这些小运营商有能力参与竞争,这样做的同时也规范了公交运营市场。

区域合同对公交运营商的规模、实力要求较高,在竞标区域合同时,为了达到竞标的目的,要有两家以上的竞标者,如果原来该区域只有一家规模较大的公交企业,那么实施区域合同前期,政府应加大宣传,引入本地区以外的其他国内、国际的公交运营商。或者整合小型运营商。

线路合同对于运营商而言市场进入壁垒低,运营一条或一组线路所需车队及员工规模较区域合同小很多,而且运营商的更替也更为灵活。在城市公交还是空白的地区或区域组团间采用线路合同可能更加适合。

不论实施哪种合同形式,政府的总体协调以及监管职能都是必需的。特别的,保证对公共交通的投入应该是落实优先发展公共交通的重要方面,其中包括基础设施的投资建设,公交政策性补贴等。

对于公交场站建议采用管理与运营分离的方式。公交场站由政府负责投资建设,同时可组建或雇用专门的场站管理公司,负责场站的日常管理工作,对各运营商以低价租赁的方式提供场站服务。场站所有权归政府所有,由第三方进行管理,使得各公交运营商可以平等的使用场站资源。另外,将场站所有权和公交服务分离可以降低进入壁垒,为更多运营商参与竞标创造条件,同时也有利于运营商退出市场。

3 结语

我国城市公交改革历经几个阶段,政府以及整个公交行业一直在探寻符合中国国情并能有效促进公交事业发展的道路。能够肯定的是,在明确政府职责的前提下,引入合理完善的竞争机制才能提高公交运营效率和公交服务水平。具体实施可根据不同地区特点设计适合的合同方案,加上有效的合同管理来完成。

参考文献

[1] 梁雪峰,王广州,等.城市巴士交通规制政策的理论与实践.哈尔滨:哈尔滨工业大学出版社,2007.
[2] World Bank. Urban Bus Toolkit.
[3] Ken Gwilliam. Developing the Public Transport Sector in China. 2007.

10. 基于可持续发展目标的北京公交场站改造规划

王江燕

(柏诚工程技术(北京)有限公司)

摘　要:交通对城市功能的正常运行起着至关重要的作用,完善合理的交通结构是城市交通和谐运行的必要条件,公共交通的可持续发展是实现这一目标的必由之路。本文介绍了北京五环内公交场站存在问题、改造的规划方法、概念设计与案例分析,提高公交场站土地利用的效率,优化乘客、车辆的交通组织,实现了公共交通的可持续发展。

关键词:公交场站　可持续发展　交通规划　概念设计

Reconstruction planning of Beijing's public transportation terminals to Sustainability

Wang　Jiangyan

(Parsons Brinckerhoff CO. ,Ltd)

Abstract: Urban traffic needs for perfect and reasonable traffic mode constitution for harmonic circulation, which takes important role for the city running in gear. It is the only way to reach the aim to carry out public transportation system in sustainable development. Several contents of public transportation terminals, where inside 5th ring road area in Beijing, were introduced, including the problems, planning method of reconstruction, conceptual design and case studies. Related issues were provided for the sustainable development of public transportation, which consists of improving the land use efficiency, optimizing traffic circulation and management for passengers and vehicles.

Key words: Public transportation terminal, Sustainable development, Transportation planning, Conceptual design

1　引言

公共交通是城市的动脉、城市的窗口,是城市基础设施的重要组成部分,更是关系到国计民生的社会性公益事业。优先发展城市公共交通,是改善城市人居环境、构建和谐社会、促进城市可持续发展的必然要求。随着北京城市化和机动化进程的加快,人民生活水平有了显著的提高。如何使现有的公交系统适应城市交通可持续发展的要求,以满足市民对公交服务不断提高的标准,满足2008年奥运会所带来的交通需求,提升北京现代化的国际大都市形象,北京市政府进行了一系列的公交系统改造工程,场站改造就是其中一个重要的部分。

《北京交通发展纲要》指出北京交通发展的远期目标是:全面建成适应首都经济和社会发展需要,满足全社会不断增长和变化的交通需求和现代化国际大都市功能相匹配的"新北京交通体系"。对北京市的交通系统提出了可持续发展的要求。"新北京交通体系"的目标就是为乘客提供安全、高效、便捷、舒适和环保的交通服务系统。要达到这个目标,除了有优质和服务范围广泛的公交网络,更关键的是需要有良好的换乘条件和乘客信息服务条件。这些都要依赖于公交场站来实现。

2 公交场站存在问题

通过对五环内320处公交场站(2005年)进行调研发现,北京市区的公交场站存在六类主要问题:①场站用地不足,难以满足功能需求;②大量场外换乘,乘客服务水平低;③场内停车面积不足,占路停车严重;④场站设施陈旧,智能化管理水平低;⑤部分场站临近居民区,影响居民正常生活;⑥出入口的设置不合理,公交车辆出入不便。这些问题极大地影响了公交网络的服务水平,为居民出行带来不便,降低了整个交通系统运营的效率,如果不加以改进,公交场站的问题将势必制约整个北京市公共交通系统可持续发展的空间,造成功能上和设施能力上等多方面的瓶颈。

3 场站改造规划方法

场站改造是北京公交现代化建设的一个有机组成部分,需要与网络优化和新枢纽建设同步考虑。规划中应注意以下方面:

(1)在整个系统中对场站进行功能定位。场站的规划和设计应以优化整个交通系统为目标。

(2)要强化"以人为本,方便乘客"的现代化的规划设计理念,本着公交优先的原则,优化场站功能,确保与其他交通模式合理、有效的衔接,更好地为优化的公交线网服务,提高整个公交系统的服务水平。

(3)应合理利用土地资源,优化现有场站功能区的分布。场站的改造应综合考虑乘客、车辆和周围环境三者之间的关系,为乘客提供良好的候车条件,为车辆提供有效的运营环境,协调与周围环境之间的关系。

(4)在确定场站的改造顺序和改造内容时,应进行合理的规划,同时尽可能地把规划的场站改造内容放到整个公交系统的总体规划中进行检验,确保与总体规划保持统一,避免重复工程。

场站改造工程可分为四个阶段:战略规划阶段,需求分析阶段,设计阶段和工程实施阶段。各种条件决定了场站需要分批次进行改造,规划采用权重累计法,按照优先度排序。量化指标包括3类:①场站问题严重性指标,包括与乘客服务水平、公交车辆运营及周边环境相关的指标;②场站位置重要性和改造潜力的指标,包括与对远期公交网络的支持程度、公交场站改造潜力相关的指标;③专家和政府意见的指标。

4 场站改造措施和实施步骤

根据北京公交场站改造的需求,提出系列的改造措施,可归纳为5类:

(1)解决场站空间不足和占路停车问题的措施;

(2)解决场外换乘问题,改善乘客服务水平的措施;

(3)提升公交形象,改进运营水平的措施;

(4)解决扰民问题的措施;

(5)减少与社会车辆冲突的措施。

根据场站改造的需要和特点,改造规划过程分为5个步骤:①明确现状设施、运行条件,进行问题分析;②对目前和未来的服务、运营进行功能分析;③确定主要更新措施;④提出若干概念设计方案,并确定优选方案;⑤初步设计与施工图设计。

5 场站改造概念设计

公交场站担负着为乘客服务和公交运营两大主要功能,公交场站作为城市中的基础设施和建筑,担负着树立公交和城市形象的功能,这些功能受到场站周围交通和用地环境的制约。

在公交场站设计的过程中,主要需要平衡三个方面的因素,即乘客、运营者、周边道路及社区。设计的最佳目标就是在这三者之间尽可能取得最佳平衡。公交场站设计和改造需考虑如下原则:①为乘客提供安全、方便的人性化服务;②提供优化的运营条件;③与周边环境协调,提升公交形象。常用的公交站台排列方式有:平行直排式,锯齿排列式和环岛排列式,分别如图1、图2和图3所示。公交场站的站台形式不仅限于以上三种,具体使用何种形式还要结合场站的实际情况。

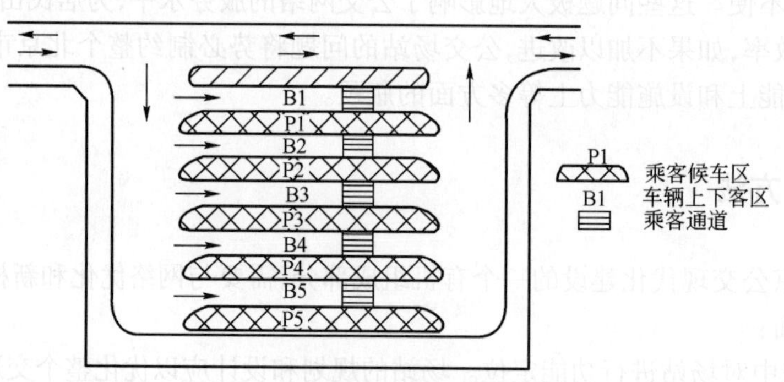

图1 平行直排式站台设计示例

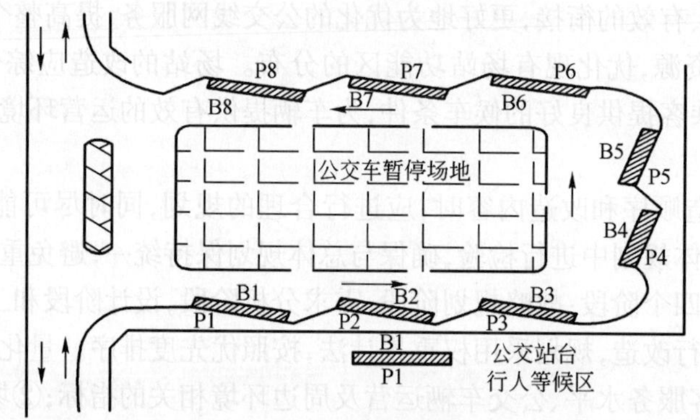

图2 锯齿排列式站台设计示例

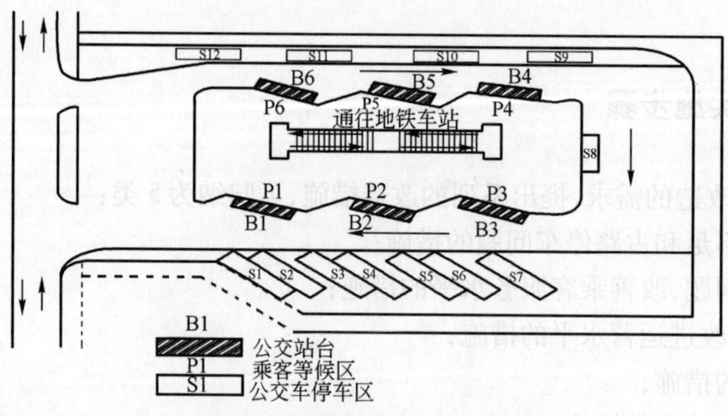

图3 环岛排列式站台设计示例

平行直排式把公交车沿着平行排列的公交站点停靠,上下客区域可以分开,也可以在同一地点。其优点是公交行进线路简单,易于交通疏导;其缺点是人车不易分开。

锯齿排列式把公交车站台分布在场站边缘,乘客的上下车也围绕公交场站进行。其优点是实现人车分离,便于运营管理,提高场站的利用率;其缺点是公交车站内行使距离长,站内车辆交叉多,容易产生拥堵。

环岛排列式是公交车站台依次排列分布在场站中心环岛周边,停车区与到发区分离。乘客的上下车,换乘在环岛内进行,乘客通过地下通道进出站。其优点是实现人车分离,不产生交织,便于运营管理,提高场站的利用率;其缺点是公交车站内行驶距离长,站内车辆交叉多,容易产生拥堵。

应用时应结合实际情况,灵活应用公交场站概念设计原则和理念,配合以公交车、社会车辆、步行人流流线的调整,综合制订改进方案,以达到系统最优化的改造效果。下面以北京市阜成门公交场站为例,具体阐述公交场站改造的概念设计。

阜成门站地处西二环与阜成门内大街交汇处,位于商业繁华地区,紧邻地铁站,交通需求大。场站有4条公交线路在此到发、停车。场站临时用地面积为1 500m^2,停车面积为1 380m^2。研究认为该站存在的问题包括:公交与地铁的换乘不衔接;停车、到发不分开;人车混行;场站空间不够,存在路边停车问题;场站设施简陋陈旧,与社会车辆逆行交叉。

研究中提出了三套改造方案,其中方案一采用平行斜排式港湾设计,能够有效地将停车与乘客乘车活动相分开,但乘客与公交车难以实现有效地分离,如图4所示。

方案二采用锯齿状港湾临街换乘设计。此方案将乘客上下车分开,提高了运营效率,有效利用了空间并提供了一定的停车空间,人车混行问题比方案一小,但需要占用一定的外部道路资源,并减少了停车数量,如图5所示。

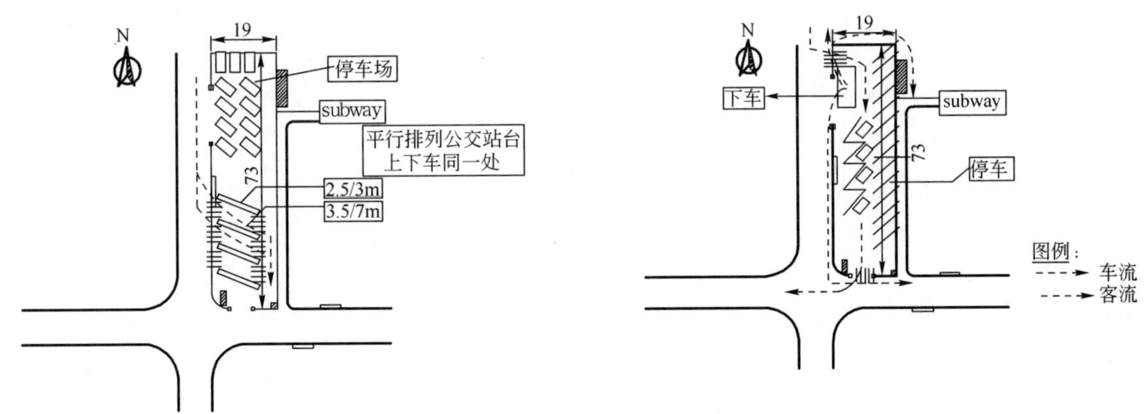

图4 阜成门场站平行斜排式港湾改造设计(尺寸单位:m)

图5 阜成门场站锯齿状港湾改造设计(尺寸单位:m)

方案三采用了平行直排公交港湾。与方案一相比,公交换乘站台少,人车混行的问题小,且提供了更多的停车空间。

6 结论和建议

2008年北京奥运期间,公共交通成为奥运观众的主要出行工具,公交场站成为观众换乘、集散的中心地点和奥运专线的起终点。公交场站通过改造,为乘客提供了便利、安全、舒适的候车及换乘环境,保障了奥运会的顺利进行。通过公共交通的可持续发展,城市交通实现了和谐发展,得到了未来的发展空间,达到持续发展的代与代平等。

建设新的公交主枢纽和对现有场站进行功能调整及优化改造,是公交网络优化和提高公交运营效率的必备条件。优化的公交场站不仅能够提高整个公交网络运营的效率,而且为未来公交网络的发展提升了空间,消除了瓶颈。良好的公交场站以及公交主枢纽的设计应当作为"新北京交通体系"中的重要组成部分和关键节点,发挥着越来越重要的作用。在未来的公共交通规划和建设中,需要提供级配合理、布局优化的公交枢纽和首末站,才能实现线路优化,保障公共交通的可持续发展。

参考文献

[1] 汪光焘.畅达城市交通,实现城市的可持续发展.城市规划,2000,24(3):8-9.
[2] 陈宁萍.城市公共交通的可持续发展战略.城市研究,1998(3):43-45.
[3] 马荣国,杨立波.可持续发展的城市交通规划.西安公路交通大学学报,2000,20(4):53-56.
[4] 申金升,徐一飞,雷黎.城市交通可持续发展若干问题的思考.中国软科学,1997(10):113-119.

11. Data Mining for Supporting Integrated Land Development-Transportation Modeling - A Case Study of Austin, TX, US

Xiaokun Wang[1], Kara M. Kockelman[2], William J. Murray Jr. Fellow[2]

(1. Department of Civil and Environmental Engineering, Bucknell University;
2. Department of Civil, Architectural and Environmental Engineering,
The University of Texas at Austin)

Abstract: The study of integrated land development-transportation modeling has a long history. A variety of methodology and model frameworks have been developed over years. However, almost all model developers and users have been baffled by the lack of supporting data. Especially with the rapid urban development occurring in developing countries, practitioners have been looking for more accessible and disaggregate datasets to better understand land development. Using the City of Austin, TX, U. S. as an example, this study illustrates how land development and related information can be mined and integrated from various traditional and unconventional data sources, such as satellite images. With these data, an integrated analysis of urban land development and transportation becomes feasible.

Key words: Data mining, integrated land development-transportation modeling, satellite images, census data

Introduction

For a long time, city planners have been frustrated by the lack of available data that can support their land development-transportation analysis. In most countries, municipal land use data sets have been the major data source for obtaining land development information. These data sets emphasize parcel geometry, for purposes of tax assessment, utility provision, and so on. Such datasets can provide precise information on how the land is actually "used." However, using parcels as spatial units may not be detailed enough for certain types of analysis, such as those focusing on vegetative and other species, crime occurrence, and so forth. In addition, "parcel" is not a very desirable unit for statistical studies when temporal relationships must be considered. Large, undeveloped parcels may sub-divide and/or experience partial redevelopment, which can make these hard to treat in a panel fashion.

Because of the ways such data are collected, reliable and timely parcel-based data is also hard to access. Limited by financial and personnel expenditures, in most countries land use information is only updated and released every five to ten years, if not more. For some rapidly developing areas, this lack of updating frequency leads to the loss of very important information. More and more, practitioners, researchers, and the public are looking for alternative data resources that provide highly detailed, accessible, and low-cost information. And technological advances are paving the way.

Developments in remote sensing via satellite provide such an opportunity. The spatial units detected by satellite images can be very small. These often are selected at a 30m × 30m resolution, but can be scaled down to 1ft × 1 ft. In addition, development in satellite image acquisition and classification techniques means that such data may be accessed more easily and at a lower cost. Moreover, the derivation of multiple-year data also allows direct incorporation of temporal and spatial correlation into a model' s specification.

Another advantage of satellite data is that it offers much more precise information on vegetation, which can be critical to air quality, due to biogenic sources of (and sinks for) various chemicals of interest. All these advances and aspirations suggest that using satellite data may ultimately be the optimal choice for integrated land use-transport-environment (ILUTE) models, which are highly valued in many regions in order to demonstrate compliance with air quality-related planning standards.

Using Austin, the capital of Texas, as an example, the following sections explain how data for land development intensity levels was collected, processed and integrated over space and time. These data sets were originally collected and processed for an integrated land use-development modeling designed for this area. The data comes from multiple data sources, including satellite images, the Census of Population, City of Austin school district and employment data, as well as transportation and geographic data from the Capital Area Council of Governments (CAPCOG). The derived variables include total neighborhood population, number of workers living in the neighborhood, average household income and number of schools in the neighborhood, travel time to the nearest major highway, travel time to the region' s CBD, travel time to major (top 15) employers, travel time to the nearest airfield, average ground slope, and average elevation (of each 300m × 300m grid cell).

1 Land Development Intensity Level

The land development intensity level is derived from satellite images with 30m resolution. The following sections explain how the land cover information is obtained and classified based on light reflectance rates discerned from satellite images, how and why the 30m resolution grid cells are aggregated into 300m × 300m grid cells, and how the original 9, unordered land use classes are categorized into the 4 development intensity levels.

1.1 Land Cover Information Derived from Satellite Images

The satellite images used for deriving land cover information come from Landsat 4, 5 and 7 systems and cover the urban area of Austin, Texas. Landsat 4, 5 and 7 were launched in 1982, 1984 and 1999, respectively. They all have an identical orbit with a cycle of 16 days. These satellites are able to take snapshots for every American city with a 30 m × 30 m resolution. These imaging systems collect reflectance of seven spectral bands. When information from all these bands is combined, reasonable land cover information can be derived.

There are two basic approaches for deriving such land cover data: supervised and unsupervised. Both approaches require knowledge of actual land cover information. The basic distinction is that a supervised technique uses this information from the beginning, thus guiding the classification process in a more rigorous, mathematical fashion.

The image processing work that produced the land cover information used was originally performed by students supervised by Dr. Barbara Parmenter at The University of Texas of Austin in 2002. Bands 1 - 5 and 7 were used as inputs for the classification algorithms. A hybrid supervised/unsupervised classification was performed. First, supervised classification was carried out using maximum likelihood decision rules with training data based on visual interpretation of USGS topographic maps and digital orthoimagery quarter quadrangles (DOQQs). An ISODATA[1] clustering algorithm then was used for post-classification sorting of over-classified classes to reduce inter-class confusion. Though more years of satellite images probably were available, due to the computational intensity of classification work, cloud cover variations, and other, seasonal effects in datasets, only four years of satellite images were classified by Dr. Parmenter's team. These were for 1983, 1991, 1997, and 2000.

For each year, the study region covers a 48.5km × 55.8 km area, containing around 3 million 30 m × 30 m pixels. Each of these pixels was classified as one of the nine land-cover types: water, barren, forest/woodland, shrubland, herbaceous natural/semi-natural, herbaceous planted/cultivated, fallow, residential, or commercial/industrial/transportation. As an illustration, Figure 1 shows the derived land cover types for the year 1983.

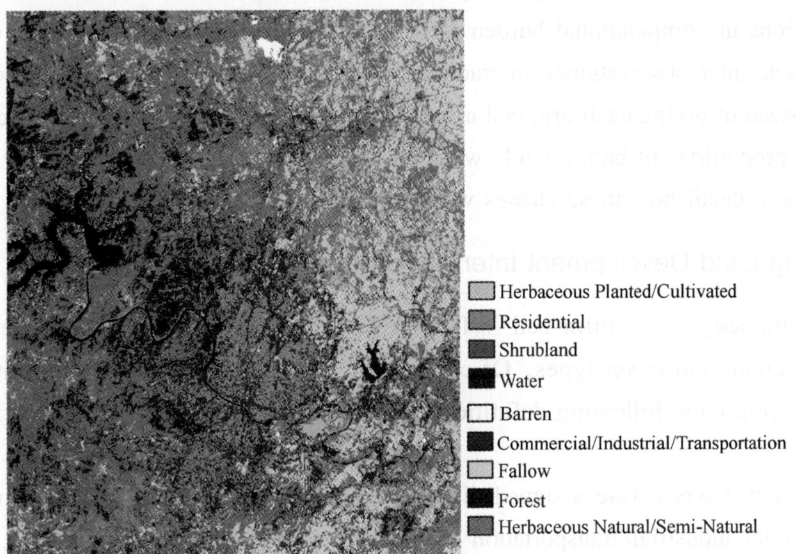

Figure 1 Original Land Cover Information for Year 1983

1.2 Uncertainty and Aggregation of Land Cover Information

Though the classified land cover information is felt to be of high quality (i. e., to present true land cover types [(see Frazier, 2005)], numerous factors still influence its accuracy. Some of these factors can be traced back to the original images. For example, the image distortion caused by the satellite's motion (relative to the Earth) and variations in atmospheric conditions (such as humidity and shadow effects) play a role. However, the most influential factor is still felt to be the classification process.

It is important to note that pixels were classified based on their spectral qualities (i. e., reflected light) rather than actual information on how humans "use" the land (e. g. tax appraisal records). Therefore, the terms residential and commercial/industrial/transportation are probably best interpreted as lands covered by different intensities of light-reflecting man-made materials. A visual comparison of the classified data and DOQQs shows that the grid cells that are classified as commercial, industrial or transportation are those that are largely covered by cement or asphalt. Residential land is more likely to be area covered largely by cement but dotted with some vegetation.

Of course, the land cover information is based on parameters calibrated using the training data. As with any extrapolation/prediction, there is always added uncertainty when the calibrated rules or parameters are used for grid cells

1 ISODATA stands for Iterative Self-Organizing Data Analysis Technique. It is an unsupervised classification approach. It is essentially a clustering technique based on minimum distances (of band values). Jensen (1996) provides more technical details about this approach.

other than those with precisely known training data.

Further more, even with a 30m resolution (0.22 acre), one pixel can be composed of several land cover types. Thus, things can become confused when indexing each pixel as one specific type. Instead, classifying grid cells via some typology that can indicate mixtures of different land covers may be more reasonable.

One intuitive approach to moderate the above mentioned data imperfections involves aggregating observations in a neighborhood. In this way, some random classification errors can be cancelled. Therefore, the original dataset provided by Dr. Parmenter was aggregated using a square window that covers 100 grid cells. In other words, the new dataset now has a resolution of 300m × 300m. The study area now contains 29,946 of these larger grid cells, and remains a large sample with fairly small units. Another advantage of using larger grid cells is reductions in computational burden: the sample size is reduced by a factor of 100. For spatial studies, which track inter-observational interactions, this means that computational load is reduced by 10,000. Then, instead of giving each grid cell a specific land cover type, the new classification scheme is derived based on the proportions of barren land, water, vegetation and man-made materials. The following section describes in more detail how these classes were determined.

1.3 Categorizing Land Development Intensity Levels

As previously mentioned, each 300m cell's land development intensity level was determined based on the mixture of different land cover types. Of course, such definitions of "high intensity" or "low intensity" are rather flexible: the following definitions can be easily modified to adapt to different settings and user needs.

The nine land cover types were assigned different weights to indicate development intensity. Grid cells indexed as commercial/industrial/transportation are largely covered by cement or asphalt, indicating intense development activity, and therefore given a weight of 2. Residential cells were given a weight of 1.5. Grid cells classified as vegetation (shrubland, herbs, fallow, and forest) were given a weight of 0.5. Finally, if the surface is coded as barren or water, its weight is 0. [1]

For the aggregated, 300m neighborhoods, a simple average of these 100 weight indices was computed overall to produce a single value for development intensity. This intensity was then categorized into four levels: averages below 0.5 were ranked as Level 1 (which can be interpreted as almost no development containing mostly vegetation, barren land or water). Between 0.5 and 0.8, the neighborhood was categorized as Level 2, (i.e., slightly developed with around 40% land covered by man-made materials). Between 0.8 and 1.2, the class is Level 3, meaning that this area has medium development intensity with approximately 60% developed area. Above 1.2, the category is Level 4 (i.e., intensely developed, with at least 60% of its area covered by man-made materials).

Equations (1) and (2) summarize this definition process:

$$
\begin{aligned}
\mathrm{INT} = {} & 2 \times \mathrm{FRXN}(\text{Ccmmercial/Iudustrial/Transportation}) \\
& + 1.5 \times \mathrm{FRXN}(\text{Residential}) \\
& + 0.5 \times \mathrm{FRXN}(\text{Herbaceous Planted/Cultivated} \\
& \qquad + \text{Shrubland} + \text{Forest} + \text{Fallow} \\
& \qquad + \text{Herbaceous Natural/Semi Natural})
\end{aligned} \tag{1}
$$

1 Though the weight scheme is flexible, this study approximates these weights based on percentages of man-made materials covering the land (using visual comparison to the DOQQs). The proportion of these percentages for the four types is around 4:3:1:0, so the weights are assigned accordingly.

where INT is the intensity index, FRXN(·) means the fraction of appropriate land cover type in the 300m × 300m neighborhood.

$$
\begin{aligned}
y &= 1\ if\ \text{INT} < 0.5 \\
y &= 2\ if\ 0.5 \leqslant \text{INT} < 0.8 \\
y &= 3\ if\ 0.8 \leqslant \text{INT} < 1.2 \\
y &= 4\ if\ \text{INT} > 1.2
\end{aligned} \tag{2}
$$

wherey is the land development intensity level, a very important variable in land development-transportation modeling. In addition to a fairly meaningful interpretation, these cut-offs also ensure a reasonably balanced mix of different development intensity levels. Figure 2 shows the derived land development intensity level for the study area in different model years.

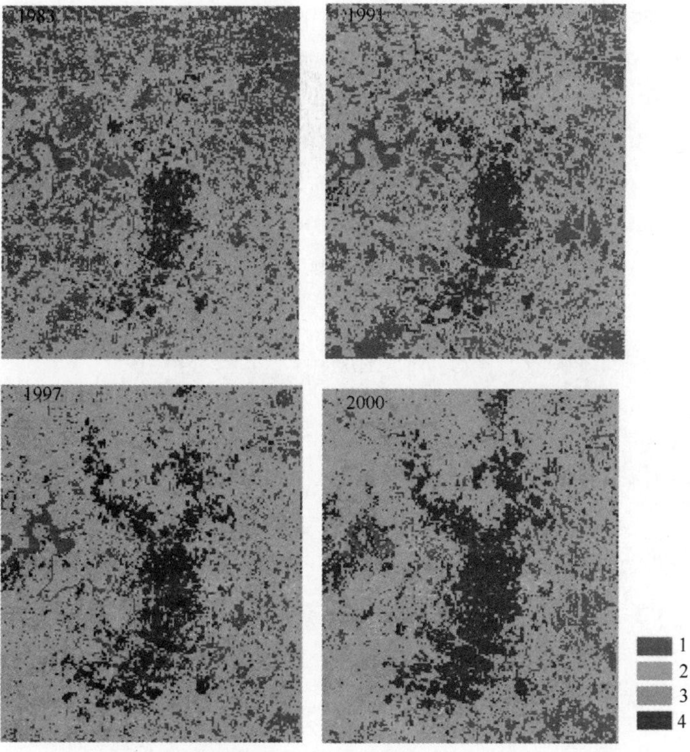

Figure 2 Computed Land Intensity Levels across Different Years

2 Census Data

Three variables of demographic characteristics can be easily derived. These data originally come from the U. S. Census of Population for years 1990 and 2000: total population, number of workers and median household income. To be used in one model, these datasets need to be organized in the same frames (spatial and temporal) as the land cover data. However, the census data and the land cover data have different spatial units and time points. For example, the smallest spatial unit for income in the census data is a block group, and the three land-cover data sets cover non-census years (1983, 1991 and 1997). In order to align these two datasets, the census data had to be spatially reorganized and off-year census data had to be extrapolated. The derived Census data was originally processed primarily by Christopher Frazier (2004) for his Master's thesis.

Frazier (2004) used TransCAD's "overlay" function (Caliper Corporation 2004) to allot census data to each grid cell based on how much each block group lay within each 300m cell: for population and workers, the variables are derived using an area-weighted summation. For median household income, the variable was derived using population-weighted average of the Census values.

For temporal extrapolation, Frazier (2004) assumed an exponential form for workers and households. He calibrated the exponential model at the regional level and then rectified this uniform growth pattern by factors that indicate each cell's deviation from the "average" behavior. For median household income, a correction for inflation also was made (based on the Consumer Price Index).

It is expected that the development intensity level of a specific location depends not only on its own characteristics, but also on features of its neighborhood. For example, land owners are more likely to develop sites based on their expectation of the population of nearby areas. Therefore, after allotting population, workers and household income information to each grid cell, it is necessary to calculate such variables for the neighborhood of each 300m grid cell. Neighborhood here is defined as a circle with 3km radius. This calculation is carried out in ArcMap (ESRI, 2005) using the "focal sum" function (and "focal mean" for income) after the vector map is rasterized. Figure 3 ~ Figure 5 show the spatial distribution of these summed values (or averaged values, in the case of household income).

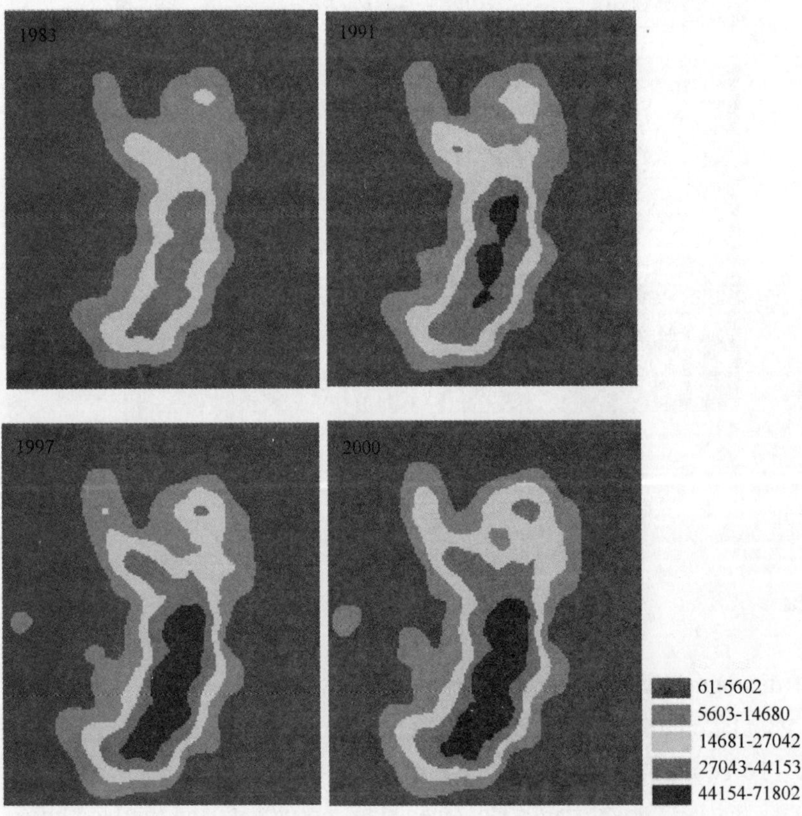

Figure 3 Neighborhood Populations as Shown at the level of 300m Grid Cells (where neighborhood is a 3km-radius circle)

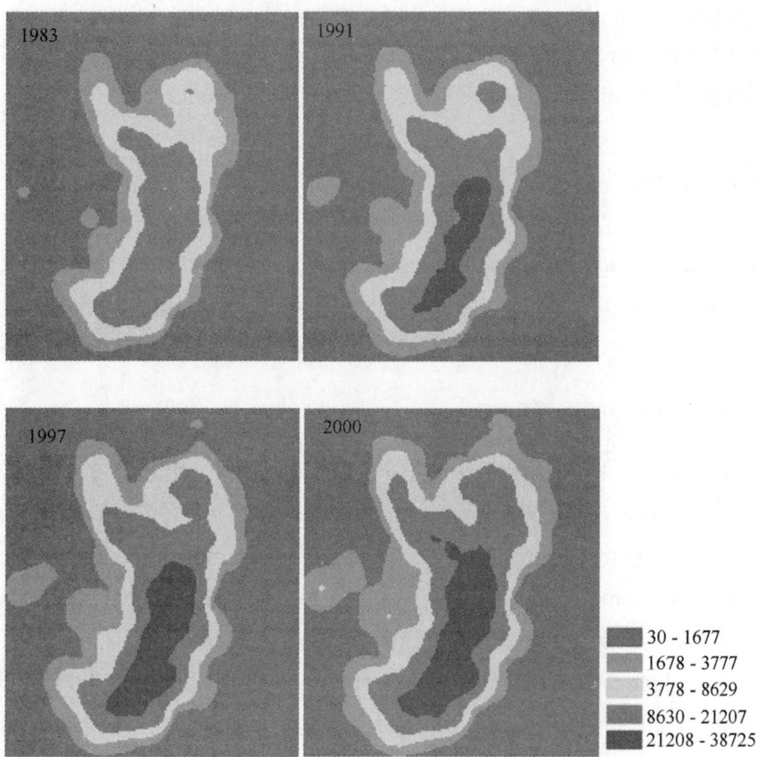

Figure 4 Neighborhood Workers as Shown at the level of 300m Grid Cells (where neighborhood is a 3km-radius circle)

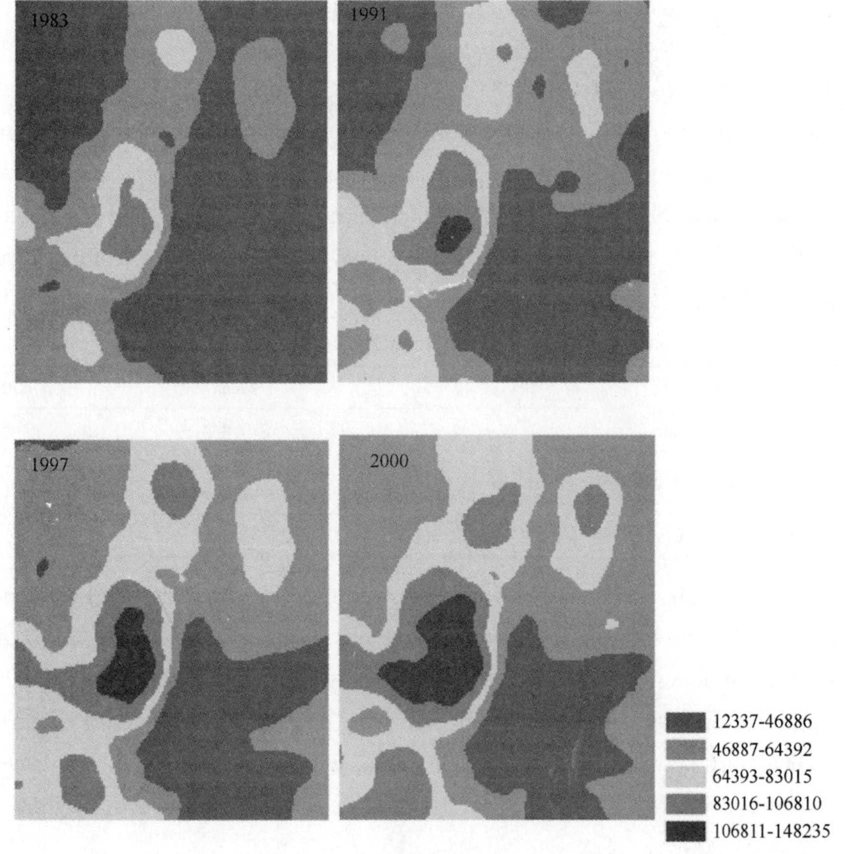

Figure 5 Average Median Household Income across Neighborhoods(where neighborhood is a 3km-radius circle)

As can be observed, population in the study area is highest around downtown. Over the years, population has increased and expanded spatially. In general, the number of workers follows a very similar pattern. Even after accounting for inflation, the increases in household income are quite noticeable. The western study area exhibits higher household incomes, with peak values stay in the Westlake area.

3 Transportation Access

Development intensities can be significantly influenced by accessibility. One indicator of access is travel time to major highways, airports, and job sites. The following sections discuss how road networks and locations of major facilities and employers in different years were derived, and how travel times were calculated.

3.1 Road Networks in Different Years

When one is interested in travel times, proper road networks can be critical. Though Austin street maps can be traced back 100 years, only year 2002's map is digitally available (CAPCOG, 2005). It is possible to "vectorize" old street maps, with current techniques; this requires rather intense work and the results are subject to great uncertainty. Moreover, such methods remain impossible without hard-copy maps. Here a simple approach is proposed to derive road networks in different years based on land cover information. Though the method is not yet very sophisticated, the results appear quite reasonable. Moreover, this method provides a prototype for further study on how to use satellite data as a supplement to traditional data sources.

Limited by data availability, it is first assumed that the street condition in the study area did not change between years 2000 and 2002. That is, the 2002 street map represents the 2000 network. In this way, we are able to link land cover information and road existence using 2000 satellite data and the assumed 2000 network.

A road map is normally in the form of "vectors", i. e., links connected by nodes. Those vectors are first rasterized and thus transferred to grid cells with Value 1 indicating that there is road crossing the cell and 0 otherwise. Such a 0-1 situation can be analyzed using a standard binary probit model; the dependent variable is the roads existence and explanatory variables include a constant, and local fractions of commercial/industrial/transportation land and residential land. Table 1 provides the estimates of this simple probit model, as based on the 300m grid cells.

Estimation Results for Road Existence (Binary Probit) Table 1

Variable	Mean	Standard Deviation
Constant	−0.444	−40.54
Fraction of commercial/industrial/transportation land (in 300m cell)	1.622	31.82
Fraction of residential land (in 300m cell)	2.632	63.57

Following this calibration, the model's parameters are used to "predict" road existence in each grid cell based on the fractions of different land use/land cover types in other years (1983, 1991 and 1997).

The next step was to obtain a street map for each year by "trimming" links from the 2000 map, based on the above prediction. In ArcMap, the "join layer" (ESRI, 2005) function matched each year's grid cell information to the 2000 road network. For each year, links with a predicted value of 1 were kept and others were deleted, resulting a somewhat reduced road network (since the road system was only assumed to grow, from 1983 through 2000/2002).

As Frazier (2002) suggests, the alignments/locations of major roads in the study area, including U. S.

Highway 290, U. S. Highway 79, U. S. Highway 183, State Highway 71, Interstate 35, Loop 1, and Loop 360 did not change from 1983 to 2000. Thus, as a final refinement, the "cut off" road network of each year is combined with/overlaid on major roads. Replicated sections were removed. Figure 6 shows the derived road networks in different years.

The resulting road networks remain vectors (i. e., represented by links and nodes, instead of tiny points). However, after processing, using such vectors to calculate travel distances and/or travel times is no longer a superior option (as compared to using rasterized data), since some sections of road may be incorrectly cut off. As can be observed in Figure 6, the resulting road networks contain many small clusters of fragmented roads. Though the loss of these sections may be negligible in terms of total length, they can be critical to network connectivity.

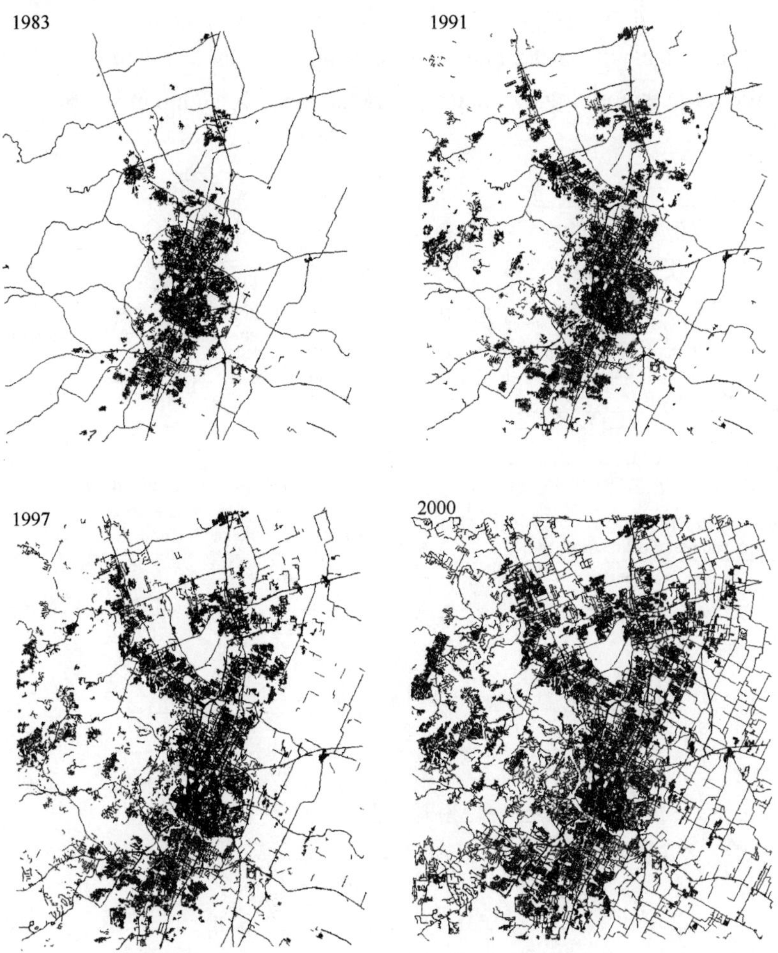

Figure 6 Estimates of Austin Road Network in Different Years

3.2 Calculating "Travel Cost"

Thus, when estimating travel times and distances, the vector layers were first rasterized to a "weighted cost" raster layer. The cell size of this raster layer is set to be as small as $10m \times 10m$, so that it can better approximate the vector layer. If there is a road, the cell is given Value 1, and if there is "No Data" (i. e., no road exists), the cell is given Value 5. This 5:1 cost ratio implies that the resulting total cost can be used in estimating travel times simply by dividing total cost by a common factor. In this study, after conversion, the "total cost" was interpreted as travel times with travel speed assumptions of 8 mile/hr off-road and 40 mile/

hr on road. Of course, if more information on road classification, capacity and/or congestion levels is available, the cost of each 10m cell can be more finely classified, to better represent different speeds under different conditions.

The first advantage of this method is that instead of ignoring off-road distances or assuming that a location is inaccessible, this method reasonably accounts for the impedance of "off-road" travel by giving it a "cost" that is five times on road cost. Second, because travel time (or cost) on roads is much less than time off road, the shortest path calculation is attracted to roads whenever possible. This implies that if two sections of roads are disconnected, but the gap is small, the shortest path will still go through these two sections instead of taking a more circuitous route (or simply reporting a cell to be "inaccessible").

Though this overall method for deriving travel time is somewhat coarse (neglecting link type and issues of congestion, for example), it seems quite helpful when the road network expands noticeably over some years. After all, the "existence" of a road may be more important its travel time.

This multi-step process for deriving estimates of travel times is summarized by the flowchart shown in Figure 7.

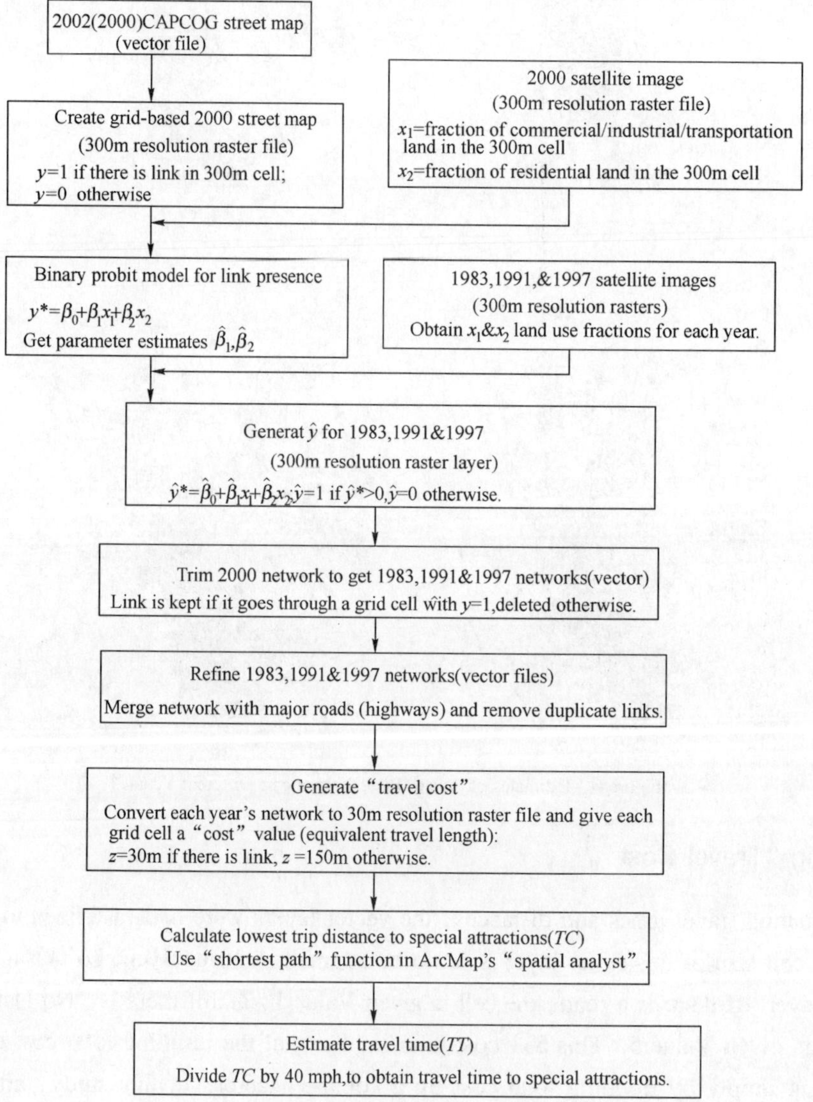

Figure7 Procedure for Deriving Estimates of Travel Time

3.3 Facilities and Important Locations

Key facilities and locations considered in this dataset include major roads, all airfields, the central business district (CBD), and Austin Top 15 job sites. An airfield is helpful for long-distance travel. The CBD and sites of major employers attract many activities and trips. A major road is a key facility for travel of many types. The distances to all these sites and facilities are considered indicators of each location's attractiveness and accessibility.

As introduced in the previous section, the locations of Austin's major roads have not changed since 1983. The GIS map of these roads was obtained from CAPCOG's website (CAPCOG, 2006) along with airfield information (for each model year). The CBD is defined as a 2.4km × 3.3km rectangular area with its center located at the State Capitol Building and its long edge parallel to Interstate 35. Austin's major employer information was provided by the City of Austin (2006), but only for years 2000 and 2002, and only employers with more than 500 employees were geo-coded. There also is a 1997 Top 50 employers' map available, though not geo-coded. To make the measurements consistent, top 15 employers are located in each model year. For years 1983 and 1991, the information was derived by tracing back the histories of the top 50 employers in 1997.

Figure 8 shows the locations of such attractions, including major roads, airfields, and top employers' headquarters.

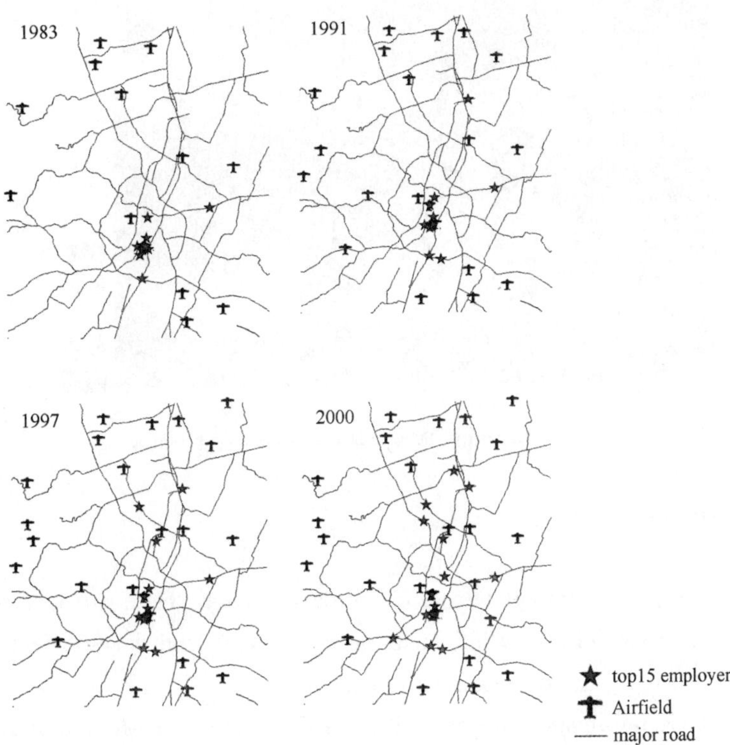

Figure 8 Locations of Key Sites and Highways in Different Years

3.4 Calculating Travel Time for Each Location

After travel cost to each 300m cell was defined as described in section 3.2 and the major facilities were located, travel times were calculated using the ArcMap's "shortest path" routine. Each grid cell was given values indicating their travel time to the nearest major road, the nearest airfield, the CBD and the nearest top employer.

4 School Access

A location's accessibility to schools can be important to its development. Here, the number of Kindergarten through 12th grade (K-12) schools in the 3 km-radius neighborhood is calculated using ArcMap's "viewshed" function, based on the 2001 school information provided by the City of Austin (2007). Of course, over time new schools emerge, particularly in peripheral regions (as populations have grown). However, due to the lack of such, earlier school-siting information, this study assumes that the number of schools in any neighborhood has remained constant over the four model years. Figure 9 shows the spatial distribution of this variable.

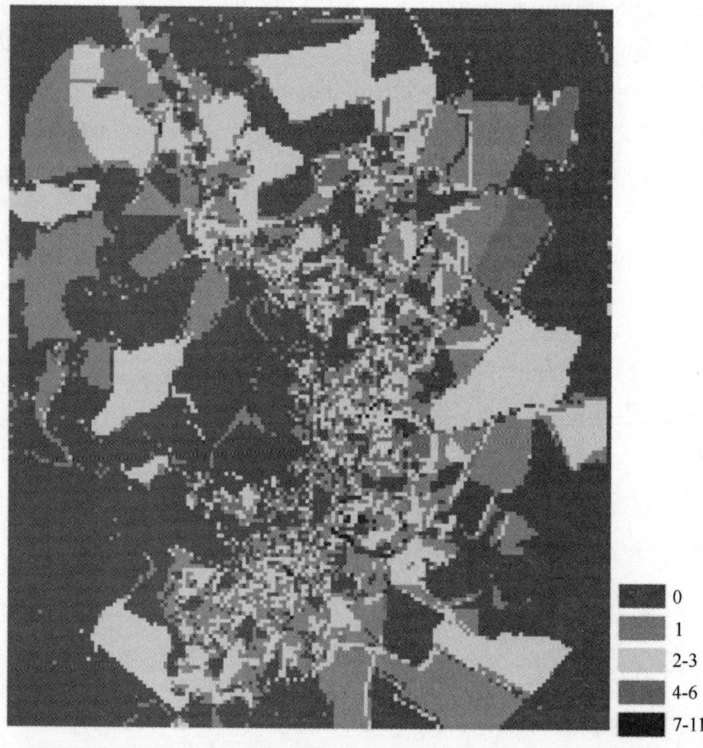

Figure 9 Number of Schools in Each Cell's Neighborhood

5 Topographic Information

Topographic conditions can play an important role in site development. Here two factors are considered: elevation and slope. These two variables may influence the intensity of land development because of their relationship to view lots, flood risk, and development costs.

The elevation and slope information are derived from CAPCOG's 10-foot resolution contour line map (CAPCOG, 2006). Elevations were calculated using ArcMap's spatial interpolation function, which generates a raster layer with values equaling the contour line values at locations where the lines actually appear. For locations between the lines, the function interpolates values based on neighboring contour lines using an "inverse distance weighted" algorithm (ESRI, 2005). The resulting elevations in the study area range from 186 to 1292 feet (i.e., 62 ~430 m) above mean sea level. However, due to errors in the original contour line data (some contour line sections in high-elevation area have zero values), the interpolation returns some unrealistic values, clearly observable in Figure 10.

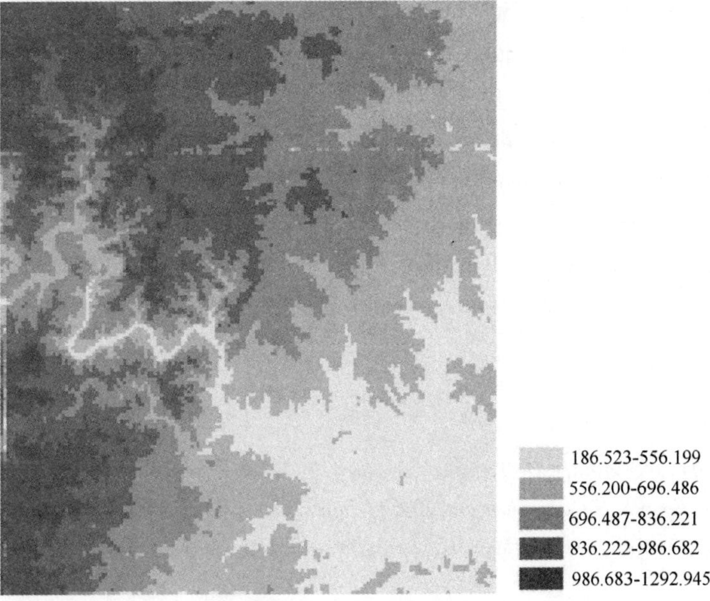

Figure 10 Elevation Distribution

Having obtained the elevation layer, slopes can be estimated using ArcMap's "surface analysis" function. Because of the noise in elevation data (see Figure 11), the resulting slopes also contain some unrealistic values. Fortunately, the locations of these imperfections are easily detected, in the maps, and can be avoided when selecting the data sample.

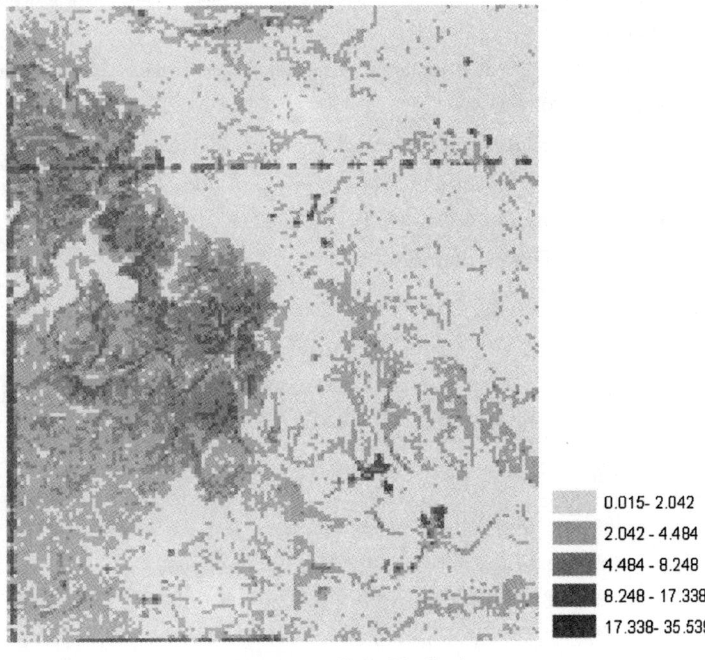

Figure 11 Slope Distribution

6 Conclusions

Using a case study of Austin, TX, this paper introduces the data mining process which can provide significant information for Integrated Land Development-Transportation Modeling. Various data sources have been used, including the traditional Census of Population, city-maintained facility and employment data, geographic data, as well as the new, informative satellite images. Variables that can be derived include elevation, slope, number of (neighborhood) schools, neighborhood population, and workers, average household income, travel time to top employers, travel time to the CBD, travel time to the nearest airfield, travel time to the nearest major road, and most important, land development intensity. It is expected that data mining process should vary substantially dependent on data availability of different locations. Nevertheless, the processes and data sources utilized in this paper provide important insights into the foundation of any integrated land use-transportation modeling: data acquisition. It is thus reasonable to believe that the processes summarized in this study will be helpful to similar situations in the research area of sustainable urban development.

References

[1] Caliper Corporation(2004). *TransCAD GIS Software, version* 4.7. Caliper Corporation, Newton, Massachusetts.

[2] CAPCOG (Capital Area Council of Governments) (2006). *Information Clearinghouse-Geospatial Data.* Capital Area Council of Governments, Austin, Texas. Accessed May 10, 2007: http://www. capcog. org/Information_Clearinghouse/geospatial_main. asp.

[3] City of Austin (2007). *City of Austin GIS Data Sets.* Accessed May 10, 2007:ftp://coageoid01. ci austin. tx. us/GIS-Data/Regional/coca-gis. html.

[4] City of Austin (2006). *Employment Data.* Accessed May 10, 2007:http://www. ci. austin. tx. us/grovoth/employment. htm.

[5] ESRI (2005). *ArcView GIS software, version* 3.2. Environmental Systems Research Institute Inc., Redlands California.

[6] Frazier, C. (2004). *Spatial Econometric Models for Land Use/Land Cover Data: Theory and Application using Satellite Images for the Austin, Texas Region.* Masters Thesis, The Department of Civil, Architectural and Environmental Engineering. The University of Texas at Austin.

[7] Frazier, C. and Kockelman, K(2005). "Spatial econometric models for panel data: Incorporating spatial and temporal data". *Transportation Research Record* 1902: 80-90.

[8] Jensen, R.J. (1996). *Introductory Digital Image Processing.* New Jersey: Prentice Hall.

[9] Wang, X (2007). *Capturing Patterns of Spatial and Temporal Autocorrelation in Ordered Response Data: A Case Study of Land Use and Air Quality Changes in Austin, Texas.* Ph. D. Dissertation, Department of Civil, Architectural and Environmental Engineering, The University of Texas at Austin.

12. How to Improve Bus Service

Carlos F. Daganzo

(Institute of Transportation Studies University of California, Berkeley, CA 94720)

Abstract: Bus schedules cannot be easily maintained on busy lines with short headways. Experience shows that buses offering this type of service usually arrive irregularly at their stops, often in bunches. Although transit agencies build slack into their schedules to alleviate this problem, their attempts often fail because practical amounts of slack cannot prevent large localized disruptions from spreading system-wide. This paper describes a more resilient control scheme that overcomes this problem. The method produces even headways with less slack than the conventional approach. Thus, buses can run faster and be more productive.

Key words: Bus service, slack, delay

1 Introduction

This paper examines a new way of delivering reliable transit service. The focus is on high frequency transit lines where out-of-vehicle delay is given by the headways irrespective of the schedule. It is well known from experience and theory (e. g. , Newell, 1977) that collective bus motion for these types of systems is unstable; i. e. , that even if one starts with perfectly even headways, they invariably become irregular, and if enough time passes buses bunch up. The reason for this instability is that if a disruption causes a bus to slow up relatively to the bus it follows, the bus encounters more passengers along the way, and these extra passengers delay it further. Conversely, the next bus has a tendency to catch up.

To fight this problem, transit agencies insert slack into their schedules, and require buses (or transitvehicles) to depart on time at predefined control points along the route. The slack is calculated so buses can make up time lost due to random recurrent travel disruptions between control points, but slack reduces the commercial speed of the buses, so it cannot be too big. To limit the total amount of bus delay, control points are spaced widely so that typical routes include only a few.

Unfortunately, even considerable amounts of slack cannot guarantee on time performance in the realworld where large disruptions often occur. For example, if a single transit vehicle suffers an uncommonlylarge delay (e. g. , a transit station power failure, a brief mechanical malfunction or some other incident) sol that its headway grows beyond a critical value, then enough extra passengers could arrive along its route to force it to inexorably fall further and further behind schedule. The unfortunate bus would be eventually caught by subsequent buses, and if they traveled in a loop all would eventually cluster. Generalized disruptions, such as heavy traffic or a snow storm, are even more problematic because they can push large groups of vehicles behind schedule. If this happens the delayed vehicles would try to go as fast as they can to catch up with the schedule, and in doing so would quickly destabilize them selves and the system. In this case the schedule becomes useless; counterproductive in fact.

This paper shows that if buses are controlled in an adaptive way, based on information from the buses they follow rather than a fixed schedule, they can produce even headways and fast service, without the resiliency problems of schedule-based control. Section 2 below defines the terms and presents the basic strategy, Sec. 3 examines its performance, and Sec 4 discusses the results and presents an example.

2 The Analysis Framework

2.1 Definitions and Background

The object of our analysis is a single bus (or transit) line with a regular schedule. This schedule is defined by the times $t_{n,s}$ at which each bus (n) is expected to arrive at a series of control points (s) lying along the line. The schedules are of the form:

$$t_{n,s+1} = t_{0,0} + nH + \sum_0^s p_i \quad \text{for} \quad n, s = 0, 1, 2\cdots \tag{1}$$

where H is the service headway and p_i is the target travel time for the segment between points i and $i+1$, which is common to all buses. Note that p_i is indexed by the point at the beginning of its segment and that (1) allows for spatially inhomogeneous routes. Note too that the transit agency can reuse the buses once they reach the end of the line, so the index n does not really refer to individual buses but to bus runs. A brief review of known, useful facts now follows.

(1) Deterministic motion: In a deterministic world with no random variations, p_s could be set equal to c_s, the average travel time from s to $s+1$ including stops. Thus, the bus motion would simply be:

$$t_{n,s+1} = t_{n,s} + c_s \tag{2}$$

(2) Stochastic effects: In reality, random disturbances due to traffic, passenger needs and the vagaries of bus drivers give rise to errors $\varepsilon_{n,s} = (a_{n,s} - t_{n,s})$ between the actual bus arrival times $a_{n,s}$ and those scheduled. As a rcsult, actual headways, $h_{n,s} = (a_{n,s} - a_{n-1,s})$, also differ from the target. To model these effects we should recognize that the average uncontrolled travel time from s to $s+1$ increases with the headway, since longer headways imply more passengers to be served. For simplicity we shall assume this uncontrolled time, which we denote $u_{n,s,}$ is linear in $h_{n,s}$, i.e. that:

$$u_{n,s} = \tau_s + \beta_s h_{n,s} \quad \text{for some} \quad \tau_s, \beta_s \geqslant 0 \tag{3}$$

Of course, $u_{n,s} = c_s$ when $h_{n,s} = H$, so our constants must satisfy $c_s = \tau_s + \beta_s H$.

The constant τ_s is the bus travel time from s to $s+1$ with very few boarding and alighting movements, and β_s is a dimensionless constant expressing the marginal increase in expected bus delay arising from a unit increase in headway——the longer headway results in additional passenger moves, which delay the bus. For most bus lines, alighting moves are quick so that the increased bus delay depends mostly on boarding moves. The constant β_s can then be interpreted intuitively. Note that the expected bus delay from s to $s+1$ due to these boarding moves is the product of three factors: the passenger arrival rate between our two control points, the headway $h_{n,s}$, and the average marginal delay per boarding move. Since this product is $\beta_s h_{n,s}$ by definition, we see that β_s is the expected number of passenger arrivals in segment $(s, s+1)$ during the average marginal delay induced by one boarding move. Values of β_s can range from 10^{-2} to 10^0 depending on demand levels and the length of the segment. For example, line 44 of SF-Muni which is familiar to the author exhibits $\beta_s \approx 10^{-1}$ during the rush hour and $\beta_s \approx 10^{-2}$ on weekends for segments spanning one stop.

We also assume that the actual travel time for segment $(s, s+1)$, $U_{n,s}$, includes a random noise term caused by the aforementioned random disturbances. Because this random noise term only becomes known upon the bus' arrival at $s+1$ we label it, $\nu_{n,s+1}$. Thus, $U_{n,s} = u_{n,s} + \nu_{n,s+1}$ so that:

$$U_{n,s} = \tau_s + \beta_s h_{ns} + \nu_{n,s+1} \quad \text{for some} \quad \tau_s, \beta_s \geqslant 0 \tag{4}$$

This noise term is assumed to have zero mean, variance $\sigma_{s+1}{}^2$, and to be independent of h_{ns}.

All the assumptions we have made in connection with (3) and (4) are reasonable as long as the headways are not allowed to deviate much from H, and should be especially accurate if the control pointsare closely spaced and buses do not skip stops. Thus, the stochastic law of motion for an uncontrolled bus running close to schedule is:

$$a_{n,s+1} = a_{n,s} + U_{n,s} = a_{n,s} + \tau_s + \beta_s(a_{n,s} - a_{n-1,s}) + \nu_{n,s+1} \tag{5}$$

We have already mentioned that this type of motion is unstable; i. e., that headways increasingly deviate from the target as time passes, until buses bunch up. The reason is that the terms including β_s act like forces that attract the pair of buses on opposite sides of a headway shorter than H and repel them when the headway is longer. To illustrate this effect Table 1 shows the ratio of the RMSE in the deviations from the schedule $(a_{n,s} - t_{n,s})$ observed at a location s of a homogeneous route, and the RMSE that would have been observed at the same location if β was 0. Note the strong effect of β on this amplification factor.

Amplification of the RMSE in deviations from the schedule due to the attraction parameter β

Table 1

	$\beta = .01$	$\beta = .03$	$\beta = .1$	$\beta = .3$	$\beta = 1$	$\beta = 3$
$s = 1$	1	1	1	1.2	1.8	3.6
$s = 2$	1	1	1.1	1.4	3.7	18
$s = 4$	1	1	1.3	2.4	21	550
$s = 8$	1	1.1	1.8	3.0	1 100	$\gg 10^3$
$s = 16$	1.1	1.4	4.5	240	$\gg 10^3$	$\gg 10^3$
$s = 32$	1.2	2.1	45	$\gg 10^3$	$\gg 10^3$	$\gg 10^3$

(3) Conventional schedule control: To avoid this problem and keep the system running on time, transit agencies introduce enough slack into their schedules to guarantee that the target travel times, $p_s = w_s$, are rarely exceeded by the uncontrolled travel times.

We recommend introducing at least four standard deviations of the noise term as slack, i. e. $w_s \geqslant c_s + 4\sigma_s$, because the noise terms tend to be positively skewed. With this form of control thus, reliable service is achieved at the cost of slowing bus service by approximately $4\sigma_s$ time units for the segment from s to $s+1$, and a like amount for all other segments. Since the total amount of delay is the sum of the delay on all these segments, we see that delay increases with their number. (For example, if noise terms are independent and the route is homogeneous then σ_s^2 is proportional to the segment's length, and the total amount of delay is proportional to the square root of the number of segments.) Since bus delay is bad for the agency and bad for its patrons, agencies can only use a few segments (i. e., control points) on each route. Unfortunately, few control points imply low system resiliency; and this brings us the new model.

2.2 The Proposed Strategy and its Dynamic Equations

In view of the destabilizing forces associated with (5) we propose introducing a compensating force that would attract buses when they are too far and repel them when they are too close. The simplest policy of this type would act only on the following bus of each pair, speeding it when it lags and retarding it when it closes. We propose adding a headway-dependent delay $d_{n,s}$ to the time that the bus on run n would otherwise spend traveling uncontrolled from s to $s+1$. So the law of motion is $a_{n,s+1} = a_{n,s} + U_{n,s} + d_{n,s}$. To compensate for the attraction force and then reverse it, the added delay is chosen to be

$$d_{n,s} = d_s + (\alpha + \beta_s)(H - h_{n,s}) \text{ for some } d_s \geqslant 0 \text{ and } \alpha \in (0, 1) \tag{6}$$

The constants d_s and α characterize the policy and represent the average bus delay at equilibrium and the sensitivity to control, respectively. Every constant and variable on the RHS of (6) is known by the time the bus on run n departs s. So they are available when needed. The constants should be chosen to ensure that added delays are rarely negative. In other words, if we use σ_{hs}^2 for the variance of the headway at s, which is an endogenous quantity to be determined, the constants should satisfy: $d_s \geqslant 3(\alpha + \beta_s)\sigma_{hs}$. We use 3 standard deviations because, as we shall see in the next section, $h_{n,s}$ is approximately Gaussian.

Let us now derive the stochastic law of motion arising from our policy and a recursive dynamic equation for the deviations from the schedule. Using (4) and (6) we rewrite the law of motion as $a_{n,s+1} = a_{n,s} + \tau_s + \beta_s h_{n,s} + \nu_{n,s} + d_s + (\alpha + \beta_s)(H - h_{n,s})$, and now remembering that $c_s = \tau_s + \beta_s H$ we see that $a_{n,s+1} = a_{n,s} + c_s + d_s + \alpha(H - h_{n,s}) + \nu_{n,s}$. Thus, the stochastic law of motion is:

$$a_{n,s+1} = a_{n,s} + c_s + d_s + \alpha(H - a_{n,s} + a_{n-1,s}) + \nu_{n,s} \tag{7}$$

Now focus on the deviations $\varepsilon_{n,s}$ of the $a_{n,s}$ from the equilibrium times that would arise without noise.

These times obey (1) with $p_s = c_s + d_s$ and therefore satisfy $t_{n,s+1} = t_{n,s} + c_s + d_s$. Thus, subtracting this relation from (7), we find our dynamic equation,

$$\varepsilon_{n,s+1} = (1-\alpha)\varepsilon_{n,s} + \alpha\varepsilon_{n-1,s} + \nu_{n,s+1} \quad \text{for} \quad n = 1, 2\cdots;\ s = 0, 1, 2\cdots \tag{8}$$

The boundary conditions are $\varepsilon_{0,s} = 0$ for $s = 0, 1, 2\cdots$ and $\varepsilon_{n,0} = 0$ for $n = 0, 1, 2\cdots$

It is convenient to introduce the constants $f_0 = (1-\alpha)$, $f_1 = \alpha$, and $f_j = 0$ for all other integer j, and at the same time define $\varepsilon_{n,s} = 0$ and $\nu_{n,s} = 0$ for all $n < 0$, because this convention allows us to rewrite (8) as:

$$\varepsilon_{n,s+1} = \textstyle\sum_j f_{n-j}\varepsilon_{j,s} + \nu_{n,s+1} \quad \text{for} \quad n = 1, 2\cdots;\ s = 0, 1, 2\cdots \tag{9a}$$

Or even more simply, using boldface for vectors and " $*$ " for the convolution operation, as:

$$\boldsymbol{\varepsilon}_{s+1} = \boldsymbol{f}\,\boldsymbol{\varepsilon}_s + \boldsymbol{\nu}_{s+1} \quad \text{for} \quad s = 0, 1, 2\cdots \tag{9b}$$

where f is the kernel of the convolution. Since f is the p. m. f. of a Bernoulli random variable it will be called the Bernoulli kernel.

This paper will also examine (9) where f is more generally allowed to have the form of the p. m. f. of a non-negative random variable with mean $\mu > 0$ and variance $v^2 \in (0, \infty)$. Consideration shows that this general case arises when instead of (6) we use the following for the added delay:

$$d_{n,s} = d_s + (F_0 + \beta_s)(H - h_{n,s}) + \textstyle\sum_{j=1}^{\infty} F_j(H - h_{n-j,s}) \tag{10}$$

where F_j is the complementary c. d. f. of f; i. e. : $F_j = \sum_{m=j+1}^{\infty} f_m$. Note that (10) is a weighted sum of past headway deviations so the calculation can be done by the time it is needed, and that earlier headways carry less weight.

To complete the discussion we need to describe what to do in the rare occasions when the calculated $d_{n,s}$ turns out to be negative. We propose asking bus drivers to speed up by not picking up passengers until their $d_{n,s}$ reverses sign. This is not so drastic a form of intervention as one may think because for systems operated with small headways and short segments it would delay only a little the passengers waiting at a just a few stops.[1] An appealing feature of the strategy we are proposing is that it increases bus speed at the first hint of an unduly long headway, before the problem grows to unmanageable proportions, and in so doing acts as a robust servomechanism that compensates for the type of recurrent disruptions that wreak havoc with schedule-based control.[2]

1 Pickups are already refused in real-world busy routes whenever buses reach capacity.

2 Although pickups could also be refused with schedule-based systems, interventions of this type would usually be late because drivers can only know their headways at the few control points on their routes. And if drivers were to be given the discretion to stop picking up passengers at any location only on the basis of their schedule delay (ignoring the bus they follow) there would be false alarms.

3 Stability Results

This section examines the performance of the strategy from the perspective of reliability. Section 3.1 analyzes its on-time performance, i.e. the deviations (8), and Section 3.2 its ability to maintain even headways. The results are encouraging. Section 3.1 will show that although the deviations from the schedule grow without limit as a bus run progresses, they do so at a declining rate and they turn out to be small for runs of practical length (with fewer than 100 segments). More importantly, Section 3.2 will show that the deviations in headway do not grow without limit; they are in fact uniformly bounded and quite small for any number of segments and bus runs.

3.1 Deviations from the schedule

Our first question is determining whether the deviations in (8) stay bounded (and small) or grow to infinity as (8) is iterated for increasing values of n and s. We first answer this question assuming that the $\nu_{n,s}$ are bounded, i.e. $|\nu_{n,s}| \leqslant M$, and then examine in more detail the case where they are i.i.d.

If we replace ε_s in the RHS of (9b) by the corresponding instance of (9b) we obtain: $\varepsilon_{s+1} = f*(f*\varepsilon_{s-1}+\nu_s)+\nu_{s+1}$. This formula can be more conveniently expressed if we use $f_{|j}$ for the p.m.f. that arises by convolving f with itself j times; i.e., as: $\varepsilon_{s+1} = f_{|2} * \varepsilon_{s-1} + f_{|1} * \nu_s + f_{|0} * \nu_{s+1}$. If we now replace ε_{s-1} by its corresponding instance of (9b) and repeat this s times we obtain: $\varepsilon_{s+1} = f_{|s+1} * \varepsilon_0 + f_{|s} * \nu_1 + f_{|s-1} * \nu_2 + \cdots + f_{|1} * \nu_s + f_{|0} * \nu_{s+1}$. And since $\varepsilon_0 = 0$, we finally have:

$$\varepsilon_{s+1} = \sum_{j=0}^{s} f_{|j} * \nu_{s+1-j} \qquad \text{for } s = 0, 1, 2\cdots \tag{11a}$$

In scalar notation, using $f_{m|j}$ for the mth term of $f_{|j}$ the expression is:

$$\varepsilon_{n,s+1} = \sum_{j=0}^{s} \sum_{m} f_{m|j} \nu_{n-m,s+1-j} \qquad \text{for} \quad n=1,2\cdots; s=0,1,2\cdots \tag{11b}$$

Equations (11) are useful because they express our unknowns (the errors $\varepsilon_{n,s}$) as a linear combination of known random variables (the noise terms).

The coefficients of (11) can be calculated numerically, and can also be expressed analytically with transform methods. However, since the repeated convolution of a p.m.f expresses the p.m.f. of the sun of a corresponding number of i.i.d. random variables, closed forms for the Bernoulli, Poisson and negative binomial kernels can be readily written. More generally, however, the coefficients for each j should approach the normal distribution as j increases. So, if we write ϕ for the standard normal density function, we always have:

$$f_{m|j} \approx v_j^{-1} \phi(z_j/v_j) \quad \text{for large } j, \quad \text{where } z_j = m - j\mu \quad \text{and} \quad v_j^2 = jv^2 \tag{12}$$

We are now ready to present the results.

PROPOSITION1 (Stability): *If* $|\nu_{n,s}| \leqslant M \forall n, s$ *in the solution domain, then* $|\varepsilon_{n,s}| \leqslant Ms \forall_{n,s}$

proof: Taking absolute values in (11b) and using the triangle inequality we find that : $|\varepsilon_{n,s+1}| \leqslant |\sum_{j=0}^{s} \sum_m f_{m|j} \nu_{n-j,s-j+1}| \leqslant \sum_{j=0}^{s} \sum_m f_{m|j} |\nu_{n-j,s-j+1}| \leqslant M \sum_{j=0}^{s} \sum_m f_{m|j} = M(s+1)$

Proposition 1shows that the proposed control policy is stable and robust ; i.e., bouned noise cannot prouce unbounded errors no matter how many bus runs are introduced. But if the noise has a known covariance structure exact for formulas the variance of the errors can also be developed because (11) links linearly the errors and the noise . Of interest is the case where the noise terms are uncorrelated with the same variance, $\sigma_s^2 = \sigma^2$. In this case (11) yields $\text{var}(\varepsilon_{n,s+1}) = \sum_{j=0}^{s} \sum_m f_{m|j}^2 \sigma^2$ and we see that the proposed policy amplifies the variance of the noise by a factor $\kappa_{\varepsilon,s}^2 \equiv \text{var}(\varepsilon_{n,s+1})/\sigma^2$, which is:

$$\kappa_{\varepsilon,s}^2 = \sum_{j=0}^{s} \sum_m f_{m|j}^2 \tag{13}$$

Because (13) gives little insight and is tedious to calculate even in the simplest cases, a simplification is given below.

RESULT1 (Variance of Arrival Deviations): *An approximate expression for* $\kappa_{\varepsilon,s}^2$ is:

$$\kappa_{\varepsilon,s}^2 \approx \sqrt{\frac{s}{\pi v^2}} \quad \text{if} \quad sv^2 \gg 1 \tag{14}$$

Proof: For large s the contribution to (13) by terms with small j is small and the remaining terms can be approximated with (12). Therefore we shall use (12). If j is so large that $v_j \gg 1$ we can also replace the inner sum $P_j \equiv \sum_m f_{m|j}^2$ by the integral $P_j \approx \int_{-\infty}^{+\infty} v_j^{-2}\phi^2\left(\frac{z_j}{v_j}\right)dz_j = (2\sqrt{\pi}v_j)^{-1} = (2\sqrt{\pi j v^2})^{-1}$. (The integral was solved using the substitution: $\phi(x)^2 = \phi(\sqrt{2}x/\sqrt{2\pi})$. This approximation for P_j applies if $jv^2 \gg 1$. It cannot be used for $j=1$ but improves with increasing j. Thus, if we use the approximation for $j>1$ only and recognize that $P_0 = 1$ we can write: $\kappa_{\varepsilon,s}^2 = 1 + \sum_{j=1}^{s} P_j \approx 1 + (2\sqrt{\pi v^2})^{-1}\sum_{j=1}^{s} j^{-1/2} \approx 1 + (2\sqrt{\pi v^2})^{-1}\int_{0.5}^{s+0.5} j^{-1/2}dj \approx (\pi v^2/s)^{-1/2}$ for sufficiently large s, which matches (13). The result holds for $sv^2 \gg 1$ and improves with increasing s because then the bulk of the contribution to the sum of the P_j's comes from the terms with large j which satisfy $jv^2 \gg 1$ and are well approximated by the integral.

A simulation of the Bernoulli model, i. e. where $v^2 = \alpha(1-\alpha)$, with $s = 1, 2 \cdots 150$ control points and several thousand consecutive bus runs shows that if $\alpha \in (0.1, 0.9)$ then (14) predicts $\kappa_{\varepsilon,s}$ with errors below 7% for $s>10$ and below 2% for $s>30$. So, (14) can be useol as a rough recipe to predict expected deviations from the schedule in practical applications We now turn our attention to the headways.

3.2 Deviations from the ideal headway

We now show that if the noise is i. i. d. then the variances of the deviations in headway at every control point are bounded by a common quantity that is independent of s. So, even though according to (14) the deviations (from the schedule can theoretically grow arbitrarily large for very long imaginary routes, we shall) see that the headways cannot. (In other words, the proposed policy keeps near -constant headways for) all buses indefinitely.

To verify this idea we shall work with the headway deviations $\xi_{n,s} = \varepsilon_{n,s} - \varepsilon_{n-1,s}$, expressing them by subtracting two instances of (11b). After collecting terms with the same $\nu_{n,s}$'s we find:

$$\xi_{n,s+1} = \sum_{j=0}^{s}\sum_m (f_{m|j} - f_{m-1|j})\nu_{n-m,s+1-j} \tag{15}$$

Taking variances in (15) we see that the variance amplification is:

$$\kappa_{h,s}^2 = \sum_{j=0}^{s} Q_j \quad \text{where} \quad Q_j = \sum_m (f_{m|j} - f_{m-1|j})^2 \tag{16}$$

This is an exact result. We used the subscript h instead of ξ because the variance of the deviations equals the variance of the headways. We now show that these variances have a common upper bound for all s.

PROPOSITION 2 (Headway Variance Bound): *Series* (16) *converges to a quantity* κ_h^2 *which bounds the headway variance amplification at all stages s for all buses n.*

Proof: Note that (16) is monotonic; therefore to prove the theorem it suffices to show that $Q_j = O(j^{-c})$ for some $c>1$. We shall show that $c = 3/2$. In view of (12), we can approximate $(p_{m|j} - p_{m-1|j})$ for large j by the derivative of $v_j^{-1}\phi(z_j/v_j)$ with respect to z_j, which is: $-z_j v_j^{-3}\phi(z_j/v_j)$ Therefore, Q_j can also be approximated by the integral of the square of this quantity. This integrand cao again be simplified with the substitution: $\phi(x)^2 = \phi(\sqrt{2}x)/\sqrt{2\pi}$. It then reduces to $(-z_j v_j^{-3}\phi(z_j/v_j))^2 = \frac{z_j^2}{v_j^6\sqrt{2\pi}}\phi(\sqrt{2}z_j/v_j)$. The resulting integral has the form for the variance of a zero-mean normal variable, so the final result turns out to be

$Q_j \approx (4\sqrt{\pi}v_j^3)^{-1}$. Since this approximation improves for increasing j and $v_j^2 = jv^2$, we conclude that $Q_j \approx (4\sqrt{\pi})^{-1}(jv^2)^{-3/2} = O(j^{-3/2})$.

An approximate expression for κ_h^2 can be obtained by adding the asymptotic expression for Q_j derived in the proof of this theorem, $Q_j \approx (4\sqrt{\pi})^{-1}(jv^2)^{-3/2}$, but this result turns out to be quite poor because the main contribution to $\kappa_{h,s}^2$ comes from the first few terms of (16) which are not well approximated by the asymptotic expression. The expression does suggest, however, that kernels with large v(e.g., involving several headways) are more effective in smoothing bus flow than those with small v. Simulations bear this out.

We examined with simulation the Bernoulli kernel in detail because it is the simplest to implement in practice and because it can be used as a point of reference. We fitted to the data power functions of $v = \sqrt{\alpha(1-\alpha)}$ and found the following.

RESULT 2 (Headways of the Bernoulli Kernel): *The headways are approximately Gaussian with*:

$$k_h \approx 0.95[\alpha(1-\alpha)]^{-1/2} \tag{17a}$$

The error is below 1% *for* $\alpha \in (0.1, 0.9)$ *and below* 2% *for* $\alpha \in (0.03, 0.97)$. Furthermore:

$$k_h < [\alpha(1-\alpha)]^{-1/2} \quad \text{for} \quad \alpha \in (0.01, 0.99) \tag{17b}$$

Table 2 summarizes selected results from the simulation, including three non-Bernoulli kernels. Inaddition to the variance of the headways (16), it displays at how many segments away from the boundary equilibrium is reached, and the variance of the added delay (10) assuming that β is small enough to be neglected. Recall that we want this added delay to be small. Note how the simulated headway variances for the three Bernoulli cases match (16a), and how these variances are reduced by nearly 40% by non-Bernoulli kernels that exhibit equal or less variance for the added delay.

Selected simulation results for different kernels; variances are given as multiples of the noise variance, σ^2

Table 2

Kernel: $f_0, f_1, f_2 \cdots$	Headway variance (16)	Number of segments to equilibrium	Variance of the added delay (10)
.5, .5 (Bernoulli)	3.8	7	95
.8, .2(Bernoulli)	5.6	9	22
.9, . 1 (Bernoulli)	10.5	30	1
.4 ,. 2 ,. 2 ,. 2	2.35	2	65
7, .1 , .1 , .1	3.5	3	22
.85, .05 ,. 05 ,. 05	6.4	7	1

4 Discussion

We present below an example that illustrates both, how to apply the results of Sec. 3, and the type of practical benefits that can be expected. We then briefly discuss some implementation issues and future work.

4.1 Example

Assume that we want to provide frequent service with $H = 5$ min on a homogeneous bus line with $\beta = 0.03$, and that in the interest of resiliency all its segments are to be 1 km long. On each of these segments the uncontrolled travel time averages $c_s = 3$ min, with a standard deviation, $\sigma = 0.25$ min.

With the Bernoulli kernel, the proposed strategy produces Gaussian headways with standard deviation σ_h

$\approx 0.95\,\sigma[\,\alpha(1-\alpha)\,]^{-1/2}$ and requires $d = 3(\alpha + 0.03)\,\sigma_h$ as slack for each segment. For $\alpha = 0.2$ we find $\sigma_h \approx 36$s and $d \approx 25$s; and for $\alpha = 0.1$, $\sigma_h \approx 47$s and $d \approx 19$s. Since the fluctuations in headway are small compared with the headway, buses would not pair up.

Let us now look at this from the perspective of a randomly arriving passenger. It is well known that the headway fluctuations add $\frac{1}{2}\sigma_h^2/H$ minutes to the passenger' s average out-of vehicle delay; i. e. , only about 2s if $\alpha = 0.2$ and 4s if $\alpha = 0.1$. The passenger' s in-vehicle delay due to the slack is more severe. A 5 km trip, which would take 15 min in a perfect deterministic world, would take about 17min if $\alpha = 0.2$ and 16.5 min if $\alpha = 0.1$. These trip times could be slightly reduced by using non-Bernoulli kernels, and also by spacing the control points more widely. The latter is not recommended, however, for the resiliency reasons mentioned at the outset of this paper.

Now, compare this performance with the schedule-based approach. Since noise disturbances (unlike headway disturbances) are skewed, the schedule-based approach would at least require a slack of $4\sigma = 1$min . Although it would produce headways with $\sigma_h^2 \approx \sigma^2$ away from the control points , resulting in negligible out-of -vehicle delays , our 5km/15 min trip would take 20 min instead of 16.5 or 17.

Even if we were to increase segment length significantly in order to reduce the number of control points (giving up resiliency) the schedule-based approach falls short . For example increasing segment length by a factor of 10, which would increase the noise variance σ^2 by a factor of about 14 (since the variance is amplified by a factor of 10 due to the effect of length and by a factor of about 1.2^2 due to the effect of β, see Table I), would result in passenger delays averaging about 4s outside the vehicles and about 23s/km inside. This performance is still inferior to that of the Bernoulli model with $\alpha = 0.1$ and would be improved further by more sophisticated kernels such as the one on the last row of Table 2.

The comparative advantagc of headway control grows for systems with strong attraction forces. Table 3, below, summarizes the results one obtains if the above calculations are repeated for systems with $\beta = 0.1$ (busy) and $\beta = 0.3$ (very busy). The values of s on the fist column indicate the number of segments between control points for the schedule-based control. The table shows how headway control speeds up buses relative to the schedule-based approach. Note how they gain about 10 s/km when $\beta = 0.1$ and 26s/km when $\beta = 0.3$. Faster buses are more productive buses and this can benefit the transit agency; not just its customers.

Performance of different control methods under different demand scenarios. Added wait is the extra out-of-vehicle waiting time resulting from the variability in the headways. Added pace is the bus delay per kilometer caused by the slack. Results apply for σ =1/4 min. To obtain results for different σ' s, scale the values of the table up or down by the same factor as σ

Table3

Control method	Attraction parameter $\beta = 0.1$		Attraction parameter $\beta = 0.3$	
	Added wait (s)	Added pace (s/km)	Added wait(s)	Added pace(s/km)
.5, .5 (Bernoulli)	1	50	1	68
.8, .2 (Bernoulli)	2	32	2	54
.9, .1 (Bernoulli)	4	28	4	58
$s=1$ (schedule-based)	0	63	0	84
$s=2$ (schedule-based)	1	46	1	84
$s=4$ (schedule-based)	1	38	1	72
$s=8$ (schedule-based)	3	37	3	70
$s=16$ (schedule-based)	6	67	6	$>10^3$

4.2 Conclusion

The above example illustrates that transit agencies can retain reasonably fast bus speeds while closely tracking and controlling their buses. This is very beneficial.

By closely tracking buses over short segments the control system can automatically trigger corrective measures before problems grow large. For example if a bus was to malfunction and go out of service, the transit agency could immediately increase the target headways of the two following buses by 50% each, which would require accelerating both buses, e. g. by temporavrly skipping pickups. The nice thing about short segments is that this correction would take effect quickly, upon the buses arrivals to the problematic control point. With 1km segments this would take just a few minutes—— not a large fraction of an hour ——so that the remedial measure would have an excellent chance to work . Although it is ideal for systems with frequent service ,headway control can also be helpful for scheduled systems with long headways as a fail-safe operating mode when large jams or storms disrupt the complete system.

Headway control can be implemented easily. In its most rudimentary form, perhaps appropriate for a pilot study, one person would be stationed at each control point with the responsibility to calculate (6) or (10) upon each bus arrival and then postpone the bus' departure accordingly. This system can be easily automated with computer-controlled signals. Alternatively, one could use on board computers equipped with GPS and wireless communication devices. This would also allow the transit agency to monitor its bus routes even more closely, improve communication and guidance to drivers, and reduce cost.

This type of on-board architecture would also allow for the use of more advanced bus cooperation strategies involving leaders and followers, which for example would allow a bus to slow up when it is running ahead of the bus behind. This flexibility has the potential for speeding up bus service even more. The architecture can also be used to control buses on closed loop routes where buses may be introducedand taken out of service during the course of a day . In this case the goal is maximizing the commercial speed of the buses in circulation while maintaining regular headways. This problem is mathematically more difficult because the headway is now an endogenous variable:the problem's dynamic equations are non-linear and have to be approximated . Further research to build and demonstrate on -board system architectures including applications of the type we have described is under way.

5 Acknowledgement

This research was supported by the U. C. Berkeley Center of Excellence on Future Urban Transport.

References

[1] Newell, G. F. (1977). Unstable Brownian motion of a bus trip. Statistical Mechanics and Statistical Methods in Theory and Applications(ed. U. Landman),Plenum Press ,645- 667.

13. Complexity Analysis on Chinese Transportation Portals Groups Topology

WANG Xiao-xia

(School of Traffic and Transportation, Beijing Jiaotong University)

Abstract: Now researches on complex network and complexity problems are becoming an international boom. However, those researches are focusing on real traffic network instead of virtual transportation portals. This paper studied the portals of ten cities, which are Beijing, Shanghai, Guangzhou, Tianjin, Chongqing, Hangzhou, Ji'nan, Qingdao, Shenzhen and Zhongshan. Based on a large number of empirical investigated data, by topology hierarchy analysis the complexity of portals governance is from government-oriented to market-oriented primarily under control. As for portals' design, market-oriented groups are unified better. However the industry characteristics indicate the integrated transportation still on the way.

Key words: Portals, Topology, Complexity, Transportation

1 Introduction

It's an international upsurge for academic studies on non-linear science, complexity and complex network [1][2]. In the real world complex network is everywhere, from the Internet [3] to the World Wide Web [4], from urban highway transportation networks [5] to aviation road maps [6], from ultra-large-scale integrated circuits to large power grids [7], from cellular neural networks to protein interaction networks. And the social relationships can also be described, such as the co-operation between scientists [8] and the citation between scientific articles.

However, in the field of transportation, this research work is mainly concentrated in the rail[9], aviation and the MTR complex network. In 2006 National Basic Research Program of China "Research on the Basic scientific Problems of Traffic Jams Bottleneck in Cities" was approved. And its subproject "The Complexity of Spatial-temporal Evolution of Urban Traffic System & the Structural Bottlenecks" will fully employ the complex network theory, dynamical systems theory, modern control theory and traffic science and engineering methods [5].

Although these explorations will reveal the evolution of traffic flow, these studies mainly focus on physical transportation networks instead of transportation portals. [10] In China, during the 10th Five-Year Plan ten cities performed the Intelligent Transportation Application Demonstrations[11]; in "the 11th Five-Year Plan" in the field of intelligent transportation national Key Technologies R&D programs support Intelligent Transportation Demonstrations of Beijing Olympic Games, Guangzhou Asian Games, Shanghai World Expo and propose the construction of public information service platform for highways, railways and civil aviation[12].

Under such background, analysis of transportation portals groups' topologies of China major cities by complexity theories is meaningful.

2 Overview of Chinese Transportation Portals Groups

2.1 Coastal portals

China has 33,200 km coastline in total, for which mainland coastline accounts 18,400 km, and has maintained the world's largest port country since 2003. The development of coastal ports has experienced three stages, namely the resumption period from the establishment of P. R. of China to 1973, the second construction climax soon after Reform and Opening Up, and the third development opportunities during late 1980's and early 1990's. After entered the 21st century, the coastal ports are running on the fast lane, ports.

48 representative coastal ports were selected and studied. We analyzes the built number, basic information, function modules, technology application of their portals by positive visit and first hand statistical information; classifies ports in regions, namely Yangtze River Delta, Pearl River Delta, Bohai Rim, the Southeast and Southwest Coast for the imbalance of regional economic development, and employed structural analysis method on portals analysis. [13] Though a larger construction proportion, coastal portals embody complexion of non-standard construction, incomplete services, low technical level, ineffective ports operations support and big regional gaps.

The construction of Chinese portals is unregulated and uneven in different regions at this stage. Also, most portals are not mature, remaining in simple information release level and are deficient in substantive, interactive functions. Majority portals fail to serve as platform for information exchange, office management and customer services. Chinese coastal ports should attach importance to the informationlization and the construction of networks service and form a comprehensive and practical portal, richening the resources and operations, improving port services level and guaranteeing the further development of Chinese coastal ports.

2.2 Railway portals

With electronic tickets come true in civil aviation worldwide, railway E-commerce faces rigorous competition. Railway portals should provide customers with online value-added information services timely and conveniently, which include the Ministry of Railways, railway bureaus, stations and ticketing companies.

We investigated typical railway portals in China, such as China Ministry of Railway, 11 railway bureaus, and 2 stations as well as several railway ticketing companies, analyses their linkage relationship by web-classification, discusses their actual functions, defects and intuitionist impressions, and makes some suggestions. [14]

In information age, facing the great development of China's railway such as passenger transport lanes and heavy-burden transportation, railway portals also experience high-speed development. There are three portals offering statistics of visited volumes, namely the Ministry of Railways, Wuhan and Taiyuan Railway Bureau, which more than 10 million, 40 million and 100 thousand by 2007 Dec 1st . And the figures grow rapidly. It's a big market needing exploitation. So it's very important to introduce relevant laws and regulations, norms and constraints for portals development. And the most significant problem is official tickets information sharing, which needs market-oriented of Railway Bureaus.

2.3 Aviation portals

Airlines E-commerce refers to the digitization and network of all the process in passenger services, including booking, ticket printing, check-in, registration, clearing, etc. As an important measure to facilitate passenger and reduce airlines cost, airlines portals play a vital role in raising management level and increasing airlines benefits.

With the opportunity of achieving 100% global BSP (Billing & Settlement Plan) by the end of 2007, this paper explores the construction and operation of Chinese Airlines portals. By compilation of statistics data about basic elements, such as network time, languages, version information in 17 major airlines websites and by analysis figures about user visits and international network traffic rankings provided by Alexa, we discuss airlines portal performance and progress of airlines E-Commerce, and reason the causes of the status quo on the other hand. Apart from that, suggestions about websites design, information service and visit performance are given in order to offering relevant reference to the further. [15]

Chinese airlines have realized that aviation industry has entered the era of global competition. At present, websites represent the image of its corporate, serving as an important indicator in evaluating its comprehensive strength. Therefore, airlines should lay great emphasis on websites and it is necessary to set up specified design departments. The designers should follow international rules and meet international standards.

In the process of website design, attention should be paid to basic element, home page and layout design. And in accordance with majority business, future development trend and visitor constitution, select condign language version to meet the client demands. Homepage, with the highest clicks, should catch eyes by innovative design and clearly listed information and services provided in all aspects.

Almost all the website has certain amount of information including online booking, freight transportation, member activities, value-added services, site map, company introduction and news update. Portal should increase value-added services and expand member/VIP services, providing human-oriented services to benefits members. Successfully attract clients was always the key element in deciding success or failure of airlines in the cutting throat competition in aviation industry.

Technical factors also serve as fundamental component in websites performance. Minimize the loading time and increase the loading speed, increase links to other websites, provide website search and personalized services such as Air SMS and customization e-mail services is the strive direction.

2.4 The urban public service travel portals

With China's accelerated pace in building well-off life and the improvement of people's living standards, is expected that in "11th Five-Year Plan" period, the total number of civil vehicles, the domestic tourism drive size, and the per capita number of passenger transport will continue to grow. It is estimated that the total number of vehicles will keep growing at a rate more than 10 percent per annum and reach 60 million by the end of "11th Five-Year Plan". The increasing of vehicles facilitate the public travel, while on the other hand bring severe traffic congestion problem to the cities.

"Public transport travel information service system" (PTIS) is based on information resources provided by Highway Information Resource Integration System and Terminal Management Information System offer better travel information services for travels through all kinds of display devices such as the Internet, call centers, mobile phone, PDA and other mobile terminals, television, car terminal, variable information boards, warning signs, automotive rolling display, big-screen, touch-screen etc. Public travel service portals are an important component part of PTIS, with the most direct contact with the front public. By the end of 2004, Ministry of Communications Of China started a demonstration project of PTIS. More than one year later, in 2006 the Beijing Municipal Traffic Commission took the lead in launching the Beijing public travel network, Zhejiang, Shandong, Chengdu followed. We makes clear the demand of public travel service portals, and evaluates the four portals from website contents, page design, site performance, navigation, information structure, page interactive features, brand effect seven aspects, in the end correspondingly presents some optimization of the strategy. [16]

At present, the construction of PTSP is still at the fledgling stage in China. Though many of the urban public service travel portal building has taken shape, there is still a lot of problems.

(1) Scattered development and lack of unified planning. Although a national group of steering coordination is established, coordination mechanism is imperfect and inadequate in exerting coordination efforts. From the institutional perspective, building, operating and management units are inconsistent and not unified, resulting in timely communication and inefficient mutual ITS data, equipment and operational exchange between objectives. This situation affected the accuracy and comprehensiveness of PTSP and the content reliability. Correspond system should be established and perfected, industry coordination across agencies should be founded and the industries responsibility provisions should be demarcated, so that the PTSP can play an effective role.

(2) Low level of traffic information compare with Japan, South Korea and other developed countries. Japan had installed microwave detector and image monitoring equipment in major roads. Automatic traffic information center will collect and analysis traffic conditions by these equipment, and issue accurate real-time traffic information by media such as phone, Fax, Internet radio, television, SMS and automotive navigation systems. Road information are also released by newspapers, magazines and other printed media. Japan also set up Vehicle Information and Communication System (VICS) in 1995, which provide information like the traffic congestion, the time required for driving, traffic accidents, road construction, speed and route restrictions, as well as car park space. At present, the number of vehicle installed VICS is nearly 12 million Japan. China should establish practical, reliable travel information systems, bare the "people-oriented" concept from the perspective of the public, and provide concise, understandable and timely travel information. Investment in the development of information technology should increase, especially in the highway, to improve necessary facilities and equipment in information gathering.

(3) Narrower information source and channels, low information reuse rate compared to developed countries. In this regard, we should learn from the experience of United Kingdom Travel Information Highway (TIH) and the United States 511 travel information service system. Both of them take the platform as the media, share resources mutually and effectively among government departments, scientific research departments and related enterprises, avoiding resources fragmentation, time and money waste in public information service. Information access should be flexible and through diversified ways in China. Government should break the resources blockade and led to sharing of integrated information according to specific situation, pilot first, and gradually spreading. Government should also enact relevant traffic information standards as soon as possible, providing the basic platform for state traffic information networking.

3 Methods of investigation and analysis

First, take the ten major cities performed the Intelligent Transportation Application Demonstrations as a sample and especially focus on Beijing, Guangzhou and Shanghai.

Then visit transportation portals of each city and extract their statistical characteristics, such as entrepreneur, director, copyright and linkage.

Thirdly, quantify the linkages complexity between urban transportation portals by topology hierarchy analysis by two steps. (1) Describe the mutual links between each portal of one region; (2) make sure the grade of each portal and accordingly give out the multi-level hierarchical structure of portals links. [17] Here the linkages complexity refers to links offered by every other transportation portal within one city.

Finally, point the governance characteristics of China major cities, transportation portals groups are network radiation with industry mark.

4 Analysis of typical regional portals groups

Based on an empirical investigation of the ten above mentioned cities, the urban transportation portals groups of Beijing, Shanghai and Guangzhou as delegates, find two notable features.

4.1 Some multiple and complex links

The number of portals in each group of ten major cities shows in Table1. The mean value is a little higher than 7. Beijing, Shanghai, Chongqing, Guangzhou and Hangzhou are all above average. Especially Beijing almost doubles it.

The number of portals in each group of ten major cities Table1

City	Beijing	Shanghai	Guangzhou	Tianjin	Chongqing	Hangzhou	Ji'nan	Qingdao	Shenzhen	Zhongshan
Portals number	13	10	7	6	9	7	5	5	5	5

There are 5 portals named as gov. cn in Beijing group and 7 direct mutual links. The multi-level hierarchical structure of Beijing transportation portals links give out as Figure 1.

Beijing Municipal Transportation Administration Bureau (Municipal Transportation Bureau for short) own four portals, namely Bjjtw, Bjysj, Bjjtzf and Bjlzj, which are supported by The Beijing Municipal Traffic Information Center. It's directly under Municipal Transportation Bureau and has Traffic view, supported by Beijing Stone Intelligent Transportation Systems Integrated Ltd. And almost all of the gov. cn portals have logo linking with Beijing China①.

In contrast, the hierarchical structure of transportation portals links in Shanghai is a little simple. See Figure 2. Compared with Beijing, firstly MOC plays the same role; secondly Shanghai Municipal Transportation Administration Bureau own two Domain names technically supported by Shanghai Municipal Transportation Information Center, linking not only relevant government departments, district and county transportation management departments but also related enterprises, however many links can't properly work; thirdly, the portal of Transportation Industry Associations in Shanghai links with MOC, jtsh and shucm; and there are portals for Marine Bureau and Port & Shipping Bureau because of the special location of Shanghai. There is a unified icon for government portals, which not properly used like Beijing.

As for Guangzhou the hierarchical structures of transportation portals links is very simple. See Figure 3. Guangzhou Municipal Transportation Committee own gzjt, gzeport and gzyz②. Guangzhou Traffic Stations Construction & Administration Center is directly under the Municipal Transportation Committee and owns gzzc and gzbus. So Transportation Committee is dominant. Linking targets has obvious enterprise features, such as Yang Cheng Tong③ and "96900" Hotline④. And professional associations play an important role, such as

① http://www.beijing.gov.cn/

② Guangzhou Municipal Transportation Administration Bureau portals(http://www.gzyz.com.cn), same to gzjt; Guangzhou Travel Information services Platform, http://www.gzyz.com.cn/jtinfo/jtinfo.asp, Function imperfect

③ http://www.gzyct.com

④ http://www.96900.com.cn/

Guangzhou Parking Association[5] and Guangzhou Automobile Association of Motorcycle Maintenance[6]. Same to Shanghai, not make full use of the unified icon.

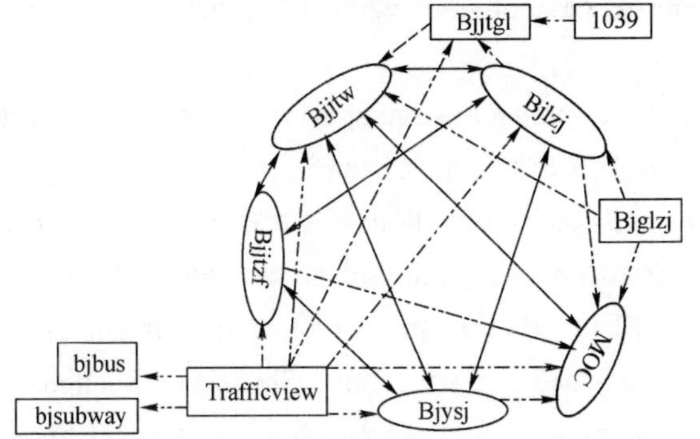

Figure 1 The multi-level hierarchical structure of Beijing transportation portals links

Notes: Bjjtw: http://www. bjjtw. gov. cn; Bjlzj: www. bjlzj. gov. cn; Bjysj: http://www. bjysj. gov. cn/; Bjjtzf: http://www. bjjtzf. gov. cn/index. jsp; MOC: http://www. moc. gov. cn/; Bjjtgl: http://www. bjjtgl. gov. cn/; Trafficview: http://www. trafficview. cn/; Bjglzj: http://www. bjglzj. com; 1039: http://www. 1039. com. cn/

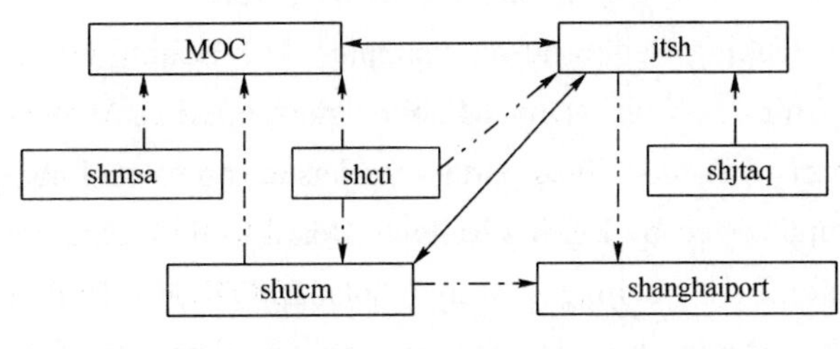

Figure 2 The multi-level hierarchical structure of Shanghai transportation portals links

Notes: moc: http://www. moc. gov. cn/; jtsh: http://jtj. sh. gov. cn/ (http://www. jt. sh. cn/); shjtaq: http://www. shjtaq. com/main/index. asp; shcti: http://www. shcti. cn/jtxh/index/index. asp; shucm: http://www. shucm. sh. cn/gb/node2/index. html; shanghaiport: http://www. shanghaiport. gov. cn/; shmsa: http://www. shmsa. gov. cn/

As for Chongqing, the mutual -links shows in Figure 4. Subordinate units of Chongqing Municipal Transportation Administration Bureau are Road Bureau, Traffic Information Networks of Chongqing public security, Municipal Port Administration[7], Municipal Traffic Levy & Inspection bureau, Chongqing express Development Co. Ltd, Chongqing Traffic Lawful Administrative Enforcement Corps with two domain names and etc. And Municipal Transportation Bureau links Chongqing Municipal Bureau of Tourism, Chongqing Public Traffic, airlines, hotels and Suomei Intelligent Transportation Communication Services Ltd., which provide GPS Technology application service.

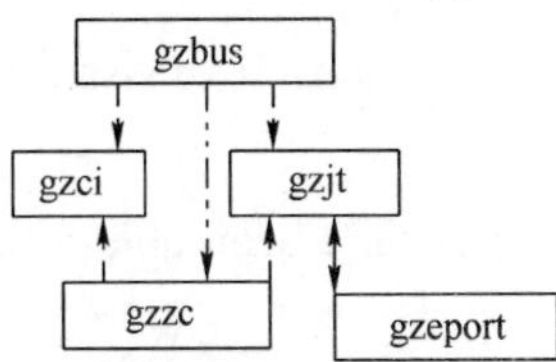

Figure 3 The multi-level hierarchical structure of Guangzhou transportation portals links

Notes: gzjt: http://www. gzjt. gov. cn/; gzbus: http://www. gz-bus. com/; gzzc: http://www. gzzc. com. cn; gzci: http://www. gzci. com. cn; gzeport: http://www. gzeport. gov. cn/index. html

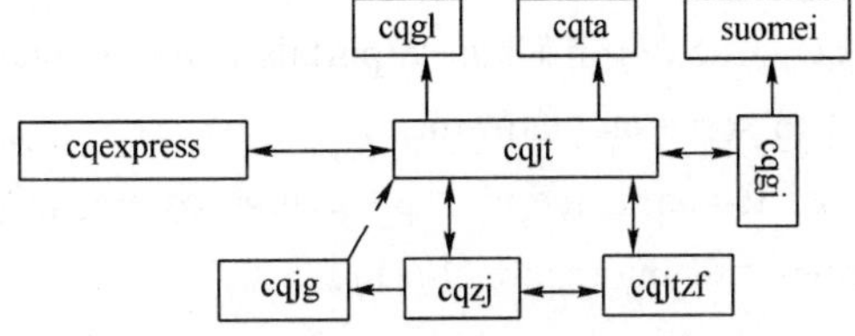

Figure 4 The multi-level hierarchical structure of Chongqing transportation portals links

Notes: cqjt: http://www. cqjt. gov. cn/; cqgl: http://www. cqgl. net/; cqjtzf: http://jtzf. cq. gov. cn/(http://www. cqjtzf. com/); cqzj: http://www. cqzj. net/home/index. asp; cqexpress: http://www. cqexpressway. com/; cqjg: http://www. cqjg. gov. cn/newwww/index. asp; cqta: http://www. cqta. gov. cn/; cqgj: http://www. cqgj. net/; suomei: http://www. suomei. com/

⑤ http://www. gzparking. com/

⑥ http://www. motorcar. com. cn/

⑦ http://www. cqshipping. com/cqhyw/

4.2 Notable trade mark

In the survey, not only portals of municipal transportation bureaus have obvious vertical industry management features, but also the other external portals.

Taking Beijing as an example, (1) Beijing bus (www. bjbus. com) has linkages with Urban Transport of China⑧, China Urban Public Transportation Association⑨, Dalian bus⑩ and Changsha bus⑪; (2) Beijing Tourism Portal⑫ links portals for leisure home and abroad travel, hotel reservations; (3) C. R. Online Inc⑬ is authorized by Beijing Railway Board to do e-commerce business online, linking plane or train tickets reservation. (4) Beijing subway⑭ links BMTROC. Rolling Stock Plant, Beijing Infrastructure Investment Co., Ltd., Beijing bus, chinametro. net and other major cities' metro, such as Guangzhou, Shenzhen, Shanghai, Chongqing and Hongkong; (5) Capital Ticket Network⑮ offers online "Links Application" for text links and logo links, linking portals for ticket booking and travel information service, as well as public information services portals, such as sina, google, baidu, 3721 etc.

As for Shanghai, (1) Shanghai Jiaotong Online Service Center (http://www. shjt. net/index. htm) links Shanghai J. Y. (Group) Company, beichu. com and provides some advertisement information; (2) Shanghai Bus online (http://www. shanghaibus. net/) links some cities Bus online, such as Beijing, Chongqing, Dalian, Shenyang, and Civil China Bus Information Inquire Online (http://www. 8684. cn/); (3) Shanghai lvyou Wang (http://lyw. sh. gov. cn/) links governmental sightseeing sites, so do Guangzhou lvyou Wang⑯ linking various regional Tourism Bureaus, sight seeing, hotel reservations and other travel portals.

This kind of distribution maybe has relationship with following issues: (1) building enterprises' core competitiveness; (2) establishing strategic cooperation; (3) copyright issues, etc.

5 Conclusion

In China, the portals of different transportation modes develop greatly dissimilarly.

The construction of Chinese portals is unregulated and uneven in different regions at this stage. Majority portals fail to serve as platform.

Airlines E-commerce is in a leading position in all transport modes but it hasn't been able to meet international rules and international standards.

The portals of urban public service travel effectively severe traffic congestion problem to the cities. PTIS faces many problems, such as sharing information.

Railway traffic is an important mode of transport and shoulders most traffic flow. However, its information technology developed slowly and is far from satisfying the information needs of passenger and cargo

⑧ www. chinautc. com

⑨ WWW. CUPTA. NET. CN

⑩ dalianbus. com

⑪ changsha. 8684. cn

⑫ http://bj. bjlyw. com/ or www. bjlyw. com. cn

⑬ http://www. 036. com. cn/

⑭ www. bjsubway. com

⑮ http://www. mypiao. net/

⑯ http://www. visitgz. com/ (sometime unable link), http://travel. gz. com/

flow.

The municipal transportation bureaus play an important role in integrating all kinds of transportation resources, such as government departments, industry associations and pertinent enterprises. This trend and direction is correct. And the complexity of governance is primarily under control. Some choose government as dominant, like Beijing; some rely on enterprises and industry associations for market-oriented operation, as Guangdong. As for portals, the incorporate format is not very ideal. Beijing portals group is commendable, for all government portals with a unified icon linking to "Capital Window". In addition, the industry characteristic indicates the integrated transportation is obvious insufficiency, which should always be thinking over and solve.

6 Acknowledgment

This research was supported by the Special Program for the Preliminary Research of Momentous Fundamental Research of Ministry of Science & Technology of China under Grant 2005CCA03900, The Program for the Preliminary Research of Momentous Fundamental Research of Ministry of Science & Technology of China under Grant 2006CB705504, the science fund of Beijing Jiaotong University under Grant 2006RC023, the Nova Plan of Beijing Science & Technology Committee under Grant 2006A16.

Thank Qinqun Ma, Ling-qiao Qin, Wei Li for their help work.

Reference

[1] Fang Mianqing, Wang Xiaofan, Liu Zengrong. Research on Complexity Issues and Non-linear Complex Network System [J] (in Chinese). Science & Technology Review. 2004(2): 9-12.

[2] Wu Tong. Complex Network Research and Its Significance[J] (in Chinese). Philosophical Research. 2004(8): 58-63.

[3] ZHANG Ning. Complex network demonstration- China Education Network[J] (in Chinese). Journal of Systems Engineering, 2006. 21(4): p. 337-340.

[4] WANG Wen-nai, MI Zheng-kun. On the Topology of Complex Networks in the Information Networks [J] (in Chinese). Journal of Nanjing University of Posts and Telecommunications , 2004. 24(4): p. 11-16.

[5] GAO Ziyou, ZHAO Xiaomei, HUANG Haijun, MAO Baohua. Research on Problems Related to Complex Networks and Urban Traffic c Systems [J] (in Chinese). Journal of Transportation Systems Engineering and Information Technology , 2006. 6(3): p. 41-47.

[6] No, Complex Networks Theory and Its Application in Air Networks [J](in Chinese). Complex Systems and Complexity Science, 2006. 3(1):79-84.

[7] Chen Jie, Xu Tian, He Daren. The Complexity of China's Power Network Common Network [J] (in Chinese). Science & Technology Review. 2004(4): 11-14.

[8] Liu Zeyuan, Yin Lichun, Xu Dawei. On the Application of Complex Network Analysis in the Collaborative Research[J] (in Chinese). Science and Technology Management Research. 2005, 25(12): 267-269.

[9] Jin Fengiun, Wang Jiao'e. Railway Network Expansion and Spatial Accessibility Analysis in China:1906-2000 (in Chinese). ACTA GEOGRAPHICA SINICA, 2004. 59(2): p. 293-302.

[10] Beijing Jiaotong University. The Empirical Study on E-commerce Development of Transportation Industry in China [R] (in Chinese), Beijing Jiaotong University, 2007.

[11] Tang Fabin. Three Hotspots in Transportation Information - 2003 National Conference Sidelights of directors in general of Communications Departments [J] (in Chinese). China Communications Information Industry,2003, (2): 8-9.

[12] Huang Zhendong. Accelerating Transportation Information, Drive Transportation Great-leap-frog Development [J] (in Chinese). China's information Yearbook.

[13] Jun Zhang, Xiaoxia Wang. Investigation on Portals of Chinese Coastal Ports by Regions(accepted for publication. The Seventh Wuhan International Conference on E-Business, in press.

[14] Baoyun Liu, Xiaoxia Wang. Complexity Analysis of Railway Portals' Groups in China, unpublished.

[15] Xiaoxia Wang, Xiaofeng Yang, Jun Zhang. Empirical analysis on Chinese Aviation portals, unpublished.

[16] Xiao-Xia Wang, Jun Zhang, Hui-Li Shang. Evaluation on Chinese Public Travel Services Portals, unpublished.

[17] Wang X., Ling Y. in IFIP International Federation for Information Processing, Volume 251, Integration and Innovation Orient to E-Society Volume1, Wang, W. (Eds), (Boston: Springer), pp. 507-514.

14. 建设智能交通　构建和谐城市

钱小鸿　叶华军

（浙江银江电子股份有限公司）

摘　要：本文从城市交通智能化管理的角度，分析了目前城市交通的基本发展策略、绿色交通体系及技术对策、城市交通信息技术与智能交通体系等方面问题，并提出了几点城市交通管理的思考，阐述了个人对城市交通体系发展的几点建议。

关键词：智能交通　交通拥堵　待驶区　可变车道牌

Build Intelligent Transportation, Create Harmonious City

Qian Xiaohong　Ye Huajun

(Zhejiang Enjoyor Electronic Ltd. Company)

Abstract: The development strategy of urban transport, the green transport system and technical approaches, and ITS technology was analyzed based on the intelligent management of urban transport. The main ideas of urban transport management and the policy recommendations of promoting urban transport development were presented lastly.

Key words: Intelligent Transport System, Traffic Jams, The Passing Zone, Variable Lane Card

0　前言

道路交通是城市经济、社会发展和市民群众工作生活的重要保障。近年来，随着我国经济、社会的持续发展，城市化进程不断加快，城市人口和规模也在逐年上升。同时，城市版图的扩大以及卫星城的建设也使得城市居民出行距离逐步延长，出行总量不断增加。此外，虽然道路在不断增加和拓宽，但车辆增长的迅猛程度，让道路的发展怎么也跟不上节拍。城市的发展空间是有限的，当公路建设已无太多文章可做的时候，如何有效应对机动车和交通流量的高速增长，为经济建设和广大群众出行提供安全、畅通、便捷、舒适、低污染、高效率的交通环境和高质量的交通服务，成为公共交通管理工作面临的严峻挑战。

多年来，国内外的实践经验已经证明，单纯依靠修建道路基础设施和传统的管理方式来解决交通问题，不仅成本昂贵环境污染严重，而且缓解交通拥挤的效果也十分有限。电子技术、通信技术、计算机技术和自控技术的发展，为解决交通问题提供了新的思路，即不仅应该修建更多的道路基础设施，而且更应该采用现代化的技术手段对城市交通进行更有效的控制和管理，提高交通的机动性、安全性，最大限度地发挥现有道路系统的交通效率。

1　城市交通现状

现在每年有 1 800 万农村人口涌入城市，对城市交通带来很大的挑战，城市交通拥挤现象日趋严重，城市资源一时得不到优化利用,环境质量日趋恶化。而现行的城市交通规划方法单一,没有充分考虑交通发展对资源的要求及对环境的影响。中国政府要通过立法保障优先发展公交的政策,通过调控减少私家车的土地使用面积、划定私家车等机动车辆禁入的街区,以缓解交通拥堵问题。未来几年,中国的私家车数量将出现爆炸式增长,私家车行驶时占用相当于7辆自行车的空间;停车时,占用21辆的自行车空间,这使交通面临的问题更加严峻。预计到2015年中国汽车保有量将达到9 000万辆,城镇人口将突破8亿,城市交通的矛盾会更加突出。

2 绿色交通与技术对策

2.1 绿色交通的理念

绿色交通是一个理念,也是一个付诸实践的目标,绿色交通与解决环境污染问题的可持续发展的概念一脉相承,其根本的含义是创造一个和谐的交通环境。一方面缓解了交通拥挤、降低污染,另一方面通过发展低污染的有利于城市环境的多元化城市交通工具来完成社会经济活动的协和交通运输系统。

2.2 绿色交通的目标

从交通三要素"人、车、路"考虑,在有限的道路容积基础上,大力发展公共交通,并实施公众出行者乐意接受的、以人为本的交通系统,鼓励和诱导公众改变小汽车出行的思想,引导他们向公共交通出行方式发展,进而减少汽车燃料的消耗和尾气对环境的污染,从而达到改善城市环境、保障居民身心健康的目的。

2.3 适合绿色交通的技术

城市绿色交通体系,就是提倡以人为本,合理规划、管理、控制"人、车、路"交通三要素。城市交通从宏观上来讲,就是供求平衡的关系,城市的道路就是供给,人、车就是需求,当人、车、路三方面出现供求失衡的时候,就会造成城市交通的拥挤等问题。

对于一个道路状况基本成熟的城市,随着机动车数量的急剧膨胀,出现这种供求失衡,不可能通过扩建道路来提高道路面积扩大供给,只能通过合理的交通管理策略、先进的智能交通技术来均衡路网负载,达到城市道路资源的最大化利用。一般采取以下几种方式:

(1)对人、车的规范化:即通过在路面上树立标志、标牌,对路面进行标线划分来规范城市道路使用者,俗话说"没有规矩不成方圆"就是这个道理;

(2)通过政府执法机构对违反道理政策法规者进行处罚,以此来辅助管理交通状况;

(3)交通信息化服务:信息化服务又分为面向管理者和出行者的两种服务。

3 城市交通问题对策

随着城市范围的不断扩大,人、车、路之间的供求失衡问题日趋严重,"行车难、停车难"问题已经成为了困扰城市交通出行者的两大难题。停车难带来道路资源的无效占用,从而加剧了行车难问题,如此恶性循环,使交通拥堵问题不断升级,严重影响了出行者的出行,我公司经过多年的研究与实践得出结论,通过以下智能交通系统可以缓解上述问题。

信息的采集、分析处理和信息的综合利用是智能交通系统的核心功能,我们认为智能交通系统的建设将大幅提升城市路网交通运行效率和对突发意外事件的快速反应、快速处置能力,是增强城市交通抗风险能力的有效途径(图1)。

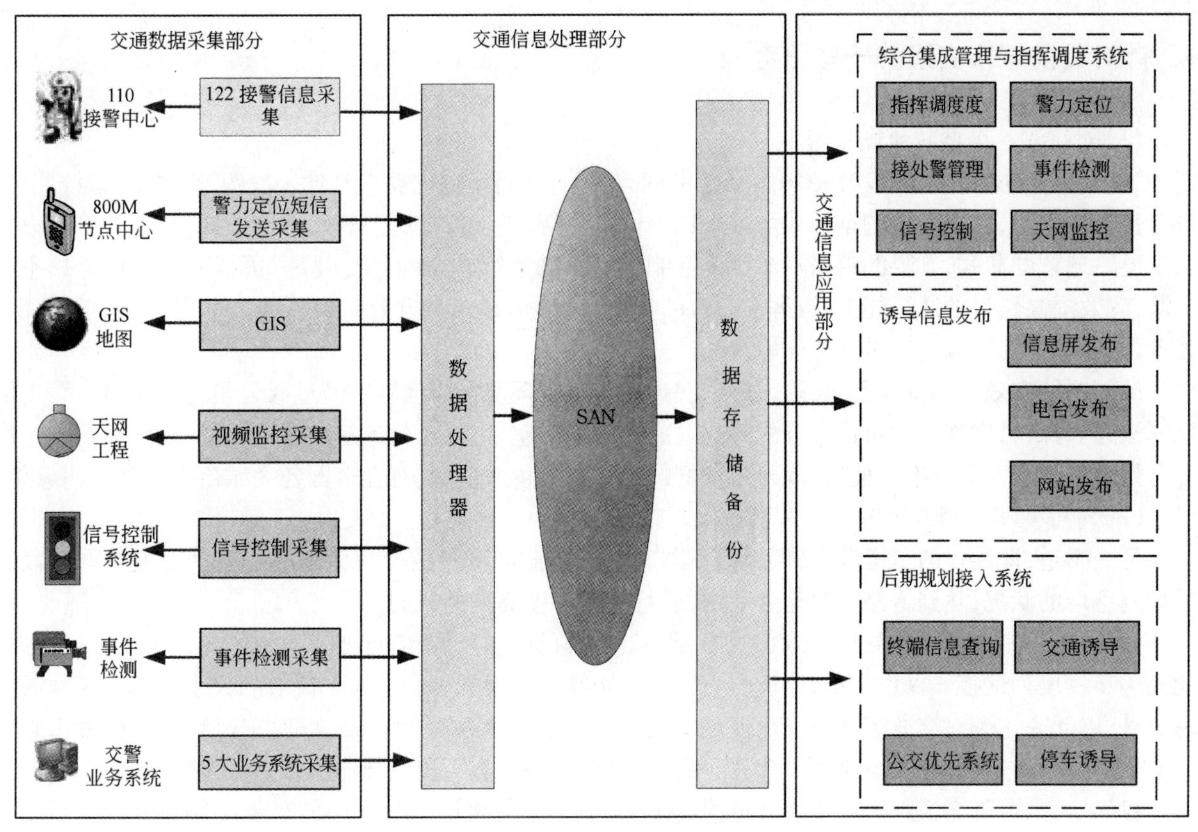

图1　智能交通系统示意图

(1)实时、自动的交通信息采集

①采用线圈、视频等检测手段,实时、自动地采集道路交通的流量信息;

②实时地采集场内停车、占道停车信息;

③综合、全面的违法信息采集;

④城市快速路、上跨下穿通道、主要出入通道(未设置信号灯控的道路)的交通事故、交通拥堵、交通违法及交通流量等异常交通事件信息的采集;

⑤路面警力定位信息的采集;

⑥通过有、无线通信系统传输至指挥中心,为分析和决策提供准确、详实的依据。

(2)智能化的交通信息分析处理

①对通过交通科技系统采集的信息,其他部门交换的信息,以及广泛收集的如道路施工、公共交通、气象等相关信息,融合交警已有的数据信息,进行规范、分类、整理和保存;

②利用交通地理信息系统,实现路面实时动态交通状况、停车泊位状况、警力布局等的及时、准确、全面的显示与掌控;

③建立道路交通拥堵、交通事故等异常事件的预警和快速处置机制;

④对拥有的信息进行深度分析、挖掘与提炼,提供交通政策制订、决策的支撑。

(3)全面的交通信息综合利用

①用经过优化处理的控制指令调整交通信号的指示,形成道路交通信号的区域性协调自适应控制;

②建成具有实时动静态交通状况连续指示功能的可变信息诱导系统,引导交通流向,均衡路网流量;

③准确、及时、科学地指挥调度路面警力;

④建立基于互联网络、电台、电视台、个人信息终端等多种手段的交通信息服务平台,便于交通参与者及时掌握城区道路的动静态交通状况,并选择合适的出行时间、交通方式和出行路径。

4 针对目前城市交通的一些思考

(1)对待驶区节能减排的思考

“待转区”的概念在1999年的国家标准中就有提及,指将车道向路口延伸一段距离并用白虚线圈住,只有直行灯亮时,需要左转的车辆才可进入这个区域等待,左转灯亮时左转。众所周知,交叉口一直以来都是道路通行的瓶颈,有限的道路资源严重限制了道路的通行能力,而“待驶区”可以充分利用路口空间资源,有效提高路口的通行能力,缓解交叉口的拥堵状况,但是在提升路口通行能力的同时,由于车辆在驶入待驶区时的二次启动,带来了环境污染。

如何既能有效使用待驶区,又能缓解二次启动带来的环境污染问题?经过我公司与杭州市交警支队反复沟通和探讨,发现通过对信号灯配时方案的控制与调整,可以有效地解决这个问题,现已在杭州市所有含待驶区的交叉路口推广使用,取得了良好的经济和环境效益,具有在全国各大城市推广普及的意义。

(2)对可变车道牌的思考

可变车道,即路口的车道分布,可根据不同时段车流向和流量的变化而随机应变。改变不同时段车道忙闲不均的状况,达到道路资源充分利用,通行能力再度提高的目的。

目前诸多城市都在试行可变车道,例如:北京、上海、杭州等。在对可变车道牌的控制方式上,也由手动式逐步发展为遥控式操作控制,路口的交警或者协警可以根据不同方向车流量的大小判断车道牌的显示信息,以此来达到对交通流的疏导。但是在没有交警和协警执勤的路口,可变车道牌却未能发挥它应有的作用,反而在某种意义上降低了单方向的通行率,影响了交通流的疏导。

我们认为,可变车道牌可以提高车道的利用率,但是必须要根据各方向的车流量来智能判断需要显示的通行方向,辅助以先进的智能控制手段,才能真正达到高智能化的交叉口通行管理。

(3)对路网控制的思考

目前城市道路监控一般是安装在交叉口,对交叉口的通行状况进行实时的监控,检测任何违章行为及事故的发生,协助公路交通警察快速、直观地对公路现场交通进行分析指挥和调度,以保证正常的交通秩序。

但是,对于路网路段上的违章调头、压黄线、交通事故等事件不能及时发现和处理,成为交通管理的盲区。我们认为需要在路段上安装智能视频检测设备或者视频监控设备,以达到路段的全程监控,达到路网无盲区,违章无处遁形。

15. 科学发展观引领下的和谐道路景观构建

王　丹

（交通部公路科学研究院）

摘　要:本文提出了用科学发展观指导道路景观设计,并阐述了设计理念在工程实践中的具体体现。

关键词:科学发展观　和谐道路　景观设计

Harmonious highway Landscape Guided by Scientific Concept of Development

Wang Dan

(Research Institute of Highway, MOT)

Abstract: The paper has pointed out that Science Develops Concept guided the highway landscape architecture, and has expounded that the main methods of using in project practice.

Key words: Scientific Concept of Development, Harmonious highway, Landscape design

1　引言

十六大以来,我们党提出全面树立和落实科学发展观的重要思想,强调坚持以科学发展观统领经济社会发展全局,大力调整经济结构,转变经济增长方式,加强资源节约和环境保护,建设资源节约型、环境友好型社会。加快建设资源节约型和环境友好型社会,不仅是现代化建设的迫切要求,也是中华民族的优良传统;不仅是经济发展的客观需要,也是和谐社会建设和社会主义精神文明建设的必然要求。为贯彻党的十七大精神,落实交通部提出的推动现代交通业发展,走资源节约、环境友好型交通发展之路,交通部公路勘察设计典型示范工程——湖南张家界环武陵源景区公路(北段)景观绿化工程设计进行了积极的探索,取得了有益经验。

2　环武陵源景区道路概况

2.1　工程概况

张家界环武陵源景区旅游公路位于湖南省张家界市武陵源风景名胜区,是张家界旅游公路网的重要组成部分同时也是列入《湖南省"十一五"国省干线公路改造规划》的重点项目,路线总长 86.644 km,包括一环五支,采用三级公路标准建设,总造价 5.45 亿元。路线总长 86.644km,其中北段主线全长 41.193km(工可方案):起于喻家嘴,经双峰、天子山镇、中湖乡、张家界村、梓木岗,止于与 S306 相交处的插旗峪,与现有的 S306 张清公路段连成环线,将黄龙洞、宝峰湖与核心景区的天子山、杨家界、张家界森林公园、梓木岗、吴家峪五个门票站有效地连接起来。该公路的建设,对改善张家界核心景区及周边道路状况,提升景区旅游交通服务能力,促进张家界旅游经济发展将发挥极其重要的作用。

2.2 项目沿线环境典型性

张家界风景区是我国第一个国家森林公园,也是湖南省张家界市新开辟的旅游热点。这里的异峰巧石、山泉飞瀑、深林奇树及珍禽异兽共同组成了一幅幅相映成趣、妩媚动人的自然绝景。张家界森林公园内共有林木 93 科 517 种,鸟类 41 种,兽类 27 种,其中红嘴相思鸟、长尾雉,以及水獭、猕猴、麝、貉等较为珍贵。由于地处山区周边环境非常敏感,对道路的改扩建提出了更高的要求,改扩建不能大开大挖,破坏周边的自然环境;要防止路域绿化外来物种对当地物种的入侵;旧路改造产生的一些废弃物要适当处理,不能导致环境污染和损坏沿线景观等。

3 景观设计理念的创新

项目建设之初,湖南省交通厅主管领导提出以“资源节约型、环境友好型”理念建设环景区公路,为湖南省旅游公路建设提供示范。设计单位确定本项目的景观设计主题——“两型生态路,印象武陵源,路景交融。”依据交通部公路勘察设计典型示范工程的要求,结合本项目具体特点提出景观设计理念如下:

(1)“以人为本”的交通安全理念。一切从使用者的需求出发,注意公路景观营造不能威胁行车安全的同时,尽可能地利用对驾驶员实现的诱导作用、指示作用等功能,加强道路的安全性;

(2)“天人合一”的景观协调理念。公路景观营造力求与自然环境相融合,达到“人、车、路与环境”的高度和谐,摒弃园林绿化手法,力求景观绿化原始、自然,减少人工痕迹;

(3)“师法自然”的生态恢复理念。自然为师、自然为本,设计中应注意保护当地环境的原始气息,避免大量引进外来草种、树种等;同时重视植物的自然演替规律,注意植物多样性的保护和恢复,追求植物群落的稳定性,加快早期人工植物群落向自然群落演替,避免简单的“造绿运动”;

(4)“个性鲜明”的地域文化理念。强调公路景观的个性化,加入具有“landmark”(地标)效应的个性元素,张扬地方特色,尤其是地方建筑特色和建筑元素符号在公路建筑中的体现,营造特色公路景观,避免千篇一律。

(5)“资源节约”的全寿命周期成本理念。设定合理的施工季节,以利植物成活,注重长期效益,尤其注重考量长期的维护费用。分析制约生态恢复的主导因素,重视植物对环境的适应性,选用抗旱性、抗寒性、抗病性,和耐贫瘠和易于维护的品种。

4 景观设计理念在实践中的切入

在学习借鉴“川九路”、“思小路”等近年来全国公路建设的成功经验的基础上,本项目在集约利用建设资源、有效保护生态环境、统筹协调安全与景观和营造和谐舒适路域环境等方面都进行了积极探索。

4.1 集约利用建设资源

(1)尽可能利用原有公路,保留原有自然资源

项目地处武陵源景区,地形、地质条件复杂多变,地表植被茂密。为最大限度的保护当地自然环境,景观设计师建议选线时尽可能利用原有的已建公路,例如 X305、X020 等,综合考虑地形、地质、水文条件、技术指标及工程造价等各方面的因素,尽量节约公路建设成本。在景观敏感地带考虑架桥等多种手段来减少对自然环境的破坏,按照安全最优、环保最好、景观最美的原则进行。

(2)合理保护和再利用取弃土场

取土场的绿化设计坚持“恢复性设计”的原则,选择乡土植物材料,模拟原有植被群落结构与生态习

性进行绿化恢复。对取弃土场的景观和生态恢复考虑了以下几方面:①取土场的开挖。山坡取土场,开挖边坡考虑与自然边坡相同,以保证开挖后的边坡稳定以及与自然环境的协调一致;②表土的保护与利用。严格取弃土场地清表土的剥离、集中堆置及恢复利用的管理措施和技术要求;③植被的保护与利用。取弃土场地的原有植被尽可能移植利用,严禁简单砍伐处理,尤其是地被植物层更应该严格移植利用;④取弃土场的生态恢复和再利用。取弃土场绿化栽植方式以自然式、乔灌木混交林为主栽植,处进行简单的绿化恢复外,还可以根据周边环境状况“变废为宝”,利用取弃土场建设观景休息区,既达到绿化和生态恢复的目的,同时满足景观和休息需要,真正体现了“环境友好”的理念。

4.2 有效保护生态环境

(1)灵活运用指标,严格控制开挖面积,最大限度保留原有植被

在路基宽度的控制上,进行灵活调整,在原有路基满足行车安全的基础上可避免对岩壁的开挖。必须开挖的坡面应该严格控制爆破力度,尽量形成不规则断层面,岩壁上原有的植物尽可能保留,对规格较大的植物应事先进行移植,待路基扩建到位之后,迁移回原有位置。

(2)遵循“生态优先”原则先保护、后恢复

对于由于工程施工而遭到破坏或干扰的地形地貌则充分论证有无恢复原状态的可能性,最大限度地恢复原有的地貌,可以考虑做场地竖向设计时恢复原地貌的技术措施;同时,场地内植被恢复也尽量以原有的植被类型为恢复目标,不盲目引进与环境植被不协调的种类和栽植形式,力图使绿化后的公路景观融入到周边环境中。

(3)“适地适树”,以乡土植物塑造季相景观

“适地适树”是绿化设计的基本原则,充分考虑当地植物生长和植物群落演替的规律,科学合理的选择植物品种,注重生态优先、景观优美,力求达到“绿不断线、景不断链”三季有花、四季有景的自然景观效果。

4.3 统筹协调安全与景观

安全是公路景观设计的前提和保障,提供安全的公路行车环境是公路设计和建设者的责任,更是景观设计师的责任,因此应把“安全性”设计理念贯穿景观设计始终,在环景区路的设计中,设计师力争使公路构造物在保证安全的同时又能满足视觉景观的需要,使构造物成为环境的组成部分自然的融入其中。

(1)排水设施

在路侧排水设施的处理上,突出强调“隐”,尽量不外露,根据所处具体环境条件,分别建议采用浅碟植草边沟、卵石干铺边沟等具体的优化措施,以达到安全、生态与景观的协调统一。

(2)边坡挡墙

通过研究国内外设计案例,本项目最终提出“因地制宜”的景观设计思路,即靠近城镇区域的公路边坡挡墙可以对其细部适当细化处理;而处于自然环境中的边坡挡墙则可以通过建筑材料、植物绿化遮挡以及挡墙顶部的折线形变化等受手段取得与周围环境协调,达到比较理想的景观效果,避免引起驾驶人员的视觉疲劳,影响交通安全。

(3)交通标志

交通标志肩负着为驾驶员提供道路信息、保障安全的重任,同时也是公路景观的重要组成部分,协调的标志能够促进公路与自然的和谐。本项目的交通标志进行了美学专项设计,如观景台、停车区、自然景观较好、交叉口前或后适当位置等游人密集路段设置游人信息服务系统标志,其内容涵盖区域路网图、环景区公路布置图、景点介绍、景区地图标志牌等,风格及设计标准可依据景区特点、文化特色,融入反映张家界特点的元素,采用具有象征性的、美观、直观的图形、图片或插画等,个性化标志使环景区公路成为彰显张家界特色的重要窗口。

4.4 营造和谐舒适路域环境

(1)要突出地域文化特色

环景区公路是一个有机整体,景观设计时注意内部和外部相协调,要有统一性和连续性。在公路沿线设置观景台为人们提供观景休息区域,同时通过信息知识的提供起到文化传达的作用,最终达到人与车、车与路、路与环境的最大交融与和谐,展现出当地的文化内涵与韵味,进而提升公路景观质量和服务水平。

(2)造景与借景相结合

景观设计要将沿线特有的自然景观与公路工程有机地结合,借沿线的自然人文景观,融公路人工构建物的人工景观为一体,创造出自然和人类和谐相处的独特景观生态体系。过往车辆既能在田野、山谷中快速行驶,又能深刻体会到湘西北独特的文化魅力。在局部设计中,设计者细致地对环境进行研究,运用造景与借景相结合的手法,针对公路沿线许多独特的景观特点,对各个景点加以提炼、升华,形成更新、更美的画卷,达到绿化美化相结合、动景与静景相统一的目的。

5 结语

环景区道路景观设计坚持科学发展的理念,将资源节约、环境保护贯穿于景观设计始终,最大限度地保护沿线生态,在满足公路项目功能的基础上,努力使公路景观与自然环境和谐发展。

参考文献

[1] 湖南张家界环武陵源景区公路(北段)景观初步设计文件,北京中交国路环境景观园林工程技术有限公司,2008.10.

[2] 张家界市环武陵源景区公路初步设计阶段第二次技术咨询报告,交通部规划研究院,2008.

16. Controlling Emissions by Queue Relocation

Malcolm Neil Pete Sykes

(SIAS Limited, Edinburgh)

Abstract: Cupar is a small town in Fife with significant traffic congestion on Bonnygate, a narrow road with relatively tall buildings on either side. Eastbound traffic queues form at signals at the junction with Crossgate. Emissions are trapped by the buildings, are slow to disperse and exceed prescribed levels. The test undertaken in the simulation was to relocate the queue further to the west where the road is wider and buildings are smaller, allowing easier dispersion. This was done by queueing the traffic at an existing pedestrian crossing and aligning the signal offsets at this crossing and the Crossgate junction, so that no queueing occurred in the narrow section of Bonnygate.

Tests showed a large reduction in emissions in the critical area and no significant changes in journey times. On the basis of these results the changes are scheduled to be implemented in the summer of 2008.

This project was rare in that the evaluation of its results was not based on the usual measures of reduction in journey time for drivers and PT passengers but on the amenity for pedestrians and businesses on a congested street with emissions problems.

Key words: micro-simulation modelling, traffic modelling, Emission modelling, Queue relocation

1 Introduction

Cupar is a small market town in Fife, Scotland, with significant traffic congestion. To help alleviate this, SIAS Limited (SIAS) was commissioned in 2007 to report on the effects of several proposed changes to the road transport network, primarily concerning signal control. One problem to be addressed was the high level of emissions in the centre of the town. The proposed solution was to relocate the queue of traffic at a set of signals and reduce emissions in one critical area characterised by a narrow street and tall buildings.

The innovative solution was tested in micro-simulation and found to successfully relocate the site of the emissions to one where they were more likely to disperse. This project was rare in that the evaluation was not made on the conventional measures of journey time and vehicle operating costs savings, i. e. increased amenity to drivers, but instead it was assessed on the reduced level of emissions in a critical area.

2 Cleaner Vehicles

Vehicle emissions are currently a problem of global significance. Climate change is discussed in the scientific press, the popular press and on radio and TV on an almost daily basis. Respiratory health issues are also of major concern. Road vehicles are held responsible for many of the emissions which are considered to be the cause of these problems and action is being taken worldwide.

In practical terms this translates into efforts to change the vehicle fleet by legislating for cleaner vehicles and by pro-actively taxing those with higher emissions to get them off the road. Efforts are working to reduce emissions overall, but the transport sector emissions continue to stay high[1].

While global efforts are considered vital for the long term future, Planners are regularly presented with short term problems in local areas. Waiting for the national fleet characteristics to react to changes in the tax regime and the wide adoption of new technology such as electric or hybrid vehicles is not an adequate solution to pressing local issues. The EU imposes air quality targets to be fulfilled in a much shorter time scale.

One example of where these targets were not being met was on Bonnygate, the main street in Cupar, a small town in Fife.

3 Cupar

In 2007 SIAS was commissioned by Fife Council to evaluate the outcomes of various proposed changes to the existing signals in Cupar which had been installed in 2000 and are due for review. To facilitate this, an S-Paramics model was used to test several options which included: ①removing signals at some junctions; ② relocating pedestrian crossings; ③adding signals at a currently un-signalised junction; ④implementing active signal control with MOVA. Finally, a proposal was tested to build a roundabout to the east of the town to replace a major signalised junction.

A total of nine options were identified. Five flow scenarios were also identified representing the base flows and a 20% increase in the three major flows through Cupar. Some of the scenarios were also tested with incidents programmed into the model to stress test the various control options under abnormal conditions.

Five options were thought to be capable of rapid implementation and so were tested with 2007 vehicle demands to evaluate the immediate benefits. One of these tests focussed on the problem of emissions levels in the centre of the town on Bonnygate.

4 Bonnygate

Bonnygate is a narrow section of road with relatively tall buildings each side. It is in the centre of the town and tends to have a high pedestrian density as it is also the main shopping street. Levels of Carbon Monoxide, PM10 and Nitrous Oxides are unacceptable as the tall buildings trap these vehicle emissions and prevent dispersion.

Eastbound vehicles on Bonnygate currently queue at the signals at the Crossgate junction. Idling at red lights adds to the pollution problem, as there are more vehicles for a longer time contributing to emissions at ground level. As nothing can be done about the tall buildings, removing the waiting vehicles from the area is one possible solution to the problem.

Relocation of queueing traffic from the Crossgate junction signals to west of Lady Wynd by altering an existing pedestrian crossing was investigated. This crossing lies just west of Lady Wynd and halts traffic travelling east before it enters Bonnygate. The signals at this crossing were re-timed such that the eastbound traffic is now held at the crossing on every cycle. When it is released to progress through Bonnygate, it is presented with a green phase as it arrives at the Crossgate Junction and does not queue in Bonnygate.

Westbound traffic leaving the Crossgate signals and progressing through Bonnygate would be stopped at the pedestrian crossing at Lady Wynd if it was a simple crossing. The problems of emissions in Bonnygate would then have simply been reassigned from the eastbound traffic to the westbound. The pedestrian crossing was redesigned with a central island and, while the eastbound traffic is stopped on every cycle, the westbound is only stopped if there is pedestrian demand and so the problem of queueing in Bonnygate is reduced.

The buildings to the west of Lady Wynd are smaller than those in Bonnygate and also the street and the pavements are much wider. While no explicit dispersion modelling was undertaken, a qualitative assessment was used to determine that the problem of the build up of emissions would be reduced in that area as dispersion would be more rapid than it would be in the urban canyon in Bonnygate.

Figure 1 shows a map of the area. It also shows eastbound vehicles queueing in Bonnygate and the wider area near Lady Wynd looking east towards Bonnygate.

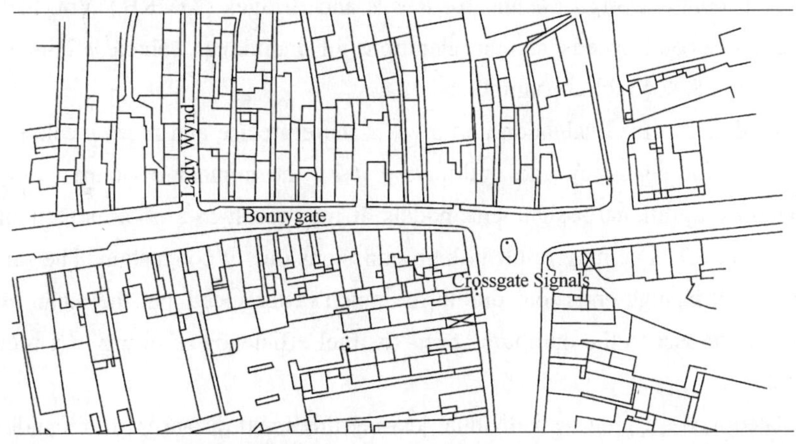

Figure 1 Cupar: Bonnygate

The role of modelling in the assessment of the effect of this queue relocation was to identify if there would be any change to vehicle journey times through Cupar and to quantify the changes in localised emissions on Bonnygate.

5 Emissions Modelling

Conventionally the main user benefits in the assessment of road improvement schemes come from the travel time and vehicle operating cost savings[2]. A "traditional" transport scheme would increase capacity in one or more parts of the road network to alleviate congestion and measure the resulting savings in journey times. The amenity provided to the travelling public is the measure used to determine the relative success of the scheme.

In this case the change to the road system is not intended to benefit the motorist or the bus passenger. It is intended to benefit the pedestrians, the local residents, the shop and business owners in Bonnygate and their customers.

The ability to measure this benefit lies in quantifying the location and volume of emissions.

Emissions levels can be evaluated in micro-simulation in four ways.

- Using the average journey time and distance over all trips for a given OD pair. This method is used by TUBA of UK Department for Transport[3].

• Using the journey time and distance for individual trips and aggregating them. This method is used by PEARS (Program for Economic Assessment of Road Schemes) of Transport Scotland in "calculated" mode for fuel consumptions[4].

• Using the average speeds and vehicle density recorded on individual links. This method is described in UK Department for Transport's Design Manual for Roads and Bridges (DMRB) Vol. 11[5].

• Using second by second speeds and accelerations of individual vehicles. This method is used by PEARS in "simulated" mode for fuel consumptions.

Each method adds detail to the evaluation and gives a more precise and more localised answer. Using the average time and distance for a journey and multiplying it by the number of journeys per day is the same methodology as applied by traditional assignment models. It may result in a poor assessment as, for example, a journey undertaken at a peak time may result in high emissions due to congestion. The same journey in a off peak period may also result in high emissions due to the much faster speed, but the mean of these two high emission trips may well be closer to the optimum speed for fuel efficiency resulting in a prediction of lower emissions.

PEARS, in calculated mode, aggregates individual journey times and distances, thus avoiding the problems inherent in the average journey time approach. PEARS is mandated for use in Scotland on certain types of project.

In Cupar the evaluation was performed at individual link level. This is described in DMRB Vol. 11 and uses the average speeds on each link for a number of vehicle types. This was adequate to quantify emissions at a sufficiently detailed level to evaluate the effect of relocating the queue while still remaining within the application of DMRB guidelines.

6 Results

Two sets of results were derived from the modelling exercise. One was to assess the journey times on the trips passing through the changed area; the other was to assess the change in emissions in the Bonnygate area.

Figure 2 shows the journey time comparison. The times were measured along a path going east through Bonnygate and the Crossgate signals. As the micro-simulation is a Monte-Carlo simulation, i. e. every run is

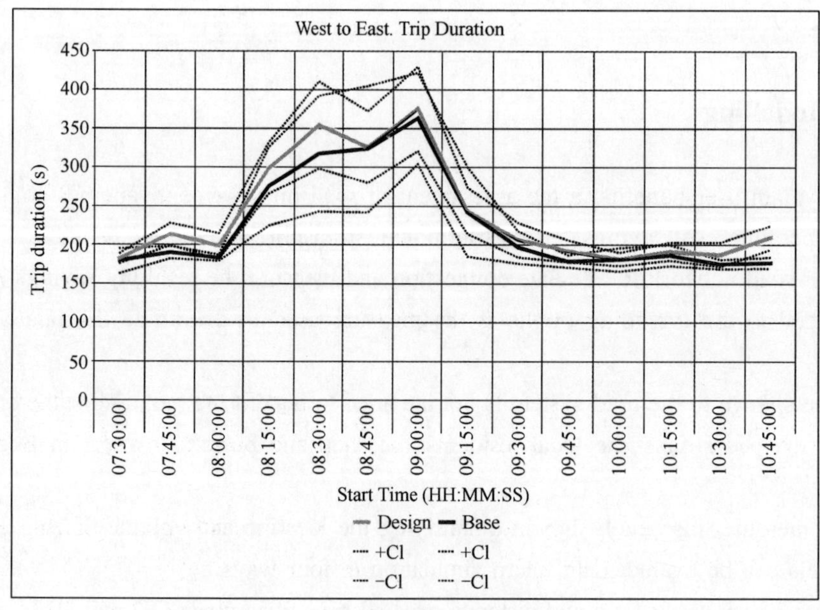

Figure 2 Journey time West to East

different in much the same way that every day on the real road network is different, several runs were made of the base model and the design model. The mean of the journey time broken down by time of day as found and the 95% confidence intervals plotted around this mean. The confidence intervals show the range in which we expect the mean to lie. When comparing the ranges, if we find they overlap we can state that the change has had no statistically significant effect on the journey time. If they do not overlap then we deduce that there has been a change. In this case the mean journey times are close and the confidence intervals show a significant overlap and we can deduce that there has been no net disbenefit to drivers.

Figure 3 is a plot of cumulative journey time by journey distance. It shows where the delays are incurred in the journey and clearly shows that while the delay is incurred earlier in the trip, the overall time taken is similar.

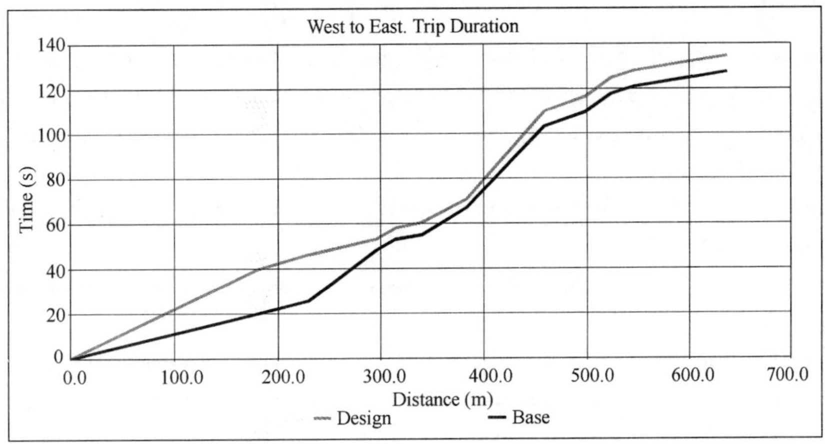

Figure 3　Journey time by Distance

Table 1 shows the change in emissions in the Bonnygate area due to the queue relocation. Figures 4 and 5 are two snapshots of the S-Paramics model showing the emissions in 3D view before and after the change. The location and the volume of emissions are clear to see.

Changes in Emissions in Bonnygate　　Table 1

	AM 08:00 ~ 09:00	PM 16:30 ~ 17:30
Carbon Monoxide	-26.2%	-28.4%
Hydrocarbons	-25.9%	-26.1%
Nitrogen Oxide	-16.6%	-17.0%
PM10	-20.5%	-23.4%

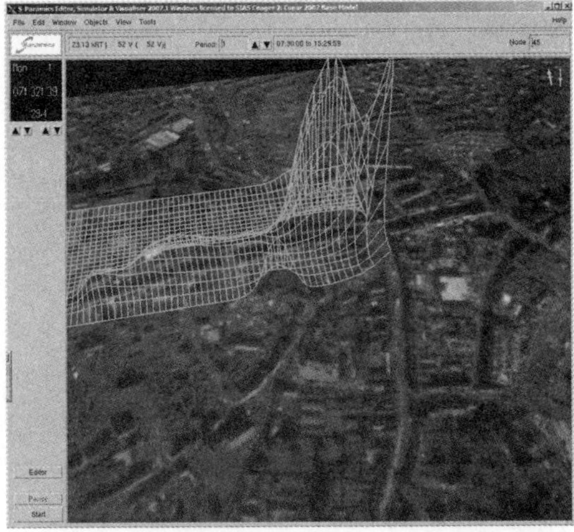

Figure 4　Emissions on Bonnygate, near Crossgate Junction

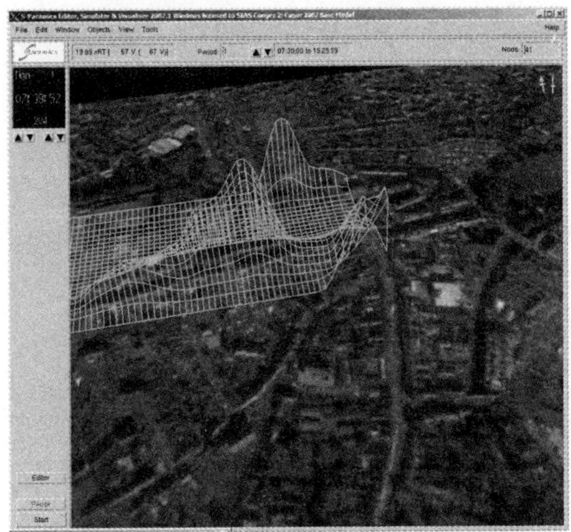

Figure 5　Emissions relocated to West of Lady Wynd

7 Conclusion

This innovative project focused on the amenity for residents, businesses and on health issues rather than on the traditional measures of time saving benefits for drivers. The results from this modelling exercise were considered so persuasive that after the modelling report was delivered in April 2008, the scheme was due to be implemented in August 2008.

References

[1] Total GHG Emissions in Europe Drop 7.9% Between 1990 and 2005; Transport Sector Sees 26% Increase. Green Car Congress. http://www.greencarcongress.com/2008/02/total-ghg-emiss.html#more (Accessed 21 Jul 2008).

[2] S. Cragg (2007). The Conflict between Economy and Carbon in Transport. Presentation at S-Paramics User Group, October 2007, Birmingham, UK.

[3] TUBA User manual, V 1.7a. UK Department for Transport. http://www.dft.gov.uk/pgr/economics/software/tuba/tubausermanual (Accessed 21 Jul 2008).

[4] PEARS (Program for Economic Assessment of Road Schemes), Transport Scotland. http://www.scot-tag.org.uk (Accessed 21 Jul 2008).

[5] Design Manual for Roads and Bridges (DMRB), Volume 11, Environmental Assessment. UK Department for Transport. TSO London. [2008-07-21]. http://www.standardsforhighways.co.uk/dmrb/vol11 (Accessed 21 Jul 2008).

17. 无轨电车交通对城市交通可持续发展影响分析

赵建有　刘巧莲　王　鑫

（长安大学汽车学院）

摘　要:随着城市交通问题(特别是大城市交通拥堵问题、污染问题、能源问题)日益复杂化,绿色、环保的交通理念日益深入人心,世界各国都在努力寻找一种绿色交通方式并对无轨电车重新审视。本文从城市公共交通工具的选择和影响城市交通可持续发展的因素对无轨电车进行分析,得出无轨电车对城市交通可持续发展具有重大影响。

关键词:城市交通　无轨电车　公共交通　可持续发展

Influence analysis of sustainable urban transport with the trolley bus

Zhao Jianyou, Liu Qiaolian, Wang Xin

(Chang'an University)

Abstract: With the urban traffic problems became complicated, especially in big cities traffic congestion problems, pollution, energy issues. The people have become growing emphasis on green transport, Countries around the world are working hard to find a green trolley bus traffic and reexamine the trolleybus. This article analysis a trolley bus in the urban public transport choices and the impact of sustainable urban transport development, trolley buses arrive at the sustainable development of urban transport has a significant impact.

Key words: Urban transport, Trolley bus, Public transport, Sustainable development

0　引言

近年来,伴随经济迅速增长的同时,也进一步激化了城市交通问题(特别是大城市交通拥堵问题、污染问题、能源问题);随着城市空间的扩大及城市交通结构的日益复杂化,这些问题显得日益突出。因此,许多国家基于节能、环保的需要,重新审视无轨电车交通,开始研究探讨无轨电车在大城市继续发展的可行性,以更好地落实城市交通的科学发展观和可持续发展观。

1　城市交通可持续发展下公共交通方式的选择

1.1　公共交通方式的选择应考虑的因素

城市公共交通方式的选择主要是根据城市交通可持续发展的指标来确定的,它主要包括:环境可持续性、经济可持续性、社会可持续性。它又可以运用以下几个具体的指标来确定各种交通工具的优劣:①交通服务;②经济投资;③能源消耗;④土地占用;⑤环境影响。

上述指标之间是既相互联系又相互制约的,它们之间构成了一个复杂的多目标系统。图1是各种交通工具影响因素的结构。

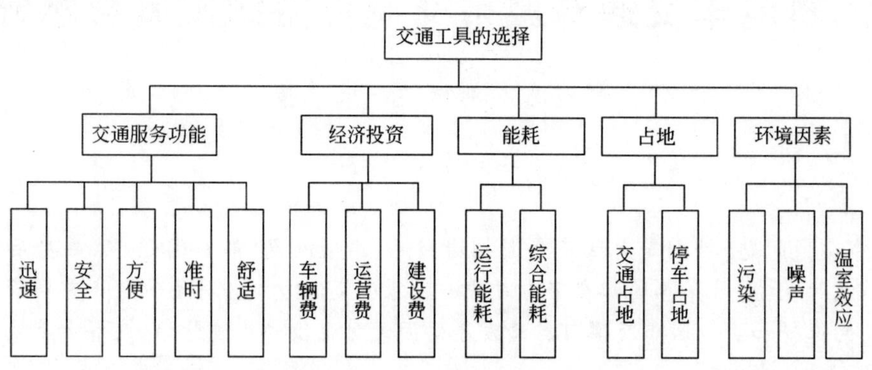

图1　影响交通工具选择因素的结构

1.2　交通工具的选定

这里主要针对车辆耗能和对环境的影响两方面内容讨论交通工具的选定。根据国内外的研究成果与经验,在选择汽车燃料时应该考虑以下因素。

(1)资源的可获得性

既要考虑本国资源,又要考虑进口的可能性,但应以国内资源为主。

(2)环境友好性

评价一种燃料的环境友好性应该应用全寿命周期方法,即:考虑从燃料的生产到使用的全过程(简称"WTW",即"矿井到车轮")。首先,从原料的开采开始,经生产、储备、运输,加注到汽车的燃料箱(简称"WTT",即"矿井到油箱");然后,经从汽车的燃料箱,经燃料供给系统输送到发动机,发动机工作,将燃料的能量转换为驱动力,经过传动机构驱动车轮(简称"TTW",即"油箱到车轮")。同时,还要考虑另外一个全过程,即:从汽车的生产、使用到报废的全过程(见图2)。

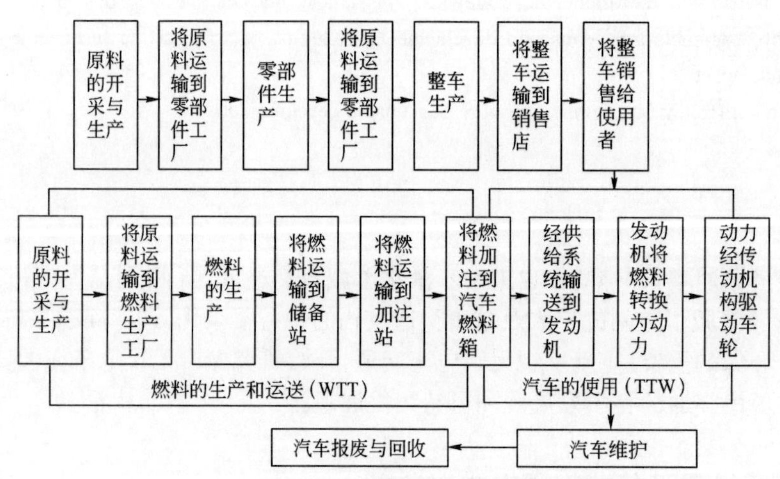

图2　汽车的生产、使用到报废的全过程示意图

图2里的每个子过程都可能对环境产生影响。这些影响包括:排放的有害的气体和物质(如CO、HC、NO_x、SO_2、甲醛、微粒等),形成地球温室效应的排放物(CO_2、甲烷等),对水资源的消耗与污染,因泄漏造成地下水的污染,过程产生的有害蒸发物,过程与报废时产生的废旧物质,以及原料开采与生产过程

对周围生态环境的影响等。

(3)经济性

评估经济性同样应用全寿命周期方法,考虑:

①汽车使用时的经济性与能量转换效率;

②燃料生产过程、汽车生产过程和汽车维护与报废回收过程的经济性与能量转换效率;

③新型燃料带来的基础设施和汽车结构改变而造成的成本增加;

④燃料生产过程与汽车生产及使用过程对环境影响的经济代价。

综上可得,对于车辆能源的选择,电能是最佳的。

2 公共交通工具的比较

无轨电车与公共汽车相比,运量大、低污染、低噪声、低能耗、高速度、低成本、舒适等;与轨道交通相比是投资少、建设周期短等,是其他交通方式无法替代的,见表1。以无轨电车交通为基础的运输系统与其他交通方式相比具有较大技术优势:较大的运量,有效的土地利用,每人公里较低的能量消耗和环境污染。它是大城市及其交通可持续发展的必然选择。

几种常见公共交通方式的比较　　表1

通勤方式	优　点	缺　点	最佳使用范围
公共汽车	密度大、线路多、安全、乘车方便、价格低、载客较多	速度慢、污染大、噪声大、能耗高、受道路状况影响大、拥挤、舒适度差、占地多、工作人员多	适合中距离及客流集中地方出行
无轨电车	零排放、无污染、噪声小、加速快、爬坡好、投资运营成本低	受线网限制机动性差	适合中距离及客流集中地方出行
轨道交通	运量大、低污染、低噪声、高速度、占地少、舒适、全天候、低价格	高投入、高维护成本、建设周期长、线路速度低	适合各种距离出行

3 无轨电车交通与城市交通可持续发展的作用

3.1 无轨电车交通与城市环境可持续发展

3.1.1 无轨电车交通节约城市交通能源消耗[1]

(1)从能源供应看,电车用的是电能。一辆空调柴油车百公里油耗约为50L,按现行柴油价格计算,燃油费为233元,而一辆空调电车的百公里电耗仅为101kW/h,按现行电价计算,电费为77.16元,仅为柴油车成本的1/3。可见,无轨电车节约交通能源。

(2)无轨电车具再生制动功能。无轨电车在制动减速过程中采用“再生制动”,可将动能转化为电能,反馈至供电网,进一步节能。

3.1.2 无轨电车交通减少城市交通污染

(1)无轨电车交通减少城市交通大气污染

不同车辆的废气排放也是不同的,表2~表4是与燃油公共汽车相比无轨电车的环境指标分析[2],无轨汽车在行驶时几乎无废气排出,比燃油公共汽车减少92%~98%。表2、表3比较了燃油汽车和无轨电车的废气排放(主要成分)。

无轨电车与燃油公共汽车的废气排放比较(g/km) 表2

废气组成	燃油公共汽车	无轨电车
CO	17.0	0
HC	2.7	0
NO_x	0.74	1(0.023)
CO_2	320	0(130)

注:括号中的数据考虑了电厂排放的废气。

未安装防护设备汽车的排放系数[g/(车·km)] 表3

排放物质	燃油公共汽车排放系数	无轨电车排放系数
甲醛	0.87	0
一氧化碳	46.50	0
碳氢化合物	3.52	0
氢氧化合物	2.40	0
硫氧化合物	0.168	0
有机酸(醋酸)	0.87	0
颗粒物质	0.224	0

重1000kg的燃油公共汽车与无轨电车的排放比较[g/(车·km)] 表4

车辆类别	燃油公共汽车(无铅汽车)	无轨电车(火力发电)	无轨电车(天然气发电)
	1 000kg	1 200kg	1 200kg
HC	0.018	0.000 8	0.002 2
CO	0.91	0.009 1	0.018 2
NO_2	0.077 1	0.294 8	0.181 47
CO_2	83	91	41
SO_2	0.004 5~0.453 6	0.181 4~0.771 1	0.000 3

注:无轨电车尾气排放包含了发电厂气体排放量。

从表4中可以看出,无轨电车尾气中的HC、CO量远低于燃油公共汽车(包含发电厂的排放量),而HC、CO正是大气污染中危害最大的气体成分。

表2、表3、表4所列数据的角度不同,数据之间亦稍有差异,但都能得出同一结论:相比燃油公共汽车,无轨电车在环保效果方面具有显著的优势。

(2)无轨电车减少城市交通噪声污染

与燃油车相比较电车系统只有少量的电磁噪声和机械噪声,通常其噪声比低10~15dB,见表5。

燃油公共汽车和无轨电车在不同车速下的噪声(dB) 表5

噪声		燃油公共汽车		无轨电车	
		车内	车外	车内	车外
匀速	35(3速)	73	67	67	66
	30(4速)	70	69	70	66
加速	35(3速)	81	75	72	66
	30(4速)	76	72	71	66

从表5中数据可以看出推广使用无轨电车是降低噪声污染的有效途径。

3.1.3 无轨电车可以缓解热岛效应

城市热岛效应指城市中的气温明显高于外围郊区的现象。城市热岛效应的强度随着城市发展而加强,因此在控制城市规模及人口的同时,也要减少城市废气排放的热量。因此,使用不向外排放热量的无轨电车作为城市公共交通工具,可以缓解城市热岛效应。

3.1.4 无轨电车交通不增加城市交通土地消耗

无轨电车与常规公共汽车占用相同的道路空间,因此,无轨电车不增加城市交通土地消耗。

3.2 无轨电车交通与社会可持续发展

3.2.1 降低交通污染,减低社会经济损失

据粗略估算,中国大气污染造成的经济损失相当于全国GDP的3%~7%,其中机动车交通污染损失的贡献率约占30%以上,且机动车(主要是汽车)污染造成的危害和损失会转嫁给社会公众及供全社会共享的大气环境。无轨电车的零排放降低了交通对大气的污染。

3.2.2 交通事故危害性小,减低社会经济损失

由于电车启动加速无须换挡,操作简便,并有架空线网的约束,因而具有行驶上的安全性。据统计,在电车运行几十年中,出现的特大交通事故比汽车少得多,从未出现过电车翻车造成群死群伤的恶性事故。同时,有些城市在电车线网上不断加大技术改造,运用新技术、新材料,电车的综合停电率、综合线网抢修率大幅度下降,两项指标均达到了国内同行业的先进水平,有效地提高了电车的安全性。

3.3 无轨电车交通与经济可持续发展

3.3.1 内部成本

(1)无轨电车的营运成本低

公共汽车和无轨电车的营运成本均值对比,如图3所示。

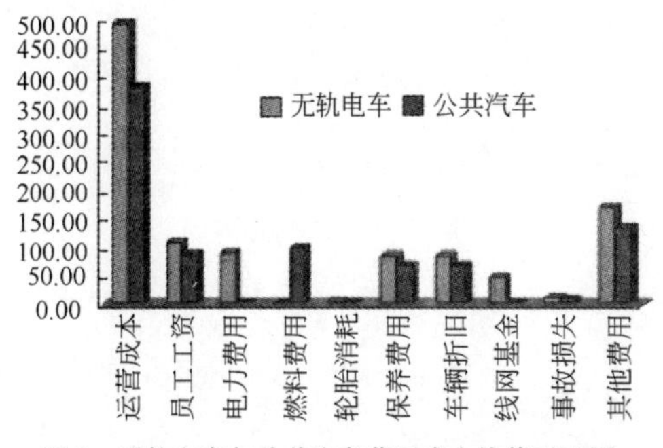

图3 无轨电车与公共汽车营运成本均值对比图

(2)车辆的购置费用

假如,购买28万元/辆的电车,虽然比14万的公共汽车贵一倍,但如果算规模效应,就不一样了。所以不能只针对现在即短期资金问题去考虑,应从长远效益上考虑。由表6的数据可以看出,电车相较于其他三种方式的成本少。如果一条线路有30辆车,天然气汽车10年的燃料成本可以购买28万元/辆的电车大约92辆,柴油车10年的燃料成本可以买106辆。结合图3可知长期规模效应上成本低。

(3)能源消耗费用小

传统无轨电车需在道路上空架设线网,因此在无轨电车的运营过程中,在耗能方面应考虑电车自身运行耗能和电力线网耗能。传统电车由于规模效应欠佳,供电的实际输电能力远远大于在网电车的用电总量,大量电能空放。电力费用占无轨电车营运总成本的21%。可见,无轨电车具有更好的节能性。

3.3.2 外部成本

根据对法国巴黎的调查,在噪声上,每位乘客每公里0.11法郎;在空气污染上,每位乘客每公里0.10法郎;在交通事故上每位乘客每公里0.08法郎。同时交通拥挤造成多方面影响,包括时间浪费、运营成本上升、交通事故、空气污染、噪声污染及相关产业的发展等。据欧美的经验,交通拥挤造成的负面影响中,交通事故、汽油过量和时间成本约各占三成。表6是一些交通工具的外部费用。

一些交通工具的外部费用 表6

项　　目	外部成本（欧元/千人·km）			
	小汽车	公共汽车	无轨电车	轨道交通
噪声	10~25	2~3	<1	2~3
空气污染	6~12	<1	0	<1
空气污染包括温室效应	10~50	小汽车的1/3	0	小汽车的1/3
交通事故	5	<1	<1	<1
交通拥挤	50	<10	<10	0
占城市空间	50~250	3~20	3~20	<5

4 结语

本文以减少大城市环境污染及能耗为目的，根据无轨电车与其他城市公共交通方式在环境、社会及经济领域的可持续发展上进行比较分析，提出大城市应鼓励发展城市无轨电车这种低能耗、低污染的公共交通方式，使大城市公共交通进一步向多元化方向发展，从而促进城市公共交通的可持续发展。

参考文献

[1] 高谋荣.城市交通可持续发展中自行车交通研究[D].西安:长安大学,2005(04).
[2] 吴同起.电动汽车与可持续发展战略[J].世界城市交通,2005(04):24-27.
[3] 张文忠.无轨电车应大力发展——再论双源无轨电车在城市公交中的地位和作用[J].城市公共交通,2002(02):27-29.

18. 无轨电车在城市交通可持续发展背景下的重新定位研究

刘 彤 巩丽媛 王逢宝

（济南市公共交通总公司科学技术研究院）

摘 要：通过对比分析方法，对无轨电车在运营成本、能源消耗、环境污染、维修保养、动力特性等方面的优势进行了分析和研究；针对无轨电车在发展过程中面临的问题，分别从意识、技术、政策等层面提出应对策略。

关键词：公共交通 可持续发展 无轨电车

The Role of Trolley Bus on the background of Sustainable Urban Transport

Liu Tong, Gong Li-yuan, Wang Feng-bao

(Jinan Sustainable Transportation & Development Research Institute Jinan)

Abstract: Through comparative analysis, the paper analyzes the strong points of the trolley bus at the aspects of operating cost, energy consumption, environmental pollution, maintenance, power characteristics, and so on. For the problems the trolley bus confronting in the process of development, it brings up the strategies from awareness, technology and policy.

Key words: Public transport, Sustainable development, Trolley bus

0 前言

正在积极推进资源节约型社会和环境友好型社会建设的中国，高度重视能源节约和环境保护，已把节能减排作为转变发展方式的重要措施，在“十一五规划”中更提出了节能减排约束性目标：到 2010 年，国内生产总值能源消耗将比“十五”末期降低 20% 。

近年来，国内燃油价格的大幅飙升，加之油荒、燃油税、排放标准等若干敏感词语的提出，给城市公共交通可持续发展带来了严重的威胁和挑战；同时，城市公共交通行业作为用油大户，大量能源消耗带来的环境污染也制约了城市公共交通的可持续发展能力。如何促进城市公共交通与城市经济协调发展，促进人与大自然的和谐发展，成为城市交通可持续发展的重大课题。

节能环保唯一行之有效的方法就是大规模地减少矿物燃料的消耗。产生有害物排放的罪魁祸首之一就是汽车引擎。为了减少对环境的影响，较为有效的实现途径是通过使用替代技术，减少或不使用矿物燃料，其中已经被证实的替代技术是以无轨电车为代表的“绿色”车辆。

在全国掀起建设和谐社会、关注民生，实践科学发展观、以人为本的浪潮，及建设部等四部委发布了“优先发展城市公共交通”政策的大背景下，如何开发适应城市发展，满足公交需求的新一代无轨电车，促进绿色公交的新发展,实现城市交通的可持续发展成为我们亟待解决的课题。

1 无轨电车发展态势及其优势分析

从世界范围来看,电车的发展经历了一段建设——拆除——重建的曲折过程,二十世纪六七十年代逐步减少甚至取消的无轨电车重新回到城市,出现电车回归热,在莫斯科、旧金山、米兰、温哥华等欧美许多著名城市,无轨电车成了城市公共交通的主力。在我国,北京、上海、广州等城市开始重新评价和认识无轨电车,带头加大无轨电车的投资和建设力度,以重振电车雄风。专家预言,无轨电车将成为以“环保世纪”著称的21世纪常规城市绿色公交的主力,是未来公共交通的发展方向。其优势主要体现在以下几个方面。

1.1 运营成本

公共汽车和无轨电车的运营成本主要包括员工工资、能源消耗、维修费用、折旧费用、事故损失等方面。在耗能方面,无轨电车使用的是电力资源,电力费用占无轨电车营运总成本的21%。对于汽车而言,燃油费用是最大的成本费用,占总成本的28%。两种公交方式其他费用所占的比例相差在1%左右。可见,无轨电车在交通可持续发展上占有足够的优势。

1.2 节能分析

表1为百公里能源消耗成本比较。

百公里能源消耗成本(元/百公里)　　表1

气候因素	非高温季节			高温季节	
车辆	电车	柴油车	汽油车	电车	柴油车
能源消耗成本	120.16	181.29	172.71	172.12	200.40

注:资料来源:《上海城市规划》2007年第3期。

1.3 环境污染

由表2可知,每辆汽车每年排放的污染也即每辆电车每年可以减少的排污量。按140辆电车(目前济南电车规模)计算,全年减少排污CO为313.6t,NO_x为145.6t,NMHC为124.6t。

公共汽车百公里排污量　　表2

污染物	排污量		
	g/kg(汽油)	kg/(辆·日)	t/(辆·年)
CO(一氧化碳)	155.4	6.129	2.24
NO_x(氮氧化物)	71.9	2.836	1.04
NMHC(非甲烷碳氢化合物)	61.5	2.426	0.89

注:资料来源:《上海城市规划》2007年第3期。

另一方面,无轨电车能够有效减少温室效应气体——二氧化碳的排放量,而CNG公共汽车实际上增加了温室气体排放,其产生的二氧化碳和柴油机车几乎相当,此外还会由于燃烧不充分以及装运泄露产生甲烷。甲烷对温室效应的贡献是二氧化碳的21倍。

无轨电车具有较低环境噪声污染的优点。根据荷兰阿纳市进行的研究测定,无轨电车产生的噪声平均值为72dB(分贝),而公共汽车在相同的运行情况下,噪声平均值为78dB(分贝)。先进型号的CNG公共汽车能稍微安静些,但是也达到了75 dB(分贝),但其加速时,可以产生高达100倍于无轨电车的噪声能量。

1.4 维修保养

虽然购买一辆无轨电车的费用要高于购买一辆柴油公共汽车的费用,但无轨电车具有众所周知的优

点:它的使用寿命长(尤其是电气设备),而且维修保养方便。根据瑞士15个城市中运行的300辆无轨电车的统计证明,尽管购买一辆无轨电车的费用要比购买一辆载客量相等的柴油公共汽车的费用高出33% ~35%,但由于其使用年限长,维修保养费用低,它的实际费用要比柴油公共汽车低35%左右。

1.5 动力特性

以电动机推动的无轨电车易于控制,加速和制动平稳,拥有比柴油发动机推动的公共汽车更高的攀斜能力,而且无轨电车可以使用再生制动,制动时把动能转化为电能,进一步节省能源。有关部门曾经对杭州公交研制的CJWG110K型无轨电车和上海申沃公司生产的SWB6115型燃油公共汽车做过比较:两者的最大爬坡度(≥20%)相同,汽车的最高车速(80km/h)比电车(55km/h)高,但上海公交车辆的平均运行速度仅为15km/h,电车的运行速度完全可以满足运行需要。

2 无轨电车发展面临的主要问题

2.1 视觉污染

无轨电车有其先天缺陷,无轨电车网线如蜘蛛网般纵横交错,视觉上非常压抑。为电车供电的馈、触线网和水泥电杆占据了城市道路上空的空间,一般情况下很难有所变化,形成与周围逐渐美化的景观不协调的对比,这也是各地政府当局拆除无轨电车的最主要理由。

2.2 机动性差

电车依赖网线行驶,机动性差,速度欠佳,影响路口通过速度。无轨电车是靠架空线网提供能源,必须按照设计的轨迹行驶,当出现道路障碍时,不能像其他车辆那样绕道驶离现场,只能就近停车,给本来就拥挤的道路增添更多的障碍。

2.3 线网事故影响交通

一旦电车掉线容易造成交通拥堵;一旦因道路拥挤使电车偏离设计轨迹行驶、车辆集电系统故障、架空线网质量差等原因发生线网故障,大量电车滞留街头,更是会导致交通瘫痪。

2.4 比较性缺陷

从规划的层面来看,无轨电车的其中一个问题是它属于一种“非驴非马”的公共交通。跟公共汽车相比,它的弹性较差,而且需要铺设电线,起初投资较多。跟轻便铁路相比,投资虽小,但它的效率及载客量又远远不及。

3 现代城市发展无轨电车的对策研究

3.1 意识层面

政府部门对发展无轨电车的重要意义和作用须有充分认识,切实转变观念,应着眼于未来,在城市建设的现实计划和未来设计中,把发展包括无轨电车在内的环保性公交纳入城市发展规划。要逐步建立以无轨电车为基础的快速公交系统,并在城市道路建设中同步进行电车供电线网建设,减少重复投资,提高综合效果。

3.2 技术层面

无轨电车自身的确存在着需要布设线网和机动性较差等弱点,如何减少电杆数量以及简化电车线网关系到无轨电车能否在城市得到发展的一个重要因素。只要合理规划,通过技术更新和线网改造,无轨电车完全可以改变原貌,与城市景观协调一致。

①采用“双能源”和“一杆多用”两个关键性技术。“双能源”,到目前为止已经有以蓄电池为辅助动力的辅源电车和以内燃机为第二动力的双源电车问世。“一杆多用”,即电车、电信、路灯线路“一杆多用”,电车动力线入地,空中只有“触线”,而且架在路灯杆上。

②推行新概念无轨电车。不依赖网线的新车型也是解决架空线视觉污染的重要办法。上海近年来推出新概念的无轨电车——超级电容车。这种电车剪掉了两根“小辫子”,只需在终点站充足电后就可以上路,行驶线路上也就没有了架空线。还有一种新型电车自身有蓄电装置,集电杆采用自动升降系统,可以在城市景观区域实行无架空线运行,使之与站点景观融为一体。

③美化电车线网假设。架电车线可以尽可能地利用道路两旁的建筑物,将架空线的横绷支撑线悬吊于建筑物的环拴上,以减少对于电线杆的依赖,并可通过“隐身”使架空线成为公用设施的有机组成。广州新珠江电车把辫子涂上缤纷的色彩;美国有些城市把辫子涂成白色,在蓝天白云下尤其相衬;有些国家把电杆涂成绿色,隐藏于绿化之中。

3.3 政策层面

①制订电车发展的相关保护政策。在电车线网的架设方面,各部门之间要形成可行的政策平台。例如借助部门之间的协调和政策平台,政府应当从中起到牵线搭桥的带头作用,完全可以将电线杆、路灯照明线杆、交通提示标杆等合一,也可以对电杆上色美化,减少视觉污染。另外,相关部门还要制订电车基础设施建设的相关政策,加强电车基础设施建设行业管理,为电车发展扫除障碍。

②引导电车发展的相关扶持政策。政府在相关政策上如电价、购车补贴上应该积极鼓励企业发展环保型公交电车。在捷克,政府对发展无轨电车有明显倾向性,购置电车补贴30%,而购买汽车仅仅补贴10%。根据政府公共财政给予油价的补贴,建议相关部门重新考虑电车电价的问题,同样享受油价的补贴长效机制,或者降低电费至灌溉动力费用,逐步形成一种稳定有效的财政补偿机制,促进环保型的电车产业不断向前发展。

4 结语

目前,北京、上海已经成功研制完成了新型双能源铰接电车;武汉、西安的电车已经用上了辅助电源;上海、杭州、广州、武汉的市中心已经有了越来越多乘坐舒适的空调电车;杭州率先将路灯杆和电车杆合一,将电车馈线埋到地下,美化了电车线网。

随着石油价格的上涨,人们对城市环境的日益关心以及技术上的不断完善,无轨电车在新世纪必将会得到进一步的发展。无轨电车的发展存在着机遇,同时又有许多制约因素。从宏观角度讲,无轨电车仍具有旺盛的生命力,在当前能源危机、环境污染严重的背景下,在城市交通中仍不失为主要交通模式之一,前景依然美好。

参考文献

[1] 韩印,马万达,袁鹏程.上海市无轨电车发展规划研究[J].上海城市规划,2007(3):49-53.

[2] 王小磊.无轨电车的技术与发展[J].城市公共交通,2001(1):22-23.

[3] 蔡敬艳.加快发展城市无轨电车[J].交通与运输,2007(3):12-13.

[4] 冯伟强.探索适应城市发展的广州新一代无轨电车[J].城市车辆,2007(8):35-36.

19. 探讨交通违章行为的新视角

常书金　石建军

(交通工程北京市重点实验室(北京工业大学))

摘　要:道路交通事故中很大一部分是由于交通参与者的违章行为造成的,本文主要分析故意违章行为的心理成因。当有多个需要并存时,往往是强度最大的需要具有优势动机,形成行动的驱动力。通过对交通违章行为心理动因的探索提出违章的行为函数,并与弗洛姆的期望理论进行了相似性比较,提出了减少违章行为的思路。

关键词:交通违章行为　激励力　效价　期望值　心理成因

The new viewpoint in discussing the violating regulation behavior in traffic

Chang Shujin, Shi Jianjun

(Key Laboratory of Transportation Engineering, Beijing University of Technology)

Abstract:The most reason of the traffic crashes is the violating regulation behavior of people who is in the traffic. This article analyses the reason in the psychology on the deliberate behavior . When some needs are concurrence, the needs which have the most intensity can be regarded as a superior need and become the impel force. The behavior function is educed by discussing the reason of the violating regulation behavior in traffic, and some comparability research is made with the Expectancy Theory which is thought out by Victor Vroom. In the last ,this article gives some clues to induce the number of this behavior.

Key words:The violating regulation behavior in traffic,The impel force,Valence,Expectancy,The reason of psychology

1　引言

2001年,全国公安交通管理部门共受理道路交通事故案件75.5万起,因道路交通事故造成10.6万人死亡,54.5万人受伤,其中严重违章导致的事故尤为突出。驾驶员疏忽大意、措施不当、不按规定行驶、违章超速和违章超车等5项违章导致交通事故34.8万起,造成4.4万人死亡,25.1万人受伤,分别占事故总数的46%、42.2%和45.9%。其中机动车驾驶员仍是交通违章的主体。2003年广西地区的调查显示1~8月份机动车驾驶员违章人次占违章人次总数的87.9%,交通违章仍是交通事故的主要原因[1]。

道路交通违章是指人们违反交通管理法规、妨碍交通秩序和影响交通安全的行为,道路交通违章不仅影响道路畅通,降低道路通行能力,同时也是造成道路交通事故的一个重要原因[2]。

根据交通参与者的主观状态可以将道路交通违章行为简单的分为两大类:一是过失违章,是指交通参与者不了解实际情况的原因下而发生的交通违章;二是故意违章,是一种明知故犯的行为,前提是为了达到一定的目的。对于前者的违章行为,通常是个体意识不清或是无知的情况下,如醉酒、困倦、经验不足等。通过交通宣传教育和合理的交通标志设置使交通参与者充分的了解交通法规和道路交通情况就可以极大地减少此种交通违章的发生。

我们对北京市怀柔地区2007年全年的伤亡事故分析中(如表1所示)发现,161起由于违章导致的伤亡事故中,故意违章数所占比例为82%。因此故意违章行为是我们研究的重点。

北京市怀柔区2007年伤亡事故中违章行为分类统计表 表1

违章类别	违章起数	故意违章	过失违章	有意识违章比例(%)
资格型违章[3]	1	1	0	100
机动车辆违章	136	112	24	82
行人与自行车违章	24	19	5	79
合计	161	132	29	82

2 成因分析

到底是什么原因促使人去违章,促使人违章的原因是多方面的。本文从心理学的角度来探讨其成因。以往对交通违章的行为分析多数停留在数理统计的角度,从数理统计的角度看,大多数的交通事故确实是交通违章造成的,但是从微观心理学上分析,并不是每一次的违章行为都会导致事故,导致事故的行为仅仅是众多违章行为中的一次。那么也正是存在的这种侥幸心理,是造成众多违章行为的主要原因。

一般来说人的行为是受心理因素和意识能力所支配的,故意违章行为更离不开心理动因的影响和指引。其常见的违章行为心理因素包括:侥幸心理、省能心理、从众心理、冒险心理、逆反心理、散漫心理等。

行为科学家认为,人的行为既是人的有机体对刺激的反应,又是人通过一连串的动作实现其预定目的的过程。一般是:客观事物刺激引发需要,需要产生动机,动机支配行为,行为指向目标[4]。用公式表示为:

$$S \rightarrow O \rightarrow B \rightarrow A$$

即:刺激、人的有机体、行为的反应、行为的目的完成。

S(刺激):可以是一定事物,也可以是一定的社会环境。

O(有机体):是指个人所具有的遗传生理素质,情绪的成熟程度,学习的文化知识。所具有的能力,所持有的态度、兴趣,所具有的世界观、人生观等。

B(行为的反应):指人的身体运动、说话、表情、思考等。

A(行为目的完成):包括人自觉地去改变情境,争取生存条件,避免危险、灾害和他人的攻击,与别人交往、获得别人的尊重,努力工作或消极怠工,进行发明创造等。

当有多个需要并存时,往往是强度最大的需要具有优势动机,形成行动的驱动力。在客观现实中,常常存在更具有诱惑力的刺激,引发人们对其更强烈的需要,并因此取代了安全需要的优势地位[5]。

有意识违章的心理成因过程如下:交通参与者出于一定的意图或动机(小客车超员、时间的节省或心理的满足)并认为符合这种动机的行为不会产生恶性后果(或称为对意图实现而不导致事故的可能性估计),从而采取可以实现所期望目标的违章行为。

违章行为(B)、违章意图(O)和违章的可能性(P)可用函数表述为:

$$B = f(O, P)$$

公式表明,违章行为的产生取决于行为者违章意图的诱惑力和实现意图而不发生事故的可能性估计。如果采取特定的违章行为可以轻而易举地达到自己的目的,而对自身又不会造成伤害,该行为的发生就比较频繁。

交通参与者对违章行为能否轻易到达而又不发生事故的估计主要取决于他们的主观判断，而客观的外界环境或者约束都对行为者的违章行为有间接作用。如较严格的检查可以在一定程度上抑制违章行为。但对违章行为抑制力的大小还是取决于行为者的主观期望，包括对违章行为后果的期望和自己对自我行为能力大小的期望。如果交通参与者对违章行为的收益期望很大，而且对其违章的可能性估计很高，那么违章行为就会频繁发生。

3 弗洛姆的期望理论及分析

期望理论（Expectancy Theory）是由美国管理学家弗洛姆（Victor Vroom）于1964年提出的过程型激励理论[6][7]。其基本观点是，人们采取某项行动的激励力（M），取决于行动目标的效价（V）和预计达到目标的期望值（E）的乘积，用公式描述为：

$$M = VE$$

激励力量（Motivational Force）——表明个体为实现工作目标愿意进行的努力的大小，或者说表明直接推动或使人们采取某一行动的内驱力大小。

效价（Valence）——指达到某一目标对于满足个人需要的价值，效价主要受人的需要结构和个性特征影响。目标效价取值为 $-1 \leqslant V \leqslant 1$，结果对某人越重要，数值就越接近于 $+1$；如果结果对某人无足轻重并漠不关心，其数值就接近于零；如果某人害怕这一结果出现，那么效价就为负值。

期望值（Expectancy）——指个体对某一目标实现可能性的主观估计，它由个体和环境两方面因素决定，但主要取决于行动者的主观感受，其取值范围为 $0 \leqslant E \leqslant 1$，一般用概率表示。

从基本模式看，目标对个体的激励强度，由期望值和效价二者的合力决定。增强某一目标的效价（V）或者提高某种目标实现的期望值（E），都可以驱动某相应行为的发生；那么，降低某一目标的效价（V）和期望值（E）将会抑制某种相应行为的发生。

弗洛姆的期望理论属于管理学中的激励理论，这一理论的提出常被应用于企业中如何采取激励措施提高员工工作的积极性。我们发现这个理论和交通违章行为的成因分析有很大的相似性。通过对期望理论的效价和期望值的分析，我们对违章行为的心理成因就会有一个新的认识，找到新的防范策略。

显而易见，只有当人们对某一行动的效价和期望值都出于较高的水平时，才有可能产生强大的激励力，激励力越大，那么产生相应的行为的可能性也就越大。主观讲交通参与者都不希望事故会发生在自己头上。安全需要是每一个交通参与者最基本的需要，然而在客观现实中存在比安全需要更具有诱惑力的刺激，激发行为者的强烈需要。一般情况下，当个体主观认为违章风险小而得到的利益大时，安全需要便被违章的动机所取代，便采取违章行为。

4 由期望理论探讨交通违章行为的防范策略

重新审视弗洛姆的期望理论，它对交通安全中的违章管理会有新的价值和启迪作用。

（1）从交通参与者的心理分析入手，了解其需要、动机，实现目标的主客观因素等。这些因素正是我们研究交通违章行为、把握违章规律、实施策略的依据。我们应该加大对这些因素的分析力度，在充分的调查基础上，探索出科学管理交通违章行为的方法。

（2）根据弗洛姆的期望理论，激励某一个行为的发生就要增加效价或者期望值，反之抑制某一行为的发生则可以降低效价或者期望值。通过对我们当前的交通违章制度的了解，发现很多制度上的不完善和制度落实不到位问题。这更增加了违章事故发生的可能性。一个违章行为的产生，亦可以看成是一连串的结果，由错误的认知，形成错误的思维定势，并强化了错误的需要，从而导致一个错误的行为[8]。因此，预防违章行为的主要措施是安全教育，在行为者的自我约束力尚未形成时，借助于外在约束力来规范人的行为，即加大管理力度，从交通参与者自身因素上杜绝交通违章行为的产生。

参考文献

[1] 马瀚波.2003 年 1 ~8 月全区道路交通违章特点及状况分析[R].广西.安全生产与监督,2003.

[2] 蔡作斌.道路交通违章行为与事故责任因果关系探讨[J].律师世界,2000(11):27.

[3] 朱力凡.浅谈道路交通违章的特点原因及治理 [J].道路交通管理,1998(4):34.

[4] 曹杰.行为科学 [M].北京:科学技术出版社,1987.

[5] 陈炳权. 心理·行为·激励 [M].湖北:湖北人民出版社,1987.

[6] 斯蒂芬.P.罗宾斯.组织行为学.北京: 中国人民大学出版社,1997.

[7] 胡冶岩. 行为管理学[M].北京:经济科学出版社,2006.

[8] 彭冬芝.违章行为的心理成因剖析[J].劳动保护,2002(5):29.

20.限速区与事故的相关性研究

侯典建　陈永胜

（北京工业大学交通工程北京市重点实验室）

摘　要：超速行驶给人们的教训是深刻的，这种刻骨的教训却无法让当事人吸取教训，因为超速行驶所导致的事故大多数是重特大的交通事故，一旦发生，其严重性是无法弥补的。本文通过高速公路限速区车速、事故的数据调查，探讨了限速区内速度的离散性与事故率之间的关系，得出事故与限速区之间的相关性，以期能够为我国高速公路的限速提出一定的参考。

关键词：限速　速度分布　事故率

Study on the relation between speed limit zone and accident

Hou Dianjian　Chen Yongsheng

（Beijing Key Lab of Transportation Engineering Beijing University Of Technology）

Abstract: Over speed driving often causes severe accident. Once happened , the result is not recovery. In this paper we collect data about speed and accident in the speed limit zone and analyze the relation between speed difference and accident rate, finding the coefficient between speed limit zone and accident to provide some useful information for relevant research.

Key words: Speed limit, Speed distribution, Accident rate

1　引言

1964年大卫·所罗门在600km/h公路上对10 000名驾驶员进行观测，得出了事故率和车速之间呈一个“U”形曲线关系。车速在平均车速附近时，事故率低，远离平均速度时事故率较高，从而得出了速度的离散性对交通事故的影响。

美籍华人交通工程专家孙小端教授曾在京津塘高速公路安全评价中指出，速度差已经成为我国高速公路安全的一个共性的问题。可见高速公路限速不仅仅是降低行车速度，其中一个主要目的是减少混合交通的速度离散性。

2　数据采集及描述

研究的高速公路全长79.3km，此山区高速公路道路线形比较复杂，大、中、小桥共165座，连拱隧道4座，分离式隧道12座，涵洞131道，通道46道，互通式立交5处。桥梁和隧道占总里程的37.58%。采集设备是采用的澳大利亚micro company公司产的metrocount5600，图1所示为工作人员数据采集现场。设备分别在 K42 +670 限速标志前,K43 +170 限速标志处,K44 +245限速标志后各设置一个,事故数据来自交管局,自 2007 年 10 月 24 日通车之日到 2008 年 6 月 13 日,共发生 197 起交通事故。其中死亡事故 31 起,受伤事故 28 起,财产损失 68 起。通过沿线行车观察共有四种不同的限速设置:1 代表限速小型车 100km/h,大型车 60km/h,2 代表 60km/h,3 代表小型车 80km/h,大型车 60km/h,4 代表小型车 110km/h,大型车 80km/h。

图1 数据采集图

3 数据分析

3.1 车速分布

从表 1 中可以看出,在限速前、后车辆的速度分布比较的离散,其中在驾驶员没有意识的情况下,离散性最大,速度标准差为 19.02km/h,当驾驶员看到限速标志后,其速度比较集中在平均速度附近,而当驾驶员行驶一段时间后,由于不同的驾驶员特性的不同,以及人们对限速约束的时间失效性,其速度差又在不断的拉大,可见限速标志对驾驶员确实有一定的约束作用,因此而带来的速度集中确实能够减少事故的发生。

车 速 分 布 表1

断 面	平 均 车 速	速度标准差	样 本 量
限速前	77.9	19.02	359
限速处	52.5	9.84	360
限速后	64.5	15.28	361

3.2 限速分布

从表 2 中可以看出,在 K8 +200 桩号处开始设置限速,限速值为小车 100km/h,大车 80km/h;K18 +000 处,开始进入湾山坡一号隧道,限速值统一下降到 60km/h。K18 +000 ~ K41 +000 是一个隧道群,所以限速值都设置为 60km/h。K53 +800 以后路段,地势相对比较平坦,弯坡线形组合比较少,限速值上升到小车 110km/h,大车 80km/h。

上 行 方 向 表2

桩 号	限速设置(km/h)	桩 号	限速设置(km/h)
K8 +200	小车 100,大车 80	K32 +000	60
K12 +300	小车 100,大车 60	K36 +800	解除 60
K18 +000	60	K39 +600	60
K19 +750	解除 60	K41 +000	解除 60
K29 +000	60	K53 +800	小车 110,大车 80
K29 +700	解除 60		

从表3可以看出，下行方向的限速设置的比较密集，主要是这个方向的地形相对比较复杂，交通事故主要集中在此方向上，事故发生后设计单位针对其事故特性，对其进行了相应的后续限速措施。

下 行 方 向　　表3

桩　号	限速设置(km/h)	桩　号	限速设置(km/h)
K78 +100	小车110，大车80	K39 +940	解除60
K69 +160	小车110	K39 +500	小车100
K69 +000	大车80	K39 +400	大车60
K54 +900	前方500m小车100，大车60	K36 +700	60
K54 +300	小车100	K34 +440	解除60
K53 +800	大车60	K34 +200	60
K49 +500	大车100	K33 +650	解除60
K49 +400	大车60	K26 +200	小车100
K45 +750	前方400m小车80，大车60	K26 +100	大车60
K45 +450	小车80	K20 +100	60
K41 +260	大车60	K18 +050	解除60

3.3 限速区与事故的相关分析

由于此高速的交通事故主要发生在下行方向，所以本报告就以此方向的限速值为依据，根据其限速设置的桩号、大小划分了13个限速区，对其不同的限速区所发生的交通事故进行分析。

在表4中可以看出，13个限速区中K26～K36限速60km/h路段发生的交通事故最多，而限速值大的路段发生的事故数却比较少，其限速区与事故数的相关性如图2所示。

限速区与事故统计表　　表4

限 速 区	限速值(km/h)	事 故 数	限速区(km/h)	限速值(km/h)	事 故 数
K2	100，60	2	K36	60	99
K5	60	1	K39	100，60	5
K7	100，60	1	K41	60	0
K8	60	2	K45	80，60	16
K18	100，60	1	K54	100，60	3
K20	60	0	K78	110，80	7
K26	100，60	7			

从图2中可以看出，限速区共有四种类型，1代表60km/h，2代表小型车80km/h，大型车60km/h，3代表限速小型车100km/h，大型车60km/h，4代表小型车110km/h，大型车80km/h。在其K27～K36限速60km/h路段中，共发生了99起交通事故，K41～K45限速小型车80km/h，大型车60km/h路段共发生了16起事其他限速值比较大的路段基本没有发生事故，表5所示为事故数与限速区的相关性分析。

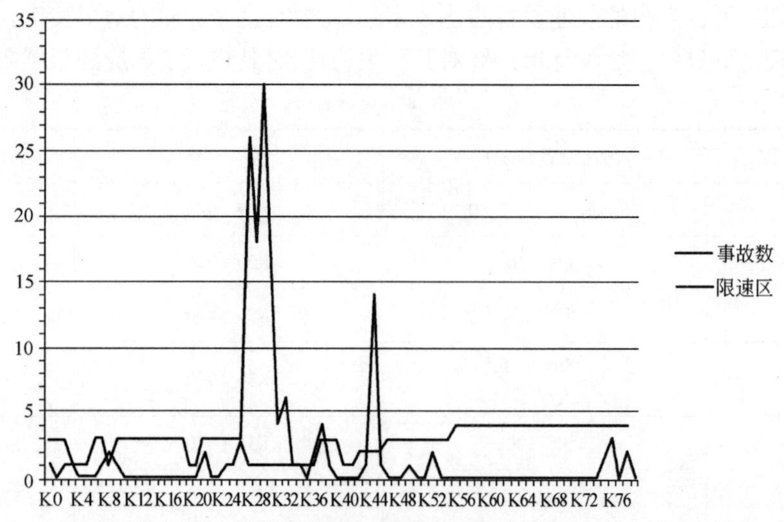

图2　限速区与事故数相关性图

从表5中可以看出,事故数与限速区的相关系数为－0.410,从而得出事故数随限速值的减小而增大的趋势,由于道路交通事故的诱因是多方面,－0.410这个数值已经可以明显地说明事故数与限速区之间有很强的相关性了,事故数与限速区的负相关性说明限速值越高事故率越低。由于我国现状限速值的设定是根据现有道路条件而设定的,也就是说事故率低即限速值高的地方表示的是道路状况线形比较好的地方,而限速低的地方说明了道路条件不太理想,从而导致了不同的车型,不同的驾驶员对速度的选择的离散性,而这段事故率高的事实也就证明了事故率和速度离散性以及限速区的直接相关行。

事故数与限速区相关分析表　　表5

	指　标	事　故　数	限　速　区
事故数	相关系数	1	－0.410
	显著水平	0.000	0.000
	样本	80	79
限速区	相关系数	－0.410	1
	显著水平	0.000	0.000
	样本	79	79

4　结语

交通系统作为一个社会系统,其中的矛盾与统一的关系并不是自然本身能够调节的,而是通过人的主观努力及作用来使之相互平衡的,本文通过速度的离散性与限速区的关系,事故与速度差的关系,从而得到限速区与事故的三角关系,以期能够为高速公路交通这个大系统的和谐运行提供一定的参考,也为我国高速公路限速提供一些基础的研究资料。

参考文献

[1] 任福田,刘小明.论道路交通安全[M].北京:人民交通出版社,2001.

[2] 孙小端,陈永胜.从京津塘高速公路安全评价看中国交通事故特点[A].2004国际公路安全研讨会.

[3] 刘运通.道路交通安全指南[M].北京:人民交通出版社,2003.

[4] 胡江碧,刘运通.公路规划设计与交通安全[A].中国公路学会公路规划学会第二届学术会议论文集,2003年8月.

21. Modern Challenges in Urban Road Safety and Public Transport

Dinesh Mohan

(Transportation Research and Injury Prevention Programme, Indian Institute of Technology)

Introduction

Most of the megacities in the world are already located in low and middle income countries (LMIC) and many more cities in these countries will grow to populations of ten million or more in the next few decades (Martine, 2007). All these cities are faced with serious problems of inadequate mobility and access, vehicular pollution and road traffic crashes and crime on their streets. Increasing use of cars and motorised two-wheelers (MTW) add to these problems and this trend does not seem to be abating anywhere. Many recent reports suggest that improvements in public transport and promotion of non-motorised modes of transport can help substantially in alleviating some of these problems (Wardman et al., 2007; Tiwari, 2007; Sanchez, 2008; Bannister, 2005; Penalosa, 2004). In recent years, Bus Rapid Transit systems (BRTS) with dedicated busways have been shown to be economically feasible and capable of transporting large numbers of people efficiently in many South American and European cities (Tiwari, 2002; Fulton et al., 2007). A recent report, Mobility 2001: World mobility at the end of the twentieth century and its sustainability (World Business Council for Sustainable Development, 2001), states that "Compared to its investment in urban roads and railways, the private sector expresses little interest in busways, yet they are among the most cost-effective means of improving urban mobility. The great benefit of dedicated busways is their ability to move large numbers of passengers — typically up to 25,000 passengers per hour per direction — at relatively low cost, typically $1 to $3 million per kilometer, 50 to 100 times cheaper than subways."

BRTS are likely to be operating in most major cities of the world within the next decade. However, introduction of better technologies alone is not likely to shift adequate numbers of people from using cars and motorcycles into public transport. Some of the standard counter measures suggested to promote public transport include the following:

(a) Promote mixed land use.

(b) Move toward a greater diversity in modal splits with more importance to non-motorised modes.

(c) Lower commuting distances.

(d) Increase costs of personal modes of motorised travel and raise fuel prices and introduce road fuel taxation.

(e) Increase frequency of buses.

(f) Bus stops should be within easy walking distance of home and work places.

(g) Buses should be made more accessible and comfortable for children, women, elderly, and the disabled.

(h) Make public transit affordable for the lowest quintile income.

(i) Improve quality of pedestrian and bicycle environment.

(j) Access to the bus must be made safe for all bus users.

Of all the measures listed above, (a) to (d) already exist in some form in many LMIC cities. In spite of these structural advantages, public transport systems in many LMIC cities are not adequate.

Introduction of BRTS with modern low floor buses is likely to take care of the measures (e) to (g) listed above. However, what most cities do not have are safe and convenient walkways and bicycle lanes and streets that ensure safety of all commuters from accidents and crime. Road traffic injuries (RTI) and fatalities are serious problem in LMICs (Peden et al., 2004). According to one estimate the losses due to accidents in LMICs may be comparable to those due to pollution (Vasconcellos, 1999). These problems become difficult to deal with because there are situations in which there are conflicts between safety strategies and those which aim to reduce pollution (OECD, 1997). For example, large and heavy vehicles can be safer but they are consume more energy and pollute more; congestion reduces probability of serious injury due to crashes but increases pollution; increase in bicycling rates can decrease pollution but may increase crashes if appropriate facilities are not provided. However, unless access to public transportation systems is made much safer it would be difficult to ensure success of the proposed high capacity bus systems. In this paper we outline some of the issues and policy options connected with public transportation and safety.

Public Transport and Safety

The safety record of bus transit operations has been reasonably good in most cities of the world as compared to other modes of transport but yet people still prefer to use their cars if they can afford it and when it convenient to do so. The main problem of safety is not as a bus passenger but as a pedestrian or bicyclist on the access trip. A study of risk of accidents by different travel modes in Copenhagen concluded, "There is no reason for a traveller to choose bus instead of car for the point of view of his own safety," and that "From a social point of view there would be a safety benefit through a change of car driving into bus driving" (Jorgensen, 1996). These conclusions were based on the fact that the risk of death per trip for a bus user was very high on access trips (Figure 1).

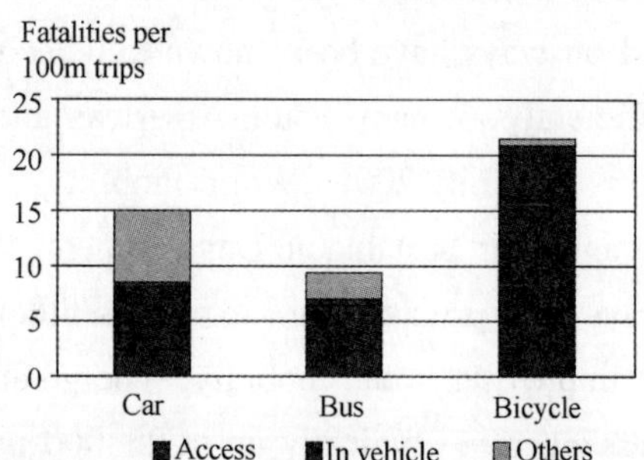

Figure 1 Trip types and fatality rates in central Copenhagen (Source, Jorgensen, 1996).

Even in high income countries (HIC) pedestrians and bicyclists generally face higher crash risks than car occupants (Scientific Expert Group on the Safety of Vulnerable Road Users (RS7), 1998; Pucher and Dijkstra, 2000; Jorgensen, 1996). According to one estimate the losses due to RTI in LMICs may be comparable to those due to pollution (Vasconcellos, 1999). The safety record of bus transit operations has been reasonably good in most cities of the world as compared to other modes of transport. Yet people prefer to use their cars and motorcycles if they can afford it and when it convenient to do so. The main problem of safety as perceived by commuters is not as a passenger inside the bus, but as a pedestrian or bicyclist on the access trip.

There is ample evidence to illustrate the mismatch between current urban planning methods and the growing transportation problems (Dora, 1999; Preston and Raje, 2007; Bannister, 2005). Unless we understand the basic nature of problems faced by our mega cities, the adverse impact of growing mobility on the environment and safety would continue to multiply in future. For users of public transport, each trip involves two access trips which have to be non-motorised modes-walking and bicycling. Commuters will chose to walk or bicycle by choice only if these modes are safer than other modes. Quite obviously, people's fears regarding safety on the roads when using public transport are not unjustified. A large proportion of the decrease in road traffic injuries and deaths in HICs is the result of the availability of cars which provide much greater safety to the occupants in crashes, and the result of a very significant reduction of the presence of pedestrians and bicylists on HIC streets and highways. Recent estimates from UK suggest that the number of trips per person on foot fell by 20% between 1985/86 and 1997/99 (Select Committee on Environment and Regional Affairs, 2001). Such trends suggest that reduction in pedestrian, bicycle and MTW fatalities in HMCs could be largely because of the reduction in exposure of these road users and less because the road environment has been made "safer" for them. In LMICs the exposure rates for pedestrians and bicyclists are much higher, and with the introduction of BRTS, it would become essential that road and vehicle designs ensure safety on access trips otherwise the system may operate at sub-optimal capacities.

Traffic Patterns and Planning Issues

A high share of non motorized vehicles (NMVs) and motorized two-wheelers (MTW) characterizes the transport system of many LMIC cities. In such cities nearly 45%-80% of the registered vehicles are MTWs and cars account for 5%-20% of the total vehicle. The road network is used by many categories of motorised vehicles and NMVs. Public transport and paratransit is the predominant mode of motorized travel in megacities and carry 20%-65% of the total trips excluding walk trips. Despite a significant share of work trips catered by public transport, presence and interaction of different types of vehicles create complex driving environment. The present design of vehicle technology does not take into consideration this environment where frequent braking and acceleration cannot be avoided.

Because bicyclists and pedestrians continue to share the road space in the absence of infrastructure specifically designed for NMVs, they are exposed to higher risks of being involved in road traffic accidents by sharing the road space with high-speed modes. Unlike cities in the West, pedestrians, bicyclists and MTWs constitute 50% ~75% of the total fatalities in road traffic crashes (Mohan, 2008b). Buses and trucks are involved in a significant number of fatal crashes and many of the passengers who die are those who fall from footboards of the buses.

Construction of a metro rail system and increase in number of buses would also increase the number of access trips by walking and bicycling. High-density metro corridors increase the presence of pedestrians on the surface. This can result in higher RTI rates if special measures for traffic calming, speed reduction, and provision of better facilities for bicycles and pedestrians were not put in place in parallel.

Crash Rates and City Structure

Figure 2 shows road traffic fatalities per million population of a number of cities around the world (Mohan, 2008a). These data show that there are wide variations across income levels and within similar incomes levels. The risk varies by a factor of about 20 between the best and the worst cities. Some characteristics are summarised below:

The highest fatality rates seem to be experienced by cities in the mid-income range of USD 2,000-10,000 per person per year.

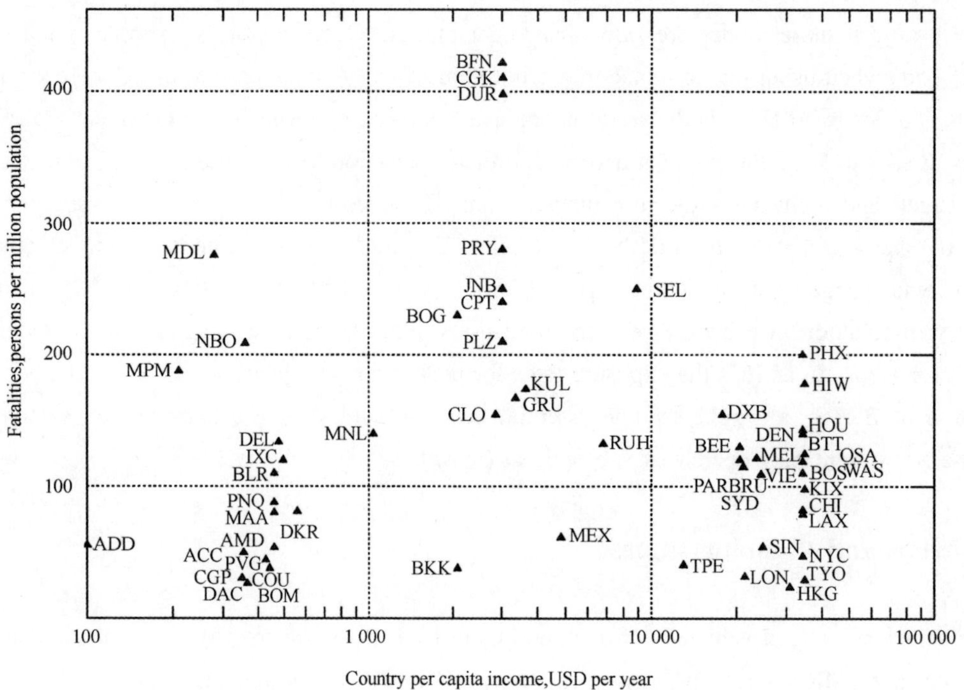

Figure 2 Fatality risk in traffic crashes by city (Source Mohan, 2008a).

• Overall fatality risk in cities with very low per-capita incomes (less than USD 1,000) and those with high incomes (greater than USD 10,000) seem to be similar.

There is a great deal of variation even in those cities where the per capita income is greater than USD 20,000 per year. These patterns appear to indicate that it is not enough to have the safest vehicle technology in HIC to ensure low road traffic fatality rates uniformly across cities in those locations. Even in very LMIC, the absence of funds and possibly unsafe roads and vehicles does not mean that all cities have high overall fatality rates. Provision of safely designed roads and modern safe vehicles may be a necessary condition for low road fatality rates in cities but not a sufficient one. The fact that there are wide variations for overall fatality rates among high income cities, where availability of funds, expertise and technologies are similar, indicates that other factors like land use patterns and exposure (distance travelled per day, presence of pedestrians, etc.) play a very important role also. This is probably why many European cities tend to have lower rates than those in the US.

Vehicle speed is very strongly related to both the probability of a crash and the severity of injury-a 1% increase in average speeds can result in 3% ~4% increase in fatalities (Koornstra, 2007). This may be the reason why some middle-income country cities have high fatality rates because they have higher vehicle ownership than low income countries and roads making high speeds possible. In the absence of detailed traffic modal share, speed and cash information we can only have informed guesses on what is happening in al these cities. The international data show that per capita income is not the only determining criterion for fatality rates as the rates can vary by a factor of three among the richest nations. To control for different vehicle design and road design policies, we have compared rates for cities within the US (Shankar, 2003) and these are shown in Figure 3. These data show that within the same state:

• Cities have different crash rates - San Diego and San Jose in California;

• Have different patterns-San Francisco has a higher rate for pedestrians and Los Angeles has a higher rate for vehicles.

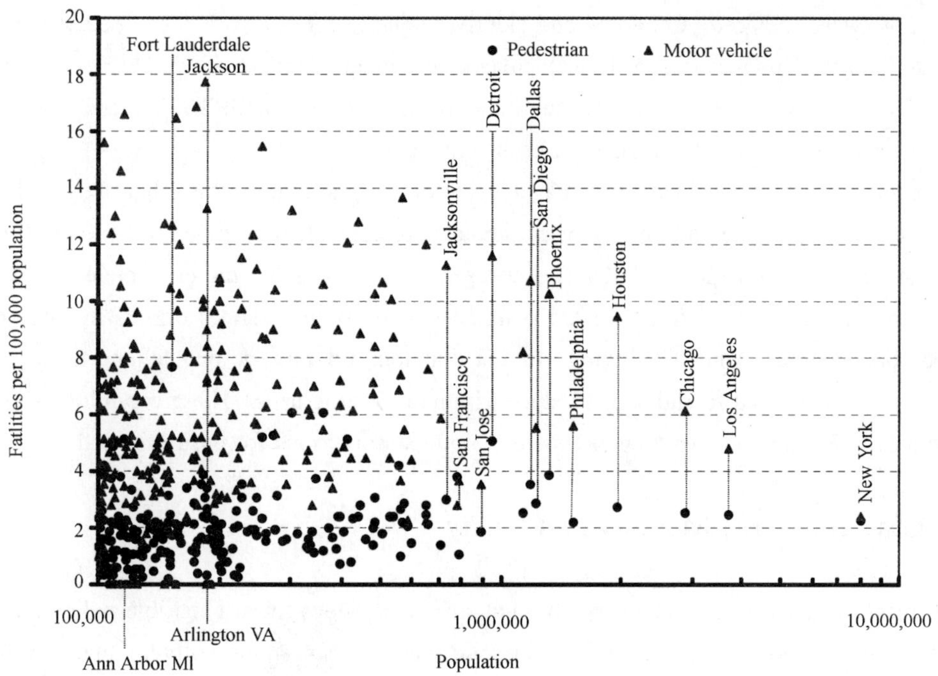

Figure 3 Pedestrian and motor vehicle fatality rates per 100,000 population in 245 cities (population > 100,000 persons) in the United States of America (Source: Shankar, 2003).

- One city can have the a zero rate of fatalities (East Los Angeles CDP) and another city in the same state with a similar population have one of the highest rates (San Bernardino, CA).

We also know that improvements in crashworthiness of vehicles, use of seatbelts and airbags and other safety devices can reduce fatality rates by 30% ~ 70%, alcohol control about 30% ~ 40% (Koornstra, 2007), and that enhancement in road and infrastructure facilities can lead to an increase in fatalities (Noland, 2003). But, the differences in rates across cities in US and internationally show a difference by factors of three or more. This seems to suggest that city structure, modal share split, exposure of motorists and pedestrians may have a greater role in determining fatality rates than vehicle and road design alone.

Therefore the results from the analysis of city data seem to suggest very strongly that cities with high motor vehicle fatality rates must be those where exposure and speeds of motorists is high, and pedestrian fatality rates can be low if pedestrian exposure is low. Within the USA where incomes, availability of technology, knowledge, and road design and vehicle specifications can be similar across cities, these differences in speeds and exposure are probably accounted for by the structure of cities.

At the international level, cities that have modernised and expanded in the past few decades are those in the per-capita income range of USD 1,000 ~ 10,000, and these are the cities with very high fatality rates (Durban, Johannesburg, Tehran, etc.). Typically, these cities have built wide avenues and high speed corridors within the city. In India, Delhi has a high fatality rate, and Mumbai and Kolkata low rates. Here also, Delhi has much faster vehicle traffic than Mumbai and Kolkata and a lower density of through traffic streets.

With the same proportion of land devoted to road space, we can have large blocks with fewer arterial roads or smaller blocks with a larger number of arterial streets. In the former type of cities the avenues would be wider than the latter type of cities. If the arterial streets are wide, it encourages high speeds during off-peak hours resulting in high pedestrian and bicycle crash rates. High pedestrian and bicycle fatality rates discourage use of non- motorised modes and use of public transport also.

For pedestrians to cross the road in one signal phase it is essential that arterial roads not be made very wide. The average walking speed of children and elderly people is 0.8 ~ 1.0 m/s and pedestrian green phases are generally 20 ~ 30 s. This means that the vehicular space on an arterial road should not be greater than 25 m or so. This limits our vehicle lanes to 3 in each direction. In the case of BRTS, the preferred choice would be one bus lane and two motor vehicle lanes in each direction.

If it is not easy to for city residents to walk, bicycle or use public transport, then they will prefer use of private modes of transport. When a majority of commuters are dependent on motor vehicle use for their essential needs the system creates a political demand for greater provision of motor vehicle facilities and road space. This in turn can make it difficult for the political system to be harsh on drivers in terms of speed enforcement and controlling drinking and driving. In this situation, not only do people tend to use motor vehicle for short trips, but also demand facilities that reduce trip time for long trips. These conditions are just right for increasing exposure of people on roads with less than optimal conditions for ensuring road safety.

Street Vendors, Hawkers, Mobility and Safety

The measures mentioned above are necessary, but not sufficient, steps toward sensible policy making. This is because dealing with technology and health in the public space is much more complex than we think. If your stress test shows that your heart muscles have become weak, you can panic and demand a single magic pill to solve all your problems. However, your doctor will only laugh at your demand. Instead, he will tell you to change your diet, do a set of prescribed exercises every day, alter your life style, and take a set of medicines every day. In addition, he will also ask you to monitor your health status periodically and change your drugs accordingly. Tackling traffic flow, vehicular pollution and road accidents is no less complex. These problems require the same level of scientific expertise, interdisciplinary cooperation, and long term attention as any other public health problem.

Even the existence of poor neighbourhoods cheek by jowl with rich ones may be reducing motorised trips and increasing employment. When you shift low-income people to the periphery of a city you have to provide bus transport to the formally employed. But the others become unemployed and may take to crime. You also need "eyes on the street" to make the street more people friendly and safe from crime (Jacobs, 1961). In the case of LMIC cities, this function is served admirably by street vendors. These vendors also supply essential services like shoe and bicycle repair and provide snacks, cold drinks and water to pedestrians and bicyclists. Their presence makes it easier to walk and bicycle safely and conveniently. BRTS corridor designs should integrate spaces for vendors along the side walks and bicycle lanes so that the vendors do not have to intrude on movement spaces.

Women, Urban Transit and Safety

The needs of women differ from those of men in dealing with the city, especially transit services. Women, for example, are more likely to work part-time, have responsibility for children and younger and older family members, need childcare, accompany children or older relatives and friends to health and other services, go shopping for food and other necessities, and participate in community organizing, support networks, and volunteer work (Khosla, 2007). Women, especially part time workers, are more likely to use public transit during off-peak hours and for journeys that are broken several times. They are also more likely to be accompanied by children and carrying bags.

Safe transit is key to greater use by women and children. If transit design is safe for women it is likely to be safe for the elderly also. Ensuring safety from crime can result in increased transit use by women, children and the elderly by more than 10 percent (Cozens et al., 2004). It has already been mentioned above that presence of street vendors provides safety from crime on the street and researchers on urban policy have argued that the place of street vendors has to examined in the light of their role in society (Yatmo, 2008). For these reasons BRTS design must integrate presence of businesses and street vendors on the corridors where it operates.

Women report fear of crime when waiting at stations at night especially when the shelters are enclosed by opaque walls. It is recommended that corridors be well illuminated and have transparent walls. The illumination has to be particularly high in a around stations. All along the corridor there should be no spaces where potential criminals can hide. Guidelines for Women Safety Audits (WSA) have been developed (Khosla, 2007) and should be used when designing BRTS corridors.

Development of a Bus Commuter Safety Policy

Safety of bus commuters can only be ensured if a scientific policy is put in place and implemented by a proactive system. A recent report on the subject commissioned by the U. S. Department of Transportation lists the following conditions for such a system (Federal Transit Agency, 1999):

Address all departments within the transit system (safety, operations, maintenance, etc.).

Include both patrons and employees in the plan development.

Address all of the safety issues associated with the transit system.

Provide for and maintain top management and board of directors approval in the form of a signed policy and the allocation of adequate resources.

Ensure that the safety director/officer has direct access to top management.

Designate one individual as the responsible safety authority for the system.

Clearly identify the roles and responsibilities of the safety director/officer and the safety department.

Clearly identify the safety roles and responsibilities of all other transit system departments.

Establish a proactive safety program with the process and procedures necessary to identify and resolve hazards prior to their resulting in accidents.

Include a mechanism for ensuring that all employees are accountable for safety. This must include a disciplinary process.

Provide a mechanism for cooperation (including the resolution of differences) between the individual transit system departments and external agencies that support the transit system.

Include the establishment and review of data bases to assist in the continuous monitoring of the system safety program to ensure that it is providing the results expected.

Prepare a fully documented system safety program plan.

Such a system must include the following elements (Office of Safety and Security, 2001):

Safety Process-Centric Elements

Safety Data Acquisition/Analysis

Accident/Incident Reporting & Investigation

Hazard Identification/Resolution Process
Emergency Response Planning, Coordination and Training
Internal Safety Audit Process

Human-Centric Elements

Driver Selection (Basic safety element)
Driver Training (Basic safety element)
Drug & Alcohol Programs(Basic safety element)
Employee Safety Program
Fitness for Duty (additional requirements beyond the drug and alcohol requirements)
Rules/Procedures Review
Contractor Safety Coordination

Infrastructure & Equipment-Centric Elements

Vehicle Maintenance (Basic safety element)
Facilities Inspections
Maintenance Audits/Inspections
Hazardous Materials Program
Alternative Fuels and Safety
System Modification Review/Approval Process
Interdepartmental/Interagency Coordination
Configuration Management
Procurement
Security
Operating Environment and Passenger Facility Management
Dedicated Busway or Roadway Inspection and Maintenance

Conclusions

Buses and non-motorised modes of transport will remain the backbone of mobility in LMIC mega-cities. To control accidents and pollution in an integrated manner, both bus use and non-motorised forms of transport have to be given importance without increasing pollution or the rate of road accidents. This would be possible only if the following conditions are met:

- Every round trip by public transport involves four non-motorised trips and at least two street crossings. Therefore, greater use of public transport cannot be ensured unless use of roads is made much safer for pedestrians and bicyclists.
- All arterial roads must have segregated lanes for non-motorised transport and safer pedestrian facilities.
- Urban and road design characteristics must ensure the safety of pedestrians and bicyclists by wider use of traffic calming techniques, keeping peak vehicle speeds below 50 km/h on arterial roads and 30 km/h on residential streets and shopping areas and by providing convenient street crossing facilities for pedestrians.
- City blocks should not exceed ~800 m in length to ensure easier access to public transport and control

vehicle velocities.

- In general BRTS corridors should not have more than 3 lanes in one direction for motorised traffic.
- Presence of businesses and/or street vendors should be integrated with BRTS design to ensure safety from crime.
- Bus stations should have transparent walls and the whole corridor illuminated well at night.

References

[1] Bannister, D., (2005). Unsustainable Transport: City Transport in the New Century. Routledge, New York.

[2] Cozens, P., Neale, R., Whitaker, J., Hillier, D., (2004). Tackling crime and fear of crime while waiting at Britain's railway stations. Journal of Public Transportation 7, 23-41.

[3] Dora, C., (1999). A Different Route to Health: Implications of Transport Policies. British Medical Journal 318, 1686-1689.

[4] Federal Transit Agency, (1999). Bus and passenger accident prevention. John A. Volpe National Transportation Systems Center, U.S. Department of Transportation, Cambridge, MA.

[5] Fulton, L., Hardy, J., Schipper, L., Golub, A., (2007). Bus systems for the future: Attaining sustainable transport worldwide. International Energy Agency, Paris.

[6] Jacobs, J., (1961). The Death and Life of Great American Cities. Random House, New York.

[7] Jorgensen, N. O., (1996). The Risk of Injury and Accident by Different Travel Modes. International Conference on Passenger Safety in European Public Transport. European Transport Safety Council, Brussels, pp. 17-25.

[8] Khosla, P., (2007). Gendered cities: Built and physical environments. Toronto Women's City Alliance, Toronto, pp. 1-7.

[9] Koornstra, M., (2007). Prediction of traffic fatalities and prospects for mobility becoming sustainable-safe. Sadhna-Academy Proceedings in Engineering Sciences 32, 365-396.

[10] Martine, G., (2007). State of the world population 2007: Unleashing the potential of urban growth. United Nations Population Fund, New York.

[11] Mohan, D., (2008a). Traffic Safety and City Structure: Lessons for the Future. Salud Publica de Mexico 50, S93-S100.

[12] Mohan, D., (2008b). Road traffic injuries: a stocktaking. Best Practice & Research Clinical Rheumatology 22, 725-739.

[13] Noland, R. B., (2003). Traffic fatalities and injuries: the effect of changes in infrastructure and other trends. Accident Analysis & Prevention 35, 599-612.

[14] OECD, (1997). Integrated Strategies for Safety and Environment. Organisation for Economic Co-operation and Development, Paris.

[15] Office of Safety and Security, (2001). Development of a model transit bus safety program. Federal Transit Administration, Washington, DC.

[16] Peden, M., Scurfield, R., Sleet, D., Mohan, D., Hyder, A. A., Jarawan, E., Mathers, C., (2004). World report on road traffic injury prevention. World Health Organization, Geneva.

[17] Penalosa, E., (2004). Social and Environmental Sustainability in Cities. Proceedings International Mayors Forum on Sustainable Urban Energy Development. Kunming, P. R. China.

[18] Preston, J., Raje, F., (2007). Accessibility, mobility and transport-related social exclusion. Journal of Transport Geography 15, 151-160.

[19] Pucher, J., Dijkstra, L., (2000). Making walking and cycling safer: Lessons from Europe. Transportation Quarterly 54, 25-50.

[20] Sanchez, T. W., (2008). Poverty, policy, and public transportation. Transportation Research Part A: Policy and Practice 42, 833-841.

[21] Scientific Expert Group on the Safety of Vulnerable Road Users (RS7), (1998). Safety of vulnerable road users. Organisation for Economic Co-operation and Development, Paris, pp. 1-229.

[22] Select Committee on Environment and Regional Affairs, (2001). Walking in Towns and Cities. House of Commons, UK, London.

[23] Shankar, U., (2003). Pedestrian Roadway Fatalities. In: (Ed.), National Center for Statistics and Analysis, National Highway Traffic Safety Administration, Washington, DC, pp. 1-59.

[24] Tiwari, G., (2007). Urban Transportation Planning. Seminar 579, 45-48.

[25] Tiwari, G. e., (2002). Urban Transport for Growing Cities: High Capacity Bus Systems. Macmillan Indian Ltd., New Delhi.

[26] Vasconcellos, E. A., (1999). Urban Development and Traffic Accidents in Brazil. Accident Analysis and Prevention 31, 319-328.

[27] Wardman, M., Tight, M., Page, M., (2007). Factors influencing the propensity to cycle to work. Transportation Research Part A: Policy and Practice 41, 339-350.

[28] World Business Council for Sustainable Development, (2001). Mobility 2001: World mobility at the end of the twentieth century and its sustainability. WBCSD, c/o E&Y Direct, Geneva.

[29] Yatmo, Y. A., (2008). Street Vendors as' Out of Place' Urban Elements. Journal of Urban Design 13, 387-402.

22. 后奥运时代的北京通勤交通——R&B 解决方案

魏中华　武勇彦

(交通工程北京市重点实验室(北京工业大学))

摘　要:本文针对后奥运时代的北京通勤交通,提出了一种新的解决方案:快运系统+自行车系统的出行模式(简称 R&B 模式)。给出了 R&B 模式的运行模型和快运系统的密度。对于建立以公交为主体的城市综合交通体系,及实现城市可持续发展具有重要意义。

关键词:城市交通　快运系统　R&B 出行模式

R&B solution for the Commuting Traffic during the Post-Olympic Era in Beijing

Wei Zhonghua　Wu Yongyan

(Key Laboratory of Transportation Engineering (Beijing University of Technology))

Abstract: A new solution "Rapid Transit System + Bicycle System (R&B)" was put forward according to commuting traffic of the Post - Olympic era. Express model system density of the R&B is given. It is important to build urban integrated traffic system on primary of public traffic and to keep the sustainable development of the city.

Key words: Urban transport, Rapid Transit System, R&B Trip Mode

1　引言

随着社会的发展,经济总量的提升,城市机动车的数量猛增,截至 2008 年 11 月,北京的机动车保有量已经接近 340 万辆。奥运前后的车辆限行措施,一定程度上提高了现有道路的服务水平。但从长远来看,限行措施只是权宜之计,因为车辆的保有量在不断地增加,而道路的增加永远赶不上车辆的增速,并且增加道路长度也不是解决大城市交通问题的根本措施。同时还有人士认为,长期的交通限行措施,在法律上可能站不住脚。就目前情况,不采取限行措施,北京的交通状况将更加糟糕。后奥运时代的北京交通,形势越来越不容乐观。

《北京交通发展纲要(2004 ~ 2020)》提出"2010 年,城市干道高峰小时平均行程车速达到 20km/h 以上,五环路内 85% 的通勤出行时耗不超过 50min,边缘集团到达市中心的出行时间在 1h 以内,最远的郊区新城到中心城的出行时间不超过 2h"的目标。面临社会交通的严峻现状,有必要更多的关注公共交通。通勤交通与大多数公众的工作和生活密切相关。目前,北京市通勤交通出行时间大于 2h 的占有相当比例,公众生活质量的提高被通勤交通所累。因此,寻求建立快速通勤交通网络,引导合理的出行方式,通过地铁、快速公交及多层次公交线网体系构建和优化交通网络,打造一体化的快速通勤公交网络,从而解决公众的出行问题,实现城市的可持续发展。

2 通勤交通 R&B 模式

2.1 城市快速客运系统

城市快速客运系统(Rapid Transit System,简称 RTS,以下简称快运系统)包括两部分,即轨道交通(Railway System,简称 RS)和大容量快速公交(Bus Rapid Transit,简称 BRT)[2],城市快运系统可以描述如下:

$$RTS = RS + BRT$$

轨道交通主要承担中长距离的交通出行。目前,北京市轨道交通总里程接近 200km,并且制订了 561km、2400 亿元投资额的轨道交通建设规划。这些投资完成后,将有效改善目前快运系统的结构。BRT 容量大、速度快、灵活方便,是当前国际上推广的一种公共交通方式[1]。北京市成功实施了国内首条 BRT 专用线路,并且在建的有朝阳路等多条线路。由轨道交通和大容量快速公交组成的快运网络,可以在城市公共交通系统中承担骨干作用。

2.2 自行车系统

自行车方便灵活,易于操作,经济耐用,自行车出行是典型的绿色交通方式,不但能使骑车者强身健体,而且对环境不造成任何损害,运行中不消耗任何能源和资源。根据文献[2]的数据,大部分自行车的速度在 5 ~ 25km/h 之间。自行车出行距离在步行与公交车之间,根据自行车交通特点,应该负担出行消耗在半小时以内的交通,而从住所到快运系统网络的距离基本都在这个范围内。

在我国大部分城市,除了像重庆等地势起伏较大的城市外,都适合自行车交通,并且现在这些城市中仍保持大量的自行车出行。天津市的自行车出行超过 40% ,北京的自行车出行比例也近 30% 。

2.3 新方案:快运系统 + 自行车

根据快运系统和自行车的特点,针对北京的通勤交通,提出快运系统(Rapid Transit System)加自行车系统(Bicycle System)的出行模式[3],简称 R&B 解决方案。

R&B 模式的基本思路是快运系统由大容量快速公交与轨道交通构成,在快运系统相应站点可放置自行车,即从住所骑车到最近站点,换乘快运系统,而后再由自行车到目的地,其模型描述如图 1。

R&B 模式成功运行需要的几个条件:

(1)快运系统本身快速、准点;

(2)换乘方便;

(3)站点附近有足够的自行车停车场,并且配套设施完善;

(4)站点与自行车停车场距离在可接受范围内,以便于自行车与快运系统之间的换乘。

这里提出的是通勤交通以 R&B 模式为主,与自行车速度相当、层次较低的公交系统的补充仍然是必要的。因为对于非通勤者,如老幼病残,可用较低层次的公交车辆加以补充,这种低层次只意味着对速度要求不高,不需行驶在专用道上,但对服务设施要求不低,如较多的座位、上车门底板较低、空调等等。这种思想只是希望引导通勤者采用 R&B 出行模式,不指望现有小汽车出行者的出行方式有较大改变,但可能会使通勤者推迟使用小汽车。

需要指出的是,尽管现在已经有了供私家车主换乘地铁的 P&R 模式的停车场,但笔者认为,此模式在北京推广值得探讨。北京人多地少,建立大型停车场也只是供几百辆车停靠,在地铁里也只是两节车厢需求,因此,解决不了大问题。同时,这类停车场收费很低,只是供为数不多的通勤者使用,意味着少数有钱人占用了更多的社会资源,有违社会公平,因此这种模式不值得在人口密度极大的北京推广。对于这类人群,仍要通过鼓励拼车或者开通公交等手段加以引导。

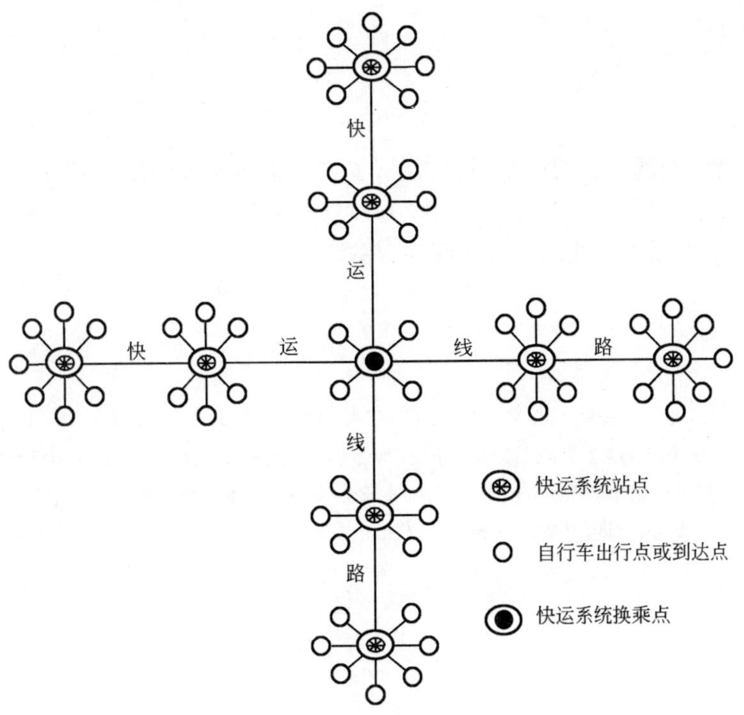

图1 R&B 模式运行模型示意图

2.4 R&B 模式所需的路网密度

自行车一次出行可承担半小时以内的交通，以 12km/h 的速度计算，自行车出行距离在 6km 以内。R&B 模式以快运系统为主，自行车交通只是一次出行的一部分，还要与快运系统换乘，因此自行车出行时间应该远低于半小时，否则一次出行总时间会过长，并且骑车者可能会感到疲乏。考虑起、终点的两次自行车换乘总时间不超过半小时，即平均每次自行车到快运系统的出行在 15min 以内，那么快运系统线路的间距应该在 6km 以内，如图 2 所示。

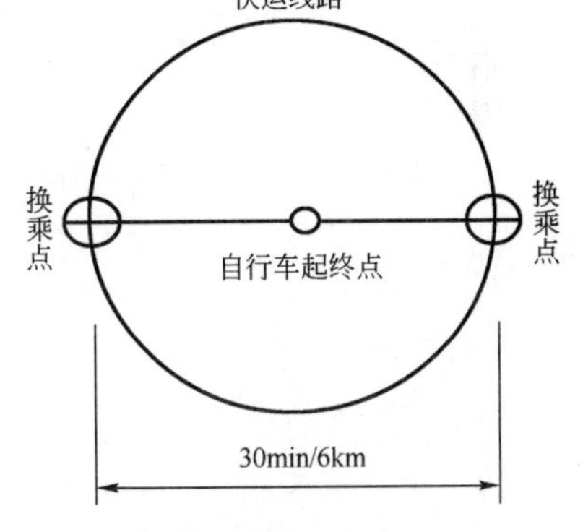

图2 快运系统线路间距示意图

3 实施 R&B 模式的难点与相关讨论

这种模式成功运行的前提是快运系统形成网络，快运系统之间的换乘方便，以及自行车的管理成功。任何一个环节出现问题，将影响整个 R&B 出行。

(1)建设自行车停车场以及维修点。长久以来自行车不是城市引导使用的交通工具，由此导致的自行车配套设施相当少。实施 R&B 模式必须搞好自行车停车场以及维修点的建设，为自行车出行提供便利。

(2)建立立体的换乘枢纽。城市用地本来十分紧张，快运系统的站点，尤其是枢纽点，再建立自行车停车场，用地必然困难，是否可以考虑利用地下空间，建立立体的换乘枢纽，减少换乘距离。

(3)探索自行车管理模式。如果全部由个人购买，经济上不成问题，但如果一人两辆自行车，利用率必然很低，能否成立自行车的运营公司，承担起租赁自行车的业务，负责车辆的维修、管理等，并且方便短期外来者。

(4)改装自行车。自行车交通的缺点也是显而易见的，安全性与舒适性差，并且在雨雪等恶劣天气中的使用受到限制，是否考虑对自行车进行改装，如装上遮阳伞。在特殊条件下，可调度公交车辆或社会车辆进行应急救助。

4 结语

本文探讨了城市公共交通面临的诸多问题,分析了城市交通发展的限制条件,在多式联运理念基础上,提出了 R&B 模式。这一模式,对节省能耗,保护环境,对实现以公交为主体的出行方式的改变,保持城市各行业的协调发展,实现城市交通的可持续性,都有重要意义。

参考文献

[1] 杨敏,陈学武,王炜.我国发展巴士快速公交系统(BRT)问题初探.城市交通,2003(6):41-44.

[2] 中国公路学会《交通工程手册》编委会.交通工程手册.北京:人民交通出版社,1998(5):625-627.

[3] Wei Zhonghua, Wang Haizhong, Du Huabing, Ren Futian. Research on R&B Trip Mode of Public Transit of Mega - cities in China. World Engineers' Convention 2004. Shanghai, China. 2004(11): 125-130.

23. 北京市奥运道路指路标志系统的应用研究与实践

张 庆[1] 李 洋[2] 李 威[1] 赵恩强[1]

（1. 交通部科学研究院;2. 北京市公安局公安交通管理局设施处）

摘 要:道路指路标志系统是正确规范交通行为,使道路交通达到畅通、安全、高效的现代化安全设施装置。指路标志不仅提供清晰、快捷、方便的服务,同时也是交通管理与交通组织引导的重要组成部分。北京奥运会的成功举行使得北京市道路指路系统得到了进一步完善,特别是在奥运期间设立的奥运专用道路指路标志为北京奥运会的顺利举行提供了保障。本文对北京奥运期间的道路指路标志系统的设计及应用实践进行相关介绍。

关键词:指路标志 奥运 理念 北京市

Applied Research and Practice of road guide sign system for Beijing Olympic Games

ZHANG Qing[1] LI Yang[2] LI Wei[1] ZHAO En – qiang[1]

(1. China Academy of Transportation Sciences;2. Facilities office of Beijing Traffic Management Bureau)

Abstract:Road guide signs system is the modern security facility for standardizing the traffic behavior, and ensuring traffic flow to be smooth, security and efficient. It not only provides a clear, fast, convenient service, but also is an important part of traffic management and organization guide system. The success of the Beijing Olympic Games to be held in Beijing made the road guide system to be further improved; especially the special road guide sign which established during the Olympic Games have provided a guarantee for the successful holding of the Beijing Olympic Games. This paper introduces the design and application of the road guide sign system during the Beijing Olympic Games.

Key words:Guide sign, Olympic, Idea, Beijing

0 序言

2008年8月,第29届奥林匹克运动会在首都北京成功举行,畅通的交通为奥运会的成功举办提供了保障。其中北京市建立的全新的道路指路系统,不仅改变了北京市道路指路标志的原有面貌,同时,道路标志系统提供的规范、清晰、快捷、科学的交通引导服务,规范了交通行为,提高了交通安全,确保了奥运会期间车流、人流及物流的安全顺畅流动,完善的道路指路系统为奥运会、残奥会的顺利举办提供了高水平的服务。本文从北京市指路标志系统的设计理念和系统规划入手,对奥运道路指路标志系统的设计与应用实施的效果进行分析。

1 北京市指路标志系统的应用现状

北京市的指路标志系统，是随着城市道路建设、道路功能和路网结构的发展而逐渐形成的。北京市城市路网结构是由老城区的道路改造和新建环路、连接环路的放射线和对外衔接的高速公路构成。北京市正式的道路指路标志诞生于1978年，经过1986年、1999年的两次修订和设计实施组建完善。到2007年底全市的指路标志系统达到15 977面，其中，市区达6 530面，郊区公路达到5 617面，高速公路达到3 830面[1,2]。

但是随着北京市车辆的快速增长，路网结构的复杂化以及人们出行的频繁化，使得原有道路指路标志存在的问题逐渐的凸显出来。

1.1 道路指路标志的标准和规范问题不统一

指路系统是一个复杂的系统工程，是改善城市交通环境的重要组成部分，反映城市管理水平。尽管国家颁布了《道路交通标志和标线》(GB 5768—1999)，但是由于我国受管理体制的影响，城市道路指路标志系统没有形成一套完整有效的标准和规范，造成各个城市之间、市区道路与公路之间、一般公路与高速公路之间指路标志设置的不统一、不规范。北京市的道路指路标志由于建设的主体和管理的问题，使指路系统缺乏统一的规划，市区道路与快速路、高速公路缺乏有效的衔接，标志的版面内容、形式、字体、结构和设置点等没有统一的规划和规范。

1.2 道路指路标志缺失问题严重

随着路网的复杂化，市区内道路及快速路的道路指路标志覆盖不足，特别是快速路和主要干道上指路标志缺失严重，使道路信息与交通行为之间信息不对称，为道路增加了交通压力。例如北京市环路上的立交桥覆盖范围大，道路系统复杂，但是，立交桥区指路标志设置少，使部分驾驶人员难以正确选择道路，增加了桥区的交通压力。同时，城区的主干道、支路道路标志缺少问题严重，使城区内道路的微循环系统没有发挥及时疏导交通的作用。

1.3 道路指路标志与交通管理结合不够

指路标志系统是交通管理与交通组织的重要组成部分，交通管制的内容和规范，将通过路面的指路系统得以贯彻。特别是近年来北京市交通压力日益增加，而原有道路指路标志系统中没有将交通管理与交通组织结合起来，且交通诱导信息不够，在市区主干道和快速路进出口，特别是在拥堵路段上，诱导的标志不足，导致交通拥堵问题严重。

1.4 道路指路标志信息的连贯性差

原有道路指路标志信息的连贯性差。对于一条城市干道而言，相邻交叉口的指路信息没有一点联系，前后矛盾，而不相邻的交叉口的道路指路信息又有一定的相互关系。

2 北京市指路标志系统的应用研究与实践

2.1 北京道路指路标志规划和建设的新理念

北京市于2007年出台了《北京市道路交通管理设施设置规范》，保障了北京市道路交通指路标志设置有章可循，并且使其设置更加系统化和规范化。针对2008年奥运会，并结合北京市政府的指示精神，北京交管局通过广泛调研、分析，对全市指路系统进行了全面的规划改造，力争使北京市指路标志达到国际化标准。针对全市道路指路系统的现状并结合北京市的实际情况，进一步提出了道路指路标志系统规划设计新理念。

2.1.1 加强指路标志科学规范，统一规划，使交通语言突出一致性，更加清晰、易懂

(1)科学规范：指路标志在各级、各类道路设置齐全、形式统一、位置合理，以现行交通法律、法规、规范为依据，体现科学化、规范化、人性化的设计理念，如图1所示。

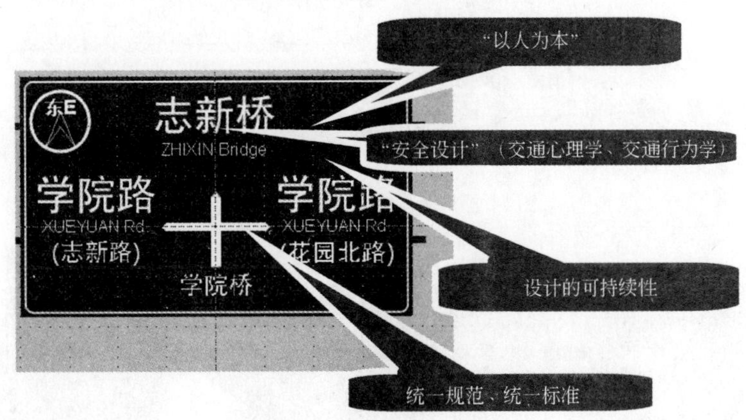

图1 版面信息规范设计

(2)清晰醒目：版面设计应充分考虑道路使用者在动态条件下发现、判读标志及采取措施的时间来确定前置距离，注意交通标志设置的位置、高度、角度和照明，把交通标志设在车辆行进正面方向最容易看到的地方。指路标志清晰醒目、易于识认，标志牌面满足提前识认需要。

(3)指路版面信息合理，不出现信息不足或过载的现象。满足城市道路网络总体规划和布局需要，设置指示、指路、引导标志等，以满足实际需要为原则，如图2所示。

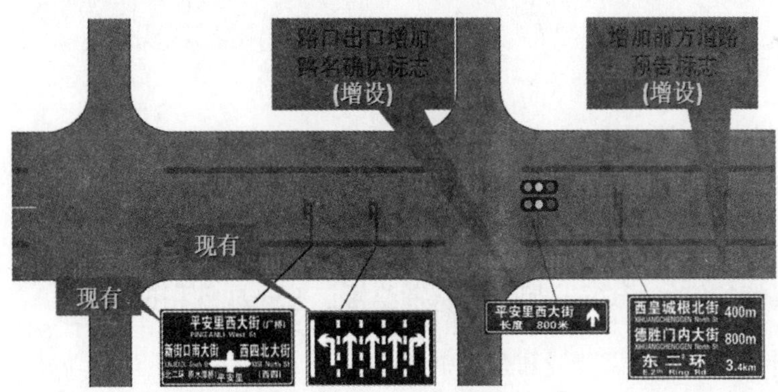

图2 指路系统的规划设计

2.1.2 加强指路标志与交通管理和交通组织相结合，强化指路标志的合理分配路网交通流

在北京市日益严峻的交通压力下，指路系统作为疏导交通的手段应与交通管理和交通组织密切结合起来，进一步的加强交通诱导，及时疏导交通。

区域内指路系统应该和周边快速路、放射线、外环及高速公路形成统一的诱导体系，突出指路诱导功能。通过诱导指路标志系统与周边交通组织衔接，进一步减少拥堵，缓解交通压力，如图3所示。

2.1.3 加强诱导和预告功能

指路标志之间、指路标志与其他交通设施之间要协调一致，不能相互矛盾或重复。指路标志在设置上考虑到时间上、空间上的延续性、稳定性，避免信息中断或不足，使指路系统连贯起来，组成一个完整的系统，如图4所示。

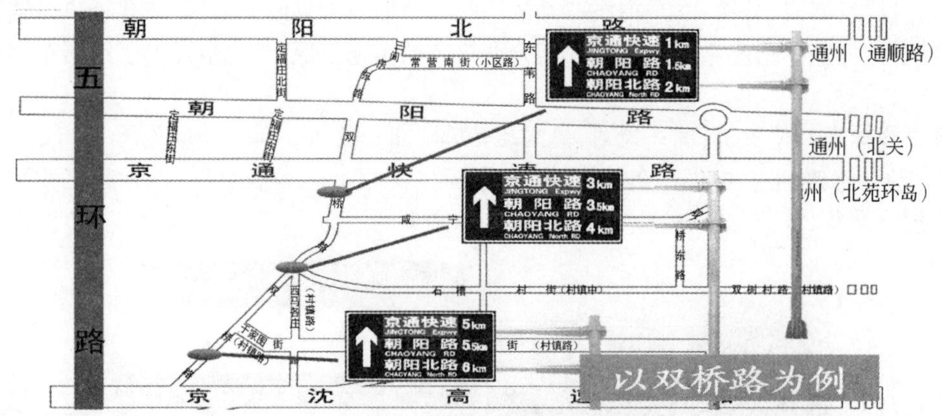

图3　指路标志与周边交通组织设计

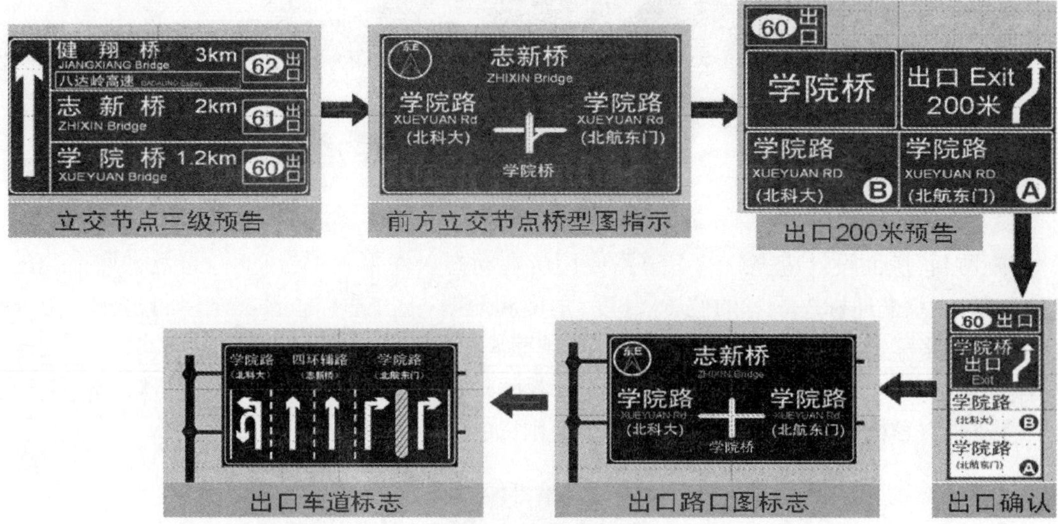

图4　指路系统的诱导功能设计

2.1.4　加强科技创新

道路指路标志要与智能交通系统相结合。在智能交通系统信息发布上,通过设置在快速路、放射性国道及高速公路的140多块的可变信息标志,发挥及时疏导交通的重要作用。

2.2　结合北京市道路的结构和功能,加强道路指路标志统一规划和设计

传统的标志设计模式是在道路建设和改进中,由各部门或建设者进行简单的标志设计和实施。标志标牌仅有简单的设计,缺乏道路指路标志的整体设计和系统功能,更不能体现出交通组织和交通管理功能。现按照北京道路指路标志规划和建设的新理念,设计出了一套能够体现交通组织和交通管理功能的道路指路标志系统体系。

针对北京市道路特点,增加道路指路系统在城市道路和快速路中密度和覆盖面,可满足北京市道路指路标志的指路导向的服务性功能以及交通管理和组织的功能,如图5和图6所示。

(1)牌面设计中版面各组成要素的规格和样式具有统一的设计标准,使系统整齐美观。版面上添加方向标,为驾驶人员提供方向性信息。

(2)道路指路标志所提供的信息按等级分类,提供能够满足驾驶员实际需求的道路指路信息。同时,指路标志的信息范围、信息内容也具备较好的统一性,道路指路标志容易被驾驶员识别和理解。

(3)创新型指路标志的应用进一步满足交通信息的服务功能,同时满足了交通管理与交通组织的功能,进一步发挥了城市道路指路系统在交通安全和畅通中的作用,如图6所示。

图5 北京市道路指路标志设计与实践

图6 北京市道路指路标志设计与实践

①引入城市道路及道路路口的确认信息标志。道路确认信息标志设置的位置灵活，一般设置在信号灯支架处或路灯上，增加驾驶人员的识别性，进一步减少市区内的交通流。

②城市道路中引入停车场的指路信息标志。停车场指路信息标志给驾驶人员提供停车场相关信息，为驾驶员选择停车场提供方便，减少在路上寻找停车场而浪费的时间。

③在城市道路和快速路中增加电子道路信息指示板。电子道路信息板的引入不仅提高道路指路信息的动态性，也为交通流的诱导和疏导起到积极的作用。

④城市道路中引入道路微循环标志。道路微循环标志的引入，对驾驶员而言具有较好的提示和指引作用，缓解交通拥堵。

⑤在快速路中，强化道路诱导功能。将道路出口进行编号，增加出口提示标志数量，设置不同提示方式的出口指示标志，使驾驶人员随时了解实际道路情况。

3 奥运专用指路标志系统的应用与实施效果

3.1 奥运专用指路标志的设计和实施[3,4]

奥运专用指路标志主要用于指示到达奥运会及残奥会各比赛场馆、训练场馆和非竞赛场馆(奥运村、媒体中心、机场、总部饭店等)的方向、地点、距离的信息,设置在奥运会及残奥会所涉及的主要城市道路上,是针对特定的服务时间段和特定的目标群的道路指路标志。

奥运专用指路标志与城市道路指路标志设计具有相同性和差异性。相同性表现在道路指路标志的作用是为道路使用者提供相关的道路信息;差异性表现在奥运专用指路标志要符合奥运特殊的要求,具有自身独特的特性和功能,具有不同于常规道路指路标志的特有形式以及具有不同于常规道路标志的专属信息。奥运专用指路标志独特的特点和功能有:奥运专用指路标志主要是用于不同场馆之间的相对固定的交通流引导,是布设在相对固定的线路上的,主要提供与奥运相关的道路信息,如图 7 所示。

图 7 北京市奥运专用道路指路标志

(1)奥运专用指路标志具特有形式。奥运专用指路标志考虑到将中国的艺术、文化与科学有机的结合在一起的理念,在常规道路指路标志的基础上,增加了奥运会会徽的图样,使奥运专用指路标志的特殊性显现出来;另外,不同类型的指路标志也能显现出奥运指路标志的特有形式。奥运专用指路标志有其专属信息:一般道路指路标志的指路信息一般是道路名称或地点名称,而奥运专用指路标志所承载的指路信息是各类奥运场馆、奥运专用道以及奥运中心区停车场等相关信息。在奥运会主会场以及连接场馆之间的 285.7km 的道路上施画了专用通道,同时,增加了固定和可变指路标志的设置。

(2)部分奥运专用指路标志具有一定的灵活性。部分奥运专用指路标志固定在某一公共设施上,同时,根据奥运管制区的交通组织,由交通管理人员根据实际情况将奥运专用指路标志以手持或临时布设的形式完成奥运的交通组织。

3.2 奥运专用指路标志的实施效果

城市道路和快速路上的奥运专用指路标志有效地缓解了奥运周边主要道路的交通压力,提高了车辆在道路上的行驶速度，减少了车辆在道路上的行驶时间，为奥运会的运动员、观众准时参加赛会提供了无形的保障。具权威部门的统计，奥运期间北京市道路的通行能力提高了34%，在主路行驶时间城区主干道，三、四环路及高速路等的拥堵降低了80%，通行能力明显提高。奥运专用道启用以来，通行状况良好，未发生严重拥堵。奥运开赛以来，奥运专用车道使用率明显提高，为各项赛事提供了安全、准点、可靠、便利的交通服务。

奥运中心区指路标志在奥运会期间较好地起到了人流疏导的作用。据保守估计，奥运中心区指路标志的引入减少了参赛人员及观众的进出场时间，车辆和观众的进出场时间节省了20%，同时也解决了奥运周边地区由于人员密集、疏导困难造成的不必要拥堵问题。

4 结论和展望

城市道路指路标志作为交通语言，为规范城市交通行为，同时为减少交通拥堵，确保道路的安全和畅通，正在发挥着越来越大的作用。北京市的道路指路系统在道路建设和改造中不断的完善和提高，特别是在科技奥运、人文奥运、绿色奥运的理念指导下，进一步提高了北京市道路标志系统的规划和实施的水平。随着奥运会的圆满结束，奥运指路系统作为北京市指路系统的重要部分，为减少城市拥堵、提高交通组织与运营效率，发挥着巨大的作用。同时，北京市奥运专用道路指路标志也为道路指路标的发展历程留下了丰富的遗产。

参考文献

[1] 贺崇明，邓兴栋.城市道路的“语言”——指路标志系统的研究与实践[M]. 北京：中国建筑工业出版社，2008.
[2] 孟祥海，李洪萍. 交通工程设施设计[M]. 哈尔滨：哈尔滨工业大学出版社，2008.
[3] 何勇，张高强，张建军等. 北京奥运交通指路标志系统设计[J]. 第十届多国城市交通学术会议论文集.
[4] 邵海鹏，董海倩. 交通语言在交通管理中的应用[J]. 城市交通，2007(6)第5卷.

24. 交通仿真在新建城市区域道路交通影响中的应用

吕安涛[1]　祁素升[1]　马建伟[2]　郭　林[1]

(1. 山东省交通科学研究所; 2. 邢台市职业技术学院)

摘　要:以 TransCAD 和 Vissim 交通仿真软件为平台,运用 TransCAD 对城市新建区域交通量进行预测,然后采用 Visssim 软件对新建道路交叉口的运行情况进行仿真。通过对路段和平面交叉口的交通量进行分析,对未来年新建路网的服务水平和运行状况进行评估。实践表明,此方法具有较好的应用前景。

关键词:TransCAD　新建区域　交通预测　Vissim

The traffic simulation technology applied in traffic analyzing affects of new-built area road

Lu Antao[1]　Qi Susheng[1]　Ma Jianwei[2]　Guo Lin[1]

(1. Shandong Academy of Transportation Sciences; 2. Xingtai Polytechnic Institue)

Abstract: Based on simulated software TransCAD and Vissim as flat, firstly the simulated software TransCAD has been applied to forecast volume of traffic on city new-building area, then adopting Visssim to simulate the process of new - built road intersection , carrying out traffic analysis of the intersection and section to estimate standard of service and operational state on new - building road net. Practice indicates this method has the fairly good application prospect.

Key words: TransCAD, New-building area, Traffic forecast, Vissim

0　引言

随着城市化进程的日益加快和机动化水平的迅速提高,我国城市交通的状况日益恶化,由此生成的交通需求,不可避免地会给城市路网带来愈加繁重的交通压力。许多城市都出现了诸如交通拥堵加剧、停车泊位紧张、交通事故频发、城市环境恶化、能源消耗激增等一系列严峻问题。因此借鉴发达国家城市化历程的经验,对建设项目先期进行交通影响评价是解决上述问题的有效措施。实践证明,交通影响评价对于合理、有效地利用土地资源,缓解日益增多的建设项目给城市带来的交通压力起到了积极的促进作用。能够未雨绸缪,先期策划,可以为政府管理部门提供决策依据,控制和引导城市土地的利用方式和开发强度,从根本上平衡城市交通的供需矛盾,促进城市建设健康、和谐、可持续发展[1]。TransCAD 是美国 Caliper 公司开发,专为交通规划、交通管理以及交通特性而设计的地理信息系统(GIS)软件,旨在帮助交通运输专业人员和组织机构存储、显示、管理及分析交通运输信息与数据。Vissim 是德国 PTV 公司开发的微观交通流仿真软件系统,主要用于交通系统的各种运行分析。该软件系统能分析在车道类型、交通组成、交通信号控制、停让控制等众多条件下的交通运行情况,具有分析、评价、优化交通网络、设计方案比较等功能,是分析许多交通问题的有效工具[2]。本文以某城市新建道路为例,结合 TransCAD 和 Vissim 两种交通仿真软件,并根据城市新区总规和控规中的土地用地性质以及所在地区已有的现状交通资料,对新建区域进行了交通预测和对未来年新建区域平面交叉口的运行状况进行了仿真,以期对未来城市新建区域的交通运行状况进行合理有效地评价。

1 交通预测过程与实例分析

1.1 交通预测思路

对新建区域路网的交通量及服务水平进行预测的主要思路为:首先依据该片区总规和控规的土地利用情况,划分交通小区,并确定研究的路网及其结构,然后从路网入手,应用 TransCAD 中的“四阶段法”模型并结合交通仿真软件 Vissim,对路网的交通量及服务水平进行预测。

运用 TransCAD 进行路段交通量预测的流程如图 1 所示。

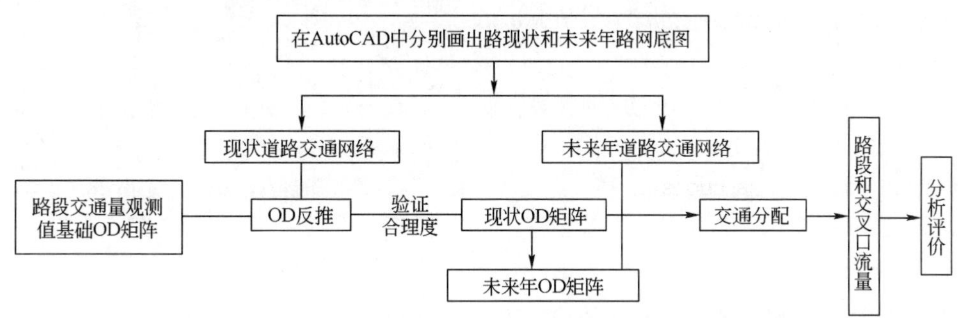

图 1　TransCAD 交通量预测流程图

1.2 实例分析

1.2.1 交通小区划分

交通小区是整个交通规划的基本单元,交通小区的划分恰当与否将直接关系到有关数据调查、分析、预测的精度和整个交通规划的成败,所以不能随意划分。以山东省某城市为例,根据中心城区道路网结构特点和中心城区的用地性质,共将中心城区划分为 18 个交通小区。

1.2.2 道路路网的建立

首先依据控规中的道路路网结构进行初步确定,并将路网在 AutoCAD 中表示为在道路交叉口具有端点的连续直线,然后将其导入 TransCAD 中的路网层,在路网层中填入道路网所含的属性,如路名,道路等级、长度,道路容许通行能力等。某城市现状和未来年路网图如图 2、图 3 所示。

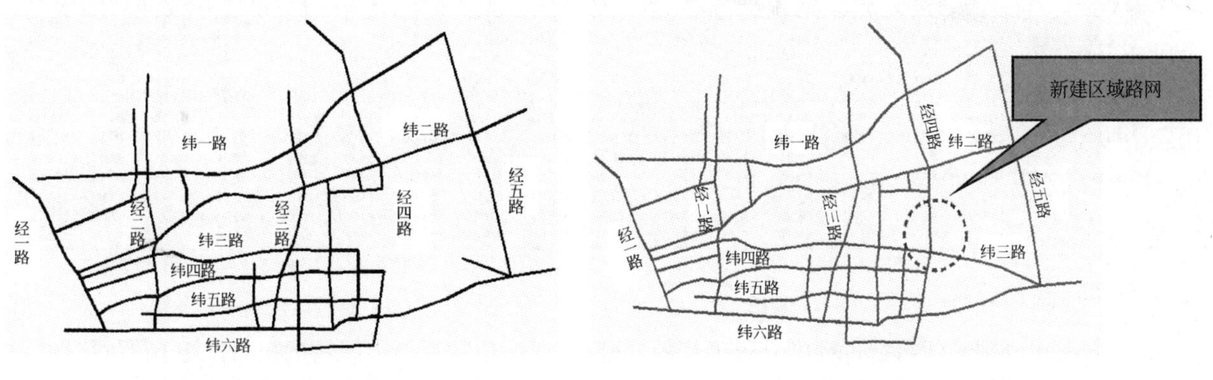

图 2　某市主城区现状路网图　　图 3　某市主城区未来年路网图

1.3 交通生成预测

居民出行生成预测的目的在于预测新建区域道路所在交通小区的出行发生量和出行吸引量。根据交通小区人口数、居民平均出行次数、小区的交通区位以及小区内土地利用情况等,进行出行产生量和吸引量预测。最后将得到交通小区的出行发生量和出行吸引量进行平衡,平衡后的发生量和吸引量见表1。

未来年出行产生量和吸引量 表1

Dataview9 - 济南城区区域

ID	Area	Population	[Autos/HH]	HH	[Persons/HH]	[HBW]	Production	Attraction
1	198.11	18824	17	6274	3	10038	1906	2600
2	348.93	32079	10	10693	3	17108	2140	2140
3	255.30	24437	9	8145	3	13032	1607	2450
4	287.34	29837	16	9945	3	15912	1700	1511
5	273.88	13685	10	4560	3	7296	2600	1850
6	288.89	27874	14	9291	3	14865	2500	1654
7	307.62	10949	8	3649	3	5838	1849	2500
8	223.29	18596	15	6198	3	9916	2200	2200
9	152.01	17485	7	5828	3	9324	1698	2700
10	191.33	30782	10	10260	3	16416	1449	2210
11	110.38	26675	30	8891	3	14225	2300	2300
12	55.31	18953	8	6064	3	9702	2910	1800
13	58.12	17768	20	5918	3	9468	1800	1200
14	117.18	23157	17	7719	3	12350	2470	1640
15	79.67	14629	8	4876	3	7801	1326	2200
16	44.29	28341	15	9447	3	15115	2100	1600
17	152.27	21078	17	7029	3	11246	1686	1686
18	103.01	24820	12	8273	3	13236	2250	2250

1.4 交通分布预测

交通分布预测是将预测的各交通小区的出行发生量和出行吸引量转化为未来交通分区之间的出行交换量的过程。重力模型法是国内交通规划中使用最广泛的方法,该法综合考虑了影响出行分布的区域社会经济增长因素和出行空间、时间障碍等因素,分为有无约束、单约束和双约束3种重力模型。该法的基本假设为:交通小区 j 的出行分布量与小区 i 的出行发生量、小区 j 的出行吸引量成正比,与小区 i 和小区 j 之间的交通阻抗成反比。该法宜以在交通小区为单位的集合水平上进行标定预测,交通小区的面积不宜划分得过小。目前在规划中应用最广泛,精度最好的是双约束重力模型[3]。根据未来年各交通小区的出行发生和吸引量,运用双约束重力模型得到的交通分布如表2所示。

未来年交通出行分布矩阵 表2

Matrix1 - 未来年出行分布矩阵 (New)

	1	2	3	4	5	6	7	8	9	10	11	12	13	14	15	16	17	18
1	191.22	149.22	127.57	66.17	75.27	64.89	98.80	91.37	123.15	117.51	154.06	130.90	65.92	102.95	104.66	68.17	70.57	103.61
2	202.65	184.46	169.92	80.92	90.71	76.19	113.08	104.57	136.23	123.30	142.03	122.93	75.45	117.83	119.79	80.58	80.77	118.58
3	113.47	111.29	136.10	78.45	75.62	63.02	92.34	84.84	105.58	89.36	94.71	77.68	55.48	81.91	107.77	71.62	69.50	98.26
4	101.09	91.04	134.76	90.61	99.93	81.95	112.79	97.76	112.90	105.12	87.97	69.21	48.90	70.55	115.25	93.34	81.75	105.07
5	147.27	130.69	166.34	127.97	209.67	180.77	220.14	156.18	168.81	125.47	128.14	100.81	68.86	98.13	153.29	131.83	133.86	151.75
6	135.38	117.03	147.80	111.90	192.75	166.18	259.32	168.76	165.82	122.18	120.83	92.68	65.19	90.21	140.92	121.20	136.86	144.99
7	100.03	84.31	105.11	74.75	113.92	125.86	196.39	142.15	130.20	95.41	91.51	70.19	49.37	66.34	102.68	87.30	103.65	109.81
8	122.70	103.41	128.10	85.93	107.20	108.64	188.54	181.15	193.72	126.67	120.44	88.97	62.38	80.48	128.77	101.52	132.09	139.29
9	104.61	85.22	100.83	62.77	73.29	67.52	109.23	122.53	152.83	124.07	106.99	77.17	57.46	71.49	104.62	74.16	79.17	124.02
10	103.87	80.25	88.80	60.81	56.68	51.77	83.30	83.37	129.11	104.81	115.81	79.08	55.92	71.66	79.46	52.56	60.80	90.93
11	208.69	141.67	144.24	77.99	88.72	78.46	122.43	121.48	170.61	177.48	196.12	154.29	87.68	113.74	123.36	80.35	85.77	126.92
12	283.29	195.89	189.00	98.03	111.51	96.14	150.02	143.37	238.50	193.62	246.50	193.93	110.21	142.96	155.04	97.93	104.55	159.53
13	135.50	114.20	128.23	65.80	72.35	64.23	100.23	95.48	114.61	130.05	133.07	104.69	69.39	96.03	109.66	70.67	75.44	120.37
14	207.62	174.99	185.73	93.13	101.15	87.21	132.15	120.86	188.78	163.50	169.34	133.23	94.21	130.38	158.84	95.94	88.13	144.81
15	86.06	72.53	99.63	62.03	64.42	55.54	83.39	78.84	91.06	73.92	74.88	58.91	43.86	64.76	92.02	69.01	60.44	94.68
16	121.44	105.71	143.44	108.84	120.05	103.50	153.62	134.68	155.54	105.94	105.67	80.62	61.24	84.75	149.52	112.13	110.83	142.45
17	95.70	80.66	105.96	72.57	92.78	88.97	138.83	133.39	126.39	93.27	85.87	65.51	49.77	59.26	99.68	84.37	97.27	115.75
18	139.17	117.29	148.39	92.38	104.19	93.36	145.68	139.33	196.12	138.19	125.86	99.02	78.66	96.45	154.68	107.41	114.66	159.15

1.5 交通方式划分

交通方式划分预测即出行过程中交通工具的分配与选择,也就是指人或物的出行次数在不同交通方式或交通工具之间进行划分、分配或选择。对于新建区域应考虑该区域所在大的环境以及未来所采用的交通政策初步确定交通方式的构成。

1.6 交通分配

交通分配就是把各交通小区之间的空间的 OD 量分配到具体的路网上。通过所获得路段、交叉口的交通量即为检验规划路网是否合理的主要依据,规划年的交通量分配如图 4 所示。

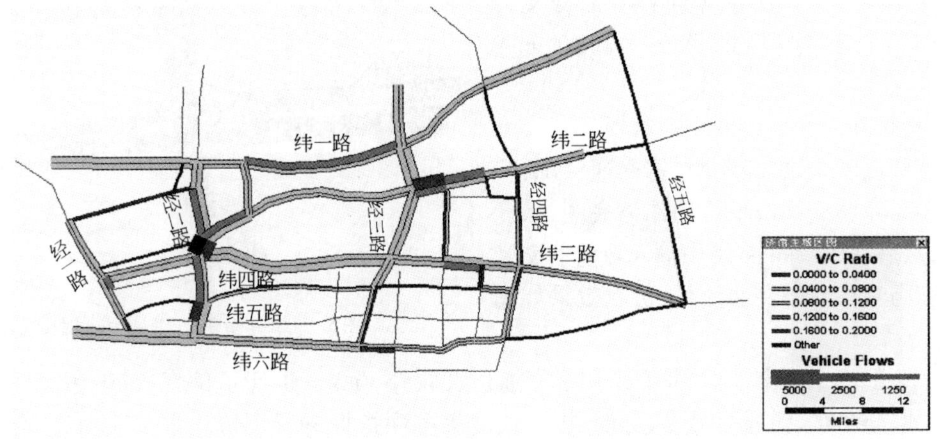

图 4　规划年交通出行分配图

2　交通量及服务水平评价

以上是运用 TransCAD 对未来年路网的交通量进行预测,下面对路段和新建平面交叉口的交通量进行分析,并将 TransCAD 预测得到的平面交叉口交通流量运用 Vissim 对其运行状况进行仿真分析和评价。

2.1 路段服务水平分析

通过对 TransCAD 软件得到的交通流量分配结果分析发现,未来年后,经二路、纬一路、纬二路、纬三路路段整体服务水平有所下降,这与未来年各小区出行产生量和吸引量增加,导致路段交通量增大有关;经三路、纬四路、纬五路服务水平大体和现状一致。纬六路路段服务水平上升的原因是因为纬三路新建道路分担了纬六路以西的,由西向东的流量,并且此方向与该时刻纬六路上的交通流主方向一致,造成了纬六路上部分路段交通量有所下降,拥堵、停车延误时间减少,路段整体服务水平有所提升。未来年各路段的交通量预测结果和服务水平如表 3 所示。

未来年内各道路预测流量表及服务水平表　　表 3

路段名称	通行能力	24 小时 PCU 流量	高峰小时 PCU 流量	饱和度 V/C	服务水平评价	与现状服务水平比较
经一路	2 725	4 546	987	0.36	A	——
经二路	2 952	6 096	1 264	0.43	B	↓
经三路	3 245	7 211	1 344	0.41	B	——
经四路	1 745	3 507	586	0.34	A	——
经五路	1 610	2 944	533	0.33	A	——
纬一路	3 100	6 600	1 711	0.55	C	↓
纬二路	3 552	7 289	1 989	0.56	C	↓
纬三路	3 750	8 132	1 976	0.53	B	↓
纬四路	2 890	4 769	1 037	0.36	A	——
纬五路	1 890	4 100	762	0.40	B	——
纬六路	2 500	4 723	1 005	0.40	B	↑

2.2 新建交叉口服务水平分析

2.2.1 交叉口流量分析

未来年,在高峰小时通过各主要交叉口的交通流量都有所增加,图5所示为新建平面交叉口高峰小时通过纬三路与经四路交叉口的交通流量。

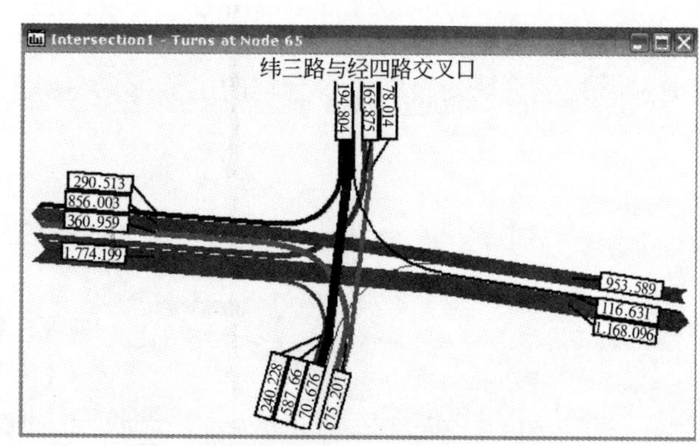

图5 未来年新建交叉口高峰小时交通量

2.2.2 交叉口仿真

为了更好地反映未来年新建路网交通状况,我们导入未来年新建的交叉口平面图作为底图,依此来建立路网,然后在Vissim路网中输入目前的交叉口交通组成和高峰小时的交通流量,仿真效果如图6所示。

对于未来年新建平面交叉口,我们采用了交通仿真软件Vissim进行了仿真,对于仿真后的平面交叉口我们可以用服务水平、畅通可靠度、延误、排队长度等多项指标进行评价。本文采用最大排队长度、平均排队长度、平均延误等交通仿真数据对新建平面交叉口服务水平进行分析(图7、表4),对未来新建平面交叉口的交通运行状况进行评价。

未来年新建纬三路与经四路平面交叉口高峰小时各进口道车辆的平均延误(s) 表4

状况	流向	进口道				总延误	服务水平
		东进口	南进口	西进口	北进口		
未来新建	左转	17.2	14.8	15.4	15.6	14.2	B级
	直行	12.5	11.2	13.4	13.0		

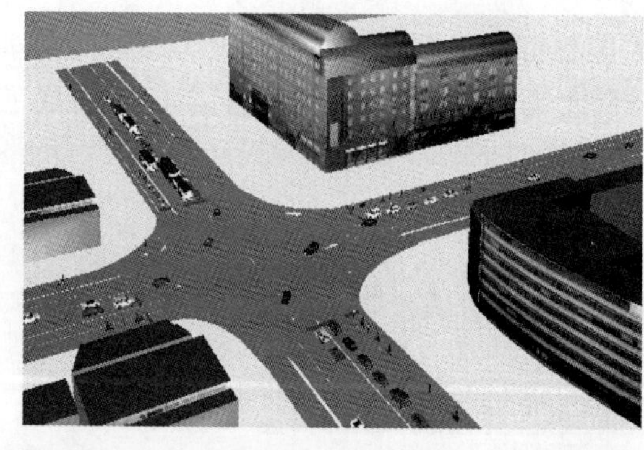

图6 交叉口仿真示意图

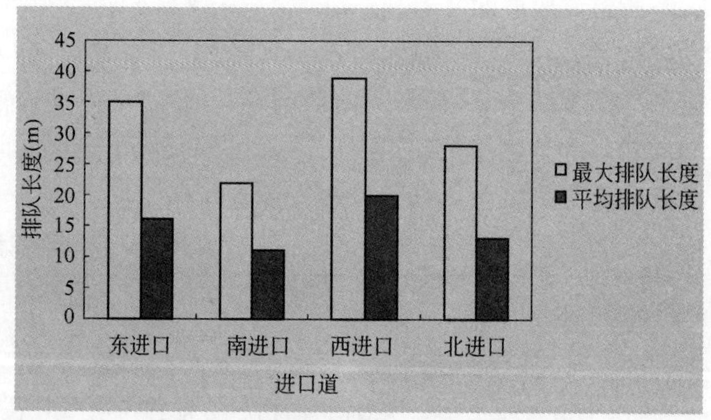

图7 未来年新建平面交叉口排队长度

从以上的仿真结果可以看出,未来新建平面交叉口的最大排队长度、平均排队长度和延误都处于低值。纬三路上进口(西进口)的最大排队长度和平均排队长度均高于其他三个进口道,分别为39m和20m;该交叉口的总延误为14.2s,交叉口服务水平也比较高。

3 结语

利用交通仿真软件TransCAD和Vissim对城市新建区域进行交通量预测和仿真,可以很好的对新建区域道路专项规划道路网的交通量和服务水平进行预评估,从而可以对路网结构和道路横断面提出合理的调整要求。若路网中存在难以增加交通能力的瓶颈路段时,应对新建区域中相应土地利用强度加以限制,以免造成交通拥挤现象[4],确保城市交通基本通畅,满足居民出行要求,维护城市可持续发展。

参考文献

[1] 刘运通,张仁,等.建设项目交通影响评价[M].北京:中国建筑工业出版社,2007.

[2] 盖春英.Vissim微观仿真系统及在道路交通中的应用[J].公路,2005(8).

[3] 刘桢根,卢士和.TransCAD软件在交通分配中的应用[J].道路交通与安全,2006(7).

[4] 尹晨霞,朱南松,等.TransCAD软件在新建区域道路交通专项规划中的应用[J].工程技术,2008(4).

25.基于倒计时信号灯的驾驶行为研究

张　壮　贺玉龙　张　杰　侯典建

(北京工业大学北京市交通工程重点实验室)

摘　要:目前国内对倒计时信号灯的作用褒贬不一,并且倒计时信号灯的相关研究较少;虽然缺少相应的设置规范,但中小城市平交路口倒计时信号灯应用却较广泛。本文在对北京市蒲黄渝路口安装倒计时信号灯前后进行交通流观测和驾驶员问卷调查的基础上,对路口直行车辆车头时距、驾驶员闯黄闯红和紧急刹车行为做了对比分析,发现安装倒计时信号灯后的一周内,在95%的置信水平下驾驶员闯黄闯红和紧急刹车行为都显著减少。

关键词:倒计时信号灯　车头时距　驾驶行为

Study on Driving Behavior Based on Signal Countdown Device

Zhang Zhuang　He Yulong　Zhang Jie　Hou Dianjian

(Key Lab of Transportation in Beijing, Beijing University of Technology)

Abstract: There are mixed appraises on the effect of signal countdown device and less corresponding research in the country; signal countdown devices are applied widely on cross-intersections in small and medium-sized cities, though there is a lack of uniform setting criterion. Based on the traffic flow observing and questionnaire survey before and after signal countdown device installation at Puhuangyu intersection in Beijing, this paper made a contrast analysis on headway of straight-through vehicles, yellow-running and red-running violations and emergency brake. Within the context of the experimental setup, the findings indicated that there was a substantial drop in the number of yellow-running and red-running violations and emergency brake at one-week after signal countdown device installation and the reduction was generally significant at 95% confidence level.

Key words: Signal countdown device, Headway, Driving behavior

1　引言

倒计时信号灯显示是指路口在设置普通交通信号灯的同时,还增设数字或模拟光带倒计时的显示屏,随着信号机的运行同步显示现有信号相位的剩余时间。其目的在于:为交通参与者提供相应的交通控制信息,使其能够合理地利用上述预告信息,安全、顺利地通过交叉路口。

M. R. Ibrahim, M. R. Karim 和 F. A. Kidwai 通过对吉隆坡有无倒计时装置的6个路口做了对比分析,发现倒计时信号灯对初始延迟几乎没有影响,但对车头时距有显著影响。K. M. Lum, Harun Halim 对新加坡交叉路口安装的信号灯倒计时显示装置对驾驶行为的影响进行了相关研究,采用了前、后对比的方法,连续4天对路口进行观测,对比分析绿灯倒计时安装前后,以及安装后1.5个月、4.5个月和7.5个月后驾驶员闯红灯行为进行了对比研究。研究结果表明,绿灯倒计时安装后1.5个月时,闯红灯行为显著下降,但是随着时间的推移,闯红灯行为又有一定的回升。

同济大学的杨晓光等人对倒计时信号灯对驾驶行为影响的研究表明:倒计时会诱发一部分驾驶员在绿灯末尾时加速通过路口,以及红灯变绿灯下一相时头车提前高速到达冲突点,可能引发重特大交通事故,因而需要更长的绿灯间隔时间保证信号换相时的交通安全。

2 数据采集与描述

为实现数据分析的可比性,对安装倒计时信号灯前后蒲黄渝路口进行交通流录像观测,并用 MetroCount 采集直行车道的车速、交通量和车头时距。数据采集时间也采取一致性时段的设计,即分别集中在午平峰、晚高峰、晚平峰三个固定时段,以便对交通流特征的变化和驾驶行为进行对比。

3 数据分析

3.1 车头时距分析

选取每天连续流出现较多的时段 17:00 ~ 18:00 作为车头时距的统计样本时间段。由于需要统计出连续流状态下的车头时距,样本只包括了 1 ~ 3s(包括 1s,不包括 3s)的车头时距,并选取它们的 50% 位值作为车头时距研究值,因为 50% 位数值可以克服平均值因过大或过小而引起的与实际数值失真情况。

蒲黄榆路口各个进口在倒计时安装前后观测统计到的平均车头时距见表 1,西进口本身是一条直左右车道,当作直行车道看待。表 1 可以看到蒲黄榆各进口直行车道的连续流下的车头时距在倒计时信号灯安装前后并没有呈现明显的趋势。对于周末,南和北进口的直行车道在双位倒计时安装后车头时距降低了 0.1s,而相对的东进口则增加了 0.1s;对于工作日,东进口在双位倒计时安装后增加了 0.1s,北进口仍然减少了 0.1s,南和西进口保持不变。

倒计时信号灯安装前后直行车道平均车头时距对比表(s) 表 1

车头时距 / 进口	周末		工作日	
	无倒计时的平均车头时距	有双位倒计时的平均车头时距	无倒计时的平均车头时距	有双位倒计时的平均车头时距
东	2.3	2.4	2.3	2.4
南	2.2	2.1	2.1	2.1
西	—	—	2.4	2.4
北	2.0	1.9	2.1	2.0

3.2 问卷调查分析

设置倒计时信号灯装置后,由于倒计时装置显示剩余绿灯时间不断减少,会对驾驶员的驾驶心理和驾驶行为产生一定影响。通过对安装倒计时信号灯的蒲黄渝路口附近 200 名机动车驾驶员进行问卷调查,得到驾驶员对倒计时信号灯的认识和意见。

3.2.1 驾驶员在红灯等候时间内判断准备起动车辆的方式(图1)

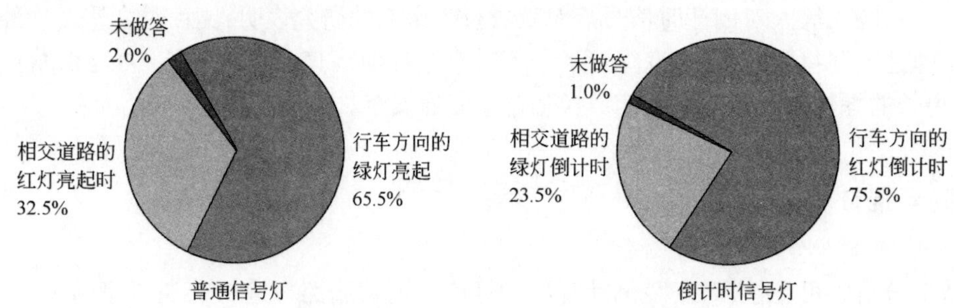

图1 驾驶员判断准备起动车辆的方式调查结果分布图

3.2.2 驾驶员认为倒计时信号灯的作用(表2)

驾驶员认为倒计时信号灯作用调查结果 表2

倒计时信号灯作用	选择个数	占总样本个数百分比(200份)
让驾驶员提前知道信号灯的变化情况	147	73.5%
增大路口通过的车辆数	53	26.5%
减缓驾驶员在路口等候的焦虑心情	55	27.5%
提醒准备过街的行人即将变灯	69	34.5%
其他	1	0.5%

3.2.3 驾驶员认为倒计时信号灯的负面影响(表3)

驾驶员认为倒计时信号灯负面影响调查结果 表3

倒计时负面影响	选择个数	占总样本个数百分比(200份)
容易引起驾驶员在路口超速抢行	85	42.5%
降低路口通过的车辆数	40	20.0%
减少路口的绿灯通行时间	41	20.5%
其他	14	7.0%

3.3 驾驶行为分析

3.3.1 闯黄闯红分析

选择合适的统计量分析路口倒计时信号灯安装前后驾驶员黄灯通过行为和闯红灯行为的变化,分析将具体到每天相应的时间段和进口。将观测的7天按照交通流特征分为3类,第1类是周一和周五,第2类是周二、周三和周四,第3类是周六和周日。将内业观测到的驾驶行为数据与相应时段的交通量进行对应,即每个进口每一小时的交通量和驾驶行为(黄灯通过次数、闯红灯次数)数据相匹配。然后对每一类相同时段的交通量和驾驶行为进行对照平均,统计出每一类里路口交通量和驾驶行为数据,此时每一类是每个路口统计时段里各个进口单位小时交通量的总和,即路口的每天统计时段的总交通量。最后对路口安装倒计时显示前后相同类数据进行统计分析,研究路口驾驶员黄灯通过行为和闯红灯行为的显著性变化。用这种归类的方法可以让大量的数据简易但不简单,直观但不表面,而且还适用于通过平均和同类取代弥补数据缺失的情况。

按照上面的方法统计出每一类路口统计时段的交通量和驾驶行为对应表,见表4。倒计时安装前后,路口的交通量相差不大,未安装倒计时的黄灯通过行为(31.77)远远大于有倒计时(11.95)。表5借助统计变量ZStat检验在95%的置信水平下,倒计时安装后的黄灯通过行为相比于没安装时是否有显著的下降。可以看到蒲黄榆路口安装倒计时信号灯后在95%的置信水平下，对于每一类的同日，路口驾驶员的黄灯通过行为有了明显的减少。表6和表7检验统计量也表明蒲黄榆路口倒计时信号灯安装后驾驶员闯红灯的行为有了显著的下降。

蒲黄榆路口双位倒计时显示安装前后黄灯通过行为统计量表 表4

类　型	统计时段黄灯通过次数（统计时段路口交通量）[b]		每1 000辆车黄灯通过次数		统计时段
	没装倒计时	有倒计时	没装倒计时	有倒计时	
周六、周日	650 (21 576)	247 (22 187)	30.13[a]	11.13	11:30～12:30　12:30～13:30 17:00～18:00　18:00～19:00 20:00～21:00
周二、周三、周四	737 (23 111)	296 (23 842)	31.89	12.42	11:30～12:30　12:30～13:30 17:00～18:00　18:00～19:00 20:00～21:00　21:00～22:00
周一、周五	772 (23 187)	294 (23 917)	33.29	12.29	11:30～12:30　12:30～13:30 17:00～18:00　18:00～19:00 20:00～21:00　21:00～22:00
平均值	720	279	31.77[c]	11.95	

注：a 统计时段里黄灯通过行为相对于交通量的数值，即 $30.13 = 650/21\,576 \times 10^3$；

b 统计时段里路口各个进口直行和左转的交通总量；

c 平均值，即 $31.77 = (30.13 + 31.89 + 33.29)/3$。

蒲黄榆路口双位倒计时显示安装前后黄灯通过行为统计检验表 表5

检验描述	检验统计量(Z_{Stat})和95%的置信水平(SIG)[a]					
类型	周六、周日		周二、周三、周四		周一、周五	
统计量	Z_{Stat}	SIG	Z_{Stat}	SIG	Z_{Stat}	SIG
有倒计时	14.02[b]	√	14.38	√	15.32	√

注：a 指95%的置信水平下($\alpha = 0.5$，双尾)的检验统计量Z的临界值是±1.96。"√"表示显著，"×"表示不显著；

b Z_{Stat}的计算公式如下：

$$Z_{Stat} = \frac{(30.13 - 11.13) \times 10^{-3}}{\sqrt{20.50 \times 10^{-3} \times (1 - 20.50 \times 10^{-3})} \times \sqrt{\frac{1}{21\,576} + \frac{1}{22\,187}}} = \frac{p_1 - p_2}{\sqrt{p(1-p)}\sqrt{\frac{1}{n_1} + \frac{1}{n_2}}}$$

没有倒计时显示路口黄灯通过率 $p_1 = 650/21\,576 = 30.13 \times 10^{-3}$，有倒计时显示黄灯通过率 $p_2 = 247/22\,187 = 11.13 \times 10^{-3}$，平均黄灯通过率 $p = (650 + 247)/(21\,576 + 22\,187) = 20.50 \times 10^{-3}$

c 如果检验变量是负号，则说明有倒计时比没有倒计时黄灯通过的行为多。

蒲黄榆路口双位倒计时显示安装前后闯红灯行为统计量表 表6

类　型	统计时段闯红灯次数（统计时段路口交通量）		每1 000辆车闯红灯次数		统计时段
	没装倒计时	有倒计时	没装倒计时	有倒计时	
周六、周日	57 (21 576)	32 (22 187)	2.64	1.44	11:30～12:30　12:30～13:30 17:00～18:00　18:00～19:00 20:00～21:00

续上表

类　型	统计时段闯红灯次数 (统计时段路口交通量)		每1 000辆车闯红灯次数		统 计 时 段
	没装倒计时	有倒计时	没装倒计时	有倒计时	
周二、周三、周四	96 (23 111)	8 (23 842)	4.15	0.34	11:30~12:30　12:30~13:30 17:00~18:00　18:00~19:00 20:00~21:00　21:00~22:00
周一、周五	35 (23 187)	10 (23 917)	1.51	0.42	11:30~12:30　12:30~13:30 17:00~18:00　18:00~19:00 20:00~21:00　21:00~22:00
平均值	63	17	2.77	0.73	

蒲黄榆路口双位倒计时显示安装前后闯红灯行为统计检验表　　表7

检 验 描 述	检验统计量(Z_{Stat})和95%的置信水平(SIG)					
类型	周六、周日		周二、周三、周四		周一、周五	
统计量	Z_{Stat}	SIG	Z_{Stat}	SIG	Z_{Stat}	SIG
有倒计时	2.78	√	8.80	√	3.83	√

3.3.2　紧急制动行为分析

对没有倒计时的信号灯,如果信号配时不当,会造成驾驶员遇到“犹豫区”;如果加快速度,就会闯红灯或黄灯通过;如果降低速度,在黄灯显示时会停在停车线外。因此驾驶员此时要想通过路口,判断灯色变化没有参照,如果注意力不集中或者选择的驾驶行为不对,容易造成紧急制动的情况。

表8显示蒲黄榆路口安装倒计时后驾驶员紧急制动次数明显少于安装倒计时前。表9是用统计量Z_{Stat}检验倒计时安装前后是否有显著变化。表中3个类型的数值都显示,在安装了双位倒计时的蒲黄榆路口,驾驶员在路口的紧急制动行为显著下降。

蒲黄榆路口双位倒计时显示安装前后驾驶员紧急制动行为统计量表　　表8

类　型	统计时段紧急制动数 (统计时段路口交通量)[b]		每1000辆车紧急制动次数		统 计 时 段
	没装倒计时	有倒计时	没装倒计时	有倒计时	
周六、周日	94 (21 576)	5 (22 187)	4.36[a]	0.23	11:30~12:30　12:30~13:30 17:00~18:00　18:00~19:00 20:00~21:00
周二、周三、周四	48 (23 111)	0 (23 842)	2.08	0.00	11:30~12:30　12:30~13:30 17:00~18:00　18:00~19:00 20:00~21:00　21:00~22:00
周一、周五	49 (23 187)	3 (23 917)	2.11	0.13	11:30~12:30　12:30~13:30 17:00~18:00　18:00~19:00 20:00~21:00　21:00~22:00
平均值	67	7	2.85[c]	0.12	

注:a 统计时段里紧急制动行为相对于交通量的数值,即$4.36 = 94/21\,576 \times 10^3$;

b 统计时段里路口各个进口直行和左转的交通总量;

c 平均值,即$2.85 = (4.36 + 2.08 + 2.11)/3$。

蒲黄榆路口双位倒计时显示安装前后黄灯通过行为统计检验表 表9

检验描述	检验统计量(Z_{Stat})和95%的置信水平(SIG)[a]					
类型	周六、周日		周二、周三、周四		周一、周五	
统计量	Z_{Stat}	SIG	Z_{Stat}	SIG	Z_{Stat}	SIG
有倒计时	9.09[b]	√	7.04	√	6.05	√

注:a 指95%的置信水平下($\alpha=0.5$,双尾)的检验统计量Z的临界值是±1.96。"√"表示显著,"×"表示不显著;

b Z_{Stat}的计算公式如下:

$$Z_{Stat}=\frac{(4.36-0.23)\times10^{-3}}{\sqrt{2.262\times10^{-3}\times(1-2.262\times10^{-3})}\times\sqrt{\frac{1}{21\,576}+\frac{1}{22\,187}}}=\frac{p_1-p_2}{\sqrt{p(1-p)}\sqrt{\frac{1}{n_1}+\frac{1}{n_2}}}$$

没有倒计时显示路口紧急制动率 $p_1=94/21\,576=4.36\times10^{-3}$,有倒计时显示紧急制动率 $p_2=5/22\,187=0.23\times10^{-3}$,平均紧急制动率 $p=(94+5)/(21\,576+22\,187)=2.262\times10^{-3}$

c 如果检验变量是负号,则说明有倒计时比没有倒计时紧急制动行为多。

4 总结

本文对蒲黄渝路口安装倒计时信号灯前后进行对比分析表明,驾驶员主观上希望路口安装倒计时信号灯,并且在安装后的一周内驾驶员的闯黄闯红和紧急制动行为有了显著减少。论文研究结果对倒计时信号灯在大城市的应用提供了一定的实践基础,更深入的分析将在接下来的研究工作中进一步开展。

参考文献

[1] M. R. Ibrahim, M. R. Karim and F. A. Kidwai. The Effect of Digital Count-Down Display on Signalized Junction Performance. American Journal of Applied Sciences 5 (5): 479-482, 2008.

[2] K. M. Lum, Harun Halim. A before-and-after study on green signal countdown device installation. Transportation Research Part F 9 (2006) 29-41.

[3] 王岩,杨晓光. 基于交通安全的交叉口倒计时信号灯设置研究. 中国安全科学学报,2006(3).

[4] 杨佩昆,吴兵. 交通管理与控制(第三版). 北京:人民交通出版社,2003.

26. 面向智能交通的详细交通数据采集系统的研发

赵卉菁　沙　杰　崔锦实　查红彬

(北京大学　机器感知与智能教育部重点实验室)

摘　要:目前在交通工程领域,实际道路数据的调查、采集和收集,往往需要大量的费用和人工干预,其采样率及精度都非常有限。缺少足够的真实详细的交通数据的支持,给大范围/长时段交通行为本质的深入研究带来困难。本课题研发基于分布式传感器系统及智能车移动平台的详细交通数据获取技术,从而为微观交通行为的分析,为解决智能交通等工程领域中的实际问题提供真实详细的数据依据。

关键词:分布式传感器感知　交叉路口　智能车　交通数据获取

Study on the Detailed Traffic Data Collection System of ITS

Zhao Huijing　Sha Jie　Cui Jinshi　Zha Hongbin

(Key Laboratory of Machine Perception (Ministry of Education), Peking University)

Abstract: Motivated by the potential applications for detailed traffic data, in this research, two sensing systems are developed from both the infrastructure and a vehicle. In the former one, a network of laser scanners is exploited to cover a large horizontal area, such as an intersection; a software system is developed to automatically detect the moving objects that entered the area, track their motion trajectory, and classify them to find whether they are car, bicycle, people etc. In the later one, an intelligent vehicle is developed by fusing both position and environmental sensors; a software system is developed to simultaneously locate the vehicle, generate a map of the static environment, and detect/track/classify the moving objects in surroundings. Real experimental results are presented to demonstrate the systems.

Key words: Network sensing, Intersection, Intelligent vehicle, Traffic data collection

1　前言

随着汽车交通运输的发展,交通拥挤和道路阻塞的现象日趋严重,交通事故频繁发生,随之带来的交通污染也越来越引起社会的普遍关注。科学系统地分析/改造现有的交通管理体系,成为缓解城市交通难题的当务之急,而有效地获取详细高精度的交通数据是分析掌握交通规律,优化交通体系的关键。目前在交通工程领域实际道路数据的调查、采集和收集,往往需要大量的费用和人工干预,其采样率及精度都非常有限。缺少足够的真实详细的交通数据的支持,给大范围/长时段交通行为本质的深入研究带来困难。特别是对于像路口、主辅路合流分流处等人车混在,交通行为混杂的地带,高精度交通数据的获取技术的研究在国际上还处于刚刚起步的阶段。现有的传感器技术分析如下。

①利用红外线、超声波、微波雷达、感应圈等传感器,对通过道路某一“点”的车辆,其数量、大小、重量、速度等进行统计分析,已成为交通检测中比较成熟的技术。但对于在某一“面”内自由活动的移动目标的自动检测尚有不及之处。

②利用浮动车系统，可以通过安装有GPS（全球定位系统）的公交车或计程车了解到该车辆通过某路段的时间速度，从而在一定程度上间接地推测出当前路面的交通状况。但是由于所获取的交通数据，其采样精度及密度均受制于有限的GPS设备，且无法获得浮动车以外其他车辆、行人等的交通数据，所以该技术对于微观交通行为的分析/管理优化，存在一定的局限性。

③利用可见光摄像机、红外线摄像机等视频传感器，不仅能够对路段上车辆的通行状况，比如通过数量、大小、速度、颜色、车牌号等进行定量地统计，同时能够对某些特定行为，比如闯红灯、倒车、转弯、交通事故等在一定程度上进行自动检测。特别是利用视频数据可以对这些特定行为的前因后果进行分析。但是对于遮挡严重、交通行为混杂的路口，图像中移动目标间遮挡/黏连的现象严重，同时阴影、光照变化等均为精确的自动化处理带来很大困难。在复杂场景中长时段地获取人与车的详细的交通数据上，目前的计算机处理与实际应用需求尚有一定距离。

④激光扫描仪是一种新兴的传感器（如图1所示）。与视频等技术相比，激光测距扫描仪及其应用技术还大多处于研发阶段。目前三维激光扫描仪主要被应用于面向测绘及考古的研发，比如获取地形/文物等的三维数字拷贝。二维激光扫描仪主要被应用于面向安全驾驶等的研发，比如自动检测出车前方的障碍物以防止碰撞等。

Name:SICK LMS 291
Laser Class:1A(eye-safe laser)
Scanning Resolution:0.25° -1.0°
Scanning Angle:180
Frame rate:17Hz ～ 70Hz
Maximum Distance:80m
Range Error:4cm
Wave Length:905nm(Near Infrared)

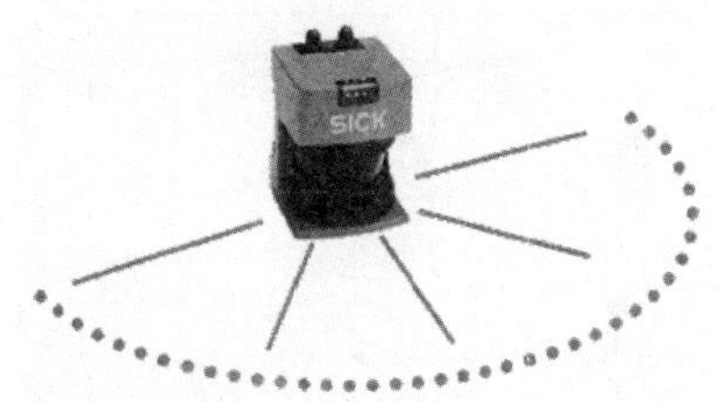

图1　二维激光扫描仪举例

本课题以二维激光扫描仪为主要传感器，分别研发基于分布式传感器系统及智能车移动平台的详细交通数据获取技术，从而为微观交通行为的分析，为解决智能交通等工程领域中的实际问题提供真实详细的数据依据。

2　基于分布式传感器系统的详细交通数据获取技术的研发

以交叉口为例，图2为本课题研发系统的示意图。将激光扫描仪设置于交叉口的路边，在距路面高度约40cm的水平面扫描，可以得到在该水平覆盖面内汽车、行人、自行车等的被观测面的平面轮廓数据。将多台激光扫描仪分别设置于不同位置，从不同角度监测该交叉口，并通过联网将传感器数据实时地传给服务器PC。服务器将不同传感器测量的数据，通过时钟同步及坐标系转换，进行数据融合。也就是，将同一时刻测量到的数据抽取出来，并统合到全局坐标系中。这样的融合数据可以测量到移动目标的平面轮廓。同时扫描帧率约30Hz，可以捕捉快速的运动目标。这样的分布式传感器系统不仅可以覆盖较大范围的空间，如整个交叉口，同时可以减少由于自遮挡及他遮挡所带来的部分测量等问题。

2008年7月16日及7月22日于北京四环路海淀桥北交叉口进行了两次交叉口数据采集实验。每次实验分别从早晨6点30到晚上9点进行连续的数据采集。图3给出传感器分布示意图及实地照片。实验中共使用6套激光扫描仪数据采集系统，从路边6个不同地点方向来共同观测该交叉路口。图4给出一组传感器数据。图中为一帧融合后的数据，不同的颜色表示不同传感器所采集的信号数据。比如正中为一辆公交车，同时被不同激光扫描仪所观测到，但是不同传感器仅能观测到该车辆的某个侧面。比如从激光数据2或3，无法判断该物体为一辆公交车；从激光数据3，该物体可能被误认为三个。通过分布式激光扫描数据的融合，该数据勾画出了一个较为完整的公交车的轮廓，为正确的判断提供了丰富的信息，从而可以有效地提高目标物识别及运动状态分析的精度。

本课题的主要目标是通过分布式激光扫描数据，检测出进入观测区域（如交叉口）的移动目标（移动

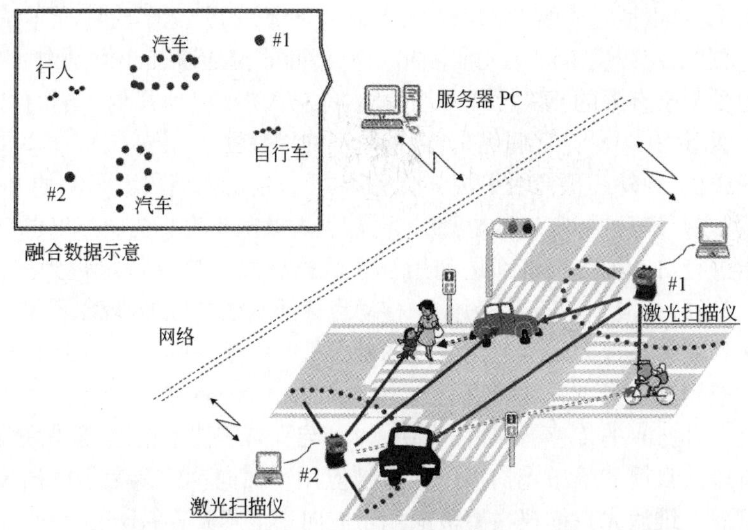

图2　基于分布式激光扫描仪的交通数据获取系统的示意图

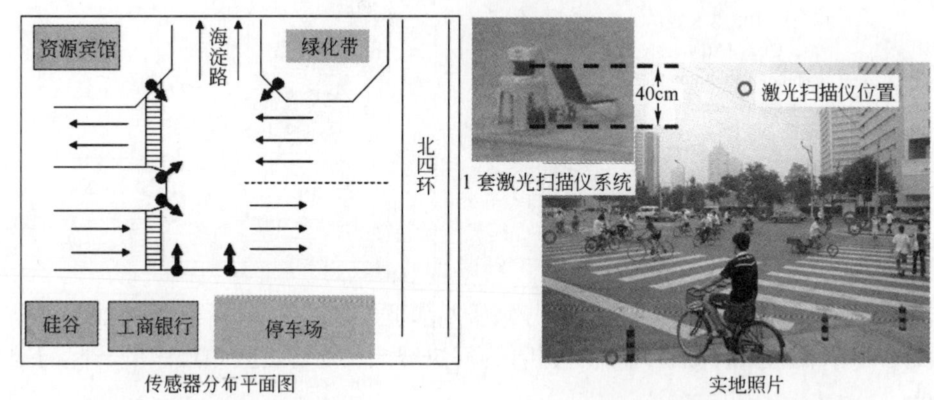

图3　2008 年 7 月 16 日、7 月 22 日交叉口实验传感器设置

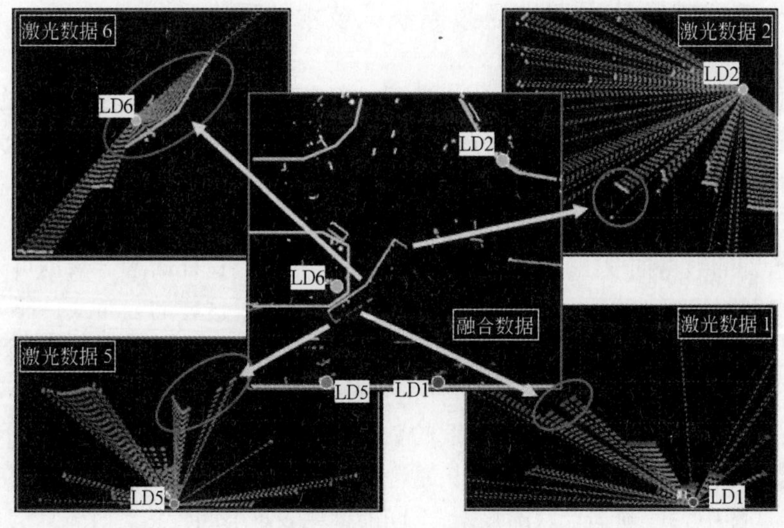

图4　一组激光扫描数据

目标的检测)，获得该移动目标通过观测区域的速度、时间、移动轨迹等信息(移动目标的跟踪)，并区分该移动目标的种类，如人、自行车、小汽车、公交车等(移动目标的分类)。图 5 给出在本课题中从传感器数据的采集到移动目标的检测、跟踪及分类的主要处理模块及流程，以及主要数据结构。图 6 举例给出了上述数据处理程序画面的拷贝。这样的数据处理结果输出到一个轨迹文件中，该文件包含检测到的每

一个移动目标在通过该区域的每50毫秒间隔的时序列轨迹及种类判别。在每一时刻的轨迹数据中包含时间,该移动目标的位置、速度、方向、大小等信息。通过这样的移动目标轨迹数据,可以对该观测区域的详细交通特性进行统计分析。图7给出了一个统计实例。将10min的轨迹数据积累起来,抽取出其中被分类为小汽车及公交车的数据,将其通行轨迹投影于一个栅格图像中,该删格图像的每个像素值记录了通过该空间位置的移动目标数目。在图7中,像素点越亮表明该点的通行量越大。从图7可以清晰的看到车辆的主要通行区域,及一天中随着时间的变化,汽车通行量的变化。另外为了北京奥运会的顺利进行,于2008年7月20日~9月20日,北京市实施单双号限行政策。7月16日及7月22日分别为交通限行政策实施的前后,其交通特性的变化也被反映了出来。比如在每一时段,7月22日图像的像素点普遍比7月16日的像素点暗,表明通行量的普遍下降。但是下降的量在一天中的不同时段有所不同。比如6:50~7:00时段的通行量有着明显的下降,但8:20~8:30时段的数据非常接近。

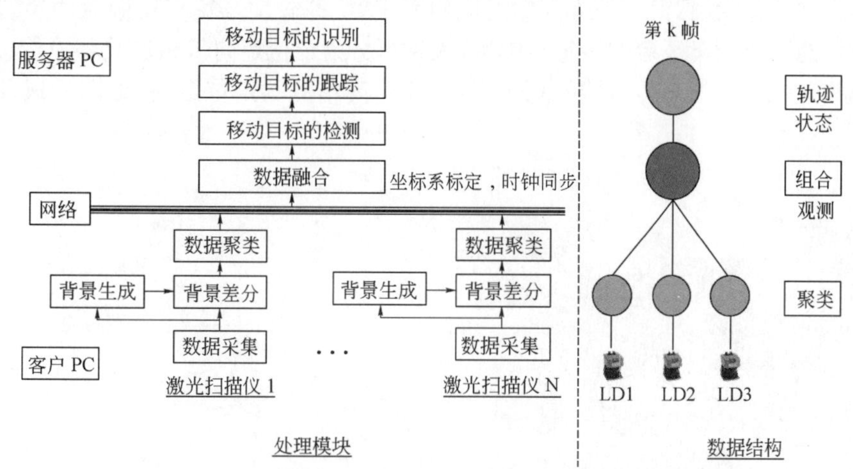

图5 移动目标的检测、跟踪与分类

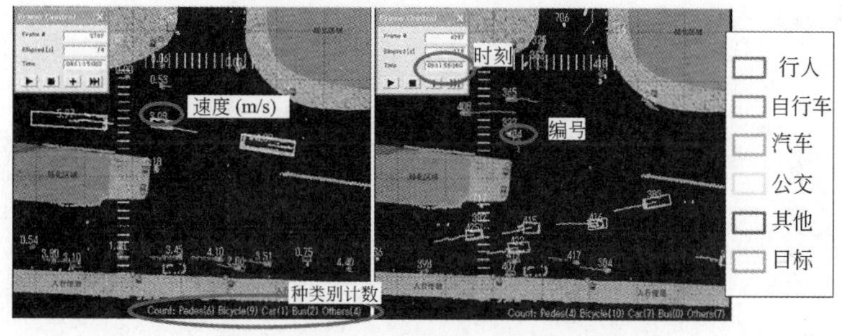

图6 移动目标的检测、跟踪与分类结果举例

日期	时间段			
	6:50 ~ 7:00	8:20 ~ 8:30	18:10 ~ 18:20	20:40 ~ 20:50
7月16日	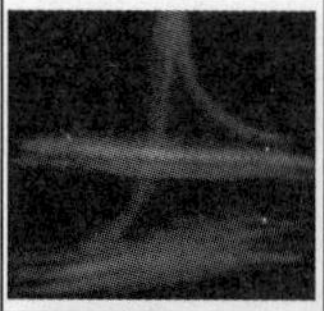	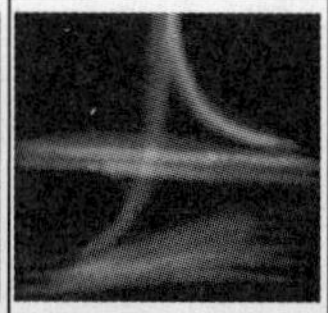	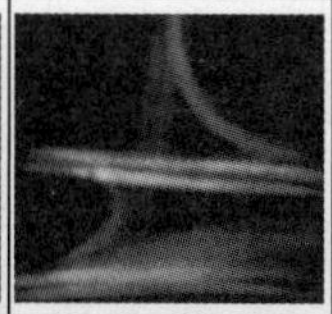	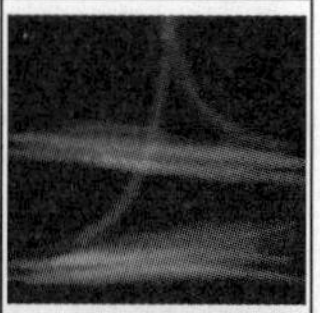
7月22日	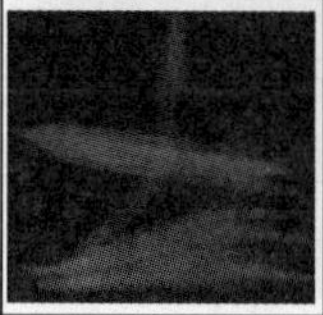	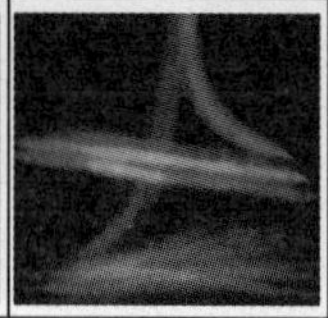	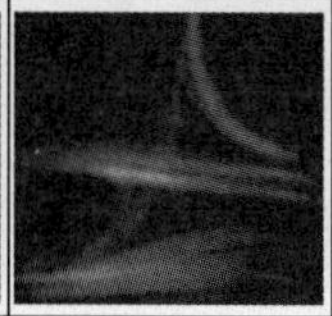	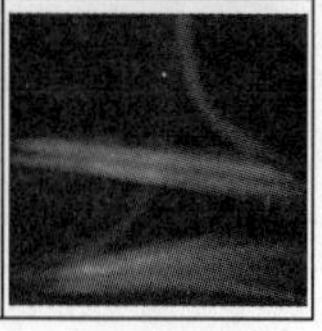

图7 数据解析举例:通行量对比评价

3 基于智能车平台的详细交通数据获取技术的研发

智能车及移动机器人平台的研发不仅有意义于以军事为目的的无人自动驾驶,且对以民用为目的的安全辅助驾驶,以信息采集为目的的智能测绘、智能交通管理等均具有重大意义。在安全驾驶等领域,实时地认知复杂的路况,监测周边的行人及车辆,正确地判断当前及将来的状态并作出相应的决策,是辅助驾驶、自动驾驶的前提条件。智能车平台作为信息采集工具,可以从接近用户视点的焦点及位置,获取道路周边逼真详细的图像及三维数据信息,同时可以采集到人、车等移动目标的交通数据,为了解交通状况提供有力的基础依据。

图 8 为本课题研发的智能车平台。该课题的主要目标是基于真实的实验平台,面对真实的交通场景,面向智能交通、智能测绘、智能监控等方面的应用需求,研究智能车定位定向及环境感知中的基础要素。图 8 中举例示意了智能车平台的传感器配置,大致可分为定位定向传感器及环境传感器两部分。本课题算法研发的焦点在于通过多传感器的融合,同时实现高精度的定位定向,地图生成及移动目标的检测跟踪与分类。

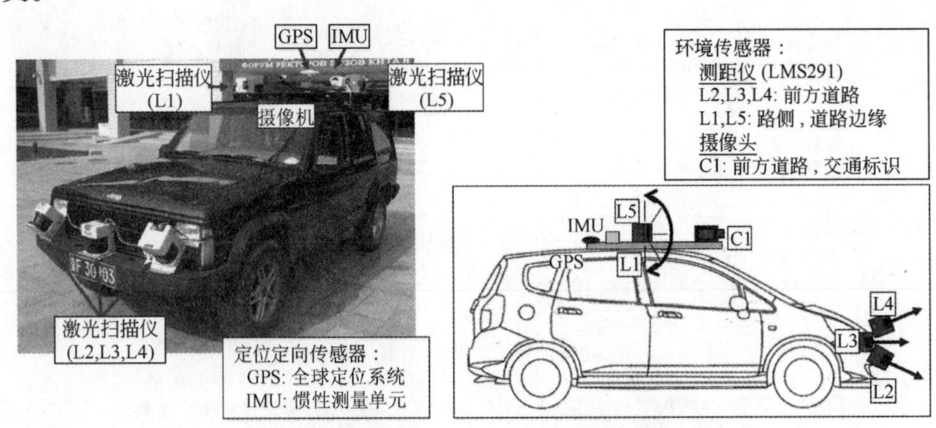

图 8 北京大学智能车研发平台及传感器配置举例

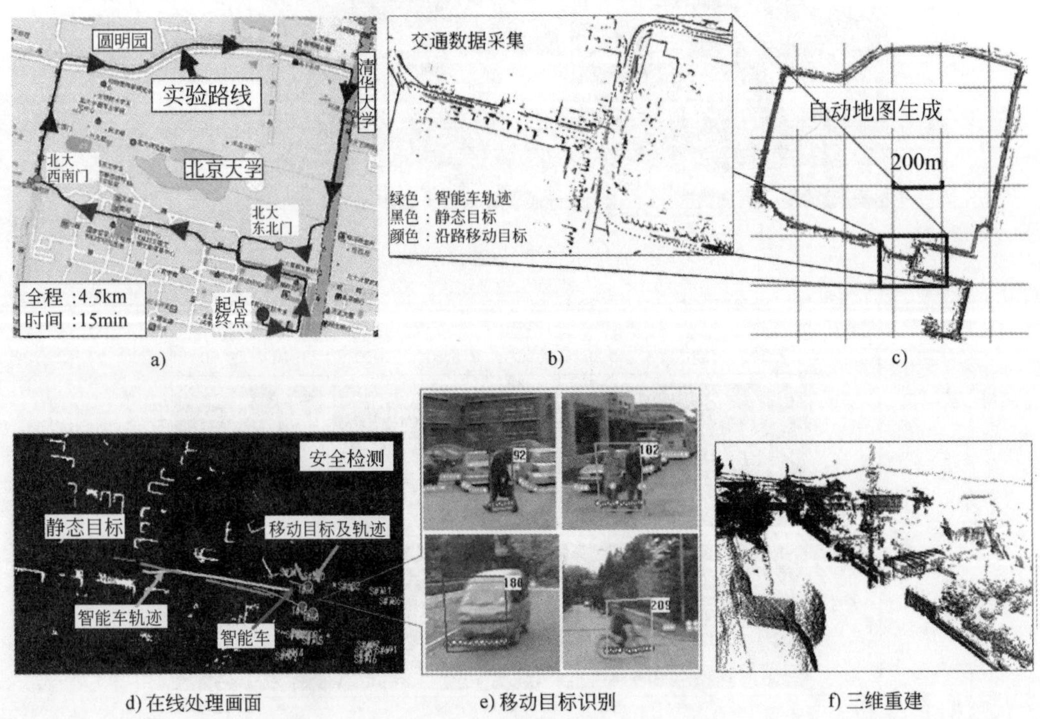

图 9 研发成果举例

图 9 通过实验结果举例说明本课题的研发目标及成果。图 9a）为实验路线。智能车从北京大学英杰交流中心的广场出发，沿红色箭头，横贯北京大学校园，从西南门（机动车门）上公路，沿蓝色箭头，路过北京大学西门，圆明园南门，清华西门，从北大东北门（机动车门）进校园，返回英杰交流中心前广场，全程 4.5km。智能车由司机驾驶，跟随正常车流，行驶时间约 15min。本次实验的主要目的在于检验本课题研发算法，也就是同时定位定向、地图生成及移动目标的检测跟踪与分类。图 9c）为融合定位定向结果及水平激光扫描数据（即图 8 中 L3）自动生成的地图。图 9b）为一部分放大图，该地图不仅包含静态环境的信息，如建筑物、树木、停泊车辆等，还包含动态环境的信息，如沿路观测到的行人、自行车、汽车的分布，移动速度方向等等。这样的数据对于智能测绘，对于智能交通均具有重要的应用价值。图 9d）为在线处理画面，包含了智能车的行驶轨迹（黄色）及当前的位置（红色）；对静态环境的感知结果：地图（白色）；对动态环境的感知结果：移动目标及其轨迹（橘黄）等等。通过这样的在线处理，可以为汽车的安全预警提供重要的数据依据。图 9d）为融合定位定向结果及垂直激光扫描数据（即图 8 中 L1，L5）而恢复出的三维点阵模型。通过这样的数据可以实现城市三维模型的重建等工作。

4 结语

本课题尚在研发过程中。在此特别感谢国家高技术研究发展计划（863）及北京大学 985 工程的支持。本课题的研发包含大量的路口、路段及智能车的实验。在此特别感谢北京市海淀交通支队，燕园派出所等单位的协助，感谢所有参加实验的老师和同学。本课题的最新研发动向及研发数据将在 http://www.cis.pku.edu.cn/faculty/vision/zhaohj/发布。

27. 中兴智能 BRT 智能系统

刘海峰　贾　琳　翟东伟

(中兴智能交通系统(北京)有限公司研究院)

摘　要:优先发展城市公共交通,是目前是缓解城市交通拥堵的有效措施。BRT 作为一种先进的交通方式,是城市智能交通系统的组成部分。本文阐述了 BRT 智能系统的构成,分析了 BRT 智能系统建设遇到的问题,希望对今后的 BRT 建设具有一定的参考意义。

关键词:BRT　智能系统

ZTEITS BRT Intelligent System

Liu Haifeng　Jia Lin　Zhai Dongwei

(Research institute, ZTEITS)

Abstract: Preferential development of urban public transportation system is a universally accepted approach of solving urban traffic problem. As an advanced traffic mode, BRT is an important part of urban intelligent traffic system. This paper describes the component of BRT intelligent system and analysis the problems in building BRT intelligent system in order to offer reference for dealing with similar problems in future.

Key words: BRT, Intelligent System

1　背景

公共交通作为重要的城市基础设施,是关系国计民生的社会公益事业。随着社会经济的快速发展和城市规模和机动车数量的急剧扩张,交通拥堵、出行不便的矛盾正日益突出,对城市的正常运行和持续发展带来了较大影响。优先发展城市公共交通,不仅是缓解城市交通拥堵的有效措施,也是改善人居环境、促进和谐社会建设的有力抓手。

BRT 作为一种先进的交通方式,是城市智能交通系统的组成部分。智能交通系统(ITS, Intelligent Traffic Systems),是将先进的信息技术、计算机技术、通信技术、传感器技术、自动控制技术、运筹学、人工智能等有效地综合运用于交通运输、服务控制和车辆制造,加强了车辆、道路、使用者三者之间的联系,从而形成一种实时、准确、高效的综合运输系统。

ITS 技术作为未来交通的发展方向早已在世界众多发达国家中广泛应用,尤其以美国、日本和欧洲等国家发展迅速。我国由于特殊的交通状况,一直处于不断的研究和探索中。目前,国内北京、杭州、常州等城市已建设的快速公交线路,均设计了应用 ITS 技术的智能公交系统。

2　BRT 智能系统概述

2.1　运营模式

BRT 智能公交系统主要由车辆定位及无线通信系统、运营调度指挥系统、乘客信息服务系统、闭路电视监视系统、周界防范系统及路口信号优先系统组成。实现了公交车辆的优先通行、高效运行、信息化服务。调度中心对车辆的实时监控、智能调度，在提高工作效率的同时大大减小驾驶员和调度人员的劳动强度；车站、车辆上准确全面的信息发布和交通查询功能使乘客在提高出行效率的同时享受到及时、全面、舒适、现代化的信息服务，充分体现了以人为本的思想；提升出行效率，在客观上提高了公交吸引力，减少私家车上路，从整体上缓解城市交通压力、改善交通环境，实现良性循环。BRT 智能公交系统，将会全面提高快速公交线路的运行效率，使整个快速公交线路的自动化、智能化水平得以显著提升，加快整个城市的信息化进程。

2.2 与既有公共交通体系的关系

BRT 系统在技术上的最大突破就是“吸收了轨道交通和常规公交的所有长处，同时摒弃了轨道交通和常规公交的缺点”。在技术上兼收并蓄，创造了一种“现代化、高等级、低费用的大容量运送系统”。

（1）快速公交与普通公交

与普通公交相比，快速公交存在以下优势：速度快准时性好、容量大、安全性高、节约道路资源。但在土地使用，建设成本，线网密度覆盖等方面不如普通公交，目前至今后一定长的时期内，普通公交还应作为城市客运交通体系的主体。

（2）快速公交与轨道交通

城市轨道公共交通系统作为现代化的大容量客运交通工具，弥补了城市道路系统存在的总量不足和结构不合理的严重缺陷，同时具有方便、快捷、准时、安全、环保等特征。但必须认识到轨道交通除了上述优势以外，也存在明显的弱点，即建设周期长、投资大、运营成本高等。因此，建设轨道交通要考虑财力、客流、土地使用以及运营管理模式等情况，在局部客流密集区段建设轨道交通，承担骨干大运量快速通道运输的功能。轨道交通线路在将来可与快速公交系统以及普通公交形成相得益彰的效果。

3 BRT 智能系统总体设计

3.1 系统概述

BRT 智能系统是一套建立在网络、通信、控制、计算机、信息处理基础上的智能化的新型公交服务集成系统。智能系统主要由 GPS 定位及无线调度系统、乘客信息系统、数字广播广播系统、闭视频监控及周界防范监视系统、安全门系统、票务系统、营运调度管理系统等部分组成。通过全球定位系统（GPS）和通用无线分组业务（GPRS）技术，以地理信息系统（GIS）为操作平台，实现对快速公交车辆状态信息的采集、存储和分析，完成对车辆的实时监控和智能调度，大大提升快速公交系统的管理水平和运营效率，并为乘客提供及时、准确、全面的运营信息服务和一个安全、舒适的候车、乘车环境。

智能系统在调度中心设 GPS 定位及无线通信系统、运营调度管理系统、乘客信息服务系统、视频监视及周界防范系统，主要包括调度中心背投显示大屏、智能管理终端、服务器、矩阵控制器、摄像机、打印机及网络设备等；各站台、场站配置智能终端、LED 电子显示屏、车站广播系统、摄像机、周界防范、安全门、AFC 等设备。BRT 车辆安装车载智能终端。

3.2 智能公交系统构成

BRT 智能公交系统结构图如图 1 所示。

3.3 系统总体设计

3.3.1 *层次结构图*

根据 BRT 业务的实际使用情况，BRT 智能系统层次结构图如图 2。

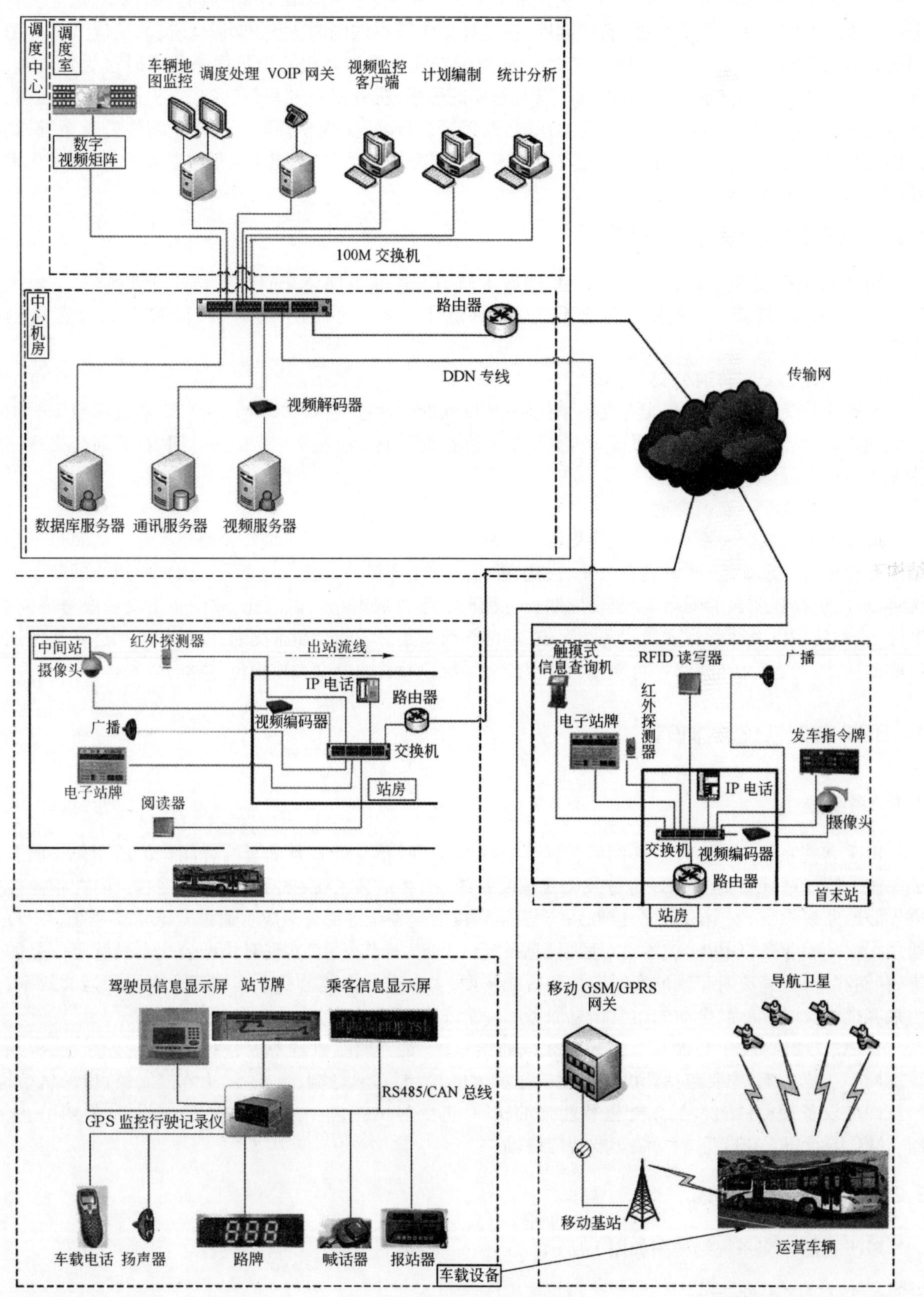

图 1　BRT 智能公交系统结构图

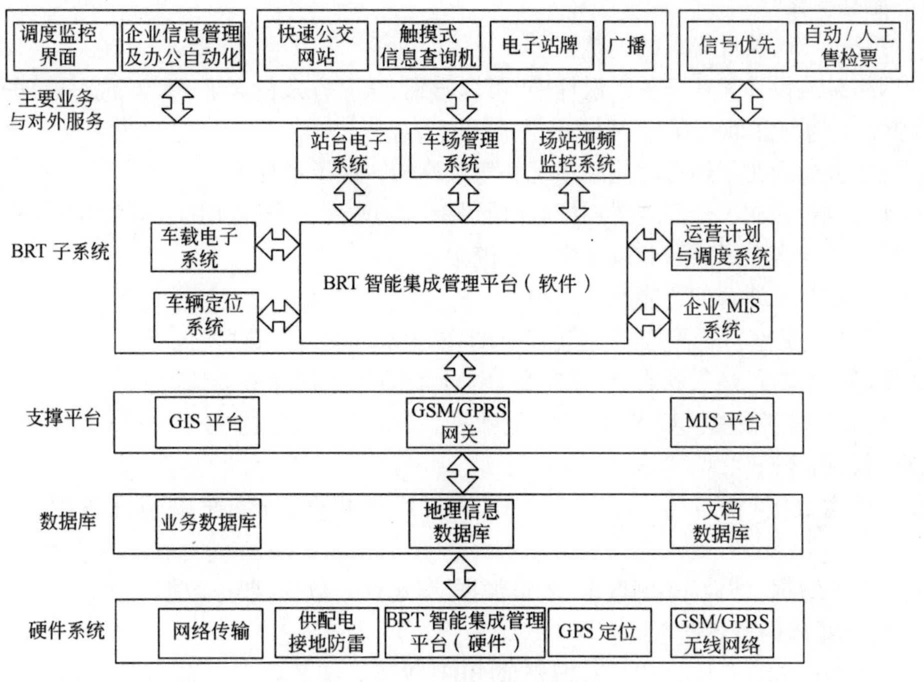

图 2　BRT 智能系统层次结构图

各系统的功能和业务实现　　表 1

序　　号	子　系　统	功　　能	实现的业务
1	网络及通信系统	连接车辆、站台、场站、BRT 调度中心	(1) 传输运营调度计划 (2)传输动态数据 (3)传送站台、场站监控图像 (4)提供电话服务 (5)传输广告信息 (6)数据存储
2	乘客信息服务系统	(1)车载电子显示屏 (2)站台 LED 显示屏	(1)应急呼叫、故障报告 (2)乘客信息服务 (3)应急调度疏导
3	运营调度系统	(1)分级调度 (2)调度中心集中调度 (3)GPS 车辆定位 (4)GPRS 通信 (5)车辆进出场识别 (6)自动发车系统 (7)统计分析	(1)实现总公司、分公司、车队三级调度 (2)集中统一调度 (3)车辆定位监控，站牌动态信息的原始数据 (4)GPS 信息收集及发送 (5)调度计划查询、驾驶员信息服务 (6)调度自动发车 (7)对计划数据、运营数据进行统计分析
4	视频监控及周界防范系统	视频监控 图像存储 站台周界防范	(1)站台的监控 (2)站台售票室监控 (3)场站监控(车辆进出场、场内) (4)调度中心监控 (5)安全门监控 (6)站台周界防范 (7)车辆内部的视频监控
5	数字广播系统	(1)工作人员对讲 (2)站台广播	(1)调度中心与站台工作人员对讲，站台间对讲 (2)调度中心或站台工作人员对乘客的广播

3.3.2　方案的完整性设计

3.3.2.1　系统目标、项目需求的完整性

从上述的网络结构设计和业务关系设计中,可以看到,整个方案包含了 BRT 智能系统的全部内容。

(1)从功能点的物理分布上看,方案涵盖了全部内容需求:

①乘客信息服务包含在了站台智能子系统和车载终端智能子系统中;

②运营调度管理包含在了全部的子系统(车辆、站台、场站发车调度、BRT 调度中心)当中;

③视频监控系统包含在了站台和调度中心系统中;

④周界防范包含在了站台的智能系统当中。

(2)从涉及的业务流环节上看,方案涵盖了 BRT 智能系统的全部数据,包括:

①车载数据(实时位置、运行状态、停靠站台、出回首末站、出回保养场情况);

②站台数据(视频监控数据、IC 卡数据、客流数据、安全门工作数据、安全报警数据、语音广播数据、票务数据、安全门数据等);

③场站发车调度数据(发车数据、显示数据、语音广播数据、现场车辆情况数据、车辆进出场站数据);

④BRT 调度中心数据(线路、车辆数据、人员数据、营运计划数据、票务数据)。

3.3.2.2　智能系统的整体性考虑

整个设计方案是以 BRT 调度为中心,把组成 BRT 智能系统的各个部分有机的融合为一个有机的整体。

BRT 智能系统在 BRT 调度中心的统一管理和指挥下进行运营。

①所有的原始数据都统一保存在 BRT 调度中心,这些数据包括:BRT 车辆的原始数据,站台、场站视频图像数据、站台的票务及客流数据、BRT 智能系统的基础数据(车辆、线路、人员)。这些数据都在 BRT 调度中心来存储和管理。

②BRT 智能系统把智能调度系统、安全门系统、票务系统进行统一的建设和运营,这就有力地保障了项目在规划、设计初期就以一个整体来考虑,为项目的建设和后期的智能系统的运行提供了基础。保证三个子系统的协调、有效的工作,为最终用户提供一个完整的系统。

③组成 BRT 智能系统各个部分的数据统一由中心来接收、存储、处理 和转发。保证数据流向清晰,为业务软件的应用和最终用户的操作应用提供一个规范、完整的系统。

3.3.2.3　与城市交通信息公共平台的数据交换的设计

城市交通信息公共平台的建设立足于为构建大公交提供服务。建成的系统要为普通公交、快速公交(BRT)、社会中巴以及出租车等交通运营企业、政府相关主管部门(交通委、交警等)改善管理水平提供支撑,还要为百姓乘车、出行提供便利。

公共平台与车载设备之间关于车辆运行、客流信息以及电子支付数据的传输接口标准,主要包括车载设备控制参数传输接口标准、车辆运行 GPS 数据传输接口标准、车辆调度信息传输接口标准、车辆/站台客流统计信息传输接口标准以及易通卡终端 POS 控制参数传输接口标准、易通卡刷卡交易记录数据传输接口标准等。

其中:

(1)车载设备控制参数传输接口标准、车辆运行 GPS 数据传输接口标准、车辆调度信息传输接口标准:在现有卫星定位平台系统接入标准的基础上,结合公交公司的运营调度、运营管理业务的要求进行制定。主要包括车载设备编号、车辆运行位置、方向、速度、调度业务通用/可扩展指令、调度业务通用/可扩展参数等。

(2)车辆/站台客流统计信息传输接口标准:根据客流统计的业务要求按时间、站点统计客流信息,并结合公共交通车辆及 BRT 站台所采用的客流统计设备的厂家标准,制定有关数据传输规范。主要包括车载/站台设备编号、通行时间、通行位置、通行客流等数据。

3.3.3 对技术方案的优化设计

3.3.3.1 运营调度管理

由于运营调度管理系统是整个 BRT 智能系统核心应用点，一旦网络设备、计算机设备、系统软件建设完成后，运营调度管理系统会起到举足轻重的地位，见图 3。

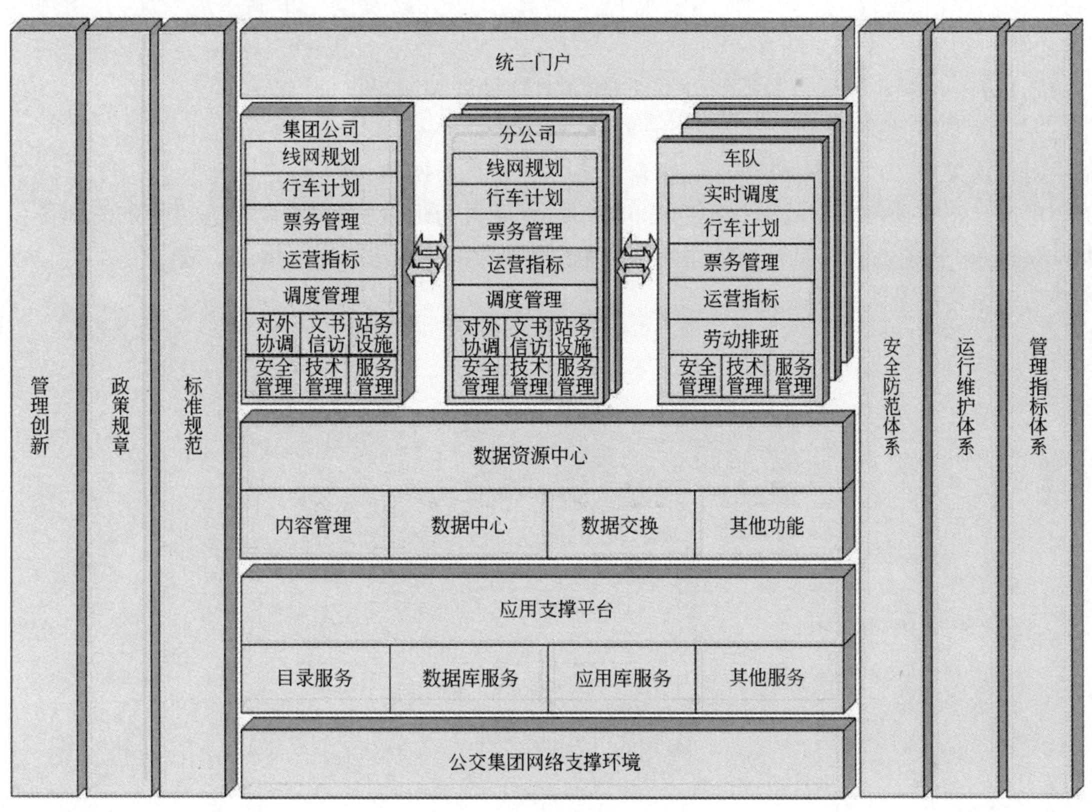

图 3 运营调度系统总体框架

BRT 运营调度管理系统是 BRT 智能系统的核心，完成 BRT 管理公司相关的公交管理业务。通过运营调度管理系统，将整个智能系统组合为一个有机的整体，实现 BRT 具有的“场—站—车—道—人”一体化，将实时调度、安全运行、信息化管理、人性化服务的功能发挥出来。

其中核心业务相互关系如图 4。

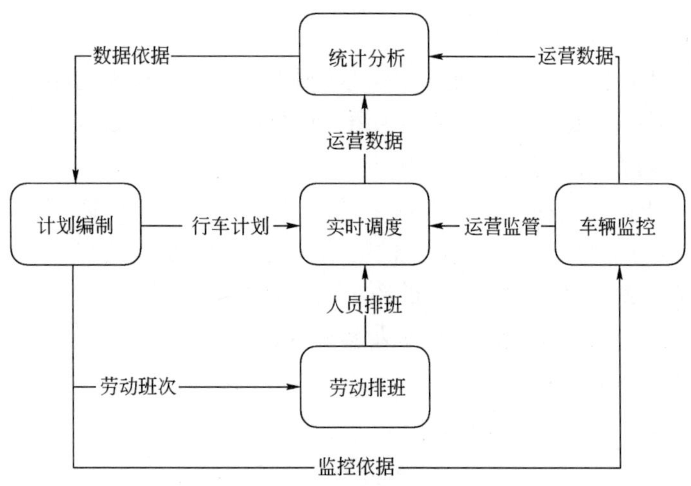

图 4 核心业务相互关系

(1)行车计划是一个发车时刻表,作为劳动排班的一个依据,也是车辆监控的一个监管依据。

(2)劳动配班计划是人员、车辆的一个劳动配班计划,作为实时调度的人员、车辆资源计划。

(3)实时调度根据发车时刻表、劳动配班计划、人员车辆实时状态、车辆异常等因素实施发车调度,实现人员、车辆调度,采集人员考勤、车次、里程等数据。

(4)车辆监控作为营运监管一种手段,监控车辆营运状态,以及监控车辆违规情况,并指挥线路人员、车辆。

(5)统计分析是对实际运营数据的分析汇总,同时为计划编制提供依据。

3.3.3.2 光纤网络组网

光纤网络均采取了自愈环保护措施,这大大增强了光纤与网络传输系统乃至整个 BRT 系统的可靠性。所谓自愈是指在网络发生故障(例如光纤断)时,无需人为干预,网络自动地在极短的时间内(ITU-T 规定为 50ms 以内),使业务自动从故障中恢复传输,使用户几乎感觉不到网络出了故障。

光纤与网络传输系统结构见图 5。

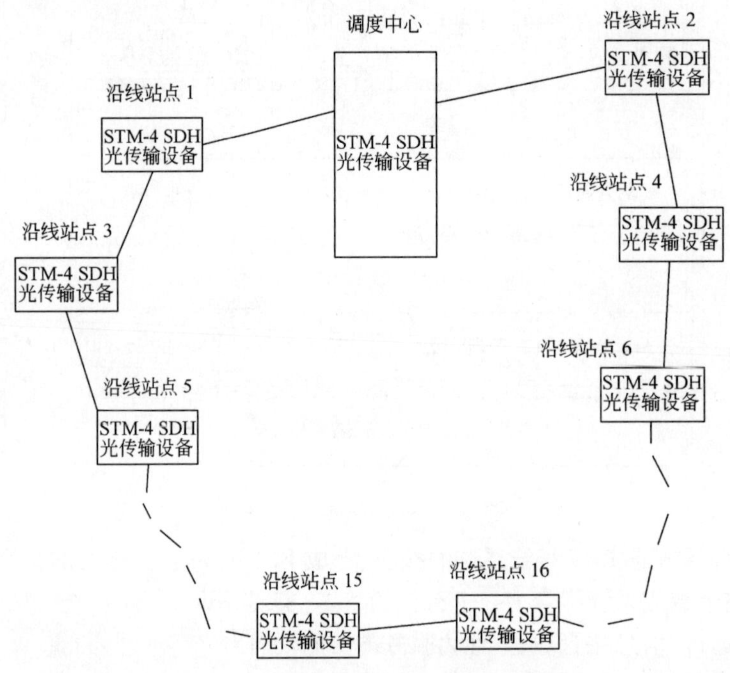

图 5 光纤与网络传输系统结构子图

3.3.3.3 数字广播系统

数字广播系统是通过网络实现声音的传输,实现类似电话功能和广播功能。

在站台的数字广播系统中,我对向站台乘客的语音广播的来源和播放级别进行了设计。

向站台乘客的语音广播的来源于以下三个方面:

(1)调度中心站台服务系统自动产生语音指令或语音文件的自动下发,主要包括:车辆预到站的提示、车辆到站的提示、车辆离站的提示、当前时间的提示及实现预置提示的提示。

(2)站台工作人员通过站台喊话器向站台的候车的乘客喊话;

(3)调度中心工作人员直接向站台的候车的乘客喊话。

向站台乘客的语音广播的级别:

最低一级:调度中心站台服务系的语音;

中级:站台工作人员的语音;

高级:调度中心工作人员的语音。

级别的设置通过站台配置的数字语音广播终端硬件来配置。

这样的优化设计,就能够实现服务与站台乘客的语音文件能够有序、合理的播放。更好地服务与站台的乘客。

3.3.3.4　车辆数据采集

BRT 智能系统主要原始数据的来源是来自车辆的数据采集。车辆数据采集的可靠性决定营运数据特别是营运车次统计的准确性,车次数据又决定了营运数据(营运里程、非营运里程、维修、油耗等)的统计。所以可靠性在系统设计非常重要,这样我们进行西面的优化设计。

正常情况下,车辆数据的采集都是通过车载内部的 GPS 设备、RS232 设备、RS485 设备、I/O 检测设备来实现,采集的信息包括:车辆即时 GPS 信息、车辆开关门状态信息、车辆的到离站信息,有了这些信息,就可以实现车辆的运行监控和营运数据的通信分析。

但我们知道,一旦 GPS 信号和 GPRS 信号发生故障的时候,信息的采集和传输会出现问题,为了解决这个问题,我们在方案中通过采用无线射频识别的方式来实现。

当车辆 GPS 信息出现故障时,通过站台的无线射频识别设备、进出场站的无线射频识别设备来获取车辆位置信息。只要车辆经过上述地点,上述地点的无线射频识别设备就可以采集到车辆到达、离开各个地点的时间。把采集到的时间和地点通过各个地点的有线网络传输到 BRT 调度中心,BRT 智能也能以此方式比较清晰的掌握车辆的实时位置。

当 GPRS 信息发生故障时,为了保证信息的可靠性,系统通过下述方法把信息传送到 BRT 调度中心:GPRS 通信中断时,把中断期间内车辆采集到的信息先保存到车载终端内部,当 GPRS 车辆通信恢复时或车辆回到场站时,车载终端再把中断期间采集到的数据传回到 BRT 调度中心。

由于 GPRS 中断时,BRT 调度中心不能实时监控到车辆的所处的位置。这时,车辆只要通过各个安装有无线射频识别点(站台、场站)地点,各个点的通信设备也会把车辆实时位置发送到 BRT 调度中心,满足 BRT 调度中心相对实时监控的需求。这种方法虽然不能监控到车辆处于各个点之间时的状态,但由于 BRT 车辆运行线路相对固定,有了经过各个点的车辆信息,BRT 调度调度中心也能准确推算出车辆在各个点之间的情况。

3.3.3.5　公交信号优先

快速公交信号优先控制是 BRT 管理和控制的核心内容之一,它通过对城市道路路口时间资源的合理配置,充分利用现有资源,在不对非 BRT 车辆造成严重影响的条件下,尽可能得给予 BRT 车辆以优先通行的权利。如图 6,实施 BRT 信号优先控制后,可以有效提高 BRT 车辆运行速度,减少停车延误,提高服务水平。BRT 车辆综合服务水平的提高,可以增加 BRT 的吸引力,有效减少城市路网交通需求,对缓解日益严重的城市交通拥堵具有重要意义。

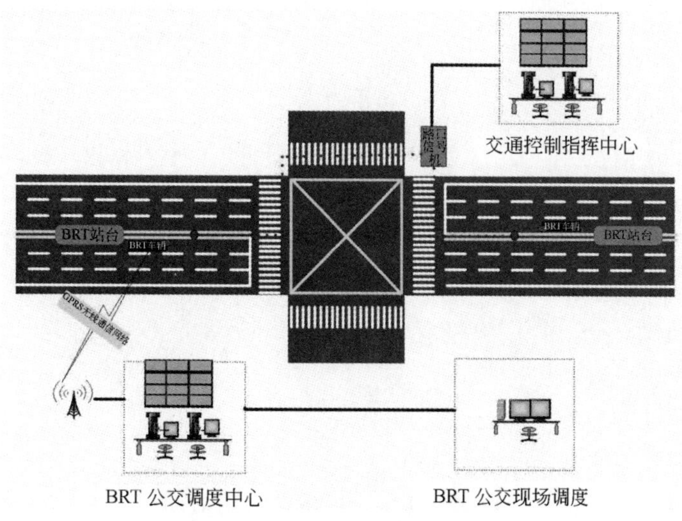

图 6　BRT 系统信号优先网络结构拓扑图

4 BRT 智能系统应用展望

优先发展城市公共交通这一符合我国国情的正确战略思想已深入人心,但是也要看到,优先发展城市公共交通还有很多工作要做,任务还十分艰巨,需要各级政府和有关部门的高度重视和大力支持,也需要广大人民群众的拥护、支持和积极参与,建设部将会同有关部门加大力度,支持地方优先发展城市公共交通各项工作,共同推进优先城市公共交通战略的全面实施。

预计今后在一级城市和二级城市,都会有较大的市场需求,整体市场增长较快。同时,快速公交系统线网规划一般会包含多条线路,已建有快速公交的城市后继将会有新的线路需要建设。同时,随着 BRT 智能系统方案的不断完善,快速公交将在城市交通中发挥出越来越重要的作用。

28. Geospatial Technologies in Transport Sector

——*State-of-Practice in* U. S.

Jason Wang

(International Workshop of Integrated Transport for Sustainable Urban Transport
December 2008)

Faced with the daunting task of managing the Nation's transportation system with limited resources, the work of transportation agencies across U. S. is driven by the need to produce quick, accurate, consistent and high – quality results without overspending. Delivering transportation projects and policies on time without sacrificing quality requires accurate and complete data. Geographic information system (GIS) and advanced data collection technologies such as remote sensing and global positioning system (GPS) have helped many national transportation agencies and State department of transportation (DOT) produce that data, enabling them to improve their decision-making while saving time and money.

Geospatial Technologies

The terms "GIS," "remote sensing," and "GPS," often are used together when discussing geospatial technology. As a result, some of the technology users began to refer "GIS" as Geospatial Information System as a way to include all three technologies in many professional settings. Engineers collect data with a global positioning system (GPS) unit or using remote sensing and then integrate that data into a GIS program.

The phrase "geographic information system" and its acronym "GIS" refer to the systems of hardware and software used to analyze, process, and store geographic data. Although GIS often is associated with producing maps, its true power lies in its ability to maximize the quality and use of spatial data with analyses to help answer questions such as where, how far, how many, what size, and within what area?

Remote sensing is the acquisition of data from a distance, usually with the use of satellite imaging, aerial photography, radar (*radio detecting and ranging*), lidar (*light detection and ranging*), sonar (*sound navigation ranging*), or other technologies. It allows users to obtain information about an area without sending people to that area.

GPS unit operate through a satellite-based navigation system made up of a constellation of 24 satellites orbiting 19,320 kilometers (12,000 miles) above the surface of the Earth. The U. S. Department of Defense launched the system, which was originally intended for military applications but was made available for civilian use in the 1980s. There are no subscription fees or set up charges to use GPS. It works in any weather conditions, anywhere in the world, 24 hours a day.

GPS satellites circle the Earth twice daily in very precise orbits and transmit signal information to the planet's surface. GPS receivers use this information to calculate the user's exact location through triangulation. A GPS receiver must be locked on to the signal of at least three satellites to calculate a two-dimensional (2-D) position (latitude and longitude) and track movement. With four or more satellites in view, the receiver can determine the user's three dimensional (3 - D) position (latitude, longitude, and altitude). Once the user's position has been determined, the GPS unit can calculate other information, such as speed, bearing, track, trip distance, etc.

Many transportation agencies are going a step further, using the technologies in conjunction with Internet technology and the Web to distribute the information more widely and in a more cost - effective manner. As more and more transportation agencies apply GIS, and as they share their experiences with others, the benefits of geospatial technologies can multiply.

Why is Gis Important to Transport Sectot

- GIS is market ready technology that supports transportation agency's priorities and strategic goals;
- It is fast-growing technology that more and more transportation agencies are adopting;
- It is an effective platform to integrate and manage wide variety of data;
- It is a proven tool that allows decision making more efficient and effective.

Federal Role in U. S.

Recognizing the potential impact that geospatial technologies can have on the work of many State DOTs, Federal Highway Administration (FHWA) and other USDOT agencies have taken an active role in promoting these technologies through courses and workshops. FHWA encourages State DOTs to exchange their knowledge of geospatial technologies and their experiences with using them. In addition to providing support for GIS activities, FHWA and USDOT are seeking champions to share their work with other transportation agencies across the country.

Many State DOTs and other transportation agencies across US have charted successes with geospatial technologies or GIS in general. They have reported satisfaction with their experiences in using those technologies to improve decision - making and save time and money. Following are a few case studies of these successful examples.

National Bridge Inventory Data Made GIS Ready

The United States Department of Transportation (USDOT) Federal Highway Administration (FHWA) is charged with keeping the nation's highway transportation systems safe. After the 1967 collapse of the Silver Bridge over the Ohio River between West Virginia and Ohio, which resulted in 46 deaths, Congress conducted hearings and established a law that marked the beginning of uniform standards for inspecting bridges. The law originally required that the states need only inspect bridges on the federal-aid highway systems but was expanded to include all public road bridges more than 20 feet long. The law further requires that the Secretary of Transportation, in consultation with the states, maintain an inventory of these bridges.

In April 1971, the first National Bridge Inspection Standards (NBIS) were issued to satisfy the mandate of Congress, and by the end of 1973, most federal - aid highway bridges had been inventoried. Today, the National Bridge Inventory (NBI) is substantially complete for all public road bridges and contains data collected and maintained in accordance with the FHWA "Recording and Coding Guide for the Structure Inventory and Appraisal of the Nation's Bridges." NBIS also establishes criteria for inspection procedures, frequency of inspections, and personnel qualifications.

Approximately 590,000 bridges lay along the network of roads that crosses the United States. Bridges have a wide range of attributes and classifications such as cable style, suspension, arch, segmental concrete, and truss. Their constructions range from simple to complex. Other definitive characteristics include load and resistance factors, seismic design, and supporting elements such as ultra high strengths of concrete or steel. A bridge may contain intricate wall systems or feature hydraulic structures that involve complex stability countermeasures built into its design. Accounting for all U. S. bridges is complex because of the enormity of the count and the numerous variables included in bridge classification. Of particular interest to government agencies is bridge data about ownership, types, usage, levels of deterioration, and location.

FHWA uses the NBI information to determine investment requirements; develop national data summaries for reports to Congress; respond to inquiries from Congress, the National Transportation Safety Board, and others; and provide support for formulating national policy.

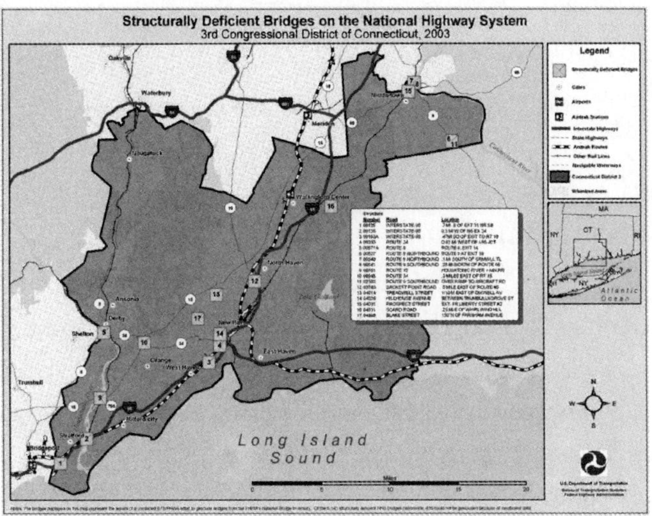

Figure 1 NBI GIS Map Shows Structurally Deficient Bridges on NHS

State DOT Develops Robust Enterprise Geospatial Repository

Using an iterative design, build, and review process, the Virginia Department of Transportation (VDOT) has implemented and extended the Unified Network Transportation Data Model (UNETRANS) to address the many transportation modes it manages and establish an enterprise-wide data repository.

VDOT is responsible for maintaining the state's approximately 57,000 miles of roads. This mandate includes not only traditional state DOT responsibilities, such as inventorying asset and roadway characteristics, but also innovation in areas such as intelligent transportation information for mobility management. A geospatial approach to transportation information management requires a roadway network and the ability to use a variety of location referencing methods for managing and accessing information.

In 2001 VDOT implemented an enterprise geospatial data repository using ESRI technology, this repository provides geospatial information to end users and integrates with applications that support decision making. Although much of this information had been geospatially enabled, a truly comprehensive geospatial data management approach for roadway information had been lacking.

To achieve this more robust system, VDOT built a unified transportation geodatabase that leverages GPS-derived roadway centerlines to meet both current and future needs. The geodata model was based on UNE-

TRANS and customized to meet VDOT's business needs. While developing the model, VDOT looked for industry-standard-compliant, off-the-shelf tools for editing, creating, and maintaining network data.

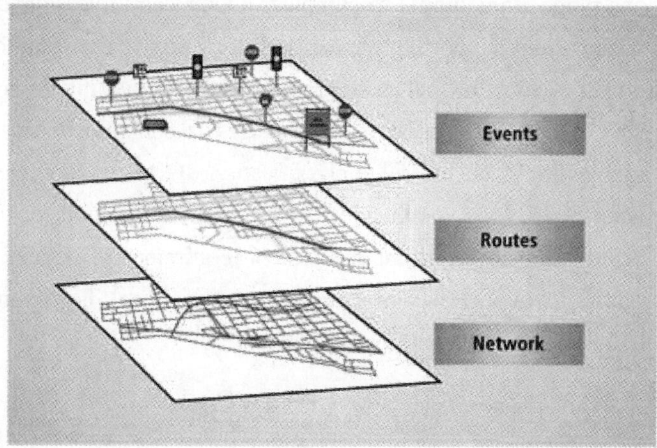

Figure 2 Thematic View of UNETRANS Model in VDOT

Pennsylvania Turnpike and Driver Safety with GIS

The Pennsylvania Turnpike, America's first superhighway, officially opened October 1, 1940, carrying traffic over a 160-mile section of the Commonwealth of Pennsylvania. During its first year of operation, 2.4 million vehicles traveled the Pennsylvania Turnpike. This highway forever changed the way Americans traveled—long distances at high speeds, along an entire roadway without a stop sign, traffic signal, or pedestrian crosswalk. The Pennsylvania Turnpike became the forerunner of the country's Interstate Highway Network that today consists of approximately 43,000 miles including 2,300 miles as toll roads.

Four major extension projects during the 1950s expanded the turnpike from the Ohio state line to the New Jersey border and from Norristown to Scranton. With several new expansion projects throughout Pennsylvania, including the newly opened six-mile-long Mason-Dixon link on Pennsylvania's side of the Mon-Fayette Expressway in western Pennsylvania, the turnpike provides 512 miles of limited access toll highway. During the 1999 – 2000 fiscal year, 160 million vehicles traveled the highway.

The Pennsylvania Turnpike Commission (PTC) employs approximately 2,300 people and manages 20 maintenance facilities, 55 fare collection facilities, 22 service plazas, and two traveler information centers.

As part of their commitment to maintaining the roadway and the safety of drivers, the PTC has implemented an Executive Information Management System (EIS) that uses GIS technology. The EIS vision was to geographically enable the many data collection systems that existed at the PTC and provide a single means of access to enterprise data.

The EIS has five essential components.

○Digital spatial data

○Customized ArcInfo and ArcView GIS—the "heart" of the EIS

○Attribute data

○Database and spreadsheet applications

○A Visual Basic interface and a suite of custom applications

Custom features were added to the EIS to enhance the functionality of ArcView GIS and to add a geographic component to database applications using ArcView GIS software's database connection extension.

For example, pull - down menus were created to facilitate zooming to any spatial feature in a View document. Other custom features include the capability to label mileposts automatically, to specify the database fields that are visible when a feature table is opened, and to identify all available database information for any point on a map that is selected with a mouse click.

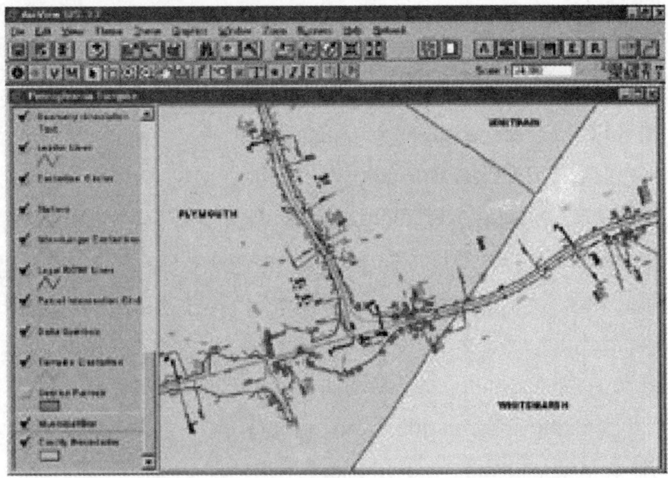

Figure 3 The Integration of Multiple CAD Files into EIS system

GIS: The World's ITS Backbone

The Intelligent Transportation System (ITS) market is one of the world's most diverse in terms of participant types; technologies deployed, and project goals.

ITS uses computer and telecommunication technologies to help unsnarl downtown traffic jams in Tokyo; improve rural road safety in Colorado; speed toll-paying and snow - clearing in northern Virginia; improve public transportation in Florida; ease trucking slowdowns from Canada to the Mexican border; and provide a plethora of in-vehicle services for commuters, commercial carriers, and travelers.

Figure 4 GIS Application in ITS

ADHS GIS-A Multi-State User-Driven GIS System

Since Congress authorized the Appalachian Regional Commission (ARC) to construct Appalachian Development Highway System (ADHS) in 1965, ADHS has served the region by generating economic development, connecting Appalachia to the Interstate system, and providing access to areas within the Region. By the end of FY08, 2,575 miles, approximately 83.3 percent of 3,090 eligible ADHS miles, were complete or open to traffic. Rahall Appalachian Transportation Institute (RTI), in cooperation with ARC and FHWA as well as 13 State DOTs, developed GIS system that integrates ADHS Cost to Complete Estimate (CCE), performance, and development information into a single database. Center lines of the ADHS corridors were verified or derived from GPS data, aerial or satellite imagery. As web-based GIS system server and client technology are available, ARC and RTI have developed a web - based GIS system to allow server/client technology for updating the ADHS over the Internet by State DOTs and FHWA Division Offices. This approach improves the large amount highway data integration by creating and expanding additional capabilities of a web-based enterprise GIS system with geospatial tools specifically designed to edit, analyze, printing, and query specific information from remote locations to the ADHS CCE centralized data warehouse.

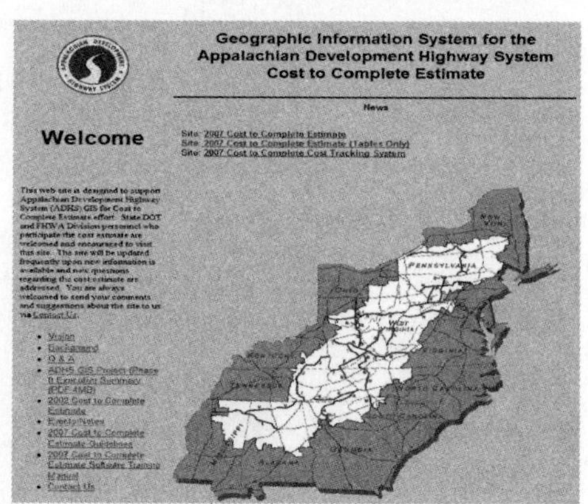

Figure 5 ADHS GIS Web Portal

References

[1] J. Wang and Sang Yoo. *Multi-State GIS-Based Cost Estimate System for Building ADHS*. Proceedings of ESRI 2008 International Users Conference, August, 2008.

[2] L. Banks and M. Sarmiento. *Geospatial Technologies Improve Transportation Decisionmaking*. Public Road, Vol. 69, No. 5, March/April 2006.

[3] RITA, USDOT. *Key Practices for Implementing Geospatial Technologies for a Planning and Environment Linkages (PEL) Approach*. Project Report, July, 2008.

[4] FHWA, USDOT. *Improved Decisionmaking Using Geographic Information Systems*. FHWA-HRT-06-050, 2006.

[5] J. Wang. *GIS in Transportation*. Speech Given to Marshall University, Huntington, WV for GIS Day, November 2007.

29. 基于精确车辆自动识别系统的单双号限行系统

辛 卫 吴赞文 李 明 赵树龙 兰时勇

(四川大学计算机学院)

摘 要:随着城市交通的发展和人民生活水平的提高,国内各大中城市拥有的汽车数量越来越多,但是由于城市道路的发展远远赶不上城市里汽车的增长规模,因此出现了交通拥堵等情况。本文基于精确车辆自动识别技术,从数字图像处理的角度提供了一种单双号限行的辅助手段,用以规范、疏导城市交通,缓解交通压力,是一种行之有效的交通管理方法。

关键词:智能交通 车辆识别 北京奥运 单双号

Odd-even number licence plate based on precise vehicle recognition

Xin Wei Wu Zanwen Li Ming Zhao Shulong Lan Shiyong

(School of Sichuan University, Computer science department)

Abstract: With the promotion of standard of people's living, the number of vehicles in large and medium cities is getting more and more. But the development of roads can not keep with the scale of the vehicle. So traffic jam is being made. Base on digital image processing technology the article provide a method of even and odd – numbered license plate to standard and leading city traffic, to relax the traffic jam. The method is effective.

Key words: ITS, Vehicle Recognition, Beijing Olympicgames, Even and Odd-numbered

1 引言

现代社会已进入信息时代,随着计算机技术、通信技术和计算机网络技术的发展,自动化的信息处理能力和水平不断提高,并在人们社会活动和生活的各个领域得到广泛应用。在这种情况下,作为信息来源的自动检测、图像识别技术越来越受到人们的重视。目前指纹识别、视网膜识别技术已经到了实用阶段;声音识别技术的发展也是相当的迅速。作为现代社会的主要交通工具之一的汽车,在人们的生产、生活的各个领域得到大量使用,对它的信息自动采集和管理对于交通车辆管理、交通流量检测、停车场管理等方面有十分重要的意义,成为信息处理技术的一项重要课题。在这种应用背景下,人们研发出了车牌识别和车标识别技术,通过图像识别的手段采集交通管理所需要的信息。

2 车辆自动识别及单双号限行概述

2.1 车辆自动识别

从 20 世纪 90 年代开始,人们就开始了对汽车牌照自动识别的研究,其主要途径是采用计算机图像

处理技术对车牌的图像进行分析,自动提取车牌信息,确定汽车牌号。在车牌识别过程中,有人使用模糊数学理论判别车牌在图像中的位置和字符,也有用神经元网络的算法识别车牌中的字符。目前车牌识别的理论已经成熟,离线算法识别率已经达到很高水平。近年来,在基于车牌识别成熟算法的基础上,人们继续研究出了车标识别算法,从车辆前部采集图像中提取车标进行识别,得出车辆车辆具体型号结果,结合车牌识别结果相互印证,以提供刑侦和交通纠违判断依据。

车牌自动识别系统主要有摄像头、视频采集接口、计算机和辅助照明装置组成,如图1所示。计算机通过视频采集接口采集摄像头摄入的视频图像,经处理和识别得到车牌号,识别过程如图2所示。在自然光较暗影响识别效果时,由辅助照明装置提供摄像光源。

图1 车标识别和车牌识别

在车牌自动识别系统中,应解决以下几个关键技术问题:

(1)图像预处理:对动态采集到的图像进行滤波、边界增强等处理,以克服图像干扰,改善识别效果。

(2)车牌的定位:在动态采集到的图像中,自动找到车牌的位置。

(3)字符分割:在车牌图像上,自动提取单个字符的图像。

(4)字符识别:在每个字符图像中识别出字符文字。

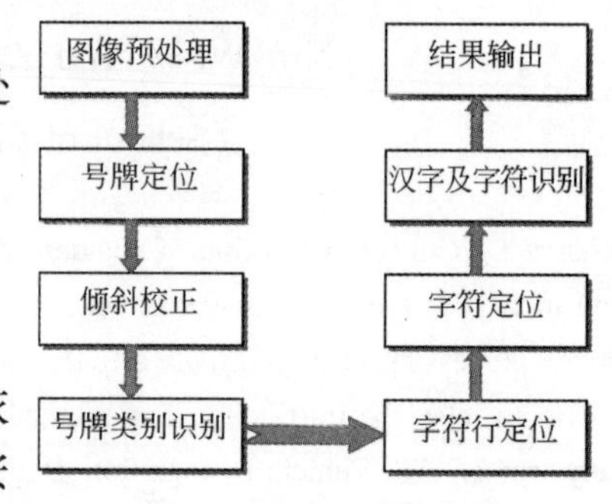

图2 车辆号牌识别过程图

在实际应用中,最关键的问题是如何在环境光线变化、光路有灰尘及车牌模糊的条件下得到清晰的车牌图像,这个问题可通过系统安装方式、辅助光源的设置和车牌图像预处理等方法解决,但在车牌图像严重模糊,以至于肉眼难以辨别的情况下,很难进行正确识别,所以在车牌识别中,存在一个识别率指标。一段时间内车牌识别率指标的定义为:

$$V = \frac{NR}{NT}$$

式中:V——车牌识别率;

NR——这段时间内正确识别的车牌数;

NT——这段时间内识别的总车牌数。

目前由四川川大智胜软件股份有限公司自主研发的车牌识别技术已经通过公安部鉴定,鉴定结果为:

(1)系统能正确识别时速不超过140km/h的汽车的号牌。

(2)系统的识别率为98.7%。

(3)系统的识别正确率为94.4%。

2.2 单双号限行

在某一特定时期,为了减少城市道路上行驶的机动车数量,缓解交通压力,减少尾气排放以获得更高的空气指标,可以通过汽车牌照尾号分单双号来出行,也即如果牌号的尾号是单号,则单号日期(例:1,3,5,7...29,31号)行驶,如果牌号的尾号是双号,则双号日期(例:2,4,6,8...28,30号)行驶。

在2008年北京奥运会准备期间,北京市交通管理局为保证北京奥运会期间交通和空气状况良好,从7月20日0时至9月20日24时(每天6时至24时)期间,北京市机动车实行单双号行驶(单日单号牌行驶、双日双号牌行驶,二零零二式车牌按双号管理),特种车(警车、消防车、救护车、工程救险车)、公共电汽车及大型客车、出租车、小公共汽车、邮政车、各国驻华使领馆和国际组织驻华机构车辆、持公安机关交通管理部门核发的各类货运通行证(含危险品运输通行证)的保障城市正常生产生活的车辆、持2007年"好运北京"体育赛事车证的车辆等将不受单双号行驶措施限制。外省区市进京机动车按车牌尾号也将实行单号单日、双号双日进入北京市道路行驶的规定。进京执行任务的警车和救护车、邮政车、运送鲜活农产品的"绿色通道"车辆、省际长途客运车辆和省际旅游车辆等外省区市进京机动车不受单双号行驶措施限制。

3 单双号判定

在未应用车辆自动识别系统之前,单双号的限行只能通过路面民警凭肉眼判断拦截的方式进行纠违,这种方式耗用人力资源巨大,并且在工作效率、准确性、安全性方面都存在不少问题,几乎不可操作,因此必须寻求一种可行的科技含量较高的解决方法。

在基于精确的车辆自动识别的基础上,可将识别结果应用于机动车单双号限行管理。在单号日期,系统对接收下来的牌照识别结果进行判断,发现尾号是单数就不管,发现尾号是双数则进行报警,通知路面民警进行及时拦截纠违,同时将该记录保存至违法记录库中进入公示处罚流程。单双号判定流程如图3所示。

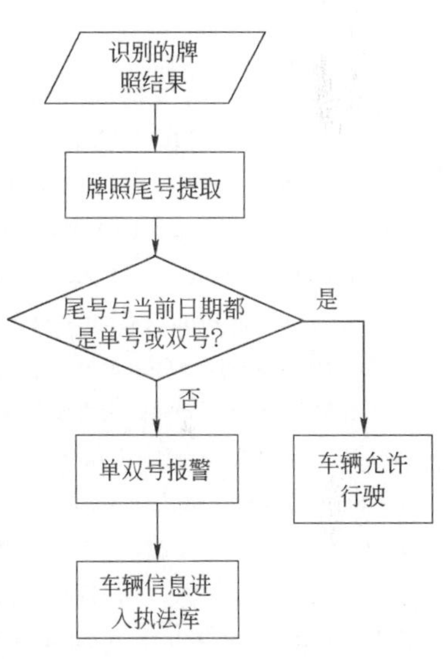

图3 单双号判定的流程图

作为十大奥运智能交通管理系统之一的交通综合监测系统,遍布于全市快速路、主干路网和奥运专用路线,该系统有三种方式对车辆流量和流速进行检测。系统的上万个检测线圈、超声波及微波设备就像末梢神经一样,它们提供了对车流量和流速进行检测的两种方式,其中,检测线圈主要安装在有红绿灯路口的主干道上,超声波和微波装置主要安装在环路快速路上,每隔500~700m就会安装一个检测断面。交通综合监测系统的第三种车辆流量和流速检测方式是单双号限行系统,通过可对流量进行监测的视频监测系统,对每天上路的几百万车辆进行自动检测,发现其中违反"单双号"限行规定等违法车辆,实时进行报警处理。在单双号限行期间,它将全天自动识别、锁定违反限行规定的车辆,再进行图像录制,作为日后非现场处罚的依据。

4 系统优化

在北京市交通管理局实施单双号限行措施之初,在零时之后下夜班或者晚归的市民,遇到了一些不便之处,如果一市民开着单号车在单日出行,却需要在零时之后下班或者晚归的话,由于已是次日凌晨,是双号时间,所以白天开出来的单号车不能再在路面上行驶。如果不能赶在零时之前把车开回家的话,要么干脆放弃驾车出行,要么到了晚上采取打车等方式回家,否则会违反单双号限行规定。针对这种情况,北京市交通管理局对系统进行了调整,将判断时间延后一个小时,以供晚归的市民有足够的时间将车辆归位,另外,对部分虽属于尾号违规,但是属于特殊批准车辆如:运送蔬菜的车辆等进行了兼容处理,对这些车辆按规定不做限行。

5 结语

单双号限行辅助系统在北京奥运会期间投入了使用,自7月20日实施以来,系统检测8 422辆单双号违规车辆,632辆黄标车车辆,112辆盗抢车辆等。北京市交通管理局下辖各支队以系统提供的违规记录为依据实施了纠违措施,规范了首都的交通,为奥运会保驾护航。在奥运会期间,单双号限行系统为北京的交通通畅起了一定的作用(见图4)。

图 4

这种将数字图像处理技术应用于交通疏导管理的手段同样也可在国内其他大中城市进行应用,以缓解道路发展滞后带来的交通压力。

参考文献

[1] Optical Recognition of Motor Vehicle License Plates, Paolo Comelli, Paolo Ferragina, Mario Notturno Granieri, and Flavio Stabile, IEEE TRANSACTIONS ON VEHICULAR TECHNOLOGY, VOL 44, NO.4 , NOVEMBER 1995:790-799.

[2] Number and Letter Character Recognition of Vehicle License Plate Based on Edge Hausdorff Distance Tang Shuang – tong; Li Wen-ju Parallel and Distributed Computing, Applications and Technologies, 2005. PDCAT 2005. Sixth International Conference on Volume , Issue , 05-08 Dec. 2005: 850 - 852.

[3] Lu Y. Machine Printed Character Segmentation-An Overview[J]. Pattern Recognition,1995,28(1):67-80.

[4] Character recognition in car license plates based on principal components and neural processing, Aline da Rocha Gesualdi, Jos'e Manoel de Seixas. IEEE Proceedings of the VII Brazilian Symposium on Neural Networks, 2002.

[5] M. Raus and L. Kreft. Reading car license plates by the use of artificial neural networks. Proceedings of IEEE 38th. Midwest Symposium on Circuits and Systems, pages 538-541, 1995.

[6] 李小平,任江兴,杨德刚.车牌识别系统中若干问题的探讨.北京理工大学学报,2001,21(1):116-119.

[7] 王敏,黄心汉,魏武.一种模板匹配和神经网络的车牌字符识别方法.华中科技大学学报,2001,29(3):48-50.

[8] A Recognition of Vehicle plate with Mathematical Morphology and Neural Network, Yang Jie, Li Xu, Guo Wei. 2001, 25(3): 371-374.

[9] 隋亚刚.北京奥运智能交通管理系统建设与应用.智能交通,2008(10):55-58

后　记

经过紧张工作,《中国中心城市可持续交通发展年度报告(2008)》终于与大家见面了,本书的编写在去年2007年度报告的基础上充分考虑了读者需求,重点突出了城市交通的发展战略、统筹城乡交通发展、公交优先的政策措施以及国际经验四个主题,并选编了中国城市交通可持续发展国际研讨会部分论文。本书凝结了"中国城市可持续交通研究中心"项目组成员以及国家和地方交通主管部门、特别是中心城市交通主管部门的领导,以及国内外专家的大量智慧与心血。

衷心感谢交通运输部高宏峰副部长对本项目研究的关注与支持,衷心感谢国家发改委基础产业司王庆云司长对本研究提出的宝贵意见和建议,衷心感谢交通运输部体改法规司、综合规划司、公路司、科教司,及全国中心城市交通改革与发展研讨会在项目研究和本书编写过程中的支持与帮助。

最后,要衷心感谢沃尔沃研究与教育基金会对本项目研究以及本书的出版的资助。

本书在编写过程中还得到了其他很多单位、领导和专家学者的大力支持和帮助,不一一列举,在此一并致谢。

由于我们的学识水平及研究时间有限,不足之处在所难免,敬请读者批评指正。

编　者

2008年12月